U0158773

中国科协学科发展研究系列报告

中国科学技术协会 / 主编

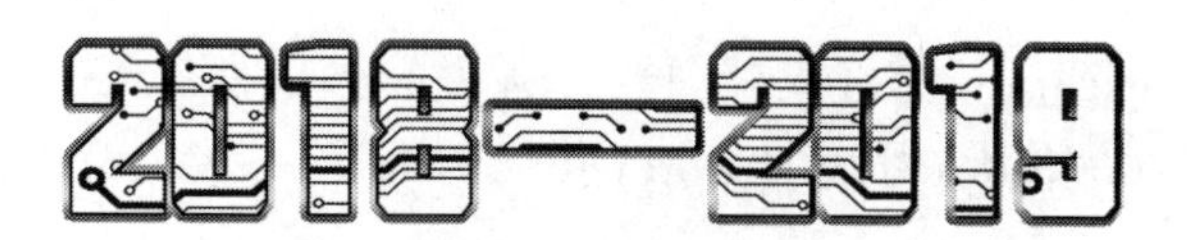

水利
学科发展报告

—— REPORT ON ADVANCES IN ——
HYDROSCIENCE

中国水利学会 / 编著

中国科学技术出版社
· 北　京 ·

图书在版编目（CIP）数据

2018—2019 水利学科发展报告 / 中国科学技术协会主编；中国水利学会编著 . —北京：中国科学技术出版社，2020.9

（中国科协学科发展研究系列报告）

ISBN 978-7-5046-8533-9

Ⅰ. ① 2… Ⅱ. ①中… ②中… Ⅲ. ①水利工程—学科发展—研究报告—中国—2018—2019 Ⅳ. ① TV-12

中国版本图书馆 CIP 数据核字（2020）第 036878 号

策划编辑	秦德继　许　慧
责任编辑	杨　丽
装帧设计	中文天地
责任校对	吕传新
责任印制	李晓霖

出　　版	中国科学技术出版社
发　　行	中国科学技术出版社有限公司发行部
地　　址	北京市海淀区中关村南大街16号
邮　　编	100081
发行电话	010-62173865
传　　真	010-62179148
网　　址	http：//www.cspbooks.com.cn

开　　本	787mm × 1092mm　1/16
字　　数	665千字
印　　张	28.75
版　　次	2020年9月第1版
印　　次	2020年9月第1次印刷
印　　刷	河北鑫兆源印刷有限公司
书　　号	ISBN 978-7-5046-8533-9 / TV · 86
定　　价	145.00元

（凡购买本社图书，如有缺页、倒页、脱页者，本社发行部负责调换）

2018—2019

水利学科发展报告

首席科学家 胡四一

编　写　组（按姓氏笔画排序）

于子忠　卢文波　邢鸿飞　吕　娟　朱　伟
刘志雨　刘咏峰　关铁生　汤鑫华　许建中
李纪人　李键庸　吴　强　吴　澎　吴一红
邱瑞田　张书函　张国新　张淑华　陈生水
金彦兆　周志芳　夏可风　徐锦才　唐洪武
曹文洪　盛金保　蒋云钟　韩振中　程　锐
曾　剑　蔡　阳　蔡耀军　廖文根　谭徐明
戴济群

学术秘书组 宋　妮　王　琼　杨姗姗　颜文珠

当今世界正经历百年未有之大变局。受新冠肺炎疫情严重影响，世界经济明显衰退，经济全球化遭遇逆流，地缘政治风险上升，国际环境日益复杂。全球科技创新正以前所未有的力量驱动经济社会的发展，促进产业的变革与新生。

2020 年 5 月，习近平总书记在给科技工作者代表的回信中指出，“创新是引领发展的第一动力，科技是战胜困难的有力武器，希望全国科技工作者弘扬优良传统，坚定创新自信，着力攻克关键核心技术，促进产学研深度融合，勇于攀登科技高峰，为把我国建设成为世界科技强国作出新的更大的贡献”。习近平总书记的指示寄托了对科技工作者的厚望，指明了科技创新的前进方向。

中国科协作为科学共同体的主要力量，密切联系广大科技工作者，以推动科技创新为己任，瞄准世界科技前沿和共同关切，着力打造重大科学问题难题研判、科学技术服务可持续发展研判和学科发展研判三大品牌，形成高质量建议与可持续有效机制，全面提升学术引领能力。2006 年，中国科协以推进学术建设和科技创新为目的，创立了学科发展研究项目，组织所属全国学会发挥各自优势，聚集全国高质量学术资源，凝聚专家学者的智慧，依托科研教学单位支持，持续开展学科发展研究，形成了具有重要学术价值和影响力的学科发展研究系列成果，不仅受到国内外科技界的广泛关注，而且得到国家有关决策部门的高度重视，为国家制定科技发展规划、谋划科技创新战略布局、制定学科发展路线图、设置科研机构、培养科技人才等提供了重要参考。

2018 年，中国科协组织中国力学学会、中国化学会、中国心理学会、中国指挥与控制学会、中国农学会等 31 个全国学会，分别就力学、化学、心理学、指挥与控制、农学等 31 个学科或领域的学科态势、基础理论探索、重要技术创新成果、学术影响、国际合作、人才队伍建设等进行了深入研究分析，参与项目研究和报告编写的专家学者不辞辛劳，深入调研，潜心研究，广集资料，提炼精华，编写了 31 卷学科发展报告以及 1 卷综合报告。综观这些学科发展报告，既有关于学科发展前沿与趋势的概观介绍，也有关于学科近期热点的分析论述，兼顾了科研工作者和决策制定者的需要；细观这些学科发展报告，从中可以窥见：基础理论研究得到空前重视，科技热点研究成果中更多地显示了中国力量，诸多科研课题密切结合国家经济发展需求和民生需求，创新技术应用领域日渐丰富，以青年科技骨干领衔的研究团队成果更为凸显，旧的科研体制机制的藩篱开始打破，科学道德建设受到普遍重视，研究机构布局趋于平衡合理，学科建设与科研人员队伍建设同步发展等。

在《中国科协学科发展研究系列报告（2018—2019）》付梓之际，衷心地感谢参与本期研究项目的中国科协所属全国学会以及有关科研、教学单位，感谢所有参与项目研究与编写出版的同志们。同时，也真诚地希望有更多的科技工作者关注学科发展研究，为本项目持续开展、不断提升质量和充分利用成果建言献策。

中国科学技术协会

2020 年 7 月于北京

水是生命之源、生产之要、生态之基。水利是经济社会发展不可替代的基础支撑，是生态环境改善不可分割的保障系统，是现代农业建设不可或缺的首要条件，具有很强的公益性、基础性、战略性。我国幅员辽阔、气候复杂、河湖众多，水旱灾害频发。新中国成立后，党和政府高度重视水利工作，领导全国各族人民开展了大规模的治水斗争，取得了举世瞩目的成就，传统水利学科不断延伸，新兴学科不断涌现，水利科技水平整体大幅提升，一些重要领域跻身世界先进行列。为总结学科研究进展，中国水利学会在中国科协统一组织下编写了《2007—2008 水利学科发展报告》，包括综合报告和 16 个二级学科专题报告，在弘扬科学精神、繁荣学术思想、推动我国水利学科发展等方面发挥了重要的作用。

10 余年来，我国水利改革发展迈上了一个新的台阶。特别是党的十八大以来，以习近平同志为核心的党中央把治水兴水作为实现“两个一百年”奋斗目标和中华民族伟大复兴中国梦的长远大计来抓，习近平总书记多次就治水兴水发表重要讲话、作出重要指示。他强调，要坚持以人民为中心，把人民对美好生活的向往作为奋斗目标；坚持人与自然和谐共生，树立并践行“绿水青山就是金山银山”的理念；像对待生命一样对待生态环境，统筹山水林田湖草系统治理；明确提出“节水优先、空间均衡、系统治理、两手发力”的新时代治水思路，为开创新时代水利事业新局面提供了科学指南和根本遵循。广大水利科技工作者认真贯彻习近平总书记的治水思路，牢固树立辩证思维和系统思维，以实现防洪保安全、优质水资源、健康水生态、宜居水环境、先进水文化为目标，为“水利工程补短板、水利行业强监管”提供了有效管用的科技支撑。

2018 年，中国水利学会申请并承担了“2018—2019 水利学科发展研究”课题。为此，我会成立了以胡四一为首席科学家、涵盖水利各分领域专家学者的课题组。经过我会相关专业委员会和有关单位数百位专家、学者和技术骨干两年多的努力，《2018—2019 水利学科发展报告》终于付梓。本报告由综合报告和 29 个二级学科专题报告构成，对近年来水利学科的国内外前沿发展情况进行跟踪、回顾总结，并科学评价学科的新发现、新观点、新原理、新机制、新技术、新工艺、新产品、新材料、新设备等，体现学科发展研究的前沿性。报告还根据学科发展的现状、动态、趋势，在进行国际比较、预测战略需求的基础上，展望本学科的发展前景，提出本学科发展的对策和建议，体现学科发展研究的前瞻性。报告由水利学科的权威专家参与研究编写，集中了水利学科专家学者的智慧和学术上的真知灼见，突出学科发展研究的学术性，是参与这些研究的专家、学者和技术骨干劳动智慧的结晶，是他们学术风尚和科学责任的体现。在编写过程中，中国水利学会还得到了中国科协学会学术部和中国科学技术出版社等单位的大力支持。在此，一并表示衷心的感谢和崇高的敬意。

当前和今后一个时期，是我国加快迈进创新型国家行列的重要阶段，也是加快水利改革发展的关键时期。中国水利学会将继续围绕水利中心工作，对标世界一流学会建设的目标愿景，坚持不懈地开展水利学科的发展研究和成果发布活动，切实发挥“左膀右臂”和“智囊助手”的作用，充分体现“四服务一加强”的工作定位，着力构筑智库咨询、学术交流、科学普及的“三轮”驱动格局，重点突出国际化、信息化、协同化的“三化”办会理念，坚持外向拓展、纵横融合和网络活跃并进的“三维”聚力架构，不断增强学会在推动学科发展、促进自主创新中的作用，同心合力谱写治水兴水新篇章。

限于时间和水平等因素，本报告或有诸多疏漏、不当之处，对某些领域的发展研究及趋势预测亦有待深化，敬请读者不吝赐教。

中国水利学会

2020 年 2 月

综合报告

专题报告

ABSTRACTS

Comprehensive Report

Reports on Special Topics

综合报告

水利学科发展综合报告

一、引言

水是万物之母、生存之本、文明之源，是人类以及所有生物存在的生命资源。受地理位置、季风气候区、阶地地形等因素影响，我国水资源具有总量大但人均少、时空分布不均，且空间分布与土地、人口和生产力布局错位等特点，节水治水管水兴水任务艰巨。在经济社会快速发展、城镇化水平持续攀升、极端气候事件影响加剧等多重变化条件下，水资源短缺、水生态损害、水环境污染和水旱灾害频发等新老水问题相互交织、更加凸显，已经成为我国制约经济社会发展的突出瓶颈。

河川之危、水源之危是生存环境之危、民族存续之危。党的十八大以来，以习近平同志为核心的党中央，从战略和全局高度，对保障国家水安全作出一系列重大决策部署。2014 年 3 月，中央财经领导小组第五次会议专题研究我国水安全战略，习近平总书记强调要从全面建成小康社会、实现中华民族永续发展的战略高度，重视解决好水安全问题，明确提出“节水优先、空间均衡、系统治理、两手发力”的新时期水利工作思路，赋予了新时代治水的新内涵、新要求、新任务，为强化水治理、保障水安全指明了方向。2016 年 1 月、2018 年 4 月，习近平总书记在两次长江经济带发展座谈会上强调，要共抓大保护、不搞大开发，坚持生态优先、绿色发展，把修复长江生态环境摆在压倒性位置，从生态系统整体性和流域系统性着眼，统筹山水林田湖草等生态要素，全面做好生态环境保护修复工作，逐步解决生态环境透支问题。2018 年 10 月，习近平总书记在中央财经委员会第三次会议上强调，要建立高效科学的自然灾害防治体系，提高全社会自然灾害防治能力，为保护人民群众生命财产安全和国家安全提供有力保障。2019 年 9 月，习近平总书记在黄河流域生态保护和高质量发展座谈会强调，要坚持共同抓好大保护，协同推进大治理，坚持山水林田湖草生态空间一体化保护和环境污染协同治理，推动流域高质量发展。

作为水利改革发展的重要引擎和动力源泉，科技创新是解决我国水问题、保障流域水安全的关键和重要基础。2008 年 3 月，全国水利科技大会首次召开，对深化水利科技体制改革、加强水利科技创新等进行了全面部署。大会过后，水利科技工作坚持科学发展、创新发展，紧密围绕水利改革发展需求，注重改革创新，各项科技工作与水利学科取得长足发展。在学科发展过程中，新的学科增长点不断出现，并与相关学科交叉融合，学科研究领域逐步扩展，为我国水利事业的可持续发展提供了强有力的科技支撑和保障。当前我国水利学科的总体水平实现了与国际先进水平的对接，基本实现从跟跑到并跑，泥沙研究、坝工技术、水资源配置和水文预报等部分领域已处于世界领先水平，但也要看到，我国基本水情复杂、水安全新老问题交织、治水管水任务艰巨，一些领域仍面临许多重大瓶颈科技问题亟待突破。

创新是引领发展的第一动力。2015 年 10 月，党的十八届五中全会确立了“创新、协调、绿色、开放、共享”的发展理念，强调必须把创新摆在国家发展全局的核心位置。2016 年 5 月，全国科技创新大会指出要在我国发展新的历史起点上，把科技创新摆在更加重要的位置，吹响了建设世界科技强国的号角。2017 年 10 月，党的十九大报告中提出加快建设创新型国家，创新是引领发展的第一动力，为全面加快科技创新、推进水利创新发展指明了方向。当前和今后一个时期，全球科技与经济正在发生深刻变化，我国正在加快迈进创新型国家行列，水利改革发展正处于攻坚克难的关键阶段，水利科技创新呈现新的态势和动向。一是治水理念与思路发生重大变化，“水利工程补短板、水利行业强监管”水利改革发展总基调对水利科技创新提出新要求；二是科学技术进入快速发展新阶段，科技竞争日趋激烈；三是信息网络、人工智能、先进制造、新材料等相关领域的科技革新，催生着水利科技再创新。受人口增长、经济社会发展方式粗放以及气候变化等因素的影响，新时期水利工作仍面临严峻挑战，亟需通过科技创新研究解决突出问题。因此，梳理水利学科近年来的发展态势和研究前沿，剖析当前学科发展存在的问题和未来的发展方向，对于大力提升水利科技创新能力，加快推进水治理体系与能力现代化，支撑保障国家水安全，具有重要的现实意义。这不仅给行业科技进步提出了崭新的课题，也为水利学科建设和发展尤其是学科优化调整、资源整合带来了新的机遇。

二、水利学科近年的最新研究进展

水利学科是一门涉及自然科学、技术科学和社会科学的综合学科，是以认识自然、改造自然、为人类生产和发展服务为目的的应用技术科学，涉及气象学、地质学、地理学、测绘学、农学、林学、生态学、机械学、电机学以及经济学、历史学、管理科学、环境科学等多个学科门类。水利学科的逐步发展，为不同时期的水利建设提供了科学的理论、方法与技术手段。近年来，我国水利学科以服务支撑国家和行业改革发展重大需求为导向，得到了长足的发展。水利学科的研究视野和范围得以大大拓宽，通过采用和发展一系列新的理论和技术，若干分支学科取得了不少创新性和有发展前景的成果，极大地推动了我国现代水利事业的发展。

（一）学科研究水平稳步提升

1. 水力学

水力学是研究河流、湖泊、海洋等天然水体和水工建筑物周边水流流动状态的基础学科，主要为水利工程设计、河湖治理规划、水资源综合管理、防洪减灾分析、河湖生态修复、水土流失与治理、水力机械设计等提供理论和技术支持。

（1）工程水力学。近年来南水北调工程、引汉济渭、引江济淮等长距离输水工程的规划、建设与运行，促进了我国工程水力学的进一步发展。通过跨学科集成，逐渐形成了输水工程水力控制这门跨学科理论，研究输水工程中水力瞬变或者非恒定流的规律、仿真及控制，为输水调度水力控制问题的解决提供了支撑。南水北调东、中线等大型输水工程的建设促进了无压输水系统水力控制理论与技术的发展。随着大伙房水库输水工程（世界上在建同等规模最长隧洞）、引黄入晋（二期）等输水工程兴建，有压输水控制理论和技术的研究不断深入。在无压、有压混合输水方面，我国首创基于多功能调节堰井的分段低压输水新技术。近年来，在冰情模拟和预报、冰水力学机理、冰期安全输水水力学、原型监测和防凌技术等方面均取得了新的进展。水力式升船机是我国自主研发的一种全新的升船机型式，在水力驱动系统同步技术、高水头下充泄水阀门防空化及振动技术、船厢运行平稳技术及抗倾斜技术等重大技术问题方面取得了创新性成果。

（2）环境水力学。主要研究污染物质在水体中的输移、扩散规律及其应用，研究内容十分广泛。污染物近区有关的射流理论由规则边界中静止环境内的平面与单孔射流向复杂流动中的复杂射流发展；多种技术被应用到现场监测和室内试验中，为环境水力学的发展提供了技术支撑；近年来，流域与区域水环境安全保障和流域重大治污工程应用方面的需求强劲，促成了以“动力调控 - 强化净化 - 长效保障”为核心的城市河网水环境提升技术体系的建立。

（3）计算水力学。随着数值模拟方法研究的不断深入和计算机技术的不断发展、信息技术的不断进步，浅水流动的数值模拟研究经历了从一维到二维再到三维的发展过程。为了解决工程水力学问题，自主研发了多种浅水流动数值模拟软件。为了模拟大变形、强冲击、自由表面变化剧烈的水力学问题，提出了 SPH 方法，目前已应用于海冰 / 河冰模拟、自由表面流、高速碰撞与爆破、水下爆破、船舶流体力学等多个方面。

（4）生态水力学。生态水力学发展初期的主要研究对象为鱼类，且集中在对珍惜鱼类的研究，随着人为扰动对生态系统影响的深入，研究对象逐渐扩展到主要经济鱼类、植物、浮游生物等生态系统重要指示性生物。生态水力学模型逐步拓展应用在河流、湿地、河口海岸、海洋等动态水环境中。生态修复技术是生态水力学研究的重要应用，现阶段建造微生境或替代生境等技术得到了成功应用。目前生态水力调控技术的研究热点是生态流量的确定及生态调度，为区域水安全提供了技术保障。

2. 水文学

水文学是研究地球上水循环的科学，主要研究内容包括地球上水的形成、循环、时空分布、化学和物理性质以及水与环境的相互关系，为防汛抗旱、充分合理开发和利用水资源，不断改善人类生存和发展环境条件提供科学依据。

（1）水文监测技术。随着电子信息和传感技术的发展，水文监测技术全面进步。2018 年与 2006 年相比测站总数增加了 3.14 倍。水位流量单值化、流量泥沙异步测验等研究实践不断深化，雨量、蒸发等水文要素的采集、传输实现了自动化，水质、流量、泥沙、墒情等在线监测取得了重大进展，启动了城市水文、水生态监测等，拓宽了水文服务领域。

（2）水文模拟技术。发展完善了变化环境下产汇流模拟理论，提出了分层模拟非饱和带水分运移情况的同位素示踪模型，阐明了微地形坡面对产汇流的影响机理，揭示了大孔隙流对流域产汇流的影响机制，建立了时空动态组合的蓄满和超渗产流理论；提出了“带门槛水库”等多种描述社会用水过程的非线性模拟方法，进一步揭示了人类活动影响下的产汇流机理。

（3）水文气象研究。开发多源定量降水估算，应用于暴雨监测预警和洪水预报。开展无资料地区及中小流域暴雨山洪监视预报技术研究，研发了基于雷达和自动雨量站监视的山洪动态临界雨量（阈值）应用技术；研发适应“短历时、高强度”暴雨特点的城市雨洪模型。10~30 天的中期延伸期降水预报从方法和产品实用性上均取得重大进展。利用多模式综合集成技术，延长降水预见期和降低预测不确定性。

（4）水文分析计算。在基于风险分析理论的防洪标准研究、气候变化和人类活动对设计成果的影响、水文过程对环境变化的响应机理、水文极值时空分布的演变规律、非一致性水文系列概率分析理论以及不确定性评估方法等方面取得了一系列重要研究成果。初步提出了暴雨洪水相似性分析的指标体系，将实时暴雨洪水与历史暴雨洪水进行相似性分析，推选出与实时暴雨洪水相类似的历史暴雨洪水，为暴雨洪水研究提供了一条新思路。

（5）水文作业预报。采用人工神经网络、K 最临近等方法与卡尔曼滤波方法相结合的途径，耦合抗差理论，利用实时水情、人类活动和历史洪水等多种信息，建立了综合性实时洪水预报校正方法，发展了中国特色的专家交互式洪水预报系统。水文部门逐步开展了中长期水文预测业务，主要基于前期水文气象影响因素，预测全国降水量及主要多雨区、少雨区分布情况，重点地区洪水、干旱、枯水的形势，以及主要江河和重点大型水库来水量情况。

3. 水资源

水资源学是对水资源进行评价，制定综合开发和合理利用水资源的规划，解决水资源供需矛盾，以及对水资源实行管理和保护的科学体系。

（1）水资源基础研究。在国家重大科技项目的支持下，开展了水循环演变机理与水资源高效利用等核心关键技术研究。在完善水循环及其伴生过程监测技术体系的基础上，揭示了水系统中“五水”（大气水、地表水、地下水、土壤水和植物水）转化和冰冻圈地区水体多相态转换机制及水资源演变机理，同时在水循环综合模拟模型技术方面取得长足发展。对水循环系统中农田、城市等组分的水循环过程以及江河湖库水系开展了深入研究，原创提出了“自然－社会”二元水循环基础理论，建立了基于水循环的水资源“量－质－效”全口径多尺度综合评价方法、水资源综合模拟与调配模型方法、流域水系统理论和分析方法、绿色水资源分析评价方法、水资源脆弱性和风险分析方法等，发展了水循环调控理论与模式，形成了水分利用从低效到高效转化的基础认知和实施方案，为水循环及其伴生过程演变机理认知和水循环系统的全过程综合治理实践奠定了良好基础。

（2）水资源调配规划与管理。在重点区域与重大水资源配置工程规划的驱动下，我国长期重视水资源调配科学技术研发，国家科技支撑计划从“七五”至“十二五”全过程设置了水资源调配研发项目，包括“四横三纵”水资源宏观配置战略、南水北调水资源综合配置与运行调度、长江上中游梯级水库群优化调度、数字流域关键技术等。发展至今，我国水资源配置规划理论方法处于世界先进水平行列。我国在水资源评价、水资源实时调度、水管理制度建设等基础研究与应用基础研究方面开展了有益的探索，形成了一些具有自主知识产权的技术。我国在国家层面开展了水资源监控能力建设和防汛抗旱指挥系统建设等业务，在流域和区域层面开展了大量的信息监控工作。

（3）综合节水。经过多年发展和积累，我国已逐步建立了节水型社会建设理论体系，建立了成套管理技术，研发了各专项节水技术，公众节水参与意识显著提高，实现了由单项节水技术向行业多环节和区域多行业的目标系统化、技术集成化、管理综合化、措施多元化综合节水的发展转化，在理论与管理技术层面处于国际领先水平，在专项节水技术方面个别成果也达到国际先进水平。基于作物水分亏缺补偿原理形成了作物非充分灌溉和调亏灌溉技术系统，成为世界上最先进的灌溉农业节水技术之一；研制开发的一批适合国情、具有自主产权与国际竞争力的节水新产品与设备，在国际市场上占有一席之地；在集雨补灌、生物节水、低成本节水灌溉技术与设备等方面居国际领先或并跑水平。

4. 河流泥沙工程

河流泥沙工程学科是一门交叉性和综合性的基础技术科学，研究泥沙及其伴随的物质在流体中的起动、悬浮、输移和沉积规律，是水利工程学科的一个分支。近期，围绕新要求和解决新问题，河流泥沙工程学科取得了重要进展。

（1）流域产沙与水土保持。围绕流域产沙，重点探讨了坡面－沟道－河流系统中坡面侵蚀产沙、沟道产沙、泥沙输移之间的内在联系，编制完成了《中国土壤侵蚀地图集》；建立了坡面、小流域和区域尺度的土壤侵蚀模型，并应用于第一次全国水利普查中的土壤水土流失调查；揭示了沟壑整治工程的侵蚀阻控机理，创新了生态 – 安全 – 高效的淤地坝规划、设计与建造技术体系；构建了多因子影响的流域水循环分布式模型和泥沙动力学模型，提出了多目标多层次多方法的流域水沙变化趋势预测集合评估技术方法。围绕黄土高原水土流失综合治理，提出了坡面降雨径流调控与高效利用、沟壑整治开发与工程优化配置建设、植被景观配置与可持续建设、水土保持耕作、水土流失动态监测与评价等关键技术。在丘陵红壤水土保持和崩岗治理模式方面，形成了治坡 + 降坡 + 稳坡三位一体崩岗治理模式。建立了土壤侵蚀的监测系统和天地一体化水土流失监测模型，研发了基于高分影像和云数据管理的生产建设项目水土保持监管系统，在全国实现生产建设项目监管全覆盖。

（2）泥沙运动与河床演变。在泥沙运动基本理论方面，对非均匀悬移质不平衡输沙、推移质运动规律进行了深入拓展研究。揭示并证实了粗细泥沙交换是冲积河流河道演变的普遍规律，突破不同粒径冲淤性质相同的流行看法；建立了统计理论挟沙能力的理论体系，导出了平衡与不平衡条件下恢复饱和系数的表达式；突破了粗化只存在于冲刷的传统观点；证实了挟沙能力多值性的存在。建立了泥沙运动的动理学理论，给出了关键泥沙运动过程的数学力学描述，突破了经典泥沙运动理论严苛适用条件的限制。提出了天空河流的概念，初步识别了天河的分布，拓展了云水资源利用的研究范畴。在河床演变方面，揭示了河床演变均衡稳定机理和河道形态弯曲变化机理，开发了河床演变均衡稳定数学模型；提出了冲积河流河床演变的滞后响应理论和模型。在流域泥沙配置与利用方面，围绕黄河干流泥沙优化配置的理论与模型、潜力与能力、技术与模式、方案与评价等进行了系统研究。

（3）河道治理与工程泥沙。针对长江河道治理，揭示了三峡水库泥沙运动机理以及人类活动影响下长江中下游河道水沙输移机理、河道演变和江湖关系变化及其影响，预测了水库和坝下江湖冲淤变化趋势，提出了多目标水库优化调控方案，以及中下游河道（航道）治理方案与治理新技术。围绕黄河河道治理，阐明了“揭河底”冲刷期河床调整规律和工程出现墩蛰崩塌等重大险情的机理，揭示了基于洪水与泥沙资源利用、滩槽水沙优化配置及下游河道综合减灾效应最优的宽滩区良性运行机制，提出了洪水泥沙调控模式与综合减灾技术。提出了淮河中下游、珠江治理的治理对策与措施。对多沙河流水库“蓄清排浑”运用方式进行了优化和精细化研究，研究提出了基于沙峰调度和汛期“蓄清排浑”动态运用的长江上游溪洛渡、向家坝与三峡梯级水库泥沙联合调度方案集；黄河调水调沙是解决黄河泥沙问题的一项重要措施，增大小浪底水库的入库水沙动力、把握好动力作用时机、尽可能创造有利的库区地形条件，可以有效地增大小浪底水库异重流的排沙比。在航道整治技术方面，提出了长河段航道系统整治原则和设计参数确定的新方法，提出了多目标协同的滩涂港口岸线利用技术，研发了高精度、高时效的回淤预警预报系统，实现了逐日、厘米级的精细化回淤预报。

（4）泥沙模拟与泥沙监测。在泥沙物理模型方面，研制出以膨胀珍珠岩和合成生物质为基材的优质新型模型沙；提出基于水沙边界概化方式消减时间变态影响的试验控制措施；提出考虑临底悬沙造床作用的模型设计方法；提出了典型航道整治建筑物结构（系接混凝土块软体排）的模拟方法；研发了高精度水沙测控系统。在泥沙数学模型方面，发展了洲滩及河岸变形计算模式，提高了演变趋势预测及工程效果分析能力；完善了非均匀沙挟沙能力、恢复饱和系数、混合层厚度、断面冲淤分配、水库异重流、河口黏性沙絮凝沉降和起动冲刷等模式；实现了长江上游水库群泥沙冲淤与水库调度的同步联合模拟计算；水生态、水环境计算模式被逐渐引入水沙数学模型。近年来，浊度法、激光衍射法、声学后散射法以及遥感影像法等新技术在泥沙测验中得到了广泛的发展和应用，取得了很好的应用效果。

5. 抗旱减灾

（1）抗旱预案编制技术研究。2005 年，国务院颁布了《国家防汛抗旱应急预案》。2006 年编制完成《抗旱预案编制大纲》，首次研究提出了我国抗旱预案的分类、干旱预警指标及等级划分标准、应急响应措施等方面的技术要求，确定了抗旱预案的内容和格式。2013 年编制完成了水利行业标准《抗旱预案编制导则》（SL 590—2013），对于编制和修订完善抗旱预案具有重要的参考和指导作用，全面提升了我国抗旱预案编制的整体水平。

（2）抗旱规划编制技术研究。2011 年 11 月，国务院审议通过并批复《全国抗旱规划》。其是新中国成立以来我国编制的第一个关于抗旱减灾工作的全面规划，是对区域抗旱减灾工作的整体性部署，是我国抗旱主管部门开展抗旱工作的重要战略性、指导性、基础性的文件。规划明确提出了我国东北地区、黄淮海地区、长江中下游地区、华南地区、西南地区和西北地区抗旱减灾体系布局的思路和重点，明确了未来 10 年抗旱应急备用水源工程体系、旱情监测预警和抗旱指挥调度系统的建设任务。

（3）旱情旱灾评估标准研究。《旱情等级标准》（SL 424—2008）和《干旱灾害等级标准》（SL 663—2014）的颁布，重点解决了旱情、旱灾评估由点到面的问题，解决了农业、牧业、城市旱情、旱灾评估，因旱农村饮水困难评估以及区域综合旱情、旱灾评估等问题。2015 年，《旱情等级标准》上升为国家标准《区域旱情等级》（GB/T 32135—2015）。

（4）干旱监测预警平台建设。在干旱监测预警技术的应用推广方面，多个部门已建成了全国的监测系统平台。中国气象局国家气候中心研制“全国旱涝气候监测、预警系统”。水利部门 2010 年实施完成了国家防汛抗旱指挥系统一期工程建设，正在实施开展的“二期”工程，以土壤墒情监测站网为重点构建全国抗旱信息系统。部分省市也建立了自身的干旱监测系统。云南省在国家防汛抗旱指挥系统“二期”工程的支持下建成了云南省抗旱业务应用系统，辽宁省防办和水文局联合中国水科院建立了辽宁省抗旱减灾管理信息系统。

（5）旱灾风险评估技术研究。旱灾风险评估方法主要有四大类：①基于随机理论的旱灾风险评估方法。即利用数理统计方法，对以往的灾害数据进行分析、提炼，找出灾害发展演化的规律，计算得到风险概率，以达到预测评估未来灾害风险的目的。②基于灾害系统理论的模糊综合评估方法。即从致灾因子的危险性、承灾体的暴露性和灾损敏感性以及抗灾能力等方面着手建立评价指标体系，进而实现旱灾风险的等级评价。③基于物理形成机制的旱灾风险评估方法。这类方法建立在旱灾风险形成的物理过程之上，能够反映风险构成要素之间的内在联系和演化过程。④动态旱灾风险评估方法。

6. 防洪减灾

（1）中国山洪灾害调查评价成果。开展了山洪灾害调查评价工作，初步查清了我国山洪灾害防治区的范围、人员分布、社会经济和历史山洪灾害情况，建立了全国统一调查评价成果数据库。提出了以小流域和自然村为单元的山洪灾害三级风险等级划分方法和山洪风险精细化评估的概率矩阵，形成全国山洪灾害风险评估图。

（2）中国山洪水文模型。开展了全国小流域划分及基础属性提取工作，全面系统分析了全国 53 万个小流域特征及下垫面参数特征，总结了不同地貌类型小流域产汇流参数空间分布特征，在此基础上建立了全国小流域暴雨洪水分布水文模型，推动了中国小流域水文模型的进步和山洪灾害监测预警技术的巨大进步。

（3）国家山洪灾害预警平台。建设了以高性能计算集群为核心的大数据支撑运行环境、以全国调查评价海量数据为核心的山洪灾害防御时空大数据和“一张图”，以山洪灾害监测及洪水实时模拟为核心的全国山洪灾害监测预警预报及信息服务系统，实现了全国山洪灾害防御海量时空大数据的管理、多源异构复杂数据的高效组织和信息服务。

（4）洪水预报预警调度技术。开展了山洪预警预报、风险指标确定、预警预报导则编制等研究，构建了覆盖全国的山洪预警预报指标体系和灾害防治框架。开展了综合实时洪水预报与防洪工程体系联合调度研究，保证防洪安全的情况下，最大限度地发挥供水和发电等兴利效益。

（5）洪水风险信息表达技术和防洪决策支持技术。洪水风险信息的表达伴随信息技术的发展，先后经历了传统形式（报表、文字）→数字化（数字流域为代表）→智慧化（数据模型驱动的信息表达为代表）→虚拟现实等展现形式。当前人工智能、大数据、云计算等新技术发展迅速，为洪水风险信息的表达提供了新的契机，开展了相应研究。

（6）洪涝灾害遥感监测技术。重点针对 GF-3 号卫星 SAR 影像特点，研发单极化 SAR、双极化 SAR 和全极化 SAR 数据的水体自动提取方法；研究影像山体阴影剔除方法，从而提高了洪涝灾害水体提取的精度；基于改进变分水平集方法，定量化反演洪水淹没历时，实现具有时空一致性的洪涝淹没历时专题图制作。

（7）洪水风险图相关技术。开发了二维溃坝洪水系统软件和简易溃坝洪水分析系统软件，能够模拟瞬时溃、瞬时局部溃和逐渐溃决三种溃决模式。在全国洪水风险图（一期、二期）试点项目中，开发完成了城市洪水分析系统软件、防洪保护区洪水分析系统软件、蓄滞洪区洪水分析系统软件、洪泛区洪水分析系统软件等。突破了以往分散、封闭的开发模式，开发了通用化洪灾损失评估软件。

（8）长江梯级水库群联合调度技术。针对梯级水库群优化调度研究中面临的“维数灾”，需要兼顾防洪、发电、供水、航运和生态等多目标问题，构建了集模拟、预报、调度与评价为一体的技术体系。开发了三峡及长江上游特大型梯级枢纽群、雅砻江流域梯级水电站群、汉江梯级水电站群等巨型、复杂水库群联合调度决策支持系统。

7. 农村水利

近年来，农村水利学科紧紧围绕我国节水灌溉、灌区节水改造与建设、泵站更新改造、农村饮水安全等发展需求，从微观研究到宏观战略，从基础研究到技术研发和推广应用，取得了丰富成果。

（1）农田水循环及相关过程与模拟。农田水循环研究从以往单一过程研究或者水－盐、水－碳、水－氮、水－热等两过程耦合关系研究，逐渐发展成为多过程耦合的研究，包括农田土（植）－气界面水、热、碳通量及其耦合关系的研究，农田水、盐、热、氮迁移转化与作物生长过程耦合的研究等，相关模拟模型的研发取得了显著进展。灌区水转化研究借助于空间信息技术，充分考虑影响因素的空间异质性，已逐步从土壤水或地下水单项研究，过渡到统一考虑灌溉水、土壤水与地下水的综合研究，实现对灌区水转化过程的准确描述和水分利用效率的有效提升。

（2）节水灌溉理论、技术与装备。节水灌溉由传统的“丰水高产型灌溉”向“节水优产高效型调控灌溉”转变，形成了以节水、优质、高效为目标的作物非充分灌溉、调亏灌溉及根系分区交替灌溉的理论与技术体系。节水灌溉技术与设备研发取得了重要进展，基于量质耦合的作物调控灌溉控制技术、精确施肥灌溉新理论新方法、内陆盐碱地农业灌溉新技术以及地埋式自升降管灌取水器、自升降式喷灌设备、高效抗堵塞灌水器等已在许多地区得到广泛应用。

（3）灌区建设与污染控制。创建了生态节水型灌区建设理论方法体系，提出灌区节水与面源污染防控协同新方法，研发了灌区节水减污、面源污染源头防控与资源化、耦合于排灌沟渠河道的带状与面状湿地净污系统构建与生态化、灌区智能化网络监控与优化决策系统等技术，解决了灌区“灌溉高效、排涝防渍、水肥节约”等水利功能与“面源截留、水质改善、环境优美、生物多样”等生态功能耦合的难题，并在我国灌区规划、设计、建设和运行管理中得到了广泛应用。

（4）农业用水效率测算。系统地提出了灌区和区域尺度灌溉用水效率测算分析方法，并构建了全国测算分析网络，开发了灌溉用水效率测算分析与评估信息系统，动态地跟踪并评估全国以及各省级行政区不同类型灌区灌溉水有效利用系数的变化，为节水灌溉决策、严格水资源管理制度实施提供了基础数据。我国是目前唯一开展全国及不同区域灌溉用水效率动态监测评价的国家。

（5）农村供排水与饮水安全。近年来，劣质地下水、微污染水处理技术和农村安全供水消毒技术与装置研发等取得了显著进展。出水稳定可靠的超滤膜水处理设备不仅在国内很多农村供排水工程中得到应用而且已进入国际市场，国产水质检测仪器逐步替代了发达国家的产品。污染防治、水处理、水质检测、自动化控制和节能等技术和产品均能满足我国农村供水工程的建设需要，从“源头到龙头”的农村供水技术体系已初步建立。

8. 雨水集蓄利用

雨水集蓄利用是指采取工程措施对雨水进行收集、蓄存和调节利用的微型水利工程。雨水集蓄利用是水资源管理中不可缺少的组成部分，作为雨水利用的一种主要形式，主要包括雨水收集、雨水储存、水质净化和雨水利用四个环节和直接利用、间接利用和综合利用三种利用方式。雨水集蓄利用学科的研究范围包括对天然降雨的收集、蓄存和高效利用三个方面。

我国雨水集蓄利用历史悠久，雨水集蓄利用是干旱缺水地区，特别是西部地区解决水资源匮乏问题的伟大创举。近年来，我国雨水集蓄利用实现了从零星试点示范走向规模发展，从单项技术走向综合集成技术，从传统集雨利用走向高效综合利用，从理论探讨、技术攻关走向技术集成与技术体系形成阶段，雨水集蓄利用全面展开，技术和实践进展特色鲜明。①理论方法体系更加完善。界定了雨水集蓄利用学科的定义、范围和基本框架，完善了集流面积和蓄水容积的计算方法，提出了集流面和蓄水工程的主要结构形式，提出了雨水集蓄利用在生活供水、发展灌溉、养殖业以及恢复生态植被等方面的利用模式。②雨水集蓄利用技术逐步成熟。雨水集蓄利用已从理论探讨、技术攻关走向了技术集成与技术体系的形成阶段，实现了雨水的高效和综合利用。③利用范围和途径不断扩展。利用范围从西北和华北的干旱、半干旱缺水山丘区向西南、中部以及南方沿海等季节性干旱地区延伸；利用途径从单一地解决农村生活用水向补充农业灌溉延伸，利用规模不断扩大。城市雨洪利用发展迅速，在集蓄雨水补充城市生态用水和回灌地下水、城市雨洪综合管理等方面已开展了许多有益的探索。

9. 环境水利

环境水利学是研究水利与环境相互关系的学科，其研究对象既包括水利建设引起的环境问题，也包括环境变化对水利建设的影响，研究宗旨是协调水利多目标建设与生态环境保护的关系，使水利建设在支撑经济社会发展的同时统筹环境效益，实现“人水和谐”的可持续水利发展目标。近年来，最严格水资源管理制度和生态文明制度的建设、国土空间规划体系实施等国家需求极大推动了环境水利学在水资源保护、水利建设环境影响评价与调控、流域（区域）生态安全维护等方面的发展。

（1）水资源保护。形成了以维护水体功能为核心，涵盖水质保护、河湖生态需水保障、水生态保护与修复、地下水保护等方面较为完整的学科体系，完成了国家层面的水资源保护规划工作。形成了系统的“评估—调控—治理—考核”的水功能区水质保护理论方法和技术体系，制定了《全国重要江河湖泊水功能区主要污染物纳污能力核定及限排总量控制方案》；开展了敏感生态需水量计算方法的探索，并在水利规划和建设项目的环境管理中得到广泛应用；开展了主要河湖水域岸线、水生态保护红线的划定与管理，提出了一系列河湖生态保护与修复工程原理和技术，促进了传统水利工程技术向绿色水利发展；建立了地下水开采总量控制、地下水水位预警、地下水污染综合防控等技术体系。

（2）水利建设环境影响评价与调控。针对水利水电工程生态环境影响评价，在强化传统方法的同时，加强各种新方法和新技术的广泛应用，尤其定量评价方法发展势头强劲，水环境影响评价形成了较完整的河湖零维、一维、二维水质模型模拟评价体系，生态环境影响评价形成了生态系统完整性影响评价和敏感目标影响评价两大类评价技术体系。规划环评中战略规划环境影响评价、可持续发展理论与评价方法等综合性评价方法也得到迅速发展与融合，并呈现出评价技术与规划技术的耦合趋势；水利建设环境保护新技术、新工艺的发展呈现百花齐放态势，各类新技术层出不穷，在不同的工程中得到广泛应用；提出了生态水利工程的内涵、建设目标、总体思路、建设准则以及全周期生态保护要求，对新时期下推广生态水利工程建设意义重大。

（3）流域（区域）生态安全维护。流域生态补偿、流域综合管理、流域水资源承载力预警机制等一直是近年研究热点。国家层面组织开展了太湖流域水环境综合治理、海河流域环境管理、新安江流域生态补偿、东江流域国土江河综合整治、滦河流域国土江河综合整治和长江经济带生态保护规划编制等工作；围绕经济区、省级行政区、城市等不同区域尺度，近年陆续启动了水生态文明城市建设试点、海绵城市建设试点、京津冀协同发展、六河五湖综合治理与生态修复、海南省“多规合一”试点、全国重点河湖生态流量保障试点等工作。

10. 水工混凝土结构与材料

水工混凝土结构与材料学科主要研究水利水电工程中的混凝土建筑物，包括混凝土坝、闸坝、水闸、渡槽、泵站及输调水混凝土渠道等，分混凝土结构与混凝土材料两个方向。

经过三峡、南水北调、锦屏、小湾、溪洛渡、向家坝等大型跨流域调水、高混凝土坝工程的建设、运行、管理实践，国内水工结构与材料学科发展迅速，在高坝设计分析方法及安全运行，碾压混凝土坝碾压及温控过程的信息化监控，堆石混凝土面板坝变形协调和动态稳定止水理念，胶结砂砾石坝材料配置方法，性能指标体系和结构设计准则，超大型输水渡槽工程设计理论及施工水平，水闸结构抗震设计方法及其生态景观与文化功能，船闸及升船机工程结构选型及布置方案，隧洞、输水管道和渠道的结构形式及设计方法，高性能长寿命混凝土材料的开发应用及其性能演变规律，抗裂改性沥青混凝土，结构修补加固材料，高精度自动化监测及检测设备与技术，智能温控技术，抗震安全评价等专业方向取得了一系列重要进展。另外，高混凝土坝智能化建设和管理、结构高精度仿真分析和评估、监测检测智能化、大口径输水管道安全评估与爆管预警等成套技术在重大工程中得到系统应用或入选水利先进实用技术重点推广指导目录。

我国水工混凝土结构与材料学科在特高坝结构设计与体形优化、大体积混凝土温控防裂、混凝土施工智能监控、高强低热混凝土配制等领域已跻身国际领先水平。但是，混凝土坝设计基础理论研究的系统性仍有待加强，以有限元为代表的现代分析方法仍缺乏被普遍接受的控制标准，设计规范和建设技术标准仍未得到国际广泛认可。此外，在泵站结构振动、渡槽预应力损失、特种混凝土研发和应用、新的检测方法与设备开发、大坝安全耐久性评估、大坝风险分析与管理、修补加固材料及核心装备研发制造等专业方向，与发达国家相比还存在一定差距。

十四五期间，依托国内工程建设和运行管理，学科应进一步加大复杂地质条件、低热水泥混凝土筑坝、高寒地区筑坝、深埋长隧洞建设、工程建设智能化管控等核心技术攻关力度，使水工结构工程更安全、更智能、更生态；积极促进科技成果转化，使新方法、新结构、新技术和新材料得到充分有效利用，同时激励科研人员在学科发展中进一步创新；融合信息技术、智能技术和各种新型材料技术等现代方法技术，全面推进学科交叉发展，使学科“老、笨、粗”的形象转化为“新、智、精”形象；积极拓宽研究和应用范围，在相关适应性研究的基础上，促进本学科成果在其他涉水学科应用，推动学科发展。

11. 岩土工程

岩土工程是将土力学与基础工程、工程地质、岩体力学以及其他学科相关成果相融合并应用于土木水利工程实践而形成的学科，主要涉及工程建设中有关岩土体的工程性质测试、利用、整治和改造的科学技术。

近年来，我国在岩土工程测试与试验技术、岩土力学基本理论与计算方法等领域研究成果丰硕，服务国家重大工程建设和公共安全保障的能力显著提升，研制了大型三轴流变仪、大型侧限流变仪、大型劣化试验仪、特大型三轴仪（直径 1 m）等设备；岩土体的本构模型以弹性模型、非线性弹性模型、弹塑性模型等为代表，一直以来是岩土力学理论研究的核心问题之一；同时在土石坝工程、岩石高边坡与地下工程、软土地基与特殊土处理技术、岩土工程防灾减灾、环境岩土工程、海洋岩土工程等实践领域均取得了长足的发展。其中，土石坝工程围绕土石坝建设与安全管理中的关键技术问题进行相关课题的研究，在筑坝材料特性研究的成套试验设备和高土石坝灾变过程模拟的离心模型试验技术及新型高土石坝安全监测设备和方法等方面取得了实质性的研究成果；近年来，岩石高边坡与地下工程围绕大型水利水电工程高陡边坡全生命周期安全控制问题，开展了高边坡岩体工程作用效应、时效力学特性、边坡与坝体—库水相互作用以及性能演化机制的基础研究；在地基与特殊土处理技术方面，创建了复合地基理论体系，研发了系列高性能复合地基技术，形成了完整工程应用体系，同时对于膨胀土以及严寒和卤水环境下岩土工程性能评估与处治，分别提出了相应处置措施；在岩土工程防灾减灾方面，研究成果主要体现在岩土工程抗震领域，分别构建不同河谷地形和沉积条件下地震波传播的解析模型和放大条件，以及坝基砂层和坝体反滤层的液化机理和分析、判别方法；在土石坝溃决模拟技术与风险评估方面，建立了均质土坝、黏土心墙坝、混凝土面板堆石坝、堰塞坝溃坝过程数学模型，为提高溃坝洪水计算精度和应急预案编制的科学性提供了理论与技术支撑；在环境岩土工程研究领域，利用固化稳定技术和竖向阻隔技术，分别系统研究了水泥固化Pb、Zn等单一和复合污染土的电阻率、孔隙液电导率等电学特性及其与重金属污染物浓度的相关性，以及膨润土泥浆施工和易性时钠化改性钙基膨润土的合理掺量（10%）；在海洋岩土工程领域，通过现场实测数据及理论研究，确定了地基水平抗力与基础变形、直径和土体密实度之间的非线性关系；在海洋新结构开发方面，自主开发了“半遮帘式”“全遮帘式”“分离卸荷式”和“带肋板的分离卸荷式”等板桩码头新结构。

12. 水利工程施工

我国长江三峡水利枢纽工程等一批高坝大库工程和南水北调工程及一批长距离跨流域引调水、输水等工程的建设，总体推动了水利工程施工技术的发展，实现了在基础处理工程、土石方（坝）工程、混凝土（坝）工程、施工导截流和围堰工程、金属结构制作与安装工程、机电设备制造与安装工程等方面的飞跃。近年来，溪洛渡、向家坝、糯扎渡、乌东德、白鹤滩等一批巨型工程的相继开工兴建，更为我国水利（水电）施工技术跨入国际先进行列创造了条件。

水利工程施工主要包括施工准备、施工技术与施工管理等内容，已成为一门独立的学科，具有规模大、条件复杂、技术要求高等特点，并在施工实践中不断探索完善和提高。水利工程施工作为水利工程学科16个二级学科之一，综合性强，涉及面广，其主要涉及导截流工程、地下工程、土石方（坝）工程、混凝土（坝）工程、地基与基础工程、边坡处理工程、堤坝工程、疏浚与吹填（围海）工程、大型机组安装技术、大型升船机安装技术、施工机械装备技术、质量实时监控技术。

我国在水利工程施工领域取得了巨大的成就，施工技术总体上已处于世界先进水平，但与发达国家相比，在技术和管理“高、精、准”方面还存在一定的差距。因此，应将提高整体施工技术和管理水平作为学科发展的重点，重点开展深覆盖层地基渗流控制技术、水利工程老化及病险问题、安全监测、抗震技术等关键技术研究，提升原创施工技术和工艺分量，提高施工机械和配套设备国产化率，促进水利工程施工新技术、新工艺、新材料、新设备的推广和应用，提高施工自动化、信息化和智能化水平，依靠科技进步，实现施工技术和管理体制的创新，促进我国水利工程施工技术的发展。

13. 小水电

小水电是指利用河川水能发电且其发电装机规模在水利水电工程分等中属于低等别的小规模水力发电站。小水电的装机容量界限在不同的国家、不同的时期有不同定义，大部分国家将小水电装机容量界限定义在10 MW及以下。目前我国定义单站装机容量

50 MW 及以下为小水电。截至 2018 年年底，全国已建成小水电站 46515 座，装机容量达到 8043.5 万 kW，占全国水电总装机容量的 22.8%。

（1）资源管理与生态保护。水利部提出“水利工程补短板、水利行业强监管”新时代治水新思路，农村水能资源作为自然资源之一，加强了农村水电信息化建设，实施对农村水能资源开发利用的统一监管。开展了农村水电生态环境影响评价及保护对策、鱼类保护、水土保持和地质灾害防治等研究。研究制定了《绿色小水电评价标准》，颁布实施了《农村水电增效扩容改造河流生态修复指导意见》，明确增效扩容改造河流生态修复目标，以及生态修复项目的设计和实施的具体要求。

（2）设备研发与安全生产。研发了一系列提高农村水能开发利用效率的新技术和新设备。研制了小水电站能效检测与评估相关技术和仪器，提升我国小水电站能效管理水平。小水电生态流量泄放和监测设备得到推广应用。研究提出了小水电站安全评价方法，构建了小水电站安全评价指标体系。

（3）自动化和优化调度技术。形成了集监控、保护、调速、励磁、辅控功能于一体的综合自动化装置，降低了自动化系统建设和运维成本；小水电集群远控可实现多个电站的一体化调度及运行管理，降低生产运营成本，同时提高流域水资源的利用率。进一步强化小水电生态流量调度，摸索出适合小水电成本控制要求和网络通信条件，建立了覆盖水情测站建设、数据采集和通信、流域气象监视、水文预报、防洪和发电决策支持等内容的优化调度系统。

14. 水利工程管理

水利工程管理学科是以水利工程项目为对象、水利技术为基础、现代管理科学为载体的一门工程管理学科，是对水利工程运营、维护实施科学管理的一门新学科。近年来，随着现代通信技术与计算机技术的广泛应用，水利工程管理学科在规范化、信息化、专业化和精细化等管理现代化方面已取得了显著成效。

（1）隐患探测。目前常用的无损检测方法有探地雷达示踪法、温度监测法、高密度电阻率法、伪随机流场拟合法、水体电阻率法。未来仍需进一步加强隐患探测技术研究，自主研发适用于裂缝、脱空、渗漏、损伤等各类隐患探测的高效、高精度设备及典型图谱。

（2）工程安全监测。随着 GNSS、三维激光扫描仪、真实孔径雷达等空间监测仪器设备不断应用，大坝安全监测仪器设备出现从点监测向面监测的方向发展。三维激光扫描属于一种全新的测绘手段，真实孔径雷达可有效测量陡峭边坡与非直线走向边坡，并能不间断对危险区域进行实时监控与有效的预警。

（3）信息技术应用。相关科研单位基于智慧管理理念，集成物联网、智能技术、云计算与大数据等新一代信息技术，设计和研发了基于大数据的“发现问题－智能诊断－匹配处置决策－处理效果反馈”的闭环模式水库大坝安全智能巡检系统，该系统具备普适性强、多途径上传、支持大数据智能诊断、实时性强等特点，并可推广应用到其他水利工程巡检。

（4）工程维修养护。“管养分离”（运行管理与维修养护分离）物业化管理的新模式，理顺了管理与养护之间的关系，建立精简高效的管理机构和符合市场法则的管理模式，促进了工程管理现代化水平的提高。高聚物注浆“微创”修理技术是新材料、新技术在水利工程维修养护领域的创新应用，是堤坝快速防渗加固技术的新发展方向。

（5）白蚁防治。为加强水利工程白蚁防治，各地在探测、治理等方面做了许多新的研究和尝试。传统探测方法为人工锥探法，利用施锥人的“吊锥”感来判断蚁巢位置。仪器探测法研究方面，经试验理论可行的技术有探地雷达技术、声频探测技术、电法探测技术、宽幅扫描管腔探测技术和气味探测技术等。

（6）大坝风险管理。通过大坝运行全过程管理，进行接受、拒绝、减小和转移风险，为大坝安全管理提出更为明确的管理目标，是大坝安全管理理念上的重大转变，也是未来大坝安全管理的发展趋势。开展了大坝风险分析与风险管理技术的创新研究；分析挖掘了水库溃坝时空规律及溃坝生命损失主要影响因子，建立了溃坝模式与溃坝概率分析计算、溃坝后果评估与综合评价等一系列方法和模型；构建了大坝风险承受能力模型，制定了适合我国国情的大坝生命、经济、社会和环境风险等级标准等。

15. 水利信息化

近年来，水利信息化取得了长足的发展，“以水利信息化带动水利现代化”成为共识并逐步落地。新一代信息技术发展日新月异，为破解复杂的水利难题提供了全新的途径，使信息采集、预测预报、分析评估、辅助决策、行业监管更加“智慧化”。

（1）信息系统模型建设。在水文自动测报的基础上，“天空地网一体化”（航天遥感、航空遥感、地面采集、网络收集的综合）的水利信息综合采集技术基本成熟并逐步应用，极大地拓展了监测的时空连续性，提高了监测精度，信息采集立体化、连续化、精细化、自动化的特征逐步显现。水利信息分类、水利数据模型、水信息资源目录和水利信息存储处理技术更加成熟。水利信息分类行业标准正式颁布实施，规范了水利数据的描述。水利数据模型发展迅速，逐步构建了基于水利对象的水利数据模型，并在基于事件的水利业务处理逻辑等方面得到了进一步发展。水信息资源目录体系构建技术发展成熟，形成了基于水利信息分类、水利核心元数据、水利信息资源目录服务的信息资源目录构建体系。用于水利大数据存储、处理与分析的体系结构、工具和方法逐步建立，在水文数据的分类、各种水文问题建模、决策支持等方面取得了显著进展。

（2）新一代信息技术应用。云计算、物联网、移动互联网、大数据等新一代信息技术的广泛应用，丰富和完善了水利信息化技术，推进水利信息化理论和应用走向深入。云计算在各级水利部门得到了深入应用，水利部搭建的基础设施云平台有力地支持了防汛抗旱指挥系统、国家水资源监控能力建设、水利财务、高分水利遥感应用示范等 13 个项目的快速部署和应用交付。物联网技术在水文水资源监测、工程安全监测和施工管理等方面的研究和应用广泛。水利移动应用在工程维护管理、公文处理、公众监督、信息查询等方面得到了广泛应用。

（3）信息化应用实践。得益于水利信息化多项重要建设管理办法、标准规范的先后出台，各项水利信息化重点工程加快推进，由基础设施、业务应用、保障环境组成的水利信息化综合体系基本形成，对水利业务的支撑能力全面提升。国家防汛抗旱指挥系统提高了防汛抗旱减灾决策的科学性和可操作性，为各级防汛指挥部门指挥防洪抗旱，处置突发事件提供了快速、有效的技术手段。国家水资源管理系统为水资源保护、调配及管理等业务提供技术支撑，提高了水资源管理的工作效率。全国水土保持监测网络与管理信息系统实现了水土保持动态监测及资源共享和水土流失及其防治效果的动态监测和评价，提升了水土保持决策、管理和服务的水平。此外，农村水利管理信息系统、水利工程建设与管理系统、水利电子政务系统等水利信息化工程的建设运行，也全面提升了对水利业务的支撑能力。随着水利信息化的发展，水利行业各单位都加快了自身信息系统的安全体系建设，根据安全风险分析分别采取了相应的安全技术措施，目前已取得初步成果。

16. 水利史

水利史是记述人类社会抵御和减轻水旱灾害，开发利用和保护水资源的历史过程，研究其发展规律以及与社会政治、经济、文化的关系的科学。水利史作为专门学科的出现，始于20世纪60年代。近年来，水利史研究向水利社会学、水利遗产保护等领域拓展，与文物、地理、农业、气象、文化等领域开展跨学科研究，在水环境、水资源、水利遗产保护与利用、水文化及其文博展示等领域进一步向纵深发展。

水利史理论与方法方面，融合了遥感与信息技术，形成了平面、立体甚至动态模型复原等水利史研究的现代方法；水利典籍与文献方面，搭建了与水利史相关的数字资源的分级分类共享体系与服务平台，建立了当代水利史、洪涝灾害和水利遗产为主题的三个专题资源数据库；水利工程与科技史研究方面，梳理了灌溉工程、防洪工程、运河工程、海塘工程等具有典型时代性和区域性的古代水利工程及其科技成就；水系水环境水资源演变研究方面，剖析了我国七大流域水环境和水资源演变历程、演变规律及影响因素；水旱灾害史研究方面，重点开展了我国历史水文调查、水旱灾害特征与规律、灾害评价与减灾方略研究，出版《中国治水方略的回顾与前瞻》；水利遗产保护研究方面，重点开展了水利遗产调研、评估以及修复等研究，已初步建立起水利遗产保护理论、技术体系；水文化研究方面，以博物馆、旅游、水利遗产展示等为载体，积极推进水文化挖掘、展示与传播，水文化实践层面已开展了有益探索和尝试。

17. 港口航道

港口与航道工程为新建或改建港口与航道和相关配套设施等所进行的勘察、规划、设计、施工、安装和维护等各项技术工作和完成的工程实体。港口与航道工程涉及固体力学、流体力学、岩土力学、水文学、泥沙科学、环境科学、建筑材料、工程机械、工程经济、工程管理等多方面专业技术，是土木工程中最为复杂的领域之一。

（1）港口与航道工程总体设计。提出了曹妃甸沙岛－潟湖海岸大型综合港口工程总体布局理念，形成了一整套充分利用该类型海岸环境条件进行港区总体布局的新方法，最终形成我国单体围填规模最大的港区。创新性地提出了粉沙质海岸航道骤淤重现期的概念，系统提出了粉沙质海岸港口水域总体布置的设计原则和方法。提出了依托潮汐通道建设航道的选线和港口开发模式，提出大丰港、洋口港、吕四港和通州湾港区的总体开发思路。

（2）港口工程水工结构。研发了新型箱筒型基础防波堤结构。自主创新开发了半遮帘式、全遮帘式和分离卸荷式三种板桩码头新结构型式，建成了国内外最大的 10 万 t 级的地连墙码头和世界上第一个遮帘式钢板桩码头，实现了板桩码头大型化、深水化发展的突破。研发了受力合理、便于施工的新型重力式复合结构，提出了上下部结构关键连接节点的构造要求和设计施工成套技术。港珠澳大桥岛隧工程建设，形成了外海沉管隧道建设和人工岛快速成岛成套技术，形成了具有自主知识产权的外海沉管安装核心技术体系。

（3）航道整治工程。研究提出了新水沙条件下荆江河段航道系统整治原则、整治参数确定方法、整治措施、建筑物新型结构及建筑物可靠度评估技术。系统研究了涉水工程与深水航道整治工程之间的影响，提出了综合目标下各方案实施时序、实施时机及协调性。针对长江口南北港分汊河段特点，创造性地提出了“固滩、限流”的整治思路，为长江口 12.5 m 深水航道向上延伸工程的建设创造了有利条件。

（4）通航枢纽工程。制定了船舶过闸吃水控制新标准，在保障船舶过闸安全前提下显著提高现有船闸通过能力；针对三峡船闸多级船闸运行特点，提出了阀门采用间歇开启这一新的运行方式，解决船闸各闸首超设计水位运行的关键技术难题；系统研究了三峡升船机船厢水力学、枢纽运行非恒定流作用下船厢对接安全、事故状态升船机安全锁定装置工作特性及船厢可逆水泵工作方式等关键技术；发明了一种利用水能作为提升动力和安全保障措施的全新升船机，实现了水力式升船机从概念模型到工程实践的重大突破。

（5）施工技术与装备。国际上首次研制了供料母船和水下整平机分离的作业水深 40 m 以上的抛石、整平、检测、一体化、机械化深水抛石整平船，发明了工作母船和整平机之间的软连接结构及水下整平机测量定位系统。攻克了外海深水条件下快速加固软土地基的关键技术，提出了水下挤密砂桩复合地基承载力、沉降及稳定计算方法。首次将大型绞吸船与大型接力泵船串联施工，形成国家一级施工工法。研制了我国首例具有自主知识产权的 20000 t 半潜船，也是迄今为止全球控制技术最先进的自航半潜船。开展了耙头、泥泵等组件和控制系统等的开发研制，提出了全新的耙头设计程序和设计方法。建成 18000 m^3、85 m 挖深特大型耙吸挖泥船，推动了我国大型挖泥船建造技术进步。针对港珠澳大桥施工需求，开展了具有独立知识产权大型专用设备的研发和制造工作。

18. 水利遥感

以高分遥感项目的开展和无人机的广泛应用为标志，我国在遥感领域进入了高速发展的阶段，在传感器方面迅速缩短了与国际先进水平的距离，定量化和业务化运行的开展使遥感应用进入了崭新的时代。水利遥感发展总的步伐与此基本一致，是实现水利信息化的主要技术支撑之一。近年来，水利遥感已成为水利行业中普遍使用的工具，遥感技术人员越来越多，应用范围越来越广，发挥的作用也越来越大。目前，遥感已广泛应用于我国地表水体提取、土壤湿度监测、旱情遥感监测、降水量预测、地下水储量变化估算、冰雪水资源估算、水环境监测、蒸散发量估算、水深估算、水面高程估算、生态环境调查、湖库库容曲线更新等水利领域，并取得了一系列重要成果。

（1）旱情遥感。作为遥感技术应用最为广泛的领域，旱情遥感监测目前正在全面走向业务化运用，已构建了适用于全国的旱情遥感监测业务化系统、卫星遥感与地面观测数据融合的区域旱情遥感监测系统和区域水体自动化监测系统。除热惯量法、相对蒸散方法外，基于微波和多维光谱特征空间的干旱监测方法也在业务中得到了良好的应用。

（2）水质监测。高光谱的发展为水质遥感监测打开了大门，已从定性监测发展到定量监测，可监测的水质参数在逐渐增加，反演精度也在不断提高。

（3）河湖管理。采用遥感技术对水域岸线的开发利用现状进行调查，对河湖管理范围内的“四乱”现象、水域漂浮物、违法采砂等进行实时监管，为执法提供线索。

（4）生态环境监测。高分辨率卫星遥感影像能够对区域生态环境进行全面、快速、客观的现状调查、动态监测与专题调查，进行生态环境影响定量评价；高分辨率遥感使得在较小的空间范围上观察地表变化以及人为活动对水土流失的影响成为可能，使水土保持遥感应用的重点由区域普查向小流域治理和单项工程过程监测与管理的方向深化。

19. 水利量测技术

水利量测技术是水科学发展的重要推动力。水利量测技术门类众多，涵盖多个学科，涉及专业面广。各种量测技术适用对象、测量范围、测量精度、应用环境均不同。按照应用领域分为模型试验技术、原型观测技术及安全监测技术；按照测量参量分为水位、流速、流量、压力、温度、水深、地形、位移、含沙量、浊度、开度等测量技术；按照技术媒介分为光学、声学、电学等测量技术。

（1）大型实体模型智能化测控技术。近年来，随着我国大江大河综合治理的逐步深入，规划和建设了众多大型水利、航道工程。为配合工程规划论证，兴建了长江防洪模型、黄河模型、鄱阳湖模型、长江口模型、珠江河口整体物理模型等一批大型实体模型。

（2）高频 PIV 测试技术。高频 PIV 技术作为经典 PIV 技术的拓展，可应用于单相及稀疏颗粒两相流的测量，研究水流的平均流速、紊动应力、能谱、相关函数等统计参数，分析水流结构的空间分布和时变过程，获得加速度、压强、应力等动力参数的时空变化规律。通过与粒子示踪测速、激光诱导荧光等技术的深度耦合，可实现水流与泥沙、污染物等颗粒物质的全场、高频、同步测量。

（3）大尺度表面流场测试技术。近年来，随着 PIV 技术的发展，PIV 技术在实体河工模型中也得到了广泛的应用，国内科研人员已开发出应用于大型河工模型表面流场测量的粒子示踪测速系统。随着软硬件的不断进步，PIV/PTV 系统也在不断发展。应用图像处理技术观测两相流有三种基本方法，分别为采用荧光染色技术、相动力学技术及 PIV/PTV 联合方法，这也是目前水沙两相流研究采用最多的方法。

（4）声学多普勒流速测量技术。利用超声波测量流速、流量的技术，在海洋观测、河流流量测验、实验室测量等多种领域内的计量测试中已被广泛应用。在应用声学多普勒原理的测流技术中，按照实际应用领域的不同，主要分为两大类：适用于海洋、河流等现场测量的声学多普勒测流剖面仪（ADCP）和适用于实验室的声学多普勒测速仪（ADV）。

（5）综合物探法病险水利工程检测技术。在综合物探法病险水利工程检测方面，采用自主研发及技术引进的形式构建了功能强大的综合物探体系，在堤坝渗流通道、浸润线、堤坝裂缝、堤坝内部空洞、松散体、滑坡体以及水下探测、隐蔽工程检测等方面得到大量成功应用。

（6）浮体运动测量技术。针对浮体运动信息高精度测量的难题，国内外有关单位运用光学图像技术开发了六自由度运动测量系统（简称六分量仪），具有非接触、大场景、高精度、无温漂、高灵敏以及可长时观测等显著优点。

20. 水生态

水生态作为一个学科的形成，是受问题导向而发展的。水生态学研究的三个核心问题分别是水生态问题的表征、引起水生态问题的原因、水生态问题的减缓对策和措施。相应地，水生态研究内容也主要包括水生态状况监测与评价、水生态保护与修复、水域生态系统管理三方面。

（1）水生态状况监测与评价。建立了指示生物、环境 DNA、水声学探测、遥感和无人机等先进水生态监测技术，出版了《长江鱼类早期资源》《中国内陆水域长江藻类图谱》等工具书，发布了《淡水浮游生物调查技术规范》等技术规程和规范；建立了适合不同水域生态状况评价的鱼类、浮游生物、底栖生物完整性评价指标体系，形成了河湖健康评价指标、标准与方法，提出了湖库生态安全调查与评估方法，发布了《水库鱼产力评价标准》《水库渔业资源调查规范》《全国河流健康评估指标、标准与方法》《全国湖泊健康评估指标、标准与方法》《湖泊生态安全调查与评估技术指南（试行）》等标准、规程和规范。

（2）水生态保护与修复。发布了《河湖生态需水评估导则（试行）》《河湖生态环境需水计算规范》等技术导则和规范，明确了七大流域重点河段均生态流量控制指标；开展了富营养化水体生态修复、湿地生态修复、近自然河流构建等一系列关键技术研究，出版《河流生态修复》《生态水利工程原理和技术》《生态水利工程学》等专著，颁布了水利部行业标准《河湖生态保护与修复规划导则》，形成了适合我国现阶段生态文明建设框架下的河流生态修复理论与技术体系；制定了《水生生物增殖放流技术规程》《三峡水库生态渔业技术规程》等技术文件；提出了复杂江河湖水系河湖连通工程水环境改善综合调控技术，出版《太湖流域河湖连通工程水环境改善综合调控技术》，创建了动力调控－强化净化－长效保障的城市河网水环境提升理论与技术体系。

（3）水域生态系统管理。开展了水生态文明建设理论、模式、评价体系、制度体系等方面的研究和试点，发布了《水生态文明城市建设评价导则》；开展了丹江口水库、三峡水库和赤水河流域等重点区域生态补偿机制研究、长江经济带生态补偿机制深化研究、太湖流域水权交易探索研究等；进行了生态红线的含义及划定方法方面的探索，发布了《全国生态功能红线划定技术指南（试行）》；开展了河流生态修复适应性管理决策支持系统研究，解析了水生态空间管控的概念内涵，构建了流域为基础的水生态空间管控体系、水生态空间管控指标体系，提出了推进我国水生态空间管控工作思路、水生态空间功能与管控分类等。

21. 水法研究

水法研究就是以水法规、水法相关的社会现象为研究对象的法学学科，该学科既是部门行政法学的典型代表，同时也涉及行政法学、环境与资源法学等传统法学部门学科的交叉。近年来水法研究的重点主要包括水法规相关问题研究、法治水利体系建设研究、水权与水市场研究、“河长制”研究等方面。

水法相关问题研究方面，主要从平衡经济安全、能源安全、粮食安全、生态安全和应对气候变化出发，开展了水与经济、粮食、能源等相互联结的法律体系和制度，以及相应的综合管理机制研究；法治水利体系建设研究方面，重点开展了依法治水法规体系及其综合执法机制、法治水利示范点建设等研究，分析了我国（包括江苏省）治水法规体系的冲突与解决机制，形成了《江苏省法治水利示范点建设指标体系评分细则（征求意见稿）》；水权交易与水市场研究方面，重点对水市场的性质、建构模式、水价机制等方面进行了研究，构建了包括资源水价、工程水价、环境水价的水价机制，提出了中国水权市场两类三个递级层次的架构；“河（湖）长制”法律问题研究方面，提出了通过修订《水法》和制定地方性法规规范四级“河长制”，健全“河长制”制度安排，强化“河长制”考核与问责机制；节水法律与国际河流法研究方面，提出了创新节水的激励机制，提出了关于中国国际河流开发利用与保护的若干建议，包括拓展国际河流条约、完善中国关于国际河流的法律政策等。

22. 滩涂湿地保护与利用

滩涂湿地保护与利用学科是由地理学、水文学、水力学、环境与生态学、河流海岸泥沙学等多学科融合的边缘交叉科学，也是一门在工程实践中逐步形成并发展起来的水利分支学科。学科的主要研究内容包括滩涂湿地形成演化规律、滩涂湿地保护与利用技术以及滩涂湿地与人类活动的互相关系。

（1）滩涂湿地演变规律。我国在滩涂平衡剖面的发育与塑造、滩涂冲淤演变过程与机制、人类活动对动力地貌过程的影响、淤泥质海岸泥沙运动等方面取得了一系列成果。近年来更偏向于较长时间尺度，且更侧重于区域的总体宏观特征与规律分析。水动力泥沙数学模型逐渐成为滩涂动力地貌研究的重要手段；遥感与地形图、GIS、无人船、无人机相结合的技术已成功应用于岸线、滩面高程、含沙量等参数的获取，为滩涂湿地动态变化规律研究提供了技术支撑。

（2）滩涂湿地开发利用。经过多年工程实践，我国围垦技术得到快速发展，解决了不同用途围涂工程的关键技术问题。在已围滩涂垦区综合利用的总体规划和技术有了明显进步。在滩涂围垦区开发利用评价及优化决策方面，提出了约束条件，统筹考虑经济、社会、生态三个方面因素，提出了适宜的评价指标体系，为围垦区开发利用决策提供方法和工具。

（3）滩涂湿地对人类活动的响应与修复。高强度人类活动影响下滨海湿地生态环境演变的关键过程和控制因素方面取得了重要进展。在滨海湿地生态红线划定的理论基础研究方面，提出了包括自然岸线、湿地保有量、关键生态区域、入海污染负荷控制总量等海岸带管理的重要生态约束条件；在滨海湿地生态脆弱区实施了一批典型海洋生态修复工程，在较短时间内实现了生态系统服务功能的初步恢复。

（4）滩涂湿地管理。构建了滩涂围垦的生态补偿能值拓展模型。推出了沿海滩涂功能区划制度，编制了全国河口海岸滩涂开发管理规划，较好地协调了河口海岸地区经济社会发展与滩涂开发治理与保护的关系。

23. 水利统计

水利统计学是统计学的一个应用分支，是一门关于搜集、整理、显示和分析水利数据信息的艺术、技术与科学。水利统计学的研究领域包括：自然界的水资源数量和经济社会供用水量测算；水利的兴利除害与国民经济各行业发展的关系分析；水利的宏观经济效益、社会效益和环境效益核算等方面。近年来，我国的水利统计学得到快速发展，研究范围不断扩大，通过引入统计学最新理论方法取得了许多创新成果。

（1）水资源基础统计。水资源基础统计主要包括水文统计和水资源开发利用统计。大量新兴的理论、方法引入水文水资源统计领域，为水文统计学科理论体系提供了更加坚实的数学基础。大量规范、制度的出台规范了水文水资源领域相关指标概念、数据采集与分析方法、数据质量控制流程等内容，推动了水文水资源统计调查的规范化和系统化。现阶段，统计成果主要有每年的《水文统计年报》以及全国、各流域片、各省级行政区的《水资源公报》，主要介绍各地区水文设施数量、人员、经费使用情况以及我国当年的水资源量、地下水资源量和水资源总量等。

（2）水利业务统计。水利业务统计的统计范围和规范化程度也不断提高，取得了丰硕的成果。水利业务统计工作重点由查清水利设施数量、投资金额、灾害情况等，到更加关注水利建设经济效益、水灾害的损失等方面。《中央水利建设投资统计月报》《全国水利发展统计公报》《中国水利统计年鉴》都反映了水利建设投资的分析成果，《中国水旱灾害公报》《中国水土保持公报》反映了当年我国洪灾、旱灾、水土流失的基本情况及防汛抗灾、水土流失治理取得的成果。采用宏观经济理论中的模型理论以及传统统计学中的面板模型来分析水利建设投资对当地国民经济的贡献程度、采用统计模型来分析预测水害、采用生产函数模型来测算水利科技进步贡献率等新方法的应用取得了许多创新成果，丰富了水利统计的理论方法。

（3）水资源核算。水资源环境经济核算总体上还处于理论研究和方法探讨的阶段。我国以联合国发布的统计核算体系为基础，结合本国国情对水资源核算体系进行了充实和完善，形成了最新的自然资源资产负债表中的水资源核算体系。自然资源资产负债表试点工作已经结束，取得了阶段性工作成果，各地区进行了水资源存量及变动表的填报审核，为摸清我国自然资源资产“家底”及其变动情况打下坚实基础。

24. 水泵与泵站

水泵与泵站学科涉及农业灌溉、农田排水、抗洪抢险、跨流域与区域调水、工业及城镇供排水等多个国民经济建设行业，研究范畴包括水泵与泵站水力设计理论及方法、泵站运行技术、汽蚀－磨蚀－多相流、泵站水力设备、水泵制造工艺与技术、测试技术、泵站自动化与信息化等。近年来在水泵内部流动规律和能量转换机理、水力设计、动力学特性及控制、机组与泵房强度及可靠性、汽蚀和磨损、水力过渡过程、水－机组－结构耦合机制等领域取得了新进展和新成果。

我国水泵装机功率及泵站规模均为世界之最，在泵站工程实践中积累了丰富经验，部分水泵与泵站技术处于世界领先水平，高扬程离心泵的稳定运行、水泵磨损、泵系统内部多相流研究成为我国水泵与泵站学科的一大特色。但总体而言，我国水泵与泵站学科的研究力量相对分散，缺乏有效的协调，基础研究薄弱，在国际上有影响、受到广泛重视和引用的研究成果较少，重大关键技术创新能力不足。

面向节能减排、实现水资源调配及提高灌排泵站抗灾能力、粮食安全和水生态安全等国家战略需求，亟须深入开展水泵内部流动理论与水力设计方法研究，研发系列化的高性能、长寿命水泵水力模型及内部流态测试系统，促进泵站系统安全、稳定和高效运行。

25. 地基与基础工程

地基与基础工程学科是研究和解决上部建筑物与基础、基础与地基的关系，从而确保建筑物－地基体系安全运行的应用型学科。其以工程地质、水文地质、地质勘探、岩土力学、工程力学、工程结构、土木工程等理论和技术为基础。

（1）岩石地基处理。我国能够在各种岩石地基上使用以水泥为主要灌浆材料或辅以化学浆液成功地进行防渗帷幕灌浆和固结灌浆。无论从工程规模、地基复杂程度、灌浆工艺技术、灌浆材料和灌浆效果方面，我国的岩体灌浆技术都达到了国际先进水平。针对岩溶及地下水处理，开发了钢管格栅模袋灌浆技术，解决了在大溶洞、高流速、大流量情况下封堵岩溶通道的难题。我国岩体预应力锚固技术应用广泛发展迅速，几乎所有的大型水利水电工程都采用了预应力锚索，其使用数量、锚固吨位、锚索长度、锚索结构型式、预应力钢绞线和锚具体系、锚固理论研究等都达到了国际领先水平。

（2）覆盖层地基与基础。我国是世界上应用混凝土防渗墙最多的国家，目前在防渗墙规模（面积）、防渗墙深度、防渗墙墙体材料、施工工艺、施工速度方面都达到了国际领先水平。高喷灌浆工艺在原有的单管、双管和三管法的基础上改进开发了新二管法、新三管法、振孔高喷法、钻喷一体法等，新的高喷台车、旋喷钻机、高压水泵、高压泥浆泵的性能和施工能力不断提升，提高了旋喷桩或高喷防渗墙的质量，施工技术总体达到国际先进水平。

（3）大型基础工程机械。我国的基础工程机械有了长足的进步，国际上先进的施工机械国内几乎均可制造，如液压铣槽机、液压搅拌铣槽机、液压抓斗挖槽机、旋挖钻机、多功能桩机、深层多头搅拌桩机、重型冲击钻机、动力头式冲击回转钻机、新型岩芯钻机、大功率振冲器、高压泥浆泵、高压灌浆泵等，已可基本满足大中型水利水电深基础工程施工的需要。

（4）信息技术的应用。开展了高喷灌浆、振冲造孔填料、预锚张拉、防渗墙拔管等的施工过程参数进行自动记录、自动监测和控制的试验研究，有的已比较成熟，具备了推广应用的条件。灌浆自动记录仪的应用已在各项水利水电工程中普及，由初期的测记灌浆压力、注入率二项参数，发展到可以同时测记灌浆压力、注入率、浆液密度和岩体抬动四项参数；由一台记录仪配合一台灌浆机作业，发展到一个记录系统可以同时监测 8~16 台灌浆机工作；由单纯测记现场施工参数，发展到可以利用现场采集的数据直接生成灌浆规范要求的各种灌浆成果图表，再到利用无线传输和物联网技术将现场测得的数据成果纳入“数字大坝”系统。

26. 地下水科学与工程

地下水科学与工程以地球科学理论为基础，以地下水循环和水 - 岩相互作用核心为主要研究对象，研究地下水资源的勘查、评价、开发、管理，地下水环境和地质环境的调查、监测、评价和治理，地下水与人类工程活动之间的关系等。随着社会经济发展和生活水平的提高，与环境和生态有关的一系列地下水问题受到了人们的关注，地下水资源与环境相关研究与实践也得到比较全面系统的发展。

（1）地下水调查。从 20 世纪 50 年代开始，开展了全国性的地下水调查工作，为国民经济建设和社会发展提供了系统、完整的地下水基础资料。其理论成果主要表现在对中国区域地下水分布规律的认识和表述，以及在长期实践过程中形成的基岩地下水找水理论。

（2）地下水污染研究及实践。我国地下水工作者在 20 世纪 80 年代开始关注地下水污染问题，最早期的研究与实践集中在与污水灌溉、污染土体治理、矿坑废水排放等实际问题上。主要研究的污染物包括氮的化合物、磷酸盐、硫酸盐、重金属、酚和氰化物等。研究方法多为调查，有机污染物的研究处于空白。90 年代以来，相继开展了地下水脆弱性评价、地下水有机物污染调查与评价、垃圾渗滤液对地下水的污染及防治、污染含水层修复理论与技术、核废料地质处置场地试验和预测等。

（3）与生态有关的地下水研究与实践。与生态有关的地下水研究在我国开始于 20 世纪 90 年代，侧重在流域或区域尺度上大气 - 土壤 - 植物系统的水分能量交换、森林对降水 - 汇流过程和土壤侵蚀过程的影响、水分与热量交换为核心的地气相互作用野外观测等方面。另一个方向是生态需水量的计算和评价。此外还开展了一系列旨在以生态环境保护为目的的调查工作。

（4）地下水有关工程。随着我国经济的快速发展，大型工程无论从规模上还是数量上，都达到了前所未有的高度。目前对地下水与人类工程活动之关系的研究不仅要考虑地下水对工程的影响，而且重点关注工程对地下水环境的影响，特别是工程施工造成地下水资源量的减少、生态环境和地质环境的破坏。

（5）地下水数值模拟技术。我国地下水数值模拟的应用已遍及与地下水有关的各个领域和各个产业部门。我国地下水数值模拟领域的应用水平较高，但理论研究较少、软件开发明显落后。

（6）地下水管理及实践。20 世纪 80 年代，我国开始了地下水管理模型的研究和应用，目前几乎在所有的以地下水为主要供水水源的大城市中，针对不同问题都建立了地下水管理模型。一些典型的区域也建立了区域地下水管理模型，如河北平原、河西走廊、柴达木盆地等。近年来，地下水管理模型无论从管理的内容还是建模的方法上都有了很大的发展，在研究内容上更多地涉及社会、经济、环境等因素。

27. 城市水利

城市水利学是对城市的安全、经济、环境与水的关系进行综合研究，并运用这些研究结果指导城市水利规划、建设和管理的学科。近些年在城市防洪减灾与供排水、城市水资源利用与管理、城市水环境治理与生态修复等领域取得显著进展。

（1）城市防洪减灾与供排水。防洪除涝的理念有所转变，在城市“灰色”设施的基础上引入“绿色”措施，使雨水能够“渗、滞、蓄、净、用、排”，既可降低排水系统压力，还可改善水质，优化环境；洪涝预测预报已逐渐由传统的基于产汇流理论的经验型公式、机理型水文 - 水力学洪涝预报模型演进到综合借助当今新技术的预测预报方法，如洪涝监测预报预警、3S、机器学习、大数据分析、信息管理等技术；城市供水水源已经由传统的地表水和地下水，发展到包含外调水、再生水、雨水在内的多水源保障模式，建立了基于供水网络拓扑结构的多水源联合供水优化调度模型，突破了再生水安全利用综合技术体系；提出了海绵城市建设理念，发布了《室外排水设计规范》等技术规范。

（2）城市水资源利用与管理。开展了城市节水技术研究，包括城市节水潜力分析技术、公共与住宅建筑节水集成技术、公共建筑与住宅非传统水源利用集成技术、电厂循环水系统规模化节水集成技术、沿海电厂用水网络优化与水质水量控制节水集成技术等；针对绿地滞蓄、屋顶集流、渗井系统等雨水利用技术开展了长期的技术研发和示范，先后发布了《建筑与小区雨水利用工程技术规范》《城市雨水利用工程技术规程》等标准，建成了多个城市雨水资源利用示范工程，如北京奥运场馆雨水利用工程、天津节水型水利科技大厦等；加强了城乡水务一体化管理，在提高行政效能、统筹调配多种水源、保障城乡水安全、提高供水保障能力、改善城乡水环境、推进水务市场化等方面取得了显著成效。

（3）城市水环境治理与生态修复。发展了城市水环境治理理论方法，如河流水环境容量及其计算方法、河流水环境质量评价方法、河流水污染治理对策及方法、河流生态模式重建模式等；城市河流生态修复主要包括以污水集中处理、湿地修复等技术为主的水体外修复，开展了河流净化能力增强技术、内源消除和控制技术为主的水体内修复技术，栖息地与鱼道修复技术以及河流形态修复技术等；提出了城市水环境治理与水生态修复的主要措施，包括加大河流的枯水流量、人工增氧、河流专门化或修建净水湖、生态化工程措施、底泥疏浚等；提出了加强我国水文化建设的总体要求和落实水文化建设的各项措施，发布了《水文化建设规划纲要（2011—2020年）》。

28. 疏浚与泥处理利用

由于河湖污染底泥疏浚的产物往往是泥浆或高含水率的淤泥，往往还含有大量有机质、重金属以及持久性有机污染物，因此若不进行安全的处理和处置易对环境造成二次污染。当前关于疏浚与泥处理工程中的主要热点问题和新技术包括：黑臭河流治理中原位处理技术的使用现状及适用条件、水库清淤及城市管网清淤技术改善问题、环保疏浚技术、泥水分离与脱水技术研究及使用、大量疏浚泥处置及如何资源化问题等。黑臭河道底泥原位覆盖技术，是采用黏土含量较高的材料，把受污染的底泥盖住，以防止污染物扩散的方法；环保疏浚和工程疏浚差异较大，主要体现在疏浚施工过程中是否对污染扩散问题进行控制；河湖底泥在疏浚过程中混入了大量的水而使其呈泥浆状态，这大大增加了后期泥的处理工作量。在把泥浆变成浓泥，再进一步变干，直至变成土的过程中，泥水分离和泥浆脱水技术至关重要；如何将疏浚泥进行全量资源化，是目前国内外工程界和学术界都非常关注的问题。国际上处理疏浚淤泥的方法主要有脱水、烧结、固化三种。前两种仅适用于对小批量、高含水量淤泥的处理，且造价较高，烧结法对于含砂量过高的疏浚泥不适用。经济且适用于处理大量疏浚淤泥的方法是固化处理法，已在日本、荷兰、新加坡被广泛使用。

29. 水利工程爆破

依托南水北调中线、拉西瓦、向家坝、糯扎渡、溪洛渡、白鹤滩、小湾、锦屏等大型工程的建设和向家坝围堰、丰满旧坝等重大工程的拆除，建立了精细爆破技术体系，包括高陡边坡精细爆破开挖、大型地下洞室群爆破开挖、大型围堰爆破拆除、水下爆破、堆石坝级配料开采爆破、重建工程爆破、抢险应急爆破、岩体爆破块度控制、爆破振动控制等，提高了工程质量，保证了工程安全。

爆破安全技术与管理水平得到较大提高。为更好地推进规范化、科学化和法制化管理，我国颁布并修编了强制性国家标准《爆破安全规程》；为加强对爆破专业队伍的管理，对工程爆破人员进行安全培训考核，持证上岗，对爆破公司实行等级管理，对重大爆破工程设计施工进行安全评估，逐步推行爆破工程监理制度。

在高陡坝肩、深埋洞群、超长隧洞、土石坝填筑料开采、堰塞湖分流、堤防破堤分洪、老旧坝体加固、岩塞等领域的爆破技术已位居世界前列，但在工序自动化、顺序爆破和孔内分段微差爆破技术、计算机辅助设计系统、数据收集系统等技术领域与国外存在一定的差距。未来需要紧密结合国家发展战略需求，突破一批关键技术，不断将信息技术、智能技术与传统爆破深度融合，实现信息的互联互通，推进爆破数字化和智能化。

（二）学科发展硕果累累

1. 学科建制情况

中国水利学会是由水利科学技术工作者和团体自愿组成，并在民政部依法登记成立的全国性、学术性、非营利性社会团体，是党和政府联系广大企事业单位、高等院校、涉水组织和水利科技工作者的桥梁和纽带。经过 80 多年的发展，中国水利学会已发展成为拥有 8 万余名个人会员、53 个专委会和工作委员会、136 个单位会员，36 个省级和计划单列市水利学会的大型科技社团，成为发展我国水利科技事业的一支重要社会力量。中国水利学会始终秉承立会宗旨，坚持围绕水利中心工作、服务大局，积极践行新时期治水思路，充分发挥跨行业、跨部门、联系广泛以及知识密集、人才荟萃的优势，不断开拓进取，在学术交流、科学普及、科技奖励、技术咨询、成果评价、咨询培训、人才举荐、技术职称、学科认证、展览展示等方面开展工作，多次荣获中国科协“全国先进学会”“优秀社团”，民政部“全国先进民间组织”等称号。

2. 重大科技成果

2011—2018 年，水利科技重大成果共获省部级以上奖励 2100 余项。其中，国家科技进步奖一等奖 5 项、二等奖 45 项，国家技术发明奖二等奖 2 项；大禹水利科学技术奖特等奖 8 项、一等奖 67 项、二等奖 129 项和三等奖 149 项。中国水利水电科学研究院主持完成的“流域水循环演变机理与水资源高效利用”、南京水利科学研究院主持完成的“水库大坝安全保障关键技术研究与应用”、河海大学主持完成的“生态节水型灌区建设关键技术及应用”，分别获得 2014 年度、2015 年度、2016 年度国家科学技术进步奖一等奖。其间，累计出版专著 2600 余部，发表论文 106600 余篇，其中 SCI、EI 收录 32000 余篇，占论文总数的 30% 以上；获得各项专利授权 21100 余项，其中发明专利 6400 余项，实用新型专利 10000 余项，软件著作权 4500 余项。

3. 科技人才培养

截至 2018 年年底，全国从事水利科技活动人员共 56700 余人。其中，水利科技专业技术人员46000余人，占81%，管理服务人员10700余人，占19%；具有高级专业技术职称的21200余人，占37.5%；具有硕士及以上学位的19000余人，占33.5%。水利科技专业人员中国家级科技人才500余人次，省部级科技人才700余人次。其中，"十二五"以来，张建云入选英国皇家工程院外籍院士，王超、胡春宏、钮新强、邓铭江、孔宪京等入选中国工程院院士，夏军、倪晋仁等入选中国科学院院士，165人入选水利部"5151"人才，20人入选水利部青年科技英才。2015年，中国水利水电科学研究院贾仰文负责的"流域水循环模拟与水资源高效利用"和南京水利科学研究院王国庆负责的"水利应对气候变化研究"入选科技部"重点领域创新团队"。河海大学王沛芳负责的"水资源高度开发的河流水、沙及污染物生态效应"、天津大学钟登华负责的"重大水利工程安全性的基础理论研究"、北京大学倪晋仁负责的"河流多物质相互作用及其通量效应"分别入选2015年度、2017年度和2018年度国家自然科学基金创新研究群体。

4. 科技创新平台

截至2018年年底，水利行业省部级以上重点实验室、工程技术研究中心等科技创新平台175个，包括国家级平台15个，省部级平台160个。其中，部属单位53个，地方单位57个，共建高校65个。依托中国水利水电科学研究院建设的"流域水循环模拟与调控国家重点实验室"，依托南京水利科学研究院、河海大学的"水文水资源与水利工程科学国家重点实验室"分别于2015年、2018年被科技部评估为"优秀"。目前正在运行使用的单台套价值大于50万的科研仪器设备1600余台套，总价值19.29亿元；对外开放共享使用仪器设备数占总数的79.4%。

5. 科研经费投入

2011—2018年，水利科技经费总投入490余亿元，其中中央财政投入167余亿元，地方财政投入75余亿元，其他投入250余亿元。其中，"十二五"期间，水利部公益性行业专项投入9.76亿元，"948"计划投入2.16亿元，科技推广计划投入2.33亿元。2016—2018年，主持或参与国家重点研发计划"水资源高效开发利用""重大自然灾害监测预警与防范""典型脆弱生态修复与保护研究"等涉水重点专项的项目课题801项，合同经费总额24.61亿元；主持和参与的国家自然科学基金项目1176项，合同经费总额8.02亿元。此外，2011—2018年，中国水利水电科学研究院、南京水利科学研究院、长江科学院及黄河水利科学研究院的中央级公益性科研院所基本科研业务费投入5.91亿元。

三、水利学科国内外研究进展比较

水利学科建设是集科学研究、人才培养、学术队伍、学科方向和基础条件于一体的综合性建设。经过大力投入和长期建设，我国水利学科布局得到不断优化完善，核心竞争力得到显著增强，泥沙研究、坝工技术、水资源配置和水文预报等部分领域已处于世界领先水平，但在建设发展过程中仍然存在一些问题和不足。对标国际一流水平，我国水利科技创新综合实力仍存在差距，原始创新能力较弱，关键技术对外依存度较高，在国际上有重大影响力的高水平成果不多，与引领行业创新发展的要求还有较大差距；国际一流专家、高层次领军人才和国际化拔尖人才缺乏，人才对外交流合作不够，没有形成在国际上有强影响力的优势学科，在国际上学术地位还有待提高。

1. 水旱灾害防御与风险管理

在水旱灾害防御领域，由于我国起步较晚、技术原创性不足、科技与业务结合度不够、宏观布局整体性有待加强，尤其是在人口密集地区极易造成巨大社会冲击。与不断发展的国际先进技术相比，我国的预报技术处于世界先进水平，但在信息的挖掘、决策理论和应急管理等方面还有差距。主要表现在：前沿基础研究亟待加强，关键装备与核心技术研发原创性不足，水旱灾害信息共享与服务支撑不够，应对特大水旱灾害的风险意识和风险防控应对能力不足，水旱灾害防御创新体系尚需完善。

（1）水文监测模拟及预报技术。随着微电子技术、通信网络技术和数学模拟技术的发展，国内外水文测验技术都趋向自动化、数字化方向发展。国际水文重点和前沿研究方向主要包括无资料或资料缺乏流域的水文研究问题、水文不确定性问题、水文非线性问题、尺度问题和水文模型等方面。定量降水预报融入洪水预报模型并实现业务化，集合预报与水文模型、水力学模型相结合，应用于洪水预报及早期预警与洪灾风险评估，是水文气象应用领域的主流趋势。径流监测、雷达测雨、DEM 和土壤植被、遥感图像等组成的水文多要素大数据日益丰富，数字高程模型应用、水文气象耦合和利用专家经验的人机交互模式等方面正成为世界上水文作业预报技术研究和发展的方向。

（2）大范围洪旱预测预警。欧洲、美国等发达地区和国家利用先进的专业技术和现代信息技术，对洪水可能造成的灾害进行及时准确的预测，发布警示信息，并逐步建立以地理信息系统、遥感系统、全球定位系统为核心的“3S”洪水预警系统，如全球洪水感知系统（GLoFAS）、欧洲洪水预警系统（EFAS）、欧洲洪水预报系统（EFFORTS）、美国地质勘探局（USGS）开发的饥荒早期预警系统（FEWS）、美国国家水文研究中心研发的大范围山洪早期预警系统（Flash Flood Guidance System）。3S 技术大范围洪旱动态监测与预测预警方面，目前我国尚处在应用性研究阶段。

（3）水旱灾害风险管理。在旱灾风险分析和评估方面，联合国减灾战略组织、美国国家干旱中心等组织和机构对旱灾风险较早开展研究。联合国减灾战略组织在《与干旱灾害风险共存——降低社会脆弱性的新思路》以及 2007 年发布的《减轻干旱灾害风险的框架与实践——旨在促进〈兵库行动纲领〉的实施》等报告中较早系统阐述了旱灾风险的概念、风险评估程序与内容等。总体来说，国外更多地注重旱灾风险内涵、概念评估模型、评估流程等宏观性、框架性研究，国内学者更多地关注旱灾风险评估技术方法的研究。目前开展的旱灾风险分析和评价绝大部分集中在农业方面，城市、生态等其他方面较少涉及。总的来说，相比于洪水风险分析，旱灾风险分析理论和技术尚存在较大差距。

2. 水资源节约与综合利用

我国在水资源高效开发利用的实践支撑和科研探索过程中形成了有中国特色的水资源科学体系，支撑了不同时期国家和区域水资源安全保障能力的提升，与国际同领域发展相比呈现出跟、并、领并存的态势，但与国家水资源安全保障科技需求相比仍有较大的差距。目前我国万元 GDP 用水量、农田灌溉水有效利用系数、工业用水重复利用率及公共供水管网漏损率等用水效率指标与发达国家相比具有不小差距。此外，国家和流域水资源宏观配置体系建设有待加强，多资源协同保障能力亟待提升，水利工程群调度多目标协同和综合效益亟需提高。总体形势概括为“需求驱动、紧跟国际、工艺滞后、部分领先”。

（1）受新时期国家水安全保障的治水实践驱动，我国水资源科学技术发展迅速并具有鲜明特色。服务于国家水管理公共政策的改革实践需求，我国水资源科学技术历经了一个快速发展时期，在节水型社会建设理论与方法、区域与跨区域水资源多目标配置与调度技术、水资源精细化评价与管理技术、非常规水利用技术等方面，全面服务国家重大需求，具有鲜明的中国特色。

（2）我国水资源科学技术发展趋势与国际保持一致，整体紧跟国际先进水平。我国当前面临的水问题与欧美发达国家工业化进程中曾经遇到的水问题存有相通之处，民生与环境改善的目标也完全一致，因此在科技发展方向上具有良好的趋同性，在流域水循环模拟技术与系统构建、需水管理与综合节水技术、海水淡化技术、点面源污染防治技术、水资源开发的河流生态效应与修复补偿研究、水信息化与 3S 技术应用等方面，紧跟国际先进水平。

（3）受精密制造和加工水平等因素的影响，我国水资源领域的部分工艺和设备水平相对滞后。相比于较为先进的水资源规划理念与方法，我国水处理和管理的相关工艺设备发展相对滞后，包括水循环信息采集与预测预报技术、水计量设备与监测设施、喷滴灌节水工艺设备、水处理膜技术、水生物微生境培育工艺等，普遍落后于国际先进水平，部分领域还没有能够完全打破国际垄断的格局。

（4）基于迫切的治水实践驱动等因素，我国在水循环基础理论处于国际领先水平。比如特色水资源科学与规划技术，包括高强度人类活动干扰下的流域“自然 – 社会”水循环基础理论和规律认知、用水强竞争区的水资源配置理论与方法、流域水沙过程模拟与配置方法等，原创特色显著，处于国际领先水平。

3. 江河治理与港口航道

总体而言，我国水沙科学理论与江河治理技术总体上处于国际前列，建立了以非均匀不平衡输沙、高含沙水流运动、异重流、水库泥沙淤积、水沙调控理论等为代表的泥沙学科理论体系，成功解决了以三峡工程和小浪底水库为代表的重大水利水电工程泥沙问题和长江、黄河等大江大河治理关键技术问题，呈现出学科特色突出、工程技术主导、服务国家需求的特点。与发达国家相比，我国在水文泥沙量测仪器、量测技术方面存在明显差距，在与生态环境协调发展的江河治理技术、多学科交叉的江河模拟技术和全流域综合管理技术等方面存在一定差距。江河治理中的强人类活动影响、水沙条件变化和河湖生态修复等问题需要加强研究。

港口航道是交通运输体系中的重要组成部分，近年来，依托一批深水港口、海上人工岛、河口深水航道整治、内河航道整治、通航枢纽、跨海通道等工程项目，创新和发展了港口与航道工程建设技术，在唐山港曹妃甸港区、董家口矿石码头、长江南京以下 12.5 m 深水航道工程、三峡升船机、港珠澳大桥等大型工程建设中得到成功应用，部分成果还在海外相关工程建设中得到推广，取得了良好经济社会效益和示范作用。但与国外先进水平相比，我国在沿海港口极端气象水文灾害监测、模拟及预警技术，港口生态环境评估、生态保护与恢复技术，建筑信息模型在港口工程中的应用技术等方面存在一定差距。在山区河流、枢纽变动回水区及坝下近坝段、平原河流、大型河口段治理等技术方面，处于与国外相当的水平。干支联网直达、江海联通的高等级航道网建设明显落后于国外发达国家。2000 年欧盟议会通过了欧盟水框架指令，旨在为所有水立法提供一个框架，提出了绿色基础设施战略，以及河流综合治理理念；我国在新型生态治理技术、绿色港口航道建设技术的研究起步较晚，与国外先进水平还存在较大差距。

4. 水生态环境保护与修复

（1）水生态监测与评价。国外特别是欧美国家在水生态监测与评价的技术、方法以及水工程生态效应等方面有很多研究成果和成功实践经验。美国拥有诸如大型河流生态系统的环境监测与评价计划、美国湖泊调查的现场操作手册等，形成了全国性的河湖健康定期评估制度。英国的《河流生境调查》（RHS）、澳大利亚的《河流状态指数》（ISC）以及欧盟的《水框架指令》（WFD）等均提供了水生态监测、评价操作标准和技术规范。国内水生态监测技术、评估体系等研究和应用起步较晚，但近年来水生态监测评估研究与应用也逐步得到重视，流域层面的、系统的监测体系在逐步建设完善，开始逐步建立了适应性较强的监测与评估体系。国内围绕三峡工程等重大水利水电建设与运行导致的水生态系统演变进行了较为全面的监测与研究，但在作用机理方面还有待更深入研究。

（2）水生态保护与修复。国际上生态需水保障、生态调度、洄游通道恢复、河岸带生态修复等水生态保护与修复研究获得了很多先进技术成果。欧美提出了“河流再自然化”等生态修复理念，形成了专门的水生态工程设计导则，还建立了一系列的流域水生态系统保护与修复规划，如莱茵河 2020、澳大利亚墨累—达令河流域土著鱼类战略、美国的国家鱼道计划等。我国迫于局部区域水生态问题的严重性，水生态保护与修复工作呈现实践先行、理论及技术紧跟的局面。基础性生态研究仍然缺乏，水生态修复工作大多停留在模仿国内外已有案例的初步尝试和探索阶段，部分单项生态修复技术在工程案例中有一些成功应用，但整合形成适用的流域水生态修复技术体系与综合应用示范方面仍待研究。此外，我国亟待开展类似欧洲的莱茵河流域、美国的密西西比河流域等各大流域尺度的生态修复工作。

（3）水域生态系统管理。20 世纪 80 年代以来，欧美国家通过流域生态系统管理来维持或恢复流域内河湖生态系统在一定水平的生态完整性，进而保障河湖生态服务功能的可持续性。也开展了流域尺度下的河流生态修复工程，并通过生态修复试验—反馈—修正进行生态系统的适应性管理。广泛建立和实施了生态补偿机制，其内容涉及河流、森林和矿产资源等领域。我国流域水资源管理正在从传统的水工程管理及水量管理，向水工程、水量、水质及水生态综合管理转变，水生态区划、水生态空间管控、水生态补偿等水生态系统管理研究与实践尚在探索阶段。因此，迫切需要通过创新性研究建立水生态红线管理制度、水生态文明建设管理制度、水生态补偿制度等，以支撑我国流域水生态系统管理。

5. 水利水电工程建设与安全管理

我国已经成为水电强国，水电装机容量和年发电量稳居世界第一。近年来，随着锦屏、小湾、溪洛渡、向家坝等一批复杂地形地质条件下的巨型水利水电枢纽工程的相继建成，我国水利水电工程建设与安全管理方面取得了长足的进展，在高坝大库勘察设计、特高坝结构设计与体形优化、大体积混凝土温控防裂、混凝土施工智能监控、高强低热混凝土配制、大型水泵和泵站技术等领域已跻身国际领先水平。在岩土物理模型试验技术方面，建成了 5 gt、50 gt、60 gt、400 gt、1000 gt 系列离心机和离心模型试验专用附属设备，综合技术指标处于世界领先地位。研制成功的高效系列液动潜孔锤，多次创造液动冲击回转钻进世界纪录（最深应用深度超过 4000 m），达到国际领先水平。在水利工程勘测基础理论研究、创新技术开发、交叉学科发展、部分领域仪器设备等方面，与国际水平相比尚存在一定差距。混凝土坝设计基础理论研究的系统性仍有待加强，以有限元为代表的现代分析方法仍缺乏被普遍接受的控制标准，设计规范和建设技术标准仍未得到国际广泛认可。在泵站结构振动、渡槽预应力损失、特种混凝土研发和应用、新的检测方法与设备开发、大坝安全耐久性评估、大坝风险分析与管理、修补加固材料及核心装备研发制造等专业方向与发达国家相比还存在一定差距。水泵与泵站学科的研究力量相对分散，缺乏有效的协调，基础研究薄弱，在国际上有影响、受到广泛重视和引用的研究成果较少，重大关键技术创新能力不足。在工序自动化、顺序爆破和孔内分段微差爆破技术、计算机辅助设计系统、数据收集系统等爆破技术领域与国外存在一定的差距。与发达国家相比，水利工程施工技术和管理还没有实现"高、精、准"。

6. 水利信息化

近年来，顺应世界信息技术的新一轮爆发，水利信息化学科发展迅速，水利信息采集、传输、存储、处理和服务等正迈向网络化与智能化，促进了水利业务效率和效益的提升。

（1）数据采集传输。国内外技术均呈现出立体化和网络化的发展趋势，具体表现为：卫星遥感、水下探测、物联网等相关的信息获取技术均取得了较快速的发展，大量高分辨率光谱/微波遥感卫星陆续发射，各类高精度传感测量仪器相继开发，以及物联网节点设备也在不断更新和推广。与其相关的光纤通信、宽带移动通信和卫星通信是通信技术发展的主流，近年来移动通信终端与互联网技术的结合，使移动互联技术成为新的关注点。国外发达国家的水利监测体系在天然水循环要素监测方面相对较为完备，对社会水循环要素监测的情况因各地水资源压力的不同而有所差异。除地面监测外，发达国家还通过陆面过程同化系统，基于卫星遥感监测和数据同化，持续地提供区域和全球水循环数据。我国水利监测事业稳步发展，信息采集技术渐成体系，基本能够支撑各类涉水业务对水文信息的需求，但地面站网密度与监测能力、监测数据产品、多要素协同监测等方面与发达国家尚存在一定差距。

（2）数据管理。水利信息分类、水利数据模型、水信息资源目录和水利信息存储处理技术更加成熟，相关技术标准正式颁布实施，得到了广泛的推广和应用。但在流域水利时空数据模型方面，国外以水文时空地理数据模型 Arc Hydro 为代表，实现了流域水文数据从关系数据模型到时空数据模型的数据表达；国内此方面的研究较少，侧重于对国外模型的引进和应用。

（3）水利数据分析技术。伴随着近年来水利数据的全面采集和高效处理，水利数据内容不断增多，粒度不断细化，大数据驱动的新型水利数据分析方法方兴未艾。随着智慧地球概念被广泛应用，国内外利用多源海量的水资源大数据，开展了智慧流域管理与决策研究。目前，单项技术的研发和应用十分普遍，但整合大数据驱动的水利智能管理决策系统、多尺度流域模拟与仿真系统等尚未形成。

（4）软件及应用系统。得益于水利信息化多项重要建设管理办法、标准规范的先后出台，各项水利信息化工程加快推进，我国建立了由基础设施、业务应用、保障环境组成的水利信息化综合体系，对水利业务的支撑能力全面提升；各类高校和科研机构研发了众多水利专业软件系统，在各地得到了不同程度的推广和应用。国内在成套的商品化水利软件方面与国外存在一定的差距，MIKE、DHI、Wallingford 等国外水利软件在我国占据了相当大的市场份额。

四、水利学科发展趋势及展望

全球科技与经济正在发生深刻变化，我国正在加快迈进创新型国家行列。我国基本水情复杂、水安全新老问题交织、治水管水任务艰巨，水利改革发展正处于攻坚克难的关键阶段。展望未来，全球新一轮科技革命蓄势待发，我国水安全保障面临许多重大瓶颈科技问题亟待突破。面对日新月异的世界科技发展新趋势，面对深入实施创新驱动发展战略、加快推进水利改革发展的新要求，水利学科建设与发展面临着难得的机遇与重大挑战。水利学科发展必须着眼科技创新发展和国际化发展战略需要，立足我国水利改革发展实际，加强与相关学科的交叉融合，注重多学科协同创新，促进水利学科在重要方向取得突破性成果，促进多目标、多功能、多层次治水管水技术的系统集成和综合利用，加快人水和谐美丽中国建设与可持续发展，进一步提高水利科技满足国家重大需求的能力。

1. 水旱灾害防御与风险管理

借鉴发达国家先进理念和成功经验，对照新时代水旱灾害防御新要求，充分应用物联网、云计算、大数据、移动应用和智慧计算等信息新技术，提高水旱灾害防御与风险管理能力。前沿基础研究亟待加强，关键装备与核心技术研发原创性不足，水旱灾害信息共享与服务支撑不够，应对特大水旱灾害的风险意识和风险防控应对能力不足，水旱灾害防御创新体系尚需完善。目前，我国由工程防洪向洪水风险综合管理转变，应建立适合国情的应对相关问题与挑战的理论方法体系；抗旱减灾研究应紧密围绕当前科学技术短板以及重要实践需求，逐步形成以旱灾学、防旱学和抗旱减灾技术为主体的学科体系。本领域亟需突破的重要科技瓶颈有：重点加强气候变化和人类活动影响下水文过程响应机理研究；突破水旱灾害孕育机理理论体系与模型、水旱灾害预警预报模式、多尺度精细化预报预警技术等理论；研发水旱灾害天空地一体化信息监测、涉水工程险情探测抢险、洪涝干旱极端事件预测预警、灾害综合风险管理与减灾等集成技术与装备；加强巨灾情景构建、预案制定、演练及应急抢险技术；建立水旱灾害防治的技术体系和综合风险管理体系，提高多灾种和灾害链综合监测、风险早期识别和预报预警能力，实现自然灾害防治体系和防治能力现代化。

2. 水资源节约与综合利用

以提升国家水资源安全保障的科技支撑能力为总目标，贯彻落实“节水优先、空间均衡、系统治理、两手发力”治水方针，统筹节水与供水、常规和非常规水源、地表水和地下水，通过全链条创新和一体化设计，中国特色水循环理论与水资源科学体系得以建立，国家智能水网和智慧流域平台基本建成，水治理体制机制健全，国家水安全保障体系基本建成，水资源科学技术水平整体处于世界先进水平行列。支撑正常年份全国缺水量降至200 亿 m^3 以下，缺水率降至 3% 左右，为顺利实现水资源管理红线控制目标提供支撑。该领域亟需突破的重要科技瓶颈有：突破全球气候变化下的中长期水文水资源预测技术、我国水资源时空分布量化预测技术、北方干旱和半干旱区现代节水高效农业关键技术，提升农田灌溉水利用系数从 0.5 到 0.6 以上；强化水资源 – 能源 – 粮食 – 生态纽带关系，提升资源利用效率和保障能力；研发现代水治理管理技术、设备与工艺，形成保障国民经济健康持续发展的水资源开发利用格局与方案。在综合节水理论与关键节水技术设备研发、新常态下重点区域水资源综合配置技术与应用、复杂水资源系统多目标智能调度技术与示范、大型地下水源地水资源保护与科学利用技术、水资源精细管理与市场配置关键技术与机制创新等领域取得突破。

3. 江河治理与港口航道

进入 21 世纪，我国江河治理和保护仍然面临诸多严峻挑战。在气候变化与人类活动的双重影响下，我国江河湖库系统水沙过程发生了重大变化，并随之带来河道演变加剧、河湖关系变化、洪水宣泄不畅、生态环境等问题。随着长江经济带、粤港澳大湾区建设、黄河流域生态保护和高质量发展等国家战略的实施，以及“节水优先、空间均衡、系统治理、两手发力”的新时期治水方针和“水利工程补短板、水利行业强监管”水利改革发展总基调，对江河治理与保护提出了新的要求。面对水沙情势的新变化、江河治理和生态保护的新需求，需要加强泥沙运动基本理论研究、注重与生态环境的交叉融合，提出新形势下江河治理与保护新技术，促进人与自然和谐共生。近年来，随着交通强国重大战略的实施，水运作为综合交通运输体系中的重要组成部分，面临着完善综合交通运输网络、畅通综合交通运输通道、加强与周边国家基础设施的互联互通，推动区域交通一体化发展等重大任务。港口航道学科需要在大型工程建设维护、水运安全、污染防控、能力提升等方面攻克一批关键技术瓶颈，充分发挥科技创新的支撑引领作用，推进港口航道绿色循环低碳发展，加快水运信息化和智能化建设，增强水运安全和应急保障能力，促进水运发展提质增效升级。

4. 水生态环境保护与修复

未来我国水生态环境保护与修复学科战略需求主要包括三大方面：①水生态监测与评价领域。系统整合环境 DNA、遥感、大数据、自动化等先进技术，研发国产化的水生态实时监测装备与大数据分析技术，强化重大工程水生态环境影响监测、机制与评估，构建全国流域层面水生态监测与评估技术与业务化体系。②水生态环境保护与修复领域。开展流域生态调度理论、技术研究及应用，深化流域水生态过程演变规律等基础研究，突破流域尺度水沙盐全物质通量模拟和预测技术，攻关河湖传统与新型污染物削减技术，培育和应用一批适合中国国情的水生态保护与修复技术。③水域生态系统管理领域。开展从源头到末端的水生态系统管理理论与方法研究，探明未来气候变化和产业格局调整对我国水环境水生态的影响，研究应对水安全威胁的中长期战略性分析与前瞻性对策。未来要围绕国家战略需求，以支撑建立河湖生态安全保障体系为目标，围绕影响国家水安全的重大水生态问题，在水生态监测与评价、水生态保护与修复、水域生态系统管理这三个层面开展理论研究和技术创新，注重学科交叉和不同学科理论成果的应用，建立起适合中国国情的水生态学科体系，为保障国家水生态安全提供科技支撑。

5. 水利水电工程建设与安全管理

“十四五”期间，依托国内工程建设和运行管理，学科应进一步加大复杂地质条件、低热水泥混凝土筑坝、高寒地区筑坝、深埋长隧洞建设、工程建设智能化管控等核心技术攻关力度，使水工结构工程更安全、更智能、更生态；积极促进科技成果转化，使新方法、新结构、新技术和新材料得到充分有效利用，应将提高整体施工技术和管理水平作为学科发展的重点，重点开展深覆盖层地基渗流控制技术、水利工程老化及病险问题、安全监测、抗震技术等关键技术研究；提升原创施工技术和工艺分量，提高施工机械和配套设备国产化率，不断将信息技术、智能技术与传统爆破深度融合，实现信息的互联互通，推进爆破数字化和智能化，促进水利工程施工新技术、新工艺、新材料、新设备的推广和应用；提高施工自动化、信息化和智能化水平，依靠科技进步，实现施工技术和管理体制的创新，促进我国水利工程施工技术的发展。面向节能减排、实现水资源调配及提高灌排泵站抗灾能力、粮食安全和水生态安全等国家战略需求，亟需深入开展水泵内部流动理论与水力设计方法研究，研发系列化的高性能、长寿命水泵水力模型及内部流态测试系统，促进泵站系统安全、稳定和高效运行。同时激励科研人员在学科发展中进一步创新，融合信息技术、智能技术和各种新型材料技术等现代方法技术，全面推进学科交叉发展，使学科“老、笨、粗”的形象转化为“新、智、精”形象；积极拓宽研究和应用范围，在相关适应性研究的基础上，促进本学科成果在其他涉水学科应用，推动学科发展。

未来学科发展应结合重点工程建设，紧密结合国家发展战略需求，加强关键技术的协作攻关，突破一批关键技术，形成一批在国际上有竞争力、具有自主知识产权的先进技术、设备；加快成熟、领先技术成果的推广应用，并考虑纳入规范；加强人才，特别是专门人才和拔尖创新型人才的培养，提高从业人员的综合业务能力，构建具有战略思维、勇于创新的人才队伍；加速对国外先进理论方法、技术手段以及仪器设备的引进、消化、吸收、改进和推广；加强合作交流，促进学科交融；尽快将相关标准翻译成英文，让中国标准走向世界，更好地服务于“一带一路”建设；规范市场行为，保护知识产权。

6. 水利信息化

信息化是当今世界发展的大趋势，“以水利信息化带动水利现代化”已成为共识并全面落地。智慧水利是水利信息化的发展方向。2019 年，水利部印发了《加快推进智慧水利的指导意见》《智慧水利总体方案》，加快推进智慧水利，补齐信息化短板，为国家水治理体系和治理能力的现代化提供了有力的支撑。当前和今后一段时期，水利信息化将伴随水利和信息科技的进步，在高分辨率遥感、大数据、信息安全、软件成套化、多技术集成应用等领域得到快速的发展，人工智能、深度学习等领域的发展也将得到深入的实践。在高分辨率遥感方面，随着高分重大科技专项的推进，定量化、精细化和日常化的遥感研究将成为重点，遥感应用将进一步深入水利各个领域。大数据方面，大数据作为新的研究方法和科学范式将发挥更大的作用，有望成为重要的水利信息化基础性设施和服务；大数据分析与水利业务的结合会更加紧密，将会在防汛抗旱、水资源管理、工程建设管理、安全生产监管等领域得到广泛的应用。信息安全方面，随着《网络安全法》的正式施行以及国家关键信息基础设施保护制度的不断完善，水利关键信息基础设施网络安全保护研究将成为重要的研究和实践领域。软件成套化方面，水利工程设计、施工管理和水文水资源领域的成套化软件将得到快速的发展，辅之适当的市场引导策略，国产水利软件和模型将更加完善，成套的商品化水利软件将逐步确立。

参考文献

［1］张楚汉，王光谦．中国学科发展战略：水利科学与工程［M］．北京：科学出版社，2016.
［2］国家自然科学基金委员会．国家自然科学基金“十三五”发展规划［R］．2016.
［3］水利部，科技部．“十三五”水利科技创新规划［R］．2017.
［4］左其亭．中国水科学研究进展报告 2017—2018［M］．北京：中国水利水电出版社，2019.
［5］中国水利学会．水利学科发展报告（2007—2008）［M］．北京：中国科学技术出版社，2008.

撰稿人：戴济群　关铁生　季荣耀　詹小磊　鲍振鑫　刘伟宝　王高旭　假冬冬
钟启明　戴江玉　钱明霞　李嫦玲　韩孝峰　高长胜　沙海飞

专题报告

水力学学科发展

一、引言

水力学是研究河流、湖泊、海洋等天然水体和水工建筑物周边水流流动状态中力学知识体系的基础学科，是在流体力学基础理论与工程实践中发展起来的。水力学的研究为水利工程设计、河湖治理规划、水资源综合管理、防洪减灾分析、河湖生态修复、水土流失与治理、水力机械设计等提供理论和技术支持。随着我国大型水利水电工程建设的需要及水安全、水生态问题的日益突出，水力学研究的重点主要集中在工程水力学、环境水力学、计算水力学、生态水力学等方面。

二、国内发展现状及最新研究进展

水力学研究的发展动力主要来源于四个方面：①随着长距离输水工程的建设与运行，需要开展长距离输水调度水力控制研究，为我国长距离输水工程的顺利建设和安全运行提供支持；②我国北方河流冬季冰塞、冰坝和冰凌洪水及相应的冰水力学问题日益引起重视，冰期安全水力调控和减灾技术需要开展冰水力学机理、过程的深入研究；③我国水安全问题日益突出，水环境污染情势日益严峻，对不同类型污染物在不同水体中的扩散、输移、混合及转化的研究促进了水力学与环境科学更紧密的融合和发展，为解决我国水安全问题提供了有力的支持；④随着生态文明建设的推进，拟建、在建及运行的大型水利工程对水环境、水生态的影响引起了国家的高度重视，促进了生态水力学研究的迅速发展。下面对近年水力学学科发展现状从工程水力学、环境水力学、计算水力学、生态水力学这四方面分别总结。

（一）工程水力学

近年来，南水北调工程、大伙房水库输水工程、引汉济渭、引江济淮等长距离输水工程的规划、建设与运行，促进了我国工程水力学的进一步发展。我国北方河流（如黄河、黑龙江等）冬季的冰塞、冰坝和冰凌洪水及高纬度地区明渠输水工程冰水力学问题日益引起重视，冰期安全水力调控和减灾技术也得到了较好发展。

1. 长距离输水调度水力控制

长距离输水工程由于输水方式多样，存在水力调控扰动频繁、流态衔接复杂、控制响应滞后严重等难题，控制不当易出现爆管、结构物破坏、漫堤溃决等事故。通过跨学科集成，逐渐形成了输水工程水力控制这门跨学科理论，研究输水工程中水力瞬变或者非恒定流的规律、仿真及控制，为输水调度水力控制问题的解决提供了支撑。

在无压输水系统水力控制方面，南水北调东、中线等大型输水工程的建设促进了无压输水系统水力控制理论与技术的发展。特别是南水北调中线工程因其规模巨大，且无在线调蓄水库，具有典型的强非线性、强扰动、强耦合、大滞后的水力特性，控制难度前所未有。为了解决其水力控制难题，我国学者开展了大量的研究工作。崔巍、陈文学等提出“改进前馈 + 水位流量串级反馈 + 解耦”的闸门群集散控制技术，解决了长距离明渠输水大滞后难题，实现了未知扰动的快速消除，使控制系统响应速度提高 3~4 倍。杨开林、郭新蕾等提出了长距离输水系统沿程糙率、局部水头损失系数、故障参数的快速辨识和不确定度评定等方法，其中渠道糙率系统辨识公式为论证南水北调中线工程的输水能力提供了基础。曹玉升等结合调度运行实际，综合考虑目标水位控制的鲁棒性、水位降幅的约束值、渠道上下游水情的统筹性因素，提出了基于流量变化、水位变幅相耦合的实时调度控制策略。

在有压输水系统水力控制方面，随着大伙房水库输水工程（世界上在建同等规模最长隧洞）、引黄入晋（二期）等输水工程兴建，水力控制的难度不断提高，有压输水控制理论和技术的研究不断深入。在理论方面，张健等以水锤分析为基础，构建了空气阀布置的理论分析和数值优化框架，明确了空气阀设置位置、间距、数量与管道布置的关系并提出了不同工况下长距离供水管线中设置空气阀应满足的通用准则与相关公式。周领等提出了一种计算管道水柱分离的二维数学模型和基于 Godunov 格式的二阶显式有限体积法，取得了较好的模拟效果，并揭示了管道气穴空腔的生长、塌陷及可能出现区域的位置和形状。在水锤防护领域，杨开林等提出了适应水击控制的多喷孔套筒式调流阀和压力自适应空气阀调压室等水力控制新技术，改善了管道水击控制性能，将全线调流阀关闭时间缩短 75% 左右，减小管道系统水击压力 20%~30%；曲兴辉等提出了变截面结构双向箱式水力调压塔、双管式溢流塔，成功应用于大伙房输水工程，有效降低了输水管道水锤压力，简化了工程结构形式，降低了投资。上述一系列成果有效解决了东深供水工程、引黄入晋、大伙房输水（二期）工程、引松供水工程等高中水头、长距离、大流量有压管道输水工程控制难题。

在无压、有压混合输水方面，为解决长距离输水工程高承压和保水的技术难题，我国首创基于多功能调节堰井的分段低压输水新技术，练继建等对该技术进行了深入的研究，揭示了分段低压输水系统的水力特性和水力共振原理，提出了避免水力共振发生的设计方法和水力优化原则。该分段低压输水理论及设计方法已成功应用于昆明掌鸠河引水工程和南水北调中线工程天津段。

2. 冰水力学

我国北方或高寒地区河流冬季水情、冰情复杂多变，易发生冰塞、冰坝和冰凌洪水，明渠冰盖下输水水位波动影响冰盖稳定，调控不当极易诱发冰塞、冰坝灾害。冰期防凌减灾的关键是能够对冰塞、冰凌洪水发生风险进行预测，对灾害影响范围和损失进行评估，对冰塞冰坝快速破除提出对策，这三个层面问题的解决依赖于对冰凌生消演变过程和冰水作用机理的深入研究。

在冰情模拟和预报方面，H. T. Shen 提出了基于 SPH 方法的二维河冰输移模型 Dyna RICE，并成功应用于尼亚加拉河（Niagara）、密西西比河（Mississippi）等河流。杨开林等以雷诺平均的 Navier–Stokes 紊流方程为基础，提出了河渠恒定非均匀流的水深平均流速横向分布的准二维及二维河冰模型。张防修等建立了河冰动力学模型，模拟河冰生消及槽蓄水增量过程。王涛等初步识别冰凌生消过程影响因子，如气温、水温、流量、水位突变及降雨量等，建立了基于模糊 – 神经网络的流凌、封开河日期等冰情预报模型。苑希民等采用基于遗传算法的神经网络方法建立了凌情智能耦合预报模型，对黄河典型段的流凌、封河、开河日期进行预报。

在冰水力学机理研究和试验方面，付辉、郭新蕾等通过真冰实验研究了倒虹吸进口的冰水动力学特性，提出了倒虹吸防冰塞水力控制条件。李志军等在乌梁素海人工挖凿开敞水域，用以模拟浮冰 – 水道系统，连续观测冰 – 水侧向界面的热力学侧向融化。

在冰期安全输水水力学方面，练继建、赵新等研究了冰盖稳定性与冰盖下水压力之间的关系，提出了保障冰盖稳定的渠道水位波动临界指标和冰凌下潜的冰厚佛汝德数判据，研制了新型的双缆网式拦冰索。付辉等提出了大型倒虹吸进口前冰塞堆积下流速分布规律和倒虹吸防冰塞临界水力学判据条件。穆祥鹏、陈文学等论证了渠道冬季加设保温盖板输水的可行性，并提出了切实可行的冬季输水方案。黄国兵等总结了长距离输水渠道冰情生消演变的基本规律，并从调度、工程措施出发提出集防、拦、扰、捞、排一体化的冰凌防护措施，为长距离输水工程冬季冰期安全高效运行提供技术保障。

在原型监测和防凌技术方面，ASL 开发了 SWIPS 系统，可以用于封河期和开河期的水内冰花的形成、悬浮冰盘的发展和冰盖下冰花输移的观测。秦建敏等开发了 R–T–O 冰雪情观测系统，用于冰情的定点、连续观测。郭新蕾、付辉等开发了新型的冰水情一体化雷达测量系列装备，应用于黄河、黑龙江等典型江段的原型观测。部国明等以三维地理信息技术和水文灾害专业监测技术为基础，建立了GIS、水文灾害数据库、监测数据库一体的灾害监测预报分析系统。王涛等建立了冰凌爆破中冰盖厚度、冰下水深、炸药用量同爆破坑半径之间的函数关系式，提高了高寒地区河流防凌爆破预测精度，为寒区河流开河期间冰塞冰坝凌汛灾害的防治提供方法支撑。

3. 水力式升船机

水力式升船机是我国自主研发的一种全新的升船机型式，通过输水系统向各个竖井充泄水改变平衡重浮筒所受浮力从而驱动承船厢运行。水力式升船机具有与传统升船机完全不同的工作原理，为保证水力式升船机能够顺利投入运行，需要在水力驱动系统同步技术、高水头下充泄水阀门防空化及振动技术、船厢运行平稳技术及抗倾斜技术、非恒定变速条件下船厢运行控制技术等重大技术问题方面开展研究。

在水力驱动同步技术研究方面，成功解决了非恒定、大流量、高流速条件下水力驱动系统多竖井水位同步及船厢运行平稳性难题。首先，部分学者提出了以“等惯性＋等阻力”输水系统为核心的水力驱动同步技术，即输水主管道进/出口至竖井的各分支管道不仅满足水流惯性长度完全相等，而且在分支管道上采用等阻力设计，保证各分支管路的流量相等，在最大程度上保证各支管进入竖井流量相等。其次，吴一红、张蕊等提出了在竖井底部设置水位平衡廊道，一旦竖井水位不一致，可互相调节，避免竖井之间水位差的累积。

在液面稳定技术方面，建立了多界面耦合数学模型和物理模型，吴一红、张东、张蕊等研究了竖井－平衡重最优间隙比、平衡重底部锥形体最优角度。

水力式升船机充泄水阀门承受水头高达几十米，极易发生空化、振动问题，学者们通过研究提出了稳压减振箱和环向强迫通气减蚀装置，不仅成功解决了高水头下水力式升船机充泄水阀门空化及管道振动问题，而且能够大大提高升船机运行效率。

在船厢抗倾理论及技术研究方面，吴一红等揭示了水力式升船机在“水力同步驱动＋机械同步保障＋船厢稳定运行”多重耦合作用下的船厢倾斜机理，提出了水力式升船机船厢临界失稳判别标准。

（二）环境水力学

环境水力学主要研究污染物质在水体中的输移、扩散规律及其应用，研究内容十分广泛。近年来，随着水环境问题研究的深入和环境水力学学科及应用技术的发展，环境水力学在污染物输移扩散基础研究、水环境数值模拟、环境水力学监测技术、环境水力学反问题等方面都取得了一定的研究进展。

在污染物输移扩散基础研究方面，污染物近区有关的射流理论由规则边界中静止环境内的平面与单孔射流向复杂流动中的复杂射流发展，如徐振山等研究了波流环境下射流的三维运动特征和稀释过程；污染物远区紊动扩散与离散的研究由规则边界恒定流向复杂环境下非恒定流或多相流发展，如俞晓祥研究了河道断面突变情况污染物紊动扩散规律，肖洋等研究了水流紊动强度和速度对污染物在河流水沙两相中分配的影响；紊流模型由较简单的流场与污染物浓度场控制方程构成封闭方程向精细模型发展，如李克锋等将 k- ε 双方程紊流模型应用于模拟温差异重流紊动动能生成项和浮力项对紊动动能和耗散率的影响。

水环境数值模拟是研究污染物输移扩散的重要手段，随着计算水力学的发展，数值模型在计算方法、计算网格等方面都取得了进展。此外，学者们在开源软件的基础上耦合不同模型或算法，开发了具有不同适应性的耦合模型，如陈小莉等将 CORMIX 与 Delft3D 进行耦合，模拟了排污口近区射流至远区扩散过程，提高了模拟精度及计算效率；崔素芳等将地下水环境模型与地表水模型联合，模拟大沽河地下水水位、水质变化，扩大了水环境模型的应用范围。

在环境水力学监测技术方面，多种技术被应用到现场监测和室内试验中，为环境水力学的发展提供了技术支撑。如赵懿珺等研发了可同步测量流速场和浓度场的高帧频 PIV-PLIF 同步测量系统，并应用在污染物在潮汐紊流中的扩散试验，对准确测量复杂环境下的污染物扩散有重要作用。此外，遥感技术和物联网技术分别引入环境水力学监测中，扩大了监测范围，提高了监测效率；将粒子示踪技术引入现场监测和试验中，更准确地确定了河道横向混合系数、纵向离散系数等。

近年来，流域与区域水环境安全保障和流域重大治污工程应用方面的需求强劲，相关成果促进了环境水力学的进一步发展。槐文信、杨中华等针对典型湖泊不利水文情势变化驱动下的湖泊环境生态系统退化问题，初步分析了自然和人类活动影响下的鄱阳湖水文水动力时空变化规律，采用有限体积法求解非结构网格下的二维浅水水动力水质模型，研究了典型丰枯水年湖区水动力与水质条件变化；吴时强、戴江玉等揭示了湖泊植被覆盖区清水形成的动力机制、植被区动量和物质交换机理及泥沙输移特性，提出了复杂江河湖水系河湖连通工程水环境改善综合调控技术。上述环境水力学模型和相关技术研究也直接促成了以“动力调控 – 强化净化 – 长效保障”为核心的城市河网水环境提升技术体系的建立。

（三）计算水力学

随着数值模拟方法研究的不断深入和计算机技术的不断发展、信息技术的不断进步，计算水力学得到了长足进步。近年来已成为水利工程中继理论分析、物理模型研究之后，解决工程水力学问题的一种重要研究工具。

具有自由表面的浅水流动问题广泛存在于水利、海岸和环境等工程领域，浅水流动的数值模拟研究经历了从一维到二维再到三维的发展过程。受计算机性能的制约，复杂河网流动问题、大尺度河道流动问题和复杂河湖流动问题通常采用一维、二维浅水模型，小尺度流动问题可以采用三维浅水模型进行模拟，为了提高计算精度和减小计算工作量，常采用一维、二维耦合模拟，或二维、三维耦合模拟。

一维浅水动力问题，特别是复杂河网数值模拟问题，我国学者开展了长期的研究工作，研究方法包括显示差分法、隐式差分法和汊点分组解法等，并认为汊点分组解法是解决河网问题的最好方法。

二维、三维浅水流动问题，针对强对流流动问题，学者们提出了多种具有良好相容性、守恒性和逆风性的高分辨率计算格式，如通量向量分裂格式、全变差无假振格式（TVD）和本质上无振荡格式（ENO）等，这些格式适用于各种流态，包括恒定流 / 非恒定流、缓流 / 急流、连续 / 间断等，任意几何形状及水下地形，多种网格布置和多种边界条件组合等情况。

为了解决工程水力学问题，减少建模的工作量，国内外许多科研单位开发研制了多种浅水流动数值模拟软件，比较著名的有：丹麦水力研究院（DHI）研发的 MIKE 系列、荷兰代尔夫特水力学研究所（Delft Hydraulics）开发的 Delft3D、美国弗吉尼亚海洋研究所研发的 EFDC 模型。大连理工大学研发了从一维到三维的水力学数值模拟软件，中国水利水电科学研究院研制了洪水预报模型 IWHR UFSM。这些软件的主要特点是：①融入 GIS 技术，具有先进的数据前后处理和图形专用工具，重要计算区域变剖分网格加密计算处理技术；②除了水动力模块，加入了泥沙输运、污染物运移、水质模拟和生态模块等，使得这些软件不仅能够模拟水动力学问题，还可以模拟泥沙输运、河床变形、污染物扩散等，拓展了软件的应用范围。

工程水力学中的水流问题复杂多变，尺度大、流速高，多属于复杂的紊流运动。要准确模拟工程中的复杂紊流现象，需采用全三维水动力学模型。目前，计算水力学领域已经提出了多种计算模型和计算方法，典型的有双方程模型和二阶封闭格式的雷诺应力模型，计算方法包括雷诺平均模拟方法、大涡模拟方法和直接数值模拟方法等。受计算机性能的限制，目前大涡模拟和直接数值模拟尚处于小尺度和典型问题研究阶段，雷诺平均模拟方法研究的尺度也有限，尚不足以研究水利工程中居多复杂的水流运动问题。

为了模拟大变形、强冲击、自由表面变化剧烈的水力学问题，人们提出了光滑粒子流体动力学（smooth particle hydrodynamics，SPH）法。SPH 方法是一种无网格纯拉格朗日粒子方法，目前已应用于海冰 / 河冰模拟、自由表面流、高速碰撞与爆破、水下爆破、船舶流体力学等多个方面。如任冰等利用SPH方法模拟波浪与斜坡堤湖面块体之间的相互作用。

对于有压输水系统，随着水锤理论和计算法方法的不断发展与完善，对系统水锤的研究从单纯理论与方法研究转为向具体工程的水锤暂态过程特性分析和水锤危害控制。

（四）生态水力学

生态水力学是一门快速发展的新兴交叉学科，涉及水力学、生物学、生态学等多学科的渗透和融合。生态水力学主要研究水动力学和水生生态系统间的相互作用机制和影响规律，具体内容包括水生生物的响应机制、生态水力学模型、生态修复及生态水力调控技术等。

水生生物及水生生态系统对水力条件变化的响应以及水生生态系统的变化对水力情势的影响是生态水力学研究的基础和重点，通常采用野外原位观测或实验室控制实验进行研究。在水生生物对水力条件变化的响应方面，生态水力学发展初期的主要研究对象为鱼类，且集中在对珍惜鱼类的研究。随着人为扰动对生态系统影响的深入，研究对象逐渐扩展到主要经济鱼类、植物、浮游生物等生态系统重要指示性生物，通过观测或调节流速、水位等，统计分析生物对水力参数变化的响应。例如：秦伯强等分别提出了大型浅水湖泊中蓝藻水华暴发的“四阶段假设”和概念性解释；吴时强等阐明了引水工程对大型富营养化浅水湖泊生物生境与蓝藻水华生消的影响机制；刘德富等通过原位监测和水槽实验，研究水力条件改变对藻类生长和聚集的影响；曾利、刘丰、陈晓等分别研究了湿地流、异重流、风生流环境下致旋型微生物浓度分布的特征规律与水动力机制，为解释一定水动力条件下水华、赤潮的发生发展提供了理论依据；俞茜等研究了微囊藻的迁移轨迹；吴时强等阐明了引水工程对大型富营养化浅水湖泊生物生境与蓝藻水华生消的影响机制；石小涛、杨宇等通过改变水力条件等定量测定鱼类的趋流性、感应流速、喜好流速等生态行为，为鱼道设计、鱼类资源保护、栖息地评价等提供依据；夏哲兵等通过原型观测、水力试验及预测模型研究了高坝泄洪导致过饱和总溶解气体（TDG）的产生、释放过程及对下游鱼类影响及 TDG 饱和度预测模型，提出了 TDG 过饱和减缓措施；李芳、安瑞东等建立了鱼类集群分布与水力学因子的相关性，揭示了鱼类坝下集群效应对水力学条件的响应规律；陈大庆、段辛斌等根据长江鱼类多种属性指标及水力生境需求，首次建立了维持生境空间尺度需求的珍稀特有鱼类“三场”识别与栖息地保护规划技术，并率先建立了鱼类栖息地生态功能可持续的梯级水电开发规划技术，为梯级水电开发的鱼类栖息地保护和水温过程控制提供了科学依据。

在水生生物变化对水力情势的影响方面，生态水力学发展初期通常忽略这一问题，假定水生生物的生长、运动对水生环境的影响较小。随着人工湿地等生态措施的应用，水生植物对河道行洪能力的影响成为研究重点，于是水生生物对水力情势的影响成为生态水力学研究的重要内容。槐文信等研究了明渠漂浮植被水流过水断面上的能量传递规律和能量平衡机理，提出了断面上能量提供、能量损失和能量传递的表达式和相应能量累积的表达式，进一步建立了数值模型给出了刚性植被沿河岸对称生长条件下的纵向扩散系数。徐卫刚等也通过室内实验或野外现场观测研究了浮游植物、挺水植物、沉水植物等水生植物对河道糙率、水流结构、河道地形等因素的影响，为河流、湿地的保护和生态恢复措施的设计和实施提供依据。

生态水力学模型最初被应用在模拟静态湖泊中藻类生长预测，随着耦合模型的开发，其被逐步应用在河流、湿地、河口海岸、海洋等动态水环境中。陈求稳等建立基于人工智能的生态水力学模型，定量评价水库运行对河流中鱼类、植物、底栖生物、鱼类产卵场的影响，该研究成果获 2017 年国际水利与环境工程协会（IAHR）A. T. 伊本奖；史小红、程浩亮、魏皓等建立了基于不同模式的湖泊、海洋生态水力学模型，模拟水体富营养化过程，并对湖泊水华及海洋赤潮爆发进行了预测；易雨君、李若男等建立了栖息地模型，模拟气候变化、人为扰动等对栖息地的影响，为栖息地保护和生态修复提供了科学依据；L. Zeng、刘丰、陈晓等建立了植被环境、异重流、风生流条件下鞭毛藻迁移的数学模型，模拟了异重流、风速风向对藻类分布的影响。

生态修复技术是生态水力学研究的重要应用，也是修复和恢复水生生态系统的重要方法。现阶段，建造微生境或替代生境等技术得到了应用，如根据官地水电站喜流水性鱼类的繁殖生物学特性，在官地水电站坝址下游约 2.5 km 的左岸一天然河滩地修建了喜流水性鱼类产卵场，并铺设了不同粒径的底质以满足不同鱼类的产卵需求。此外，如河道藻类流场控制技术、鱼道 / 鱼梯的建设及进口诱鱼技术等也是目前生态修复的重要研究内容，研究方法从只考虑流场变化转变为综合考虑生物与流场的关系等，研究结果能更好地为生态修复工程提供技术支撑。

生态水力调控技术主要是指通过水力调控技术修复或改善水生生态系统，目前生态水力调控技术的研究热点是生态流量的确定及生态调度。尹正杰等采用不同方法计算生态流量，制定了金沙江下游梯级水库及长江流域梯级水库的生态调度方案，调度措施以缩短库区换水周期、增加枯水期水库下泄流量、提高水体自净能力等为主；李云、左其亭等通过闸坝调控改善水体的自净能力，从而影响浮游植物分布。生态调水也是目前应用较多的生态水力调控技术，主要是指通过跨流域调水减缓生态问题，如引江济太、引江济巢等工程，通过调水增加太湖、巢湖特定时期流量，促进水体交换，减缓水体富营养化状态，为区域水安全提供了一定的保障。

三、国内外研究进展比较

我国水力学的研究紧扣国家水利事业发展中遇到的现实问题，不断扩大水力学研究的内涵和外延，在理论和实践研究中均取得了很大的进展。专业委员会每年都会召开学术会议，与会代表踊跃发表论文，积极与国外学者交流，研讨水力学研究现状与发展方向。

在工程水力学方面，随着南水北调工程、大伙房水库输水工程等一系列世界级工程的兴建，我国在长距离输水水力控制方面取得很大发展，在解决世界工程难题的同时，水力控制理论和技术也达到甚至领先于国际水平。在冰水力学方面，首创了冰期输水自适应控制技术，保证了冰期水位和冰盖稳定；河冰原型观测装备总体来说达到国际先进水平，但是在测量精度上还需进一步提高；水力式升船机是世界通航技术领域中国原创、世界首创的重大创新，在国内外均无建设和运行相关经验可以借鉴和参考，我国针对水力式升船机取得的理论、方法及关键技术均为开拓性和原创性成果。

在环境水力学方面，随着我国水环境问题日益突出，我国在环境水力学方面的研究投入不断增加，为解决我国社会经济发展遇到的重大水污染科技问题提供了研究支持。目前，我国环境水力学的研究与应用已迈入实质性阶段，数值模拟技术从宏观（河流、水库、湖泊水流流动）到微观（污水厂构筑物内水流流动的精细计算）水环境中污染物迁移、转化过程的模拟，均取得了进展，与国外的研究差距在进一步缩小。

在计算水力学方面，我国学者结合水利工程实际，深入研究了复杂河网水流运动、溃坝洪水演进、河床演变、有压输水系统的水锤防护、气液和液固多相耦合等复杂水力学问题，为我国的水利水电工程建设和管理提供了技术支撑，部分研究成果已经达到或接近国际领先水平。我国学者在研究计算水力学的过程中，开发研制了不少具有自主知识产权的计算软件，但是在计算软件的通用性、界面的良好互动性和市场推广应用等方面与国外尚存在一定差距。

在生态水力学方面，国际上对生态水力学的发展一直高度重视，是研究的前沿和热点。我国学者开展了大量的研究工作，在科学研究中重视多交叉学科的合作研究，在工程实践中注重生态保护和恢复的研究应用，与国外研究差距不断缩短。

四、发展趋势

随着大型水利工程的规划、建设、运行以及水安全、水环境形势日益严峻，我国对于水力学研究的社会需求和科学需求仍十分强劲。我国在提出历史上最严厉的治水目标的基础上，又发布了“十三五”规划纲要，明确指出在未来 5 年，我国计划实施和推进的研究，其中“建立引黄入冀补淀、引江济淮、引汉济渭、滇中引水、引大济湟、引绰济辽等多项重大引调水工程。推进南水北调东中线后续工程建设”“基本完成流域面积 3000 平方公里及以上的 244 条重要河流治理”“在胶州湾、辽东湾、渤海湾、杭州湾、厦门湾、北部湾等开展水质污染治理和环境综合整治”“建设海绵城市”等均涉及环境水力学的相关研究，环境水力学的研究将逐渐与其他学科融合并深化，应用在更多领域中。

为解决我国水资源时空分布不均和资源性短缺，近年来修建了大量的长距离输水工程、高坝大库等，随之而来产生了新的工程水力学的问题亟待解决，根据我国水利工程的上述特点和国际工程水力学领域的最新动态，我国工程水力学未来研究的重点包括：①长距离输水工程优化运行及应急控制理论与技术；②水力参数不确定度对精细调度的影响及参数动态系统辨识技术；③基于现代控制论、优化理论、信息技术的输水系统调度决策与自动控制系统的开发与应用；④高寒区江河湖库冰水耦合机理及防冰减灾调控理论与技术。

计算水力学今后的研究重点包括：①多相复杂流动理论模型与数值模拟；②复杂动边界流动模拟技术研究；③并行计算 / 云计算在计算水力学中的应用；④复杂紊流场的精细模拟；⑤多尺度流动问题研究；⑥计算水力学与洪水预报、环境问题和生态问题的融合；⑦人工智能技术在水利工程中的应用，以研究泄洪雾化、冰情演变、洪水预测预报和大坝溃决等复杂的水力学问题。

根据对近年我国和国际环境、生态水力学研究重点及难点的分析和总结，面向我国水利水电发展及生态保护修复的国家战略需求，我国未来环境、生态水力学研究的重点包括：①流域梯级水库或水库群运行对河流碳、氮、磷等生源要素在河流中再分布的影响及其生态效应；②生态河貌及鱼类微生境保护；③鱼类洄游通道；④高坝泄洪溶解气体过饱和减缓与生态安全保障技术；⑤生态调度与生境补偿。

水力学是一门重要的基础学科，水力学研究的相关成果为我国防洪灌溉、水利工程建设运行、水污染防治等提供了理论和技术支撑。近年来，水力学与计算机科学不断融合，并与多学科交叉发展，为水力学的发展注入了新的活力。我国水力学研究的发展与国外相比，在长距离输水水力控制等方面的研究成果接近或达到国际先进水平，但在计算水力学软件通用性等方面的研究仍存在一定差距。为了缩短研究上的差距，我国可在相对薄弱的环节开展更深入的研究。

参考文献

[1] Chen X，Wu Y H，Zeng L. Migration of gyrotactic micro-organisms in water [J]. Water，2018 (10)：1455.

[2] Fu H，Liu Z P，Guo X L，et al. Double frequency radar system for measurement of ice thickness and water depth in rivers and canals：development, verification and application [J]. Cold Regions Science and Technology, 2018 (154)：85-94.

[3] Fu H，Yang K L，Guo X L，et al. Safe operation of inverted siphon during ice period [J]. Journal of Hydrodynamics，Ser. B，2015，27 (2)：204-209.

[4] Fu H，Yang K L，Guo X L，et al. Ice accumulation and thickness distribution before inverted siphon [J]. Journal of Hydrodynamics，Ser. B，2017，29 (1)：61-67.

[5] Wang H，Zhou L，Liu D Y，et al. CFD approach for column separation in water pipelines [J]. Journal of Hydraulic Engineering-ASCE，2016，142 (10)：04016036.

[6] Zhou L，Wang H，Liu D Y，et al. A second-order finite volume method for pipe flow with water column separation [J]. Journal of Hydro-Environment Research，2017 (17)：47-55.

[7] Guo X L，Yang K L，Fu H，et al. Ice processes modeling during reverse transfer of open canals：a case study [J]. Journal of Hydro-Environment Research，2017 (8).

[8] Dai J Y，Chen D，Wu S Q，et al. Dynamics of phosphorus and bacterial phoX genes during the decomposition of Microcystis blooms in a mesocosm [J]. Plos One，2018，13 (5)：e0195205.

[9] Li R N，Chen Q W，Han R，et al. Determination of daily eco-hydrographs by the fish spawning habitat suitability

model and application to reservoir eco-operation [J]. Ecohydrology, 2015, 9 (6): 973-981.
[10] Qiao Q S, Yang K L. Modeling unsteady open-channel flow for controller design [J]. J Irri and Drain Eng, 2010, 136 (6).
[11] Casas-Mulet R, King E, Hoogeveen D, et al. Two decades of ecohydraulics: trends of an emerging interdiscipline [J]. Journal of Ecohydraulics, 2016, 1 (1-2): 16-30.
[12] Shen H T. Mathematical modeling of river ice processes [J]. Cold Regions Science and Technology, 2010, 62 (1): 3-13.
[13] Wang T, Guo X L, Fu H, et al. Effects of water depth and ice thickness on ice cover blasting for ice jam flood prevention: a case study on the Heilong River, China [J]. Water, 2018 (10): 700.
[14] Guo X L, Yang K L, Fu H, et al. Simulation and analysis of ice processes in an artificial open channel [J]. Journal of Hydrodynamics, 2013 (4): 542-549.
[15] Wang J, He L, Chen P P. Numerical simulation of mechanical breakup of river ice cover [J]. Journal of Hydrodynamics, 2013, 25 (3): 415-421.
[16] Huai W X, Shi H R, Song S W, et al. A simplified method for estimating the longitudinal dispersion coefficient in ecological channels with vegetation [J]. Ecological Indicators, 2018 (92): 91-98.
[17] Liu X G, Zeng Y H, Huai W X. Modeling of interactions between floating particle sand emergent stems in slow open channel flow [J]. Water Resources Research, 2018.
[18] Shi X T, Chen Q W, Kynard B, et al. Preference by juvenile Chinese sucker Myxocyprinus asiaticus, for substrate colour in zero versus slow velocity regimes suggest a change in habitat preference of wild juveniles after damming the Yangtze river [J]. River Research & Application, 2017, 33 (8): 1368-1372.
[19] Yasuhiro Y, Yasuharu W, Takaaki A, et al. Study of frazil particle distribution and frazil transport capacity [C]. 22nd IAHR International Symposium on Ice, Singapore, 2014.
[20] Yi Y J, Cheng X, Yang Z F, et al. Evaluating the ecological influence of hydraulic projects: a review of aquatic habitat suitability models [J]. Renewable and Sustainable Energy Reviews, 2017: 748-762.
[21] Yu Q, Liu Z W, Chen Y C, et al. Modelling the impact of hydrodynamic turbulence on the competition between Microcystis and Chlorella for light [J]. Ecological Modelling, 2018 (370): 50-58.
[22] Zeng L, Pedley T J. Distribution of gyrotactic micro-organisms in complex three dimensional flows. Part I. Horizontal shear flow past a vertical circular cylinder [J]. J Fluid Mech, 2018 (852): 358-397.
[23] 曹慧群，赵鑫. 流域水环境数值模拟技术应用及研究展望 [J]. 长江科学院院报，2015，32 (6)：20-24，31.
[24] 曹玉升，畅建霞，黄强，等. 南水北调中线输水调度实时控制策略 [J]. 水科学进展，2017，28 (1)：133-139.
[25] 程浩亮，朱德滨，张庆文，等. 湖泊生态水动力学模拟研究进展 [J]. 中国人口·资源与环境，2014，24 (S2)：310-313.
[26] 陈求稳. 生态水力学及其在水利工程生态环境效应模拟调控中的应用 [J]. 水利学报，2016，47 (3)：413-424.
[27] 陈晓. 复杂流动中典型赤潮藻聚集的水动力机制研究 [D]. 中国水利水电科学研究院，2019.
[28] 陈小莉，张海文，赵懿珺. 滨海核电厂深水温排放近远区动态耦合模拟 [J]. 海洋科学进展，2016，34 (4)：497-507.
[29] 崔丽琴，秦建敏，韩光毅，等. 基于空气、冰与水相对介电常数差异的电容感应式冰厚传感器 [J]. 传感技术学报，2013 (1)：38-42.
[30] 崔素芳. 变化环境下大沽河流域地表水－地下水联合模拟与预测 [D]. 山东师范大学，2014.
[31] 崔巍，陈文学，穆祥鹏，等. 明渠运行前馈控制改进蓄量补偿算法研究 [J]. 灌溉排水学报，2011，30(3)：12-17.

[32] 丁宏伟，杨全义，徐振山，等. 波流环境下双孔浮射流运动特性 [J]. 河海大学学报（自然科学版），2019（2）：183–188.

[33] 吴时强，吴修锋，戴江玉，等. 太湖流域重大治污工程水生态影响监测与评估 [M]. 北京：科学出版社，2019.

[34] 郜国明，张宝森，张兴红，等. 黄河内蒙古冰凌监测三维可视化系统设计 [C]. 寒区冰情与冻土水文效应——第4届"寒区水资源及其可持续利用"学术研讨会，2011.

[35] 槐文信，钟娅，杨中华. 明渠漂浮植被水流内部能量损失和传递规律研究 [J]. 水利学报，2018，49（4）：397–403.

[36] 黄文峰，李志军，贾青，等. 水库冰表层形变的现场观测与分析 [J]. 水利学报，2016，47（10）：1–9.

[37] 李芳，安瑞冬，马卫忠，等. 鱼类坝下集群效应对水力学条件的响应规律研究 [J]. 中国农村水利水电，2018（10）：87–91.

[38] 李云，李道季，唐静亮，等. 长江口及毗邻海域浮游植物的分布与变化 [J]. 环境科学，2007（4）：4719–4729.

[39] 练继建，穆祥鹏，等. 输水工程水力特性与控制 [M]. 北京：水利水电出版社，2012.

[40] 廖伯文，安瑞冬，李嘉，等. 高坝过鱼设施集诱鱼进口水力学条件数值模拟与模型试验研究 [J]. 工程科学与技术，2018，50（5）：87–93.

[41] 林玲，梁瑞峰，李克锋，等. k-ε 双方程水库水温模型浮力模拟分析 [J]. 中国水利水电科学研究院学报，2017（1）：37–43.

[42] 刘德富，杨正健，纪道斌，等. 三峡水库支流水华机理及其调控技术研究进展 [J]. 水利学报，2016，47（3）：443–454.

[43] 刘丰. 异重流环境中游动型藻类与水动力耦合机制研究及数值模拟 [D]. 中国水利水电科学研究院，2018.

[44] 刘明典，陈大庆，段辛斌，等. 应用鱼类生物完整性指数评价长江中上游健康状况 [J]. 长江科学院院报，2010，27（2）：1–5.

[45] 刘晋高，诸葛亦斯，刘德富，等. 防控三峡水库支流水华的生态约束型优化调度 [J]. 长江流域资源与环境，2018，27（10）：2379–2386.

[46] 刘之平，吴一红，陈文学，等. 南水北调中线工程关键水力学问题研究 [M]. 北京：中国水利水电出版社，2011.

[47] 马玉林，周振红. 水信息学及其进展 [J]. 气象与环境科学，2011，34（2）：75–79.

[48] 秦伯强，杨桂军，马健荣，等. 太湖蓝藻水华"暴发"的动态特征及其机制 [J]. 科学通报，2016（61）：759–770.

[49] 任冰，金钊，高睿，等. 波浪与斜坡堤护面块体相互作用的SPH–DEM数值模拟 [J]. 大连理工大学学报，2013，53（2）：241–248.

[50] 王娟，沈久泊. 水信息学在水利行业中的广泛应用与发展前景 [J]. 水利科技与经济，2010，16（5）：573–574.

[51] 王涛，郭新蕾，付辉，等. 基于神经网络理论的开河期冰坝预报研究 [J]. 水利学报，2017，48（11）：1355–1362.

[52] 曲兴辉，范建强. 变截面结构双向厢式水力调压塔研究及应用 [J]. 水电能源科学，2014，32（11）：161–163.

[53] 史小红. 乌梁素海营养元素及其存在形态的数值模拟分析 [D]. 内蒙古农业大学，2007.

[54] 魏皓，赵亮，原野，等. 桑沟湾水动力特征及其对养殖容量影响的研究——观测与模型 [J]. 渔业科学进展，2010，31（4）：65–71.

[55] 吴一红，郑爽，白音包力皋，等. 含植物河道水动力特性研究进展 [J]. 水利水电技术，2015，46（4）：123–129.

[56] 徐卫刚，张化永，王中玉，等. 植被对河道水流影响的研究进展 [J]. 应用生态学报，2013，24（1）：251-259.
[57] 杨开林. 控制输水管道瞬态液柱分离的空气阀调压室 [J]. 水利学报，2011，42（7）：805-811.
[58] 杨开林，郭永鑫，付辉，等. 管道充水水力瞬变模型相似律 [J]. 水利学报，2012，43（10）：1188-1193，1201.
[59] 杨开林. 河渠恒定非均匀流准二维模型 [J]. 水利学报，2015，46（1）：1-8.
[60] 杨开林. 长距离输水水力控制的研究进展与前沿科学问题 [J]. 水利学报，2016，47（3）：424-435.
[61] 尹正杰，杨春花，许继军. 考虑不同生态流量约束的梯级水库生态调度初步研究 [J]. 水力发电学报，2013，32（3）：66-70，81.
[62] 苑希民，冯国娜，田福昌，等. 黄河内蒙段凌情变化规律及智能耦合预报模型 [J]. 南水北调与水利科技，2015，13（1）：44-48.
[63] 肖洋，成浩科，唐洪武，等. 水动力作用对污染物在河流水沙两相中分配的影响研究进展 [J]. 河海大学学报（自然科学版），2015（5）：480-488.
[64] 杨柳，夏哲兵. 中国高坝工程过饱和总溶解气体研究进展 [J]. 四川水力发电，2014，33（3）：71-75.
[65] 杨宇，高勇，韩昌海，等. 鱼类水力学试验研究进展 [J]. 水生态学杂志，2013，34（4）：70-75.
[66] 杨中华，朱政涛，槐文信，等. 鄱阳湖水利调控对湖区典型丰枯水年水动力水质影响研究 [J]. 水利学报，2018，49（2）：156-167.
[67] 俞茜，陈永灿，刘昭伟. 静止水体中微囊藻属迁移轨迹的数值模拟 [J]. 中国环境科学，2017（5）：1915-1921.
[68] 俞晓祥. 河道断面突变对污染物紊动扩散影响的数值模拟研究 [J]. 人民珠江，2016（11）：69-81.
[69] 赵新，练继建，黄焱. 双缆网式拦冰索模型试验 [J]. 天津大学学报，2012（11）：953-957.
[70] 穆祥鹏，陈文学，郭晓晨，等. 高纬度地区渠道无冰盖输水的冰情控制研究 [J]. 水利学报，2013，44（9）：1071-1079.
[71] 黄国兵，杨金波，段文刚. 南水北调中线工程冬季运行冰凌危害调查及分析 [J]. 南水北调与水利科技，2018.
[72] 赵懿珺. 潮流环境下垂直浮射流实验研究与三维数值模拟 [M]. 北京：中国水利水电出版社，2015.
[73] 张防修，席广永，张晓丽，等. 凌汛期槽蓄水增量过程模拟 [J]. 水科学进展，2015，26（2）：202-211.
[74] 张蕊，吴一红，章晋雄，等. 水力浮动式升船机充泄水阀门启闭方式研究 [J]，水利水电技术，2011，42（4）：36-40.
[75] 张亦然，杜秋成，王远铭，等. 总溶解气体过饱和含沙水体对齐口裂腹鱼影响的实验研究 [J]. 水利学报，2014，45（9）：1029-1037.
[76] 张健，朱雪强，曲兴辉，等. 长距离供水工程空气阀设置理论分析 [J]. 水利学报，2011，42（9）：1025-1033.
[77] 左其亭，刘静，窦明. 闸坝调控对河流水生态环境影响特征分析 [J]. 水科学进展，2016，27（3）：439-447.

撰稿人：吴一红　赵顺安　陈文学　郭新蕾　韩　瑞
穆祥鹏　陈小莉　曾　利　张　蕊　杨　帆

水文学学科发展

一、引言

水文学是研究地球上水循环的科学，研究地球水圈的存在与运动，属于地球物理学和自然地理学的分支学科，也是水利工程下的分支学科。水文学主要研究内容包括地球上水的形成、循环、时空分布、化学和物理性质以及水与环境的相互关系，为防汛抗旱、充分合理开发和利用水资源，不断改善人类生存和发展环境条件提供科学依据。

水文学的研究范围十分宽广。从大气中的水到海洋中的水，从陆地表面的水到地下水，都是水文科学的研究对象；水圈同大气圈、岩石圈和生物圈等地球自然圈层的相互关系，也是水文学的研究领域；水文科学不仅研究水量，而且研究水环境、水生态；不仅研究现时水情的瞬息动态，而且探求全球水的生命史，预测其未来的变化趋势。

本报告将从水文测验技术、水文模拟技术、水文气象研究、水文分析计算和水文作业预报等方面对水文科学近 10 年的发展和应用动态、研究进展及其展望等予以总结和述评。

二、国内发展现状及最新研究进展

（一）水文监测技术

1. 水文站网

水文站网是水文监测资料的主要收集系统。随着水文服务领域的拓宽，以及防汛抗旱减灾、实行最严格水资源管理制度和建设生态文明社会等的需求发展，对水文监测资料从水文要素数量、空间密度、时间频次和精确程度等方面提出了更高要求。目前水文站网包含了水文站、水位站、雨量站、蒸发站、墒情站、水质站、地下水站、实验站等八大类水文测站。截至 2018 年年底，全国水文部门共有各类水文测站 113245 处，包括国家基本水文站 3154 处、专用水文站 4099 处、水位站 13625 处、雨量站 55413 处、蒸发站 19 处、墒情站 3908 处、水质站 14286 处、地下水站 26550 处、实验站 43 处。测站总数与 2006 年相比增加了 3.14 倍。

水文站点数量的增加和功能扩展，使得水文监测任务量急剧增加，倒逼着水文监测方式方法的创新改革，加强了巡测，水位雨量等监测广泛采用自动监测、遥感等方式，水文监测能力大幅提升。

为保障水文站网等基础设施的建设和发展，先后制定了多项规划。2013 年，国家发展改革委和水利部组织编制完成《全国水文基础设施建设规划（2013—2020 年）》，确定了全国水文基础设施建设的指导思想、基本原则、目标和主要任务，以及相应时期全国水文基础设施建设规模。2016 年 4 月，水利部组织修编完成《全国水文事业发展规划》，明确提出水文事业发展的思路、目标、总体布局和主要任务。按 2018 年度实际支出金额统计，全国水文经费投入总额 877893 万元，较上一年增加 78492 万元，主要为事业费的增加。其中：事业费 765582 万元、基建费 100460 万元、外部门专项任务费等其他经费 11851 万元。在投入总额中，中央投资 169736 万元，约占 19%，地方投资 708157 万元，约占 81%，较上一年中央和地方都加大了投资力度。

水文事业和水文监测技术发展同样需要法制保障。2007 年，国务院颁布实施《中华人民共和国水文条例》，明确了水文工作的性质、地位、管理职责和业务范围；2011 年，水利部相继出台《水文监测环境和设施保护办法》和《水文站网管理办法》。同期，截至 2015 年年底全国共有 26 个省（区、市）出台了地方水文条例或管理办法。2018 年，水利部印发了关于推进部分专用水文测站纳入国家基本水文测站管理的通知，补充优化国家基本水文站网，同时继续加强水文测站报批报备管理和工程建设对水文测站影响的行政审批，依法维护测站稳定运行，强化站网整体功能。

2. 水文仪器设备及监测技术

随着电子信息和传感技术的发展，水文监测技术全面进步，水文现代化建设稳步推进，基础设施建设和仪器装备水平有了很大提升。水位流量单值化、流量泥沙异步测验等研究实践不断深化，雨量、蒸发等水文要素的采集、传输实现了自动化，水质、流量、泥沙、墒情等在线监测取得了重大进展，提高了水文信息采集的准确性、时效性。启动了城市水文、水生态监测等，拓宽了水文服务领域。

我国利用超声波、激光和雷达等介质，采用时差法、多普勒效应的非接触式流量测验技术得到快速发展，开展了流量在线监测。截至 2018 年年底，全国水文系统有声学多普勒流速仪（ADCP）2665 套，增加了流量测验信息量，大大地提高了效率。

在泥沙测验中使用激光粒度分析仪进行泥沙颗粒级配分析，利用激光测沙仪、浊度仪等设备可现场获得体积浓度、颗分级配、水深、水温、光透度、光的衰减等数据，提高了泥沙测验和颗粒级配的分析效率。声学多普勒测沙、激光法泥沙粒度分析技术研究与应用也取得较好成果。

水质分析方法和分析仪器不断发展，水质监测实验室陆续配置了气相色谱质谱仪、液相色谱仪、电感耦合等离子体质谱仪、生物毒性分析仪、流式细胞仪等先进的检测分析技术装备，截至2018年年底，纳入统计的仪器设备达39种，共建成自动监测站325座。在水质检测分析过程中，采用的主要技术有化学分析、原子光谱、分子光谱、电化学分析、色谱分离、流动注射分析、生物传感器技术。现代仪器分析手段及配套样品前处理方法的技术进步，使得水中微量有毒有害有机污染物的检测成为可能，污染物定性定量的检测精度由毫克向微克，乃至纳克、皮克发展。近年来，我国对水资源管理和保护愈加重视，水利系统的水质监测实验室陆续配置了高效液相色谱-质谱仪、气相色谱-质谱联用仪、电感耦合等离子体发射质谱仪、高分辨气相色谱双聚焦磁式质谱联用仪、全自动连续流动分析仪、移动实验室等先进的检测分析技术装备，监测能力得到了显著的提高。近年来，水中微量有毒有害污染物［如持久性有机物（POPs）、内分泌干扰素、抗生素等］备受关注，对水质监测工作也提出了新的要求。目前，海河流域水环境监测中心采用固相萃取-高效液相色谱-串联质谱法开展了流域内抗生素的调查与监测，珠江流域水环境监测中心也对珠江三角洲重要水体的抗生素实施了监测。另外水质在线自动监测取得快速发展，全国重要饮用水水源地名录中的地表水水源地和部分省界区域实现了水质在线自动监测，监测项目涵盖水温、酸碱度、电导率、溶解氧、浊度、氨氮、高锰酸盐指数、化学需氧量、叶绿素、磷酸盐等，常用的水质在线监测方法有化学法、色谱法、生物法等。随着水体中排放废弃的化学物质种类日益增多，逐一检测将耗费大量的人力、物力和财力，且难以实现，生物监测技术越来越受到关注，正逐步应用到日常监测中。

在水生态监测评价以及生态环境保护与修复方面，水利部水文局会同北京市水文总站编制印发了《水生生物监测调查技术要求》，对浮游植物、浮游动物、大型底栖动物、大型水生植物、着生藻类和着生原生动物的监测与调查方法进行了界定与规范；与长江流域水环境监测中心等单位编制出版了《中国内陆水域常见藻类图谱》，制定颁布了《内陆水域浮游植物监测技术规程》（SL 733—2016），推动了生态监测的规范化。重点加强饮用水水源地监测预警技术、非点源污染评价与预测的水文学方法、依靠地下水的生态系统、跨流域调水生态环境影响机理和分析评价方法、大型水利工程对河流生态系统的影响等研究。

此外，我国近年来在引进先进仪器设备的同时，自行研发了PRS-11雨量雷达、移动式雨量校准仪，以及巡测车、土壤水分监测仪、雷达水位计、雷达流速仪、波浪仪等。GNSS、全站仪已经成为常用设备，在水文测量、水文测验中得到了广泛应用。无人机、三维激光扫描仪、多波束测深系统等先进装备在水文应急监测中也得到应用。

3. 信息传输

水文信息传输主要通过超短波传输、GSM短信传输、GPRS实时在线传输、卫星传输、有线传输等途径实现远距离传输。

在水情信息传输方面，2011年水利部水文局基于《实时雨水情数据库表结构与标识符标准》（SL 323—2011），采用了数据库数据直接交换技术，建立水情信息交换系统，实现了全国39个流域和省级节点、234个地市节点的信息交换，系统应用范围基本覆盖了全国。水情信息交换替代了水情信息编码译电方式，实现了由单一的实时信息到实时、历史、预报和基础信息的全面交换，信息传输种类、信息量和时效性均有了显著提高，是水情信息传输方式的重要技术革新。

（二）水文模拟技术

在产汇流规律方面，发展完善了变化环境下产汇流模拟理论，提出了分层模拟非饱和带水分运移情况的同位素示踪模型，阐明了微地形坡面对产汇流的影响机理，揭示了大孔隙流对流域产汇流的影响机制，将土壤含水量、地下水位变化过程与水文物理机制相结合，建立了时空动态组合的蓄满和超渗产流理论；提出了“带门槛水库”等多种描述社会用水过程的非线性模拟方法，进一步揭示了人类活动影响下的产汇流机理。

在流域水文模型和平台建设方面，建立了无资料地区洪水预报模型。在数字流域平台上，建立了基于ArcGIS的TOPKAPI模型（ArcTOP）、基于地貌特征的分布式水文模型（GBHM）、网格化的新安江模型等适用于无资料地区的分布式水文预报模型，提出了中小河流洪水预报规程，开发了基于推理公式的小流域洪水预报模型、适用于北方干旱地区的Green-Ampt超渗产流模型，集成了混合产流模型、地貌单位线汇流模型、神经网络模型等，为洪水预报方案的编制和洪水预报系统提供了模型和方法库。

（三）水文气象研究

天气雷达广泛应用，国家防汛指挥系统依托天气雷达（有效监测半径150~300 km）开发多源定量降水估算，应用于暴雨监测预警和洪水预报。

开展无资料地区及中小流域暴雨山洪监视预报技术研究，研发了基于雷达和自动雨量站监视的山洪动态临界雨量（阈值）应用技术；研发适应“短历时、高强度”暴雨特点的城市雨洪模型，试验探索了0~30分钟临近暴雨内涝和城市河流突发洪水的预警技术。

与水文模型耦合及定量降水预报研究取得重要进展，水利部水文局和长江委等利用GIS技术，实现降水预报等值线下区域或子流域预报降水量的自动提取，使人工智能预报与格点化数值预报一样方便地应用于自动化水文模型；开展不同物理参数化方案和合理空间尺度比较分析，在长江流域应用WRF中尺度模型和Reg-CM4区域气候模型，结合国内外多种数值模型产品的再加工，开展不同预见期水文气象耦合预报技术应用试验，初步实现1~3天精细化和1~3个月长预见期流域面降水量滚动预报。结合水利防灾需要，加强台风活动与降水分布历史变化规律研究，开展短历时中小河流突发性暴雨洪水、城市暴雨洪水等探索性研究。

10~30天的中期延伸期降水预报从方法和产品实用性上均取得重大进展，并进行了业务试验，较好弥补了10天以下中短期预报和月以上气候预测之间的缝隙，为防汛抗旱和水资源优化科学配置提供了重要技术支撑。尝试利用多模式综合集成技术，延长降水预见期和降低预测不确定性，并与水文模型相结合，充分发挥水库群的综合拦洪调蓄作用，提高雨洪资源化利用水平。

（四）水文分析计算

除传统的水文频率分析和PMP/PMF方法仍在不断完善和深化外，水文计算在诸多方面逐渐形成研究热点并取得进展，如基于风险分析理论的防洪标准研究，气候变化和人类活动对设计成果的影响，不确定性新理论、新方法的应用研究等。

我国在暴雨洪水的基本规律研究方面，将雨洪信息应用于研究实时暴雨洪水与历史暴雨洪水的相似性问题，初步提出了暴雨洪水相似性分析的指标体系，将实时暴雨洪水与历史暴雨洪水进行相似性分析，推选出与实时暴雨洪水相类似的历史暴雨洪水，为暴雨洪水研究提供了一条新思路。2012年，由河海大学主持的国家自然科学基金重大项目“变化环境下工程水文计算的理论与方法”，在水文过程对环境变化的响应机理、水文极值时空分布的演变规律、非一致性水文系列概率分析理论以及不确定性评估方法等方面取得了一系列重要研究成果。

（五）水文作业预报

1. 实时校正技术

实时校正技术是洪水预报系统的核心组成之一，对预报精度和预见期有重要影响。传统的卡尔曼滤波方法得到了进一步发展，采用人工神经网络、K最临近等方法与其相结合的途径，耦合抗差理论，利用实时水情、人类活动和历史洪水等多种信息，建立了综合性实时洪水预报校正方法，实现了预报误差动态监控和智能化的修正。

2. 洪水预报系统

国家和地方建立了服务于抗洪抢险实践的决策支持系统，具有较高的研究水平和应用价值，将模糊水文学和随机水文学等方法应用于洪水预报，发展了中国特色的专家交互式洪水预报系统，如水利部水文局开发的“中国洪水预报系统”和长江委水文局开发的“WIS水文预报平台”。中国洪水预报系统采用C/S体系结构，以全国统一的实时水情数据库为依托、以地理信息系统为平台，实现了多模型、多方法、多方案集成，具有强大的GIS空间分析表现、人工试错和自动优选相结合的模型率定、实时人机交互预报技术、实时自动预报与预报告警功能、水情预报工作管理等功能，已在全国流域、省（市、区）级水文部门广泛应用。

对于我国中小河流预警预报，提出了水文模型与GIS模型的二元结构共享原理与方法，构建了水文模型与 GIS 双对象共享体技术，集成了空间分析、降雨数值预报、洪水预报、溃坝洪水分析、预警指标计算等功能模块和产品，建成了功能齐全的中小河流洪水预报预警系统。

3. 中长期水文预测

近年来，水文部门逐步开展了中长期水文预测业务，主要基于前期水文气象影响因素，预测全国降水量及主要多雨区、少雨区分布情况，重点地区洪水、干旱、枯水的形势，以及主要江河和重点大型水库来水量情况。

（1）中期预报方法。一是结合中期雨量（1~7 天）过程预报，采用短期水文预报模型制作中期水文预报；二是用预见期降雨（典型暴雨）对应的典型洪水过程，叠加到不考虑预见期降雨的洪水过程线上，制作预报。

（2）长期预报方法。一是数理统计法；二是统计相关及相似年法（前期降雨、水文过程或河道底水状态相似）；三是扩展径流预报或水文集合预报。

三、国内外研究进展比较

（一）水文监测技术

国际上广泛利用同化技术，主要基于雷达、卫星等非常规资料，将雨量站资料通过多源数据融合，实现高精度和高时空分辨率的流域面降水量估算。英国利用 GOES 卫星获取精细化定量降水估算产品，已投入业务化运行，时空分辨率达 15 min、2 km。法国降水量观测通过水文仪器和雷达两种方法对比分析，得到比较可信的降雨数据。欧洲中期天气预报中心（ECMWF）开发的卫星定量降水估算（QPE）产品（欧洲区域分辨率 5 km），已应用于欧洲洪水预警系统（EFAS）。美国降水估算产品（MPE）耦合了多源降水信息，其精度、时空分辨率均有明显提高。

在信息传输方面，美国地质勘探局（USGS）利用数据采集平台实现现场水文数据的实时自动采集，并将水文数据自动发送给 USGS 用户，同时工作人员也可根据水文仪器运行实时监测数据判断仪器工作是否正常。

发达国家对水文基础资料管理十分重视。日本、加拿大设有专门的中央机构负责水文水资源数据的采集、汇总、处理和发布等。德国、法国设有流域性及区域性的洪水预警预报中心，分别对相应的政府机构负责。意大利建立了覆盖全国的实时水文数据采集通信网，流域机构所属站网 90% 以上与中央系统实时联网，进行数据共享。

在水质监测领域，我国环境监测仪器多是中小型企业生产，产品基本集中在中低档的环境监测仪器，而诸如离子色谱仪、气相色谱仪等大型监测仪器还没有完全实现自主生产，关键部件主要依赖进口，稳定性和可靠性欠缺。

随着微电子技术、通信网络技术和数学模拟技术的发展，国内外水文测验技术都趋向自动化、数字化方向发展。

（二）水文模拟技术

国际水文重点和前沿研究方向主要包括无资料或资料缺乏流域的水文研究问题、水文不确定性问题、水文非线性问题、尺度问题和水文模型等方面。

（三）水文气象研究

现代水文气象研究主要集中在定量降水估算、定量降水预报及水文气象耦合预报等领域。

定量降水预报融入洪水预报模型并实现业务化，是水文气象应用技术发展的方向。英国水文雷达试验（HYREX）、河流预报系统（RFFS）和水文雷达系统（HYRAD）等成果都已应用于洪水预警业务。美国增强水文预报服务系统（AHPS）兼顾实时和预报降水场，输入分布式水文模型，进行山洪实时预报预警。我国利用天气雷达监测信息和卡尔曼滤波技术得到更精准的降水场，与新安江模型耦合进行实时洪水预报，提高了洪水模拟效率和预报水平。

集合预报与水文模型、水力学模型相结合，应用于洪水预报及早期预警与洪灾风险评估，是水文气象应用领域的主流趋势。动力与统计相结合方法，兼取动力和统计降尺度的各自优点，成为降尺度技术的一个重要发展方向。国际上在降尺度方法、集合预报和双向耦合应用等领域研究甚多，进步明显，欧洲洪水预警系统（EFAS）和美国河流集合预报系统（ESPS），都是这一趋势的代表。我国该领域的研究起步晚，产品也少，但降水集合预报作为水文模型输入，也已受到国内水文学家的重视，投入了一些研究试验，尚未业务化。

考虑水文系统对数值天气预报模式的反馈作用，和气候模式与分布式水文模型双向耦合研究，是水文气象又一热点研究方向。全球气候模式（GCM）的发展，推动了气候预测的显著进步。美国国家环境预报中心（NCEP）和欧洲中期天气预报中心（ECMWF）均已对外发布多种全球范围降水、气温等气候预测产品，有的预见期长达 9 个月。气候预测产品促进了气候模式与大尺度水文模型耦合研究，使模型预测月、季、半年尺度河川径流提供了技术可能。

（四）水文分析计算

水文计算方法的发展在国内外都经历了从早期的经验估算，过渡到近代基于数理统计理论的水文频率分析和水文气象成因分析的 PMP/PMF 计算，至目前侧重各种方法融合、随机性和确定性方法平行发展的过程。

（五）水文作业预报

径流监测、雷达测雨、数字高程模型（DEM）和土壤植被、遥感图像等组成的水文多要素大数据日益丰富，数字高程模型应用、水文气象耦合和利用专家经验的人机交互模式等方面正成为世界上水文作业预报技术研究和发展的方向。

1. 多源降水融合技术

在天气雷达资料的面雨量合成和多源降水信息融合技术方面，美国和欧洲处于领先水平。美国已经建立了由多探测器降水估算技术和人机交互雨量订正技术共同构成的定量估算降水业务应用系统，并和水文预报模型结合，应用在山洪指导系统（FFGS）和美国天气局河流预报系统（NWSRFS）中。英国气象局开发了雷达资料实时处理和多部雷达联网工作，实现资料的实时质量控制，结合雷达和卫星资料，进行了气象和水文服务的甚短时定量降水预报。意大利博洛尼亚（Bologna）大学开发的 RAIN–MUSIC 软件，能实现多源降雨信息同化和数据融合，可以作为利用雷达和卫星提供一个为得到足够准确的降雨监测预报和面雨量估算值的最好途径，该功能模块已纳入欧洲洪水预报系统（EFFORTS）中，显著提高了降雨估算的质量。

2. 分布式水文模型

当前，国际上分布式水文模型有三种建模思路：一是利用 DEM 生成数字流域，在每个子流域上应用现有的概念性集总模型来推求径流，再进行汇流演算，最后求得出口断面流量，如 SCN+GIS（美国）、SWAT（美国）、SLURP（英国）等模型；二是基于 DEM 推求地形空间变化信息，利用地形信息（如地形指数）模拟水文相应的特性，并利用统计方法求得出口断面流量，这类模型如 TOPMODEL；三是应用 DEM 划分流域网格单元，应用数值分析来建立相邻网格单元的时空关系，以水动力学方程模拟网格单元产汇流主要过程，这类模型也称具有物理基础的全分布式水文模型，如 SHE 及其变形、TOPKAPI 模型等。意大利自 2002 年起已成功地将 TOPKAPI 模型纳入自动测报预报系统中，在意大利阿尔诺河、波河等流域建立了基于雷达测雨和分布式水文模型的实时洪水作业预报系统。

尽管我国分布式水文模型建模研究起步较晚，但是近 10 多年来取得了较大进展，许多学者都进行了非常有意义的探索性工作。目前，我国水文模拟的困难之一在于缺乏充足的观测数据。

3. 基于水文气象耦合技术的洪水预报

利用多源降水信息融合技术估算流域分区降雨，从而提高实时洪水预报精度，是国内外目前研究的热点。雷达测量降水具有覆盖面广、时空分辨能力强的优点，能提供时段小至 5 min 和空间分辨率小至 1 km^2 的雨量估测值。国外雷达测雨信息已广泛应用到洪水预报中去，如欧洲 6 个国家联合开发的欧洲河流预报系统（EFFS），即通过水文、气象模型的集合，提供欧洲主要河流 4~15 天的预报。近年来，我国开展了数值预报雨量与洪水预报模型直接连接的应用研究，取得了较好的应用成果，但雷达测雨信息在洪水预报的应用方面，目前尚处于实验探索阶段。

4. 人机交互预报模式

交互式洪水预报模式，是依据有经验的预报员的分析、确定预报的思路来建立对预报结果进行交互分析的基本模式，是预报员使用的一个工具。人机交互的主要功能有：人工率定模型参数时调整模型参数，实时预报时调整模型参数，实时预报时修正和输入数据。由于交互式洪水预报技术可以直观、灵活、方便地完成多种实时预报作业和专家实时修正，而逐渐成为当前水文预报应用技术的重要研究领域。美国、日本以及西欧等一些国家均开发了比较先进的交互式洪水预报系统。我国的洪水预报系统研制进展很快，已开发了具有中国特色的专家交互式洪水预报系统。

5. 大范围洪旱预测预警

欧洲、美国等发达地区和国家利用先进的专业技术和现代信息技术，对洪水可能造成的灾害进行及时准确的预测，发布警示信息，并逐步建立以地理信息系统、遥感系统、全球定位系统为核心的“3S”洪水预警系统，如全球洪水感知系统（GLoFAS）、欧洲洪水预警系统（EFAS）、欧洲洪水预报系统（EFFORTS）、美国 USGS 开发的饥荒早期预警系统（FEWS）、美国国家水文研究中心研发的大范围山洪早期预警系统（FFGS）。3S 技术大范围洪旱动态监测与预测预警方面，目前我国尚处在应用性研究阶段。

6. 中长期径流预测

国外常用的中长期径流预测方法有数理统计法、相似年法、扩展径流法（extended stream-flow prediction）和水文集合预报法（ensemble stream-flow prediction）。现阶段我国中长期径流预测业务尚未全面开展，所采用的方法多为经验统计方法，亟需加强对中长期水文预测方法的研究和应用，研究建立我国水文水资源预测业务系统，并逐步开展流域或地区水资源预测服务业务。

四、发展趋势

随着经济社会和科学技术的发展，水文学发展面临更多挑战和机遇，必须加强水文学科基础理论、应用技术等方面研究，以及国际间的交流合作，同时需要紧密关注国家和社会的需求发展，不断扩展水文服务领域，提高水文专业服务水平。

（一）基础理论和方法研究

在水文水资源基本规律方面，重点加强气候变化的水文效应、人类活动影响下水文过程响应机理、气候变化与人类活动双重影响下水文极值响应机理、不同时空尺度识别转化理论与方法、流域水文循环过程与生态系统相互作用机理、数字水文分析平台开发与分布式水文模型等研究，以及数字水文学、同位素水文学、生态水文学、干旱水文学、城市水文学等问题研究。

在干旱灾害预测与评估方面，重点加强大面积长历时干旱监测与预测、城市雨洪特征与预测预报、山洪灾害水文成因与监测预警技术、流域水利工程联合调度水文分析、变化环境下水文频率的确定、水文风险与汛限水位分析、台风与风暴潮研究、凌汛预报与防凌调度技术等研究。

在水资源评价与调控方面，重点加强基于流域水文模拟的水资源评价技术、水资源实时评价与预测技术、特殊地区的水资源评价方法、高强度开发利用条件下地下水预测分析方法、跨境河流水资源评价与预测预警技术等研究。

在水文水资源信息技术方面，重点加强现代条件下水文站网规划布设方法研究、流域水文信息立体动态监控关键技术研究、信息采集成套设备研制、多源多尺度水信息融合与应用技术、数据挖掘技术在水文海量数据内在规律探求中的应用、国家水文数据库建设的关键技术等研究。

在寒区和旱区水文研究方面，我国寒区和干旱区水文研究基础还很薄弱，当今水文学的研究已进入了以水圈为中心来研究大气圈、冰冻圈、岩石圈和生物圈相互作用的阶段，从而进行水循环的动力模拟。新时期应在理论研究层面，进一步推进寒区和旱区水文研究。

（二）新技术应用研究

在新技术方面，充分应用物联网、云计算、大数据、移动应用和智慧计算等信息新技术，全面推进水文信息化从“数字水文”向“智慧水文”跃进。

在水文测验技术方面，水文监测要素由离散点向连续区域发展，监测体系向立体、智慧型发展，水文数据向多要素异构集成发展，水文监测技术向自动化、信息化、网络化和智能化转变。混合毒性参数在欧洲和北美的水环境管理中的使用比较普遍，是一种以预防为主的水质量管理的监测技术，注重对污水环境中有害物质（包括影响人类身体健康和环境保护工作）的监测，利用生物技术进行环境监测值得期待。

在模拟预报技术方面，水文预报将步入立足于传统方法与基于下垫面地理信息的分布式流域水文模拟相结合，水文学与水力学相结合，水文气象预报耦合的水文预报阶段。

在水文气象理论与应用方面，研究降水预报多模式集成技术，提高预报精度及气象与洪水预报集成耦合应用水平；走数值模式与统计预报相结合的道路，降低降水定量预报的不确定性，增强 11~20 天降水预报的能力和手段，有效延长预见期；加强大数据的挖掘应用，提升中长期统计预测水平；增强雷达、卫星观测与雨量站监测等多源数据融合应用，提升短历时降水估算水平和暴雨监测预警能力；开展大气 – 陆地水文相互作用的机理、气象模式与水文模型的耦合应用研究，在应用层面实现突破。

（三）国际交流与合作

经济社会的快速发展，赋予水文科研工作的任务更加繁重、要求更高，迫切需要我们开展广泛的技术合作，实施联合攻关，通过建立“开放、流动、竞争、协作”的管理体制，促进科研工作更有效地开展，促进科研成果转化与推广，提高我国水文科研成果的整体水平。

资源与环境问题是全球性的难题，很多国家都面临着水资源短缺、水环境恶化的状况。为此，国际科技界对重大资源与环境问题的基础研究通常是设置专门的研究计划来完成，如全球环境监测系统（GEMS）、全球 POPs 监测计划等。目前，在水质及水生态监测方法和技术方面，我国总体上落后于欧美发达国家。近年来，通过国际合作与交流，借助于国际上先进的科技资源，引进国外先进的设备与技术，我国的水质及水生态监测工作取得了跨越式发展，监测技术与手段已能紧跟国际水质研究前沿，如监测与调查流域内水中微量有毒有害污染物及水生态环境变化。当前，水环境中污染物成分日趋复杂，监测手段也日益更新，因此，必须密切跟踪国际发展动态，加大国际合作与交流的力度，积极引进国外先进的技术与理念，并结合我国实际吸收利用，推动我国在水质监测领域自主创新的发展。

参考文献

[1] 宋子珏，何建新，李学华，等. 星载降水测量雷达降水产品研究进展［J］. 气象科技，2018，46（4）：631-637.
[2] 芮孝芳. 对流域水文模型的再认识［J］. 水利水电科技进展，2018，38（2）：1-7.
[3] 董慧茹，张丽娟 . 环境样品分析（Ⅰ）［J］. 分析试验室，2018，37（10）：1221-1240.
[4] 李慧珍，裴媛媛，游静. 流域水环境复合污染生态风险评估的研究进展［J］. 科学通报，2019，64（33）：3412-3428.
[5] 魏新平，蒋蓉，刘晋，等. 水文基础设施建设形势与任务浅析［J］. 水文，2015（1）：77-81.
[6] 史铮铮，陈雅莉，张文，等. 面向水文数据的自动化信息整合与分析［J］. 水文，2015（6）：42-49.
[7] 刘志雨 . 我国水文监测预报预警业务展望［J］. 中国防汛抗旱，2019，29（11）：31-34.
[8] Mislan，Haviluddin，Sigit Hardwinarto，et al. Rainfall monthly prediction based on artificial neural network：a case study in Tenggarong Station，East Kalimantan-Indonesia［J］. Procedia Computer Science，2015（59）.
[9] 邱亮 . 实验室信息管理系统（LIMS）应用研究［J］. 环境科学与管理，2018，43（2）：14-17.
[10] 郑贵元，李建贵，孙伟，等. 分布式水文模型研究进展［J］. 安徽农学通报，2017，23（10）：27-28.
[11] 崔讲学，王俊，田刚，等. 我国流域水文气象业务进展回顾与展望［J］. 气象科技进展，2018，8（4）：52-58.
[12] 毕宝贵，代刊，王毅，等. 定量降水预报技术进展［J］. 应用气象学报，2016，27（5）：534-549.
[13] 胡宁. 水质自动监测技术的发展分析［J］. 低碳世界，2017（19）：9-10.
[14] 孙志伟，袁琳，叶丹，等. 水生态监测技术研究进展及其在长江流域的应用［J］. 人民长江，2016，47（17）：6-11.
[15] 詹旭刚，张爽. 关于我国环境监测分析方法的现状、存在问题及对策建议的研究［J］. 化工管理，2016

（2）：192.
［16］马莉娟，付强，姚雅伟. 我国环境监测方法标准体系的现状与发展构想［J］. 中国环境监测，2018，34（5）：30–35.
［17］刘征涛. 中国水质基准研究进展［C］// 中国毒理学会，湖北省科学技术协会. 中国毒理学会第七次全国毒理学大会暨第八届湖北科技论坛论文集，2015：63.
［18］王军霞，刘通浩，张守斌，等. 排污单位自行监测监督检查技术研究［J］. 中国环境监测，2019，35（2）：23–28.
［19］陈伯民，梁萍，信飞，等. 延伸期过程预报预测技术及应用［J］. 气象科技进展，2017，7（6）：82–91.
［20］南琼，唐景春，胡羽成，等. 不同环境介质中抗生素检测方法研究进展［J］. 化学研究与应用，2017，29（11）：1609–1621.
［21］孙浩，郭慧，赵辉，等. 基于紫外吸收原理的硝酸盐在线监测传感器研制及应用［J］. 环境工程学报，2016，10（4）：2122–2126.
［22］李淑贞，郭正，杨勋兰，等. 半挥发性有机物应急监测技术研究［J］. 人民黄河，2017，39（1）：83–86.
［23］郑凯，马晓妍，郝丽伟，等. 基于叶绿素荧光成像技术的藻毒性检测法的建立及在环境监测中的应用［J］. 环境科学学报，2019，39（3）：768–773.
［24］马涛，丁立国，周彬. 基于 ACI 标准的河流生命健康评价理论研究［J］. 人民黄河，2016，38（1）：71–74.
［25］罗火钱，李轶博，刘华斌. 河流健康评价体系研究进展［C］// 2018（第六届）中国水生态大会论文集，2018.
［26］王艳兰，梁忠民，王凯，等. 基于多模型 MCP 方法的洪水概率预报［J］. 南水北调与水利科技，2018，16（6）：39–45.
［27］杨文宇，李哲，倪广恒，等. 基于天气雷达的长江三峡暴雨临近预报方法及其精度评估［J］. 清华大学学报（自然科学版），2015，55（6）：604–611.
［28］王鑫，肖彩，薛泽宇，等. 应用遥感技术监测丹江口水库氨氮分布研究［J］. 水资源研究，2019，8（5）：436–444.
［29］郑钦文. 环境检测中地表水监测的现状与进展探讨［J］. 环境与发展，2018，30（8）：138–139.
［30］陆海田. 基于不同生物类型的河流水生态健康评价研究［J］. 水利水电快报，2018，39（12）：29–33.
［31］李敏，林朝晖，等. 陆面－水文耦合模式的参数率定及改进研究［J］. 气候与环境研究，2015（3）：141–153.
［32］王俊，等. 水文监测体系创新及关键技术研究［M］. 北京：中国水利水电出版社，2015.
［33］胡洪营，黄晶晶，等. 水质研究方法［M］. 北京：科学出版社，2015.
［34］张鹏，齐文启. 用于环境监测的生物检测技术进展［J］. 现代科学仪器，2015（6）：5–8.
［35］王旭涛. 河流水质生物监测与评价技术的创新及发展前景［J］. 中国水利，2015（21）：67–68.
［36］洪运富，杨海军，等. 水源地污染源无人机遥感监测［J］. 中国环境监测，2015（5）：163–166.
［37］韩枫，王威，等. 河南省水质监测与评价信息服务系统开发与应用［J］. 河南科技，2015（4）：7–10.
［38］芮孝芳. 水文学前沿科学问题之我见［J］. 水利水电科技进展，2015（5）：95–102.
［39］吴俊梅，林炳章，邵月红. 地区线性矩法在太湖流域暴雨频率分析中的应用［J］. 水文，2015（5）：15–22.
［40］水利部水文司. 2018 年水文发展年度报告［R］. 2019.

撰稿人：刘志雨　林祚顶　张建新　陈松生　周国良　余钟波　刘九夫
毛学文　黄昌兴　杨文发　程兴无　彭　辉　李　薇

水资源学科发展

一、引言

水资源已与能源、环境并列成为影响我国经济社会可持续发展的三大制约因子，未来一段时期，我国水资源保障仍面临经济社会需水持续增长、生态环境保护欠账太多、极端突发事件风险加大等诸多挑战。面对新的水资源形势，党中央提出“节水优先、空间均衡、综合治理、两手发力”的治水新思路，我国水资源管理实践正在发生深刻变化。

自20世纪80年代以来，随着我国水资源问题的日益凸显，国家高度重视水资源科学研究，先后设立了数十项重大项目开展科技攻关，取得一大批重要的创新成果，水资源学科取得长足进步，支撑了国家和重点区域水资源安全保障能力的提升。但面向国家新时代水资源安全保障的需求，仍存在许多重大科技瓶颈问题亟待突破，包括变化环境下水循环演变与发展条件下水资源系统的认知问题，现代复杂水资源巨系统科学调控问题，现代水资源管理技术、设备与工艺研发等。

二、国内发展现状及最新研究进展

我国自“十五”以来，国家在水资源相关领域先后设立了数十项重大项目开展科技攻关，包括“水安全保障技术研究”“国家水安全保障战略研究”“气候变化对黄淮海地区水循环的影响机理和水资源安全评估研究”“现代节水农业技术体系及新产品研究与开发”和“气候变化对西北干旱区水循环影响机理与水资源安全研究”等，“十三五”期间，设立了“水资源高效开发利用”国家重点研发专项，在水资源基础理论、水资源配置调度、水资源高效利用与节水、水资源保护、水资源管理等方面都有所发展。

（一）水资源基础理论

开展了水循环演变机理与水资源高效利用等重大基础理论问题研究。在完善水循环及其伴生过程监测技术体系的基础上，揭示了水系统中“五水”（大气水、地表水、地下水、土壤水和植物水）转化和冰冻圈地区水体多相态转换机制及水资源演变机理，同时在水循环综合模拟模型技术方面取得长足发展。对水循环系统中农田、城市等组分的水循环过程以及江河湖库水系开展了深入研究，原创提出了“自然－社会”二元水循环基础理论，建立了基于水循环的水资源“量－质－效”全口径多尺度综合评价方法、水资源综合模拟与调配模型方法、流域水系统理论和分析方法、绿色水资源分析评价方法、水资源脆弱性和风险分析方法等，发展了水循环调控理论与模式，提出了社会用水需求侧控制理论。

开展了水－能源－粮食纽带关系研究，从定量和定性的角度对纽带关系进行解析，并开发系统分析和建模方法，对水、能源、粮食系统进行耦合，对其各环节间的耦合和反馈机制进行研究，形成了水分利用从低效到高效转化的基础认知和实施方案，为水循环及其伴生过程演变机理认知和水循环系统的全过程综合治理实践奠定了良好基础。

开展了学科融合，与系统学、环境学、生态学、信息学、社会学等现代科学的新理论、新学科的紧密结合，从水系统与自然环境系统相互关系的研究扩大到与经济社会系统相互关系的研究，以及遥感技术、同位素技术、自动监测技术等新技术、新方法的应用等。

水资源基础理论研究仍有欠缺，主要体现在对水与自然生态各组分之间的相互作用机理认识不够深入，现有研究均集中在“水－能源”“水－粮食”等两两要素系统，没能完全将“水－能源－粮食”作为一个有机的统一系统进行充分研究；管理决策支撑主要基于水资源供需平衡而缺乏水系统风险防控等。

面对我国水资源严峻和复杂的形势，亟待加强水资源基础科学研究能力，研究适应气候变化和人类活动综合影响的流域水循环演变新理论与新方法，研究水循环多要素耦合互馈机制、变化环境下水资源演变驱动机制，以及特殊下垫面条件（黄土高原、冰川冻土区、喀斯特地区）水循环关键过程、尺度问题与不确定性问题等。

（二）水资源配置调度

在重点区域与重大水资源配置工程规划的驱动下，我国长期重视水资源调配科学技术研发，国家科技支撑计划从“七五”至“十二五”全过程设置了水资源调配研发项目，包括“四横三纵”水资源宏观配置战略、南水北调水资源综合配置与运行调度、长江上中游梯级水库群优化调度、数字流域关键技术等。发展至今，我国水资源配置规划理论方法处于世界先进水平行列，但在面向生态的水资源调配技术、水资源调配智能控制技术以及水资源多目标统一度量与大系统分析优化算法等方面仍落后于世界先进水平。

水资源配置研究进展主要集中在两个方面，一是在新形势的需求推动以及相关学科发展前提下在理论方法上的创新，一是某类新计算技术的应用或多个计算方法的集成。总体上偏理论方法研究，在一些水资源系统整体配置思路、框架和和技术方法上有突破，也有不同的区域层面应用。但与国外目前发展水平相比，还存在模拟工具平台继承不够、软件化程度低、决策评价分析不够完善等不足。

水资源调度在我国起步相对较晚，初期主要面向水库调度。水库调度研究先后经历了两个阶段，最早是以常规调度方法为主的单库或单目标寻优调度，后期水库调度进入了以运筹学为基础的水库群优化调度阶段。梯级水库群联合调度的优化和计算机的发展密切相关，主要由常规方法到模拟方法再到优化方法，最后发展模拟、优化相结合的几个发展过程。面向大量人工调水工程的建设应用需求，我国明渠闸泵群调度也有较大的发展，主要集中在优化模型的工程应用和优化算法的改进上。总体而言，随着我国水利事业的蓬勃发展，大量面向实际工程问题的水资源调度理论、方法涌现，防洪、生态、供水等针对特定目标以及多目标协同调度的模型和应用层出不穷，我国水资源调度理论已逐步走向世界先进水平。

（三）水资源高效利用与节水

经过多年发展和积累，我国已逐步建立了节水型社会建设理论体系，建立了成套管理技术，研发了各专项节水技术，公众节水参与意识显著提高，实现了由单项节水技术向行业多环节和区域多行业的目标系统化、技术集成化、管理综合化、措施多元化综合节水的发展转化，在理论与管理技术层面处于国际领先水平，在专项节水技术方面个别成果也达到国际先进水平。基于作物水分亏缺补偿原理形成了作物非充分灌溉和调亏灌溉技术系统，成为世界上最先进的灌溉农业节水技术之一；研制开发的一批适合国情、具有自主产权与国际竞争力的节水新产品与设备，在国际市场上占有一席之地；在集雨补灌、生物节水、低成本节水灌溉技术与设备等方面居国际领先或并跑水平。

与国际先进水平相比，我国在用水结构和产业布局、用水效率和经济发展联动关系的研究还不够深入，常规水源与非常规水资源的联动效益不明显，水质水量融合的技术研究还不充分，节水理论与技术、研究与实践、管理与信息服务、示范与产业化的衔接还不通畅，整体性、系统性、协调性还存在很多欠缺。

未来综合节水研究将更加注重源头节水、工艺节水、循环利用和非传统水源替代，充分发挥政府管制、市场调节、公众参与的综合作用，建设面向社会水循环全过程的节水技术体系。

（四）水资源保护

水资源保护研究开始进入资源、环境、生态一体化管理的阶段。人工智能、纳米技术、生物技术等已经与水生态领域的技术发展深度融合，绿色化、低耗化、智能化、生态化的发展成为主流趋势。我国从“九五”攻关起，开展了一系列以“西北地区水资源合理开发利用与生态环境保护研究”“中国分区域生态用水标准研究”“流域生态需水规律及时空配置研究”“黄河健康修复关键技术研究”等为代表的区域或流域生态保护研究工作，从流域层面制定了最小生态需水、适宜生态需水等目标。对于水资源保护和水生态修复，已从单纯的水量、水质管控向适宜河道形态、适宜水流条件和洄游通道维持的水生生物栖息地恢复转变。

开展了水利工程生态调度，主要集中在调度方式优化，以及优化调度方法对河流生态环境的影响评价，包含了生态水量调度、水质调度、泥沙调度等。

开展了河湖健康评价研究，从最早偏重水质评价，到逐渐转变为河湖生态系统质量的评价。现阶段着重于评价指标体系的研究，从水量、水质、水生生物等角度，建立起覆盖了水文水资源、河湖物理形态、水质、水生生物及河湖社会服务功能五个方面的评价指标体系。

开展了湿地生态工程模式与管理技术研究，研究以湿地污水处理工程建设与管理技术为主的环境治理生态工程与技术，不断发现处理污水效果更好的水生植物及处理新技术和新方法。近年来，运用景观生态学、农业生态学理论和方法加强湿地生态工程模式和配套管理技术。

目前，水资源保护研究还存在诸多问题，一是流域水生态安全保障的目标和标准尚不明晰，很多管控标准还处于缺失状态，如水生态的整体恢复目标、河湖水域的适宜空间规模和结构、水流连通性的阻隔阈值等；二是流域水生态水环境模拟软件开发滞后，目前国内绝大多数科研机构及大学，以及几乎全部的设计单位均采用国外较为成熟的商业数值模型软件开展研究与技术服务工作；三是水生态环境关键要素监测装备研制落后，核心部件和关键设备仍然高度依赖进口，需要通过加快整合研发团队 – 技术团队和产品开发团队，开展联合攻关，解决我国在水生态环境监测领域相关仪器设备受制于人的问题。

（五）水资源管理

水资源管理研究是指利用非工程措施，包括利用法规政策手段、行政组织手段、经济调节手段和技术推广手段，把水资源切实管好、用好、保护好，促进社会经济的发展。

我国在长期的水资源管理实践中，已经探索发展出具有中国特色的二元水循环水资源管理新模式。围绕着水资源综合管理、水务管理体制和监管机制、最严格水资源管理制度、三条红线管理等主题，我国主要在水权及水市场、水利与国民经济协调发展、总量控制与定额管理、水价政策、取水许可与水资源费征收、水资源管理体制与机制、省际河流关键指标控制等方面开展了研究。通过与其他国家的政府及有关国际组织开展一系列合作研究，在综合管理体制与机制、水权制度建设、水权行政管理体制、水经济价值及政策影响、水资源环境经济核算、水资源管理需求等方面均取得了较大的进展。近期，随着信息科学技术的高速发展，我国水资源管理学科重点发展了数字流域、智慧水利等理论与技术，从而使我国的水资源管理学科发展和实践应用能够接近国际先进水平。

三、国内外研究进展比较

我国在水资源开发利用的实践支撑和科研探索过程中形成了有中国特色的水资源科学体系，支撑了不同时期国家和区域水资源安全保障能力的提升，与国际同领域发展相比呈现跟、并、领并存的态势，具体体现为水资源基础理论研究处于国际领先水平，技术方法研究方面基本紧跟国际先进水平，但在水资源高效利用设备及工艺研究等方面有所滞后，但总体上与国家水资源安全保障科技需求相比仍有较大差距。

1. 受新时期国家水安全保障的治水实践驱动，我国水资源科学技术发展迅速并具有鲜明特色

服务于国家水管理公共政策的改革实践需求，我国水资源科学技术历经了一个快速发展时期，在节水型社会建设理论与方法、区域与跨区域水资源多目标配置与调度技术、水资源精细化评价与管理技术、非常规水利用技术等方面，全面服务国家重大需求，具有鲜明的中国特色。

2. 基于迫切的治水实践驱动等因素，我国在水循环基础理论处于国际领先水平

比如特色水资源科学与规划技术，包括高强度人类活动干扰下的流域“自然 – 社会”水循环基础理论和规律认知、用水强竞争区的水资源配置理论与方法、流域水沙过程模拟与配置方法等，原创特色显著，处于国际领先水平。

3. 我国水资源科学技术发展趋势与国际保持一致，整体紧跟国际先进水平

我国当前面临的水问题与欧美发达国家工业化进程中曾经遇到的水问题存有相通之处，民生与环境改善的目标也完全一致，因此在科技发展方向上具有良好的趋同性，在流域水循环模拟技术与系统构建、需水管理与综合节水技术、海水淡化技术、点面源污染防治技术、水资源开发的河流生态效应与修复补偿研究、水信息化与 3S 技术应用等方面，紧跟国际先进水平。

4. 受精密制造和加工水平等因素的影响，我国水资源领域的部分工艺和设备水平相对滞后

相比于较为先进的水资源规划理念与方法，我国水处理和管理的相关工艺设备发展相对滞后，包括水循环信息采集与预测预报技术、水计量设备与监测设施、喷滴灌节水工艺设备、水处理膜技术、水生物微生境培育工艺等，普遍落后于国际先进水平，部分领域还没有能够完全打破国外垄断的格局。

四、发展趋势

未来一段时间，水资源学科主要面向我国社会主义现代化建设“两个一百年”战略目标及科技创新“三个面向”的总体要求，统筹社会与生态、常态与极端、传统与非传统、国内与跨境的水资源安全需求，围绕国家水安全保障能力、水生态健康程度、水治理现代化水平提升，以建设完备、可靠、畅达、绿色、智慧的国家现代水利基础设施网络作为集成载体，针对供水节水、保护治理、智慧管理等重点领域，开展包括重大基础理论、关键共性技术、重要软件系统、核心设备装备在内的流域一体化、全链条科学研究，系统突破水资源安全、水生态安全的科技瓶颈，以流域为单元提升国家水安全保障开展集成与示范，精准对接国家重大区域发展战略水安全保障科技需求，构建与我国社会主义现代化进程相适应的水资源科技与创新体系，有效支撑我国水安全保障水平与能力的系统升级。

（一）重大基础理论研究

1. 水循环机理研究

水循环多要素、多过程、多尺度互馈机制研究：未来水循环的研究必须将全球变化影响，尤其是气候变化以及人类活动等因素的影响考虑入内，特别注重多元要素的关联性，加强对以水循环为纽带的各个过程（物理过程、人文过程、生物与生物地球化学过程）的互馈机理的研究，深入研究多要素、多过程、多尺度双向反馈耦合机制。

2. 水资源供需均衡调控理论

研究环境变化下水资源－经济－社会－生态的互馈关系、耦合机理与调控方法，流域区域水资源预测与供用耗排动态模拟、分区域生态水量计算方法及水资源永续利用机制；揭示跨流域调水工程的生态环境效应与调控机理、大型河湖连通工程对水循环的影响机理与规律；阐明农业用水多尺度水转化机理、水效提升路径与量质效协同调控机制，城乡供排水全系统中水－物质伴生过程解析、风险形成机理与管控路径；提出供用水巨系统量质精细模拟理论和多层次水网布局优化方法、大型供水系统多目标优化调控机制与方法、非常规水资源生态安全利用机理与利用模式以及基于生态可持续和全过程风险控制的供需均衡调控路径和方法。

3. 流域水生态系统“量－质－域－流－温”多要素演变机理

从水量、水质、水域空间、水流连通性、水温变异等维度，剖析影响水生生物栖息繁衍和流域水生态系统健康程度的多要素因子，明晰具体影响过程和机理。建立面向目标生物种群的生态流量或生态水位确定方法，明晰不同区域和生态类型河湖的重要水质指标控制阈值，提出流域水生态空间格局优化与适应性管理保护技术，提出河流纵向和河湖之间横向连通性评价方法，研究水库下泄水温变异对于河流生态系统的影响机理和定量模拟调控技术。综合多维度研究结果，确定不同区域不同类型河湖保护修复的标准和阈值。

4. 气候变化、人类活动与大气陆面水文循环的多重互馈机制

将气候变化、高强度人类活动与大气－陆地水循环过程耦合起来，开展气候变化背景下高强度开发流域陆面产汇流及负荷输移机制的数值物理实验研究、人类活动能量与水分交换通量对大气－陆面水循环的驱动作用研究，并在典型区开展水循环及其伴生过程驱动机制研究。基于自然－社会水循环系统的全面监测，重点考察高强度人类活动、大气－陆地水循环以及陆气间能量和水分交换通量的关键参数，结合实验分析高强度人类活动与产汇流响应的关系，科学揭示气候变化背景下高强度开发流域水循环及其伴生过程的变化规律和运动转化路径，为高强度开发流域的水资源开发和利用、粮食能源安全和社会经济发展提供理论依据和方法指导。

（二）关键共性技术

1. 综合节水理论与关键节水技术

规模化农业高效用水设备以及水－肥－药一体化调控技术研发；高耗水工业低成本低能耗水资源替代技术与水资源高效循环技术研发；公共供水管网漏损控制、微观尺度生活与公共用水评价与节水新技术研发。

2. 新常态下重点区域水资源综合配置调度技术与应用

研究基于社会－经济－自然复合系统的河湖生态水量需求与调控、配置理念下复杂水资源系统多目标均衡调度、城市水资源精细化配置模型、经验和人工智能结合的决策分析判断方法、多尺度水网信息预测预报技术、复杂水网系统智能调度技术、闸泵群精准高效控制技术、市场环境下水经济调节技术、复杂水网系统综合管理技术；研究变化环境下江河源头区、演变剧烈区、生态敏感区、特大城市（群）水循环及其伴生过程演变与效应；研发基于物理机制符合中国特点的流域生态需水评价技术，提出区域和流域水资源与水环境承载能力；围绕京津冀、长江经济带、陆上丝绸之路、珠江西江经济带等重点经济区开展水资源安全评估与优化配置研究；围绕长江、黄河、珠江等重点河流（段）开展河湖生态需水与流域水资源配置研究；以南水北调西线工程等为重点开展新常态背景下国家水资源配置战略与重大措施研究；开展国家及重点地区水资源－能源－粮食联动关系与协同安全保障研究。

3. 复杂水资源系统多目标智能调度技术与示范

运用遥感、雷达、物联网等现代技术进行自然－社会水循环天－空－地一体化信息监测与预报；研发常态与应急相结合的梯级水库群联合调度风险与多目标优化决策关键技术；研究复杂调水工程与受水区水资源统一调度模拟与优化决策关键技术；研究河湖连通工程群和南方复杂水网地区多目标联合调度；研究特大城市（群）社会水循环智能模拟与面向用户的水资源精细化调度。

4. 大型地下水水源地水资源保护与科学利用技术

地下水数量、质量、水位自动化监测标准、设备与技术研发；研究变化环境下地下水循环演变机理与数量、质量、水位一体化预警关键技术；研究超采区地下水补给和修复机理，进行雨洪补源工程和地下水库工程研究，地下水控制技术应用示范与成果推广；水土联合的地下水源地水污染防控、治理与修复技术研究，建立我国地下水污染防控和风险评价规范和标准，特征污染物回溯与预测、原位修复等技术应用示范研究；喀斯特地区地下水运动规律与科学调控研究。

5. 水资源精细管理与市场配置关键技术与机制创新

水资源环境生态经济一体化核算研究，初始水权分配、水权调度实现、水权转让及其定价的理论与技术研究，建立示范区水市场交易机制和交易平台；研究农业、非传统水源等不适宜全成本水价的特殊行业水价制定方法；研究流域水生态补偿与污染赔偿主体、客体、标准确定的技术与方法体系，研究流域生态保护共建共享及其实施路径；最严格水资源管理背景下的水资源精细化管理机制与体制创新研究。水资源管理系统理论研究，建立集管理学、经济学、社会学融合交叉，内容覆盖全面、多手段应用的系统水资源管理学理论；多科技融合集成的水资源管理决策支持系统与平台研究，形成集水资源开发利用多项技术输入口的“水资源 – 经济社会 – 生态环境”一般均衡水资源管理决策支持应用模型工具；支撑和保障水资源管理工作落地的法规政策、体制制度、技术工具、经济激励等全面、深入、系统的研究，形成完善的水资源管理保障措施体系。

（三）重要软件与核心设备

1. 农业绿色节水与高效用水装备

研发土壤 – 植物 – 大气系统水分传输信息及物质通量精准监测技术与设备，农田水 – 物质通量耦合模拟技术；研究灌溉系统水力学与多要素耦合模拟技术及测量设备；研发灌区用水高效输配、全要素立体化精准量测控与生态建管护技术与设备，农田除涝减灾、节水控盐技术与装备。

2. 综合节水设备

现有节水技术适应性分析，建立数字化推广应用平台，与市场紧密结合，大力促进高效用水技术的推广应用。研究生物膜、膜生物反应器、催化氧化技术、复合肥料、储能技术等水资源循环利用一体化新技术，研发适合不同规模人群的饮用水净化、生活污水资源化的撬装式成套设备。

3. 水循环模型软件

研发基于自动化、并行计算和 B/S 结构的分布式水循环模型软件服务平台：将 WEP 模型构建过程的 GIS 数据进行集成化、自动化处理，以便通过向导界面引导用户一键化完成数据预处理过程，大量降低模型构建的难度，减少模型构建的工作量；增加参数自动优化功能，减轻模型使用者手动调参的工作量，通过对模型产汇流模块的并行化改造提高模型的计算速度；基于 B/S 结构搭建云服务平台，提供点、线、面多维度、多时空尺度水循环要素的动态展示和水文水资源分析服务。

4. 水生态高效智能监测技术与生态流域管控平台

突破目前以水体采样、渔获资源调查为主的水生态监测评价方式，结合遥感、无人机、eDNA 检测以及大数据、人工智能等技术，研发河湖水生态系统的多要素、多过程、多尺度高效监测与评价方法，形成具有自主知识产权的水生态监测设备与技术。开发包含水文水动力、水环境和水生生物的流域水生态全过程动态仿真模拟技术，形成有自主知识产权的软件。综合水生态普查数据库、高效监测和智能感知体系、仿真模型系统，构建流域水生态智慧决策和管控平台，实现河湖健康状况的定期评价和实时监控，促进流域尺度以及全国水生态安全保障。

5. 水文水资源多要素多源感知设备

研究水管理体系多要素信息采集组织机制与多源采集协同关键设备，研发自动化与智能化水文、水循环、水工程、水生态信息采集设备，研究特殊场景下的智能穿戴设备、智能采集机器人，支撑构建流域现代化水管理信息采集体系。

参考文献

[1] 中共中央国务院关于加快水利改革发展的决定（中发〔2011〕1号）[Z].

[2] 国务院关于实行最严格水资源管理制度的意见（国发〔2012〕3号）[Z].

[3] 国家重点研发计划重点专项“水资源高效开发利用”实施方案 [Z]. 2015.

[4] 王浩，游进军. 中国水资源配置 30 年 [J]. 水利学报，2016，47（3）：265-271.

[5] 郭生练，陈炯宏，刘攀，等. 水库群联合优化调度研究进展与展望 [J]. 水科学进展，2010（4）：496-503.

[6] Stott B，Marinho J L. Linear programming for power-system network security applications [J]. IEEE Transactions on Power Apparatus & Systems，1979，98（3）：837-848.

[7] Hall W A，Butcher W S，Esogbue A. Optimization of the operation of a multiple-purpose reservoir by dynamic programming [J]. Water Resources Research，1968，4（3）：471-477.

[8] Windsor J S. Optimization model for the operation of flood control systems [J]. Water Resources Research，1973，9（5）：1219-1226.

[9] Needham J T，Watkins Jr D W，et al. Linear programming for flood control in the Iowa and Des Moines rivers [J]. Journal of Water Resources Planning and Management，2000，126（3）：118-127.

[10] Unver O I，Mays L W. Model for real-time optimal flood control operation of a reservoir system [J]. Water Resources Management，1990，4（1）：21-46.

[11] Chu W，Yeh W W G. A nonlinear programming algorithm for real-time hourly reservoir operations [J]. Journal of the American Water Resources Association，1978，14（5）：1048-1063.

[12] Hsu N S, Cheng K W. Network flow optimization model for basin-scale water supply planning [J]. Journal of Water Resources Planning & Management, 2002, 128 (2): 102-112.
[13] Barros M T L, Tsai F T, Yang S, et al. Optimization of large-scale hydropower system operations [J]. Journal of Water Resources Planning & Management, 2003, 129 (3): 178-188.
[14] Jamieson D G, Wilkinson J C. River Dee Research Program: a short - term control strategy for multipurpose reservoir systems [J]. Water Resources Research, 1972 (8): 911-920.
[15] Haimes Y Y, Hall W A. Multiobjectives in water resource systems analysis: the surrogate worth trade off method [J]. Water Resources Research, 1974, 10 (4): 615-624.
[16] 张勇传，李福生，熊斯毅，等. 水电站水库群优化调度方法的研究 [J]. 水力发电，1981 (11): 48-52.
[17] Little J D C. The use of storage water in a hydroelectric system [J]. Journal of the Operations Research Society of America, 1955, 3 (2): 187-197.
[18] Karamouz M, Vasiliadis H V. Bayesian stochastic optimization of reservoir operation using uncertain forecasts [J]. Water Resources Research, 1992, 28 (5): 1221-1232.
[19] Young G K. Finding reservoir operating rules [J]. Journal of the Hydraulics Division, 1967, 93 (6): 297-322.
[20] Turgeon A. Optimal short-term hydro scheduling from the principles of progressive optimality [J]. Water Resources Research, 1981, 17 (3): 481-486.
[21] Wong Hugh S, Sun Ne-zheng. Optimization of conjunctive use of surface Water and groundwater with Water quality constraints [C] // Proceedings of the Annual Water Resources Planning and Management Conference, Sponsored by: ASCE, 1997: 408-413.
[22] Larson R E. State increment dynamic programming [M]. American Elsevier, 1968.
[23] Jacobson D H, Mayne D Q. Differential dynamic programming [J]. Mathematical Gazette, 1970, 56 (395): 389-390.
[24] 纪昌明，冯尚友. 混联式水电站群动能指标和长期调度最优化（运用离散微分动态规划法）[J]. 武汉水利电力学院学报，1984 (3): 87-95.
[25] 董子敖. 水库群调度与规划的优化理论和应用 [M]. 济南：山东科学技术出版社，1989.
[26] Wardlaw R, Sharif M. Evaluation of genetic algorithms for optimal reservoir system operation [J]. Journal of Water Resources Planning & Management, 1999, 125 (1): 25-33.
[27] 胡铁松，万永华，冯尚友. 水库群优化调度函数的人工神经网络方法研究 [J]. 水科学进展, 1995, 6 (1): 53-60.
[28] Brouwer M A, van den Bergh P J, Aengevaeren W R, et al. Use of multi-objective particle swarm optimization in water resources management [J]. Journal of Water Resources Planning & Management, 2008, 134 (3): 257-265.
[29] Dorigo M, Maniezzo V, Colorni A. Ant system: optimization by a colony of cooperating agents [J]. IEEE Transactions on Systems Man & Cybernetics Part B Cybernetics A Publication of the IEEE Systems Man & Cybernetics Society, 1996, 26 (1): 29-41.
[30] Mckinney D C, Cai X. Linking GIS and water resources management models: an object-oriented method [J]. Environmental Modelling & Software, 2002 (17): 413-425.
[31] 谭维炎，黄宗信，刘健民. 单一水电站长期调度的国外研究动态 [J]. 水利水电 技术，1962 (4): 6.
[32] 白宪台，关庆滔. 平原湖区除涝优化调度的随机方法 [J]. 水电能源科学，1990, 8 (2): 163-171.
[33] 费良军，杨宏德. 涌流畦灌技术要素试验及其设计方法研究 [J]. 灌溉排水，1993, 12 (3): 11-15.
[34] 聂启元. 论实现中华民族伟大复兴的战略布局 [J]. 中共合肥市委党校学报，2017 (5): 6-10.
[35] 李晋，刘洪. 管理学百年发展回顾与未来研究展望——暨纪念泰罗制诞生 100 周年 [J]. 外国经济与管理，2011, 33 (4): 1-9.

[36] 鞠秋立. 我国水资源管理理论与实践研究 [D]. 吉林大学，2003.
[37] De Fraiture C. Integrated water and food analysis at the global and basin level. An application of WATERSIM [J]. Water Resources Management，2007 (21).
[38] 张学弟，王宁. 城市建成区海绵城市建设的几点思考 [J]. 人民长江，2019，50 (12)：85-89.
[39] 祝丹，何婷. 洪涝灾害治理的新理念——"海绵城市"建设 [J]. 沈阳大学学报（社会科学版），2017，19 (5)：526-530.
[40] 王锋. 澳大利亚水敏感城市评估实践及其启示 [J]. 生态经济，2018，34 (6)：186-193.
[41] Howe J. 英国可持续排水（SuDs）与透水路面的关系 [J]. 建筑砌块与砌块建筑，2015 (6)：2-7.
[42] 王远坤，王栋，黄国如，等. 城市洪涝灾情评估与风险管理初探 [J/OL]. 水利水运工程学报，2019 (6)：139-142 [2020-01-31]. https://doi.org/10.16198/j.cnki.1009-640X.2019.06.016.
[43] 李云燕，李长东，雷娜，等. 国外城市雨洪管理再认识及其启示 [J]. 重庆大学学报（社会科学版），2018，24 (5)：34-43.
[44] 刘锐. 美国田纳西流域开发简介 [J]. 农业工程技术温室园艺，1983 (5).
[45] 陈文丰，纪瀚宇. 供水管网地理信息系统的建立与应用 [J]. 供水技术，2009，3(6).
[46] 林宏，高军，徐景阳. GIS 在沈阳市地表水环境管理中的应用 [J]. 环境保护科学，2007 (33).
[47] 杨如芳. 水利工程管理中人工智能技术的应用 [J]. 居舍，2019 (5)：160.
[48] Chang Y，Li G，Yao Y，et al. Quantifying the water-energy-food nexus：current status and trends [J]. Energies，2016，9 (2)：65.
[49] National Intelligence Council. Global trends 2030：alternative worlds [M]. US：Central Intelligence Agency. 2013.
[50] Hoekstra A Y，Mekonnen M M. The water footprint of humanity [J]. Proceedings of the National Academy of Sciences，2012，109 (9)：3232-3237.
[51] Huang Z，Hejazi M，Li X，et al. Reconstruction of global gridded monthly sectoral water withdrawals for 1971-2010 and analysis of their spatiotemporal patterns [J]. Hydrology and Earth System Sciences Discussions，2018 (22)：2117-2133.
[52] Rost S，Gerten D，Bondeau A，et al. Agricultural green and blue water consumption and its influence on the global water system [J]. Water Resources Research，2008，44 (9).
[53] Singh H，Mishra D，Nahar N M. Energy use pattern in production agriculture of a typical village in arid zone，India-part I [J]. Energy Conversion and Management，2002，43 (16)：2275-2286.
[54] Webber M E. The water intensity of the transitional hydrogen economy [J]. Environmental Research Letters，2007，2 (3)：034007.
[55] 连季婷. 协同发展背景下的京津冀城市群形成、竞争与合作 [J]. 统计与管理，2015 (11)：77-79.
[56] 常奂宇. WAS 模型研发改进与京津冀水资源配置应用 [D]. 2019.
[57] 王丽婷. 城市复杂水资源系统精细化配置 [D]. 中国水利水电科学研究院，2015.
[58] 侯保灯，高而坤，吴永祥，等. 水资源需求层次理论和初步实践 [J]. 水科学进展，2014，25 (6)：897-906.
[59] 张雷，邹进，胡吉敏，等. 马斯洛需求层次理论在水资源开发利用进程中的应用 [J]. 水电能源科学，2011，29 (9)：28-30.
[60] 高飞，何士华. 基于马斯洛层次需求理论协调居民用水需求 [J]. 人民长江，2011，42 (S2)：36-38.
[61] 严子奇，王浩，桑学锋，等. 基于模糊聚类预报与序贯决策的水资源开发利用总量动态管理模式 [J]. 中国水利水电科学研究院学报，2017，15 (3)：161-169.
[62] He H，Yin M，Chen A，et al. Optimal allocation of water resources from the "Wide-Mild Water Shortage" Perspective [J]. Water，2018，10 (10)：1289.

[63] 张丽丽，殷峻暹．南水北调中线工程受水区生态补水目标及优先级研究［J］．水资源保护，2010，26（4）：4-7.
[64] 屠子倩．考虑效率与公平的流域水资源均衡配置研究［D］．西安理工大学．
[65] 金姗姗，吴凤平，尤敏．总量控制下区域水资源差别化配置优化研究［J］．水电能源科学，2017，35（6）：23-25.
[66] 肖淳，李杰，姜宇．面向生态的水资源多目标优化配置研究［J］．人民珠江，2016，37（9）：74-76.
[67] 王煜，彭少明，郑小康．黄河流域水量分配方案优化及综合调度的关键科学问题［J］．水科学进展，2018，29（5）：614-624.
[68] 张伟，聂锐，王慧．全生命周期视角下水资源多目标优化配置研究［J］．现代经济探讨，2014（1）：89-92.
[69] 王盼，陆宝宏，张瀚文，等．基于随机森林模型的需水预测模型及其应用［J］．水资源保护，2014，30（1）：34-37.
[70] 侯景伟，孔云峰，孙九林．基于多目标鱼群－蚁群算法的水资源优化配置［J］．资源科学，2011，33（12）：2255-2261.
[71] 侍翰生，程吉林，方红远，等．基于动态规划与模拟退火算法的河－湖－梯级泵站系统水资源优化配置研究［J］．水利学报，2013，44（1）：91-96.
[72] 苏明珍，董增川，张媛慧，等．大系统优化技术与改进遗传算法在水资源优化配置中的应用研究［J］．中国农村水利水电，2013（11）：52-56.
[73] 白继中，师彪，冯民权，等．自适应人工蚁群算法在水资源优化配置中的应用［J］．沈阳农业大学学报，2011，42（4）：454-459.
[74] 陈南祥，刘为，高志鹏，等．基于多目标遗传－蚁群算法的中牟县水资源优化配置［J］．华北水利水电大学学报（自然科学版），2015，36（6）：1-5.
[75] 李朦，解建仓，杨柳，等．基于蚁群－粒子群混合算法的水资源优化配置研究［J］．西北农林科技大学学报（自然科学版），2015，43（1）：229-234.
[76] 何国华，解建仓，汪妮，等．基于模拟退火遗传算法的水资源优化配置研究［J］．西北农林科技大学学报（自然科学版），2016，44（6）：196-202.
[77] 屈吉鸿，陈南祥，黄强，等．水资源配置决策的粒子群与投影寻踪耦合模型［J］．河海大学学报（自然科学版），2009，37（4）：391-395.
[78] 王勇．基于改进人工蜂群算法优化投影寻踪的水资源配置方案评价［J］．水电与新能源，2014（4）：5-8.
[79] 都金康，李罕，王腊春，等．防洪水库（群）洪水优化调度的线性规划方法［J］．南京大学学报（自然科学），1995（2）：301-309.
[80] 杨君岐．系统工程法在灌区水资源优化调度中的应用研究［J］．陕西科技大学学报（自然科学版），1997（3）：118-123.
[81] 邱林，马建琴，朱普生．区域灌溉水资源优化分配模型及其应用［J］．人民黄河，1998（9）：15-18.
[82] 邹鹰，宋德敦．水库防洪优化设计模型［J］．水科学进展，1994（3）：167-173.
[83] 李玮，郭生练，郭富强，等．水电站水库群防洪补偿联合调度模型研究及应用［J］．水利学报，2007，38（7）：826-831.
[84] 邵东国，李苏杰．梯级泵站供水系统水资源优化调度模型研究［J］．中国农村水利水电，2000（2）．
[85] 何新林，等．干旱区内陆河水库洪水调度系统开发与研究［J］．灌溉排水学报，2003（6）：67-70.
[86] 赵勇，裴源生，于福亮．黑河流域水资源实时调度系统［J］．水利学报，2006，37（1）：82-88.
[87] 邵东国，郭宗楼．综合利用水库水量水质统一调度模型［J］．水利学报，2000（8）：10-15.
[88] 王好芳，董增川．基于量与质的多目标水资源配置模型［J］．人民黄河，2004，26（6）：14-15.
[89] 陈庆伟，刘兰芬，刘昌明．筑坝对河流生态系统的影响及水库生态调度研究［J］．北京师范大学学报（自

然科学版），2007（5）：102–106.

[90] Holly F M，Parrish J B. Description and evaluation of program：CARIMA [J]. Journal of Irrigation and Drainage Engineering，1993，119（4）：703–713.

[91] Merkley G P，Rogers D C. Description and evaluation of program：Canal [J]. Journal of Irrigation & Drainage Engineering，1993，119（4）：714–723.

[92] Clemmens A J，Holly F M，Schuurmans W. Description and evaluation of program：Duflow [J]. Journal of Irrigation and Drainage Engineering，1993，119（4）：724–734.

[93] Schuurmans W. Description and evaluation of program：Modis [J]. Journal of Irrigation and Drainage Engineering，1993，119（4）：735–742.

[94] Ormsbee L E，Reddy S L. Nonlinear heuristic for pump operations [J]. Journal of Water Resources Planning and Management，1995，121（4）：302–309.

[95] Srinivasa L，Don J W. Improved operation of water distribution systems using variable–speed pumps [J]. Journal of Energy Engineering，1998（12）：90–103.

[96] Moradi–Jalal M. Optimal design and operation of irrigation pumping stations [J]. Journal of Irrigation and Drainage Engineering，2003，129（3）：149–154.

[97] Schuurmans J，Hof A，Dijkstra S，et al. Simple water level controller for irrigation and drainage canals [J]. Journal of Irrigation and Drainage Engineering，1999，125（4）：189–195.

[98] Malaterre P O. PILOTE：linear quadratic optimal controller for irrigation canals [J]. Journal of Irrigation and Drainage Engineering，1998，124(4)：187–194.

[99] Wahlin B T. Performance of model predictive control on ASCE test canal 1 [J]. Journal of Irrigation and Drainage Engineering，2004，130（3）：227–238.

[100] 高占义，窦以松，黄林泉. 大禹渡梯级泵站优化调度研究 [J]. 水利学报，1990，13（5）：1–11.

[101] 林宝新，苏锡祺. 平原河网闸群防洪体系的优化调度 [J]. 浙江大学学报（自然科学版），1996，30（6）：652–663.

[102] 杨开林. 调水工程水力控制综述 [J]. 中国水利水电科学研究院学报，2009，7（3）：3–10.

[103] 崔巍，王长德，管光华，等. 渠道运行自调整模糊控制系统设计与仿真 [J]. 武汉大学学报（工学版），2005，38（1）：104–107.

[104] 姚雄，王长德，李长菁. 基于控制蓄量的渠系运行控制方式 [J]. 水利学报，2008，39（6）：733–738.

[105] 丁志良，余启辉，杨哲江. 大型输水渠道运行仿真系统控制周期选取 [J]. 河海大学学报（自然科学版），2010，38（6）：16–21.

[106] 樊红刚. 复杂水力机械装置系统瞬变流计算研究 [D]. 清华大学，2003.

[107] Priessmann A，Cunge J A. Calcul des intumeseences sur machines electroniques [R]. IX meeting，International Assoc. For Hydraulic Research，Dubrovnik，1961.

[108] Wiggert D C. Transient flow in mixed–free–surface pressurized systems [J]. Hydr Div，Amer Soc of Civil Engrs，1972，98（1）.

[109] Miyashiro H，Yoda H. An analysis of hydraulic transients in tunels with concurrent open–channel and preeurized flow [C] // Proc，ASME Appl Mech，Bioengineering，and Fluid Engrg Conf，American Society of Mechanical Engineers，New York，1983：73–75.

[110] Streeter V L. Valve stroking for complex piping systems [J]. 1966.

[111] Bazargan–Lari M R，Kerachian R，Afshar H，et al. Developing an optimal valve closing rule curve for real–time pressure control in pipes [J]. Journal of Mechanical Science and Technology，2013，27（1）：215–225.

[112] Skulovich O，Sela Perelman L，Ostfeld A. Optimal closure of system actuators for transient control：an analytical approach [J]. Journal of Hydroinformatics，2016，18（3）：393–408.

[113] Lingireddy S，Funk J E，Wang H. Genetic algorithms in optimizing transient suppression devices [M]. Building Partnerships，2000：1-6.

[114] Jung B S，Karney B W. Hydraulic optimization of transient protection devices using GA and PSO approaches [J]. Journal of water resources planning and management，2006，132 (1)：44-52.

[115] Chamani M R，Pourshahabi S，Sheikholeslam F. Fuzzy genetic algorithm approach for optimization of surge tanks [J]. Scientia Iranica，2013，20 (2)：278-285.

[116] 刘德有，索丽生. 复杂给水管网恒定流计算新方法——特征线法 [J]. 中国给水排水，1994，10 (3)：19-25.

[117] 常近时，白朝平. 高水头抽水蓄能电站复杂水力装置过渡过程的新计算方法 [J]. 水力发电，1995 (2)：51-56.

[118] 沈祖诒. 水轮机调节 [M]. 北京：中国水利水电出版社，1998.

[119] 杨开林. 引黄入晋工程变速泵控制前池水位的调节模型 [J]. 水利水电技术，2000 (8)：46-52.

[120] 陈乃祥，钱涵欣，容伟宏，等. 抽水蓄能电站过渡过程仿真自动建模及通用程序 [J]. 水利学报，1996，36 (7)：62-67.

[121] 李辉，陈乃祥，樊红刚，等. 具有明满交替流动的三峡右岸地下电站的动态仿真 [J]. 清华大学学报，1999，39 (11)：29-31.

[122] 杨开林. 明渠结合有压管调水系统的水力瞬变计算 [J]. 水利水电技术，2002，33 (4)：5-11.

[123] 邱锦春，杨文容，刘梅清，等. 梯级泵站水道系统过渡过程计算分析 [J]. 中国农村水利水电，2003，56 (5)：61-63.

[124] 冯卫民，郑欣欣. 瞬态多阀调节流体过渡过程最优控制的研究 [J]. 武汉大学学报 (工学版)，2003，36 (2)：130-132，136.

[125] 黄源，赵明，张清周，等. 输配水管网系统中关阀水锤的优化控制研究 [J]. 给水排水，2017，43 (2)：123-127.

[126] 夏军，左其亭. 中国水资源利用与保护 40 年 (1978—2018) [J]. 城市与环境研究，2018，5 (2)：18-32.

[127] 左其亭. 中国水科学研究进展报告 2017—2018 [M]. 北京：中国水利水电出版社，2019.

[128] 张亚军，高晓夏，王晶，等. 浅谈北京水资源状况及提高污水资源化措施 [J]. 节能与环保，2019 (5)：38-40.

[129] 穆杨. 探索推动污水资源化利用 [N]. 中国环境报，2018-10-15 (003).

[130] 徐剑桥. 城市污水资源化与水资源循环利用的思考与探索 [J]. 中国资源综合利用，2018，36 (11)：75-77.

[131] 陈皓琪 . 城市污水资源化及再利用技术探析 [J]. 中国资源综合利用，2018，36 (5)：51-53.

[132] 马建成 . 城市污水处理中应用中水回用系统实现污水资源化 [J]. 四川水泥，2018 (3)：132.

[133] 史强，陈福广，董传良. 深井煤矿污水处理及污水资源化的利用问题研究 [J]. 中国高新区，2018 (5)：174.

[134] 宫徽 . 基于"碳源浓缩 – 氮源回收"的新型污水资源化工艺研究 [D]. 清华大学，2017.

[135] Li S L，Chen X H，Singh V P，et al. Tradeoff for water resources allocation based on updated probabilistic assessment of matching degree between water demand and water availability [J]. Science of the Total Environment，2019.

[136] 杜磊，董育武，谢军. 多水源区域内水资源调配策略分析 [J]. 地下水，2019，41 (5)：143-145.

[137] Tian J，Guo S，Liu D. et al. A fair approach for multi-objective water resources allocation [J]. Water Resour Manage，2019 (33)：3633-3653.

[138] Fu J S，Zhong P A，Chen J. Water resources allocation in transboundary river based on a game model considering

inflow forecasting errors [J]. Water Resour Manage，2019 (33)：2809-2925.

[139] 刘江侠，任涵璐. 基于生态需水的永定河水资源调配研究 [J]. 水电能源科学，2019，37 (2)：31-34.

[140] Randhir T O，Axelson J. Water use and conservation preferences among households in an urbanizing gradient [J]. Water Conserv Sci Eng，2019 (4)：163-173.

[141] 赵志博，赵领娣，王亚薇，等. 不同情景模式下雄安新区的水资源利用效率和节水潜力分析 [J]. 自然资源学报，2019，34 (12)：2629-2642.

[142] 窦密芳. 我国农业节水技术未来发展探究 [J]. 南方农业，2019，13 (20)：179-180.

[143] 李媛媛，顾斌贤，贾仁甫. 江苏省节水型社会建设中的十大矛盾及管理对策 [J]. 资源节约与环保，2019 (11)：24-25.

[144] 李慧，丁跃元，李原园，等. 新形势下我国节水现状及问题分析 [J]. 南水北调与水利科技，2019，17 (1)：202-208.

撰稿人：王　浩　王建华　蒋云钟　甘治国　左其亭　胡　鹏　贾仰文

河流泥沙工程学科发展

一、引言

河流泥沙工程学科是一门交叉性和综合性的基础技术科学，研究泥沙及其伴随的物质在流体中的起动、悬浮、输移和沉积规律，是水利工程学科的一个分支。近年来，一方面，随着社会经济快速发展和气候变化，河流系统水沙过程发生了重大变化，并随之带来河道演变加剧、河湖关系变化、洪水宣泄不畅以及生态环境等问题。另一方面，“节水优先、空间均衡、系统治理、两手发力”的新时期治水方针和“水利工程补短板、水利行业强监管”水利改革发展总基调，对泥沙学科的发展提出了新的要求。近期围绕新要求和解决新问题，河流泥沙工程学科取得的重要进展扼要介绍如下。

二、国内发展现状及最新研究进展

（一）流域产沙与水土保持

1. 流域产沙

流域产沙是河流泥沙的主要来源，近年来探讨了坡面 – 沟道 – 河流系统中坡面侵蚀产沙、沟道产沙、泥沙输移之间的内在联系，编制完成了《中国土壤侵蚀地图集》。明确了水沙在单元之间的相互传递关系，建立了适用于中国侵蚀环境的坡面、小流域和区域尺度的土壤侵蚀模型，并应用于第一次全国水利普查中的土壤水土流失调查。分析了暴雨条件下生态建设流域的径流变化和坝地泥沙来源，发现生态建设显著降低了降雨与径流模数的线性关系，淤地坝对输沙模数的减少量显著大于径流模数。揭示了沟壑整治工程分散消减径流侵蚀能量的侵蚀阻控机理，明确了不同级联坝系洪水叠加效应，提升了坝系工程的安全，创新了生态 – 安全 – 高效的淤地坝规划、设计与建造技术体系。阐明了流域水沙过程在连续和离散尺度上的尺度效应和流域水文过程的尺度依存性及分形特征，提出了流域水文过程尺度推绎新途径。构建了多因子影响的流域水循环分布式模型和泥沙动力学模型，提出了多目标多层次多方法的流域水沙变化趋势预测集合评估技术方法，明确了水沙变化的多因素协同机制与群体贡献率。

2. 水土保持

在黄土高原水土流失综合治理方面，提出了坡面降雨径流调控与高效利用、沟壑整治开发与工程优化配置建设、植被景观配置与可持续建设、水土保持耕作、水土流失动态监测与评价等关键技术。进一步界定了多沙粗沙区，评估了水沙锐减的原因和各种水保措施的蓄水减沙效益。围绕长江上游坡耕地整治，在坡耕地细沟侵蚀发生的临界坡长、紫色土生产力维持的临界土层厚度、坡地农业路沟池优化配置等领域取得了进展。在丘陵红壤水土保持和崩岗治理模式方面，研发了基于团聚体和径流调控的侵蚀阻控理论和技术，形成了治坡 + 降坡 + 稳坡三位一体崩岗治理模式。在水土保持监测技术和方法方面，近年来，在全国土壤侵蚀普查、全国水土保持监测网络和信息系统建设、全国水土流失动态监测与公告等项目的带动下，积极开展科学研究、技术开发和设备研发，我国建立了土壤侵蚀的监测系统、天地一体化水土流失监测模型、多源多尺度遥感水土流失监测与数据中心。研发了基于高分影像和云数据管理的生产建设项目水土保持监管系统，在全国实现生产建设项目监管全覆盖，逐步实现生产建设活动监管全覆盖。

（二）泥沙运动与河床演变

1. 泥沙运动基本理论

对非均匀悬移质不平衡输沙进行了深入拓展研究，揭示并证实了粗细泥沙交换是冲积河流河道演变的普遍规律，突破不同粒径冲淤性质相同的流行看法；建立了统计理论挟沙能力的理论体系；基于底部纵向与竖向速度不同相关条件，导出了推移质与悬移质的状态概率，得到了推移质与悬移质关系以及之间的相互转化；将床沙交换强度与不平衡输沙公式联系起来，导出了平衡与不平衡条件下恢复饱和系数的表达式；将扩散方程的边界条件与基于统计理论的交换强度联系起来，提出了普适边界条件；提出了交换粗化，解释了河床处于平衡甚至淤积情况下也会发生床沙粗化现象，突破了粗化只存在于冲刷的传统观点；证实了挟沙能力多值性的存在，解释了多值性的原因，给出了冲刷、淤积及平衡条件下挟沙能力系数的调整值。

推移质运动规律研究取得的主要进展包括：推移质低强度输沙及颗粒滚动、跃移等不同阶段的运动规律，非均匀沙推移质运动的随机特性，非均匀沙各级粒径之间的相互作用及其对输沙的影响，微观推移质颗粒随机模式与宏观推移质输沙率之间的关系，数字图像处理技术及超声测量技术在推移质测验中应用，以及根据室内实验和天然河道实测资料对已有各家推移质公式的检验测试工作，并从动理学理论、能量平衡、受力平衡、水流功率等不同角度提出了新的推移质计算公式。

在泥沙运动的动理学理论研究方面，建立了泥沙运动的动理学理论，揭示了挟沙水流与床面泥沙相互作用机理、质量和动量传递机理；通过建立基于动理学理论的床面泥沙通量函数、推移质输沙函数、挟沙水流的两相浑水模型及阻力方程，给出了关键泥沙运动过程的数学力学描述，突破了经典泥沙运动理论严苛适用条件的限制，应用于黄河上游宁蒙河段的治理策略及方案的对比论证工作，以及黄河下游防洪与河道治理。

在天河理论研究方面，提出了天空河流的概念，初步识别了天河的分布，拓展了云水资源利用的研究范畴。逐步提出了“天河”和“白水”概念，建立了“天河”动力学方程及“白水”降水转化分析方法，研发了空中水资源监测与开发利用的关键技术和装备。

2. 河床演变机理

河流输送适量泥沙对维护河床演变均衡稳定起重要作用，基于河流挟沙水流的运动过程是水沙浑水体的可用机械能通过水流紊动黏性转换为热能耗散的过程，揭示了河床演变均衡稳定机理，提出了河床演变均衡稳定的最小可用能耗率原理及其表达式，开发了河床演变均衡稳定数学模型，计算了黄河下游和长江荆江河段的河槽均衡稳定断面形态。揭示了河道形态弯曲变化的机理，解释了水库的滞洪沉沙作用使下泄水流含沙量减小、泥沙粒径变细、洪峰调平，主河槽弯曲系数增大，游荡型有向弯曲型转化的趋势。

通过分析弯曲复式河槽水流控制方程各项的相对重要性，并对控制方程进行简化和分析，获得了主槽和滩地流量的解析表达式，成功实现该类河道水位流量关系的预测。揭示了漫滩复式河槽河床剧烈演变内因与外因的耦合机制，提出了变化环境下的河流演变模式及预测计算方法。针对河湖生态研究中植被、水流和泥沙之间的交互响应关系开展了系列研究，揭示了岸滩植被内部水流状态的判定条件，阐明了不同水流状态对应的不同悬浮物质沉积模式及作用机理，提出了植被区域细小悬浮泥和有机物的沉积临界条件，并建立了悬浮物质沉积分布差异与植被生长和群落发展的互馈机制，揭示了柔性植被较刚性植被能保护河床免受冲刷的水动力学机制。

针对河床由非平衡状态向平衡状态调整的机理分析和过程描述，根据河床在受到外界扰动后调整速率与其当前状态与平衡状态之间的差值成正比的规律即变率模型，提出了冲积河流河床演变的滞后响应理论和模型，包括通用积分、单步解析、多步递推三种模式。滞后响应模型可以看作是自动调整原理的一种数学描述方式，既阐明了前期水沙条件对河床演变累积影响（前期影响）的物理本质，又克服了采用滑动平均、加权平均或几何平均来反映前期影响的经验性和任意性，能够用于模拟长时间尺度的河流非平衡态调整过程。

3. 流域泥沙优化配置与利用

在流域泥沙配置与利用方面，围绕黄河干流泥沙优化配置的理论与模型、潜力与能力、技术与模式、方案与评价等进行系统研究，构建黄河干流泥沙优化配置的总体框架，

研发黄河干流泥沙优化配置的数学模型，确定各种配置方式的泥沙安置潜力与配置能力，建立黄河干流泥沙优化配置方案的综合评价方法，推荐不同条件下黄河干流泥沙优化配置方案及不同时期干流各河段的沙量配置比例，进一步研究黄河下游滩槽水沙优化配置与宽滩区运用方式。

在泥沙利用方面，根据黄河泥沙颗粒细、含泥量大的特点，研发了专用环保型固化剂，使黄河泥沙砖结构致密、强度高，提出了泥沙蒸养砖、泥沙烧结砖的生产工艺，并进行了样品制作与性能检验；研制出黄河抢险用大块石，取得了一定的综合利用黄河泥沙的经验；初步研制出了泥沙资源利用的成套装备。

（三）河道治理与工程泥沙

1. 河道治理

在黄河河道治理方面，建立了高含沙洪水“揭河底”物理图形，研究“揭河底”冲刷期河床调整规律和工程出现墩蛰崩塌等重大险情的机理，分析“河性行曲”、河弯蠕动等河势演变现象的规律，揭示了滩槽水沙交换机理及漫滩洪水水沙运移与滩地淤积形态的互馈机制；开展了宽滩区不同治理模式下滞洪沉沙功效、滩槽水沙优化配置与运用方式等不同水沙系列和典型洪水过程情景下宽滩区的滞洪沉沙功能的对比研究，提出了可兼顾黄河下游防洪安全与滩区发展的洪水泥沙调控模式与综合减灾技术。

在长江河道治理方面，揭示了三峡水库泥沙淤积机理与排沙规律、悬移质与推移质的相互转化模式、大水深条件下细颗粒泥沙絮凝机理，人类活动影响下长江中下游河道水沙输移机理、河道演变和江湖关系变化及其影响；在深入研究水流挟沙力、泥沙絮凝、泥沙恢复饱和系数、床面混合层厚度、库容修正方法、区间流量分配等关键技术的基础上，改进完善了水库淤积和坝下游河道冲刷数学模型，并预测了三峡水库与溪洛渡、向家坝等控制性工程联合运行后初期水库和坝下游江湖冲淤变化趋势；研究新水沙条件下荆江段河床演变规律，量化了河床形态调整对水沙过程的响应关系，定量揭示了荆江段二元结构河岸的崩退机理，研发了纵向床面冲淤及横向河岸崩退的多尺度耦合数值模拟技术；分析了典型护岸段水上护坡和水下护脚的防护效果和适应性，结合不同类型护岸形式的破坏机理，提出了长江中下游已有护岸工程的改进或优化建议。

在淮河治理方面，对淮河中游的河道治理进行了深入研究，辨析了水沙及河湖演变规律，给出了冯铁营引河、河道疏浚、引河加疏浚组合等措施对降低淮干洪水位及长期效果，探讨了淮河干流洪涝灾害根治措施。发现了淮河中游河道第二造床流量远大于平滩流量，从机理上解释了通过河道疏浚来降低洪水位是可行的。分析了河道疏浚、冯铁营引河裁弯以及它们的组合对降低淮干洪水位效果。提出了淮河中下游治理的四大措施：长距离河道疏浚、冯铁营引河裁弯、扩大入海水道和河湖分离。

在珠江治理方面，在珠江流域中上游，开展了大藤峡水利枢纽工程泥沙问题研究。在珠江河口，开展了珠江口复杂河网复合模拟关键技术研究，提出了泥沙絮凝沉速与含盐度、潮流速度等的关系，在利用遥感技术分析河口水体悬移质含沙量及河口悬沙输移格局方面进展明显。近年来，在自然演变的背景下，区域日益加剧的人类活动，使得珠江河口水沙动力格局及水生态环境发生一系列演化和响应；网河区局部河段下切严重，河道明显向纵深发展，而且因堤防修建河流平面边界逐步硬化，河道的自然淤积量减小，河道自我修复能力也越来越弱；提出了维护水沙动力格局稳定、完善区域防洪排涝体系、构建区域水资源配置格局、加强河口湾形态保护及生态保育等近期治理对策措施。

2. 水库泥沙淤积及调控

在水库泥沙淤积与调控方面，对水库"蓄清排浑"运用方式进行了优化和精细化研究。三峡水库开展了水库非均匀不平衡输沙、泥沙絮凝、水库排沙比、重庆河段泥沙冲淤规律与主城区航运维护调控措施等研究，提高了水库和下游河道数学模型模拟精度，提出了更符合实际的水沙系列，调整和优化了初步设计规定的汛期水位和调控指标，提出了以泥沙冲淤控制的多目标水库优化调控方案，包括汛末提前蓄水时间、汛期"中小洪水调度"、汛期沙峰排沙调度试验、库尾减淤调度试验等。开展了长江上游梯级水库泥沙冲淤500年长期预测计算，得到了各水库长期淤积过程和水库淤积初步平衡时间；研究提出了基于沙峰调度和汛期"蓄清排浑"动态运用的长江上游溪洛渡、向家坝与三峡梯级水库泥沙联合调度方案集。

黄河调水调沙是解决黄河泥沙问题的一项重要措施，对于塑造水库异重流，调整小浪底库区淤积形态，协调进入下游河道的水沙关系，减轻下游河道淤积，恢复河槽行洪输沙能力等方面发挥了重要作用。实践表明：增大小浪底水库的入库水沙动力、把握好动力作用时机、尽可能创造有利的库区地形条件，可以有效地增大小浪底水库异重流的排沙比。近年来，针对出现的一些新情况（如：黄河下游河道河床粗化明显，汛前调水调沙水流冲刷效果降低；小浪底水库已进入拦沙后期，下游适宜的中水河槽已经形成），开展黄河调水调沙调控指标及运行模式研究，认为小浪底水沙调控目标应该由拦沙初期的蓄水拦沙、塑造洪峰、尽快恢复下游河槽过流能力，转向水库适度拦调泥沙、尽可能长期维持黄河下游河道主槽4000 m^3/s 以上的过流能力。

3. 航道治理

在航道治理基础研究方面，揭示了水利、航电枢纽运用下山区河流非均匀沙推移质运动特征，平原径流河段水沙输移特性及河床演变规律，径流、潮流共同作用下复杂潮汐河段潮流运动、泥沙输移及河床演变规律，河口高浊度河段航道泥沙回淤机理，以及航道整治工程作用下水沙过程及河流生态效应。开展了长江福姜沙、通州沙和白茆沙深水航道系演变机理研究，揭示了三沙河段新水沙条件下水沙时空分布特征及其运动机理、感潮分汊河道河床演变规律和浅滩碍航机制，建立了径流、潮流共同作用下的潮位及潮流量预报公式，探明了三沙河段间河道演变的关联性。

在航道治理观测及模拟技术方面，研发了适用性强的新型水沙试验和现场量测仪器，建立了航道原型观测较为完备的方法体系，发展了二维水沙数学模型和典型河段的三维水沙动力学数值模型，改进了长河段泥沙物理模型试验技术。

在航道整治技术方面，提出了长河段航道系统整治原则和设计参数确定的新方法，完善了不同类型河段航道整治措施，研发出新型软体排、透水坝、透水框架等整治建筑物新结构，形成了长江上、中、下游复杂条件下航道整治技术，西江、乌江、汉江等内河航道整治技术，航道治理由单滩整治向长河段系统整治转变。

4. 河口海岸泥沙

开展了滩涂资源承载力与港口岸线利用关键技术研究，提出了基于波浪边界层物理过程的含沙量剖面分布理论表达式，构建了多因子动力地貌演变数学模型，实现了短时间尺度水沙输运与长时间尺度滩槽演变之间的耦合和衔接；建立了基于区域生境演替模式的湿地生态退化诊断与评价方法，分析了滩涂湿地演替的结构性退化形式，评价了滩涂湿地系统的退化过程、空间分布格局特征及区域差异性，提出了退化滩涂湿地系统生态修复关键技术；提出了滩涂资源利用承载力评价方法，构建了承载力评价平台，提出了包括河口行洪安全、风暴潮防御、滩槽稳定及生态保护等多目标协同的滩涂港口岸线利用技术。

针对港珠澳大桥沉管基槽泥沙淤积问题的需求，开展了系统研究，提出了考虑潮汐、波浪和径流作用共同作用的“等效潮差”理论，建立了等效潮差和底部含沙量、基槽回淤强度的关系式，厘清了沉管基槽异常回淤原因；研发了高精度、高时效的回淤预警预报系统，实现了逐日、厘米级的精细化回淤预报，为沉管安放决策提供了技术支撑。

（四）泥沙模拟与泥沙监测

1. 泥沙实体模型

研制出以膨胀珍珠岩和合成生物质为基材的新型模型沙，具有物化性质稳定、颗粒范围广、颗粒容重可调、床面形态好等特点，扩展了物理模型选沙；提出弯道水沙物理模型重力相似条件偏离的影响及限制条件；提出了径流、潮流共同作用下定床、动床模型新型加糙方法、糙率计算公式以及动床边界条件的控制要素；确定了流量与模型沙输沙量关系。确定了典型航道整治建筑物结构（系接混凝土块软体排）的物理模型模拟材料的适用性、软体排系接和粘结概化模拟方式以及几何相似偏离对排体模拟效果的影响。

针对平原区物理模型模拟范围大、边界多、测控参数多的高精度测控需求，开发了多泵变频控制系统，保证了多边界的同步控制，提出了基于相似理论、水沙运动理论与测控感知耦合互馈的方法，研发了高精度水沙测控系统，实现了大面积多参数多点测控无线化、数据交互标准化、模型设计自动化、数据校验智能化。

2. 泥沙数学模型

发展了洲滩及河岸变形计算模式，提高了演变趋势预测及工程效果分析能力；完善了非均匀沙挟沙能力、恢复饱和系数、混合层厚度、断面冲淤分配、水库异重流、河口黏性沙絮凝沉降和起动冲刷等模式。在传统水沙数学模型的水动力模块和泥沙输移模块的基础上增加了水库调度模块，将水沙计算与水库调度计算耦合在一起，实现了长江上游水库群泥沙冲淤与水库调度的同步联合模拟计算。水生植被、生物絮凝、重金属及污染物迁移转化的计算模式被引入水沙数学模型，研究和应用领域得到拓展。

3. 泥沙监测

近年来，新仪器和新方法在泥沙测验中得到了广泛的发展和应用，包括浊度法（比浊法和光学后向散射法）、激光衍射法、声学后散射法以及遥感影像法等。在三峡水库主要入库控制站朱沱、寸滩及清溪场等站，采用光学比浊法进行了悬移质泥沙的比测试验与研究工作，实现了悬移质泥沙报汛。激光测沙仪和激光粒度仪 MS2000 等设备在三峡入库泥沙的实时监测试验工作中得到了大量应用。声学后散射法在长江干流的汉口、大通及徐六泾等观测断面的应用表明，能够建立较为可信的声信号与含沙量间的相关关系。遥感影像法可以实时和全面地观测大尺度悬浮泥沙分布，已成功在长江口、杭州湾、鄱阳湖、洞庭湖以及太湖等的悬移质泥沙监测中得到应用。

三、国内外研究进展比较

我国水沙科学理论与江河治理技术总体上处于国际前列，建立了以非均匀不平衡输沙、高含沙水流运动、异重流、水库泥沙淤积、水沙调控理论等为代表的泥沙学科理论体系，成功解决了以三峡工程和小浪底水库为代表的重大水利水电工程泥沙问题和长江、黄河等大江大河治理关键技术问题，呈现出学科特色突出、工程技术主导、服务国家需求的特点。与发达国家相比，我国在水文泥沙量测仪器、量测技术方面存在明显差距，在变化环境下泥沙运动精细化、与生态环境协调发展的江河治理技术、多学科交叉的江河模拟技术和全流域综合管理技术等方面存在一定差距。江河治理中的强人类活动影响、水沙条件变化和河湖生态修复等需要加强研究。

四、发展趋势

进入 21 世纪，我国江河治理和保护仍然面临诸多严峻挑战。在气候变化与人类活动的双重作用下，我国江河湖库系统水沙过程发生了重大变化，北方河流年水沙量明显减少，南方河流年水量变化不大但沙量减少明显。一系列水库群修建使长江中下游河道由平衡转为长期大幅度冲刷，河势变化加剧，江湖关系变化对鄱阳湖、洞庭湖等湖区水资源、水生态影响日趋显著，长江口演变与生态环境发生新变化；黄河来沙剧减为治理提供的机遇亟待利用，沿岸贫困带城镇化、经济发展与防洪用地矛盾日益紧张，河道侵占愈演愈烈；淮河大面积“关门淹”远未得到根治；江河入海口已成为近海最大污染带，珠江口入海径流减少与河道侵蚀引起河口咸潮上溯不断加剧。这些问题已成为人水关系不和谐的重要表现，成为制约经济社会可持续发展的突出瓶颈和水生态系统健康的关键制约因素。

面对我国水沙情势的新变化、江河治理和生态保护的新需求，泥沙学科发展需重点关注以下几个方面。

1. 泥沙运动基本理论

开展泥沙滚动、跳跃、悬浮的单步运动参数的实验及竖向和纵向脉动速度相关条件下的交换强度、非均匀沙床面暴露度、湍流猝发对泥沙运动作用机制、非饱和非均匀沙的运动特性、非均匀床沙交换机理、粗化过程、强非恒定水沙过程的泥沙输移规律、固结泥沙起动与冲刷过程、非平衡输沙床面形态与动床阻力调整规律、河床由非平衡态向平衡态调整过程、水沙资源配置等研究，在非均匀不平衡输沙理论、泥沙动理学理论、河床演变滞后响应和泥沙资源配置理论等方面取得源头创新成果，解决泥沙基本理论中的关键科学问题。

2. 泥沙与生态环境的交叉融合

泥沙在土壤侵蚀、河湖演变、污染物吸附和输移、水生生物栖息地生成等方面起着关键性的纽带作用，而营养物、污染物、生物、微生物等物质也都离不开水沙。目前，关于流域水沙和负载物质运动及其相互作用研究较为薄弱，迫切需要开展泥沙与生态环境、社会经济等不同学科的交叉融合研究，揭示不同尺度的水－沙、水－化学、水－生物过程演变机理；研究流域生态系统物理、化学与生物过程及其耦合作用机制，揭示流域生态系统演变规律，解析水、粮食、能源和生态相互影响机制，建立流域生态环境承载力理论和监测评估及预警技术体系；建立流域多物质过程与河流响应耦合模型，预测不同气候情景与高强度人类活动下河流多物质通量变化趋势。

3. 梯级水库群水沙联合调控与淤损库容恢复

针对长江、黄河等大江大河上中游水库群建设对水沙过程调节的叠加作用异常突出的新情势，研究长江和黄河上游梯级水库群水沙联合调控的原则、方法、指标和方案，发展多尺度、多目标、多过程梯级水库群水沙调控技术，充分发挥水库群对水沙过程的调节能力，实现梯级水库群对全河防洪、发电、航运、供水、生态多功能协调的目标。开展水库群有效库容长期使用技术研究，合理调度梯级水库的蓄水、泄水次序和时机，实现泥沙在水库群间的均衡淤积。我国不少水库已运行超过 40 年，泥沙淤积导致库容损失，引起水库原有设计功能受损，需要加快研究各类型水库清淤及泥沙资源化利用技术，恢复有效库容和实现泥沙资源的有效利用。

4. 新形势下河湖演变与治理

一方面，三峡工程和小浪底水库等为代表的大型水利枢纽极大改变下游水沙条件，下游河道演变和江湖关系发生深刻变化；另一方面，在长江大保护背景下，生态优先、绿色发展深入人心，以往较多河道、航道整治工程与新形势、新要求不相适应。研究下游堤防和整治工程适应性评估方法，研发满足多目标需求的河道/航道整治新技术，提出长江中下游河道和湿地、汉江中下游河道和滩地、鄱阳湖和洞庭湖、黄河下游河道和滩区、淮河干流综合治理方案和措施；评估新水沙条件下长江黄金水道通航情势，挖掘黄金水道通航潜力，提出提升航运能力的措施和技术。

5. 新水沙条件下河口海岸演变与治理

针对河口演变加剧、沙洲蚀退、岸线变化、咸潮上溯等新问题，研究河口水沙过程变化与河口复杂水动力、泥沙运动和沉降之间的作用机制，不同河口海岸区域的海床和岸线演变机理；改进河口海岸泥沙运动高效模拟和预报技术，预测变化环境下黄河口、长江口和珠江口的演变趋势；探索稳定黄河口入海流路、稳定长江口深水航道、减轻珠江口咸潮上溯的技术措施。开展物质通量显著变化下的河口演变响应和演变模拟技术研究，揭示维护健康平衡河口的多动力多要素阈值，确定河口健康的多学科指标及科学评价体系，形成河口海岸带高效防护修复技术，提出大河口湾水安全战略保障措施。

参考文献

[1] 李锐. 中国主要水蚀区土壤侵蚀过程与调控研究［J］. 水土保持通报，2011，31（5）：1-6.

[2] Li P，Xu G C，Lu K X，et al. Runoff change and sediment source during rainstorms in an ecologically constructed watershed on the Loess Plateau，China［J］. Science of the Total Environment，2019（664）：968-974.

[3] 曹文洪，张晓明. 流域泥沙运动与模拟［M］. 北京：科学出版社，2014.

[4] 胡春宏，张晓明. 论黄河水沙变化趋势预测研究的若干问题［J］. 水利学报，2018，49（9）：1028-1039.

[5] 曹文洪，刘国彬，鲁胜力，等. 我国水土保持科技近期进展与展望［J］. 中国水土保持，2013，374（5）：14-18.

[6] 刘晓燕，杨胜天，李晓宇，等. 黄河主要来沙区林草植被变化及对产流产沙的影响机制［J］. 中国科学：技术科学，2015，45（10）：1052-1059.

[7] 李智广，姜学兵，刘二佳，等. 我国水土保持监测技术和方法的现状与发展方向［J］. 中国水土保持科学，2015，13（4）：144-148.

[8] 沈雪建，李智广，亢庆，等. 基于高分影像和云数据管理的生产建设项目水土保持监管系统设计与应用［J］. 中国水土保持科学，2017，15（5）：127-135.

[9] 蒲朝勇. 认真贯彻落实新时期水利改革发展总基调总思路 推动水土保持强监管补短板落地见效［J］. 中国水土保持，2019（1）：1-4.

[10] 韩其为. 非均匀悬移质不平衡输沙［M］. 北京：科学出版社，2013.

[11] 徐俊锋，韩其为，方春明. 推移质低输沙率［J］. 天津大学学报，2012，45（3）：191-195.

[12] 许琳娟，刘春晶，曹文洪. 非均匀推移质瞬时输沙率试验研究［J］. 水利学报，2016，47（2）：236-244.

[13] 钟德钰，王光谦，吴保生. 泥沙运动的动理学理论［M］. 北京：科学出版社，2015.

［14］王光谦，钟德钰，李铁键，等. 天空河流：发现、概念及其科学问题［J］. 中国科学：技术科学，2016，46（1）：1-8.
［15］陈绪坚. 黄河下游河型转换及弯曲变化机理［J］. 泥沙研究，2013（1）：1-6.
［16］Liu C，Shan Y Q，Liu X N，et al. Method for assessing discharge in meandering compound［C］. Proceedings of the Institution of Civil Engineers-Water Management，2016，169（WM1）：17-29.
［17］Hu Z H，Lei J R，Liu C，et al. Wake structure and sediment deposition behind models of submerged vegetation with and without flexible leaves［J］. Advances in Water Resources，2018（118）：28-38.
［18］吴保生，郑珊. 河床演变的滞后响应理论与应用［M］. 北京：中国水利水电出版社，2015.
［19］胡春宏，安催花，陈建国，等. 黄河泥沙优化配置［M］. 北京：科学出版社，2012.
［20］江恩慧，王远见，张原锋，等. 黄河泥沙研究新进展［J］. 人民黄河，2016，38（10）：24-31.
［21］江恩慧，陈建国，等. 黄河下游宽滩区滞洪沉沙功能及滩区减灾技术研究［M］. 北京：中国水利水电出版社，2016.
［22］卢金友，姚仕明，邵学军，等. 三峡工程运用后初期坝下游江湖响应过程［M］. 北京：科学出版社，2012.
［23］胡春宏，方春明，等. 三峡工程泥沙运动规律与模拟技术［M］. 北京：科学出版社，2016.
［24］Xia J Q，Deng S S，Zhou M R ，et al. Geomorphic response of the Jingjiang Reach to the Three Gorges Project operation［J］. Earth Surface Processes and Landforms，2017，42（6）：866-876.
［25］卢金友，朱勇辉，等. 长江中下游崩岸治理与河道整治技术［J］. 水利水电快报，2017，38（11）：6-14.
［26］中国水利水电科学研究院，安徽省（水利部淮河水利委员会）水利科学研究院. 淮河干流蚌埠以下河道治理研究［R］. 2015.
［27］陈文彪，陈上群. 珠江河口治理开发研究［M］. 北京：中国水利水电出版社，2013.
［28］陈小文，罗挺，等. 议新情势下珠江河口的治理问题［J］. 广东水利水电，2018（4）：1-5.
［29］胡春宏. 我国多沙河流水库“蓄清排浑”运用方式的发展与实践［J］. 水利学报，2016，47（3）：283-291.
［30］长江防汛抗旱总指挥部办公室. 三峡水库试验蓄水期综合利用调度研究［M］. 北京：中国水利水电出版社，2015.
［31］胡春宏. 我国泥沙研究进展与发展趋势［J］. 泥沙研究，2014（6）：1-5.
［32］黄仁勇，舒彩文，谈广鸣. 长江上游梯级水库泥沙冲淤长期预测初步研究［J］. 应用基础与工程科学学报，2018，26（4）：737-745.
［33］李国英. 黄河干流水库联合调度塑造异重流［J］. 人民黄河，2011，33（4）：1-2，8.
［34］万占伟，罗秋实，闫朝晖，等. 黄河调水调沙调控指标及运行模式研究［J］. 人民黄河，2013，35（5）：1-4.
［35］李义天，唐金武，朱玲玲，等. 长江中下游河道演变与航道整治［M］. 北京：科学出版社，2012.
［36］南京水利科学研究院，长江航道规划设计研究院，中交上海航道勘察设计研究院有限公司，等. 长江福姜沙、通州沙和白茆沙深水航道系统治理关键技术研究［R］. 2014.
［37］刘怀汉，黄召彪，高凯春. 长江中游荆江河段航道整治关键技术［M］. 北京：人民交通出版社，2015.
［38］陆永军，侯庆志，陆彦，等. 河口海岸滩涂开发治理与管理研究进展［J］. 水利水运工程学报，2011（4）：1-12.
［39］杨华，王汝凯，韩西军，等. 港珠澳大桥沉管隧道基槽泥沙回淤研究总述及创新实践［J］. 水道港口，2018，39（2）：125-132.
［40］左其华，窦希萍. 中国海岸工程进展［M］. 北京：海洋出版社，2014.
［41］唐洪武，肖洋，袁赛瑜，等. 平原河流水沙动力学若干研究进展与工程治理实践［J］. 河海大学学报（自然科学版），2015，43（5）：414-423.

[42] 黄仁勇. 长江上游梯级水库泥沙输移与泥沙调度研究[M]. 北京：科学出版社，2017.
[43] 王俊，熊明，等. 水文监测体系创新及关键技术研究[M]. 北京：中国水利水电出版社，2015.

撰稿人：胡春宏　曹文洪　卢金友　唐洪武　窦希萍　李义天　江恩慧
陈绪坚　刘春晶　李占斌　陆永军　刘兴年　陈　立　傅旭东
陈建国　张晓明　吴保生　钟德钰　李　鹏　等

抗旱减灾学科发展

一、引言

抗旱减灾是通过采取工程措施或非工程措施，预防和减轻干旱对生活、生产和生态造成不利影响的各种活动。其中，工程措施主要包括蓄、引、提、调水工程等；非工程措施是通过政策、法规、经济、科技等工程以外的手段对干旱及其灾害进行监测评估、预测预报、风险评估管理等的过程。

抗旱减灾学科是一门多学科交叉的综合性学科，涉及水文、水资源、气象、农业、地理、社会科学与人类科学等，侧重于从灾害的自然属性与社会属性双重角度研究干旱灾害成灾机理、时空演变规律、风险评估、影响评价、发展趋势预测以及防灾减灾措施等。

近 10 年来全球范围干旱及其灾害频繁发生，越来越多的学者意识到干旱及其灾害研究的重要性，从不同角度开展了卓有成效的研究，相关研究呈现百花齐放的局面。本报告将从抗旱预案编制技术、抗旱规划编制技术、旱情旱灾评估标准、干旱监测预警平台建设、旱灾风险评估技术等方面进行进展总结和述评，并对未来发展趋势进行展望。

二、国内发展现状及最新研究进展

（一）抗旱预案编制技术研究

抗旱预案是指在现有抗旱能力条件下，预先制定的抗御不同等级旱情的行动方案或计划，是各级防汛抗旱指挥机构实施指挥决策的依据。抗旱预案是突发公共事件预案体系的重要组成部分，是推动抗旱工作规范化和制度化的重要内容。2003 年“非典”后，我国加快了“一案三制”（应急预案、应急体制、应急机制和法制）应急体系建设，作为国家突发事件应急机制的重要组成部分，2005 年，国务院颁布了《国家防汛抗旱应急预案》，正式开启了我国各级抗旱应急体制建设。鉴于当时我国抗旱预案编制技术支撑工作还处于起步阶段，为了更好地指导全国各级抗旱预案的编制工作，2006 年编制完成《抗旱预案编制大纲》，由国家防办正式下发各省。《抗旱预案编制大纲》首次研究提出了我国抗旱预案的分类、干旱预警指标及等级划分标准、应急响应措施等方面的技术要求，确定了抗旱预案的内容和格式。2012—2013 年，总结我国抗旱预案编制和应用的实践经验、梳理了抗旱预案编制中存在的问题，2013 年编制完成了水利部行业标准《抗旱预案编制导则》（SL 590—2013），由水利部正式颁布实施。《抗旱预案编制导则》对于编制和修订完善抗旱预案具有重要的参考和指导作用，有效地提高了抗旱预案编制的科学性和可操作性，全面提升了我国抗旱预案编制的整体水平。截至 2017 年，全国共编制完成行政区总体抗旱预案和城市专项抗旱预案 3798 个［占全部（4203 个）的 90%］，2010 年以来修订 2245 个。同时，水量应急调度预案编制工作也取得了较大进展，其中《珠江枯水期水量调度预案》《太湖流域洪水和水量调度方案》《嘉陵江水量应急调度预案》《松花江水量应急调度预案》《湘江水量应急调度预案》和《赣江水量应急调度预案》已发布实施，黄河、海河、淮河流域预案已经编制完成。

（二）抗旱规划编制技术研究

《全国抗旱规划》是新中国成立以来我国编制的第一个关于抗旱减灾工作的全面规划，是今后一段时期对区域抗旱减灾工作的整体性部署，是我国抗旱主管部门开展抗旱工作的重要战略性、指导性、基础性的文件，2011 年 11 月由国务院常务会议审议通过并批复。《全国抗旱规划》是以县级行政区为规划单元，通过对全国 2863 个县级行政区的旱情旱灾形势进行系统的总结和分析，提出了严重受旱县、主要受旱县和一般受旱县的分类体系，并作为抗旱减灾工程建设布局的基本依据。规划紧密结合当前水利发展改革的新形势，构建了包括流域区域水资源配置体系、抗旱应急备用水源工程体系、旱情监测预警和抗旱指挥调度系统、抗旱管理服务体系为一体的现代抗旱减灾体系。规划针对抗旱应急保障目标的不同，按照不同干旱程度提出了抗旱减灾目标，明确提出了我国东北地区、黄淮海地区、长江中下游地区、华南地区、西南地区和西北地区抗旱减灾体系布局的思路和重点，明确了未来 10 年抗旱应急备用水源工程体系、旱情监测预警和抗旱指挥调度系统的建设任务。规划的实施将全面提升我国抗旱减灾的整体能力和综合管理水平，显著减轻干旱灾害的影响和损失，社会效益、经济效益和生态效益巨大。

2013 年，国家启动了《全国抗旱规划》实施工作，编制完成了《全国抗旱规划实施方案（2014—2016 年）》。实施方案是根据党中央、国务院对抗旱工作的有关要求，按照突出重点、集中力量解决突出问题的原则，以《全国抗旱规划》中的抗旱应急水源工程建设为基础，突出重旱、易旱地区，特别是大中型水利工程难以覆盖、抗旱基础设施薄弱的农村山丘区，规划了小型水库工程、抗旱应急备用井、引调提水工程等，以期全面提升综合抗旱能力，提高抗旱减灾现代化管理水平，逐步构建与经济社会可持续发展要求相适应的抗旱减灾工程体系。实施方案通过规划重大骨干水源工程和重点旱区抗旱应急水源工程，进一步增强重点旱区应急供水能力和区域抗旱减灾能力，促进我国经济社会可持续发展。2014 年，依据规划，国家安排了 300 亿元中央投资，截至 2016 年 2 月底，全国建成抗旱应急备用井 2396 眼、引调提水工程 1655 处，在干旱年份可提供水量 7.5 亿 m^3，保障 2505 万人、1104 万亩基本口粮田的抗旱用水需求。已建工程在 2015 年抗旱工作中已经发挥了效益，得到了地方政府和人民群众的好评。

（三）旱情旱灾评估标准研究

旱情、旱灾评估是开展抗旱工作的重要依据。干旱、旱情、旱灾是干旱发展过程的不同阶段。干旱多是指气象干旱或水文干旱；旱情是指受旱对象的缺水情况，如农业缺水、城市缺水和生态缺水情况等；旱灾是指农业、城市、生态以及人畜饮水受影响或损失的情况。干旱是一种临时性的自然异常，仅具有自然属性；而旱情和旱灾，不仅与自然异常有关，还与社会经济承载体密切相关，具有自然和社会双重属性。旱情和旱灾在发生时间上存在递进性，是个逐步累进的过程，抗旱减灾的最佳时机是旱情发展且并未成灾的阶段，所以针对旱情开展监测、针对旱灾开展评估十分重要。2005 年开始，在国家防办的支持下，根据各地实际情况，结合气象干旱评估，对农业、城市、生态旱情、旱灾以及人畜饮水困难评估开展了深入研究。2008 年，《旱情等级标准》（SL 424—2008）正式颁布；2014 年，《干旱灾害等级标准》（SL 663—2014）正式颁布。两个标准重点解决了旱情、旱灾评估由点到面的问题，解决了农业、牧业、城市旱情、旱灾评估，因旱农村饮水困难评估以及区域综合旱情、旱灾评估等问题。2015 年，《旱情等级标准》经过修改完善上升为国家标准《区域旱情等级》（GB/T 32135—2015）。

《区域旱情等级》（GB/T 32135—2015）主要规定了区域农业、区域牧业、区域因旱饮水困难、城市以及区域综合旱情的评估步骤、评估指标及等级划分，适用于全国、省（自治区、直辖市）、地（市）和县（区）四级行政区域的旱情评估工作，可为中央和各级政府抗旱资源的合理分配提供依据，提高抗旱减灾工作效益，提升抗旱应急管理水平。

《干旱灾害等级标准》（SL 663—2014）制定了农业、牧业、城市干旱灾害损失、因旱饮水困难评估指标，划分了干旱灾害等级，以及区域干旱灾害等级确定方法，解决了国家和地方干旱灾害损失评估问题，便于开展灾后总结，便于协调国家和地方政府抗旱资金、资源。

（四）干旱监测预警平台建设

干旱监测预警技术对实时掌握旱情的动态变化，提前采取有效减灾措施起到关键的作用。目前，干旱监测预警技术主要是以各种干旱监测指标为主。由于干旱受诸多因素的影响，成灾机理仍不尽明确，因此涌现了大量的干旱监测指标，但仍没有任何指标能准确刻画干旱的情势。这些干旱指标可以分为气象指标、水文指标、农业指标、土壤指标、遥感指标和社会经济指标等，不同的指标反映干旱的不同特征属性。随着人们对干旱认识的不断深入，干旱监测预警技术也有由单指标向多指标发展，由纯粹的指标计算向模型推演发展，由简单的数学模型向有一定物理基础的机理模型发展，并且干旱监测手段也由地面观测向地面、遥感结合的天空地一体化监测发展。虽然干旱监测预警技术研究如火如荼，但干旱监测预警技术仍处于不断探索阶段，亟待进一步深入研究，提出新的理论依据和技术方法，尤其是解决多指标的综合干旱监测问题。另外，干旱监测技术需要从以农业干旱监测为主向农村农业、城市、生态和社会经济等多方面转变。

在干旱监测预警技术的应用推广方面，多个部门已建成了全国的监测系统平台，取得了一定的成果。中国气象局国家气候中心研制的“全国旱涝气候监测、预警系统”，利用标准化降水、相对蒸散量和前期降水量等为基础的综合气象干旱指数（CI）对全国范围内的干旱发生、发展进行逐日监测，并结合数值预报产品对未来一周气象干旱的演变发布预警信息。水利部门在全国范围内逐步开展了以土壤墒情监测为主的旱情监测。在国家防总和水利部的共同推动下，2010 年实施完成了国家防汛抗旱指挥系统一期工程建设，在全国范围内开展了 5 个试点省的工作。正在实施开展的二期工程，以土壤墒情监测站网为重点，结合降水、温度、江河来水、水库蓄水、地下水以及农作物生长情况的旱情监测网络，构建全国抗旱信息系统。农业部门依托中国气象局发布旱情监测信息，其结果与气象部门的监测情况一致。此外，还采用热惯量法和植被供水指数法进行全国范围内的土壤水分反演，进行农业旱情监测。除了国家层面的干旱监测系统外，部分省市也和一些科研机构合作建立了自身的干旱监测系统。云南省在国家防汛抗旱指挥系统二期工程的支持下建成了云南省抗旱业务应用系统，辽宁省防办和水文局联合中国水科院建立了辽宁省抗旱减灾管理信息系统，陕西省气象局建立了陕西省干旱监测预测评估业务平台。

尽管国内在抗旱信息化水平有了很大提高，但哪里旱、有多旱、旱多久、怎么办等问题仍未解决，一直困扰着抗旱管理人员和决策者。原因有两个方面：一是目前旱情监测评估多采用单一指标，如降雨、温度、径流、土壤墒情或遥感等，每一单指标都不能客观、全面、准确地反映旱情，缺少多指标综合旱情评估方法；二是旱情监测评估没有考虑下垫面，如不同地区的地形地貌、土地利用、土壤类型等，缺少考虑下垫面的综合旱情评估方法。

（五）旱灾风险评估技术研究

作为旱灾风险管理的核心内容和关键环节，旱灾风险评估逐渐成为旱灾研究的热点问题。目前，旱灾风险评估方法主要有四大类。

（1）基于随机理论的旱灾风险评估方法。即利用数理统计方法，对以往的灾害数据进行分析、提炼，找出灾害发展演化的规律，计算得到风险概率，以达到预测评估未来灾害风险的目的。根据灾害数据类型的不同，该方法又可分为基于气象指标的概率统计方法和基于旱灾损失指标的概率统计方法。冯利华用正态分布模型做了基于信息扩散理论的气象要素风险分析；屈艳萍等利用信息扩散理论评估了农业旱灾风险；许凯等运用旱灾损失的概率分布曲线法、旱灾损失与干旱概率的关系曲线法评估农业旱灾风险。这类方法计算原理简单，但存在基本假设不尽合理的问题：基于气象指标的概率统计方法假设气象干旱风险就是旱灾风险，而实际上干旱与旱灾是两个既相互联系又彼此区别的概念；基于旱灾损失指标的概率统计方法假设旱灾损失数据是随机变量，而实际上旱灾损失往往是人类主观干预的结果，不符合随机特性。此外，该类方法还存在长系列灾害损失数据难以获得、无法反映造成旱灾风险的不同因素影响程度等问题。

（2）基于灾害系统理论的模糊综合评估方法。即从致灾因子的危险性、承灾体的暴露性和灾损敏感性以及抗灾能力等方面着手建立评价指标体系，采用专家打分、层次分析等模糊数学方法计算得到灾害风险，进而实现旱灾风险的等级评价。如：张继权等把干旱危险性、暴露性、脆弱性、防灾减灾能力综合成旱灾风险指数；屈艳萍、吕娟等首次针对全国开展基于区域灾害系统论的农业旱灾风险评估研究，明确了旱灾危险性、暴露性及脆弱性分布，并提出了降低风险策略。这类方法建立在灾害系统理论之上，能够反映造成旱灾风险的各因素的影响程度大小，利于成因分析，但存在指标遴选、权重确定等方面易受人为主观因素影响的问题。

（3）基于物理形成机制的旱灾风险评估方法。贾慧聪等利用 EPIC 模型模拟出典型玉米品种的自然脆弱性曲线，对黄淮海夏播玉米区玉米旱灾风险的时空分布进行了定量评价；屈艳萍等剖析了旱灾风险形成机制，首次提出了通过建立干旱频率 – 潜在损失 – 抗旱能力之间的定量关系实现对旱灾风险进行定量评估。这类方法建立在旱灾风险形成的物理过程之上，能够反映风险构成要素之间的内在联系和演化过程，但存在数据时空分辨率要求过高、可操作性较差的问题。

（4）动态旱灾风险评估方法。相比较而言，前三种方法为静态旱灾风险评估，是指基于实时旱情信息及未来可能的发展趋势分析等，提前预估某一地区未来干旱的可能影响，反映的是某一地区动态变化的、短期的风险特征，主要用于动态预估灾情发展、为动态决策提供量化依据等。孙洪泉、苏志诚等运用情景分析技术，构建基于作物生长模型的旱灾风险动态评估模型，实现不同情景模式下的潜在旱灾损失预评估。该方法能够动态预估旱灾风险并及时提供决策依据，但由于干旱预测预报技术尚处于起步阶段，难以提供准确的预测预报结果输入，进而导致风险结果容易受情景设置的影响。

三、国内外研究进展比较

在干旱监测预警方面，与国际社会相比，我国总体技术水平和应用推广情况仍有较大差距。我国的干旱监测预警技术仍主要停留在指标的创新和改进方面，而国际社会则转向了指标的集成和综合应用方面；我国仍处于农业干旱监测为主的阶段，而国际社会则开始关注城市干旱监测、生态干旱监测等；我国仍处于采用统一的干旱指标和阈值阶段，而国际社会开始采用多元指标、动态阈值监测；我国仍采用数理模型为主进行干旱监测，而国际社会开始关注干旱监测的机理问题。在监测技术的应用推广方面，美国和欧洲的经验值得借鉴。美国国家干旱中心（NDMC）和国家海洋和大气管理局气候预测中心（NOAA/CPC）开发的干旱监测图系统采用6个关键干旱指标进行综合干旱监测。与其他干旱监测系统不同的是，该产品在制作过程中加入了全国各地的专家志愿者的反馈意见。这些专家利用他们对区域和地方干旱状况及干旱影响的专业知识为监测产品提供了真实的干旱信息，用于校正干旱监测指标的结果。在欧洲方面，为了积极有效地防范干旱灾害的侵袭，欧盟启动了规模宏大的“欧洲干旱观察”（European Drought Observatory，EDO）项目的建设。该系统采用气象信息、水文信息和遥感信息对各类干旱指标的效果进行检验，使用的干旱指标包括标准化降雨指数、土壤湿度、降雨量指数和遥感指标四大类。系统提供在线干旱监测信息服务和用户自定义信息服务功能，前者是定期各类干旱监测信息的地图信息，后者是用户根据具体的区域、时间和干旱指标生成部分地图信息。这两个干旱监测系统都对当地的抗旱减灾发挥了重要的作用。相比较而言，我国的相应系统对抗旱减灾工作的支撑作用有限。

在干旱预报方面，随着大气环流模型、数值天气预报系统、水文/陆面模型的不断发展，从水文循环的全过程出发，考虑气象要素对水文要素的物理驱动作用，研发基于陆气耦合模拟的旱情集合预报模型，实现旱情的实时滚动预报，将是未来研究之趋向。基于陆气耦合模拟的旱情集合预报尚属于国际领先探索性研究，主要难点表现在以下几个方面：一是作为基于陆气耦合模拟的旱情集合预报根本基础之一的数值天气预报的准确度和预见期都有待于提高。目前大气模式的降水预报结果具有较大的不确定性，同一模式不同预见期的降水预报，以及不同模式对同一降水过程的预报都存在较大的差异，使旱情预测的结果产生较大的不确定性。如何基于多模式多类型预报信息，通过统计集成、误差修正等方法，减少旱情预测的不确定性，提高预测精度，是陆气耦合旱情预报的关键问题之一；二是作为基于陆气耦合模拟的旱情集合预报根本基础之一的水文/陆面模型对干旱和人类活动影响考虑较少，构建面向干旱的可适用于高强度人类活动的分布式水文模型也是陆气耦合旱情预报的关键问题之一；三是目前的干旱预报研究多是基于预报的降水、气温的气象干旱预测研究，考虑土壤湿度和径流变化的农业、水文干旱的趋势预测研究还处于起步阶段。总体来说，目前国外发达国家已经初步建立相关的干旱预报系统，在一定程度已经能够满足部分业务需求，我国与发达国家相比还是具有较大的差距。

在旱灾风险分析和评估方面，联合国减灾战略组织、美国国家干旱中心等组织和机构对旱灾风险较早开展研究。2004年，Hayes M. J. 等提出了一个简洁灵活的干旱风险分析框架。联合国减灾战略组织在《与干旱灾害风险共存——降低社会脆弱性的新思路》以及

2007年发布的《减轻干旱灾害风险的框架与实践——旨在促进〈兵库行动纲领〉的实施》等报告中较早系统阐述了旱灾风险的概念、风险评估程序与内容等。总体来说，国外更多地注重旱灾风险内涵、概念评估模型、评估流程等宏观性、框架性研究，国内学者更多地关注旱灾风险评估技术方法的研究。目前，国内主要形成了基于随机理论的旱灾风险评估方法、基于灾害系统理论的模糊综合评估方法、基于物理形成机制的旱灾风险评估方法等为代表的静态风险评估技术，以及基于作物生长模型及情景分析技术的动态风险评估技术，为区域干旱管理规划与政策制定、旱灾保险费率制定、抗旱决策指挥等提供了一定的依据。需要指出的是，目前开展的旱灾风险分析和评价绝大部分集中在农业方面，城市、生态等其他方面较少涉及。总的来说，相比于洪水风险分析，旱灾风险分析理论和技术尚存在较大差距。从国内外来说，旱灾风险分析技术不存在显著差距，目前均没有形成广泛接受的，且可以大范围应用和推广的旱灾风险分析技术和成果，更没有标准化、系统化、商品化的分析产品和软件。

在旱灾风险管理方面，世界上不同国家的国情不同，社会经济发展水平不同，发生干旱灾害的情势也不同，干旱灾害管理手段、内容等也不尽相同，但总的趋势都是由被动的危机管理模式向主动的风险管理模式转变。在这一转变过程中，也呈现出一些共同的特点和趋向，主要表现为更加注重干旱灾害管理法律、政策制定，注重干旱灾害监测、预警技术，注重干旱灾害防御规划和准备，注重公众防灾减灾意识的提高，关注可持续发展，关注全球气候变化等。总体来说，我国也在积极推行旱灾风险管理进程，颁布实施了《中华人民共和国抗旱条例》，建立了旱情统计和报告制度、旱情会商制度、旱情发布制度、抗旱总结制度、水量统一调度制度等抗旱管理制度体系，初步形成了抗旱预案体系、抗旱规划体系，抗旱技术标准体系，走到国际社会的前列。

四、发展趋势

2016年7月28日，习近平总书记在河北唐山考察时提出了“两个坚持、三个转变”的新时期防灾减灾新理念，就是要坚持以防为主，防灾救灾相结合，坚持常态减灾与非常态救灾相统一，从注重灾后救助向注重灾前预防转变，从应对单一灾种向综合减灾转变，从减少灾害损失向减轻灾害风险转变。而实行干旱灾害风险管理正是落实“两个坚持、三个转变”的具体体现。

目前，国内外干旱灾害风险管理有两大发展趋向：一是强调干旱灾害全过程管理，通过自然科学与社会科学之间的交叉融合，对干旱事件和人类活动进行双侧管理；二是强调干旱灾害全覆盖的精细化管理，通过科学技术集成创新，开展干旱监测、旱情预报预测、旱灾风险评估及调控等的全链条管理。因此，我国的抗旱减灾研究路径也必是如此。

未来，我国的抗旱减灾研究应紧密围绕当前科学技术短板以及重要实践需求，逐步形成以旱灾学、防旱学和抗旱减灾技术为主体的学科体系。在旱灾学方面，加强旱灾形成机制、时空演变规律、旱情旱灾评估理论与方法、抗旱效益评估方法、气候变化影响等方面的研究；在防旱学方面，加强干旱及干旱灾害识别技术、旱情监测预警技术、干旱灾害风险区划与评估技术、抗旱减灾政策法规及技术标准体系、基于云平台和大数据的综合应用平台建设等方面的研究；在抗旱减灾技术方面，加强抗旱工程与非工程体系优化组合技术、遥感及地理信息技术、非常规水资源利用技术、抗旱节水工艺及设备等方面的研究。通过这一学科体系的建立，为大幅度提高我国防旱抗旱减灾能力和水平，为保障国家粮食安全、饮水安全及生态安全提供基础支撑。

参考文献

[1] 刘学峰，万群志，吕娟. 对全面推行抗旱预案制度的思考［J］. 中国水利，2009（6）：22-24.

[2] 中华人民共和国水利部. 全国抗旱规划［Z］. 2011-11.

[3] 屈艳萍，吕娟，程晓陶，等. 干旱相关概念辨析［J］. 中国水利水电科学研究院学报，2016，14（4）：241-247.

[4] 吕娟，吴玉成，屈艳萍，等. 旱情等级标准：SL 424—2008［S］. 北京：中国水利水电出版社，2009.

[5] 吕娟，苏志诚，吴玉成，等. 干旱灾害等级标准：SL 663—2014［S］. 北京：中国水利水电出版社，2014.

[6] 吕娟，苏志诚，屈艳萍，等. 区域旱情等级：GB/T 32135—2015［S］. 北京：中国标准出版社，2015.

[7] 水利部公益性行业专项. 抗旱减灾管理应用系统关键技术及示范研究［R］. 北京：中国水利水电科学研究院.

[8] 吕娟. 我国干旱问题及干旱灾害管理思路转变［J］. 中国水利，2013：7-13.

[9] 屈艳萍，吕娟，苏志诚，等. 抗旱减灾研究综述及展望［J］. 水利学报，2018（1）：115-122.

[10] 屈艳萍，郦建强，吕娟，等. 旱灾风险定量评估总体框架及其关键技术［J］. 水科学进展，2014，25（2）：297-304.

[11] 屈艳萍，高辉，吕娟，等. 基于区域灾害系统论的中国农业旱灾风险评估［J］. 水利学报，2015（8）：908-917.

[12] 屈艳萍，吕娟，苏志诚. 中国干旱灾害风险管理战略框架构建［J］. 人民黄河，2014（36）：29-32.

[13] 顾颖. 风险管理是干旱管理的发展趋势［J］. 水科学进展，2007，17（2）：295-298.

[14] Mpelasoka F，Hennessy K，Jones R，et al. Comparison of suitable drought indices for climate change impacts assessment over Australia towards resource management［J］. International Journal of Climatology，2008，28（10）：1283-1292.

[15] Dai A. Characteristics and trends in various forms of the Palmer Drought Severity Index during 1900-2008［J］. Journal of Geophysical Research：Atmospheres，2011，116（D12）.

[16] Han P，Wang P X，Zhang S Y，et al. Drought forecasting based on the remote sensing data using ARIMA models［J］. Mathematical and Computer Modelling，2010，51（11）：1398-1403.

[17] Ozger M，Mishra A K，Singh V P. Long lead time drought forecasting using a wavelet and fuzzy logic combination model：a case study in Texas［J］. Journal of Hydrometeorology，2012，13（1）：284-297.

[18] Sheffield J，Wood E F，Chaney N，et al. A drought monitoring and forecasting system for sub-Sahara African water

resources and food security [J]. Bulletin of the American Meteorological Society, 2014, 95 (6): 861–882.

[19] Ganguli P, Reddy M J. Risk assessment of droughts in Gujarat using bivariate copulas [J]. Water Resources Management, 2012 (26): 3301–3327.

[20] Zhang Q, Zhang J Q, Wang C Y, et al. Risk early warning of maize drought disaster in Northwestern Liaoning Province, China [J]. Natural Hazards, 2014 (72): 701–710.

[21] Wilhite D A, Hayes M J, Knutson C, et al. Planning for drought: moving from crisis to risk management [J]. American Water Resources Association, 2000, 36 (4): 697–710.

撰稿人：吕　娟　屈艳萍　苏志诚

防洪减灾学科发展

一、引言

特殊的地理、气候条件决定了我国洪水灾害频繁。江河流域洪水、山洪暴发、暴雨内涝、凌汛和溃（堤）坝洪水，以及沿海地区的风暴潮等各种类型的洪水在中国不仅分布广泛，而且发生频繁，可能产生各种类型、不同程度洪水的地区约占国土面积的2/3。2018—2019年是我国防灾减灾体制的改革年。我国防洪减灾体制改革基本完成后，洪涝灾害防御工作重心需要前移，不同业务主管部门之间需要加强协调，信息化水平和科学技术水平将起着非常重要的作用。

二、国内发展现状及最新研究进展

（一）中国山洪灾害调查评价成果

我国山洪灾害防治起步较晚，2010—2016年才初步建成了山洪灾害防御体系，全面开展了全国山洪灾害调查评价，在山洪灾害分布规律与风险区划、小流域暴雨洪水规律、山洪灾害预警指标、山洪灾害预报模型、监测预警体系和群测群防体系等方面取得了长足的进步。

我国山洪灾害防治项目建设分为三期实施（2009—2012、2013—2015、2016—2020），结合我国国情实际和建设思路的调整，技术不断更新，能力逐步增强。2006年国务院批复的《全国山洪灾害防治规划》，首次提出了工程措施和非工程措施相结合的治理思路，明确了山洪灾害防治区的范围。2011年，国务院出台《关于切实加强中小河流治理和山洪地质灾害防治的若干意见》，提出力争用5年时间，使防洪减灾体系薄弱环节的突出问题得到基本解决，防御山洪地质灾害的能力有显著增强。2009—2012年，水利部实施了2058个县的山洪灾害县级非工程措施项目建设，提出自动监测体系和群测群防体系相结合的山洪灾害防治思路；并提出在自动监测体系方面，与国家防汛抗旱指挥系统相结合的理念。2013—2015 年实施的全国山洪灾害防治项目，开展了全国山洪灾害调查评价工作，提出了自动雨量站按照水文遥测站密度标准建设，防治区建设密度达到 50~100 km^2/ 个，结合防汛抗旱指挥系统建设思路，提出了省市县级山洪灾害监测预警平台建设方案、架构、基本功能和技术实现方式；提出了山洪灾害监测预警软件标准和三级预警流程，归纳了小流域汇流时间内的预警指标确定方法。2017 年，水利部印发了《全国山洪灾害防治项目实施方案（2017—2020 年）》，确定了根据经济社会变化新形势和新要求，充分利用互联网 + 和大数据等新技术，巩固提升已建非工程措施，结合山丘区贫困县精准扶贫工作部署，有序推进重点山洪沟（山区河道）防洪治理试点的防治思路。

1. 山洪灾害调查评价成果

2013—2016年，国家防汛抗旱总指挥部办公室组织全国29个省和新疆生产建设兵团、305 个地市和 2058 个县，首次系统深入地开展了山洪灾害调查评价工作，涉及中央、省、地市、县、乡、行政村和自然村等 7 个层级。山洪灾害调查评价紧密围绕小流域水文气象（暴雨）、下垫面特征和人类活动等山洪灾害的影响因素开展。

根据山洪灾害调查评价成果各类汇总数据内容和特点，按照省、县、流域为单元对调查评价成果汇总和整理，从暴雨特征、下垫面特征、防治区的范围、人员分布、社会经济、历史山洪灾害、预警指标、风险和区划等角度，进行空间分布特征分析及空间统计分析。调查评价初步查清了我国山洪灾害防治区的范围、人员分布、社会经济和历史山洪灾害情况。基本查清了 53 万个小流域的基本特征和暴雨特性；全国共调查了 2138 个县区单位，756 万 km^2 国土面积，32524 个乡镇，467339 个行政村，1562602 个自然村，涉及总人口 9 亿。初步划定防治区面积 386 万 km^2（其中重点防治区面积 120 万 km^2），确定防治区行政村 197706 个、自然村 570553 个、3 亿人，企事业单位 152183 个，划定危险区 529019 处、6346 万人、1673 万座房屋，并对危险区内居民家庭财产和房屋进行了分类调查。调查历史山洪灾害 53235 场次，历史洪水 12738 场次；调查涉水工程 250516 座；调查自动监测站 87522 个，简易雨量站 237420 个，简易水位站 47324 个，无线预警广播站 202235 个；调查需治理山洪沟 29760 条。分析评价了 163996 个重点沿河村落，建立了全国统一调查评价成果数据库，数据库总量 102 TB，年更新量 120 TB，开发应用服务软件，取得了丰硕的成果。全面梳理各类数据，并将调查评价成果推广应用于国家山洪预警系统、小流域洪水分析系统、山洪预警系统及气象、水土保持、铁路、交通等多个领域。

2. 山洪灾害风险评价方法与成果

2013—2018 年，以全国范围调查评价成果大数据为基础，提出了以小流域和自然村为单元的山洪灾害三级风险等级划分方法。基于灾害链风险分析理论，运用主成分分析法，将全国 54 类调查评价数据降维至 10 类，提炼出短历时暴雨特征指标、单位洪峰模数及汇流时间指标、房屋危险性指标三个关键风险因子，提出了兼顾灾害时空结构和系统要素的概率分析方法和山洪风险精细化评估的概率矩阵，以全国山丘区小流域为评估对象，构建了全国山洪灾害风险评估模型，进行三级风险等级划分，形成全国山洪灾害风险评估图，有力推动了山洪灾害预警和风险管理理论技术发展。

利用上述方法对全国山洪灾害防治区进行了风险评价，得到了全国山洪灾害风险评价成果。评价结果表明：以小流域为单元采用山洪灾害风险评估模型获得的山洪灾害风险等级区域与山洪灾害防治区结果总体一致，不同等级风险区面积、总体分布特征与重点防治区、一般防治区和历史山洪灾害发生次数总体一致。与全国调查的53000场历史山洪灾害数据对比，91%的历史山洪灾害落在风险区内，高风险区密度为190场/万km^2，中风险区密度为119场/万km^2，较低风险区密度为98场/万km^2，高风险区山洪灾害发生场次是较低风险区的2倍，说明三维山洪灾害风险评估模型指标选取有代表性，评估方法合理。风险评估结果进一步揭示了一般防治区内的高风险区和重点防治区内的低风险区，进一步明晰了重点防灾对象，对于分区制定减灾措施、监测预警具有重大指导意义。

（二）中国山洪水文模型（CNFF-HM）

2009—2018年，中国水利水电科学研究院结合全国山洪灾害调查评价工作，开展了全国小流域划分及基础属性提取工作，全面系统分析了全国53万个小流域特征及下垫面参数特征，总结了不同地貌类型小流域产汇流参数空间分布特征，在此基础上建立了全国小流域暴雨洪水分布水文模型，推动了中国小流域水文模型的进步和山洪灾害监测预警技术的巨大进步。

1. 小流域基础属性数据集

收集整理了全国1∶5万数字高程模型（DEM）、数字划线地图（DLG）和分辨率2.5 m的数字正射影像图（DOM）等基础地理信息数据，划分了全国山丘区53万个小流域并提取了75项小流域基础属性，建立了小流域单元及其空间拓扑关系，构建了流域水系统编码体系，形成了全国小流域基础数据集。系统分析了全国小流域地貌特征、下垫面特征、产汇流特征和影响小流域暴雨洪水主控因子，为山洪灾害防御和构建新一代分布式小流域水文预报预警及风险评估模型提供了基础数据支撑。

2. 小流域分布式水文模型

山丘区小流域具有比降大、汇流历时短、水文响应快等产汇流特点，传统水文模型模拟精度难以满足无资料地区山洪灾害预警预报的需求。针对山丘区小流域的产汇流特点，中国水利水电科学研究院于2014年开发了中国山洪水文模型（CNFF-HM），用于无资料山丘区小流域洪水模拟和预报。CNFF-HM模型采用模块化建模技术，实现模拟对象与水文过程算法的耦合，模型把流域概化为子流域、节点、河段、水源、分水、洼地、水库7类不同的要素，把水文过程分解为降水计算、蒸散发计算、产流计算、汇流计算、演进计算和水库调蓄计算6个过程，其中子流域为产汇流基本计算单元。子流域及其基本属性参数默认采用全国小流域基础数据集。产流模型采用三水源新安江模型和统一混合产流模型，汇流计算主要采用分布式时变单位线模型，演进计算采用适用于山区河（沟）道演进计算的动态马斯京根法和运动波模型。CNFF-HM 模型是具有物理机理的日模拟和暴雨山洪连续模拟耦合模型。其中日模式主要提供日均土壤含水量连续计算，暴雨山洪模式计算时段可为 10 分钟、30 分钟或 1 小时等时段，模型自适应不同时段长的降雨输入，输入数据的时间序列可以是日步长和小时步长，也可以是两种数据的混合格式。模型已在福建、吉林、河南等地山洪灾害预警预报系统中实现了业务化运行。

3. 模型参数率定与检验

选取了全国范围 361 个流域实测场次降雨洪水资料，利用 CNFF-HM 模型（其中产流模型为新安江三水源模型）进行了模型参数率定和检验，率定结果为：① 233 个流域的纳什系数平均值在 0.7~0.8，其中 70% 以上场次纳什系数大于 0.7，径流深和洪峰误差均值小于 20%，率定结果较好；② 109 个流域的 60% 以上场次纳什系数大于 0.7，径流深和洪峰误差均值大于 20%，率定结果一般；③ 19 个小流域的纳什系数均值在 0.6 以下。

（三）国家山洪灾害预警平台

2009—2018 年，为做好全国山洪灾害调查评价成果数据的管理应用、协助国家防办进行各地山洪灾害监测预警监视管理和灾害应急响应决策支持服务、做好国家层面的监测预警信息社会化服务等工作，建设了国家山洪灾害监测预警平台，包括以高性能计算集群为核心的大数据支撑运行环境、以全国调查评价海量数据为核心的山洪灾害防御时空大数据和“一张图”、以山洪灾害监测及洪水实时模拟为核心的全国山洪灾害监测预警预报及信息服务系统。平台以 7 级行政区划和 13 级流域水系两条主线进行数据组织，实现了全国山洪灾害防御海量时空大数据的管理、多源异构复杂数据的高效组织和信息服务，近年来多次为国家防总的山洪灾害应急响应和辅助决策提供快速的信息支撑服务。

全国山洪灾害监测预警平台运行支撑环境包括 64 个节点、运算能力达 12.9 FLOPS 的高性能计算集群、660 TB 裸容量的高可靠存储集群、高可用虚拟化服务器池和高速光纤通信网络，为国家山洪灾害监测预警平台运行提供计算、存储、服务和数据交换能力；全国山洪灾害防御时空大数据集成了全国基础地理信息数据集、全国下垫面条件基础数据集、全国小流域基础属性数据集与全国山洪灾害调查评价成果数据库等静态数据，实时接收了水文气象、山洪预警、遥感影像数据及全国山洪模拟与信息发布等动态数据，涉及全国 53 万个小流域、157 万个自然村的山洪灾害防御相关数据、全国高分辨率遥感影像数据、全国近 10 万个站点实时雨水情数据、全国 5 km 网格 10 分钟降雨数据、全国多普勒雷达 6 分钟数据和数值天气预报数据等，截至 2017 年年底，数据总量达到 102 TB，预计每年增量 100 TB。全国山洪灾害监测预警预报及信息服务系统基于气象、水文、流域和行政边界，构建了 132 个山洪灾害预警预报一级分区和 5013 个二级分区，开发了基于高性能集群（HPC）的并行分布式水文模型与山洪风险分析业务化系统，满足超大规模、高精细度、多过程并行和模块化的洪水模拟及预警分析要求，实现了多源降水数据融合、基于彭曼公式和 Richard 方程的土壤湿度实时模拟和全国 53 万个小流域 30 分钟时段（或 10 分钟 /1 小时自适应）的实时连续模拟、全国近 30 万个断面洪水过程实时模拟大数据的管理，将为国家防总及各级防汛机构，以及铁路、石油、电力等部门提供山丘区洪水风险及预警信息服务。

平台综合应用了大数据、云计算和移动互联网理念，基于面向服务及信息共享体系架构，采用流域和水系两条主线对山洪灾害防御大数据进行有序组织和快速定位，以暴雨事件和预警事件两个抓手全方位展示事件关联的多维数据，以国家、省、县、村四个典型层级快速定位山洪灾害发生位置，提取决策支持的复合信息。系统已于 2015 年起陆续实现了业务化运行，为国家防总掌握全国山洪灾害防御态势和灾害应急处置综合决策提供快捷、可靠、全面和精细的信息服务。

（四）洪水预报预警调度技术

中国水科院减灾中心 2009—2018 年陆续开展了一系列洪水预报研究工作。何秉顺等依托全国山洪灾害防治项目，开展了山洪预警预报、风险指标确定、预警预报导则编制等研究，构建了覆盖全国的山洪预警预报指标体系和灾害防治框架。何晓燕等开展了洪水预报研究，为洪水预报与水库调度双向耦合奠定了理论和方法基础。阚光远等基于人工智能和神经网络技术，开展了基于数据驱动模型的洪水预报研究，具有精度高、灵活性好的优势。阚光远、何晓燕等基于传统概念性水文模型和经验方法开展了大量模型构建、流域应用的研究与实践，特别是在干旱半干旱的陕西省多个流域率先成功实现了完全基于水文模型的洪水预报，取得了良好的应用效果。李纪人、阚光远、何晓燕等基于分布式水文模拟技术，构建了具有较强物理基础的分布式洪水预报模型。针对无资料地区洪水预报难题，利用遥感产品等多源数据，研发了基于水热平衡的新型分布式水文模型，为无资料地区洪水预报问题的解决提供了一种全新的思路。阚光远、何晓燕等基于物理基础方法和最优化方法开展了模型参数先验估计与自动率定研究，显著降低了模型应用的不确定性，提升了模型的可靠性和预报精度。阚光远、何晓燕等基于高性能 CPU+GPU 异构并行计算技术开展了模型计算和参数率定的加速研究，取得几十倍的加速效果，显著提升了计算效率。

何晓燕等研发的陕西省中小河流洪水预报系统为陕西全省中小河流百余断面构建了洪水预报方案，在我国干旱半干旱地区率先实现了基于水文模型的洪水预报，取得了突破性进展。何晓燕等开发的北潦北河试点流域智慧防汛系统，通过对无资料、缺资料地区洪水预报预警技术的研发，构建了所有预报断面的预报模型及预报方案，与智慧防汛技术相结合，实现了基于水文模型和人工智能技术的洪水预报调度，能够依据实时雨情、水情、工情信息，以人机交互方式生成实时预报结果，为流域内多个断面和小湾水库、洪屏下水库、罗湾水库三座中型水库进行防洪联合调度提供有力技术支持。

洪水调度技术主要利用一系列相互具有水文、水力、水利联系的水库及相关工程设施（如堤防、滞洪区、分蓄洪区等）进行统一的协调调度，在保证防洪设施自身安全的前提下，提高流域整体防洪能力，尽量减轻流域洪水影响与损失。防洪调度要考虑水库之间、水库与下游防护点之间等互相补偿调度，各水库自身的防洪安全、水库上游回水淹没损失最小、下游防洪对象安全、水库弃水损失最小、兴利蓄水最多等。水利部减灾中心先后以松花江、嫩江、淮河等流域以及广东、江西、河南、陕西、河北、湖南、辽宁、云南、北京、上海等省（市）的防洪工程体系为对象，开展了防洪联合调度算法与模型研究，并在此基础上，研发了基于 CPU 和 GPU 异构并行加速技术，将原有模型的计算速度提高到百倍以上。将下山搜索策略引入到粒子群智能算法中，提出了改进的粒子群算法并应用于水库群防洪优化调度模型求解中，为水库优化调度模型求解提供了新的途径；采用自适应遗传算法和广度变异模块相结合的分层收敛算法，应用于水库防洪调度中，在一定程度上避免了自适应遗传算法陷入局部最优的缺陷，基于马斯京根法的连续的河道洪水演进模型，实现了澧水流域上江垭、皂市水库联合防洪优化调度。

现有洪水调度技术主要针对历史洪水模拟与分析，实时性不足。为此，开展了综合实时洪水预报与防洪工程体系联合调度研究，即结合实时预报信息，进行防洪工程体系联合调度，并不断滚动更新预报信息，据此更新联合调度方案，并将多目标优化理论和并行加速技术应用到工程联合防洪调度中，保证防洪安全的情况下，最大限度发挥供水和发电等兴利效益，充分利用水资源。在实际应用方面，将上述方法和技术体系集成到应用平台和软件中，研发了江西省防洪工程联合调度及决策支持系统，针对赣江、抚河、信江、饶河、修河和鄱阳湖区（“五河一湖”）六个独立的区域，编制了洪水预报与防洪调度方案，研制了统一的洪水预报子系统与防洪调度子系统，开发了包括气象产品应用、实时汛情监视、洪灾评估、防汛管理及三维仿真等子系统的防汛辅助支持系统，在江西省“两台一库”的支撑下，将上述各子系统集成为有机的整体，实现“五河一湖”的洪水预报调度与防汛辅助支持的全方位协同应用，作为全国第一个真正意义上的集预报、调度和辅助决策于一体的防汛决策支持系统已运行多个汛期，全面提升了洪水调度技术水平；在调度展示方面，建立了三维场景构建、仿真模型和三维高程分层设色图，实现了流域、水系、地形地貌、主要城市、水库、堤防、蓄滞洪区等地理要素、社会经济要素、重要水利工程要素等信息的直观仿真表达。在北潦北河试点流域智慧防洪调度研究中，通过对重点防洪控制断面防洪调度的需求分析，以及调度规则与经验、分析计算方法的归纳整理，以现行的防洪调度工作流程、组织分工为基础，建设了能够依据实时雨情、水情、工情信息和预报成果，结合防洪调度预案，以人机交互方式生成实时调度方案，进行调度方案仿真和仿真模拟结果的可视化显示，并且具有调度方案管理、调度成果管理、系统管理、与中央系统进行数据交换等功能的防洪调度系统。

（五）洪水风险信息表达技术和防洪决策支持技术

洪水风险信息包括洪水淹没信息、可能受洪水淹没或影响的承灾体及其脆弱性信息、洪水损失及影响信息，以及相关的水文信息、预报信息、调度信息、水利工程信息、基础地理信息等，按属性可划分为结构化信息、非结构化信息、空间信息、时序信息等。洪水风险信息的表达伴随和信息技术的发展先后经历了传统形式（报表、文字）→数字化（数字流域为代表）→智慧化（数据模型驱动的信息表达为代表）→虚拟现实等展现形式，涉及 GIS、三维、数据模型、虚拟仿真等技术。程晓陶等在总结防洪抗旱决策技术进展时认为三维展示技术在防汛减灾工作中发挥了重要作用；李纪人认为空间信息技术是防洪减灾现代化的基础，总结了空间信息技术在信息展示、防洪模拟等方面的重要作用；黄诗峰等将 GIS 的空间显示功能应用到防汛指挥决策支持系统的设计中，实现洪水相关信息及背景数据的综合展示及决策结果的可视化表达；陈煜等利用 GIS 平台实现了洪水信息的在线表达和地图展示。2013 年，中国水科院减灾中心主持编写了《防汛抗旱用图图式》（SL 73.7—2013），规范了相关信息的表达。徐美等利用着数据模型、数据仓库等数据技术，首次将地图表达及模型驱动技术引入到洪水风险图研究中，建立水利地图数据模型、实现地图符号智能优化，引导洪水风险信息表达向动态化、智慧化方向发展。当前人工智能、大数据、云计算等新技术发展迅速，为洪水风险信息的表达提供了新的契机，中国水科院减灾中心开展了相应研究，包括综合 BIM、GIS、VR 等技术，实现专业模型支撑下的城市洪水过程的智能化虚拟仿真，采用大数据技术，实现海量多源洪水风险信息的动态化表达等。

防洪决策支持技术包括信息处理技术、洪水预报技术、洪水调度技术、洪灾损失评估技术等，是水利信息化建设的主要内容之一。2005—2011 年，水利部建设完成了国家防汛抗旱指挥系统一期工程，成为水利信息化的龙头和骨干工程，并于 2014 年启动二期工程建设。为配合各级防汛指挥系统的建设，中国水科院减灾中心逐步形成了防洪决策支持技术体系。决策支持技术涉及众多信息技术，包括数据库技术、网络技术、GIS、遥感技术、洪水仿真技术、情景分析技术等。李纪人等系统分析了空间信息技术对防洪决策支持的支撑作用，认为空间信息技术是防洪减灾现代化的基础，将遥感、GIS、导航等技术应用到防洪决策支持工作中；刘舒等利用套接字技术解决了水动力模型的网络化问题；苑希民等将三维信息技术引入洪水信息管理、防汛演习、应急会商等，解决了大范围洪水信息的三维可视化问题。中国水科院减灾中心先后完成了一系列不同层次的决策支持系统研发，起到了示范和引领作用。针对目前防洪中的城市内涝问题、山洪灾害预警等热点难点，先后在北京、上海、深圳、成都、佛山等城市展开研究，将水利专业模型与大数据、人工智能、虚拟现实等信息技术结合，推进城市洪涝灾害防治决策支持的智能化。

（六）洪涝灾害遥感监测技术

遥感技术对于重大自然灾害的监测与评估具有特殊的优势和潜力，尤其是对洪涝灾害的监测评估。利用遥感监测评估洪涝灾害在中国已有较长历史，走在了其他遥感技术应用的前头，为我国防洪减灾决策提供了有力技术支持。2001—2010 年，重点研究了洪涝水体空间分布信息的获取与计算方法、社会经济数据的空间展布、洪灾损失率的确定与计算方法等，建立了基于 GIS 空间信息格网的洪涝灾害损失评估模型。2011 年后，随着国产高分卫星逐步投入使用，重点研发 SAR 数据的水体自动提取方法、基于 DEM 等数据的山体阴影剔除方法等，提高遥感监测的精度和时效性，洪涝灾害遥感监测初步实现业务化，可在 1~3 天对境内洪涝灾害开展准实时监测。2013—2015 年，依托高分水利遥感应用示范系统（一期）-水旱灾害监测子系统科研和示范应用项目，开展了针对我国自主高分系列卫星数据的洪涝灾害监测研究。该项目重点针对 GF-3 号卫星 SAR 影像特点，研发单极化 SAR、双极化 SAR 和全极化 SAR 数据的水体自动提取方法；利用 DEM 等数据，研究影像山体阴影剔除方法，从而提高了洪涝灾害水体提取的精度；在多时相洪水遥感监测基础上，基于改进变分水平集方法，定量化反演洪水淹没历时，实现具有时空一致性的洪涝淹没历时专题图制作。

洪涝灾害的遥感监测评估业务运行系统在 1999 年 4 月初步建成后，在 2005 年、2008 年、2013 年、2015 年、2017 年先后 5 次进行大的更新，使得其不断满足日益增长的卫星数据处理的需要和洪涝应急监测的需求，在 2008 年四川省汶川地震、2010 年青海玉树地震、2013 年黑龙江流域洪水、2014 年云南鲁甸地震、2016 年长江中下游洪水、2017 年吉林省永吉县特大洪水等一系列的突发涉水灾害中，该系统均发挥了重要作用。利用该系统开展洪涝灾害应急监测，为国家防汛抗旱总指挥部办公室以及通过国家遥感中心向国务院办公厅提供了一系列的信息服务。

（七）洪水风险图相关技术

1. 洪水分析软件

水利部减灾中心洪水分析软件产品的开发始于 20 世纪 90 年代，基于 20 世纪 80 年代在“八五”攻关成果的基础上，将不规则二维水沙运动仿真模型扩展到花园口至孙口河段，具备动态展示与人机对话的功能。此后，基于 GIS 平台，流程化建模方式，开发了二维溃坝洪水系统软件和简易溃坝洪水分析系统软件，能够模拟瞬时溃、瞬时局部溃和逐渐溃决三种溃决模式。

另一款相对成熟的洪水分析软件为城市洪涝模拟软件，先后在天津、上海、佛山、济南等城市应用。2008—2018 年，在全国洪水风险图（一期、二期）试点项目中，开发完成了城市洪水分析系统软件、防洪保护区洪水分析系统软件、蓄滞洪区洪水分析系统软件、洪泛区洪水分析系统软件等，并经不断完善形成了洪水分析系列软件IFMS和IFMS Urban，在全国范围内推广应用，软件包含复杂水利工程调度的一维河网引擎、高分辨率二维洪水引擎、快速非结构网格生成模块，集成国内外广泛使用的SWMM管网模型，基于自主研发的GIS平台，完成模型前后处理，并实现了一二维耦合以及管网与二维模型耦合。软件可广泛应用于河道、湖泊、近岸水流以及防洪保护区、蓄滞洪区洪水模拟分析计算，城市暴雨内涝模拟，雨洪调蓄设施，海绵城市和排水管网规划设计与评估，防洪规划设计河道水面线计算，河道、蓄滞洪区建设项目以及城市新建小区洪水影响评价，流域/区域/城市实时洪水风险分析与监测预警系统等领域。

2. 洪水损失评估软件

自2008年起，国家防办组织实施了全国洪水风险图编制试点（一期、二期）项目，洪涝灾情评估软件是其中的软件平台之一。中国水科院减灾中心突破了以往分散、封闭的开发模式，开发了通用化洪灾损失评估软件。软件充分考虑了基础资料的可获取性，遵循洪涝成灾基本原理，把握洪涝灾害的主要损失种类，在GIS平台上扩展开发。软件的功能模块主要包括工程管理、信息管理、空间分析、洪水影响分析、损失评估等功能，能够快速对洪水淹没范围内人口和资产的受淹及损失情况进行评估。截至2017年年底已在全国86家单位承担的640余项全国洪水风险图编制项目中得到了推广应用。

3. 制图系统及产品

针对我国洪水风险图制图系统不标准、地图判读性差、地图风格及版面布局不统一，地图内容的完整性参差不齐等问题，中国水利水电科学研究院减灾中心在水利行业内首次使用地图表达及模型驱动制图的方法，构建了专业的洪水风险图（水利）GIS制图系统。绘制系统开发围绕数据模型，以“数据获取、数据处理、制图生产、成果提交”为业务主线，提供一系列的软件功能，并为后续的成果入库和发布提供支撑。主要功能包括数据输入、检测与输出、数据管理、方案管理、地图显示及编辑、制图符号化、注记编辑、地图与注记符号优化等。系统采用制图过程流程化的设计思路，依据相关国标与行标建立水利地图数据模型，完成数据检查后选择版面自动成图，可进行注记编辑、水工符号智能优化，最后输出符合标准与规范的洪水风险图，实现了水利地图数据模型驱动的自动化制图。

针对洪水风险图绘制需求而建立的地图表达和模型驱动制图，系统在水利地图数据模型驱动下自动完成地图配置工作，各类图形要素能根据比例尺选择使用匹配的图式与版面，以标准、专业的图式绘制完成各类洪水风险图，地图注记能自动生成并且能智能避让，提高了制图的自动化、规范化水平。针对洪水风险图绘制对点状水工符号以及地图文字注记的专门需求，对相应地图符号开发了智能优化工具。系统通过对水工符号与水系空间关系的判别来确定并调整符号方向，使制图效果符合行业习惯，达到智能优化效果，满足水利行业制图的特殊需求，包括线状水系粗细渐变功能、水文站站点自动垂直河流、跨河构筑物与河流自动垂直、顺河构筑物与河流自动平行等功能。系统已全面用于全国洪水风险图编制项目，提高了洪水风险图绘制效率及图件的标准化水平，弥补了传统 GIS 制图技术在水利行业应用中的不足。

（八）长江梯级水库群联合调度技术

长江横跨我国西部、中部和东部，沟通内陆和沿海，幅员辽阔，是我国经济社会发达地区之一。长江流域干支流已经建成或在建包含三峡、乌东德、向家坝、白鹤滩等大型水库 285 座，总调节库容 1800 余亿 m^3，形成了规模极为庞大的流域梯级水库群。这些水库以串联、并联等多种形式连接，构成复杂的空间关系。长江上中游水库在来水、用水以及管理模式方面不尽相同，调度目标多样且互相竞争，使得长江上游梯级水库群调度成为较为热门和迫切的研究方向。近年来，对长江主要支流调度，中游江湖关系及鄱阳湖、洞庭湖水利枢纽工程建设影响及综合调度等方面也开展了长期持续的研究工作。取得的主要突破包含以下几个方面。

一是针对梯级水库群优化调度研究中面临的“维数灾”，需要兼顾防洪、发电、供水、航运和生态等多目标问题，从数理层面探讨水库优化调度问题的科学原理，提出了梯级水库群优化调度的确定型等价理论，构建了集模拟、预报、调度与评价为一体的技术体系。这样使得长江上游的水库经过联合优化调度后，水资源的利用更加合理，综合发电效益更好，保证生态环境用水、改善中下游枯水期航运条件以及提高供水保证率等。

二是引入陆气耦合、风险调度等技术，构建了考虑预报不确定性的水库群风险调度技术体系，形成了“非一致性条件下的气象水文预报关键技术研究”等成果。将水库群调度与风险控制相结合，发现并定量分析长江上游梯级水库群联合调度的主要风险因子，通过风险决策模型等手段科学合理地进行优化调度的决策。

三是结合以上成果开发了三峡及长江上游特大型梯级枢纽群、雅砻江流域梯级水电站群、汉江梯级水电站群等巨型、复杂水库群联合调度决策支持系统，对水库调度工作进行了具体支撑。

四是在多学科融合的大趋势下，开展了水电站群负荷分配与实时控制、水库水电站群综合风险控制等方面的研究。

以上的研究成果已经开始在长江中上游进行应用。2014—2016 年梯级电站实际运行数据表明，通过联合调度，金沙江下游—三峡梯级电站年均节水增发电量 101.8 亿 kW · h，年均拦蓄洪量 140 亿 m^3，年均补水量达 250.9 亿 m^3，三峡船闸年均货运量 1.1 亿 t，综合效益显著。2016 年，长江流域发生自 1998 年以来最大洪水，国家防总、长江防总联合调度长江上中游 30 余座大型水库，共拦蓄洪水 227 亿 m^3，避免了荆江河段超警和城陵矶地区分洪。2017 年，为应对长江中游型大洪水，上游流域水库群再次实施联合调度，拦蓄洪量 102.39 亿 m^3，有效减轻了中下游防洪压力。

三、国内外研究进展比较

（一）洪涝灾害遥感监测业务

通过多年科技攻关，洪涝灾害遥感监测评估业务系统已初步建立，并在历年特大洪涝灾害监测中发挥了重要作用，得到了国家防总、水利部等高度认可，为防汛抗旱提供了有力技术支撑。当前，卫星遥感和航空遥感技术快速发展，发掘国内外卫星数据潜力，结合无人机遥感，提高数据覆盖频次，开展水旱灾害遥感监测先进技术研究，实现水旱灾害的全天候、全天时业务化遥感监测，为国家防汛抗旱事业提供全方位的支撑。

2016 年汛期，受超强厄尔尼诺现象影响，湖北、安徽等省发生了罕见的暴雨洪涝灾害。水利部遥感中心利用 BJ-2 号、COSMO-SkyMed 等遥感数据，对湖北省新洲、童家湖等地区，安徽省安庆市、池州市等地开展了应急监测，监测结果提交至国家防总办公室，为准确了解灾情提供了数据支持。在这一系列的应急监测中，针对高分辨率遥感影像，采用面向对象分割的水体识别算法，显著提高了水体监测的效率和精度，大大缩短了数据处理时间。

2017 年 7 月 13—14 日，吉林省中部地区特别是吉林市出现强降雨，局部出现特大暴雨。降雨导致吉林市境内温德河发生超历史实测记录的特大洪水，吉林市辖区局部地区受灾，永吉县全域全方位受灾，道路桥梁中断，房屋倒塌，农作物受损严重，部分群众被困。水利部遥感中心迅速启动应急响应，于 2017 年 7 月 14 日 5 点 31 分获取了永吉县地区雷达图像，对吉林市市辖区及永吉县境内洪涝灾情进行了应急遥感监测。监测结果及时提交给了水利相关部门，为准确了解淹没范围及救援工作提供了有力的数据支持。该次监测是利用国产高分三号雷达数据开展洪涝应急监测的典范，为后续进一步利用高分三号数据开展突发涉水灾害的监测提供了基础。

可以看出，随着国内外卫星数据的逐渐增多，洪涝灾害遥感监测评估业务运行系统的不断完善，对洪涝灾害的响应速度逐渐提高，对于我国国产雷达卫星，如高分三号，可以通过应急响应通道快速获取灾区影像。另外，产品空间分辨率逐渐提高，最高可达到米级，可以精确识别溃口信息。未来，随着我国《国家民用空间基础设施中长期发展规划（2015—2025 年）》的不断实施，以及欧洲航天局“哥白尼计划”的开展，越来越多的卫星开始组网观测，将进一步提高全球任一地区的影像覆盖频率。洪涝灾害遥感监测评估业务运行系统也将进一步更新和完善，适应新时代下的洪涝灾害监测高频次、高精度、快速响应的需求。

（二）山洪灾害防御研究现状

山洪灾害防治项目解决了山洪灾害防御“从无到有”的问题，填补了该领域的空白，适应了我国山洪灾害防治的迫切需求，在一定程度上缓解了山洪灾害防御水平低、防灾任务重与经济社会发展不相适应的矛盾。我国山洪灾害防治项目的投入和水平随着经济发展水平的提高而不断提高。山洪灾害防治工作的“探索”“起步”“建设”和“发展”四个阶段应与经济发展的低收入、中等偏下、中等偏上和全面小康四个发展阶段相适应。由此可见，山洪灾害防治项目的总体建设思路和技术路线立足于我国山洪灾害特点、防治现状和现阶段国情，与国家防灾减灾的宏观方向和要求是一致的。整体技术路线既符合我国山洪灾害的特点和规律，科学合理，也符合我国现阶段减灾的需求和发展目标。中国山洪灾害防治思路和技术路线在中国山洪灾害防治中取得了较好效果，形成了符合中国国情的具有中国特色的山洪灾害防御理论体系。

（三）洪水保险

2013 年，十八届三中全会明确提出“完善保险经济补偿机制，建立巨灾保险制度”。2014年，《国务院关于加快发展现代化保险服务业的若干意见》提出“建立巨灾保险制度，探索对台风、地震、滑坡、泥石流、洪水、森林火灾等灾害的有效保障模式”。2016 年，《中共中央国务院关于推进防灾减灾救灾体制机制改革的意见》提出，“坚持政府推动、市场运作原则，强化保险等市场机制在风险防范、损失补偿、恢复重建等方面的积极作用”。近年来，宁波市、广东省、深圳市、四川省、云南省、黑龙江省、福建省等省（市）开展了包含洪水保险内容的巨灾保险试点，都取得了一定的经验。

国外发达国家中对洪水风险以及洪水灾害管理历史比较长远和比较成功的有美国、法国、英国等西方发达国家为主要代表。一些发展中国家，如印度和菲律宾等也在积极研究和实施，并取得了一定的成绩。我国现行的财产保险、农业保险、机动车辆保险等主要财产险险种均涵盖了一定的洪水灾害风险责任，但与洪水导致的财产损失风险相比，洪水责任承保极不充分。分析以往洪水灾害中保险赔付数据，我们可以发现我国洪水灾害损失保障程度极低。2012 年北京市暴雨洪涝灾害损失，保险公司承担损失比例约为 8%。2018 年 8 月受台风“温比亚”影响，“中国菜都”寿光所在地潍坊市 147.69 万人受灾，直接经济损失 92.53 亿元，其中农业损失 45.58 亿元，财政部、应急管理部向山东省下拨中央财政自然灾害生活补助资金 1.5 亿元，占损失的 1.63%，民生综合及农业保险赔付 10014.64 万元，占损失的 1.08%。这与西方发达国家保险公司在洪水灾害损失中平均 30%~40% 的承担比例相差甚远。因此，建立健全全国性洪水保险制度，充分发挥保险业在防灾减灾救灾体系的作用是非常重要的。

四、发展趋势

2018 年 10 月，中央财经委员会第三次会议就做好防灾减灾工作进行全面部署，明确要“坚持以人民为中心的发展思想，坚持以防为主、防抗救相结合，坚持常态救灾和非常态救灾相统一，强化综合减灾、统筹抵御各种自然灾害”，提出要做到“六个坚持”，实施“九大工程”，是做好新时期水旱灾害防御工作的总纲领和顶层设计。水利部最近提出了“水利工程补短板、水利行业强监管”的工作总基调，这是做好新时期洪涝灾害防御工作的总体部署和全面安排。新时期洪涝灾害防御工作必须根据新职责新要求，根据洪涝灾害演变规律和社会新要求，强化各项措施，切实推进水旱灾害防御工作。

（一）防洪减灾发展趋势与对策

目前，我国防洪减灾策略仍处于战略调整期，由工程防洪向洪水风险综合管理的转变面临观念、政策、法规、体制等方面的问题与挑战，迫切需要在洪水风险管理理论框架下融合社会科学、政策科学、经济学、行政科学等，建立适合国情的应对相关问题与挑战的理论方法体系，为防洪减灾策略合理有效的调整和相关政策的制定提供科学依据。

快速发展并持续实用化的精细探测感知、大数据、超级计算、人工智能和桌面推演等技术为洪水全过程、精细化、高效率分析模拟和检验提供了有效手段和支撑，充分利用上述技术，研究洪水形成、发展、演变和致灾机理，不断提升各类模型的效能，构建满足防洪减灾应用需求的实用化工具和系统是未来防洪减灾技术发展的方向之一。

社会经济发展与防洪减灾的关系、受洪水威胁的承灾体脆弱性与恢复力、洪水威胁区人类行为、降低洪水暴露度与脆弱性方法措施、极端洪水评估与应对等方面的研究十分薄弱，甚至处于空白状态，是亟待探索和拓展的研究领域。

（二）洪涝灾害遥感监测发展趋势与对策

经过多年的发展，洪水灾害遥感监测取得了很大进展，在防洪减灾中发挥了重要作用，但面对防洪减灾新形势与新要求，洪水灾害遥感监测离实用化、业务化的目标还有一定距离。目前亟待解决的问题和发展趋势主要体现在以下几个方面：

1. 全天候、全天时大范围洪涝灾害监测

随着我国国家基础空间设施的开展，越来越多的卫星发射升空，显著提高了我国的卫星遥感观测能力。当前，基于 Sentinel-1 号雷达数据，已经可以实现全国范围内 12 天的重复观测，部分地区可以实现 6 天的重复观测。未来，利用哨兵系列卫星，结合我国高分系列卫星，充分利用雷达、光学卫星组网观测，将可以实现我国境内 1~3 天数据全覆盖，洪涝遥感监测将从应急，提升到全天候、近全天时的监测。由于我国地域辽阔，获取的海量数据的存储和快速处理也将是一个研究重点。

2. 基于无人机遥感的洪涝灾害监测

作为星载卫星的补充，无人机遥感以其迅捷、可以组网观测等优势，已经越来越多的应用到了洪涝灾害应急监测中。针对流域范围内洪涝灾害动态监测与灾情快速评估的需

要，利用长航时无人机 + 轻小型无人机 + 系留浮空器平台进行洪水灾前、灾中和灾后动态监测，获取视频、可见光、SAR 正射影像数据，系留浮空器提供的区域场景连续动态监测数据，获取淹没范围等洪涝信息，居民地及房屋、道路、耕地等损毁灾情信息，满足实时防洪会商决策需要，满足小时级洪涝灾害应急响应。

3. 城市洪涝灾害遥感监测与评估

采用高分辨率卫星遥感技术和无人机监测技术，建立城市洪涝灾害多频次、精细化监测体系，快速获取城市淹没面积等数据，结合城市基础地理信息数据库和经济社会数据库，获取受淹道路、房屋等受灾体分布信息；基于城市洪涝一体化模拟仿真系统，根据模拟或遥感获取的淹没水深、淹没范围，计算供水、供电、交通等生命线工程中断历时，建立基于淹没水深、淹没面积、淹没历时等洪涝灾害特征的城市洪涝灾害评估模型；开展城市洪涝灾害淹没范围快速影响评估，快速评估损失量，为调度决策提供依据。

4. 洪水灾害遥感监测业务化应用研究

从业务化和工程化出发研制适用的水旱灾害遥感监测综合模型，开发水旱灾害监测业务化应用系统，为防洪抗旱管理决策提供可靠的、稳定的、持续的水旱灾情信息，为防洪抗旱减灾提供全方位的服务。21 世纪，随着遥感技术的快速发展，卫星数据的不断丰富，监测模型的逐步完善，遥感监测能力的持续增强，遥感监测的时效、精度、质量和可靠性将极大提高，将促进水旱灾害遥感监测应用的快速发展，遥感技术必将成为解决水旱灾害监测不可缺少的手段和工具。

（三）山洪灾害防御发展趋势及对策

基于现有山洪灾害防御理论技术基础，结合未来大数据、人工智能等现代信息技术成熟应用，提出了下一步我国山洪灾害防御的战略方向，研发国家级山洪灾害动态预报预警技术，即在监测方面，综合应用卫星、气象、监测站点等多源数据融合，进一步提高降雨监测预报精准度；在预报预警方面，结合现代信息技术提出以高精度数据为基础，以分布式模型为核心的中小流域监测预报预警体系；在平台方面，提出建立国家级山洪灾害预报预警系统，发挥国家级平台的技术引领作用，进行中小流域暴雨洪水预报预警服务。改进和完善国家级山洪灾害气象预警方法，积极推动开展省级、地市级山洪灾害气象预警工作。

拓展提升省级山洪灾害监测预警系统。充分利用互联网 +、大数据和云计算等现代信息技术手段，在省级平台开发部署小流域暴雨洪水分析系统，进行山洪灾害动态预报预警，提高预警可靠性，拓展升级省级山洪灾害监测预警系统，实现各级监测预警系统集约集中管理，供地市、县、乡镇和社会公众共同使用，解决地方技术力量薄弱和社会化服务问题。通过拓展移动端应用（APP、微信公众号）等技术手段，进行面向社会公众的监测预警信息推送服务，提升公共预警能力，扩大山洪灾害防御信息覆盖范围。

参考文献

[1] 向立云，张大伟，何晓燕，等. 防洪减灾研究进展 [J]. 中国水利水电科学研究院学报，2018，16（5）：362-372.

[2] 郭良，丁留谦，孙东亚，等. 中国山洪灾害防御关键技术 [J]. 水利学报，2018，49（9）：1123-1136.

[3] 杨昆，黄诗峰，辛景峰，等. 水旱灾害遥感监测技术及应用研究进展 [J]. 中国水利水电科学研究院学报，2018，16（5）：451-456.

[4] Wang Y，Liu R，Guo L，et al. Forecasting and providing warnings of flash floods for ungauged mountainous areas based on a distributed hydrological model [J]. Water，2017，9（10）：776.

[5] Kan G Y，He X Y，Ding L Q，et al. Study on applicability of conceptual hydrological models for flood forecasting in humid，semi-humid semi-arid and arid basins in China [J]. Water，2017.

[6] Kan G Y，Tang G Q，Yang Y，et al. An improved coupled routing and excess storage（CREST）distributed hydrological model and its verification in Ganjiang river basin，China [J]. Water，2017.

[7] Kan G Y，Zhang M J，Liang K，et al. Improving water quantity simulation & forecasting to solve the energy-water-food nexus issue by using heterogeneous computing accelerated global optimization method [J]. Applied Energy，2018.

[8] Kan G Y，Lei T J，Liang K，et al. A multi-core CPU and many-core GPU based fast parallel shuffled complex evolution global optimization approach [J]. IEEE Transactions on Parallel and Distributed Systems，2017.

[9] 何晓燕，丁留谦，张忠波，等. 对流域防洪联合调度的几点思考 [J]. 中国防汛抗旱，2018，28（4）：1-7.

[10] 孙洪林. 国家防汛抗旱指挥系统二期工程建设管理 [J]. 中国防汛抗旱，2017，27（2）：7-11.

[11] 丁留谦. 防汛抗旱信息化建设与未来发展思考 [J]. 中国防汛抗旱，2017，27（3）：8-10.

[12] 万海斌. 全国防汛抗旱指挥系统 3.0 架构与要求 [J]. 中国防汛抗旱，2017，27（3）：4-7.

[13] 马建威，孙亚勇，陈德清，等. 高分三号卫星在洪涝和滑坡灾害应急监测中的应用 [J]. 航天器工程，2017，26（6）：161-166.

[14] 李纪人. 与时俱进的水利遥感 [J]. 水利学报，2016，47（3）：436-442.

[15] 刘荣华，刘启，张晓蕾，等. 国家山洪灾害监测预警信息系统设计及应用 [J]. 中国水利，2016（12）：24-26.

[16] 中国科学院兰州文献情报中心. WMO 宣布启动全球水文状态监测与预测系统计划 [J]. 地球科学研究动态监测快报，2017（20）：3-3.

撰稿人：姜付仁

农村水利学科发展

一、引言

农村水利发展在保障我国水安全、粮食安全，全面建成小康社会、乡村振兴战略实施与生态文明建设中起着关键作用，对我国经济社会持续健康发展具有重要的战略意义。近几年来，农村水利学科紧紧围绕节水灌溉、灌区节水改造与建设、泵站更新改造、农村饮水安全巩固提升等发展需求，从微观研究到宏观战略，从基础研究到技术研发和推广应用，取得了丰富成果，为促进我国农村水利事业发展提供了科技支撑。

目前，我国实施乡村振兴战略，推进农业生产方式转变，促进工业化、信息化、城镇化、农业现代化“四化”同步发展，把农业节水作为国家重大战略，推进国家节水行动，实施最严格水资源管理制度和水资源消耗总量与消耗强度双控制，升级改造农村供水排水系统，大力推进农业农村现代化和生态文明建设。为适应新形势与新要求，农村水利学科应以需求为导向，以科技创新为动力，找准主攻方向，在基础研究、应用研究、设备与技术研发等方面取得突破，建立面向农业现代化的农村水利科技支撑体系，为保障我国水安全、粮食安全、乡村振兴战略实施、生态文明和国家现代化建设提供理论与技术支持。

二、国内发展现状及最新研究进展

（一）农田水循环及相关过程与模拟

定量和精确模拟农田水、盐、热、养分等的迁移转化过程一直是农田水循环研究的难点和热点。近年来，通过学科交叉与技术融合，针对作物耗水、地表水运动、土壤水和地下水迁移等主要过程开展了更为深入的研究，并进一步从单向、单环节研究过渡到考虑水转化多环节有机衔接的综合研究，实现对灌区水转化全过程的准确描述和多尺度水分利用效率的有效提升；同时，从以往单一水转化过程研究为主，或者水－盐、水－碳、水－氮、水－热等两过程耦合关系研究，逐渐发展成为考虑多伴生过程耦合的研究，包括农田土－植－气界面水、热、碳通量及其耦合关系的研究，农田及灌区尺度水、盐、热、氮迁移转化与作物生长过程耦合的研究等。

在定量模拟方面，重点研究了不同时空尺度土壤－植物－大气连续体（SPAC）水分传输机理及其主控因子，发展了基于多源（航空、卫星）遥感信息融合的作物耗水（ET）、土壤湿度监测与识别方法，建立了复杂下垫面的多时空尺度作物耗水估算模型；建立了考虑地形、土质和灌水方式等因素的地表水－土壤水－地下水－农田退水－作物耗水等全过程耦合的模拟模型，发展了溶质迁移转化模拟的可动－不动水体模型、两区和多区模型、分数微分对流－弥散模型和随机模型（如连续随机游走模型）等，实现了农田水循环全与伴生多过程耦合的精细模拟；在区域（灌区）尺度上，形成了基于3S和人工智能的下垫面时空高分辨率信息的获取与识别技术，建立了高精度的区域分布式水分和溶质迁移模拟模型，实现了灌区尺度水循环与物质迁移转化多过程耦合的定量模拟。

我国开发的SPAC水分传输动力学模型中根系吸水模型的性能优于国外的Novak等模型，模拟精度提高了6%，在陕、甘、宁、晋、冀、京、豫等地得到应用。综合考虑非均匀灌溉与稀疏冠层影响下的果园三维耗水估算模型（PRI–ET模型），农田水盐运动的可动－不动水体两区模型，在我国黄淮海平原、黄河上中游地区以及西北等地区农业水管理中发挥了很好的作用。农田水、盐、热、氮迁移转化与作物生长过程耦合模拟模型，为农田水转化与伴生过程的模拟和农业水效率评估提供了定量工具，在我国西北塔里木河流域、黑河流域、海河流域和宁蒙河套灌区水转化、农业用水效率与农业节水的生态环境效应评估中得到较好应用。

（二）节水灌溉理论、技术与装备

节水灌溉由传统的“丰水高产型灌溉”向“节水优产高效型调控灌溉”转变，形成了以节水、优质、高效为目标的作物非充分灌溉、调亏灌溉及根系分区交替灌溉理论与技术体系；研究提出了基于区域用水总量控制的灌溉制度优化方法、不同尺度农田蒸散发转换方法和以冠气温差为核心的作物需水信息诊断技术；借助遥感、光谱、大数据等信息采集与处理手段，构建了基于作物需水信息的高效用水管理模式。

节水灌溉技术与设备研发取得了重要进展，自主研发了地埋式自升降管灌取水器、自升降式喷灌、高效抗堵塞滴灌等系列设备，在北方地区得到示范应用。以变量精准灌溉和绿色低能耗为目标，借助流体可视化、激光快速成型等先进技术，构建了灌水器、施肥、加气、过滤及调压装置等的结构优化设计平台，初步实现了国产设备的系列化和标准化；揭示了喷微灌条件下的水肥循环转化机理和调控机制，研发了喷灌、微灌施肥精量控制设备，提出了喷微灌系统自动化管理与变量灌溉模式；探索了喷微灌系统水肥气热综合调控及其环境效应评估方法。

在地面灌溉浅水流运动方程的表达式及求解方法方面取得了新的突破，可实现对任意条件下的灌溉水流运动过程进行仿真模拟；GPS、遥感、3D 扫描和无人机等高新技术与设备在灌溉信息采集方面得到应用，提出了地面灌溉过程反馈控制理论，研发了相应的关键技术及设备；精细地面灌溉技术发展实现由单一田块到区域、由水单一要素到水肥耦合的转变，构建液施和撒施肥料下地表水肥运动模拟模型，研发了地面灌溉条件下的灌溉施肥装置。

研究提出的小麦、玉米、棉花等大田作物调亏灌溉技术和非充分灌溉制度，在西北、华北等地区应用中获得较好的节水效果，可节水 20%~30%。基于用水总量控制的灌溉制度优化方法、基于耗水红线约束的作物优化灌溉和多水源联合调度等成果分别在北京、河北、内蒙古、新疆吐鲁番等地区水管理中得到成功实践。形成了新疆棉花膜下滴灌技术应用模式、东北玉米膜下滴灌技术应用模式、低压长毛管滴灌技术应用模式、设施农业蔬菜滴灌技术应用模式和山丘区自压滴灌技术应用模式并应用，取得了显著的节水增产效果。在新疆、北京等开展了精量控制灌溉示范，在东北、河北和新疆等地开展地面灌溉实时控制技术和智能灌溉系统与装置示范应用，达到了节水、增产和减少化肥流失的目标。

（三）农田排水和水盐调控

针对以往排水指标涝渍分开的弊端，开展了涝渍兼治的排水指标研究，针对水稻、小麦、棉花等主要作物形成了较为系统的研究成果；研发了水稻、棉花等作物的控制排水标准和控制设施。针对北方干旱半干旱地区大规模节水改造改变了水盐动态的新情况，开展了节水灌溉条件下区域水盐调控理论与技术研究，提出了区域水盐动态的预测预报与排水设计方法；针对盐碱土地区，提出了以脱硫副产物为基质的改良盐碱土的完整技术模式。在北方水资源短缺地区，开展了排水再利用的水质标准、排水再利用灌水方式的研究。针对南方平原低洼地区地下水位过高、农田渍害，以及雨后农机无法及时下田抢收、抢种等新情况，开展塑料暗管排水工程技术、排水管滤料、开沟铺管施工机械的引进、研发工作，推广暗管排水工程技术。

农田涝渍兼治排水指标、控制排水技术在湖北、安徽、江苏、广东等省份得到应用与推广，并被纳入《农田排水工程技术规范》。排水再利用技术、节水灌溉条件下引起的水盐动态调控技术在内蒙古、宁夏、新疆及甘肃部分地区得到推广应用，达到节水、增产和土壤根系层不积盐的目标。

（四）农业用水效率与灌区评估

农业用水效率研究涵盖了微观、宏观层面，重点研究了不同作物灌溉用水效率的影响因素、不同灌水技术对灌溉用水效率的影响；研究提出了灌区、省域、全国灌溉用水效率分析方法，建立了全国灌溉用水效率测算监测分析网络，动态监测不同规模与类型灌区灌溉用水效率的变化；研究不同尺度（行政区、灌区、渠系控制区域及田间尺度）粮食作物水分生产率分析方法及其关系，区域灌溉农业、雨养农业粮食水分生产率变化特征，区域和田间尺度的灌溉水边际效益，粮食生产用水效率空间差异性等；开展了大中型灌区用水效率监控体系研究、区域气候变异的农业水资源利用效率指标分析的研究。

从经济学角度，将农业用水效率分为农业生产效率和灌溉技术效率，研究提出了利用技术效率损失模型计算生产效率和灌溉用水技术效率的方法、井渠结合灌区用水效率指标尺度变化规律、农业水资源消耗效率等；利用地表水－地下水耦合模型、SWAP 模型和线性模型计算分析考虑回归水重复利用的灌区用水效率及效益指标。利用数学模型分析农业用水效率与用水量的关系和演进特征。

研究提出节水生态型灌区、现代化灌区综合评价指标体系与评价方法，开发了节水型生态灌区评价软件；在南方季节性缺水灌区节水农业综合效益评估指标体系、基于集对分析的灌区可持续发展评价、基于多源信息融合决策的灌区生态环境评价指标优选、灌区水资源承载力评价方法、灌区面源污染评价方法、大型灌区运行状况综合评价指标体系与评价方法等方面取得了丰富研究成果。

提出了灌溉用水效率测算分析技术方法，开发了全国灌溉用水效率测算分析与信息管理系统，构建了全国测算分析网络，动态跟踪全国、省级行政区不同类型灌区灌溉水有效利用系数变化，为水资源公报、严格水资源制度考核提供了基础依据。灌区节水改造评估方法在 130 多处大型灌区续建配套与节水改造项目投资完成后评价中得到应用，为全国大型灌区续建配套与节水改造提供了指导依据。

（五）灌溉多水源利用技术

灌溉多水源利用主要包括地表水利用、地下水利用、雨水利用、再生水利用及微咸水利用。在地表水利用方面，围绕来水量减少、调蓄能力不足、用水效率低下及调控手段落后等问题，主要开展了“蓄水、引水、提水”相结合多水源联合调度技术，基于灌区多水源、多目标优化配置的精准调度理论与技术等研究工作。在地下水利用方面，研究基于地下水总量控制的地下水可持续开发利用技术、井渠结合联合调控技术以及变化环境下地下水承载力与潜力等。在雨水利用方面，开展了工程模式与技术方法多样化、雨水集蓄利用技术与农业综合技术措施相结合、雨水集蓄利用综合型系统化相关研究，为雨水资源利用提供了技术支撑。在再生水利用方面，研发了轻小型再生水前处理与灌溉系统一体化系统设备，提出了主要作物再生水安全灌溉技术模式及配套操作规程，建立了多层次多目标的再生水灌溉生态环境效应评价指标体系，开展再生水灌溉农产品安全性、环境影响评价、风险分析研究和再生水长期灌溉生态环境风险监测，为实现再生水的农业安全高效利用提供了技术支撑。在微咸水利用方面，提出了咸水淡水混灌与轮灌技术模式，长时期微咸水灌溉水盐运移机理及土壤盐分累积特征与洗脱机制、微咸水灌溉作物响应机制、微咸水灌溉环境影响评价方法等。

在西北新疆、甘肃、内蒙古等地，应用灌区尺度农业水资源联合调配、灌溉效率与生态环境效应评价调控技术，促进了生态环境改善。技术先进的雨水集蓄设施、人畜用水供水设施和灌溉设施，雨水集蓄利用综合集成技术模式在我国西北干旱、半干旱地区以及降雨丰富的西南地区和浙江、广东、海南等省得到应用。在华北平原水资源短缺的井渠结合灌区，推广应用以提高农田灌溉用水效率、实现地下水限采为目标的灌区综合节水灌溉技术模式，有效缓解了地下水超采。

（六）灌排系统水资源优化配置与调控

在注重水质水量统一管理、水环境效益及水资源可持续利用的同时，进一步完善了决策支持系统、大系统理论与模型技术并广泛应用；在灌区水资源管理中应用 3S 技术，采用支持向量机、基于生态的智能化理念，与严格水资源管理制度紧密结合，研究建立了兼顾生态灌区指标及环境成本、排污约束、水处理费用等因素的地表地下水联合运用系统多目标优化调控管理模型；选用多阶段随机规划理论建立了地表地下水联合调度的灌区内灌区间水资源优化配置模型，更准确地反映了实际水资源优化配置方式；运用最严格水资源管理制度和非充分灌溉理论，在供水水源与田间配水不足的情况下，建立多个灌区、多种作物的多水源联合调度以及灌区田间水资源优化配置的联合调控数学模型，研制了动态观测可视化可实时监控的操作平台。

（七）农业水环境与生态灌区

我国农业水环境与生态灌区学科方向迅速发展，重点研究了农田控制灌排及与沟道、水塘湿地协同条件下的农田环境效应和水环境控制机理；构建了灌溉排水条件下农田养分和污染物质的转化迁移、积累消长规律和预测分析模型；揭示了水氮联合调控的农田氮磷损失特征及其交互影响机理，建立不同空间尺度水量及污染物耦合转换模型，发展了不少具有地方特色的生态灌区建设模式。研究提出了生态节水型灌区规划方法与生态建设模式，初步形成了灌区沟渠系统生态化建设与修复技术、污染物源头控制和截留净化技术、洼陷湿地系统构建与农田退水循环利用技术等生态灌区建设关键技术体系，并开展了示范应用。

在浙江省大力推广灌区水田灌排面源污染控制技术，建设节水防污型生态灌区。“节水灌溉 - 生态沟 - 小型湿地”三道防线组成的消减农业面源污染的综合系统，在长江流域、珠江流域 30 多处水稻灌区开展了试点应用，减少了面源污染，提高了农田排水再利用率，节约灌溉用水 20%~30%。利用农村面源污染治理的“4R”理论，即源头减量（reduce）、过程阻断（retain）、养分再利用（reuse）和生态修复（restore），在综合示范区进行相关技术集成与工程化应用。城郊再生水回用区、北方平原区、南方丘陵区三种类型生态灌区的综合得到示范应用，累积推广面积 15.94 万 hm^2，取得了良好的规模化效果。

（八）农村供排水与饮水安全

结合国内农村自然、社会和经济现状与农村饮水安全需要，开展了村镇地下水、地表水源饮用水安全保障适用技术研究以及地下水联片供水与除氟适用技术研究；农村饮用水源保护与生活排水处理技术研究，劣质地下水、微污染水处理技术和农村安全供水消毒技术与装置研发等取得显著进展。针对农村饮用水源地保护薄弱、易受污染的现实，开展了小城镇受污染水源生态修复关键技术、有机污染水源膜处理组合技术、高浊水处理技术及设备研发。开展了农村供水管网优化设计与标准化及信息化集成技术、小城镇饮用水安全技术标准与应急处理工艺等研究，开发了村镇饮用水净化处理工艺材料与设备、村镇应急水处理关键技术与设备，进行了河网水源污染地区村镇安全供水技术集成。经过多年的技术研发与实践应用，形成了涉及方案编制、工程设计、工程技术、质量验收、运行管理等环节的农村供水技术标准和规程规范体系，进一步完善了找水技术和农村水源污染防控技术，在曝气氧化过滤除铁除锰技术、吸附法除氟技术、脱盐技术等劣质地下水处理技术研发方面取得系列突破。形成了小型供水工程、分散供水工程较为完善的饮用水消毒技术模式和地表水处理技术模式，初步构建了农村生活污水处理技术模式。

研发的自控功能的一体化水处理设备、节能的变频恒压供水设备、具有收费功能的智能水表、防冻水龙头和家用净水器等先进实用技术已被广泛应用，特别是出水稳定可靠的超滤膜水处理设备不仅在国内很多农村供排水工程中得到应用而且已进入国际市场，国产水质检测仪器逐步替代了发达国家的产品。高氟水处理技术、消毒技术推广项目在河北、陕西、江西、四川等省示范县得到应用，取得良好效果。水厂自动化技术推广项目在四川、陕西构建了 2 个示范县。在海南省推广了超滤膜技术，在福建省和湖北省大力推广生物慢滤技术，提高了农村供水质量，保障了工程长效运行。

（九）农村水利管理技术

在灌溉管理技术方面，智慧农业用水管理已由概念变为现实。基于自动控制技术、计算机技术、系统工程技术、3S 技术等，对土壤水分、田间水层深度、作物、降雨、闸门开度、流量等基础信息进行监测采集、存储和分析，根据作物需水量和可供水量对地表水和地下水进行联合优化调度，实现水资源的优化配置；利用自动化控制技术实现对闸门和泵站等供水设施的控制，实现输配水自动化管理；利用互联网技术和现代通信技术通过计算机或移动终端对灌溉系统进行遥控管理，实现信息采集－处理－决策－反馈－监控一体化的灌溉系统闭环控制管理。研究并应用了遥感监测区域和灌区作物蒸腾量（ET）、基于 ET 的节水管理方法，为灌溉用水效率监测与用水管理提供了先进手段。

在农村供水工程管理方面，近年水量、水质及阀门开度等监测设备正在向优质、廉价、网络化和实时监测方向发展，将数据监测及采集系统与无线通信网络系统进行一体化集成，实现供水与需水运行参数的实时在线监测，为管理单位解决检测点分散、时效性差、管理效率低等问题提供了有效解决方案。研究开发了全国农村饮水安全信息管理系统实时采集农村饮水安全工程、运行管理主要信息，综合分析工程状况与变化，为宏观决策提供依据。开发建立了县域农村供水管理信息系统、水厂自动监控系统，与全国农村饮水安全信息管理系统对接，实时监控全县规模化水厂和典型水厂的出厂水水质、水压和流量等主要运行参数，为县域农村供水安全与监管提供依据。

（十）体制机制与政策研究

近年来，体制机制与政策研究放在了更加突出的位置，在小型农田水利建设财政支持机制、工程管理体制与产权制度、农业节水管理对策与激励机制、农用水权置换价格构成与形成机制、农户参与管理决策机制、农田灌溉用水权有偿转让机制等方面取得许多新成果，为推进管理改革、建立良性机制提供了技术支持；研究建立了灌区运行管理的系统动力学模型，可对灌区财务状况、工程状况及其对灌区灌溉面积、粮食产量和农民种植收入的影响进行动态模拟。

针对农田水利发展需求，研究提出了稳定增长的水利投入机制，包括加大财政投入力度、搭建水利建设投融资平台、引导社会资金投入等措施；提出了政府主导、规划统筹、农民参与的农田水利建设新机制；在水利工程管理体制和运行机制改革、基层水利服务体系建设、健全政策法规体系等方面取得丰富研究成果，为制定完善农村水利政策、健全体制机制提供了科学依据。

农田水利体制机制与政策、水价改革等研究成果在灌区节水改造、节水灌溉以及云南省楚雄、玉溪，山东德州等典型 PPP 项目中示范应用，指导全国灌区管理改革、农业水价综合改革试点建设，为国家出台《农业节水纲要》《农田水利条例》提供了基础依据。

三、国内外研究进展比较

（一）部分研究成果处于国际先进行列

近年来，农村水利学科发展迅速，成果丰富，一些成果已经处于国际领先或先进水平。农田不同尺度 ET 估算模型及 ET 时空间尺度提升与转换方法、综合考虑非均匀灌溉与稀疏冠层影响下的果园三维耗水估算模型（PRI-ET 模型），在我国旱区其结果相对误差为 1.4%~4.9%，明显优于国际同类研究成果。我国通过对地面灌溉浅水流方程结构和求解方法的改进，构建了畦灌二维水流运动模型，能很好地再现地面灌溉水流的对流与扩散过程，达到国际领先水平。通过对灌区水循环及伴生过程的时空耦合模式进行研究，发展

了基于地下水 - 土壤 - 植物 - 大气连续体（GSPAC）理论的灌区水转化多过程耦合模拟系统，提升了传统过程模拟的准确性，达到国际先进水平。非常规水资源环境风险评价、新兴污染物的环境行为机制等研究成果被联合国粮农组织（FAO）采纳。

基于量质耦合的作物调控灌溉控制研究、精确施肥灌溉新理论新方法、微地形空间分布数值模拟方法、内陆盐碱地农业新理论新技术和自主研发的具有自断水功能的地埋式自升降管灌取水器、自升降式喷灌等设备以及高效抗堵塞灌水器等产品均达到国际领先水平，在西北、华北、东北等地广泛应用。南方地区节水减排综合技术体系和发展模式、节水型生态灌区建设理论与技术、节水型生态灌区建设评价指标体系与方法等研究成果处于国际先进水平。

系统提出了灌区和区域尺度灌溉用水效率测算分析方法，并构建了全国测算分析网络，开发了灌溉用水效率测算分析与评估信息系统，动态跟踪评估全国、各省级行政区不同类型灌区灌溉水有效利用系数变化，为节水灌溉决策、严格水资源管理制度实施提供了基础数据。中国是目前唯一开展全国及不同区域灌溉用水效率动态监测评价的国家。

我国的农村供水技术研究在深度、广度、技术集成、产业化和标准化等方面已步入国际先进行列，污染防治、水处理、水质检测、自动化控制和节能等技术储备及产品均能满足我国农村供水工程建设需要，从源头到龙头的农村供水技术体系已初步建立。特别是出水稳定可靠的超滤膜水处理设备不仅在国内很多农村供排水工程中得到应用，而且已进入国际市场，国产水质检测仪器逐步替代了发达国家的产品。

（二）与国际水平的差距

尽管学科发展取得长足进步，但与国际先进水平比较，在一些方面仍存在一定差距，主要体现在以下几个方面。

基础研究相对薄弱，自主原创性研究不够。总体来说，基础研究比较薄弱，引进借鉴性成果较多，自主原创性成果相对偏少。在农业水文与伴生过程的模拟模型开发、灌溉农田面源污染治理理论及系统技术、农田控制排水理论与排水标准、干旱半干旱地区膜下滴灌条件下农田水盐平衡与调控理论与技术、非常规水资源化利用等基础研究方面相对滞后，特别是在基础模型研究与模拟技术开发方面，跟踪模仿的较多，原创成果较少。

跨学科领域与综合研究相对不足。近年聚焦在农村水利领域内研究成果多，但与本学科相关的跨领域、跨学科以及综合领域研究成果较少，协同攻关、交叉学科研究能力偏弱。在基于多光谱信息技术的作物水肥状况研究、灌区生境调控与效率效应评估、灌区非常规水资源安全灌溉、变化环境下灌区灌排及生态环境影响机制、灌区节水减排增效等多目标调控模式、再生水灌溉条件下养分资源高效利用等方面研究需要加强。喷微灌系统多目标综合利用评价，尤其对喷微灌系统施药的药效、大气环境及污染物淋失影响的研究尚在起步阶段。

产品研发与高新技术应用研究跟不上实际需求。我国喷微灌设备、水肥药一体化设备与技术研发不够，仍然存在规格品种少、功能单一、适应性低等问题；在与灌溉融合的施肥装置、系统设计、施肥均匀性条件评价方法与标准等方面都还有较大差距；在智慧灌区用水管理平台技术开发、灌区输配水系统实时调度、灌区信息化管理技术与应用软件开发、大尺度与区域农业水资源优化配置技术等领域技术集成，专用设备及软件开发等方面不能满足农业节水、灌区改造的实际需要。操作方便、性能可靠、经久耐用的农村供水技术与产品研发仍需提高，技术推广力度需要加强。

长系列监测、基础试验和基础数据积累不足。我国农田灌溉排水和农业水环境的监测及试验观测网络尚未真正形成，不同尺度农业水文、环境与生态过程基础数据的积累不够；在不同地区，不同作物在不同水文年份、不同灌水技术条件下的耗水规律及区域变化缺乏系统长系列监测资料；开展非常规水灌溉安全保障与区域农田环境风险监测评估，并实现资料共享是当前亟待解决的问题。

四、发展趋势

（一）战略需求

当前和未来一段时间，我国将坚持新的发展理念，稳步实施乡村振兴战略、国家节水行动，推进“四化”同步发展，以保障国家水安全和粮食安全。推进生态文明建设为主线，加快农业供给侧结构性改革，加强科技创新引领，提高农业综合生产能力，到2035年基本实现农业农村现代化。新时代国家一系列重大发展战略对农村水利学科发展提出了新的更高要求，需要在基础研究、产品与技术研发、新技术应用、跨领域攻关等方面取得重点突破。

保障国家水安全需要农业水资源高效利用。随着经济社会快速发展，水资源供需矛盾日益尖锐，国家把农业节水作为方向性、战略性措施，实施国家节水行动，推进节水灌溉，提高农业用水效率与效益。需要围绕作物需水、水源配置、输配水、田间灌溉、蓄水保墒、灌溉用水管理等关键环节高效用水，开展全要素、一体化综合研究；加大多元化、标准化、系统化技术研发和产品开发力度，促进再生水灌溉和劣质水资源利用技术研究与应用，创新农业节水激励政策与机制研究；推进3S技术、物联网技术等先进技术在农村水利中的应用，不断提高科技水平，为保障我国水安全提供基础支撑。

推进农业供给侧结构改革需要灌溉排水基础支撑。通过农业供给侧结构改革，形成结构合理、保障有力的农产品有效供给，守住粮食安全的底线，提高农业经济效益和农民收入。需要加快完善灌溉排水基础设施，显著提高农业抗御自然灾害的能力和耕地综合生产能力。这就要求农村水利学科在灌溉排水工程技术、灌排管理与信息化、政策与机制、控制排水、盐碱地防治与改良等方面开展理论与应用研究，以科技创新引领农田水利事业发展，促进农业供给侧结构改革，提高农业综合生产能力和农民收入。

农业现代化、新型城镇化建设需要农村水利技术创新。农业现代化要求提高农业水利化、机械化和信息化水平，需要与之相适应的省工、节地、节能、高效、现代化的灌溉技术与管理方式，实行适时、适量的精准灌溉，做到灌溉与施肥、施药的有机结合，在智慧灌溉、精准灌溉、水肥一体化技术研发上取得新突破，进一步开展现代化灌区建设理论、工程技术、信息管理等研究，促进现代农业持续健康发展。新农村与城镇化建设需要提升农村饮用水水源保护、突发性水污染事故处置能力，进一步完善水源水质监测监管体系，提高水处理及消毒能力，保障供水水质安全可靠。

生态文明建设对农田水利提出更高要求。水是生态系统的控制要素，大力推进生态文明建设，保护区域生态环境，建设美丽新农村、新牧区。需要在优化灌溉施肥、控制排水与减污、农村水环境治理和生态保护、生态灌区建设等方面开展科学研究与技术开发，实现水、土、肥等资源的高效利用，改善和提升农田水土环境质量，为生态文明建设提供科学支撑。

（二）发展目标

根据国家重大战略对农村水利学科的需求，未来将会结合项目建设和生产实际，重点围绕农业节水与高效用水、农村饮水安全巩固提升、农村水环境改善、农村水利现代化等方面开展理论与应用技术研究。

1. 农田水循环与相关过程研究

进一步完善相关理论、方法和模型研究，重点针对作物耗水的微观机理与 ET 估算模型及其参数化，耦合孔隙介质变形过程与水流和溶质迁移过程的理论与定量模型，灌区大气水 – 地表水 – 作物水 – 土壤水 – 地下水转化过程的耦合模拟模型，农田水、热、盐、碳、氮等迁移转化规律、耦合作用机制与定量模型，现代灌溉方式下水分循环与转化理论以及尺度效应等方面开展深化研究。进一步发展基于空 – 天 – 地一体化的监测技术、大数据和人工智能相结合的区域信息高效获取与识别技术，获得土地利用、作物种植、水盐、耗水、作物生长等重要信息，为农田水循环过程及建模研究提供准确的驱动和验证数据；同时，发展基于物联网平台时效数据的同化技术，研究解决以往模型在实际应用中存在的预报不确定性难题，实现灌区多种信息的适时准确预报与应用。

2. 节水灌溉技术与设备

紧密围绕现代农业发展与高效用水需求，跨领域攻关，研究生理、化学、水肥气热等多要素协同调控技术，区域作物需水感知与诊断技术，基于作物产量和品质以及生态效应的作物优化灌溉调控技术等；开发与精准农业相适应的变量灌水、施肥、加气、调温、施药、过滤及精准调控设备和技术，加快低成本高效灌溉产品产业化进程。研究提出既有利于水肥高效利用又能够减少面源污染的水肥最优管理技术体系；研究与规模化机械作业相适应的灌溉系统优化布局技术模式与标准；构建不同区域作物耗水控制的节水灌溉制度与技术模式。基于节水、节地、省工、增效、减污等多目标，研究地面灌溉系统灌溉水动力学理论，研发现代地面灌溉系统协同优化布局方法，研发灌溉施肥一体化和区域田间灌溉管理智能化关键技术与设备。研究天然与人工牧草需水规律、灌溉制度、灌溉技术与水草畜平衡管理技术，形成基于水资源和草原生态安全的灌溉草地水资源高效利用技术模式；研究太阳能、风能、水能等清洁能源驱动灌溉技术，研发风光互补提水设备与光伏驱动机组设备，研制滴灌、喷灌和施肥施药低功耗配套设备，构建针对不同区域特点的绿色丰产节水灌溉技术模式。

3. 农田排水与涝渍治理

开展节水灌溉条件下的排水理论及技术、集约化农业和设施农业区域排水调控理论、节水灌溉规模化发展区域农田盐分运移规律与控制理论、湿润半湿润地区生态友好型排水调控理论、灌溉农田面源污染的机理和控制、减少氮肥淋溶的节水灌溉技术与田间管理制度等基础研究。深化农田控制排水标准、排水沟渠生态化改造技术与标准、现代排水工程技术、干旱半干旱地区膜下滴灌条件下的水盐调控技术、基于现代信息技术的农田水肥盐热精准调控技术等研究，构建盐碱低产田改良技术与灌排工程体系。揭示气候变化背景下农业旱涝灾害的时空格局变化及致灾的气候－水文－作物动力学机制，发展有效的应对气候变化的综合调控模式。

4. 现代化灌区建设与管理

研究基于区域作物耗水平衡的多水源优化配置技术与灌排方式，研发基于水情实时感知的多水源灌溉输配水系统水力控制方法、关键设备和应用系统，提出灌区用水效率与生境评估调控技术体系，构建面向不同用户的智慧灌区水管理系统。开展现代化灌区规划设计方法与技术、灌区尺度灌溉预报与灌溉决策支持系统、灌区生态系统健康标准与监测评估方法、灌区用水“总量控制、定额管理”技术方法、基于大数据的灌区信息化管理技术、基于遥感等多源数据的灌区监测评价技术、灌区灌溉用水效率阈值与节水潜力分析方法和模型、渠道衬砌环保新型材料、灌区田间高效节水灌溉工程标准化等研究与开发。

5. 灌溉多水源利用技术

重点研究雨水就地拦蓄入渗适宜模式、覆盖抑制蒸发新材料、雨水富集叠加新工艺等灌溉多水源综合利用技术，基于消耗总量与强度双控制的地下水开发利用技术，基于作物生命健康的再生水安全高效灌溉技术与灌溉制度，再生水灌溉系统安全保障与区域环境风险监测、评估及控制技术，微咸水安全灌溉技术与灌溉制度，微咸水灌溉生物防控技术，长时期微咸水灌溉土壤、农作物及地下水系统风险评价与预测技术。

6. 农田水环境

结合生态灌区工程建设需要，根据不同灌区排水特性，开发能够增强水体净化与修复效果的新型材料载体，提升水体净化能力；研究基于灌区内部湿地或沟渠系统、坑塘等水环境的生态净化空间构建与水质改善关键技术，开发农田灌溉排水循环利用和生态净化技术，构建农业面源污染减排综合技术体系与模式；开展灌区生态服务功能的识别、量化和价值评估研究；研究灌区生态服务功能的主要指标及其功能的物理量化方法；从优化提升灌区生态服务功能的角度，研究适宜的灌排调控模式、灌区和农业生态补偿机制。

开展农业水环境生态保护法律制度研究，完善现行的农业生态环境保护的法律和经济制度。研究编制农业水环境与生态灌区建设管理规程和规范，结合相关技术研究完善现行的农业生态环境保护的法律和经济制度。

7. 农村供水排水与饮水安全

结合我国农村供排水与饮水安全现状与需求，重点开展先进实用的一体化水处理设备、加药设备、消毒设备和水质检测设备等产品的自动化和标准化研究，提高可靠性，出台相应的国家产品质量标准；进一步开展适合农村的饮用水水源污染防控技术、微污染地表水处理技术、北方地表水厂低温低浊水处理技术、规模化地表水厂的污泥处理技术、地下水硝酸盐处理技术等研究，完善农村供水技术标准。进一步开展适合农村排水工程的消毒技术和消毒副产物研究，提高消毒技术的实用性和安全性。针对超滤膜技术先进实用，但需要化学清洗的问题，进一步研究防止膜污染的措施。针对高氟区尚无实用处理技术，且存在钠超标等问题，加强适合自来水厂的实用除氟技术研究。针对我国高碘地下水较多、对健康不利的问题，开展高碘地下水分布规律和水处理技术研究。针对西部牧区包虫病危害严重的问题，开展水中包虫病虫卵检测方法、水源保护和有效拦截虫卵技术等研究，以及放牧点家用水处理装置研发。

8. 农村水利管理

研究集传感技术、信息技术、自动化控制技术和优化调度技术等现代管理技术于一体的灌溉工程和供水工程管理技术；研究基于“互联网+现代灌溉”的现代化灌区管理技术；研究基于“互联网+农村供水”的现代化农村供水管理技术。针对农村供水管护基金缺乏标准的问题，开展不同类型、建成时间的供水工程维修内容及维修费用调查研究，提出管护基金标准。

研究节水灌溉产品认证与市场准入制度、多渠道长效投资政策与机制、农村水利设施产权制度建设、灌溉水消耗总量与强度控制政策措施、农村水利设施物业化管理制度与机制、行政管理+市场机制双向节水激励政策与机制等，为农村水利健康长效发展提供政策与体制保障。

（三）发展对策

1. 建立以需求为导向的科技创新与成果转化机制

以大专院校、科研院所、技术服务机构为依托，联合企业，构架农村水利科技创新体系，建立需求牵引的科技创新机制，增强科技创新能力，打造具有特色和国际影响的科研平台。针对重大而紧迫前沿科技问题，组织顶级研究机构联合攻关，提高农村水利学科协同创新能力，产出一批国际领先的科技成果。

形成在生产实际中检验科研成果的新机制，以推动农田水利科技进步、行业发展为导向开展科研成果第三方评价。坚持“产、学、研、用”结合的研发路线，完善科研成果转化机制，打通技术成果与应用间的壁垒，加快科技成果转化与应用。

2. 理论研究与应用研究并重

统筹兼顾理论与应用研究、微观与宏观研究，加大科研与研发经费支持，优先支持促进农村水利现代化发展的急需的项目研究。增强灌溉排水和农村供排水试验研究，重视农业水文、农业用水和农村供排水监测网络建设和基础数据积累。加强跨学科交叉领域研究，有效推进现代先进技术、高新技术应用研究，尤其是网络技术、信息技术、遥感监测、遥测遥控技术和新材料等在农村水利中的应用研究，开发技术先进、性能稳定、操作简便、经久耐用、经济实用的技术与设备。

3. 增强自主创新能力

依托大专院校、科研院所，加强与农田水利学科有关的重点实验室、节水灌溉工程中心、灌溉试验站网等技术研发基地建设；依托国家科技研发专项，围绕智慧灌溉、节水防污、防灾减灾、灌区现代化、灌溉预报与灌溉决策支持系统、灌区监测与评价等方面重大技术需求，集中力量，在基础理论与技术研发等方面进行自主创新，取得一批具有国际影响的原创成果，为农村水利持续发展提供科技支持。

4. 加强科技队伍建设和国内外技术交流

完善学术梯队建设，特别是重视学术带头人和学术骨干的培养，增强基础研究与技术创新能力；加强国内外一流研究机构技术合作与学术交流，开展跨区域、跨国界合作研究，在农田水利现代化规划设计理念与方法、生态友好型灌溉排水工程设计、渠道水量监测技术与设备、灌区自动化控制技术与设备、水肥一体化精准灌溉技术与设备、遥感技术应用等方面取得突破。

5. 构建高质量的科技推广与技术服务体系

以大专院校、科研院所为依托，以灌溉试验站网为载体，结合基层水利服务体系建设，完善水利科技推广体系，构建队伍多元化、形式多样化、服务网络化的水利科技推广与技术服务体系。探索高效的成果转化体系，提升相关研究成果在行业科技进步中的科技贡献率。建立开放式农田水利研究成果发布和公共服务技术平台，在科研成果与用户间搭建桥梁，加大科研成果信息开放和共享力度，把新技术、新成果更多、更快地应用于生产实际，提升科技服务技术支撑能力。

参考文献

[1] 康绍忠，霍再林，李万红．旱区农业高效用水及生态环境效应研究现状与展望［J］．中国科学基金，2016（3）：208-212.

[2] Kang S Z，Hao X M，Du T S，et al. Improving agricultural water productivity to ensure food security in China under changing environment：from research to practice［J］．Agricultural Water Management，2017（179）：5-17.

[3] 张宝忠，许迪，刘钰，等．多尺度蒸散发估测与时空尺度拓展方法研究进展［J］．农业工程学报，2015，31（6）：8-16.

[4] 王少丽，许迪，刘大刚．灌区排水再利用研究进展［J］．农业机械学报，2016，47（4）：42-48.

[5] 康绍忠，霍再林，李万红．旱区农业高效用水及生态环境效应研究现状与展望［J］．中国科学基金，2016（3）：208-212.

[6] 梅旭荣，康绍忠，于强，等．协同提升黄淮海平原作物生产力与农田水分利用效率途径［J］．中国农业科学，2013，46（6）：1149-1157.

[7] 徐驰，曾文治，黄介生，等．基于高光谱与协同克里金的土壤耕作层含水率反演［J］．农业工程学报，2014（13）：94-103.

[8] 左燕霞，张乃瑾，张建峰．干旱山区雨水资源利用研究综述［J］．水资源研究，2016，5（1）：65-70.

[9] 齐学斌，黄仲冬，乔冬梅，等．灌区水资源优化配置研究进展［J］．水科学进展，2015，26（2）：287-295.

[10] 彭世彰，王莹，陈芸，等．灌区灌溉用水时空优化配置方法［J］．排灌机械工程学报，2013，31（3）：259-264.

[11] 齐学斌，黄仲冬，乔冬梅，等．灌区水资源合理配置研究进展［J］．水科学进展，2015，26（2）：287-295.

[12] 侯景伟．基于 Pareto 蚁群算法和 3S 技术的灌区水资源空间优化配置［J］．中国农村水利水电，2014（3）：166-168.

[13] 陈述，邵东国，李浩鑫，等．基于粒子群人工蜂群算法的灌区渠－塘－田优化调配耦合模型［J］．农业工程学报，2014，30（20）：90-97.

[14] 付银环，郭萍，方世奇，等．基于两阶段随机规划方法的灌区水资源优化配置［J］．农业工程学报，2014，30（5）：73-81.

[15] 杨改强，郭萍，李睿环，等．基于排队理论的灌区渠系地表水及地下水优化配置模型［J］．农业工程学报，2016，32（6）：115-120.

[16] 付强，刘银凤，刘东，等．基于区间多阶段随机规划模型的灌区多水源优化配置［J］．农业工程学报，2016，32（1）：132-139.

[17] 刘菁扬，粟晓玲．基于支持向量机的井渠结合灌区地表水地下水合理配置［J］．节水灌溉，2015（7）：50-53.

[18] 彭世彰，纪仁婧，杨士红，等．节水型生态灌区建设与展望［J］．水利水电科技进展，2014，34（1）：1-7.

[19] 万玉文，茆智．节水防污型农田水利系统构建及其效果分析［J］．农业工程学报，2015，31（3）：137-144.

[20] 王爱国．大力推进灌区生态文明建设［J］．中国水利，2013（15）：9-12.

[21] 王超，王沛芳，侯俊．生态节水型灌区建设的主要内容与关键技术［J］．水资源保护，2015，31（6）：1-7.

[22] 韩振中．农田水利现代化与科技创新［J］．水利发展研究，2015（1）：10-13.

[23] 环境保护部，住房和城乡建设部. 水污染防治先进技术汇编（水专项第一批）[Z]. 2015.

[24] 国家科技支撑“十二五”项目《村镇饮用水安全保障重大科技工程》技术报告 [R].

[25] Food Security by Optimal Use of Water，Synthesis of Theme 2.2 of the 6th World Water Forum，ICID，2014.

[26] Geli H M E，et al. Estimating crop water use with remote sensing：development of guideline and specifications，using 21st century technology to better manage irrigation water supplies [C] // Proceedings of Seventh International Conference on Irrigation and Drainage，2013：75–88.

[27] 刘双，韩凤鸣，等. 区域差异下农业用水效率对农业用水量的影响 [J]. 长江流域资源与环境,2017(12)：2099–2110.

[28] Martinez–Piernas A B，Plaza–Bolanos P，Garcia–Gomez E，et al. Determination of organic microcontaminants in agricultural soils irrigated with reclaimed wastewater：target and suspect approaches [J]. Analytica Chimica Acta，2018（1030）：115–124.

[29] 崔丙健，高峰，胡超，等. 非常规水资源农业利用现状及研究进展[J]. 灌溉排水学报，2019，38（7）：60–68.

[30] 高宇阳，杨鹏年，阚建，等. 人类活动影响下乌苏市地下水埋深演化趋势 [J]. 灌溉排水学报，2019，38（10）：90–96.

[31] 吴芳，王浩，杨陈. 中国农业水足迹时空差异和流动格局研究 [J]. 人民长江，2019，50（6）：104–110，218.

[32] 高寒，陈娟，王沛芳. 农药污染土壤的生物强化修复技术研究进展 [J]. 土壤，2019，51（3）：425–433.

撰稿人：韩振中 高占义 黄介生 黄冠华 徐建新 张展羽
刘文朝 齐学斌 张宝忠 姚 彬 李 娜

雨水集蓄利用学科发展

一、引言

（一）概念和内涵

1. 雨水集蓄利用概念

雨水利用是一个非常广泛的概念，从广义角度上来说，对雨水的一切利用方式都可界定为雨水利用。因此，雨水利用不仅仅是指单纯地从时间尺度上进行调控的雨养农业利用和从时间、空间尺度上加以双重调控的农村生活利用，同时还应该包括跨区域、跨流域实施综合调控的人工增雨、水土保持、水源涵养、城市防洪和生态环境改善等水资源利用的各个层面。就这种广义的雨水利用而言，其外延几乎囊括了目前水资源利用的所有形式，涵盖了水资源利用的所有途径，涉及经济社会发展的方方面面，具有显著的普遍性、广泛性和社会性。

随着水资源利用内涵和外延的不断拓展，无论是狭义还是广义的水资源及其开发利用概念都发生了显著变化。与此同时，雨水资源和雨水资源化概念的提出，为丰富和完善雨水利用内涵、拓展雨水利用范围、发展雨水利用技术奠定了理论基础，由此使得研究者对雨水利用的认识、理解得以不断强化。即便如此，随着不同研究者对雨水利用理解的不同，其对雨水利用类型的划分也有所不同。20 世纪 90 年代，有学者从水资源与雨水资源的派生关系出发，认为雨养农业和农村生活属于雨水的直接利用，也可称之为雨水一级利用；而由此衍生的河流、湖泊、水库、地下水等雨水派生资源的开发利用则应属于雨水的间接利用，也可称之为雨水二级利用。同时认为，与水资源的循环与重复利用一样，雨水资源也可以多次派生和循环利用。21 世纪初，有学者针对农业生产需求与业已形成的旱作农业用水模式，将其划分为雨水自然利用、雨水叠加利用和雨水聚集利用。但随着雨水利用技术的不断发展、完善和技术体系的逐步形成，最新研究成果认为，雨水利用主要包括以土壤蓄水为主的单纯以时间调控为手段的雨水就地利用、以膜料覆盖与垄沟种植为主的以空间调控为手段的雨水叠加利用与以收集、储存为主要手段同时辅以时间、空间双重调控的雨水集蓄利用。

2. 雨水集蓄利用内涵

具有特定含义的雨水利用是指对雨水的原始形式和最初转化为地表径流或地下水、土壤水阶段的利用，也称为雨水的直接利用或雨水一级利用。目前，一般文献所述的雨水利用即指这种对雨水的直接利用，也称为狭义概念上的雨水利用。狭义雨水利用的途径主要包括：①以解决人畜饮水为主的农村生活雨水利用；②以发展农业补充灌溉为主的农业灌溉雨水利用；③以补给地下水、恢复生态植被为主的生态环境雨水利用。

（二）定义和界定

雨水集蓄利用这个名词是从工程实践中孕育而产生的。“雨水利用”在国外通常称为“雨水管理”。对于它的界定，吉德斯（Geddes）1963 年首次将雨水集蓄利用（rainwater catchment and use）定义为“收集和储存径流或溪流用于农业灌溉”。在此基础上，该定义在 1975—1988 年曾被多次修改，Mayer 定义为“一个为了增加降雨或融雪水的实践活动”；Finkel 定义为“径流的收集并用来灌溉作物、草场和树木以及为牲畜提供饮用水”；1996 年赵松岭等定义为“经过一定的人为措施，对雨水径流进行干预，使其就地入渗或汇集蓄存，并加以利用的过程”。对于雨水利用，美国早期称之为雨水收集系统（rainwater cistern system），英国称为雨水收集（rainwater collection），泰国称为雨水储存（rainwater storage），日本称为雨水资源化（rainwater resources）。自第五届国际雨水利用大会后大多称为雨水蓄积系统（rainwater catchment system），而我国有关文献则称为“雨水利用”（rainwater use）。我国《雨水集蓄利用技术规范》（GB/T 50596—2010）对雨水集蓄利用（rainwater harvesting）的界定为：“雨水集蓄利用是指采取工程措施对雨水进行收集、蓄存和调节利用的微型水利工程”。雨水集蓄利用工程由集流系统、输水系统、蓄水系统、净化系统以及利用系统五部分组成，其主要目的是解决人畜饮水困难，发展庭院经济，进行大田作物和林草植被灌溉。

（三）雨水利用与雨水集蓄利用的区别

1. 雨水利用

雨水利用的形式很多，从广义的角度来看，主要包括以下几个方面：

（1）传统农业生产雨水利用。旱作农业生产中，雨水是满足作物水分需求与供给的唯一水源，基于对雨水的当时和就地利用，采取的技术措施主要包括为提高土壤蓄水能力和土壤水利用率而采取的传统雨养农业生产与耕作措施，如深松耕、耕作耙耱等。

（2）水土保持工程雨水利用。水土保持工程对雨水的利用过程主要包括建设梯田、水平沟、鱼鳞坑以及结合小流域治理实施的治沟工程措施，如沟头防护工程、谷坊、淤地坝等。这些工程的作用主要是保土保水，即尽可能把雨水就地拦蓄在土壤中，以便最大限度地被当地植被与其他生态系统持续利用，被认为是对雨水利用时间调控的雏形。

（3）微地形叠加雨水利用。微地形集雨措施主要包括垄沟（覆膜）种植方式以及利用作物或树木之间的空间，通过自然集流或人工措施集流，实现对雨水的叠加利用，被认为是一种较为低级的对雨水利用的空间调控，但仍可以显著增加作物或树木根系的土壤水分，保障作物或树木生育过程的水分需求。

（4）雨洪截引工程雨水利用。通过一定的工程措施，截引某一小区域或流域的雨洪径流进行淤灌或补给地下水，事实上是把某一区域或流域的雨洪径流截引到另一区域或流域并加以利用，可以认为是雨水的一种异地利用形式，初步实现了对雨水在时间、空间尺度上的双重调控利用，形成了雨水集蓄利用的雏形。

2. 雨水集蓄利用

一方面，雨水集蓄利用是在雨水利用技术基础上，借助现代材料与工程技术，通过采取集流面、引水渠槽、蓄水设施等人工措施，高效收集雨水、输送雨水，并加以蓄存和调节利用的过程，是对常规雨水利用技术的继承、发展和完善，完全实现了对雨水在时间、空间尺度上的双重调控和高效利用，被认为是雨水利用的高级阶段。另一方面，雨水集蓄利用是指在某一区域或范围内，通过采取一定的收集、储存、净化和利用等技术手段和工程措施，部分或全部改变天然降水的产流、汇流和径流过程，继而实现对天然降水的有效收集、合理储存、净化处理和高效利用。目前，农村雨水集蓄利用主要用来解决人畜饮水困难、发展农业补充灌溉、增加生态建设用水以及为规模化畜牧业生产等提供水源。

由此可见，雨水集蓄利用的内涵主要包括雨水收集、雨水储存、水质净化和雨水利用四个环节：①雨水收集是指依托一定的高效、防渗集流面工程措施，最大限度地减少雨水收集阶段，即降雨径流过程在集流面上的水量渗漏损失，谋求对天然降雨径流的有效收集，继而增加一定区域内的可利用水资源数量，实现对区域经济社会发展水资源需求的保障供给；②雨水储存是指通过采取一定的高标准防渗工程措施和设施，对收集的雨水加以可靠储蓄的过程，以尽可能减少蒸发渗漏损失为目的；③水质净化处理是指通过采取相应的絮凝沉淀、化学反应、物理过滤等工程技术手段和净水设施与设备，使其收集并储存的雨水满足不同用水对象对水质的使用要求；④雨水利用是指对收集、储存的雨水通过采取一定的工程技术手段加以高效利用的过程，是雨水集蓄利用的终极过程，直接体现雨水集蓄利用的技术水平，体现雨水集蓄利用的效果和效率。

（四）雨水集蓄利用与其他学科的关系

作为一种潜力巨大的非常规水资源，雨水集蓄利用是我国近30年来水资源学科中正在形成和发展的一门分支学科。正如美国雨水收集利用专家理查德·海尼忱常说的“所有的水都是雨水”。的确，不论是地下水，还是河水、井水，最初都来源于雨水。雨水集蓄利用是水资源管理的重要组成部分，是一门综合性学科，既包括对雨水集蓄系统的工程研究，也包括对集蓄雨水的高效、安全利用研究。雨水集蓄利用工程的实施包括规划、设计、施工与运行管理等层面，雨水集蓄系统包括雨水集流、蓄存、净化、输送和利用等过程，它涉及城市与农村、工业与农业、建筑与交通、生活与生产、生态与环境等方面，是一项涉及面很广的系统工程。雨水集蓄利用包含了农村分散地区生活用水、农业灌溉、补充地下水位、恢复生态植被用水、城市杂用水源等。由此可见，雨水集蓄利用学科除与水利学科中的水力学、水文学、农田水利、水利工程施工、水利工程管理等学科具有不可分割的关系外，还与材料学、农学、卫生学、信息化等学科密切相关。

二、国内发展现状及最新研究进展

我国雨水集蓄利用历史悠久，雨水集蓄利用是干旱缺水地区，特别是西部地区解决水资源匮乏问题的伟大创举，西北黄土高原区居民早就有打窖蓄水解决人畜用水的传统。20世纪80年代中后期，甘肃省水利科学研究院在国内率先开展雨水集蓄利用试验研究和示范推广，为其技术发展奠定了科学基础。此后，甘肃、宁夏、陕西等地相继实施了大规模的集雨工程，产生了显著经济效益和社会效益。1996年第一届全国雨水利用暨东亚国际研讨会和第二届中国雨水利用暨国际研讨会议使我国雨水利用研究步入了快车道，中国水利学会雨水利用专业委员会的成立标志着我国雨水利用进入了新阶段。之后，相继在国家、省区层面颁发了一些行业技术规范与地方技术标准，为雨水利用发展提供了技术支撑。在这段时期内，中国的雨水利用实现了从技术形成期到示范应用期的转变。

我国西部地区利用水窖储存雨水作为饮用水水源历史悠久，尤其是近20年来，在国家和当地政府的资助下，修建了大量的混凝土水窖，仅甘肃省就超过了200万眼，年蓄水量高达7800万 m^3，相当于一座中型水库兴利库容。其中98%的水窖依靠农户的屋面和庭院作为集雨水源，水质优良，不需要长距离输水，可就近使用。截至2016年12月，甘肃省仍有93万人依靠集雨水窖解决饮用水，约合20万个家庭单元。这些地区基本都是精准扶贫的难点地区，因此，研发集雨饮用水关键技术可为保障这一类地区安全饮水保驾护航，提供强有力的技术支撑。在这段时间内，雨水利用实现了从推广利用到完善发展的转变。

在取得大量科学研究成果的同时，出版了一系列专著和科普书籍，为学科发展奠定了基础。其中最具代表性的包括水利部农水司等主编的《农村集雨工程简明读本》，赵松岭主编的《集水农业引论》，刘昌明等主编的《中国雨水利用研究文集》，吴普特等主编的《中国雨水利用》，李元红等主编的《雨水集蓄工程技术》，朱强等编著的 *Every Last Drop* 以及 *Rainwater Harvesting for Agriculture and Water Supply* 和《珍惜每一滴水》等。甘肃、内蒙古分别在1997年和2000年颁布了地方标准，水利部于2011年颁布的《雨水集蓄利用工程技术规范》(GB/T 50596—2010)是在 2001 版的基础上，对近 10 年间雨水集蓄利用学科发展的阶段性总结与更新，它将雨水集蓄利用作为一项工程技术加以规范，在学科发展中起到了里程碑式的作用。

同时，我国的雨水集蓄利用技术通过“引进来”和“走出去”方式，吸纳国外先进技术与经验，同时传播推广我国实用技术。自 2003 年起，在商务部和科技部的支持下，已通过举办发展中国家雨水集蓄利用技术培训班，向亚洲、非洲和拉丁美洲培训了上千名雨水集蓄利用、水资源开发与管理、旱作农业和农村扶贫开发工作的专业技术人员和管理工作者，并向尼日利亚、南非、沙特阿拉伯等国家提供技术咨询服务，建成了雨水集蓄利用示范基地，让中国的雨水集蓄利用真正走向了世界。此时，雨水利用技术正在不断地拓展提升，结合国家的战略需求，正在向绿色、低碳的角色转变，不断实现其非常规水资源的价值。

此外，随着水利信息化行业发展，运用新一代大数据、云计算、数字化等技术手段，利用现代科技手段为智慧水利提供全方位服务，尤其是在雨水潜力评估与计算等方面将发挥积极作用。

三、国内外研究进展比较

“雨水集蓄”是劳动人民在生产实践中创造的一项伟大发明。这个创造延续传承了近千年之久，有效解决了缺水地区人民的基本用水问题，为经济发展、社会稳定做出了巨大贡献。与国外比较，我国雨水集蓄利用实践在规模和发展深度上都居于国际先进行列，在学科发展上也取得了很多结合我国具体情况的重大成果。我国雨水集蓄利用的特色主要表现在：①界定了雨水集蓄利用学科定义、范围和基本框架，构建了系统组成，创新性地提出了确定集流面面积和蓄水容积的容积系数方法、典型年和长系列模拟计算方法，总结提出了集流面和蓄水工程主要结构形式、雨水集蓄利用灌溉模式，提出了雨水集蓄利用解决生活供水、发展灌溉和养殖业以及恢复生态植被等利用途径；②研究视野和范围也得以大大拓宽，使雨水集蓄利用从零星试点示范走向规模发展，从单项技术走向综合集成技术，从传统集雨利用走向高效综合利用，从理论探讨、技术攻关走向技术集成与技术体系形成阶段；③实现了雨水集蓄利用的三个延伸，即在利用途径上从单一的解决农村生活用水向发展农业补充灌溉延伸，在利用规模上从庭园果树、蔬菜的小面积灌溉向大田作物的规模灌溉延伸，在利用范围上从西北、华北干旱、半干旱缺水山丘区向西南、中部以及南方沿海等季节性干旱地区延伸；④雨水集蓄利用工程的实施，带动了西部山区农村产业结构调整以及农村经济发展，为农村产业结构调整、农民增收和山区经济发展创造了有利条件。

但与国外比较，我国的雨水集蓄利用技术也存在诸多不足。

（1）国外已提出了家庭供水工程的系列配置，许多组成部件已实现标准化和产业化，并列入了国家标准，如屋顶接水槽、初雨冲洗设施、钢丝网水泥薄壁蓄水池等有十分详尽的标准设计。我国虽然提出了雨水集蓄系统组成，但没有细化和形成系列，各组成部件也没有产业化。

（2）国外雨水集蓄利用技术的网上服务十分到位。我国目前只有中国水利学会雨水利用专业委员会等办的中国雨水网，信息量很小。国外雨水科技产业化有很大发展，成立了专业研发公司，而我国则为数不多。

（3）国外对集蓄雨水的水质监测做了很多工作，在国家规范或指南中，对如何控制雨水水质有很多严格的规定，工程设施标准要求较高。我国在规范中虽然也对水质的监测和处理做了规定，但措施不具体，设施标准普遍不高。

（4）国外城市雨水利用发展较快，从集蓄雨水补充供水和回灌地下水，发展到防止雨水排放对自然水体的污染以及实行城市雨洪减量排放，初步形成了雨洪综合管理理念。我国的城市雨水利用则还处于起步阶段，一方面，与此相关的基础理论研究与综合性技术体系尚在不断发展完善中；另一方面，城市水资源则主要聚集在地表水和地下水的开发利用，忽视了对城市雨水的利用。与发达国家相比，我国在城市雨水集蓄、回灌技术以及管理措施等方面还存在着较大差距，未来利用的多目标性和应用技术的综合性将成为城市雨水利用的主流。

四、发展趋势

（一）战略需求

随着社会经济迅猛发展、城镇化进程加快、工业化水平提高以及人口快速膨胀，经济社会发展对水资源的需求越来越大。面对地表水开发利用程度越来越高、地下水超采日益加剧的不利局面，全世界范围内对非常规水资源的开发利用引起了广泛关注，雨水集蓄利用的重要性也随之彰显，同时提出了更高要求。随着 2011 年《中共中央 国务院关于加快水利改革发展的决定》以及 2012 年《国务院关于实行最严格水资源管理制度的意见》《国家农业节水纲要（2012—2020 年）》的发布和实施，明确提出“要坚持蓄引提集并举、大中小微结合，因地制宜建设‘五小水利’工程，加快建设雨水集蓄利用工程，大力发展集雨窖灌节水农业，显著提高雨洪资源利用和供水保障能力，不断改善山丘区农业生产条件”。尤其是 2016 年国家“十三五”规划以及“五大发展”理念的提出，如何增加水资源可利用量并使其具有可持续性成为再次关注的主题。因此，只有在认识新时期雨水利用重要作用的基础上，认真做好雨水利用研究和顶层设计，为国家雨水利用工程建设投资重点和投资方向提供建议，同时继续致力于雨水利用新技术、新工艺研发和雨水利用技术推广和科普等工作。

（二）发展目标

1. 雨水集蓄利用技术理论与应用研究更加系统

首先，加大研究力度，彰显科技含量。结合现代研究方法与研究手段，研究工作逐渐深入到系统模型方面，如雨水汇集环节的径流模型、汇流模型，储存环节的蒸发－渗漏模型，利用环节的配置模型、优化调度模型等；同时，随着雨水资源化及其利用的不断深入，雨水资源的权属问题日益得到重视，开展相关研究的必要性和迫切性进一步突出。其次，强化理论研究，体现系统思想。对雨水汇集技术、储存技术、水质处理技术、节水灌溉技术以及与之相匹配的农业种植技术、作物栽培技术和过程管理技术等进行系统研究和综合集成，建立能够广泛适应不同时间和空间尺度、不同情景的雨水集蓄利用技术模式。第三，实现“五水转化”，构建“五库”水循环理论。系统开展雨水集蓄利用与“五水转化”关系理论以及雨水集蓄利用与固体水库、地表水库、地下水库、土壤水库、作物水库等“五库共建”关系理论研究；利用 3S 等综合集成技术，探讨不同尺度下的雨水集蓄利用与能够确保广义水资源优化调控的整体规划和宏观战略。

2. 雨水集蓄利用向标准化、产业化方向发展

首先，雨水集蓄利用技术标准化成为必然。不同省、市（自治区）应因地制宜，通过创新研究、典型示范、推广应用和集成配套，总结提出符合地方实际、具有浓郁区域特点的雨水集蓄利用标准化技术体系，更好地指导雨水集蓄利用工程的发展。其次，雨水集蓄利用设施设备产业化迫在眉睫。随着水管理体制和水价的科学化、市场化，通过一批示范工程，争取 5~10 年的时间带动整个领域的发展，实现城市雨水利用的标准化和产业化。第三，雨水集蓄利用工程集约化势在必行。雨水集蓄利用工程集约化包含雨水集蓄利用不同子系统之间的集约化、工程建设方式与管理模式的集约化以及材料供应、技术服务等资源的集中利用、节约使用等。

3. 城市雨水利用向多元化、集成化综合利用方向发展

首先，向多目标和综合技术方向发展。城市雨水利用以分散住宅的雨水收集利用系统、建筑群或小区集中式雨水收集利用系统、分散式雨水渗透系统、集中式雨水渗透系统、屋顶花园式雨水利用系统、生态小区雨水综合利用系统为主，大力发展生态型小区雨水利用系统。其次，向科学化和系统化管理方向发展。开展城市雨水利用与城市雨水管理的关系与对策，与城市供水的关系及统一管理，与城市环境和生态建设的关系，与城市规划、城市建筑的关系及其相关法规与政策支持、技术规范与标准制订等城市雨水综合利用技术与发展战略方面的研究。第三，向植被建设与立体生态景观方向发展。城市雨水利用过程重在调控和利用，利用目的重在以植被建设与立体生态景观为主的城市人居环境、旅游休闲景观方面。第四，向有效化和变害为利的方向转变。通过建立管控简单、经济实用的雨洪控制与利用技术体系和推广应用体系，充分利用雨洪资源，缓解区域水资源紧缺，

改善生态环境，削减洪峰流量，有效减轻排洪设施压力，确保城市防洪安全。

4. 雨水集蓄利用向更加和谐的自然与生态系统方向迈进

首先，开源节流并举，推广节水灌溉。在充分利用降雨径流的同时，要强化节水灌溉技术推广应用，提高灌溉水利用系数，提高雨水资源的利用率。其次，注重生物措施，加强综合治理。因地制宜采取“以工程措施为基础，以生物措施为途径，以耕作措施为辅佐”的综合治理模式，从水源、灌溉、种植、作物等方面有效保障乔、灌、草立体生态系统的形成，为建设美丽乡村，促进农村精神文明建设提供重要技术支撑。第三，注重城市结构布局，突出城市雨洪利用。借助市政工程，通过城市公共绿地、停车场等雨水入渗系统回补地下水，通过改造城市景观生态建设结构和布局，实现雨水灌溉城市生态景观将成为未来雨水集蓄利用的主题。第四，拓展海岛雨水利用，彰显区域特色魅力。雨水集蓄利用是未来海岛地区补充用水源的重点和发展方向，尤其是在分质供水、不同工程技术模式等方面，比如可通过屋顶接水、硬化路面集水、池塘蓄水等形式拦蓄雨水径流，最大限度满足不同用水对象的需求。

5. 雨水集蓄利用现代化及社会化管理水平显著提高

首先，雨水集蓄利用相关政策制度进一步健全。对户建户用小微型工程，按照“谁建设、谁所有、谁管理、谁受益”的原则，进一步深化产权制度改革，明晰产权属性；对联户兴建工程，由受益户共同管理公约，推举责任心强、懂技术、会管理的受益户进行管理；各级各类雨水利用条例将先后出台，新建小区或村舍均需设计建设与之配套的雨水集蓄利用设施；同时，政府还将推出相关鼓励或补贴政策，进一步调动全社会实施雨水集蓄利用的积极性。其次，雨水集蓄利用技术服务体系需逐步完善。宜尽快形成一系列与雨水集蓄利用系统规划设计、建设管理、运行维护相关的规范、条例、技术指南与手册，完善与雨水集蓄利用相关的机制体制等。第三，雨水集蓄利用社会化管理广泛普及。随着水资源基础性自然资源和战略性经济资源理念的深入人心，政府层面倡导、引导、指导雨水集蓄实践过程成为必然，社会层面关心、关注、关爱雨水集蓄利用工程成为常态，由此就可形成一个广泛的、能够促使雨水集蓄利用健康、持续、稳定发展的社会化管理格局。

参考文献

［1］吴普特，黄占斌，高建恩，等．人工汇集雨水利用技术研究［M］．郑州：黄河水利出版社，2002.
［2］朱强，李元红．论雨水集蓄利用技术［M］// 中国雨水利用研究文集．徐州：中国矿业大学出版社，1998：196-201.
［3］蔡焕杰，王健，王刘栓．降雨聚集条件下节水高效农业综合技术［J］．干旱地区农业研究，1998（3）：81-86.
［4］李建龙．干旱农业生态工程学［M］．北京：化学工业出版社，2002.

［5］刘昌明，牟海省．雨水资源以及在农业生态中的应用［J］．生态农业研究，1993（3）：20–26.
［6］李琪，李元红，程满金，等．雨水集蓄利用工程技术规范［M］．北京：中国计划出版社，2010.
［7］吴欢．新加坡等亚洲城市的雨水综合利用管理［J］．城乡建设，2010（12）：75–76.
［8］顾斌杰，张敦强，等．雨水集蓄利用技术与实践［M］．北京：中国水利水电出版社，2001.
［9］宋令勇．西安市雨水收集潜力及利用模式研究［D］．西北大学，2010.
［10］刘小勇，吴普特．雨水资源集蓄利用研究综述［J］．自然资源学报，2000（2）：189–193.
［11］唐小娟．关于中国雨水集蓄利用发展前景的几点思考［J］．中国农村水利水电，2009（8）：52–54.
［12］陈雷．紧紧围绕“四个全面”战略布局加快构建国家水安全保障体系［J］．中国水利，2015（20）：1–3.
［13］闫冠宇，徐佳．我国农村供水未来发展战略初探［J］．中国农村水利水电，2013（4）：1–4.

撰稿人：唐小娟　金彦兆　王治军

环境水利学科发展

一、引言

20 世纪 80 年代以来，随着环境保护和可持续发展理念的不断深入，我国治水思路开始从传统水利向现代水利转变，水利学科呈现多元化发展趋势，在传统的防洪减灾、水量和水能开发利用等知识体系发展向纵深推进的同时，新兴的水资源节约和保护、河流生态维护等方面受到广泛重视。环境水利学科应运而生，并作为水利学科的重要分支和热点领域得到长足发展。环境水利学是研究水利与环境相互关系的学科，其研究对象既包括水利建设引起的环境问题，也包括环境变化对水利建设的影响，研究宗旨是协调水利多目标建设与生态环境保护的关系，使水利建设在支撑经济社会发展的同时统筹环境效益，实现“人水和谐”的可持续水利发展目标。自 1981 年中国水利学会成立环境水利研究会以来，我国的环境水利学科发展走过 30 余载，已建立了涵盖环境水文学、环境水力学、环境水化学、环境水生物学等多学科和水资源保护、水利建设环境影响评价与调控、流域（区域）生态安全维护等多方向的技术理论和方法体系，并在水利规划、设计、施工和管理上得到广泛应用，对丰富水利学科理论体系、推动水利技术创新、促进水利绿色发展、保障经济社会可持续发展发挥了重要作用。近年国家最严格水资源管理制度和生态文明制度建设、国土空间规划体系实施的加快推进，更为环境水利学科的跨越式发展提供了强大动力和支撑，水资源承载力、水功能区纳污限排、河湖生态需水保障、河湖生境修复、流域规划环境影响评价、水利工程环境保护新技术、涉水生态保护红线管控、流域综合管理等研究方兴未艾。

二、国内发展现状及最新研究进展

（一）水资源保护

水资源保护是水资源开发、利用、治理和保护的重要组成部分。水资源保护研究旨在通过研究水的资源环境属性和维持其功能持续发挥的机理和规律，制定各种措施，实现水资源可持续利用。近10年来，水资源保护研究已从以往单一的水质保护拓展至水资源的质量、数量和生态系统保护的全方位研究，逐步形成以维护水功能为核心，涵盖入河污染控制、饮用水安全保障、河湖生态需水保障、地下水保护、水资源保护监测管理等方面较完整的水资源保护学科体系，并完成了国家层面的水资源保护规划工作。

1. 水质保护

在水质保护方面，研究并从国家层面发布实施《全国重要江河湖泊水功能区规划（2011—2030）》，提出了以江河湖泊水功能区为基础开展水污染防治和水环境治理的基本思路，弥补了以往水污染防治排放浓度和排放总量双控制中一直难以实现空间均衡的理论缺陷，为科学开展陆域污染的控源减排奠定了理论基础和技术框架。围绕水功能区划，将水功能区纳污能力这一河湖水域客观禀赋条件作为水污染防治的基本依据，进一步研究提出了水功能区水质达标评价方法、水功能区纳污能力核定技术、水功能区纳污限排时空分解技术、入河排污口布局规划技术与整治对策、水功能区水质达标考核管理方法等，形成了系统的“评估-调控-治理-考核”水功能区水质保护理论方法和技术体系，并统筹水功能区的流域自然属性和行政管理需求，在全国七大流域、31个省级行政区进行运用，制定了《全国重要江河湖泊水功能区纳污限排总量控制方案》。在我国水污染防治压力依然长期存在、水污染治理边际成本日益加大、资源环境对经济发展约束趋紧的形势下，有望作为突破口，对我国“十三五”乃至未来较长时期的水污染防治发挥重要作用。

围绕水质保护，有毒有机污染物迁移转化规律、多维水质预测模型、持久性有机污染物监测技术、多沙河流水质监测技术、底泥污染释放机理、入河排污口调查技术、水功能区动态纳污能力计算方法、水库富营养化机理与控制技术、河网地区面源污染控制技术、水质在线监控与预警预报技术等基础理论和应用技术也得到广泛深入研究，为加快推动我国河湖水质保护提供了重要技术保障。对与人体健康关系最为密切的饮用水水源地，水质监测评估技术、饮用水水源地保护区划分技术、突发性污染事故预警应急机制等研究得到持续加强，为建立健全我国水源地安全保障体制机制提供了技术支撑。

2. 生态需水保障

在生态需水保障方面，河湖生态基流研究方法日趋成熟，敏感生态需水研究得到重视和快速发展。在河湖生态基流方面，Tennant法等历史流量法适用性研究得到进一步加强，针对我国南北方河流径流特点的不同，提出了北方地区季节性河流等特殊河流的确定方法。同时生态需水研究视角从河道枯水期流量（湖泊枯水期水位）等侧重河湖历史流量和水位调查，转向对水文与生态之间关系的关注，保护理念也开始从“底线”维护提升为河湖健康的整体维护，在探索水文要素（如流量、流速、水位、脉冲过程、地表水和地下水转换等）与生物习性及栖息地作用机理的基础上，提出了敏感生态需水的概念。针对不同类型敏感保护对象（如鱼类、湿地、景观、输沙、咸潮防治等），广泛开展了敏感生态需水量计算方法的探索，并在水利规划和水利建设项目的环境管理中得到广泛应用。例如，在河流水文与植被演变机理研究的基础上，结合遥感和地理信息系统技术，开展了西北干旱地区塔里木河、黑河、石羊河、格尔木河等流域绿洲生态需水研究，并在流域（区域）水资源配置和水利枢纽生态流量下泄保障管理中得到应用。在鱼类产卵习性与水文要素响应关系研究的基础上，开展了长江四大家鱼、松花江冷水性鱼类等鱼类主要产卵期生态需水研究，提出了洪水期梯级联合生态调度等生态需水保障对策。在河道泥沙输移规律、咸潮变化规律等机理研究的基础上，开展了黄河、珠江、海河等河口生态需水研究，提出了河口水量下泄要求和保障方案。

生态需水作为水资源综合开发利用多目标中的一项，其研究较其他国民经济用水研究起步晚、基础薄，加上生态需水本身的多目标性和机理的复杂性，生态需水保障的理论探索和实践应用仍然充满挑战。如何在加快基础理论研究的基础上，将生态需水的量和过程要求进一步规范化和精细化，并与国民经济用水管理衔接，有效落实到水资源配置和调度管理中，将是未来的重点方向。水利部当前组织开展的黄河调水调沙生态调度、淮河多闸坝水质水量联合调度试点研究，对推动相关管理实践具有重要意义。

3. 水生态保护与修复

在水生态保护与修复方面，在反省人类活动对河湖生态系统胁迫效应的基础上，重视河流健康维护，并强调应用指导性。近年来开展了主要河湖水域岸线、水生态保护红线的划定与管理，提出了一系列河湖生态保护与修复工程原理和技术，极大促进了传统水利工程技术向绿色水利发展。在基础理论研究方面，河流连续性、水文情势、景观格局、水体物理化学性质等水利工程生态影响机理研究得到深化，河流健康评估等综合性研究方法得到快速发展。以河流生态结构功能和恢复措施相互关系机理研究为基础，系统提出了河湖生态修复工程的目标、组成、规划方法、修复技术和适应性管理等，并形成了污染水体生物生态治理技术和生态友好的水利工程技术两大类河湖生态修复技术体系。涌现出固定化细菌技术、河道内曝气结合高效微生物处理修复技术、生态浮床技术、卵石床生物膜技术、稳定塘技术、生物过滤技术、土地处理技术、人工湿地技术等一大批生物治理新技术，在我国不同地区得到广泛应用，取得良好效果。同时在太湖地区尝试开展了生物操纵、沉水植物重建等生态修复技术在浅水型湖泊富营养化防治中的应用，拉开了较大尺度水域水质生态系统修复工程的序幕。针对传统河湖整治带来的“平面直线化、断面规则化和河岸硬质化”问题，以生态水工学为基础，提出了河湖地貌形态修复、岸边生境修复等生态友好的水利工程技术，在山西汾河、成都府南河、北京转河等城市河湖治理中得到成功运用。

在城市河湖生态修复技术得到蓬勃发展的同时，河流廊道的整体性修复近年逐渐受到关注，河湖地貌形态保护与修复、水系连通性恢复、重要生境修复等流域（区域）尺度的修复理论与技术不断形成，实施了望虞河引江济太江湖连通、引黄入冀补淀、汾河清水复流、官厅水库流域水生态环境综合治理等生态修复工程。在水生态修复尺度多样化和技术集成化发展趋势下，未来将更加强调对不同尺度河湖生态与经济活动的关系研究，对GIS、RS、DEM等高新技术的集成，以及防洪减灾、景观生态、城市规划、风景园林等不同领域知识体系的融合。

4. 地下水保护

在地下水保护方面，地下水超采治理和地下水水质修复技术得到重视和发展，并逐步拓展至功能系统保护和综合防控研究。地下水超采治理方面，在深化地下水位下降、地下水漏斗、地面沉降、海水入侵等环境地质问题机理研究的基础上，尝试开展了地下水回灌、地下水库等治理技术研究和应用。地下水水质修复方面，在水质监测、污染物迁移转化模拟等基础研究的基础上，提出了抽出处理法、水力法、物理法、化学法及生物修复法等多种水质修复技术，并在垃圾填埋场等典型污染场地得到成功应用。随着我国地下水环境恶化形势逐步凸显，地下水的系统保护日益迫切，地下水功能维护等理论和地下水综合保护与防控技术体系成为近年发展热点。开展了地下水脆弱性评价、地下水环境风险评估等综合性研究，提出了地下水功能区的概念和围绕功能区系统开展水位、水量、水质保护的思路，初步建立了地下水开采总量控制、地下水水位预警、地下水污染综合防控等技术体系。在我国地下水问题最为突出的华北地区正在开展相关实践，并完成了全国地下水保护规划工作。

地下水保护一直是世界性难题，具有难度大、成本高、周期长等特点，其持续推进有赖于基础理论、应用技术、规划方法等各类研究的长期努力。

（二）水利建设环境影响评价与调控

我国的环境水利学起步于水利水电工程环境影响评价。自20世纪80年代初引入国外环境影响评价理念和技术以来，水利工程环境影响评价专业迅速成长，形成了一整套评价理论和方法，陆续颁发实施了一系列相关技术标准，在工程建设和管理实践中得到有效运用，对协调水利建设与环境保护、统筹经济社会效益和环境效益发挥了重要作用，并带动了水资源保护、流域生态等多学科发展。

大坝的生态环境影响仍然是当前国际和国内关注的焦点，大坝建设通过改变水流，影响物质流、能量流、生物信息流的时空变化，对河流生态产生各种影响并相互耦合，较一般建设项目的环境影响复杂得多。时间和空间的累积影响一直是水利建设项目环境影响评价的重点和难点。在传统的物理学、化学、生物学方法持续加强的同时，网络法、系统分析法、矩阵法、地理信息技术等各种新方法、新技术得到应用，定量评价方法发展势头强劲。在水环境影响评价方面，引进美国、丹麦等国外水质模型，在南水北调中线工程对汉江中下游水质影响预测、糯扎渡水电站水温影响预测中开展应用，取得了定量分析成果，并在全国其他水利建设项目环评影响评价实践中得到推广，形成了较完整的河湖零维、一维、二维水质模型模拟技术体系。生态环境影响评价方面，在常规生物调查基础上，借助遥感方法、地理信息技术、景观生态学方法等，提出了生态系统完整性和稳定性评价方法（如自然植被净第一性生产力变化估测），同时尝试开展了敏感保护物种重要栖息地（如鱼类产卵场、索饵场、越冬场和洄游通道）与工程影响源（如水文情势变化、河流连通性变化）的响应关系研究，构建了评价指标和方法，初步形成了生态系统完整性影响评价和敏感目标影响评价两大类评价技术体系。

水动力模型耦合、多介质环境综合模型、模型不确定性分析、与人工神经网络和地理信息技术等新技术的结合等，是当前水环境影响定量评价方法发展的重要方向。而在生态影响定量评价方面，敏感目标评价方法的重视程度日益提升，敏感目标生物学过程或生态过程关键驱动因素、与水文要素的响应规律等研究成为热点，但也是难点，亟待生物学、生态学、水文学、地貌学等诸多学科的发展和交叉融合，仍然任重道远。

随着 2007 年我国新一轮流域规划修编工作的启动，水利规划环境影响评价在近 10 年得到快速发展。与项目相比，规划评价更加侧重流域生态影响的累积性、整体性、宏观性和战略性评价，强调在各类环境要素影响预测的基础上对规划方案环境合理性进行综合论证和优化调整。各种水利项目评价理论和方法被广泛运用到规划评价的同时，战略规划环境影响评价、可持续发展理论与评价方法等综合性评价方法也得到迅速发展，并呈现出评价技术与规划技术的耦合趋势。

作为环境影响评价的最终目标和重要产出，水利建设环境保护新技术、新工艺的发展呈现百花齐放态势。在工程施工废污水处理方面，针对砂石料加工废水，在向家坝、糯扎渡等水电站运用了 DH 高效旋流处理装置等先进废水处理技术。对龙滩等水电站、南水北调中线等工程移民安置区提出了小规模生活污水处理的适用技术。在草海等水库富营养化防治中运用了“生化除藻、生物遏藻、生态治水”综合治理技术。在生态保护方面，对长洲、老龙口等水利枢纽工程，基于长距离洄游性鱼类习性研究，开展了过鱼设施设计。为保护珍稀特有鱼类，开展鱼类增殖放流措施设计，建设实施了葛洲坝工程中华鲟人工放流增殖站和向家坝、瀑布沟、深溪沟等水电站鱼类增殖放流站。在江坪河、锦屏一级等水电站采取了分层取水工程及相关技术。开展了珠江口压咸补淡、三峡水库四大家鱼繁殖期人造洪峰、西江干流鱼类繁殖期梯级联合调度等生态调度实践。

经过近 40 年对水利工程环境影响及其调控技术的研究和发展，2018 年生态水利工程的概念被首次提出，并在“水利工程补短板、水利行业强监管”的水利改革发展总基调下得到社会各界广泛重视。有关单位开展联合研究，在系统总结国内外生态水利工程建设实践尤其是深度挖掘都江堰、淠史杭等典型工程在建设运行过程中的生态理念、设计法则、施工工艺和管理经验的基础上，研究提出了生态水利工程的内涵、建设目标、总体思路和建设准则，分类提出了各类水利工程在规划、设计、建设、运行等项目周期全过程的生态保护要求及已建工程改造提升的总体要求，对新时期下推广生态水利工程建设意义重大。

（三）流域（区域）生态安全维护

流域是水资源的基本载体和水循环的基本物理单元，基于这一共识，从流域尺度开展水利建设与环境保护关系的系统研究，制定流域生态安全整体维护策略，成为当前环境水利学科发展的重要方向。流域生态安全维护研究以水为中心，并跳出以往就水论水的思路，将视野从水域扩大至汇水范围，通过水的循环过程，将陆地生态过程和淡水生态过程进行关联，并叠加人类活动的胁迫效应，整体研究流域生态安全保障策略，是传统水利学、地理学和生态学的交叉。其主要研究方向包括：流域物理过程（包括气候、地质、水文等方面）；流域景观系统结构、功能（包括物质流、能量流、物种流）和变化；以流域水循环为核心和驱动的流域经济－社会－生态复合过程；水利水电工程梯级开发的生态影响与调控对策；流域可持续发展评价与对策等。而作为管理实践的前沿学科，更迫切需要与数学、计算机、地理信息技术、信息学、经济学、管理学等应用学科的融合。流域生态补偿、流域综合管理、流域水资源承载力预警机制等一直是近年研究热点，并从国家层面组织开展了太湖流域水环境综合治理、海河流域环境管理、新安江流域生态补偿、东江流域国土江河综合整治、滦河流域国土江河综合整治和长江经济带生态保护规划编制等工作，取得可喜成绩。

区域水生态安全维护是另一个基于管理实践需求发展起来的重要方向。围绕经济区、省级行政区、城市等不同区域尺度，近年陆续启动了水生态文明城市建设试点、海绵城市建设试点、京津冀协同发展六河五湖综合治理与生态修复、海南省“多规合一”试点、全国重点河湖生态流量保障试点等工作。区域生态安全维护更加强调生态环境与区域经济社会活动的耦合、政府管理机制以及经济、社会、环境等方面的政府间横向协调机制。流域或区域尺度生态安全维护研究的推进，均需要多学科、多专业的交叉渗透和联合攻关。

三、国内外研究进展比较

环境水利学是国际治水思想演进和发展的产物。20 世纪 80—90 年代，国际水利界认识到过去水资源开发的主要教训之一是开发不当对生态环境造成的不利影响，开始反思水利建设如何与环境协调发展。从维护河流生态系统健康角度研究水利与环境的关系成为国际热点，相关理论、技术、管理的研究与实践得到蓬勃发展。90 年代，德国、美国、日本、澳大利亚等国家率先提出“亲近自然河流”“自然型河流”等思想，开展了河流廊道修复、生态护坡、人工湿地建设、多自然河流建设等方面的研究，澳大利亚等部分国家启动了国家河流健康计划。大自然保护协会（TNC）于 1996 年开发研究出水文变动指示者系统（Indicators of Hydrologic Alteration，IHA）工具，指导评价河流开发前后的主要水文因子变化及其在生态系统中的重要程度，从而确定河流生态修复与恢复的目标，并在美国部分河流得到成功运用。进入 21 世纪，河流生态修复和恢复理念得到广泛认同，德国、美国、日本、英国、法国、澳大利亚、加拿大等国家相继研究制定了相关的技术导则和规范，在指导河流生态修复实践中发挥了积极作用。在此期间，自 20 世纪 40 年代从美国开始的生态流量研究也得到了长足发展。20 世纪 70—90 年代，生态流量研究在各国逐步开展，从最早的水文学法，到水力学法，后来提出生境模拟法及综合法等。进入 21 世纪，信息化技术和学科交叉更是带动了生态流量研究的迅猛发展，呈现出从水文学、水力学、生态学等单学科分析向多学科综合与优化发展，从局部过程向全流域水文循环过程发展，从传统技术向数字流域技术发展等趋势。

随着点源污染逐步得到控制，发达国家对水质保护的研究视角也开始转向对生态系统整体、水循环和水资源开发利用全过程的关注。其中最具代表的是欧盟于 2000 年开始施行的《欧盟水框架指令》。该指令的核心是流域综合管理，并强调实现良好的水状态，包括水污染的防治、水量的维护和水生态系统及相关陆地生态系统的保护，即强调水域保护与污染控制结合，从地表水和地下水保护、点源和面源污染控制、流域管理、水资源开发活动的环境影响评价、公众参与、管理等方面对欧盟成员国提出了一揽子规定。2012 年，欧盟发布《欧洲水资源保护蓝图》报告，在调查研究《欧盟水框架指令》实施中存在的问题和面临的新挑战等基础上，就土地利用与生态用水（主要针对水电开发、航运、农业排水、防洪堤、过度取水等带来的水生态压力）、化学状态与污染（主要针对点源和面源污染仍然居高不下以及新出现的水体富营养化、农药残留等水质问题）、用水效率（主要针对缺水问题）、水体脆弱性（主要针对洪旱灾害损失和气候变化风险）、跨领域对策（主要针对不同部门不同领域之间的衔接和合作）、全球性水问题（主要针对国际水问题及相关发展合作）等方面，提出了恢复河流连续性、禁止水资源过度开发、尊重生态基流、基于计量的水定价、建立再生水利用标准、制定协调性文件和欧洲水信息系统等措施。报告还建议，在评估《欧洲水资源保护蓝图》执行情况的基础上，重新审议《欧盟水框架指令》并进行修订。《欧盟水框架指令》实施 10 余年来，欧洲水资源保护取得了显著成效，在国际上享有盛誉，也极大推动了欧洲各国在水资源保护理论、技术和管理方面的研究和实践。

美国和瑞士分别于 1999 年和 2001 年提出的低影响水电（low impact hydropower）和绿色水电（green hydropower）认证制度，带动了世界范围对水利水电开发的可持续性研究。国际水电协会（IHA）于 2004 年和 2006 年发布《水电可持续性指南》和配套的《水电可持续性评估规范》（该规范经试用和修订后于 2011 年正式发布），关注水电开发中经济、社会和环境要素的协调发展，强调对水电项目从经济、社会、环境和技术等方面开展可持续性评估，并从水电项目全生命周期角度提出了针对“前期”“准备”“实施”和“运行”等不同阶段的水电项目可持续性评估工具，以促进水电可持续发展。美国国际发展署（USAID）等机构在湄公河流域研究中进一步提出了《流域水电可持续性快速评估工具》。

环境友好的水库大坝技术则是国际大坝协会近年倡导和推动大坝学科和坝工技术的重点之一。

生态系统整体性视角、水资源开发利用全过程管理、战略规划和多目标决策、流域适应性管理、环境友好型技术等是当前国际环境水利学科发展的热点和方向。我国相关发展正在与国际接轨，也将是完善和推动国际发展的重要内容。

四、发展趋势

今后一段时期，我国水利将实现从传统水利向现代水利的跨越式发展。水利发展改革不仅关系到防洪安全、供水安全、粮食安全，而且关系到经济安全、生态安全、国家安全。坚持人与自然和谐相处，是做好水利工作的关键所在。必须全面推进生态文明建设总体要求和创新、协调、绿色、开放、共享的发展理念，认真贯彻“节水优先、空间均衡、系统治理、两手发力”的新时期水利工作方针，把生态文明理念融入水资源开发、利用、治理、配置、节约、保护各方面，贯穿于水利规划、建设、管理各环节，更加注重水利建设中的生态保护。在新的发展机遇和历史起点上，深化环境水利学科建设，推进重点领域发展，促进水利绿色创新。

（一）瞄准国家战略需求

经济社会发展的强烈需求是科技和学科发展的强大推动力。当前我国正在加快形成引领经济发展新常态的体制机制和发展方式，在统筹推进经济建设、政治建设、文化建设、社会建设、生态文明建设和建设“美丽中国”的新形势新要求下，应紧密围绕生态文明制度建设、水安全保障、区域协调发展、环境治理模式创新、绿色低碳发展等国家重大战略需求，积极开展国家和行业急需的关键技术研究，重视科学研究与技术开发、产业进步的结合，在解决国家水安全、生态安全等重大问题方面发挥重要作用，提高环境水利学科对国家经济社会可持续发展的支撑能力，积极促进学科的快速发展。

（二）深化基础理论研究

基础研究是科学之本、技术之源，也是学科的重要前沿。加强基础研究是提升学科原始创新能力和长远发展能力的基石。应更加重视环境水利学科发展规律的超前研究，强化物理、化学、生态学等基础研究的前瞻性，把握学科发展的方向和趋势，做好学科发展的系统规划和顶层设计。夯实最严格水资源管理制度的关键因素、跨流域调水的环境效应与调控技术、水文过程与生态环境的多尺度交互作用机理、人类活动耦合因素、河流生态平衡与修复的关键驱动力、流域生态补偿理论与技术等重大课题的理论支点。构建与创新型国家相适应的学科发展体系，切实促进学科的稳步发展。

（三）推进学科交叉融合

科学技术发展日趋综合化和复杂化，多学科联合攻关、跨学科融合创新是解决重大科技问题的有效途径和必然趋势。环境水利学科本身作为一门交叉学科，也有赖于自然科学、社会科学和工程技术不同学科之间各类资源的有机整合。要以问题为导向，系统研究学科现有知识体系，不断加强水利学、环境学、生态学、信息学、遥感研究、管理学等学科和专业之间的交叉、渗透、融合，强化交叉性知识的积累。尤其要重视基础学科与应用学科的有机结合，凝聚研究力量，在重点方向和关键领域取得新的突破，促进新方向萌芽，增强学科优势，有效促进学科的创新发展。

（四）创新人才队伍建设

实现科学发展，关键在科技，根本在人才。人才是科学发展的第一资源。要把人才资源的开发利用作为推动科学发展的根本动力，把创新型人才队伍建设作为环境水利学科建设的重要内容。加强科研、规划、设计、管理等各类人才队伍建设，优化创新人才的培养体制和机制，营造良好的人才成长环境，造就高水平、高质量的创新型人才团队。注重人才与社会需求的结合、人才与产业的结合。在加快创新型科研人才梯级队伍建设的同时，还应重视创新型高级工程技术人才和复合型科研管理人才的培养。通过创新型人才队伍建设，为学科发展提供强大支撑，有力促进学科的持续发展。

参考文献

［1］方子云．中国水利百科全书 环境水利分册［M］．北京：中国水利水电出版社，2004.
［2］水利部水资源司．水资源保护实践与探索［M］．北京：中国水利水电出版社，2011.
［3］邹家祥，朱党生．环境水利研究回顾与展望［J］．水资源保护，2011，27（5）：1-6.
［4］郑连生．环境水利学科研究进展、应用与展望［C］// 中国水利学会 2002 学术年会论文集，2002.
［5］水利部水资源司，水利部水利水电规划设计总院．全国重要江河湖泊水功能区划手册［M］．北京：中国水利水电出版社，2013.
［6］水利部．全国水资源保护规划报告［R］．2016.
［7］朱党生，张建永，史晓新，等．现代水资源保护规划技术体系［J］．水资源保护，2011，27（5）：28-31.
［8］宋兰兰，陆桂华．生态环境需水研究综述［J］．水利水电科技进展，2004，24（3）：57-61.
［9］蒋晓辉，Arthington A，刘昌明．基于流量恢复法的黄河下游鱼类生态需水研究［J］．水利水电科技进展，2004，24（3）：57-61.
［10］志峰，于世伟，等．基于栖息地突变分析的春汛期生态需水阈值模型［J］．水科学进展，2010，21（4）：567-574.
［11］廖文根，杜强，等．水生态修复技术应用现状及发展趋势［J］．中国水利，2006（17）：61-63.
［12］王浩，唐克旺，等．水生态系统保护与修复理论和实践［M］．北京：中国水利水电出版社，2010.

[13] 王浩，宿政，等. 河流生态调度理论与实践［M］. 北京：中国水利水电出版社，2010.
[14] 董哲仁. 生态水利工程原理与技术［M］. 北京：中国水利水电出版社，2007.
[15] 董哲仁，孙东亚，等. 生态水工学进展与展望［J］. 水利学报，2014（12）：1419-1426.
[16] 于丽丽，唐克旺，等. 地下水功能区保护与管理［J］. 中国水利，2014（3）：39-42.
[17] 何理，李晶. 地下水环境修复工艺优化设计研究进展［J］. 水资源保护，2014，30（3）：1-4.
[18] 张丽君. 地下水脆弱性和风险性评价研究进展综述［J］. 水文地质工程地质，2006（6）：113-119.
[19] 朱党生. 水利水电工程环境影响评价［M］. 北京：中国环境科学出版社，2006.
[20] 廖文根，李翀，冯顺新，等. 筑坝河流的生态效益与调度补偿［M］. 北京：中国水利水电出版社，2013.
[21] 邹家祥，李志军，等. 流域规划环境影响评价及对策措施［J］. 水资源保护，2011，27（5）：7-12.
[22] 陈凯奇，常仲农，等. 我国鱼道的建设现状与展望［J］. 水利学报，2012，43（2）：182-197.
[23] 杨海乐，陈家宽. 流域生态学的发展困境——来自河流景观的启示［J］. 生态学报，2016，36（10）：3084-3095.
[24] 廖文根，石秋池，等. 水生态与水环境学科的主要前沿研究及发展趋势［J］. 中国水利，2004（22）：34-36.
[25] 郭向南，张晓斌，等. 河流健康评估的研究与应用进展研究［J］. 环境科学与管理，2013，38（10）：170-174.
[26] 唐克旺，王研，等. 国内外水生态系统保护与修复标准体系研究［J］. 中国标准化，2014，451（4）：61-65.
[27] 李翀，廖文根. 河流生态水文学研究现状［J］. 中国水利水电科学研究院学报，2009，7（2）：301-306.
[28] 刘静玲，任玉华，等. 流域生态需水学科维度方法研究与展望［J］. 农业环境科学学报，2010，29（10）：1845-1856.
[29] 刘悦忆，朱金峰，等. 河流生态流量研究发展历程与前沿［J］. 水力发电学报，2016，35（12）：23-34.
[30] 金海，等. 欧洲水资源保护蓝图［J］. 水利发展研究，2013（6）：8-11.
[31] 赵蓉，禹雪中，等. 流域水电可持续性评价方法研究及应用［J］. 水力发电学报，2013，32（6）：287-293.
[32] 王锋. 水资源整体性治理：国际经验与启示［J］. 理论建设，2015（4）：101-106.
[33] 水利部规划计划司，水利部水利水电规划设计总院. 关于生态水利工程的初步研究［R］. 2019.

撰稿人：赵　蓉　廖文根

水工混凝土结构与材料学科发展

一、引言

水工混凝土结构与材料学科主要研究水利水电工程中的混凝土建筑物，包括混凝土坝、堆石面板坝、水闸、渡槽、泵站以及输调水混凝土渠道等，分为混凝土结构与混凝土材料两个方向。

近年来，以三峡工程、南水北调工程以及西部锦屏、小湾等特高拱坝建成为标志，表明我国在大型跨流域调水工程、高混凝土坝工程等建设技术水平已位居世界前列。在工程建设和运行实践过程中，国内水工结构与材料学科发展迅速，在复杂水工建筑物设计和分析理论、结构智能化施工和运行、监测和检测技术、水工结构新材料等方面取得一系列成果。

自 2017 年以来，国内水电开发进一步向西部发展，乌东德、白鹤滩、杨房沟、大藤峡、丰满新坝等一批混凝土坝开工建设，东庄、QBT 等水利工程正在进行前期研究，引汉济渭、滇中引水、引江济淮等工程全面建设，需要解决复杂地质条件、低热水泥混凝土筑坝、高寒地区筑坝、深埋长隧洞建设、工程建设智能化管控等诸多技术难题。我国已建众多水工混凝土建筑物，随着服役时间延长逐渐出现渗漏、老化等问题，丰满老坝拆除、安全监测、检测、评估、修补加固和应急抢险十分重要，各种新技术、新方法逐渐投入应用，有利推动学科更快更深更好发展。

二、国内发展现状及最新研究进展

（一）混凝结构

1. 大坝工程结构

（1）常态混凝土坝。常态混凝土坝是高坝建设的主要坝型，近年来建成一批常态混凝土坝，其中锦屏一级（305 m）、小湾（294.5 m）、溪洛渡（285.5 m）拱坝和向家坝重力坝等均顺利投入运行，乌东德拱坝、白鹤滩拱坝、大藤峡重力坝等正在建设过程中，东庄、叶巴滩、QBT 拱坝等持续推进，丹江口大坝加高成功实施。

高坝设计分析方法方面，在沿用结构力学方法如拱梁分载法、刚体极限平衡法的同时，以有限元方法为代表的现代数值方法取得了一些进展，如有限元等效应力方法及应力控制标准、坝体–坝基体系破坏全过程非线性模拟及工程类比，已进入混凝土坝设计规范；以试载法与有限元等效应力联合确定体型的方法及其配套软件能快速自动搜索最优体型，成功应用于小湾等 100 多座拱坝；高分辨率仿真软件在高坝建设、蓄水和运行过程中得到全面应用，有力支撑大坝安全建设和运行。

在施工控制方面，精细爆破、智能灌浆、智能振捣、智能温控以及智能管理系统等技术在高坝建设中大范围应用，可以有效保障施工质量，提高生产效率。运用整坝全过程仿真分析方法动态跟踪高坝工程建设，实现全坝施工进度、温度、变形、应力、渗流全过程的实时动态分析，为大坝施工安全评估、预判和措施建议给出指导，在乌东德、白鹤滩及大藤峡工程中得到应用。

在高坝安全运行方面，在线动态安全监控、智能巡检等研究逐步发展，基于大数据分析、高性能仿真、深度学习算法、视频监控等，在线监控软件系统、远程无人巡检等方面均有创新性进展。

（2）碾压混凝土坝。碾压混凝土坝是我国发展最为迅速的坝型之一，已成为混凝土坝首选坝型。近年来，陆续建成了黄登、丰满重建、官地、金安桥、鲁地拉等碾压混凝土重力坝以及万家口子、青龙、大花水等碾压混凝土拱坝，这些工程的建成投产标志着我国碾压混凝土筑坝技术已日趋成熟。

采用信息技术对碾压混凝土坝的碾压、温控等施工过程进行监控，是近年来碾压混凝土坝技术的重要进展，龙开口、黄登、丰满重建等工程应用证明，利用该系统加强施工管理可以有效提升施工质量，目前三河口碾压混凝土拱坝等已全面利用该技术进行建设。

（3）混凝土面板堆石坝。混凝土面板堆石坝适应性强、经济性好，近年来发展迅速，成为当今最流行的坝型之一。国内已建成十多座 200 m 级高坝，其中 233 m 高的水布垭大坝是国内外最高的混凝土面板堆石坝。

针对高面板坝变形安全和防渗安全，提出了变形协调新理念和动态稳定止水新理念，在筑坝材料工程特性研究、面板坝性状预测、复杂地形地质条件下高面板坝结构分析、面板接缝止水、面板混凝土抗裂及耐久性、安全监测、优质安全快速施工等方面取得了多项创新成果和技术发明，并成功应用于巴贡（国外最高面板坝）、九甸峡（深覆盖层上世界最高面板坝，且位于高陡狭窄河谷）、宜兴上库（陡峻地形上高面板坝）、紫坪铺（经受强震考验的高面板坝）等高面板坝工程。

围绕变形协调新理念，研究了堆石料的颗粒破损和流变变形机理，提出了考虑颗粒破损的本构模型和流变模型，构建了接触面损伤模型，建立了变形协调准则、判别标准和变形安全设计计算方法，解决了因变形不协调引起面板挤压破坏等影响高面板坝结构安全的核心问题，为高面板坝安全建设提供了理论基础。

围绕动态稳定止水新理念及寒冷地区冰冻特点，提出了面板接缝表层止水采用涂覆型柔性盖板止水结构及平覆型柔性盖板止水结构，开发了国际领先的具有流动自愈功能的GB塑性材料以及专用现场施工挤出机，研制了高水压三向大变位止水仿真试验设备，建立了止水几何非线性大变形模型；基于混凝土孔结构及界面过渡理论，对面板混凝土进行了全要素分析和改性，建立了优化掺用高性能外加剂、掺合料、减缩剂及增韧纤维等提高面板混凝土抗裂性、耐久性的方法，解决了面板止水及防渗安全的核心问题，形成了高面板坝止水防渗、面板防裂配套技术。

（4）胶结颗粒料坝。胶结颗粒料坝是一种介于堆石坝与混凝土坝之间的新坝型，该坝型是在硬填料坝、胶结砂砾坝、堆石混凝土坝等技术基础上于2009年提出的，目前主要包括胶结砂砾石坝、胶结堆石坝和胶结土坝。

在胶结砂砾石坝方面，发展了材料配置方法和性能指标体系、合理断面形式、结构设计方法和准则；提出了“宜材适构”“宜构适材”的设计概念，研发了富浆胶结砂砾石、加浆振捣胶结砂砾石等可用于防渗保护层的新型材料；研发了可拌和最大粒径为200 mm的任意料的连续搅拌机和基于超宽带定位的数字化自动质量控制系统等设备和系统。目前已应用于山西守口堡（61.4 m，在建）、四川顺江堰（11.6 m，2016年5月建成）、贵州猫猫河（19.7 m，在建）、岷江航电犍为枢纽防护堤（14.1 m，待建）等工程。

堆石混凝土是在自密实混凝土技术基础上自主研发的一种技术，包括普通型堆石混凝土、抛石型堆石混凝土和水下堆石混凝土等系列技术。中国在堆石混凝土坝方面，研究了堆石混凝土的强度、抗渗性能、热物理参数等以及自密实混凝土强度、堆石强度与堆石混凝土强度的经验关系，建立了堆石混凝土的宏观性能指标体系；自主研发了水下保护剂，实现堆石混凝土的水下施工；提出了堆石混凝土的配合比设计方法和控制指标，形成了成套施工工法。目前已在近百个水利水电工程中得到应用，如陕西佰佳堆石混凝土拱坝（69 m）、云南松林堆石混凝土重力坝（90 m）、向家坝施工沉井群等。

2. 输调水工程结构

（1）渡槽。渡槽作为一种水利设施，是水利工程、引水工程中重要的结构型式。20世纪50年代之前，渡槽多为石拱或木梁式结构。50年代中后期，随着社会经济的发展，钢筋混凝土渡槽逐渐增多。到70年代，我国大型灌区有了很大发展，渡槽发展至目前单槽流量200 m^3/s级超大型输水渡槽，结构跨度上也出现了200 m级超大跨度渡槽，支承结构出现了双曲拱、三铰片拱、桁架拱、箱拱等。

2002年完成的广东东江深圳供水改造工程，在旗岭、樟洋、金湖的3座渡槽上采用了现浇预应力混凝土U形薄壳槽身，当时为国内首创。龙场渡槽是黔中水利枢纽工程总干渠重点工程之一，单跨200 m，在目前世界同类渡槽中跨度最大，被称为“世界第一跨”，于2015年建成。南水北调中线一期工程总干渠输水渡槽的建设，将我国超大型渡槽的设计理论及施工水平提高到崭新的高度。中线总干渠输水渡槽共27座，其中梁式渡槽18座、涵洞式渡槽7座，涵洞式和梁式渡槽组合布置的输水渡槽有2座，为沙河渡槽和漕河渡槽。渡槽断面型式有U形渡槽、矩形渡槽、梯形渡槽。输水渡槽中刁河渡槽流量最大，设计流量350 m^3/s，加大流量420 m^3/s。

（2）水闸。水闸是我国水利工程体系的重要组成部分，水闸在水资源优化配置和防洪减灾中发挥了巨大作用。经过几十年的工程实践，我国水闸混凝土结构的设计与施工技术日趋完善。新的《水闸设计规范》（SL 265—2016）于2017年2月28日实施，该规范对有关水闸结构设计规定内容进行了修改，增加了结构抗震设计及措施。新规范的颁布实施为统一水闸与其他设计规范的协调性、提高水闸设计水平有着重要的意义。

随着人民生活质量提高，追求人水和谐成为社会发展需要，水闸工程从单一的防洪功能向生态景观等多功能转变。生态效益、景观、文化等因素在水闸结构的设计中受到重视，新型环保建筑材料在水闸建设中得到应用。

由于国内传统水闸存在孔口小、形态单一且自动化程度低等局限，已满足不了国民经济建设需求，大孔口（≥30 m）水闸建设势在必行。现有设计规范尚未对大孔口水闸结构设计提出明确的计算方法。因此，针对大孔口水闸结构，开展结构变形、稳定、温控防裂等关键技术问题的研究具有重要的工程价值。

20世纪50—70年代，我国兴建了大量水闸工程，这些工程已运行长达五六十年，有些水闸混凝土结构老化严重，带病运行。由于新老水闸设计规范的差异等原因，合理评价水闸结构的安全性、耐久性，并提出科学的加固方案，是当前水闸运行管理方面的重要研究内容。

（3）隧洞。我国水工隧洞建设快速发展，在南水北调中线、引汉济渭、滇中引水、吉林引松、珠江三角洲配水等工程均有大规模隧洞建设。穿黄隧洞首次采用泥水加压平衡盾构进行隧洞施工，并首次应用双层衬砌结构。隧洞掘进机技术在我国水工隧洞建设中大量使用，在TBM配套的自动化地质预报系统的研究和应用方面取得突破，如激发极化法、利用TBM开挖振动波进行前方地质预报的HSP-TBM等。地应力测试仍以钻孔测试结合三维地应力场反演分析方式进行，滇中引水工程最深钻孔950 m，新疆某工程最深钻孔1020 m。微震监测结合预警分析技术为岩爆预报提供了新的手段。为控制软岩大变形，研发了负泊松比（NPR）材料新型锚杆、锚索。在隧洞衬砌设计方向，深化了对围岩和支护协同承载机制的认识，围岩灌浆、排水设计成为应对围岩外水的重要措施，超前支护、初期支护、二次衬砌联合承载机制成为深埋隧洞结构设计的主要理念。

（4）输水管道。目前，国内市场上常用原水输送管道种类包括PCCP管、玻璃钢夹砂管、钢管、球墨铸铁管等。PCCP管全称预应力钢筒混凝土管，是大型引调水工程常采用的输水结构型式，南水北调中线工程北京段、山西省万家寨引黄联接段工程、新疆引额济乌一期工程等重要工程中均采用了长距离大口径 PCCP 管输水。其中，南水北调中线工程北京段 PCCP 管直径 4.0 m，为国内最大口径 PCCP 管道。

玻璃钢夹砂管全称玻璃纤维增强塑料夹砂管，以玻璃纤维及其制品为增强材料，以不饱和聚酯树脂等为基体材料，以石英砂及碳酸钙等无机非金属颗粒材料为填料，采用定长缠绕工艺、离心浇铸工艺、连续缠绕工艺方法制成的管道。相对于 PCCP 管、钢管，玻璃钢夹砂管具有质轻、糙率低、耐腐蚀等优点。新疆引额济乌工程小洼槽倒虹吸直径 3.1m，是国内口径最大的玻璃钢夹砂压力输水管道。

引调水工程钢管、球墨铸铁管道的输水效率介于玻璃钢夹砂管和 PCCP 管之间，球墨铸铁管口径一般较小。钢管的防腐工艺是影响管道服役寿命的关键因素，分为内壁防腐和外壁防腐。内壁防腐通常采用镀锌、喷涂防腐材料、熔结环氧粉末、粘接环氧材料等，外壁防腐除上述方法外，可采用多层聚乙烯（PE）防腐，常见的有三层 PE 防腐结构。

目前，工程中遇到的主要问题是大口径压力输水管道长期服役的安全性问题：对于 PCCP 管，主要是预应力钢丝腐蚀断裂引起的爆管问题；对于玻璃钢夹砂管道，主要是管道由于变形过大、管壁开裂引起的渗漏和爆管问题。及时有效的检测和监测是工程安全的重要保障，其中不仅涉及传统的水工结构、水力学问题，而且涉及无损检测、数据分析等交叉学科问题。 目前，在 PCCP 管断丝机理与寿命预测、玻璃钢夹砂管徐变和长期安全性等基础研究方面仍然很不充分，对于 PCCP 管、玻璃钢夹砂管的检测和监测尚无规范可供遵循，PCCP 管的断丝检测和监测等技术仍被国外公司垄断，对国内重要调水工程安全管理带来风险。

（5）输水渠道。输水渠道是从水源取水并输送到灌区或供配水点的渠道，是引调水工程中的重要组成部分，多采用混凝土板衬砌和土工膜防渗结合等衬砌形式。

近年来，我国已实施和即将实施的引调水工程包括南水北调、引江济淮、引滦入津、引黄济青、引江补汉等工程，以及新疆、西藏、湖北、云南等地的调水工程，都采用输水渠道对水资源进行调配，输水渠道已成为一种高效安全的输水方式。

南水北调中线一期工程于 2014 年 12 月正式通水，输水线路长 1432 km，其中输水明渠段 1197.7 km，涉及膨胀土（岩）地层约 360 km，10 多座大型煤矿采空区，高填方渠段超过 137 km，中线总干渠渠道全线均采用混凝土衬砌，衬砌板下加设复合土工膜防渗。

南水北调中线一期工程总干渠输水渠道的建设成功解决了膨胀岩（土）渠段、湿陷性黄土渠段、砂土液化渠段、高地下水位渠段、煤矿采空区渠段和深挖方渠段等问题，全面提升了我国长距离输水渠道的设计理论及施工水平。

3. 其他工程结构

（1）船闸。船闸是世界上主要的通航建筑物，随着我国内河水资源综合开发过程的不断加快，船闸建设进入快速发展的阶段。据不完全统计，我国已修建大小船闸 900 余座，世界上已建成大小船闸 1000 座以上。其中，在大型水利枢纽上，已建成水头不小于 20 m

的船闸近40座。随着葛洲坝船闸和三峡双线五级船闸的成功建设，表明我国在水利枢纽上设计建设高水头大型船闸的技术已经进入世界先进行列。

按照船闸的级数，船闸分为单级船闸和多级船闸两大类。船闸水工结构主要有挡水结构、过水结构和靠船、导航及隔流结构三类，其型式选择和布置，在技术方面的合理性、可靠性和先进性，是船闸工程能否安全、可靠地长期运行的主要因素。双线船闸错位布置闸首是一种新型船闸结构布置形式，与传统并列式闸首布置相比，具有占地面积少、工程量降低、船舶进闸安全性高等优点，已在长三角高等级航道网建设中得到应用。

船闸闸首和闸室通常为大体积钢筋混凝土结构，按其受力状态可分为整体式和分离式结构两大类，其受力特点与一般水工结构相似，主要不同点在于随着闸室的充水、泄水，结构需频繁地承担墙前墙后正、反两个方向水荷载的作用。设计中还需要考虑混凝土温度变化、不均匀沉降等因素进行荷载工况组合，进行承载能力极限状态和正常使用极限状态分析。结构分析一般采用数值模拟，常用的是有限元方法，也可采用半无限理论进行分析。

船闸水工建筑的施工方法一般采用围堰等临时挡水结构，排水后在基坑内干地施工。近些年，船闸水上施工在美国有了显著进展。船闸构件采用路上预制、水上安装的方式施工。预制构件的运输和安装分为浮运和吊装两类，分别有不同的使用范围。船闸水上施工的进步，缩短了施工时间，减少了施工期对周边环境的影响，大幅降低了施工临时设施的费用。

船闸设计技术的进步，是在需求的推动下不断创新实现的，这些需求包括降低工程投资和全寿命周期成本、提高船闸营运的可靠性、提高船闸营运的效率、提高施工效率、降低施工期的影响、降低人工和材料成本、降低环境影响等。为满足不断出现的新需求，必须保证创新技术的可靠性。一方面，可借鉴其他行业的新技术；另一方面，加强新技术的前期研究、分析和论证工作，包括严格、系统的模型和原型试验。

（2）升船机。升船机作为一种重要的通航建筑物型式，有其独特的优点，省水、可防污防咸；投资随着水头增加的速度比船闸低，水头越大，运载船舶越小，投资指标越优；提升高度受技术条件的限制少。我国20世纪70年代已建设了70余座低水头小型升船机，1994年建设了85 m高的紧水滩升船机和24 m高的石塘升船机，2000年建成了68.5 m高的岩滩升船机。但总体来看，受技术水平和应用需求的影响，2000年之前的升船机普遍提升高度小，规模小。

随着我国交通、水电事业的发展，解决高坝通航成为亟需解决的问题，因此2000年后国内建设了一批高坝升船机，典型的包括：长江干流2016年试通航的三峡升船机，最大提升高度达113 m，提升质量达1.5万t以上，可通过3000 t的大型船舶，2018年试通航的向家坝升船机，垂直升船机一级提升高度达114.2 m；乌江系列升船机，支撑乌江全线通航，如2010年建成的彭水电站升船机，最大通航水头66.6 m，正在建设的构皮滩升船机，最大一级提升高度达127 m；思林升船机最大提升高度76.7 m，沙沱升船机最大提升高度74.88 m；澜沧江景洪升船机最大提升高度66.86 m；正在建设的龙滩升船机最大提

升高度达 179 m（二级）等。

截至目前，中国在卷扬机驱动、水力驱动和齿轮齿条三大升船机领域，建设技术和规模均居世界领先地位。其中，卷扬机驱动领域，比利时斯特勒比升船机最大提升高度 73 m，低于思林和沙沱升船机；景洪水力式升船机是我国原创并具有完全自主知识产权的新型升船机，在国内外升船机建设史上属首创，最大提升高度为 66.86 m，过船吨位 500 t，升降时间全程约 17 分钟，年货运量 124.5 万 t；齿轮齿条型的德国尼德芬诺升船机，提升总重量 4300 t，提升高度仅 36 m，远低于三峡升船机。

尽管我国升船机建设规模和技术不断提高，但仍无法满足社会经济发展需要，国内一批 200~300 m 高坝的建成，形成了黄金河道，尤其是在长江中游，迫切需要解决 200 m 级升船机建设和运行技术，这在世界范围内都属于前沿课题，没有相关研究和建设经验。塔柱结构在升船机整体结构中占有重要地位。升船机塔柱结构顶部建有大型机房，沿水流方向长度大，中间要通过承船厢的高耸结构，承受自重、水载、风载、温度作用以及可能地震作用，同时还有设备重量等，为保证船厢的顺利提升，需要严格限制塔柱结构的变位。为确保塔柱结构变位受控，需要采取一系列严密措施，包括结构布置方面、结构施工方面及设备安装方面。

（二）水工材料

1. 高性能混凝土材料

水工混凝土材料泛指用于构筑水工建筑物的混凝土。近年来，水工混凝土材料进一步向着高性能、长寿命、绿色环保的方向发展。溪洛渡、锦屏一级高拱坝进一步优化了胶凝材料体系，将粉煤灰掺量提高到 35%。石粉用作掺合料配制碾压混凝土技术获得快速发展和推广应用。低热硅酸盐水泥配制的 C50~C60 抗冲磨混凝土成功应用于溪洛渡泄洪洞和向家坝水电站消力池，目前已全坝应用于乌东德和白鹤滩高拱坝。聚羧酸高性能减水剂（减水率≥ 25%）替代传统萘系减水剂配制的高流态泵送混凝土大量应用于水工薄壁钢筋混凝土结构。胶结砂砾石、堆石混凝土、植生（绿化）混凝土、透水混凝土等的研究成果进入推广应用阶段。

在水工混凝土长期耐久性方面，研究了混凝土真实性能演变规律，揭示了性能衰减与微裂纹密度之间的关系，提出了混凝土老化损伤状态的微裂纹定量分析评价方法；建立了微观损伤与弹性波测定宏观性能之间的关系，实现了基于弹性波信号（可穿透 30 m）和微裂纹定量分析对水工结构中混凝土老化损伤的识别评价。

2. 沥青混凝土材料

近年来，沥青混凝土材料在水工结构中大量应用，发展迅速，如张河湾、西龙池、宝泉、呼和浩特等抽蓄电站面板防渗工程，以及冶勒（125 m）、黄金坪（95.5 m）、大西沟（92 m）等心墙坝。宝泉上水库沥青混凝土面板坡比为 1∶1.7，是 20 世纪 90 年代之后国内同类工程中最陡的。正在建设的去学心墙坝（169 m）为目前世界最高的沥青心墙坝。研发了满足面板低温抗裂要求的改性沥青，已在西龙池和呼和浩特等抽蓄电站面板中得到应用，其中呼和浩特上水库的极端最低气温为 -41.8℃，为目前世界同类工程中气温最低的。成功采用含酸性骨料的天然砂砾石修建沥青心墙坝，如坝高 73 m 的四川双桥沥青心墙坝。在施工技术方面，成功进行了碾压式沥青混凝土低温铺筑试验和施工，如冶勒心墙坝提出了 -4℃以上、风速 3 级以下环境的施工工艺。结合目前的环保要求，研制了沥青改性剂，通过在沥青中添加沥青改性剂，可以显著提高酸性骨料与沥青的粘接能力，正在积极推进酸性骨料在沥青混凝土面板坝中的应用。

3. 结构修补加固材料

针对水工混凝土结构修补加固，国内已研发了钢纤维硅粉混凝土、水工高性能抗冲磨砂浆、新型环氧树脂抗冲磨材料、高触变性环氧砂浆、聚合物水泥砂浆、聚合物纤维混凝土（砂浆）、灌浆材料（聚氨酯、环氧树脂、丙烯酸盐、水玻璃、酚醛、甲基丙烯酸甲酯、聚氨酯与水玻璃复合类等材料）以及环氧树脂胶、聚酯树脂胶和乙烯基脂树脂胶等有机类锚固材料和水泥（砂浆）无机类材料。单组分聚脲、环氧防护涂层等混凝土表面防护涂层，可以防止混凝土碳化、冻融及面渗，有效提升水工混凝土建筑物的使用寿命，同时可以减少糙率，防止淡水壳菜的生长，提高输水建筑物的输水能力。高弹性砂浆可以用于有推移质高速水流的泄洪建筑物防护；气泡防冰技术可以有效消除冰对水工建筑物带来的危害；自锁锚杆的研制成功，解决了传统化学锚固耐久性差的缺陷。

（三）结构控制措施

1. 工程监测

在监测仪器方面，基于串接的 MEMS 传感器的高精度连续变形监测仪器国内已有多个厂家生产，可以替代加拿大和韩国进口的同类仪器，用于监测土石坝或边坡的最长 150 m 范围内的水平或垂直位移。在外部变形监测方面，国内开展了北斗 GPS 组合定位、合成孔径雷达、三维激光扫描技术以及基于全站仪的远程自动监测的研究与应用，效果较好。无人机航测及图像识别系统开始用于大坝结构表面裂缝的普查与检测。在监测自动化采集方面，开发了基于 LoRa 技术的低功耗无线广域网（LPWAN）自动化采集系统，已分别用于乌东德和大藤峡等水电工程。乌东德水电站开始实施大坝安全监测的全过程自动化，采用 LPWAN 自动化采集和常规自动化采集相结合，实现了传感器埋设后即行自动化采集、传输，可以消除以前不可缺少的大坝施工期人工采集阶段。在监测信息管理分析方面，监测信息可视化、监控智能化日益受到重视，BIM 技术已逐渐渗入，多个面向流域、省域或全国的大坝安全管理平台已投入运行。

2. 检测与评估

目前常用的混凝土缺陷无损检测方法有超声波法、冲击回波法、回弹法、超声回弹综合法、地质雷达法、电磁感应法、瞬态表面波法、红外热成像法、射线检测法、声发射法等。近年来，混凝土检测技术向自动化、高精度、可视化、多技术融合等方向发展。①相控阵探地雷达坝体深部检测技术。改善了探测深度与分辨率的矛盾，发射信号能量通过对坝体深部的聚束扫描探测，并对采集信号进行去杂和去噪处理，实现信号的可视化处理、目标体智能识别。②混凝土坝、土坝渗漏弹性波横波检测技术。利用横波法检测横向分辨率更高、对渗漏区域敏感度更强、信号干扰更小等优点，根据激发、接收位置的不同，有孔内横波 CT、表面地震横波探测等方法，横波法可对混凝土结构、土体结构内部渗漏区域进行全面、精确的探测和评估。③混凝土结构内部缺陷三维超声波检测技术。通过采集超声波三维信号，数字聚焦阵列 3D 成像，对混凝土结构内部缺陷做到精准三维可视化和自动判读，提高检测精确度和工作效率。④激光散斑干涉测量混凝土结构微小变形和位移方向技术。⑤超声相控阵法检测混凝土缺陷技术。利用阵列换能器发出相位延迟、方向不同声波检测混凝结构缺陷。⑥微波断层成像法混凝土结构缺陷损伤变化检测技术。利用散射电磁波场重建混凝土结构复介电常数图像，判断内部缺陷损伤变化。⑦超声导波应力检测结构物内部缺陷及力学边界技术。通过分析弹性波在波导介质边界处多次反射波特性，确定波导体缺陷和力学边界。⑧非接触式磁环漏磁探伤技术。用于探测混凝土内部钢筋、钢管、钢丝等金属结构。⑨混凝土或土体机构裂缝深度含金属粉末示踪剂探测技术。⑩混凝土结构缺陷无人机检测技术。利用无人机可视化数字相机拍摄图像，进行混凝土结构模型重建，提取结构物缺陷几何特征（如点、线、面），提高检测效率。

混凝土结构安全评估应通过结构耐久性、整体牢固性和承载能力安全性等方面开展。耐久性评估方法主要有基于构件耐久性损伤加权的耐久性评定、基于模糊综合评判的耐久性评定和基于可靠度的耐久性评定。建立基于关键区域子结构模型修正的混凝土整体结构损伤识别方法，实现整体结构安全诊断评估。

3. 智能温度控制

防裂是混凝土坝建设的重要任务。传统温控施工方式存在信息获取的“四不”问题，即“不及时、不准确、不真实、不系统”，最终导致温控施工的“四大”，即“温差大、降温幅度大、降温速率大、温度梯度大”，此为裂缝发生的主要原因。近年来，随着互联网 + 时代的到来，信息化、数字化、数值模拟仿真、大数据等技术的迅速发展为大坝温控防裂的智能化提供了机遇，实现了由传统温控模型向智能化温控的质的飞跃。

当前，大体积混凝土防裂智能温控技术取得重大进展，可实现混凝土施工全环节（拌和、仓面、通水、保温）、全过程智能化优化关联控制与管理。从总体构成上讲，智能温控包括感知、互联、分析及控制四部分。从具体应用实现上讲，主要包括开发形成的成套适应恶劣施工环境的智能温控硬件装备、软件系统及分析模型。当前，智能温控技术已成功应用于丰满重建、黄登、大华桥、大藤峡、乌东德、白鹤滩等国内 14 座重大工程，防裂效益极其显著。

4. 结构高精度仿真分析和评估

大型水利工程关系国计民生，安全性至关重要，一旦出现大坝溃决等极端事件，灾难性后果无法承受。水利水电工程普遍涉及固体、流体、气体、静力、动力等很多方面，理论上难以建立完备的解析模型，小规模物理实验模型也难以解释工程材料和结构的破坏现象和规律，在此情况下，结构高精度数值仿真分析已成为工程性能和安全评估的最重要手段。大坝结构高精度仿真在已建及在建 300 m 级高混凝土建设和运行中得到广泛应用，自由度规模已达到千万自由度以上，施工性态和运行安全得到高精度分析、预测，代表性工程如锦屏一级拱坝、溪洛渡拱坝、乌东德拱坝和白鹤滩拱坝等。仿真软件性能得到不断提升，国内自主研发仿真软件 Saptis 并行能力达到 2 万核，计算规模约 10 亿自由度。

5. 结构抗震

当前高混凝土坝抗震安全研究的重点为遭遇极端地震时防止严重次生灾变。高坝抗震安全评价包括地震动输入、大坝结构地震响应、结构抗力三部分。坝址地震动输入突破传统点源模型的局限，采用基于随机有限断层法直接确定坝址地震动输入参数和机制。结构响应分析同时考虑坝体横缝、坝基潜在可能滑块岩体、远域地基地震波能量逸散等关键因素。采用全级配大坝混凝土动态特性试验结果作为大坝抗震安全评价的主要依据。

大型渡槽抗震分析综合考虑了地震动的不均匀输入、槽身与水体的相互作用、槽墩以及桩基与土体相互作用、隔震与减震装置、预应力钢筋与结构变形的耦合作用等复杂因素，并通过了大型振动台的模型试验验证。大型渡槽的抗震计算和抗震措施已经纳入了 2016 年新修编的水工建筑物抗震设计规范的条文中。

三、国内外研究进展比较

（一）混凝土结构

随着锦屏一级、小湾、溪洛渡、向家坝等一批具有世界领先水平的混凝土坝相继建成，我国在混凝土坝领域的相关研究取得了长足的进步，在特高坝结构设计与体形优化、大体积混凝土温控防裂、混凝土施工智能监控、高强低热混凝土配制等领域已跻身国际领先水平。近年来，已有专家在堆石混凝土坝的基础上进一步发展，提出构建胶结颗粒料新坝型并展开一系列研究，提出了新坝型筑坝理论与技术，逐渐被国际坝工界所认可。但是混凝土坝设计的基础理论方法大多由西方发达国家首先提出，我国相关研究的系统性仍有待加强。突出表现在以下两个方面：一是虽然以有限元为代表的现代分析方法在我国混凝土坝设计中发挥了重要作用，也有专家提出要以有限元等效应力方法替代拱梁分载法、以有限元强度递减法取代极限平衡法，但目前仍缺乏被普遍接受的控制标准，仍无法完全替代欧美国家在 20 世纪 30 年代提出的方法体系；二是虽然我国高混凝土坝建设已位居世界前列，但是我国混凝土坝设计规范在国际上仍然没有得到广泛认可，国际工程仍大多采用欧美规范，我国混凝土坝建设技术标准的话语权亟待加强。

国内大型引调水工程快速发展，南水北调东中线已建成通水，引黄入冀补淀、引江济淮、引汉济渭、滇中引水、黔中调水、引大济湟、引绰济辽等多项重大引调水工程已经或即将开工建设。引调水工程建设涉及各种混凝土结构和材料问题，包括混凝土渠道、大型渡槽、深埋隧洞、钢衬钢筋混凝土管道、倒虹吸、泵站和水闸等，相关结构和材料得到不断改进和发展，规模、速度和建设能力居世界前列，但一些基础研究仍落后于发达国家，如泵站结构的振动问题、渡槽预应力损失等。

（二）混凝土材料

国内大规模水电工程建设为大坝混凝土材料研发和应用提供了良好条件，如低热硅酸盐水泥配制抗冲磨混凝土和高拱坝混凝土取得重要突破，已建成的小湾、溪洛渡、锦屏一级等拱坝全面采用了“高强低热、抗裂、高耐久”大坝混凝土，乌东德、白鹤滩水电站大坝全面采用低热水泥混凝土。相比较而言，国外因没有强的工程需求驱动，在大坝混凝土的高性能化方面没有显著技术进步。但在特种混凝土研发和应用方面，国内与国外水平相比还有很大差距，如迪拜的哈利法塔（Burj Khalifa）最大高度 828 m，创造了单级泵送 C60 泵送混凝土到 586 m 的世界纪录；其他的特种混凝土还有水下浇筑混凝土、抗腐蚀混凝土、负温环境混凝土、极度干燥环境混凝土、植生（绿化）混凝土、超高性能混凝土、损伤自愈混凝土、纳米混凝土等。

（三）结构控制措施

主要发达国家水利水电工程开发已经到达很高水平，现阶段研究重点已经转移到在役大坝的安全评估、寿命预测、风险分析与管理等方面，水工混凝土结构的检测技术涉及超声波、声波、弹性波、电磁学、CT 技术、代数重建技术、图像学技术等，水工结构的安全评估涉及弹性力学、塑性力学、损伤力学、数值计算、模糊数学、神经网络、专家系统、工程地质等，修补加固涉及新材料、新设备、新工艺和新技术。我国在新的检测方法与设备的开发、大坝的安全耐久性评估、大坝的风险分析与管理、修补加固材料及专用设备的研发与制造等方面，还存在一定差距。

四、发展趋势

（一）发展需求

60 余年来，我国已经兴建了大量的水利水电工程，但水资源的充分利用仍需要新建大量水利水电工程，尤其是西部的水电工程和国内的大量长距离调水工程。针对国内水工结构与材料发展特点及工程建设和运行情况，学科重点发展领域包括：高寒高海拔复杂条件下混凝土筑坝技术，长距离复杂条件下调水工程建设技术，智能和生态混凝土材料研发和应用技术，水工结构缺陷检测和评估技术，工程建设和运行智能化管控技术，高性能数值仿真模拟技术，水工结构工程风险快速诊断和应急抢险关键技术，高坝通航建筑物建设关键技术，大坝混凝土深水修补材料及施工技术，混凝土面板防裂和止水体系优化技术。

（二）发展对策

水工混凝土结构与材料学科近年来加速发展，国内在工程设计、工程建设、新材料研发利用、监测检测和安全评估方面不断进步，部分技术达到了世界先进水平，但新技术的应用仍显不足，基础研发和核心技术装备依赖欧美发达国家。“十四五”期间，应结合国内工程建设和运行管理，进一步加大核心技术攻关，推动学科向上向深发展。

（1）学科发展与工程建设紧密结合，学科发展依托实际工程实践，实际工程建设需要学科发展支撑。为使水工结构工程更安全、更智能、更生态，需要具有充分的现代意识和超前意识，不断创新进步，而不仅局限于老旧成熟技术的重复使用，应积极强化工程建设管理单位在实际工程中新方法和新技术的研发和应用意识，推进学科发展。

（2）在国家政策范围内，采取各种措施，积极促进科技成果转化，使新方法、新结构、新技术和新材料得到充分有效利用，同时激励科研人员在学科发展中进一步创新。

（3）融合各种现代方法技术，尤其是信息技术、智能技术和各种新型材料技术，全面推进学科交叉发展，使学科“老、笨、粗”的形象转化为“新、智、精”形象。

（4）积极拓宽水工结构和材料学科研究和应用范围。目前水工结构与材料学科主要局限在水利水电工程方面，其他相关涉水工程涵盖很少。应积极推动学科成果在其他涉水工程中的应用，并进行相关适应性研究。

参考文献

[1] 朱伯芳. 中国水科院水工结构研究成果丰硕国际领先［J］. 中国水利水电科学研究院学报，2018，16（5）：13-24.

[2] 陈厚群. 水工混凝土结构抗震研究 60 年［J］. 中国水利水电科学研究院学报，2018，16（5）：4-12.

[3] 郝巨涛，纪国晋，孙志恒，等. 水工结构材料研究的回顾与展望［J］. 中国水利水电科学研究院学报，2018，16（5）：87-98.

[4] 张国新，刘毅，刘有志，等. 高混凝土坝温控防裂研究进展［J］. 水利学报，2018，49（9）：46-56.

[5] 樊启祥，张超然，陈文斌，等. 乌东德及白鹤滩特高拱坝智能建造关键技术［J］. 水力发电学报，2019，38（2）：24-37.

[6] 徐耀，郝巨涛. 混凝土面板堆石坝面板接缝止水技术的发展与展望［J］. 中国水利水电科学研究院学报，2018，16（5）：139-147.

[7] 贾金生，郑璀莹，王月，等. 胶结颗粒料坝筑坝理论探讨与实践进展［J］. 中国科学：技术科学，2018，

48（10）：23-30.
[8] 向衍，盛金保，刘成栋. 水库大坝安全智慧管理的内涵与应用前景［J］. 中国水利，2018，854（20）：44-48.
[9] 钮新强. 建设三峡水运新通道 提升黄金水道支撑力［J］. 长江技术经济，2018（2）：51-56.
[10] 牛广利，李天旸，何亮，等. 大坝安全监测云服务系统的研发与应用［J］. 中国水利，2018，854（20）：52-55.
[11] 赖俊杰，何吉，向前. 高性能计算在水工结构工程数值仿真中的应用进展［J］. 武汉大学学报（工学版），2015，48（5）：634-638.
[12] 孙志恒，邱祥兴，张军. 面板坝接缝新型防护盖板止水结构试验［J］. 水力发电，2013（10）：93-96.
[13] Feng J，Hu Z，An X. Research on rock-filled concrete dam［J］. International Journal of Civil Engineering，2018：1-6.

撰稿人：张国新　金　峰　孙志恒　周秋景　陈改新　李端有　李宏恩
颜天佑　卢正超　李松辉　崔　炜　牛志国　商　峰　程　恒

岩土工程学科发展

一、引言

岩土工程是将土力学与基础工程、工程地质、岩体力学以及其他学科相关成果相融合并应用于土木水利工程实践而形成的学科，主要涉及工程建设中有关岩土体的工程性质测试、利用、整治和改造的科学技术。岩土工程的三大基本问题是岩土体的稳定、变形和渗流，水利岩土工程的主要特点是涉水环境带来的岩土体与水体的复杂相互作用。近年来，我国在岩土工程测试与试验技术、岩土力学基本理论与计算方法等领域研究成果丰硕，服务国家重大工程建设和公共安全保障的能力显著提升；土石坝工程、岩石高边坡与地下工程、软土地基与特殊土处理技术、岩土工程防灾减灾、环境岩土工程、海洋岩土工程等实践领域均取得了长足的发展。

本专题报告分别从上述领域综述国内发展现状及最新研究进展，对比分析国内外研究水平，并试图从国家需求角度指出岩土工程学科的发展趋势。

二、国内发展现状及最新研究进展

（一）岩土工程测试与试验技术

在土石材料室内试验技术方面，研制了大型三轴流变仪、大型侧限流变仪、大型劣化试验仪、特大型三轴仪（直径 1 m）等设备，解决了宽围压、长稳压以及动态加载和试样应变高精度测量等问题。研发了 CT 三轴仪，基于 CT 机的高空间、时间分辨率及多维图像重建功能实现了粗粒土组构要素的定量测量。提出了土工试验中试样与加载板之间接触由整体接触变为分散式接触、滑动摩擦变为滚动摩擦的减摩方法，研发了大尺寸、高压力、微摩擦土工真三轴试验仪。研发了应力 – 渗流耦合的侧限试验装置、应力 – 剪切变形 – 渗流耦合的试验装置以及大型高压渗透试验装置，实现了应力加载和剪切变形条件下土体渗透性能演化规律的定量测量。研制了大型圆筒型土样侵蚀率冲刷试验装置，提出了土体材料侵蚀速率和启动流速测定试验方法。

在现场测试技术方面，发展了基于现场大型相对密度试验确定坝料压实指标的方法，为合理确定土石坝碾压质量控制指标和碾压施工工艺参数提供了实用方法。研发了现场直剪试验技术，实现了低围压条件下原位土体强度指标的可靠测量。研发了最大体变为1000 cm^3 的滑移式大旁胀量旁压仪，有效解决了普通旁压仪无法测得坚硬土层临塑压力和极限压力的技术难题。基于“当量旁压模量”思想，提出了现场旁压试验和室内试验相结合的深厚覆盖层原位密度推测方法以及力学性质测试技术，解决了原位深厚砂砾石覆盖层土体物理力学性质难以测试的难题，为深厚覆盖层上水利水电工程设计提供了依据。依托三峡、隔河岩、水布垭、构皮滩和彭水等大型水利水电工程，提出了现场岩体柔性承压板变形试验、基于液压枕的抗剪强度试验、现场岩体三轴强度与流变试验以及浅孔孔壁应变法、包体式深孔套芯解除法和水压致裂三维地应力测量等方法，为科学认识岩体性能提供了重要手段。

在物理模型试验技术方面，我国离心模型试验技术的发展尤为引人瞩目。南京水利科学研究院研制了 5 gt、50 gt、60 gt、400 gt 系列离心机和离心模型试验专用附属设备，包括用于模拟地震等振动荷载作用的电液伺服式振动台、模拟开挖和填筑施工过程的机器人、模拟堤坝施工的分层填筑模拟装置、模拟土石坝溃坝过程的试验系统和试验方法、模拟波浪作用的造波系统、模拟冻融循环的温控系统、PIV 图像测试系统等，大大拓展了土工离心机的应用领域。浙江大学基于超重力试验平台，发明了离心机机载三要素静力触探仪测试装置，实现了超重力试验过程中模型地基密实度、均匀性和强度的动态测试；针对海洋基础同时承受自重、风、波浪和海流等多向荷载的特点，研发了世界首台同时施加竖向力、水平力和倾覆弯矩且加载点三向可调的离心机机载装置，实现了对海洋基础多向耦合加载和往复循环加载；研制了水深、波高及频率可控可调的摇板式超重力造波实验装置，再现了原型波浪作用下海床地基孔压累积和液化过程；发明了实时控制潮汐水位及涨落速率的潮汐水位模拟离心机机载装置，实现了水位连续升降、水位变化最大速率 1.2 m/h 的精准模拟。目前，中国水利水电科学研究院正在建设一台容量 1000 gt 的大型土工离心机和一台最高离心加速度达 1000 g 的高速土工离心机，其综合技术指标处于世界领先地位。

（二）岩土力学基本理论与计算方法

沈珠江院士指出现代土力学包括一个模型（本构模型，特指结构性模型）、三个理论（非饱和土理论、液化破坏理论和渐进破坏理论）和四个分支（理论土力学、计算土力学、实验土力学和应用土力学）。

岩土体的本构模型历来是岩土力学理论研究的核心问题之一，其破坏准则常蕴含于本构模型中。我国学者针对岩石、堆石、砂砾石、砂土、黏土等提出的本构模型多达数十种，大体上可以分为弹性模型、非线性弹性模型、弹塑性模型等。岩石的本构模型研究多与损伤力学理论相结合，考虑加卸载、冻融过程、温度循环、水压循环等因素作用下的损伤特性；对于软岩，则多关注其流变特性。对于土石材料，临界状态理论普遍运用于本构模型研究中，且多通过应力剪胀方程体现。近年来，堆石料本构模型研究工作较关注颗粒破碎的影响，基本思路主要有两条：一是直接考虑颗粒破碎对强度和剪胀（缩）特性的影响，在本构模型中直接耦合强度非线性和剪胀非线性公式；二是考虑颗粒破碎对临界状态线的影响，运用漂移的临界状态线代替固定的临界状态线，从而描述颗粒破碎对剪胀（缩）和强度的影响。砂土的本构模型研究在状态相关的剪胀方程、三维破坏准则、各向异性、应变局部化、主应力偏转效应、微观力学解析模型等方面取得重要进展；黏土本构模型研究进展则主要体现在超固结黏土、原位结构性黏土等具有初始结构性土体变形特性的模拟方面。总体而言，弹塑性理论仍是土石材料本构建模的主流，但其他建模理论也显示出了相当的生命力，如亚塑性理论已成功地运用于黏土、砂土、堆石料等复杂变形特性的模拟。

在非饱和土力学理论研究方面，揭示了非饱和土与特殊土的水气运动规律及变形、强度、屈服、水量变化、湿陷、湿胀、细观结构演化、温度效应等许多重要力学特性规律；构建了岩土力学的公理化理论体系与多种组合形式的非饱和土的应力状态变量；提出了各向异性多孔介质的有效应力理论公式与非饱和土的有效应力理论公式；建立了非饱和土、湿陷性黄土和膨胀土的本构模型谱系（包括非线性、弹塑性、结构性损伤与热力耦合模型）与分别考虑密度、净平均应力和偏应力影响的广义土－水特征曲线模型谱系；创立了非饱和土三维固结理论及其固结模型谱系；自主研发了分析固结问题的系列软件，求得一维固结问题的解析解和二维固结问题的数值解，形成了完整的理论体系。

随着计算机软硬件技术的发展以及本构理论的日益完善，计算岩土力学在工程设计方案论证与优化中发挥着越来越重要的作用。在动力计算方面，考虑复杂河谷形状、三向地震作用、倾斜坝面、库水可压缩性等因素，建立了基于有限元－比例边界有限元的面板坝－库水流固耦合动力分析方法，研发了具有完全自主知识产权的高土石坝施工、蓄水、运行和地震全过程分析的高性能软件系统，动力计算规模突破了 1000 万自由度。在接触模拟方面，将非线性接触力学方法引入到高土石坝工程多体接触问题的数值计算中，通过 Lagrange 乘子法引入接触界面孔压传导条件，发展了流固耦合多体接触分析方法，自主研发了高土石坝非线性接触分析的高性能数值计算软件，在天河Ⅱ号计算机上实现了 1.27 亿自由度量级的超大规模计算。

描述岩土材料的非连续性、大变形和破坏等复杂特性的重大需求，以及传统连续介质理论在模拟该类问题上的不足促进了以离散单元法为代表的离散介质数值模拟方法的发展。我国学者提出或完善了用于离散元模拟的系列接触模型，包括无胶结接触模型、软胶结接触模型、硬胶结接触模型、软硬复合胶结接触模型；解决了流固耦合、热力耦合、连续－非连续方法耦合，以及复杂形状颗粒的接触判别等难题，为研究黏土、砂土、粗颗粒土、湿陷性黄土、深海能源土、月球土壤等土体的结构性、各向异性、应变局部化、颗粒破碎、湿陷性、流变性等复杂特性提供了先进手段。以离散单元法为桥梁，从微观尺度确定宏观力学变量及其演化过程，将土体宏观力学特性与微观结构特征相关联，建立基于微观机制的宏观本构模型，为现代土力学研究开拓了新的思路。

（三）土石坝工程

我国 98000 多座水库中，93% 以上是土石坝。近 10 年来，我国又建成了水布垭（233 m）、猴子岩（223.5 m）、江坪河（219 m）、糯扎渡（261.5 m）、长河坝（240 m）、瀑布沟（186 m）等一大批高坝大库；拟建的大石峡面板砂砾石坝（247 m）和如美心墙堆石坝（315 m）坝高均居同类坝型世界之首。因此，我国既有高度 200 m 以上高坝大库建设和长期安全保障的重大需求，又面临量大面广的中小型水库大坝的安全保障和管理问题。

研发了筑坝材料特性研究的成套试验设备和高土石坝灾变过程模拟的离心模型试验技术，室内试验手段和能力得到大幅提升；研制了系列新型高土石坝安全监测设备和方法，形成了坝体和坝基变形、应力和渗流，面板应力、应变和挠度，面板周边缝与垂直缝变形等项目的成套原型安全监测技术。提出了模拟高土石坝筑坝粗颗粒料复杂变形特性的系列弹塑性本构模型，建立了比较系统的高土石坝安全评价理论，研发了具有自主知识产权的静动力计算分析软件。提出了包括堆石坝体各区的变形协调、堆石坝体变形与面板变形的同步协调为核心的变形安全新理念，建立了变形协调的准则、判别标准和变形安全设计计算方法。提出了掺人工级配碎石对天然土料进行改性及充分利用软岩堆石料的理念，研发了料场开采与混合、人工掺砾料场掺和、压实标准和检测方法等成套技术。上述理论和技术创新成果，显著提升了高土石坝建设水平和安全保障能力，为我国一大批高土石坝工程建设提供了科技支撑，“水布垭超高面板堆石坝工程筑坝关键技术及应用”“高坝动静力超载破损机理与安全评价方法”“水利水电工程渗流多层次控制理论与应用”“高混凝土面板堆石坝安全关键技术研究及工程应用”“超高心墙堆石坝关键技术及应用”“高土石坝抗震设计理论研究与工程应用”等多项重要成果获得国家科技进步二等奖。

在水库大坝安全保障关键技术方面，针对溃坝与洪水分析、大坝风险与调控、除险技术与决策、应急对策与管理四大科学问题，在大比尺溃坝试验与模拟、大坝基础数据挖掘、溃坝机理与模型、安全监测预警、风险管理等方面取得一系列突破性进展和创新：开展了国内外最高 9.7 m 的实体溃坝试验场（国外最高 6.0 m），揭示了均质坝溃决新机理；创建了土石坝溃坝离心模型试验系统，建立了相应的模型与原型相似准则，使溃坝模拟最大坝高达 100 m 级，较好克服了室内小尺度溃坝试验模型与原型坝高相差过大，重力不相似，野外大尺度溃坝试验费用高、随着坝高增加风险难以控制等困难；首次研发了全国、全系列、全要素大坝基础数据库，揭示了水库病险成因、溃坝规律及其时空特征；创建了中国大坝风险标准体系，建立了大坝除险加固决策方法和模型，研发了大坝除险加固新技术；研究提出了大坝隐患典型图谱集，建立了大坝安全预警指标体系与预测模型。与国内外同类技术比较，在多项技术指标和理论方法上取得重大突破，显著提升了我国大坝安全管理技术水平。“水库大坝安全保障关键技术研究与应用”是我国水利行业一项重大标志性科研创新成果，获 2015 年度国家科技进步一等奖。

（四）岩石高边坡与地下工程

岩体介质是自然界最复杂的天然介质之一，具有不连续性、不均匀性、各向异性以及力学性质随时间变化的特征，最大限度地利用岩体的承载能力是水利水电工程对岩石力学学科发展提出的重大需求。提出了岩体关键块体稳定性分析方法，建立了反映结构面控制作用的裂隙岩体块体元法理论；发展了基于 DDA 的岩体非连续变形分析理论与变形破坏过程数值模拟技术；提出了考虑岩体开挖扰动三区域演化、支护与反馈于一体的工程岩体开挖与支护动态反馈分析方法。建立了以岩体坚硬程度与完整程度两个独立指标确定岩体基本质量的评价方法和工程岩体分级标准；发明了针对坝基等工程细微裂隙岩体防渗与加固的湿磨细水泥灌浆成套技术；提出了工程岩体特性详尽认识原则、岩体强度充分利用原则、岩体与工程结构同等安全标准原则及岩体结构总体依靠自稳和局部进行补强加固原则等水工岩体利用四原则。“水工岩体特性评价与工程利用关键技术”获 2015 年度国家科技进步二等奖。

我国西南地区大型水利水电工程高陡边坡地质环境复杂，工程规模巨大，其性能与稳定将长期影响乃至控制工程全生命周期库坝安全，可以说库坝安全的前提之一就是高陡边坡的稳定。近年来，我国岩石力学界围绕大型水利水电工程高陡边坡全生命周期安全控制问题，开展了高边坡岩体工程作用效应、时效力学特性、边坡与坝体 - 库水相互作用以及性能演化机制的基础研究，阐明了高边坡岩体开挖扰动区的孕育演化模式、大型锚固体系的结构强度特性以及高边坡岩体的渗流控制机制，揭示了复杂环境下高陡边坡全生命周期的性能演化规律，建立了基于全生命周期性能演化的大型水利水电工程高陡边坡变形与稳定性分析方法，提出了边坡性能综合评价指标体系与多源信息融合的评估方法，形成了一套基于全生命周期性能演化的高陡边坡设计方法与安全控制理论体系。

我国水利水电工程建设中大型地下厂房、长距离引（输）水隧道，城市地下空间开发利用中大型地下商场、地铁车站以及跨海、跨江通道建设等需求还为岩土地下工程的发展提供了契机。提出了微震监测网络、声波、声发射等多种手段组成的开挖扰动区测试方法；系统研究了“围岩—初期支护—二次衬砌”之间的作用关系；建立了围岩稳定性控制理论与方法。提出了大型地下洞室群地震动输入机制以及地震作用下的岩体动力本构模型，建立了大型地下洞室群地震动力灾变过程模拟方法；提出了大型地下洞室群地震动力灾变准则和灾变控制措施。研发和引进了一批物探设备，综合运用多种物探手段对溶裂隙水与不良地质进行了深入的研究，建立了深埋长大隧道施工过程超前地质预报系统，为地下工程建设和防灾减灾提供了重要的科技支撑。

（五）地基与特殊土处理技术

我国幅员辽阔，软土、膨胀土、湿陷性黄土等软弱土层或特殊土分布广泛。创建了复合地基理论体系，研发了系列高性能复合地基技术，形成了完整工程应用体系，突破了传统地基处理技术瓶颈，实现了地基的快速、经济和高效处理，使复合地基成为与浅基础、桩基础并列的土木工程第三种常用基础型式，“复合地基理论、关键技术及工程应用”项目获2018年度国家科技进步一等奖。在吹填软土地基处理技术领域，提出了无砂垫层浅层快速真空预压加固、真空电渗联合预压、真空化学联合预压、低位真空预压、水下真空预压等新技术；研发了吹填超软地基表面施工工作面搭建、避免排水板淤堵、底部抽真空等施工工艺；研究了吹填土的颗粒成分与级配、水平排水方式、排水板型号、间距及加载速率等设计参数对地基加固效果的影响，建立了适合吹填软土的大变形固结沉降计算方法，分析了超软地基的固结速率、土体强度和地基承载力增长规律。水利水电工程地基处理技术进展主要体现在深厚覆盖层坝（闸）基防渗技术上，混凝土防渗墙施工和质量检测工艺、塑性混凝土防渗墙技术、防渗墙－帷幕灌浆联合防渗技术等促进了我国深厚覆盖层上水利水电工程建设。

膨胀土是我国水利水电工程建设中最常碰到的一类特殊土，“逢堑必滑、无堤不塌”的特殊性和严重性给水利工程，尤其是长距离调水工程的安全带来极大危害。揭示了膨胀变形作用下的边坡失稳和裂隙强度控制下的边坡失稳的双重破坏模式，提出了基于膨胀模型的边坡稳定有限元分析方法和考虑裂隙面空间分布特征的边坡极限平衡分析方法。厘清了膨胀土不同类型裂隙对边坡稳定的作用，提出了膨胀土土体强度的取值原则，解决了膨胀土裂隙面强度测试以及土体强度确定的难题。针对膨胀土边坡裂隙控制下的破坏模式，研发了张拉自锁伞形锚边坡加固新技术；针对深挖方渠坡的高地下水位问题，研发了压差放大式逆止阀装置；提出了膨胀土水泥改性的机理和粒径控制要求，制定了水泥改性土的施工工艺和质量控制技术；提出了利用土工袋处理膨胀土渠道边坡的设计方法、施工和质量检测工艺。

近年来，随着我国新疆供水工程实施以及罗布泊资源开发，严寒和卤水环境下岩土工程性能评估与处治措施受到重视。开发了渠道冻融过程离心模型试验成套设备，包括热交换系统、循环冷却水试验系统、渠道冻融离心模型专用试验箱和直流回弹式位移测量系统；建立了咸寒区渠道冻害安全评价指标体系和评价模型，为渠道冻害安全评价提供了技术支撑；提出了基于土水温力耦合的输水渠道冻害监测系统与分析评估预警系统；研发了防渗抗裂抗硫酸盐腐蚀改性树脂乳液砂浆，提出了渠道混凝土衬砌不同形式裂缝的修复工艺及流程，形成了盐冻等复杂条件下咸寒区渠道混凝土衬砌的快速维修技术；研发了咸寒区渠道冻害处治大型机械化施工成套设备，上述技术突破为显著提升供水工程的利用效率提供了重要的科技支撑。

（六）岩土工程防灾减灾

在岩土工程抗震领域，构建了 V 形河谷、U 形河谷以及河床覆盖层上地震波传播的解析模型，得到了这些问题的波函数级数解，揭示了不同河谷形状和沉积条件下地震波的放大效应。研究了筑坝堆石料在动力荷载作用下的残余变形特性，提出了残余变形计算方法；研究了坝基砂层和坝体反滤层的液化机理和分析、判别方法，揭示了高土石坝的地震响应特点和灾变机理；研究了高土石坝极限抗震能力的黏弹塑性计算分析方法，提出了高土石坝地震安全评价标准。

在高土石坝溃决模拟技术与风险评估方面，建立了均质土坝、黏土心墙坝、混凝土面板堆石坝、堰塞坝溃坝过程数学模型，揭示了土石坝的溃决机理与溃坝过程，为提高溃坝洪水计算精度和应急预案编制的科学性提供了理论与技术支撑。在山洪地质灾害预测预报与防治方面，研究了山洪地质灾害预测预报技术，揭示了山洪地质灾害发生发展机理与致灾过程，研发了山洪地质灾害预警预报系统与风险分析方法，构建了山洪地质灾害综合防治体系。

近年来，我国滑坡堵江（河）事件频发，形成的堰塞湖造成了极大的上游淹没损失，并对下游人民群众生命财产安全造成重大威胁。依托云南鲁甸红石岩堰塞体整治工程，提出了基于连续离散耦合分析方法的堰塞体地震诱发形成机理，利用综合探测技术查明堰塞体堆积成分三维空间变异规律，分析了堰塞体堆积组成分布规律及物理力学特性，研究解决了强震后 800 m 级强震碎裂高陡边坡和高堰塞坝综合治理关键技术，研发了全生命周期堰塞坝智能安全运行平台。提出了“除害兴利”的堰塞体综合整治方案，将红石岩堰塞体整治成为集应急抢险、后续处置和永久综合治理一体化的世界首例水利枢纽工程。2018年，科技部在重大自然灾害监测预警与防范领域启动了“堰塞湖风险评估快速检测与应急抢险技术和装备研发”“堰塞坝险情处置与开发利用保障技术与装备研发”等重大研发计划重点专项。

（七）环境岩土工程

我国的土壤污染总体形势严峻，部分地区土壤污染严重，在重污染企业或工业密集区、工矿开采区及周边地区、城市和城郊地区出现了土壤重污染区和高风险区。土壤污染不可避免地造成地下水污染，从而使我国地下水资源面临总量减少和水质恶化的双重压力。我国城市地下水污染已呈现从城区向郊区延伸、从浅层向深层迁移的趋势，其中有机污染是地下水中重要污染物。对于有机物污染场地，目前主要有气相抽提、热解吸 / 热脱附、地下水抽提处理、微生物修复、阻隔填埋五种主要技术。

在固化稳定化技术方面，系统研究了水泥固化铅、锌等单一和复合污染土的电阻率、孔隙液电导率等电学特性及其与重金属污染物浓度的相关性；开发了基于废弃磷矿石和碱激发剂的系列固化剂，可将重金属污染土的生物毒性由未处理的污染土的剧毒降低为无毒或微毒级别。在竖向阻隔技术方面，提出了满足膨润土泥浆施工和易性时钠化改性钙基膨润土的合理掺量（10%），明确了满足渗透系数不高于 9~10 m/s（有效应力不高于 100 kPa）设计目标时，钠化改性钙基膨润土在砂 – 膨润土竖向隔离墙中的掺量建议值（8.4%）；建立了基于两参数（也即粘粒孔隙比、自由膨胀指数比）预测重金属 / 盐溶液污染的、未污染的砂 – 膨润土隔离墙的渗透系数的统一模型；研发了聚磷基分散剂改性的膨润土隔离墙材料。目前，仍迫切需要研发具有自主知识产权的膨润土改性技术，以确保污染物作用下土 – 膨润土屏障材料在重金属、有机物以及多价阳离子作用下仍满足渗透系数不高于 9~10 m/s 的设计要求。

河湖库底泥处置与资源化利用技术是水利岩土工程与环境工程学科的交叉领域，主要包括底泥污染原位修复技术、污泥底泥异位修复技术、河湖库疏浚底泥脱水减量化技术和污染底泥无害化处理技术。国内底泥污染原位覆盖技术与原位钝化技术尚处于实验室试验与探索阶段，大规模水体实践还较少。污染底泥的环保疏浚技术是国际上开展湖泊、水库底泥污染治理研究得最早的技术，也是最为有效、广泛应用、成熟的污染底泥控制技术之一。在河湖库底泥处置研究成果方面，提出了底泥生态风险与污染评价方法，研发了无机材料、高分子材料、工业副产品等不同固化材料复合配方，开发了底泥快速混凝促沉材料和工艺，研发了包括专用绞刀、专用绞刀泵、高性能淤泥输送泵、管道在线脱水固化系统、原位固化系统等在内的疏浚与淤泥固化成套设备，快速、大幅降低淤泥含水率，已在多项河道清淤工程中推广应用，在此基础上形成了河湖库底泥处置与资源化利用成套技术。在河湖岸坡生态防护与小流域治理技术领域，研发了河湖库岸坡生态护岸新结构，如自嵌式、加筋式以及复合柔性式等挡土护岸结构；研发了亲水性生态护岸新材料与植被新型生长基质材料，如生态混凝土、水泥生态种植基、新型土壤固化剂、生物衍生物保水剂等生态护岸材料。

（八）海洋岩土工程

我国海上风电开发、港口码头建设、深海能源开发以及南海岛礁建设等对海洋岩土工程基本理论和技术研发提出了迫切需求。结合实测获得的海洋基础在横向受荷过程中主动区和被动区的土压力分布，确定了地基水平抗力与基础变形、直径和土体密实度之间的非线性关系，提出了砂土地基对基础的水平静力硬化型抗力模型；结合刚性桩和吸力式桶型基础在水平、竖向和倾覆弯矩三向荷载同时作用下的变形规律，提出了这两种刚性基础与变形相关的三向复合承载力分析模型及解析解；针对砂土地基中导管架群桩基础，首次提出了上拔基桩轴向侧阻力和横向地基抗力耦合作用下地基有效应力显著降低引起的群桩效应系数，建立了砂土和软土地基中群桩基础的复合承载力分析方法。

开展了南海典型珊瑚砂 K_0 固结试验、侧限压缩试验和三轴剪切试验，提出了考虑颗粒破碎影响的珊瑚砂侧向土压力表达式，建立了珊瑚砂的状态相关剪胀理论和本构模型。开展了南海典型软土和东海典型粉质砂土的三轴循环剪切试验，揭示了初始应力条件、初始孔隙比、循环应力比、加载速率等因素对海洋土循环累积应变的影响规律，提出了饱和砂土循环累积应变解析表达式。基于该模型的数值分析结果和超重力试验结果，提出了软土和砂土地基水平循环抗力模型，通过地基循环弱化因子分别诠释了地基抗力循环割线模量比与砂土循环剪切致密化和软土循环剪切孔压累积之间的内在关联，揭示了地基对基础水平抗力循环软化程度随深度变化的特性。采用地基循环软化抗力模型根据实际抗力幅值折减循环抗力大小，提出了海洋基础在风、浪水平循环荷载作用下的累积变形分析方法。

在海洋新结构开发方面，自主开发了“半遮帘式”“全遮帘式”“分离卸荷式”和“带肋板的分离卸荷式”等板桩码头新结构，建立了板桩码头新结构的设计理论和计算模型，将我国板桩码头的建设水平从 3.5 万 t 级提升至 20 万 t 级。研发了适用于淤泥质海岸防波堤和护岸建设的新型桶式基础结构，揭示了波浪 – 桶式基础结构 – 地基之间的静动力相互作用及破坏机理，提出了条件极限平衡设计理论，建立了桶式基础结构的抗滑、抗倾稳定和地基承载等设计方法。提出一种新型的海上风电基础结构——宽浅式复合筒型基础，分析了粉质黏土、粉土、粉砂等均质土层中复合筒型基础的承载特性，揭示了复合筒型基础的破坏模式，提出了计算倾覆力矩的平动加载方法和基础抗倾覆稳定性计算方法。上述海洋新结构中，“深水板桩码头新结构关键技术研究与应用”获 2017 年度国家科技进步二等奖。

三、国内外研究进展比较

我国大规模涉水基础设施建设和防灾减灾需求为岩土力学基本理论创新和岩土工程实践提供了丰富的源泉和广阔的舞台。就岩土工程实践广度和岩土力学创新活力而言，世界范围内鲜有国家能够与我国媲美。目前，我国水利、交通、能源、海洋等涉水工程的建设水平已经处于国际领先地位，支撑这些基础设施建设的岩土工程技术总体上也达到国际领先水平。近年来，我国学者在岩土类国际学术组织任职人数、国际学术期刊发表论文数量、高水平成果被引用次数以及岩土类企业参与国际市场竞争能力均显著提升，充分证明了我国岩土科技创新能力的巨大进步。但是，总体上我国岩土工程科技创新能力仍不完全适应国家重大需求，如：理论创新修补国外理论多，立“一家之言”的创新少；岩土计算依赖国外商业软件多，自主研发软件少；岩土监测国外仪器存活率高，国内仪器存活率低；疑难杂症处理或施工依靠国外进口设备多，国产品牌少等。需通过加强岩土基础理论和应用技术研发、强化产学研用合作、促进国内外学术交流等途径，进一步加强我国在该领域的原始创新能力。

四、发展趋势

“十四五”期间，京津冀协同发展、长江经济带发展、粤港澳大湾区建设、长三角一体化发展、黄河流域生态保护和高质量发展等重大国家战略的全面实施，以及绿色发展理念的进一步深入人心对工程基础设施建设、安全及信息化方面的创新能力提出了更高的要求。水利岩土工程学科需重点突破的技术领域包括土石坝建设与安全保障、超长输水渠道和深埋隧洞建设、环境岩土工程、岩土工程防灾减灾及地基处理技术。

（1）土石坝建设与安全保障前沿热点问题。高应力和复杂应力条件下筑坝材料工程特性和本构关系；300 m 级超高填筑坝的变形性状，包括长期变形的预测和变形协调的控制；超高填筑坝的动力性状和抗震措施；高土石坝安全监测新型仪器研制与开发；土石坝安全监测与信息化。

（2）超长输水渠道和深埋隧洞建设前沿热点问题。西北寒旱区长距离调水工程安全与风险评估技术；南水北调中西部深埋超长隧洞的建设技术；复杂引调水隧洞工程长期服役性能演化机理与安全控制研究。

（3）环境岩土工程前沿热点问题。河湖库底淤积控制及其底泥资源化利用关键技术研究；污染岩土体和地下水修复理论与技术；岸坡生态防护与小流域治理成套技术。

（4）岩土工程防灾减灾前沿热点问题。山洪地质灾害预测预报与防治技术；堤坝隐患探测和环保修复技术；高土石坝抗震技术研究；高土石坝溃坝过程模拟技术研究与风险评估。

（5）地基处理技术前沿热点问题。超深厚不良土层、滩涂、超软吹填地基等特殊地基处理技术；地基处理施工装备的智能化、信息化、标准化建设技术；研发基于工业废弃物和低能耗材料的低碳绿色地基处理新技术；适合珊瑚砂的地基处理技术。

近年来，大数据、云计算、物联网、人工智能等新兴信息学科加速发展，已经开始改变人们的工作与生活。岩土工程传统学科应加强与这些新兴信息学科的交叉融合，给传统学科注入新的活力，激发新的知识增长点。

参考文献

[1] 蔡正银，陈皓，黄英豪，等. 考虑干湿循环作用的膨胀土渠道边坡破坏机理研究［J］. 岩土工程学报，2019，41（11）：1977-1982.

[2] 蔡正银，侯贺营，张晋勋，等. 考虑颗粒破碎影响的珊瑚砂临界状态与本构模型研究［J］. 岩土工程学报，2019，41（6）：989-995.

[3] 蔡正银，黄英豪. 咸寒区渠道冻害评估与处置技术［M］. 北京：科学出版社，2015.

[4] 陈生水，傅中志，石北啸，等. 统一考虑加载变形与流变的粗粒土弹塑性本构模型及应用［J］. 岩土工程学报，2019，41（4）：601-609.

[5] 陈生水，陈祖煜，钟启明. 土石坝和堰塞坝溃决机理与溃坝数学模型研究进展［J］. 水利水电技术，2019，50（8）：27-36.

[6] 陈生水，方绪顺，钟启明. 土石坝漫顶溃坝过程离心模型试验与数值模拟［J］. 岩土工程学报，2014，36（5）：922-932.

[7] 陈生水，李国英，傅中志. 高土石坝地震安全控制标准与极限抗震能力研究［J］. 岩土工程学报，2013，35（1）：59-65.

[8] 陈生水，王庭博，傅中志，等. 高混凝土面板堆石坝地震损伤机理研究［J］. 岩土工程学报，2015，37（11）：1937-1944.

[9] 陈生水，徐光明，顾行文，等. 土石坝溃坝离心模型试验中水流控制与测量［J］. 水利学报，2018，49（8）：901-905.

[10] 陈生水，徐光明，钟启明. 土石坝溃坝离心模型试验系统研制及应用［J］. 水利学报，2012，39（2）：241-245.

[11] 陈生水，钟启明，曹伟. 土石坝渗透破坏溃决机理及数值模拟［J］. 中国科学：技术科学，2012. 42（6）：697-703.

[12] 陈生水. 土石坝试验新技术研究与应用［J］. 岩土工程学报，2015，37（1）：1-28.

[13] 陈正汉，郭楠. 非饱和土与特殊土力学及工程应用研究的新进展［J］. 岩土力学，2019，40（1）：1-54.

[14] 陈正汉. 非饱和土与特殊土力学的基本理论研究［J］. 岩土工程学报，2014，36（2）：201-272.

[15] 陈祖煜，陈淑婧，王琳，等. 土石坝溃坝洪水分析：原理和计算程序［J］. 水利科学与寒区工程，2019，2（2）：12-19.

[16] 陈祖煜，张强，侯精明，等. 金沙江“10·10”白格堰塞湖溃坝洪水反演分析［J］. 人民长江，2019，50（5）：1-5.

[17] 程展林，潘家军，左永振，等. 坝基覆盖层工程特性试验新方法研究与应用［J］. 岩土工程学报，2016，38（S2）：18-23.

[18] 崔臻，盛谦，冷先伦，等. 大型地下洞室群地震动力灾变研究综述［J］. 防灾减灾工程学报，2013，33（5）：606-616.

[19] 党林才，方光达. 深厚覆盖层上建坝的主要技术问题［J］. 水力发电学报，2011，37（2）：24-28.

[20] 邓铭江. 严寒、高震、深覆盖层混凝土面板坝关键技术研究综述［J］. 岩土工程学报，2012，34（6）：985-996.

[21] 董文艺，罗雅，刘彤宙. 河道污染底泥处理技术探讨——在龙岗河干流综合治理工程中应用［J］. 水利水电技术，2012，43（8）：5-8.

[22] 董哲仁，孙东亚. 生态水利工程原理与技术［M］. 北京：中国水利水电出版社，2007.

［23］冯凌云，朱斌，代加林，等．深海管道水平向管 - 土相互作用大变形连续极限分析［J］．岩土力学，2019，40（12）：4907–4915.

［24］冯亚松，杜延军，周实际，等．活化钢渣在固化稳定化工业重金属污染土中的应用［J］．岩土工程学报，2018，40（S2）：112–116.

［25］冯亚松，夏威夷，杜延军，等．SPB 和 SPC 固化稳定化镍锌污染土的强度及环境特性研究［J］．岩石力学与工程学报，2017，36（12）：3062–3074.

［26］傅中志，陈生水，张意江，等．堆石料加载与流变过程中塑性应变方向研究［J］．岩土工程学报，2018，40（8）：1405–1414.

［27］高玉峰．河谷场地地震波传播解析模型及放大效应［J］．岩土工程学报，2019，41（1）：1–25.

［28］龚壁卫，周丹蕊，魏小胜．膨胀土的电导率与膨胀性的关系研究［J］．岩土力学，2016，37（S2）：323–328.

［29］龚晓南，杨仲轩．岩土工程变形控制设计理论与实践［M］．北京：中国建筑工业出版社，2018.

［30］龚晓南．复合地基理论及工程应用［M］．北京：中国建筑工业出版社，2018.

［31］关春曼，张桂荣，程大鹏，等．中小河流生态护岸技术发展趋势及热点问题［J］．水利水运工程学报，2014（7）：75–81.

［32］郭万里，蔡正银，武颖利，等．粗粒土的颗粒破碎耗能及剪胀方程研究［J］．岩土力学，2019，40（12）：4703–4710.

［33］何稼，楚剑，刘汉龙，等．微生物岩土技术的研究进展［J］．岩土工程学报，2016，38（4）：643–653.

［34］何宁，王国利，何斌，等．高面板堆石坝内部水平位移新型监测技术研究［J］．岩土工程学报，2016，38（S2）：24–29.

［35］胡少华，周佳庆，陈益峰，等．岩石粗糙裂隙非线性渗流特性试验研究［J］．地下空间与工程学报，2017，13（1）：48–56.

［36］黄茂松，姚仰平，尹振宇，等．土的基本特性及本构关系与强度理论［J］．土木工程学报，2016，49（7）：9–35.

［37］贾金生，郦能惠，等．高混凝土面板坝安全关键技术研究［M］．北京：中国水利水电出版社，2014.

［38］蒋明镜，刘静德，孙渝刚．基于微观破损规律的结构性土本构模型［J］．岩土工程学报，2013，35（6）：1134–1139.

［39］蒋明镜，孙若晗，李涛，等．一个非饱和结构性黄土三维胶结接触模型［J］．岩土工程学报，2019，41（S1）：213–216.

［40］蒋明镜，张浩泽，李涛，等．非饱和重塑与结构性黄土等向压缩试验离散元分析［J］．岩土工程学报，2019，41（S2）：121–124.

［41］蒋明镜．现代土力学研究的新视野——宏微观土力学［J］．岩土工程学报，2019，41（2）：195–254.

［42］蒋水华，李典庆，黎学优，等．锦屏一级水电站左岸坝肩边坡施工期高效三维可靠度分析［J］．岩石力学与工程学报，2015，34（2）：349–361.

［43］焦丹，龚晓南，李瑛．电渗法加固软土地基试验研究［J］．岩石力学与工程学报，2011（S1）：3208–3216.

［44］孔宪京，宁凡伟，刘京茂，等．基于超大型三轴仪的堆石料缩尺效应研究［J］．岩土工程学报，2019，41（2）：255–261.

［45］孔宪京，邹德高．高土石坝地震灾变模拟与工程应用［M］．北京：科学出版社，2016.

［46］孔宪京，邹德高．紫坪铺面板堆石坝震害分析与数值模拟［M］．北京：科学出版社，2014.

［47］李典庆，肖特，曹子君，等．基于高效随机有限元法的边坡风险评估［J］．岩土力学，2016，37（7）：1994–2003.

［48］李明东，张振东，李驰．微生物矿化碳酸钙改良土体的进展、展望与工程应用技术设计［J］．土木工程

学报，2016，49（10）：80–87.

［49］李术才，潘东东，许振浩，等．承压型隐伏溶洞突水灾变演化过程模型试验［J］．岩土力学，2018，39（9）：3164–3173.

［50］李帅军，冯夏庭，徐鼎平，等．白鹤滩水电站主厂房第Ⅰ层开挖期围岩变形规律与机制研究［J］．岩石力学与工程学报，2016，35（S2）：3947–3959.

［51］李扬帆，盛谦，张勇慧，等．地下洞室开挖扰动区研究进展［J］．地下空间与工程学报，2013（9）：2083–2092.

［52］郦能惠，杨泽艳．中国混凝土面板堆石坝的技术进步［J］．岩土工程学报，2012，34（8）：1361–1368.

［53］林伟岸，陈云敏，杜尧舜，等．高校建设国家重大科技基础设施机制的探索与实践［J］．实验技术与管理，2019，36（4）：250–285.

［54］刘国锋，冯夏庭，江权，等．白鹤滩大型地下厂房开挖围岩片帮破坏特征、规律及机制研究［J］．岩石力学与工程学报，2016，35（5）：865–878.

［55］刘汉龙，赵明华．地基处理研究进展［J］．土木工程学报，2016（1）：96–115.

［56］刘斯宏，沈超敏，毛航宇，等．堆石料状态相关弹塑性本构模型［J］．岩土力学，2019，40（8）：2892–2898.

［57］刘祖强，罗红明，郑敏，等．南水北调渠坡膨胀土胀缩特性及变形模型研究［J］．岩土力学，2019，40（SM1）：409–414.

［58］马刚，周伟，常晓林．堆石料缩尺效应的细观机制研究［J］．岩石力学与工程学报，2012，31（12）：2473–2482.

［59］马洪琪，赵川．糯扎渡水电站掺砾黏土心墙堆石坝基础理论与关键技术研究［J］．水力发电学报，2013，32（2）：208–212.

［60］马洪琪．300 m 级面板堆石坝适应性及对策研究［J］．中国工程科学，2011，13（12）：4–8.

［61］潘家军，程展林，江泊洧，等．大型微摩阻土工真三轴试验系统及其应用［J］．岩土工程学报，2019，41（7）：1368–1373.

［62］潘家军，王观琪，程展林，等．基于非线性剪胀模型的面板堆石坝应力变形分析［J］．岩土工程学报，2017，39（S1）：17–21.

［63］沈振中，邱莉婷，周华雷．深厚覆盖层上土石坝防渗技术研究进展［J］．水利水电科技进展，2015（5）：27–35.

［64］石北啸，蔡正银，陈生水．温度变化对堆石料变形影响的试验研究［J］．岩土工程学报，2016，38（S2）：299–305.

［65］孙梦成，徐卫亚，王苏生，等．基于最小耗能原理的岩石损伤本构模型研究［J］．中南大学学报（自然科学版），2018，49（8）：2067–2075.

［66］铁梦雅，张茵琪，邓刚，等．非饱和砾石土心墙料渗透变形的试验研究［J］．水力发电学报，2019，38（3）：116–124.

［67］汪建华，王文浩，何岩．原位曝气修复黑臭河道底泥内源营养盐的示范工程效能分析［J］．环境工程学报，2016，10（9）：5301–5307.

［68］汪雷，刘斯宏，陈振文，等．某水电站坝址河床覆盖层大型原位直剪试验［J］．水电能源科学，2014，32（1）：122–124.

［69］王俊杰，郭建军．反倾岩质边坡次生倾倒机理及稳定性分析［J］．岩土工程学报，2019，41（9）：1619–1627.

［70］王年香，章为民，顾行文，等．高堆石坝心墙渗流特性离心模型试验研究［J］．岩土力学，2013，34（10）：2769–2773.

［71］王年香，章为民，顾行文．高心墙堆石坝地震反应复合模型研究［J］．岩土工程学报，2012，34（5）：

798-804.

[72] 王占军，陈生水，傅中志．堆石料流变的黏弹塑性本构模型研究［J］．岩土工程学报，2014，36（12）：2188-2194.

[73] 魏迎奇，孙黎明，傅中志，等．堰塞湖多源信息及其感知技术［J］．人民长江，2019，50（4）：1-7.

[74] 文志杰，田雷，蒋宇静，等．基于应变能密度的非均质岩石损伤本构模型研究［J］．岩石力学与工程学报，2019，38（7）：1332-1343.

[75] 邬爱清，韩晓玉，尹健民，等．一种新型绳索取芯钻杆内置式双管水压致裂地应力测试方法及其应用［J］．岩石力学与工程学报，2018，37（5）：1127-1133.

[76] 吴雷晔，朱斌，陈仁朋，等．波浪－海床－结构物相互作用离心模型试验及数值模拟［J］．土木工程学报，2019，52（S2）：186-192.

[77] 夏威夷，杜延军，冯亚松，等．重金属污染场地原位固化稳定化修复试验研究［J］．岩石力学与工程学报，2017，36（11）：2839-2849.

[78] 徐光明，顾行文，蔡正银．作用于防波堤上波浪荷载的离心机模拟［J］．岩土工程学报，2014，36（10）：1770-1776.

[79] 徐琨，周伟，马刚，等．基于离散元法的颗粒破碎模拟研究进展［J］．岩土工程学报，2018，40（5）：880-889.

[80] 徐泽平，侯瑜京，梁建辉．深覆盖层上混凝土面板堆石坝的离心模型试验研究［J］．岩土工程学报，2010，32（9）：1323-1328.

[81] 许贺，邹德高，孔宪京．基于 FEM-SBFEM 的坝－库水动力耦合简化分析方法［J］．工程力学，2019，36（12）：37-43.

[82] 杨周洁，于海浩，汤沁，等．氯化钠溶液对膨胀土膨胀力及孔隙分布影响的研究［J］．岩土工程学报，2019，41（S1）：77-80.

[83] 姚仰平，田雨，刘林．三维各向异性砂土 UH 模型［J］．工程力学，2018，35（3）：49-55.

[84] 于际都，刘斯宏，王涛，等．间断级配粗粒土压实特性试验研究［J］．岩土工程学报，2019，41（11）：2142-2148.

[85] 张建云，杨正华，蒋金平．我国水库大坝病险及溃决规律分析［J］．中国科学（技术科学），2017，47（12）：1313-1320.

[86] 张明远，王成，钱建固．竖向荷载下膨胀土桩基承载室内模型试验［J］．岩土工程学报，2019，41（S2）：73-76.

[87] 张幸幸，陈祖煜．小流域淤地坝系的溃决洪水分析［J］．岩土工程学报，2019，41（10）：1845-1853.

[88] 张彦浩，黄理龙，杨连宽．河道底泥重金属污染的原位修复技术［J］．净水技术，2016，35（1）：26-32.

[89] 赵天龙，陈生水，钟启明．尾矿坝溃决机理与溃坝过程研究进展［J］．水利水运工程学报，2015（2）：105-111.

[90] 郑刚，龚晓南，谢永利，等．地基处理技术发展综述［J］．土木工程学报，2012，45（2）：127-146.

[91] 周创兵．水电工程高陡边坡全生命周期安全控制研究综述［J］．岩石力学与工程学报，2013，32（6）：1081-1093.

[92] 周墨臻，张丙印，王伟．高面板堆石坝软缝接触计算模型及其数值实现［J］．岩石力学与工程学报，2016，35（S1）：2803-2810.

[93] 周墨臻，张丙印，张宗亮，等．超高面板堆石坝面板挤压破坏机理及数值模拟方法研究［J］．岩土工程学报，2015，37（8）：1426-1432.

[94] 周伟，马刚，刘嘉英，等．高堆石坝筑坝材料宏细观变形分析研究进展［J］．中国科学（技术科学），2018，48（10）：1068-1080.

[95] 周跃峰，程展林，龚壁卫，等．新疆某渠道边坡填料的剪胀特性与变形失稳研究［J］．岩石力学与工程

学报，2018，37（S2）：4406-4414.
[96] 朱泽奇，盛谦，李红霞. 多组贯穿节理岩体正交各向异性变形参数研究[J]. 岩石力学与工程学报，2013，32（S2）：3022-3027.
[97] 邹德高，龚瑾，孔宪京，等. 基于无网格界面模拟方法的面板坝防渗体跨尺度分析[J]. 水利学报，2019，50（12）：1446-1453.

撰稿人：陈生水　蔡正银　张桂荣　傅中志　邓　刚　龚壁卫
潘家军　朱　斌　王怀义　杜延军　王俊杰　李明东

水利工程施工学科发展

一、引言

我国长江三峡水利枢纽工程、南水北调工程及一批长距离跨流域引调水、输水等工程的建设，总体推动了水利工程施工技术的发展，实现了在基础处理工程、土石方（坝）工程、混凝土（坝）工程、施工导截流和围堰工程、金属结构制作与安装工程、机电设备制造与安装工程等方面跨越性的飞跃。近年来溪洛渡、向家坝、糯扎渡、乌东德、白鹤滩等一批巨型工程的相继开工兴建，更为我国水利（水电）施工技术跨入国际先进行列创造了条件。

水利工程施工主要包括施工准备、施工技术与施工管理等内容，已成为一门独立的学科，具有规模大、条件复杂、技术要求高等特点，并在施工实践中不断探索完善和提高。水利工程施工作为水利工程学科 16 个二级学科之一，综合性强，涉及面广，其主要涉及以下几方面。

（1）导截流工程。利用围堰、水工建筑物等使天然径流全部或部分改道施工技术。

（2）地下工程。地下洞室、厂房等，开挖、支护和混凝土衬砌施工技术。

（3）土石方（坝）工程。堤坝和土石坝等工程的土石料开挖、填筑施工技术。

（4）混凝土（坝）工程。混凝土坝、水闸、泵站等建筑物施工技术。

（5）地基与基础工程。地基与基础防渗墙、灌浆和加固等技术。

（6）边坡处理工程。边坡开挖、锚固和抗滑桩等技术。

（7）堤坝工程。堤防加固技术、安全评估等。

（8）疏浚与吹填（围海）工程。河道疏浚、吹填、围海等技术。

（9）大型机组安装技术。700 MW 等大型水轮机组的安装技术。

（10）大型升船机安装技术。长江三峡水利枢纽齿轮齿条升船机等安装技术。

（11）施工机械装备技术。施工机械设备大型化、机械化、智能化、国产化技术。

（12）质量实时监控技术。坝体碾压施工实时监控技术。

二、国内发展现状及最新研究进展

（一）导截流工程

我国已掌握了在长江、黄河等主干河道上水电工程施工的导截流施工技术。三峡坝址主河道截流最大水深约 60 m，截流水深居世界首位，采用预平抛垫底、上游单戗立堵、双向进占、下游尾随跟进的方案，创造了大江截流流量 8480~11600 m^3/s，截流水深 60 m，上下游戗堤进占 24 h 抛投强度 19.4 万 m^3 等多项截流世界纪录。糯扎渡工程位于澜沧江，截流工程具有截流龙口流速大（最大流速达 9.02 m/s）、落差大（最大落差达 7.16 m）、抛投强度高（最大抛投强度达 5701 m^3/h）、导流洞分流效果差（导流洞分流量约占 30%）等特点。

（二）地下工程

1. 隧洞工程

锦屏二级水电站布置 7 条平行的大型地下隧洞、地下厂房室等，其中 4 条引水发电隧洞、2 条辅助洞和 1 条施工排水洞，构成了目前世界上规模最大、技术难度最高的大型地下洞室群工程。4 条引水隧洞平均洞线长约 16.7 km，开挖洞径 12.4~14.8 m，沿线埋深一般为 1500~2000 m，最大埋深 2525 m，沿线地质条件复杂，围岩地应力高，地下水位高、水压力大，是当今大型地下洞室群典型代表。溪洛渡导流洞开挖，通过对预裂钻机进行改造，采用两侧预裂爆破、中间垂直梯段爆破，保护层采用手风钻水平光面爆的施工方法；采用钢模台车进行混凝土衬砌，边顶拱混凝土浇筑一次成型；创造了最大月洞挖 27.1 万 m^3，最大月洞衬混凝土 5.1 万 m^3 的施工纪录。

我国于 20 世纪 60 年代开始应用盾构技术，并于 70 年代在上海成功修建了第一条盾构法黄浦江过江隧道，80 年代末，通过设备引进和技术合作，上海地铁公司又成功修建了地铁一号线盾构隧道。至此，我国的盾构技术在均一富水软土地层中开始得到广泛应用。2006 年，上海更是采用了直径 15.43 m 的海瑞克混合式盾构机 2 台（S–317，S–318），在 65 m 深的水下，对 7.47 km 长的隧道进行掘进。水利水电工程中，南水北调中线穿黄工程也采用了直径 9 m 的海瑞克泥水盾构机 2 台。

盾构机施工对施工管理的要求较高，盾构机将隧洞施工工厂化，施工链中各个环节都必须与洞内掘进相配套，任何一台设备或总成的故障、任何一个环节的故障都将使整个生产停顿下来，这就要求对关键设备和总成、重点工序突出管理，对整个运行系统进行综合管理。盾构机的施工，除与掘进机施工具有快速、优质、经济、安全、环保等相同特点外，尤其适合于城市地铁施工（对地面的建筑物扰动小），也可以考虑在后续项目中继续使用，从而大大降低工程的设备费用，弥补一次性设备投资较大的缺陷。

2. 厂房工程

最大开挖跨度已超过 33 m，长度达 300 m，多洞室并排相连，其开挖与衬砌创出了许多精品工程，如三峡地下电站整个主厂房开挖结束后，顶拱和边墙平均超挖为 8.5 cm、9.0 cm，爆破半孔率在 95% 以上，最大变形控制在 25 mm 以内，爆破松动圈控制在 40~80 cm。向家坝水电站地下厂房，有效控制了厂房顶拱和高边墙围岩的稳定和变形，实测边墙最大位移 7.5 mm，岩台平均超挖 2.9 cm、不平整度小于 4.0 cm。向家坝水电站地下厂房采用了“锚索超前造孔、中导洞开挖、对穿预锚、两侧分次扩挖”的施工工序，研制了内外导管钻孔定位装置，采用错位布孔、均匀微量装药、双层光面爆破技术，并实施预锚锁角，有效控制了爆破影响，确保了破碎岩体岩锚梁高精度成型，实现了地下厂房精细化爆破施工。在大型复杂洞室群通风上，形成了“尽量利用现有洞室，尽快形成回风系统，加强回风”的设计思想，取得了明显效果，改善了作业环境。

3. 斜井、竖井工程

西龙池抽水蓄能电站输水系统上斜井长 515.474 m、坡度 56°，为中国第一、亚洲第二，采用导洞（井）法，使用爬罐和反井钻对接施工，解决了测量控制、通风排烟、不良地质段安全处理、滞留水处理、安全点火起爆等难题，创造了用阿里玛克爬罐施工 56°斜井 382.0 m 纪录，贯通误差仅 40 mm（1/10000）。桐柏抽水蓄能电站长达 400 m 的引水斜井混凝土衬砌施工，研制采用了连续拉伸式液压千斤顶 – 钢绞线斜井滑模系统，准备工期短，平均滑升速度快（桐柏为 4.76 m/d）。

（三）土石方（坝）工程

1. 土石方工程

我国近年来年完成的土石方量约 7 亿 m^3，施工中除采用大型先进的施工机械外，在开挖、填筑上还有许多创新技术。

（1）爆破。计算机模拟系统，可预报爆破结果，确定开采爆破参数，与传统爆破设计采用经验公式相比，可减少爆破试验次数，节约投资。研究成功椭圆双极线性聚能药柱爆破技术，将预裂（光面）爆破和聚能爆破机理的有机结合，使爆破孔距扩大 2~3 倍，提高了保留岩体的稳定性，可使造孔工作量、能耗、面装药密度减少 50%~65%、成本降低 50%~55%，效益显著，居世界领先水平。混装炸药爆破技术本质安全、综合节能，是国家极力推广应用的一项新技术，具有较高的应用价值。

（2）土石方明挖。三峡永久船闸 68 m 直立墙边坡，采用了“先槽后井”等合理的施工程序和经济合理的成型手段，提出了增加施工光爆、二次缓冲爆破、两次光面爆破等新工艺，按期、高质完成了这一有相当难度的开挖工程；小湾近 700 m 复杂地质高陡边坡开挖工程采用预裂爆破、深孔梯段接力延时顺序起爆等技术，进行了岩体质点振速、岩体声波和锚杆与锚索应力等多项测试，有效控制开挖安全。

（3）土石方开挖出渣施工技术。峡谷地区高拱坝两侧山体陡峻，施工道路布置困难，同时为确保坝肩开挖尽量减少对山体植被的破坏，减少对土地的占用，可通过在山体内开挖隧道、设置集渣平台、溜渣竖井等措施达到绿色环保施工的要求。研究通过永久道路出渣、山体临时隧道出渣、集渣平台出渣、溜井溜渣、河床推渣等多种出渣方式相结合，解决高拱坝开挖出渣施工难的问题，降低施工成本，满足环保施工要求。

2. 土石坝工程

进入 21 世纪，我国的土石坝建设成就更加令人瞩目，瀑布沟（186 m）、糯扎渡（261.5 m）等一批高土石坝建成或即将建成，以及双江口（314 m）、两河口（295 m）超高土石坝的开工兴建，标志着我国土石坝施工技术水平已达到 250 m 级，已向 300 m 级迈进，进入世界先进水平的行列。

瀑布沟工程建立了三维数值模型和土石方优化调配与管理系统，实现了料场规划与开采、坝料运输、坝面填筑的全过程系统仿真，优化土石方调配方案，降低施工成本、加快施工进度，提高土石方的直接上坝率、减少弃料和料场开挖量等途径，也有利于保护生态环境。瀑布沟工程建成的大坝砾石土料筛分输送系统，日平均产量 10400 m^3，最高产量 13000 m^3，满足了大坝填筑用料和施工进度的要求，解决了国内砾石土料筛分和长距离连续输送这一难题。跷碛心墙坝采用均衡平起的填筑方法，减少了降水等气候因素的不利影响，提高了施工设备的利用率，也有利保证工程的施工质量。

坝体填筑质量控制、检测、监测技术手段完善。糯扎渡心墙坝采用 GPS 实时过程监控系统，对碾压机械行走轨迹及行进速度进行监控，实现坝体填筑碾压实时、连续和自动控制，良好的可视化界面，在减少现场施工和监理人员工作量、提高施工效率的同时，有效地保障了坝体填筑质量。小浪底、糯扎渡等工程中运用附加质量法检测堆石体密度，测试精度满足堆石体密度检测工作需要，做到单元工程的全过程控制。黑河金盆、黄河公伯峡、渭南涧峪等工程采用现场“密度桶法”振动碾压确定最大干密度，解决了粒径 60~450 mm 砂砾料的相对密度试验方法。

深覆盖层下高围堰快速施工技术。糯扎渡水电站上游土石围堰是坝体的一部分，填筑量达 135 万 m^3，最大堰高 84 m，冲积层最大开挖高达 32 m。工期紧、施工强度大，填筑料品种多，质量要求高，是确保截流后一汛安全度汛的关键。围堰填筑施工时间仅 73 d，平均每天上升 1.16 m。

3. 混凝土面板堆石坝工程

我国面板混凝土堆石坝施工技术水平已位于世界前列，已在筑坝材料、面板混凝土改性，以及大型碾压设备及 GPS 定位技术的应用、反渗排水及垫层料上游面固坡技术、坝体填筑碾压及质量控制，以及河床深覆盖层处理等方面都取得较为成功的经验。建成了天生桥一级、紫坪铺、洪家渡、三板溪和水布垭等一批高坝，其中水布垭混凝土面板堆石坝最大坝高 233 m，位列世界第一。

（1）垫层料上游面固坡技术。面板堆石坝建设前20年间，垫层料上游坡面用水泥砂浆或乳化沥青固坡，然后浇筑混凝土面板。公伯峡工程用自己研制的挤压边墙机混凝土边墙固坡方法的施工，取得了较好的效果，并迅速得到推广。近年来，垫层料坡面保护新技术不断出现，吉林双沟（高110 m）上游坡面保护采用翻模固坡技术，新疆察汗乌苏面板坝（高110 m）施工中则使用移动边墙固坡技术。

（2）坝体填筑。合理控制坝体填筑分期分区，避免坝体分期填筑高差过大不利于坝体的协调变形。洪家渡、水布垭、三板溪等工程，在综合协调度汛、关键工期节点等因素前提下，将坝体分期填筑高差尽量控制在较小幅度，实现了坝体全断面均衡上升的平起施工或后高前低等。天生桥一级工程填筑量1800万 m^3，充分利用溢洪道开挖料直接上坝，利用量达1650万 m^3。

（3）面板混凝土防裂技术。面板混凝土施工时坝体预沉降期的选择更加理。面板分期施工时，其上部填筑应有一定超高；以沉降速率、主沉降压缩变形“双控制”方式确定预沉降期。坝基混凝土防渗墙与趾板间的连接板混凝土浇筑，安排在施工期基本完成变形后进行。采用高效减水剂、引气剂、减缩剂、增密剂等外加剂，掺加聚丙烯类纤维或钢纤维，以及添加粉煤灰、硅粉等改性措施以改善混凝土的性能，混凝土面板裂缝趋于减少，尤其是在严寒地区效果更为明显。

（4）堆石坝快速施工技术。堆石坝料开采采用洞室爆破直接获得合格的坝料，取得了较好的技术经济效果，如天生桥一级、西流水等工程，相关爆破开采技术和工艺都有明显的进步。洪家渡等工程采用计算机模拟爆破试验方法已取得有益的探索和实践；高原高寒干旱条件下高混凝土面板堆石坝施工技术进行了有益的实践和取得了成果。乌鲁瓦提（坝高133 m）、西流水（坝高146 m）等工程筑坝条件差，施工工期紧，采取了平衡人力和设备等工艺和措施，延长寒冷季节施工时间，加快了施工速度，总结出了一套冬季严寒条件下混凝土浇筑养护、坝料填筑的施工经验。

此外，我国混凝土面板堆石坝施工技术成果还体现在软岩材料筑坝、硬岩材料筑坝、接缝止水结构及材料、施工导流与度汛方式、面板混凝土浇筑无轨滑模、异型趾板混凝土滑模技术、坝体有效的反渗排水措施等。

（四）混凝土（坝）工程

1. 混凝土工程

我国大中型水电工程近年混凝土年浇筑量近7000万 m^3，混凝土工程施工技术，总体达到了国际先进水平，部分居国际领先水平。

（1）混凝土制备。开发了针对不同地形地质条件、岩性、生产规模的大型人工砂石生产成套技术，包括料场开采、工艺流程、设备选型、系统布置、骨料运输、质量控制、环境保护等方面。毛料开采，能将大块率控制在1.5%左右；毛料运输，能采用竖井、斜井运输，成功解决了高陡边坡、狭窄场地砂石系统布置的难题；制砂工艺，能有效地控制细度模数，解决了石英砂、流纹岩、玄武岩等强磨蚀性岩石制砂技术难题；采用新工艺、新技术，回收细纱、石粉，处理废渣，实现废水处理达标和废渣零排放。成品骨料长距离带式输送技术，目前国内投入运行最长的在向家坝，5 条连续带式输送线总长约 31.1 km，主要布置在隧洞内，设计输送能力为 3000 t/h，带速 4.0 m/s，总落差为 458 m，总装机功率约为 10350 kW。由我国自行设计研制的 200 m^3/h 双卧轴连续强制式碾压混凝土搅拌系统，全自动控制，能按要求生产不同标号的二级配、三级配碾压混凝土或常态混凝土，生产能力为 100~200 m^3/h。

（2）混凝土浇筑。三峡工程采用了一套先进设备和施工新技术，年浇筑量 548 万 m^3，月浇筑量 55.35 万 m^3 以上，日浇筑 2.2 万 m^3，均创世界最高纪录。三峡工程对混凝土生产输送浇筑全过程建立了集视频监视、监测、控制、调度和管理于一体的计算机综合监控系统，实现了混凝土生产输送浇筑全过程温度的在线监测和塔带机的准确下料定位。构皮滩双曲拱坝，综合采用了 30 t 平移式缆机配侧卸混凝土运输车 + 立罐不摘钩入仓及联合动作操作施工工艺、无混凝土压重固结灌浆施工工艺、坝面定型悬臂大模板和倒悬桁架式承重模板、全年通水冷却、全年接缝灌浆、中孔钢衬整节吊装等先进的拱坝成套筑坝技术，确保了构皮滩拱坝快速施工和工程施工质量及安全。在高寒地区高拱坝冬季施工方面，优化确定了适合冬季施工要求的混凝土配合比，研发了可降低混凝土含气量损失的 WQ-X 型稳气剂，采取骨料二次预热、热水拌和、保温快速运输、仓面机械化作业、内贴式保温工艺及“综合蓄热法”等系列措施，提出了浇筑前采用基面电热毯预热、浇筑过程中采用周边暖风加热、仓面保温覆盖的“综合蓄热法”新工艺，与常规的“暖棚法”相比，更适合大型机械作业，具有创新性。

2. 混凝土坝

（1）混凝土重力坝工程。刘家峡、向家坝和长江三峡水利枢纽等工程是高混凝土重力坝的典型代表，目前已形成了成套的能满足特大型复杂建筑结构施工要求的施工工艺和方法。在已建和在建的坝高 100 m 以上的大中型水电站中，混凝土重力坝约占 50%，占据主导地位。长江三峡水利枢纽工程的建成标志着中国坝工技术跨入了国际先进行列。形成了一系列能够满足特大型复杂建筑结构施工要求的施工工艺和方法。

（2）混凝土拱坝。从 20 世纪 90 年代二滩水电站（240 m）开始，相继建成了拉西瓦（250 m）、小湾（292 m）、溪洛渡（285 m）、锦屏一级（305 m）等一批高混凝土拱坝，施工技术水平已世界领先。正在建设的还有白鹤滩、乌东德等工程，我国的拱坝数量和规模均已居世界首位，施工技术总体水平已处于世界领先水平，超过了世界已建的坝高最高的 272 m 英古里拱坝。溪洛渡大坝施工管理信息系统，实现对混凝土温控标准、检测仪器埋设、温控数据采集、温控成果查询等功能，并作为基础业务平台在日常管理工作中全面应用，为溪洛渡大坝温控管理中发挥重要作用，将开创高拱坝施工全新的管理模式、全过程安全评估新理论体系和预警预控系统，将有效推动和促进我国高拱坝建设及施工管理技术水平发展。

（3）碾压混凝土坝。我国碾压混凝土筑坝技术发展较快，从引进研究、推广应用，短短 30 年间，形成了一批带有“原创性”意义的技术成果。龙滩碾压混凝土大坝、光照碾压混凝土大坝、黄登碾压混凝土大坝以及三峡三期碾压混凝土围堰等工程均是碾压混凝土工程的典型代表。我国已建成的碾压混凝土坝超过 200 座，大坝运行状况总体良好，主要有重力坝和拱坝两种坝型，其中碾压混凝土重力坝坝型近年来使用较多。碾压混凝土采用高掺粉煤灰、低水泥用量、中等胶凝材料、低 VC 值的配合比设计，以及采用自卸汽车、溜管溜槽、缆机、胎带机等入仓手段，具有施工速度快、技术经济等优点。

（五）地基与基础工程

用混凝土防渗墙、帷幕灌浆等手段进行一般深度覆盖层的防渗处理，我国已有较多的经验积累，防渗墙的施工方法已由单一的钢绳冲击钻机发展为冲击反循环钻机、抓斗、液压铣槽机，创造了钻 – 抓、铣 – 抓、铣 – 抓 – 钻等新的施工方法。攻克了墙段连接拔管法的技术难关，最大拔管深度突破了 100 m，我国的混凝土防渗墙施工技术已达到国际领先水平。

1. 防渗工程施工

四川南娅河冶勒碾压沥青混凝土心墙堆石坝的防渗工程。其坝高 124.5 m，为亚洲同类最高、世界第二。坝区的气候恶劣，基础覆盖层超过 420 m，基础覆盖层防渗深度处理 220 m，成功解决了防渗工程施工技术问题。重庆小南海地震堆积天然坝体灌浆帷幕，最大灌浆深度 80 m，采用泥浆固壁，循环钻灌法灌注水泥黏土浆，效果良好。新疆下坂地沥青混凝土心墙坝（坝高 78 m），坝基覆盖层最深达 150 m，用循环钻灌法实施的灌浆深度达 168 m。

2. 防渗墙施工设备与工艺

研制出 CZF-1200、CZF-1500 两种适合我国国情的新型冲击反循环钻机，创造性地解决了双绳冲击同步关键技术；研制成功泥浆循环净化系统、排碴管快速接头、适应各类地层的钻具、用于墙段接头的液压可张式双反弧钻头及砂石泵真空自动启动转换装置等冲击反循环钻机配套机具；研究了 CZF 系列冲击反循环钻机成套工艺，解决了防渗墙快速和优质造孔及百米深墙施工关键问题。创新研究开发了双向空气潜孔锤冲击回转钻进系统，能用于各类复杂地层的注浆锚杆（索）、土钉施工及灌浆孔钻孔工程，解决常规锚杆施工方法在松散破碎复杂地层施工困难问题；在松散土层，采用冲击回转挤土钻进成孔工艺，在岩石层采用冲击回转全面钻进工艺，可以大幅度提高成孔效率，与回转钻进相比成孔效率可以提高 1~2 倍。

3. 围堰防渗施工

采用风动潜孔钻高强度钢套管护壁钻进工艺，一次性钻到设计孔深，成孔率 100%，成孔速度 10~15 m/h，革命性地解决了地质回转钻机在覆盖层及围堰堆石体防渗灌浆造孔中钻进速度慢、易坍孔、成孔率极低 、频繁重复钻孔的难题；采用专有设备和机具，选用全孔灌浆法或套管灌浆法，选择灌注水泥浆、水泥砂浆、水泥膏浆、速凝浆材、化学浆材等不同特性的聚合物浆液，快速形成防渗体，满足了防渗要求，大大缩短了工期，每 2 台套设备月完成钻灌 3500 m；采用该项技术，一般单排孔形成的防渗体可承受 25 m 水头，双排孔可承受 37 m 水头，渗透系数 $K < 1 \times 10^{-4}$ cm/s，防渗效果良好。

4. 库盆防渗施工

泰安抽水蓄能电站上库率先使用土工膜，防渗设计水头达 35.8 m，防渗面积约 16 万 m^2；宝泉抽水蓄能电站库底大面积采用黏土防渗铺盖施工。

5. 大渗漏量、高流速溶洞地层堵漏和防渗技术研究

通过多种重建方法的科学结合和物探技术的综合分析，实现了对溶洞的高精度探测，在探测技术上具有重大突破；研究了包括噪声监测、光电式流速仪及同位素示踪等测试深埋地下水流流速、流向的方法和技术；研究了模袋灌浆材料、水泥化学混合灌浆材料、水泥基速凝材料、沥青灌浆材料、堵漏粒料和 PMC 封堵材料六种动水下不分散灌浆材料，并进行了室内动水模拟试验验证；研究了模袋灌浆材料灌浆工艺及 AC–MS 水泥双液灌浆、水泥膏浆灌浆技术，自制了双液灌浆压力稳定包、双液灌浆混合灌浆塞。

（六）边坡处理工程

高边坡工程施工技术已随工程建设规模、难度增大而不断深化，支挡与锚固技术、护坡与锚固技术等愈趋向复合化，锚索桩墙、锚索框架等新型结构不断出现。我国所建造的锦屏一级、小湾、溪洛渡和拉西瓦等水电站工程，其边坡工程规模巨大，开挖边坡高陡，地质条件复杂。开挖高边坡时的变形稳定问题、坝基开挖高地应力集中产生的隆起卸荷问题等已远远超出以往的设计、施工技术水平，所带来的施工难度巨大、施工程序复杂。在施工过程中，采取了多种施工措施和先进的施工技术，确保了施工安全和工程安全，成为目前水利水电工程高边坡处理的典型工程，高边坡施工技术得到快速发展，提升了高陡边坡施工的技术水平。

1. 边坡开挖施工技术

高边坡工程均坐落在高山峡谷地区，边坡高陡，地势险峻，部分地区地质条件较差，给边坡开挖带来了一些新的难题。由于地形、地质条件等因素的影响，边坡开挖区呈条带状分布，场地狭窄，施工道路布置困难，各工序间相互干扰。为了避免各工序之间的相互干扰，提高机械的使用效率，同时也是加快施工进度的需要，爆破规模不得不增大，大区微差爆破技术得到了一定程度的应用；另外，随着开挖的不断深入，边坡越来越高陡，爆破振动对于高陡边坡的动力稳定性影响问题日益显得突出。小湾水电站坝肩边坡，其开挖总体高度近 700 m，坡比 1∶1.2~1∶0.2，开挖区表层风化及卸荷严重，开挖区场地狭长，各工序存在相互干扰问题，必须严格控制开挖爆破对高边坡稳定及锚喷、锚索和混凝土质量可能产生的破坏影响。由于开挖爆破的规模和强度较大，两岸同时施工的月开挖强度约60万m^3。开挖区山体坡度近40°，约每100 m高度仅能布置一条施工道路。为提高开挖进度，加大推土机作业长度，尽量减少反铲翻渣次数，深孔梯段爆破规模不断扩大，达到一次爆破约5万m^3，爆破排数24排。

2. 支护施工技术

目前国内外针对边坡稳定采取的工程措施除地表和地下排水外，主要采取削坡减载、支挡、反压、锚固以及护坡等。岩质边坡主要采取锚固措施，包括锚杆、预应力锚索、锚固洞等，特别是大型高边坡工程，规模大，涉及的地质环境日趋复杂，采取工程措施越来越多，通常由各种锚固措施复杂的锚固体系组成。锦屏一级水电站左岸边坡工程，断层发育，且规模较大，岩体节理、裂隙极其发育，枢纽区左岸边坡支护采用了边坡预固结灌浆、压力分散型预应力锚索、表层覆盖式框格梁、排水、系统砂浆锚杆、挂网喷混凝土及控制性结构面的抗剪置换洞等多种措施，以保证左岸边坡的稳定。锦屏一级左岸边坡锚固工程分布有超过5000束的预应力锚索，锚索布置密集，间距小，锚固对象多为危岩体、卸荷拉裂变形岩体、断层出露区不稳定滑块，并通过混凝土框格梁形成被覆式锚固体系。小湾堆积体边坡锚索孔深达92 m。

3. 大吨位锚索和预应力环锚施工

李家峡拱坝坝肩所用的10000 kN预应力锚索是目前国内最大的吨位；锚索孔深100 m，是国内外最深的；要求锁定后预应力损失值不超过10%。小湾水电站坝肩坡面布置1274根6000 kN锚索，倾角25° ~60°、深孔65 m，使用导向器有效地提高了钻孔精度±2°，改进隔离支架保证了注浆效果，锁定48 h后预应力损失2.1%~2.4%。

（七）堤坝工程

我国江河湖泊众多，水系复杂，经过历年改造兴建，形成了较完善的堤防堤坝体系，是防御江河洪水、城市防洪和保障人民生命财产安全的重要屏障。对我国现有堤防工程来说，很多建于软土地基之上，堤身主体由砂土等软土料填筑而成，各类挡水堤、墙，堤上的各类闸、涵、洞、管等穿堤建筑物以及堤防维护、抢险所需的交通和通信设施等，其基础条件、防洪能力和抗震性能都较弱。随着工业化的不断发展，自然界的生态平衡遭到很大的冲击和破坏，导致自然灾害的发生频率有所增加。其中，洪涝灾害是最为人们关注的自然灾害之一。堤防设计和堤防除险加固技术水平提高是未来增强堤坝堤防安全重点方向，以综合检验提高堤身防洪能力。

（八）疏浚与吹填（围海）工程

改革开放后，我国陆续从国外进口了一批具有国际领先水平的疏浚吹填设备，如荷兰

IHC 公司海狸 4600 型绞吸式挖泥船，主要在长江沿线进行了大堤的吹填加固工程，对防洪抗灾发挥了极其重要的作用，还为我国疏浚与吹填工程技术、设计水平的提高和能力的建设起到了积极的促进作用。

当前，我国的疏浚与吹填设备进入了以高技术和高性能为目标的研制阶段，通过引进吸收一大批具有较高科技含量的新设备，缩短了和世界上先进技术水平的差距。并走出国门，先后在巴基斯坦、马来西亚、泰国、菲律宾、乌兹别克斯坦等国家承担了疏浚或吹填工程，在世界范围内扩大了知名度和影响力。

未来，我国疏浚与吹填工程技术发展将随着稳定大中小型挖泥船、兼顾特大型和微小型挖泥船市场发展需求，不断从技术设备的智能化程度、功能要求多样化、系列化和标准化、环保性能等方面增强和提高。

围海造陆用于城市建设和工农业生产，有效缓解了经济发展与建设用地不足的矛盾，沿海发达地区掀起了一股围海造陆，向海洋要土地的热潮。曹妃甸工业区围海工程就是代表性工程。围海造陆工程施工中，已形成较为成熟的水上、水下成套技术装备，并利用 GPS 等技术，测量、放样、定界、勘探等实现精准作业，大大提高工程进度及精度。

随着我国经济的迅猛发展，围海造地规模宏大，围填海活动在给地方经济注入活力的同时，也带来了一系列负面的问题，改变了原有的海洋动力环境，对海洋的其他功能也造成影响，更应注重对围海造陆工程与生态环境影响研究。如国外已出现的带来赤潮、引发洪灾、毁掉红树林、破坏生态平衡、航道淤积等这些值得深入研究和探讨的问题。

（九）大型机组安装技术

自长江三峡水利枢纽常规电站水轮发电机组和河南宝泉抽水蓄能水电站可逆水泵水轮发电机组等一批巨型电站机组安装和运行以来，我国大型水电工程水轮机组的安装技术已基本形成一套成熟技术体系，已形成安装技术标准、安装施工组织、各环节质量检测和控制等完善的技术体系，正在安装的乌东德、白鹤滩水电站水轮发电机组单机容量达 1000 MW。

（十）大型升船机安装技术

大型垂直升船机建设是一项复杂的系统工程，有三种代表性机型：福建水口水电站钢丝绳卷扬垂直升船机，长江三峡水利枢纽齿轮齿条爬升、螺杆螺母安全装置垂直升船机，云南景洪水电站水力浮动式垂直升船机。我国大型水电站升船机安装技术具有世界水平。今后我们将继续从安装技术标准、安装施工组织、各环节质量检测和精度控制等方面进行研究和发展。

（十一）施工机械装备技术

三峡水利枢纽、向家坝水电站、锦屏一级、锦屏二级水电站，南水北调工程等一些大型水利水电工程建设，已实现施工机械设备大型化、机械化、智能化、国产化，在重点工程中发挥着决定性的作用。施工机械既是水利水电施工的主要生产手段，决定着工程质量、工期和成本，又是施工企业提高竞争能力、立足市场的重要条件。

（十二）质量实时监控技术

水利水电工程数字大坝系统应用 GPS 卫星、GSM 网络、GPRS 定位、计算机集成及网络系统等，替代原有的人工控制手段，使工程施工的运输、装卸、仓面碾压等实现全面、实时、自动、高精度全过程质量监控。国内已应用的工程有云南糯扎渡土石心墙坝、云南龙开口碾压混凝土坝、四川雅砻江两河口土石心墙坝等，工程应用效果明显，推广前景广阔，实现施工质量的高标准控制，很少甚至无需返工，工期也因此大为缩短。

两河口水电站数字大坝系统是近期工程典型代表，系统基于现代网络技术、高精度卫星定位技术、实时监控技术、自动控制技术等，实现了大坝填筑、灌浆施工等过程的实时、在线、全天候的管理。在数字大坝系统的总体架构及关键技术方面，对碾压实时监控子系统、砾石土掺拌监控系统子系统、坝料上坝运输监控子系统、坝料加水监控子系统、灌浆实时监控子系统、工业电视子系统等主要模块的建设及应用情况进行介绍与分析，结果表明，数字大坝系统有效提升了土石坝工程建设的管理水平，实现了两河口水电站工程建设的数字化管理，为打造优质工程提供了强有力的技术保障。

当前水电工程建设正处于全面数字化、部分智能化转变阶段。通过不断研发、实践和提升，努力实现向全面智能化的转变。黄登碾压混凝土大坝、丰满重建工程碾压混凝土大坝正是这方面的典型代表。通过标准化、规范化、智能化的碾压混凝土坝建造技术，黄登大坝取得了世界上最长的完整碾压混凝土芯样（长 24.6 m）。

三、国内外研究进展比较

1. 导截流工程

总体上看，我国导截流工程在规划、设计、科研和施工方面已处于国际先进水平。我国多项截流理论研究成果已达到国际领先水平，如流水中抛石截流的“止动”稳定研究、群体抛投混合石渣料稳定研究、深水截流研究、双戗堤截流研究、宽戗堤截流研究等。

2. 地下工程

随着我国一大批大型、巨型水电站、长距离跨流域调水工程的建成，我国的地下工程开挖技术、长隧洞掘进机开挖技术和极软岩中的长隧洞施工技术在理论与实践方面均有很大发展与突破，其施工技术水平成果均进入世界先进水平，而且多项技术已处于世界领先地位。

3. 土石方（坝）工程

我国土石坝工程建设呈快速发展态势，已建成澜沧江糯扎渡（261.5 m）、大渡河瀑布沟（186.0 m，覆盖层最大厚度达 77.9 m）土石坝工程，水布垭（233 m）工程是世界上最高的混凝土面板堆石坝，正在兴建的雅砻江两河口（295 m）、大渡河双江口（314 m）心墙坝施工技术均具有挑战性。

4. 混凝土（坝）工程

通过长江三峡、向家坝、溪洛渡等一批大型、巨型工程建设实践，在混凝土骨料、外加剂、补偿收缩混凝土、抗冲磨蚀混凝土、塔带机混凝土筑坝等方面，技术上取得创新性的突破，形成了较系统的理论、技术专著和技术标准。

我国碾压混凝土筑坝技术已遥居国际领先水平，如何进一步发挥碾压混凝土技术的特点和优势具有重要的意义，特别是研究建造 300 m 碾压混凝土坝关键技术问题，拓展碾压混凝土应用领域，依靠不断实践和创新，保持我国碾压混凝土筑坝技术的领先地位。

5. 地基与基础工程

我国水利水电建设地基与基础工程技术总体上已处于国际先进水平，满足任何复杂条件下建造各类工程的需要。

我们今后努力的方向主要包括：各种地基处理的基础工程都要适应“更深、更难、更好、更快”的方向发展；应加强理论研究，争取在地基与基础工程理论上取得实用性成果；大力研制开发先进的地基处理和基础工程机械，提高施工的机械化和自动化水平；努力开发新的工艺方法，降低物耗，提高生产效率；注重施工环保问题等。

6. 边坡处理工程

我国工程施工中遇到的边坡工程复杂，许多属世界级边坡工程，如三峡库区边坡、黄河拉西瓦高边坡工程等，其边坡工程规模巨大，开挖边坡高陡，地质条件复杂，总体已处国际领先水平。

7. 堤坝工程

我国幅员辽阔，水系纵横，随着技术、设备和材料的进步，堤坝技术已领先国际先进水平，但因自然条件复杂，仍具有较大的发展应用空间。

8. 疏浚与吹填（围海）工程

国外疏浚工程也有着悠久的历史，相关记录可追溯到公元前 4000 年左右的古埃及。荷兰围海造陆已有几百年的历史，有四分之一的国土是从大海里“夺”过来的，但荷兰围海造陆的后遗症是破坏了地下水位及许多自然植物和动物剧减。

当今世界上几乎半数的挖泥船集中在荷兰、比利时、美国、英国、法国、德国、日本等少数工业发达的国家。气力泵的发明使大深度水库的清淤难题得到了解决；斗轮式挖泥船以及与之配套的液压技术、计算机技术、仪表技术、高耐磨材料、测量仪器、液压定位台车等在疏浚行业也都得到了开发和使用，生产效率、精度都大大提高。

9. 大型机组安装技术

世界上超过 700 MW 常规机组和高水头大容量抽水蓄能机组都集中在我国。白鹤滩水电工程将安装 16 台单机 1000 MW 水轮发电机机组，总装机容量仅次于三峡水利枢纽，居世界第二。因此，我国在大型水电机组安装技术方面也具有同等丰富的经验和技术水平，总体处于领先水平。

10. 大型船闸、升船机安装技术

长江三峡水利枢纽采用齿轮齿条爬升、螺杆螺母安全装置的垂直升船机已投产运行，标志着我国大型水利枢纽升船机安装技术具有世界水平；随着未来航运规划，将在长江三峡水利枢纽上修建第二条永久船闸，解决长江航道日益增长的通航问题，施工将面临新的技术挑战。

11. 施工机械装备技术

经过近 30 年施工装备技术的快速发展，我国大型施工机械设备国产化、智能化、成套化水平已有较明显提高，但与发达国家相比，仍存在差距，无论在成本、性能、稳定性等方面均有提升空间。

四、发展趋势

我国在水利工程施工领域取得了巨大的成就，施工技术总体上已处于世界先进水平，但与发达国家相比，在技术和管理“高、精、准”方面还存在一定的差距。因此，水利工程施工学科的发展目标应将提高我国整体施工技术和管理水平作为学科发展的重点，开展水利工程施工技术、工艺以及施工设备装备等方面的研究，促进水利工程施工新技术、新工艺和新材料、新设备在本行业内的推广和应用，以及加强施工管理体制方面的研究，依靠科技进步，实现施工技术和管理体制的创新，促进我国水利工程施工技术的发展。

（一）发展需求

1. 开展关键技术问题的研究

目前水利工程施工中还存在较多的技术问题，如深覆盖层地基渗流控制技术、水利工程老化及病险问题、安全监测、抗震技术等，应加大这方面的研究。

2. 研究施工原创新技术

在施工新技术方面，提升原创的施工技术分量。依托现有挑战性工程施工，取得一批具有影响力的技术成果。碾压混凝土坝作为当前最具生命力的坝型之一，我国 200 m 级碾压混凝土坝筑坝技术基本成熟，开展了 300 m 级高碾压混凝土坝关键施工技术。

3. 提高施工机械和配套设备国产化率

进入 21 世纪，随着我国国民经济的快速发展和国家对基础产业投资力度的不断加大，作为关系国计民生重点基础产业的水利水电取得了长足的发展，越来越多的先进的机械设备在大型水利水电工程施工的新工法、新工艺中得到普遍应用，施工过程中的整体机械化水平不断提高。目前，部分施工领域已实现完全机械化施工，特别是在一些大型水电站、水利项目施工领域，如三峡水利枢纽、向家坝水电站、锦屏水电站、南水北调工程等。许多新技术、新工法、新工艺的应用都以新型施工设备为依托，机械设备越来越趋于大型化、智能化、无人操作技术等，在重点工程中发挥着决定性的作用。它既是水利施工的主要生产手段，决定着施工生产的质量、工期和成本，又是施工企业提高竞争能力，立足市场的重要条件。

4. 促进新型材料研究和施工应用

在新型材料研究和施工应用方面与发达国家相比还有相当差距，许多新材料都要从外国引进，施工技术和施工队伍也不能满足技术水平要求。

5. 提高施工自动化、信息化和智能化水平

施工期实时温控仿真及温控预警预控应用研究，包括坝体实时温控方案仿真及温控方案与参数优化、坝体温度边界条件分析、坝体实时温控方案仿真分析、拱坝封拱温度及措施优化研究、坝体混凝土浇筑过程仿真技术和坝体温控参数实时反馈分析技术研究。

高坝数字化施工管理信息系统逐步完善。数字大坝建设和自动信息采集技术实现从混凝土工程进度、施工资源配置、混凝土生产、混凝土运输、仓面设计与准备、混凝土浇筑、温度控制、混凝土原型观测在内的混凝土施工的全过程管理，以及地质基础固结灌浆的设计、施工工序过程、施工成果整理与统计分析等全过程管理；实现施工标准数据、工艺流程模型、实时生产数据的采集与管理，集成施工进度优化仿真、施工机械运行效率分析等多种计算与分析方法，为优化大体积混凝土与灌浆施工流程、控制施工过程的进度与质量提供一种有效的生产管理工具，并实现远程数据访问、监控与仿真数据实时传输。

配合建立以大坝施工管理信息系统为平台，以超前解决施工技术问题为目标的“产学研用”合作模式。根据施工需要提出问题，委托科研单位进行分析跟踪现场施工情况，不定期召开仿真专题会，超前解决现场大量的技术问题，为高坝浇筑的顺利进行和温控防裂提供技术保障。

6. 提高施工管理水平和施工人员素质

与发达国家比较，我国施工管理水平不高，管理成本较高，施工人员综合素质不能满足施工技术要求，工作效率不高，质量和安全问题比较突出。

（二）发展策略

（1）针对水利工程施工中存在的问题，加强关键技术问题的研究和机械设备的研制，推进科技创新，尽快缩小和发达国家的差距。

（2）抓住我国目前工程开工规模大和制造业发展快的历史机遇，加强施工学科发展的规划研究，进一步提升我国水利水电施工机械化、智能化（无人操作等）的水平。

（3）BIM 技术具有可视化、协调性、模拟性、优化性和可出图性五大特点，被认为是

继CAD之后建筑业的第二次“技术革命”。对于水利行业建筑工程，未来应该尽早地引进BIM技术，让其为水利企业和工程服务。

（4）参考国际上工程施工专业化和规模化分工的发展趋势，结合我国国情开展施工学科发展的体制机制专题研究。

（5）加强相关学科间的交叉融合，实行“产、学、研”相结合，切实加大施工技术的原始创新、集成创新和引进再创新力度和推广应用。

（6）加强专业队伍建设和人才培养工作。

（7）加快施工技术标准体系的制定、修订与完善。

参考文献

［1］中国水力发电科学技术发展报告［M］. 北京：中国电力出版社，2013.

［2］水利水电工程施工技术全书：第三卷 混凝土工程：第七册 混凝土施工［M］. 北京：中国水利水电出版社，2016.

［3］水利水电工程施工技术全书：第二卷 土石方工程：第二册 开挖与填筑施工技术［M］. 北京：中国水利水电出版社，2018.

［4］水利水电工程施工技术全书：第二卷 混凝土工程：第九册 疏浚与吹填施工技术［M］. 北京：中国水利水电出版社，2019.

撰稿人：张严明　张文洁　熊　平　于子忠　邱信蛟
王　畅　郑桂斌　赵长海　马毓淦　梅锦煜

小水电学科发展

一、引言

小水电是指利用河川水能发电且其发电装机规模在水利水电工程分等中属于低等别的小规模水力发电站。小水电的装机容量界限在不同国家、不同时期有不同的定义，大部分国家将小水电装机容量界限定义在 10 MW 及以下。在我国，小水电的装机容量界限还与农村经济的发展和农村用电水平有关，甚至还把与小水电站有关的农村电网统称为小水电，故在我国小水电又称为农村水电。随着全国小水电装机的不断增长，各个时期的分等标准也不相同。目前我国定义单站装机容量 50 MW 及以下为小水电。

我国小水电资源丰富，50 MW 及以下的小水电技术可开发装机容量达 1.28 亿 kW，年发电量 5350 亿 kW · h。截至 2018 年年底，全国已建成小水电站 46515 座，装机容量达到 8043.5 万 kW，占全国水电总装机容量的 22.8%，占全国电力总装机容量的 4.2%；发电量达 2345.6 亿 kW · h，占全口径水电发电量的 19.0%，占全国总发电量的 3.3%。按装机容量统计，我国小水电开发率为 62.8%，小水电广泛分布在全国 1500 多个县，遍布全国 1/2 的地域、1/3 的县市，累计解决了 3 亿多无电人口的用电问题。

小水电是水利和能源建设的重要内容，是农村发展和农民增收的重要依托，是扶贫脱贫、改善民生和保护环境的重要举措。多年来，通过中央投资带动，引导农村水能资源有序、合理开发，在增加我国清洁能源供应、提高农村电气化水平、加快贫困地区脱贫致富步伐、带动山区农村经济社会发展、促进节能减排和生态保护、保障应急供电等方面发挥了重要作用，被誉为山区的“夜明珠”、点燃大山希望的德政工程。

近 20 多年，我国小水电事业得到快速发展，技术和学科发展日趋成熟。由于社会经济发展和区域解决能源的途径不同，国内对小水电开发的认识分化。小水电是世界公认的技术成熟的可再生能源，但资源开发与环境保护的矛盾突出，移民安置问题、梯级开发累积性生态影响越来越受各方关注。水能资源开发规划方面，缺少对生态环境影响的评估。

小水电开发经济性下降，资源越来越少，开发难度越来越大。技术上对河流生态环境系统的累积影响及其影响的演化趋势、小水电站对河流生态系统水文－生态响应关系、生态流量分类核定方法及其适用性、流域梯级水电站联合调度运行等基础性和应用性研究不足。

二、国内发展现状及最新研究进展

新中国成立70年来，小水电为促进偏远和贫困地区发展做出了历史性贡献，使我国1/2地域、1/3县（市）、3亿多农民用上了电，数千条河流通过小水电开发得到初步治理，有效提高了江河的防洪能力，改善了城镇供水和农业生产条件，有力带动新农村建设和城镇化建设。

进入21世纪，结合国家农村电气化县建设、农网改造、小水电代燃料生态保护工程、农村水电增效扩容改造和农村水电扶贫工程等一系列项目的实施，学科研究的重点以信息技术应用和高效率转轮等高性价比的适用技术为主，大力推广新技术、新产品的应用，重视对生态环境有利的小水电开发管理技术研究。2017年以来，中央环境保护督察、长江经济带生态环境保护情况审计、“绿盾”行动等开始广泛关注小水电环境影响问题。2018年，水利部、国家发展和改革委员会、生态环境部和国家能源局四部委联合发文《关于开展长江经济带小水电清理整改工作的意见》，对解决长江经济带小水电生态环境问题提出了要求。小水电所在河道生态修复、生态流量核定、生态流量泄放等技术研究进一步加强。

1. 资源管理

水利部提出“水利工程补短板、水利行业强监管”新时代治水新思路，农村水能资源作为自然资源之一，在开展资源开发利用管理、增效扩容改造规划、绿色小水电建设、老旧水电站退出机制及生态补偿、生态电价等政策类研究基础上，加强了农村水能资源开发利用监管技术、农村水电信息化技术等研究。

2. 绿色水电与生态保护

研究绿色小水电评价指标并制定了《绿色小水电评价标准》，推广绿色小水电建设在山区河流减水河段生态修复治理、最小下泄流量监管等方面的经验，开展了农村水电生态环境影响评价及保护对策、鱼类保护、水土保持和地质灾害防治等研究。颁布和实施《农村水电增效扩容改造河流生态修复指导意见》，明确增效扩容改造河流生态修复目标，以及生态修复项目的设计和实施的具体要求，开发了长江经济带小水电清理整改工作管理平台。

3. 设备研发

研发了一系列提高农村水能开发利用效率的新技术和新设备，一大批新型高效转轮、智能控制设备和优化调度技术在全国增效扩容改造工程中成功示范应用。研制了小水电站能效检测与评估相关技术和仪器，提升我国小水电站能效管理水平。随着CFD优化设计分析技术在水轮机优化设计中的广泛应用，小水电站可根据电站参数定制研发新型高效水轮机，大幅度提高了电站的发电效益。小水电生态流量泄放和监测设备得到推广应用。

4. 安全生产

研究提出了小水电站安全评价方法，构建了小水电站安全评价指标体系，制定了国家标准《小型水电站安全检测与评价规范》（GB/T 50876）和行业标准《小型水电站建设工程验收规程》（SL 168）、《小型水电站施工安全规程》（SL 626）。出台全面加强农村水电安全生产监管意见，明确监管责任，强化重点领域重点环节监管，推动安全生产标准化。

5. 自动化和优化调度技术

（1）小水电综合自动化。根据小水电站适用性、经济性和标准化、集成化的特点，形成了集监控、保护、调速、励磁、辅控功能于一体的综合自动化装置，降低了自动化系统建设和运维成本；自动发电控制技术（AGC）应用于小水电，加速小水电自动化水平的提升，为小水电向无人值班、少人值守的运行模式转变提供技术保障。小水电集群远控可实现多个电站的一体化调度及运行管理，降低生产运营成本，实现电站减员增效，推动电站运行方式的转变，同时提高流域水资源的利用率。

（2）优化调度技术。借鉴大中型水电站和流域梯级的技术和建设经验，结合小水电具体情况，进一步强化小水电生态流量调度，摸索出适合小水电成本控制要求和网络通信条件，覆盖水情测站建设、数据采集和通信、流域气象监视、水文预报、防洪和发电决策支持等内容的优化调度系统，有力地支撑了水电站、电网的安全、经济、稳定运行。

6. 技术标准体系

建立了完整的小水电行业技术标准体系，制定和修编了大量涉及小水电资源开发规划、设计、施工和运行管理的规程规范；在对现有标准调查的基础上，按《标准化法》要求，研究提出农村水电技术标准体系修改和分类意见；组织开展农村水电技术标准复审及农村水电强制性标准研编等。

为大力推进小水电标准国际化工作，助力小水电技术“走出去”，开展了“小水电国际标准编制与发布”工作，完成了标准体系设计和《小水电技术导则》（共5卷26册）中英文编写工作，相关成果已列入第二届“一带一路”国际合作高峰论坛成果清单。下一步将以《小水电技术导则》为基础，逐步将导则的内容纳入ISO标准体系，进一步提升我国小水电的国际影响力。

三、国内外研究进展比较

（一）国内外小水电技术比较

1. 水工建筑物

（1）低坝引水建筑。国外传统活动坝如橡胶坝的耐久性缺陷、水力自动翻板坝的可靠性缺陷越来越引起重视，气盾钢坝、底轴液压钢坝得到较多应用。在我国，低坝设计只做稳定安全分析计算而不做坝身结构应力分析；在做稳定分析时，使用剪摩公式而不使用纯摩公式，因坝体应力小而可不使用重力式实体混凝土结构，以降低造价。

（2）防沙排沙措施。底栏栅引水结构始建于奥地利蒂罗尔地区，我国引进后已做了较深入的研究和改进。沉沙槽式取水结构始建于印度，经我国研究改进，采用进水闸与坝轴线斜交的方式，并设置导沙坎，改进了闸前排沙和闸后河床的冲淤问题，取得了较好的效果，技术处于国际先进水平。进水口采用涡旋式沉沙池，是一种高效节水节能的排沙技术，可处理全部推移质泥沙并能排除 85%以上的颗粒粒径小于 0.05 mm 的悬移质泥沙。

（3）生态流量泄放设施。国外比较重视生态流量泄放设施建设，我国近几年也开始强调保障下游河道的生态用水需求。生态流量泄放设施可与生态小机组、鱼道、大坝放空孔（洞）、溢洪道（闸）等设施相结合。早期未设置生态流量泄放设施的挡水建筑物可通过引水系统改造、堰坝泄水设施改造等方式实现生态流量泄放。

2. 机电设备

（1）小型水轮机。目前，我国水轮机模型效率，混流式为 93%~95%，贯流式和轴流式为 92%~94%，冲击式为 90%~92%，斜击式为 84%~86.5%。小型轴流式机组传统结构分发电机层和水轮机层，现合并为单层结构，简化了水工建筑物布置。冲击式水轮机采用水斗根部加厚、水斗数适当减少的新结构，国际同类产品未见报道。斜击式水轮机扩大了比转速范围，应用水头提高到 400 m，大大高于国外推荐的同类产品（应用水头 120 m）。

（2）小型水轮发电机。广泛采用新技术、新结构、新材料，但在结构设计、加工工艺、使用材料等方面与国外相比仍有一定的差距。

（3）微型整装机组。我国的微型整装水轮发电机组发展很快，品种系列多，开发了许多专利技术，已颁布了国家标准，技术上处于国际领先水平。水轮机转轮采用不锈钢精密整体铸造新工艺，发电机采用稀土永磁发电机，无碳刷无励磁系统，并利用电子技术解决了微水电机组电压难以稳定的难题，开发箱式整装水电站，提高了微水电设备运行的安全性和简便性。

（4）电气设备和电站辅助设备的性能接近国际同类产品。

3. 运维管理

我国为小水电的运行、维护和管理制定了一整套的规范和标准，已成为全球小水电技术的资源国和示范国，全行业整体上处于国际领先水平。近年来，我国加大在生态环境、运行管理方面的研究，但在流域管理和信息共享等领域仍与发达国家有一定的差距，需要进一步发展提高。

4. 生态环境友好技术

（1）水电开发的综合利用。综合开发是大部分国家进行河流水能开发的根本原则，流域的水能开发也要综合考虑防洪安全保障，提供充足、优质的供水，同时要统筹沿河百姓生产生活用水、渔业、航运、水上娱乐、水质保护等多方面的利益。

（2）水电绿色认证。发达国家如欧盟各国、美国、加拿大和澳大利亚等，除了流域立法以外，政府还制定了关于水电开发中的生态环境保护政策，用于应对水电建设运行中的突出环境问题。发达国家通过建立对水电的绿色认证制度，倡导消费者对绿色水电的消费，使水电开发商能自觉地进行绿色水电建设，以期达到对生态与环境多方面的保护。我国结合绿色小水电创建开始探讨和实践，落实绿色发展理念，按照生态宜居美丽乡村要求，大力推进农村水电增效扩容、绿色改造，实现农村水电助力乡村振兴和改善河流生态双赢局面。

（3）在小水电建设中的生态环境保护及建设后生态恢复等方面，欧美等发达国家研究比中国深入，保护措施及执行力度都比中国大。近些年来，我国在生态环境保护、洄游鱼类保护等方面也做了大量工作，进步很大，正在开展长江经济带小水电生态环境突出问题清理整改。

（二）我国小水电在国际上的地位

1. 树立了闻名世界的中国小水电品牌

我国小水电建设以及农村电气化的经验得到了国际社会的认可与赞誉。在联合国工业发展组织、联合国开发计划署等国际组织和中国政府共同倡议下，1981 年在杭州成立了亚太地区小水电研究培训中心；1994 年成立了国际小水电中心。开展了广泛的双边或多边合作、南南合作以及对发展中国家的小水电项目援助工作，创造了“发展中国家、发达国家和国际组织间”三方合作的南南合作新模式。近 10 年来发展中国家的电气化取得重大进展，全球已获得电力供应的人口（用电人口）比例从 2010 年的 83% 增长至 2017 年的 89%，全球无电人口从 2010 年的 12 亿下降到 2017 年的 8.4 亿。

2. 推动了全球小水电技术发展

我国小水电学科研究整体上已处于国际领先水平。通过国际培训、国际会议、合作研究、技术转移及项目示范等，推动了学科研究和技术进步。我国研制的小水电设备已出口至包括欧盟成员国在内的世界上 50 多个国家和地区。

小水电成为中国在世界上最有影响的少数几个行业之一，也为世界电力工业树立了可持续发展的榜样。中国小水电行业的发展，大力拓展了国际交流与合作，推动中国小水电行业“走出去”，促进了全球小水电的蓬勃发展。

3. 技术标准被国际同行接受

随着国内企业在国际小水电总包业务的开展以及小水电设备在国际市场的拓展，高性价比的小水电设备为我国在国际市场赢得了广泛的好评。近几年，我国加强标准外文翻译出版工作，积极推动并实现了小水电行业标准国际化的突破。50 多个国家的几百个项目都已按中国标准成功应用，小水电技术与设备标准已被国际同行接受。深入组织开展了小水电技术标准国际化工作，成立小水电国际标准编委会，构建形成《小水电国际标准体系表》，“小水电国际标准编制”列入第二届“一带一路”国际合作高峰论坛成果清单，作为“一带一路”倡议下国际合作的重要成果。

四、发展趋势

（一）发展目标

紧密结合我国小水电建设管理和国际小水电工程技术领域的发展趋势，加强学科基础研究和应用研究，为中小河流水能资源开发和绿色小水电建设提供技术支撑；提升适合我国小水电特点的评价和管理标准；整合小水电技术资源，积极参与国际竞争，实施小水电“走出去”战略，继续保持我国小水电在国际上的领先地位。

（二）战略需求

1. 水 – 能源 – 粮食安全的战略需求

随着我国水资源、能源与粮食需求的快速增长，单一部门的统筹协调已经无法满足社会经济发展的新要求，亟待转变理念，保障水 – 能源 – 粮食协同安全。农村水电是我国农村地区重要的能源与水利基础设施，创新发展是我国新时期小水电发展的新要求；同时，随着电力体制改革推进，农村地区清洁可再生能源多能互补的综合开发利用模式和分布式发电技术等受到广泛关注。

2. 国家生态文明建设的战略需求

随着我国经济社会的发展，越来越强调生态文明建设。生态约束下农村水能资源调查评价新方法、小水电开发对河流生态环境的影响、减脱水河段的生态修复技术和小水电生态流量监管等急需系统研究。

3. “一带一路”建设的战略需求

根据《丝绸之路经济带和 21 世纪海上丝绸之路建设战略规划》，“一带一路”国家水资源开发利用程度低、管理水平落后、电气化进程缓慢。大多数国家虽然蕴藏着丰富水能、风能、太阳能等可再生能源资源，但能源生产和电力供应仍然严重不足，远远不能满足其经济社会发展的需要；到 2030 年，全球用电人口预计为 92%，届时仍有 6.5

亿人无法获得电力供应。这意味着，联合国此前提出的在2030年“确保人人获得负担得起、可靠和可持续的现代能源”目标恐难实现。而我国小水电设备厂家多，产能国际合作需求大，同时结合“一带一路”的国际合作、扶持政策和风险防范措施等研究缺乏。

（三）发展重点

小水电作为自然资源之一，学科研究应遵循“创新、协调、绿色、开放、共享”的发展理念，以优化能源资源结构、维护和改善河流生态环境、科学利用水能资源为目标，树立小水电生态开发利用新理念。

1. 小水电与新能源开发技术

开展风水互补、光水互补等储能与分布式能源开发技术研究，小水电与新能源的智能微电网研究；结合国家倡导的精准扶贫，研究农村地区清洁可再生能源多能互补的综合开发利用模式，研究提升农村地区清洁可再生能源多能互补系统的可靠性技术。

2. 小水电河流生态修复技术

研究农村水能资源调查评价新方法，在现有技术可开发率、经济可开发率指标的基础上，提出生态可开发率指标。研究农村水电站梯级开发对河流生态系统结构、功能和特征等影响，揭示农村水电站对河流生态系统水文 – 生态响应关系，综合评估农村水电生态环境影响。结合农村水电生态流量泄放实施情况，开展厂坝间生态修复效果评估研究，进一步研究农村水电站生态流量分类核定方法及其适用性。结合小水电整改和退出，选择典型流域、河流和电站，开展对比跟踪研究，分析生态影响情况。重点研究减脱水河段的生态修复技术，探讨生态补偿政策建议。

3. 智慧小水电技术

研究水电站智能传感器技术，开发基于物联网和可视化技术的智能控制设备，推进集中远控和梯级小水电联合优化调度。研究基于虚拟现实和现实增强技术的小水电运行维护技术；基于互联网 + 和大数据技术，开发农村水电安全监管APP，建立安全监管信息平台和安全预警系统。基于“一张图”，以河流为单元直观显示各电站的分布、梯级关系、厂坝间位置，建立生态流量监管信息平台。

4. “一带一路”小水电国际合作政策

响应国家“一带一路”倡议，坚持“能力建设 – 联合研究 – 项目示范 – 产能合作”的工作思路，继续为发展中国家提供人力资源培训和技术开发服务，开展联合研究与项目示范，推进技术转让与设备生产本地化，推动中国农村水利水电技术及标准“走出去”，促进国际产能合作。研究多能互补分布式供电模式和农村电气化技术；研究经济技术国际合作、扶持政策和风险防范措施等；加快推进我国小水电技术和经验向发展中国家转让的步伐。

（四）发展建议

1. 开展跨学科的综合性研究

加强对小水电政策和科研的投入和引导，加快促进学科的交叉融合和发展。鼓励向跨领域、跨学科、跨产业、跨行业的研究方式，特别是与环境科学、信息技术等融合，形成和发展新的研究方向。

2. 重视学科平台建设和人才培养

加强农村水电工程技术研究中心和有关高校相关学科的平台建设，完善运行机制和人才培养机制。通过"产、学、研"相结合，加大小水电技术的原始创新、集成创新和引进再创新力度，促进学科发展。进一步加强小水电行业职业教育培训和科普宣传，全面提升行业从业人员科技素养，增强行业的整体科技实力和竞争能力。

3. 加强小水电领域的国际合作

拓展和西方发达国家的政府机构、科研机构、高等院校及企业间的合作和交流，学习吸收和借鉴对方先进的科学技术和发展理念。在"一带一路"实验室等现有合作基础上，进一步推进小水电技术转移中心的建设，加强"一带一路"国家的小水电国际合作，加快中国小水电技术与标准"走出去"，推动全球小水电发展。

参考文献

［1］水利部农村水利水电司．2018 年农村水电年报［R］．
［2］水利部农村水电及电气化发展局．中国小水电 60 年［M］．北京：中国水利水电出版社，2009.
［3］联合国工业发展组织（UNIDO），国际小水电中心（ICSHP）．世界小水电发展报告 2016［R］．
［4］小水电：合订本［J］．2014—2018.

撰稿人：徐锦才　董大富　金华频　舒　静　欧传奇　罗云霞　徐　洁

水利工程管理学科发展

一、引言

新中国成立以来，我国水利工程建设成绩卓著，已建9.8万余座水库大坝、30万余千米堤防、4万余座水电站、20万余座规模以上水闸以及一大批引调水利工程。这些水利工程是调节水资源时空分布、优化水资源配置、开发利用水能资源的重要基础设施，是经济社会防洪抗旱工程体系的重要组成部分，在保障经济社会可持续发展及国家水安全中发挥了不可替代的基础性作用。

水利工程管理是指通过开展注册登记、调度运用、检查观测、维修养护、安全鉴定、除险加固、防汛抢险、应急管理、降等报废等一系列技术管理工作，使水利工程全生命周期内处于正常、安全的工作状态，兴水利、除水害，充分发挥水利工程经济效益、社会效益和生态效益。水利工程管理作为水利工程安全运行、发挥功能的重要保障，贯穿于工程运行的始终，包含着对水利工程的质量、安全、经济、美观、实用、环保等方面的管理。经过多年实践和科技投入，我国水利工程管理取得了很大进展，已成为一门独立的学科。近年来，随着水利工程管理制度体系不断健全和现代高新技术的广泛应用，水利工程管理正在向规范化、专业化、精细化和信息化方向发展。可以说，水利工程管理学科是随着时代和技术进步不断成长的一门管理科学。

二、国内发展现状及最新研究进展

（一）隐患探测

长期以来，隐患无损探测技术一直是困扰水利工程安全运行的重大难题之一。相比于破损探测法，无损探测具有无损性、连续性、整体性、快速性以及高分辨率能力等优点，能快速有效地发现目标隐患。解决水利工程结构和防渗体系裂缝、脱空、渗漏、损伤等隐患探测技术难题，及时掌握隐患分布情况及发展趋势，对及时采取科学处置措施、保障工程安全运行至关重要。从 20 世纪 80 年代开始，相关科研单位投入大量人力物力研发适合水利工程隐患无损探测的技术和设备。2008 年，黄河水利委员会开发了堤防根石探测系统，实现了从现场探测到数据处理再到计算机信息管理的一体化流程，解决了河道整治工程根石探测的技术难题，取代了长期以来依靠人工钻探的方法。该系统将大功率非接触式浅地层剖面仪 3200-XS、GPS 动态差分仪、船载探测系统组合，并与相关软件综合集成，实现了小尺度水域非接触式的精细化探测，可准确探测隐患界面、坡度和分布状况等，并把探测数据导入到河道整治工程根石探测管理系统中，可对根石进行网络动态监测管理。

目前，常用的无损检测方法有探地雷达示踪法、温度监测法、高密度电阻率法、伪随机流场拟合法、水体电阻率法。存在的主要问题是相关无损探测设备主要自发达国家引进，成本和维护费用高。未来仍需进一步加强隐患探测技术研究，自主研发适用于裂缝、脱空、渗漏、损伤等各类隐患探测的高效、高精度设备及典型图谱。

（二）工程安全监测与突发事件监测预警

安全监测作为保证水利工程安全运行的重要措施之一，于 20 世纪 50 年代开始系统实施。工程运行中许多动态变化必须借助仪器设备测得数据后，才能了解和掌握工程变化情况和规律，从而判断工程的安全状况。因此，安全监测一直以来被高度重视和应用，在工程管理中起到了不可替代的重要作用。近年来，随着 GNSS、三维激光扫描仪、合成孔径雷达等空间监测仪器设备不断应用，大坝安全监测仪器设备出现从点监测向面监测的方向发展。在数据分析处理方面，极值理论、粗糙集理论和动态贝叶斯网等方法不断得到应用。在数据网络方面，低功耗高位处理器、多种混合组网方式和基于 .NET 平台及基于 SaaS、Hadoop 的水文云平台和基于 Google Map 的综合信息系统已经得到初步研究。

1. 光纤监测技术

目前，光纤温度测量技术已成功地应用在水利工程安全监测领域，测温精度可达 0.5℃，定位精度可达 0.5 m。基于光纤布拉格光栅反射原理生产出来的光纤光栅传感器能对温度、变形、应力应变等监测参数进行监测，目前已应用于多个引调水工程的安全监测。光纤监测具有抗干扰能力强、传输距离远和可实现分布式测量和复用传输等优点，特别适合大型水利枢纽工程的安全监测和信息传输。

2. 三维激光扫描监测

三维激光扫描是利用激光测距的原理，密集地记录目标物体的表面三维坐标、反射率和纹理信息，对空间进行真实的三维记录。三维激光扫描仪为传统测绘领域（如建筑测绘、地形测绘、采矿等）提供了一种全新的手段。三维激光扫描技术应用广泛，如建筑、文物古迹、工业管道测量、建设规划、事故现场勘测、大型结构装配、公路、桥梁、隧道、港口工程测量。目前三维扫描用于工程安全监测还需要解决数据快速处理以及与目前点式监测的数据对比问题。

3. 真实孔径雷达监测

真实孔径雷达技术是目前国际上最先进的大型边坡空间数据采集与监测技术，这种技术有效地避免了以上各种技术在测量方面的一些局限性，测量不需要人工设置反射体，气候环境影响小，全三维数据采集生成DTM模型，可有效测量陡峭边坡与非直线走向边坡，能通过建立历史数据库发现潜在灾害发生区域，并能不间断地对危险区域进行实时监控与有效的预警。南非Reutech公司生产的雷达边坡测量与实时监测预警系统全面集成了真实孔径雷达扫描系统、数字化地形图DTM模型建立系统、历史数据匹配与对比分析系统、实时监测预警系统等。该系统可以使用汽车及拖车作为载体，简单、快速地进行拖运和布置，快速扫描目标并建立DTM模型，且具有重量轻、安装使用方便、机动时间短等显著优势。

（三）信息技术应用

针对水利工程面广量大、管理能力不足问题，近年来加大了信息技术应用研究，全面提升水利工程管理信息化水平，以信息化促动水利工程管理现代化，推动传统水利向现代水利、智慧水利转变。

1. 堤坝巡查和河库岸线信息化管理技术

近几年，一些地区利用遥感和GIS技术，通过对不同时段的遥感影像进行对比，及时掌握水域动态变化，及时发现水域岸线侵占情况，实现水域岸线管理数字化和信息化。部分河道较多地区尝试将日常人工巡查和信息技术相结合，开发了堤坝智能巡检系统。

对重点河段和重要时段加大巡查密度和力度，以早发现、处理涉河违法违规行为和工程隐患。河道巡查和岸线管理信息化技术具有了信息化、网络化、自动化及数字化的功能，实现了信息采集、存储、分析、查询、管理、输出，为堤坝管理提供准确的数据，也为管理部门决策、管理及研究及时提供可靠依据。

2. 地理信息系统技术

地理信息系统技术已在近些年逐步引入我国的堤坝管理体系。通常情况下，通过利用航空航天遥感影像数据，可以快速采集多区域、多尺度、多类型的大江大河的地理信息数据，完成基础地理数据采集。基于不同时段的遥感影像，可以发现不同时段的道路、居民地、防洪工程等地理信息的变化情况，可以基于遥感影像将监测到的变化情况更新至数据库，实现地理信息数据库的更新。将数字地面模型（DEM）叠加卫星遥感影像（DOM），可以生成江河三维地理场景，为防汛指挥三维电子沙盘制作、防汛会商决策等提供了直观、可视化的虚拟化江河环境。目前，黄河上采用地理信息系统技术较多且成熟，已经建立了黄河洪水及冰凌遥感监测、黄河下游河道清障遥感监测、下游引黄灌区墒情监测及抗旱成效评估遥感应用、河口湿地生态调水遥感监测等。

3. 水库大坝智能巡检系统

针对传统水库大坝安全巡检过程中存在的数据组织散乱、巡视结果人为因素多、管理效率低、信息孤岛严重、无法可视化和时效性差等诸多问题，相关科研单位基于智慧管理理念，集成物联网、智能技术、云计算与大数据等新一代信息技术，设计和研发了基于大数据的“发现问题－智能诊断－匹配处置决策－处理效果反馈”的闭环模式水库大坝安全智能巡检系统，主要包括人员管理模块（巡检人员添加、人员权限分配）、智能巡检管理模块（巡检路线设定、巡检任务制定、巡检任务提醒、巡检任务执行、关联隐患处置案例、隐患处理效果反馈）、查询统计管理模块（巡检任务查询、人员巡检轨迹回放、巡检类别查询、巡检隐患查询管理、巡检报告、巡检点设置）等。该系统具备普适性强、多途径上传、支持大数据智能诊断、实时性强等特点，并可推广应用到其他水利工程巡检。

4. 全国大型水库大坝安全监测监督平台

为进一步提升我国大型水库大坝安全保障能力，水利部大坝安全管理中心目前正在开展“全国大型水库大坝安全监测监督平台”建设，将于2019年年底建成投入运行。该平台将完成平台业务应用系统及中心站（大坝中心）运行环境建设，满足全国水利行业大型水库大坝安全信息汇聚、存储和应用的需求，实现大型水库大坝安全运行管理信息的在线报送、动态管理与反馈，15座部属大型水库和50座地方已建大型水库安全监测信息实时采集与报送、在线分析、智能诊断、实时预警。后期接入全国防汛重点中型水库安全监测信息，全面实现全国大型水库和防汛重点中型水库安全的在线监测监督，丰富国家防汛抗旱指挥系统信息资源，为水库突发事件应急处置提供远程会商平台与技术支撑，进一步提升我国大型水库大坝安全保障能力。

5. 水利工程智能监控与智慧管理

目前，水利相关科研单位正在开展国家重点研发计划项目“水库大坝安全诊断与智慧管理关键技术与应用”（2018YFC0407100）研究。项目基于“数据挖掘—机理剖析—技术研发—集成应用”的全链条研发思路，在基础和应用基础理论方面，开展大坝多源信息感知－融合－挖掘的理论与方法研究；在关键技术方面，研发大型复杂水工结构性能演化测试装备，以及大坝结构与服役环境互馈仿真及智能监控、基于大数据的大坝安全诊断与预警等关键技术；在应用层面，研发大坝安全智慧管理决策系统与国家大坝安全监管云服务平台，并进行示范应用。

（四）工程维修养护和除险加固

水利工程维修养护工作是保障工程正常健康运行、可持续发展的基本保证，是将工程管理推向日常化、程序化、标准化，将工作思路从被动管理转向主动管理的重要途径。近年来，各地对维修养护工作愈加重视，在管理模式和维修技术等方面都有了较大的突破。

1.“管养分离”物业化管理新模式

水管体制改革实施后，工程管理体制已逐步理顺，工程维修养护经费来源渠道逐步落实，水利工程面貌和管理水平得到极大的改善与提高。随着水管体制改革的不断深入，水利工程维修养护也逐步向市场化、集约化、专业化和社会化转变，出现了“管养分离”（运行管理与维修养护分离）物业化管理的新模式。这种模式是建立在将水利工程维修养护业务从水管单位日常工作中分离出来的基础上，通过设置市场准入条件，公开招标或向市场采购维修养护服务的方式择优确定企业进场负责维修养护工作，由符合资格的企业实现对水利工程的专业化维护和物业化管理。这种模式的优势在于，有利于理顺管理与养护之间的关系，建立精简高效的管理机构，把水利工程的维修养护推向市场，实行物业化管理；有利于建立符合市场法则的管理模式，保障工程维修质量，促进工程管理现代化水平的提高。

2. 高聚物注浆“微创”修理技术

高聚物注浆“微创”修理技术是将能快速凝固的液态高分子聚合物材料注入存在渗漏等问题的堤坝工程，实现“微创”修复，具有“对结构扰动小，施工速度快，轻质高韧，经济耐久，安全环保”等技术特点。该技术采用的高聚物注浆材料属于非水反应、双组份发泡、闭孔、水不敏感型材料，具有环保、耐化学腐蚀、抗渗、自膨胀特性，并具有良好的抗压、抗拉、抗弯性能，在土体中具有定向劈裂的作用。既可以通过高压注射系统和注浆导管，将双组份高聚物材料注入渗漏区域或封闭的土工布袋，材料发生化学反应后体积迅速膨胀并固化，填充空隙，压密土体，封堵堤坝体、堤坝基渗漏或管涌通道；也可以利用静压成槽方法，在坝体内形成定向劈裂槽，采用封闭注浆技术封堵槽顶，采用导管注浆技术向槽内注入高聚物注浆材料，材料发生化学反应后体积迅速膨胀，产生的膨胀力超过土体的抗拉强度时，即沿成槽板引导的方向将土体劈开，连接形成超薄型高聚物防渗体系。高聚物注浆“微创”修理技术是新材料新技术在水利工程维修养护领域的创新应用，是堤坝快速防渗加固的新技术方向。

3. 水下工程修补新技术

近年来，水下工程的修补材料和技术取得了较大的进展。国内一些科研机构研制出适于水下修补施工的嵌缝材料，如 GBW 遇水膨胀止水条、PU/EP、IPN 水下灌浆材料、水下快凝堵漏材料、水下伸缩缝弹性灌浆材料、水下弹性快速封堵材料等。这些材料大多采用先进的高分子互穿网络技术，根据水下修补施工的特点，材料的固化时间可调，在多个水利工程进行现场应用试验的效果均较好。其中，高分子互穿网络水下 PBM 快速封堵材料及灌浆材料可在几分钟至几十分钟固化，强度增长快，与混凝土和金属结构粘结强度高，已在丹江口等多项工程中成功应用。此外，水下不分散混凝土在众多工程中也得到了广泛的应用。另外，水下工程修补施工已不再主要依靠潜水员体力劳动，而采用先进的水下施工设备，目前比较先进的是采用体积小、动力大、效率高的液压动力站作为动力源，通过传输管带动液压钻、液压镐、液压切割机、液压打磨机、液压铲、液压链锯等工具，在水下实施清缝、开槽、钻孔、立模、锚固等各种操作，形成了成套的水下工程修补技术。

4. 深水和长距离水下检测与修补加固成套技术和装备

高坝、深长埋隧洞、长距离调水工程潜在风险高，一旦出险甚至破坏失事，有可能造成难以承受的灾难性后果。国内外现有水下渗漏等缺陷检测定位技术和设备多为试验性应用，准确性不高；国外水下机器人作业平台虽能满足深水、长距离探测与水下修补加固作业，但引进面临技术壁垒以及成本和维护费用高等问题。我国人工潜水虽能实现百米级水下检测与作业，但效率低、成本高、安全风险大。目前超过 100 m 的高坝大库一旦出现渗漏和底孔闸门无法打开等险情，需放空才能进行处置，贻误最佳抢险时机，且代价极大。因此，相关水利科研单位正在结合国家重点研发计划项目“重大水利工程大坝深水检测及突发事件监测预警与应急处置”（2016YFC0401600）实施，研发适合大深水、长距离环境下水工程隐患应急检测与修补加固的成套小型化饱和潜水装备、水下检测与修补机器人以及适用长深水环境修补加固材料、工艺和技术。目前，该项目已取得巨大进展，将于 2021 年验收。

（五）白蚁防治

我国南方地区水利工程多存在白蚁危害。白蚁习性偏好温热潮湿，常在土质水利工程内部营造巢穴、挖筑蚁道，极易诱发渗漏、漏洞、跌窝等险情，严重时甚至造成水利工程塌垮。近年来，随着气候逐渐变暖，白蚁的活动范围及危害程度呈加剧趋势。为加强水利工程白蚁防治，各地在探测、治理等方面做了许多新的研究和尝试。

1. 白蚁隐患探测技术

传统探测方法为人工锥探法，利用施锥人的“吊锥”感来判断蚁巢位置。仪器探测法研究方面，经试验理论可行的技术有探地雷达技术、声频探测技术、电法探测技术、宽幅扫描管腔探测技术和气味探测技术等。目前技术最为成熟的为电法探测技术，YHT 型隐患探测采用分布式智能化高密度电法仪结构，经检验具有较高的准确性，其中采用中国地质大学研发的 GMD-2 型测量系统，为国内首创。

2. 环境友好型白蚁诱杀剂

极具隐蔽性是水利工程白蚁危害的重要特点之一。国家禁止三氧化二砷和灭蚁灵等高效但剧毒和高残留的灭蚁药剂之后，急需找到替代药剂。“特米驰”系列白蚁诱杀饵即是从天然有机杀虫剂、有机磷杀虫剂、氨基甲酸酯类杀虫剂、新型杂环类杀虫剂及昆虫生长调节剂等几大类杀虫剂中混配筛选定制而成的高效环保型白蚁诱杀剂，经湖北、湖南、江西等地使用后反映，诱杀效果较好。

（六）风险管理

风险管理是一种基于风险度量为理念的事前管理机制，将水利工程安全管理纳入社会公共安全管理中，是原有水利工程安全管理模式的拓展，通过全生命过程管理进行接受、拒绝、减小和转移风险，为水利工程安全管理提出了更为明确的管理目标，是水利工程安全管理理念上的重大转变，是未来水利工程安全管理的发展趋势。我国自20世纪90年代开始水库大坝风险分析与风险管理技术的研究与探索。进入21世纪，相关水利科研单位加大了科技攻关力度，研究提出了相关技术标准以及风险管理实用技术与工具。

1. 科研投入

在国家科技支撑计划、科技部科研院所社会公益研究专项、水利部公益专项等重大项目的资助下，我国自主开展了大坝风险分析与风险管理技术的创新研究，通过实体溃坝试验，揭示了土石坝溃决机理，建立了土石坝溃决预警指标、模型、阈值及漫顶溃决预测方法；通过国内事故案例剖析和试验，揭示了不同穿坝输水结构损伤特性和致灾机理，明晰了土石坝防渗系统性能劣化规律与老化机理，分析挖掘了水库溃坝时空规律及溃坝生命损失主要影响因子，建立了溃坝模式与溃坝概率分析计算、溃坝后果评估与综合评价等一系列方法和模型，提出了相应的加固、抢险技术及防治对策；建立了水库淤积影响与清淤综合效应评估、清淤成本与效益分析方法，提出了水库淤积防治长效机制；提出了水库报废退役生态环境影响评价方法，构建了基于网络层次分析法的水库报废综合决策模型；揭示了溃坝风险地域性、时变性和社会性特点，构建了大坝风险承受能力模型，制定了适合我国国情的大坝生命、经济、社会和环境风险等级标准等。其中“十一五”国家科技支撑计划项目成果“水库大坝安全保障关键技术研究与应用”获得2014年度大禹水利科技特等奖及2015年度国家科技进步一等奖。

2. 技术标准制定

先后制定了《水库降等与报废标准》(SL 605)、《水库大坝风险评估导则》(SL/Z 664)、《水库风险等级划分标准》(SL/Z 659)、《水库大坝安全管理应急预案编制导则》(SL/Z 720)、《水库降等与报废评估导则》等相关技术标准，填补了国内空白。

3. 大坝风险管理实用技术和工具

尽管风险评估与风险管理技术仍在发展过程中，但大坝风险理念已被广泛接受，风险排序、应急预案、降等报废、大坝安全年度报告、OMS手册等风险管理实用技术和工具已在我国大坝安全行业管理实践中得到广泛应用。

三、国内外研究进展比较

为应对日益突出的挑战，自20世纪70年代特别是21世纪以来，国内外在不同层面和不同领域实施了系列科技计划，国内如科技部设立了“水安全保障关键技术”等科技支撑计划项目以及“水资源高效开发利用”等重点研发计划项目，水利部开展了“国家水安全保障战略研究”，工程院开展了“中国可持续发展水资源战略研究”等，在水利工程管理的实践支撑和科研探索过程中形成了有中国特色的水科学体系，支撑了不同时期国家和区域水资源安全保障能力的提升。党的十八大以来，本领域27项科技成果获国家科技进步奖，2014—2016年连续三年获得国家科技进步一等奖，其中本子领域的“水库大坝安全保障关键技术研究与应用”获2015年度国家科技进步一等奖。

联合国教科文组织（UNESCO）国际水文计划第八阶段方向（2014—2021）加强了应对区域及全球挑战的水安全研究，国际水文科学协会（IAHS）将变化环境下的水文与社会作为新的水科学计划研讨主题，美国国家科学院《美国未来水资源科学优先研究方向》（2018）明确开发集成建模以及了解和预测与水有关的灾害是前沿问题，国际材料与结构研究实验联合会（RILEM）（2018）将水工结构与材料可持续发展作为主题，国际大坝委员会（ICOLD）将设计创新与运行性态、大坝事故与灾害、监测与运行维护、大坝与气候变化等作为2021年大会议题。与国际同领域发展相比呈现出跟、并、领并存的态势，但与国家水安全保障科技需求相比仍有较大差距，总体概括为“需求驱动、紧跟国际、部分领先、工艺落后”。未来研究主要聚焦流域尺度、水工程群系统安全、变化环境以及全生命期安全保障。

国际上欧美发达国家特别重视对水库大坝安全突发事件的事先预防及预测预警工作，目前已建立了较完善的包括地震在内的公共突发事件应急机制，水库大坝均制订有周密的突发事件应急预案，并通过经常性的演习检验其有效性和可行性。联合国教科文组织目前出版或发表有不少水利工程管理领域水库大坝安全运行与应急管理有关的专著、论文及发明专利，在大坝有限元计算分析与安全评价、风险分析与溃坝洪水计算方面，国际上现已开发出系列具有知识产权的商业化软件，如Abaqus、Anasys、MSC.Marc以及Mike 11、Geostudio、Hec-Ras等，相比较而言国内目前具有知识产权的相关软件仍偏少。在隐患检测方面，我国利用“948”技术引进计划先后引进了一批先进的仪器、装备和软件系统，同时我国也自行研发了一些具有知识产权的仪器和装备等。在水库大坝安全突发事件预测预警及应急抢险等方面，国内外现已研究开发有大量仪器设备与技术，其中部分是具有知识产权的装备产品，但目前的自主研发能力和制造水平相对滞后，设备精度低、稳定性和耐久性差、抗干扰能力弱、传输手段落后，且部分装备引进面临技术壁垒，不满足日益增长的水工程隐患探测、安全实时监测和突发事件预警与应急抢险需要。

随着新技术新方法不断涌现，水利工程管理重心转向“工程补短板，行业强监管”，水利信息采集的手段和方式、预测预报的技术和方法等工作流程和业务模式都将产生巨大变化。国内外最新研究成果表明，自然灾害防治技术装备通过信息化、智能化水平的提升，在水旱信息和灾害信息的获取方面，将逐步由地面监测为主转变为空天地一体化、点面联合监测；地面监测由单一固定监测转变为固定监测（包括长期站和临时站）、机动监测（车载、船载、机载等）和单兵形式作业；由主要江河湖库监测转变为全域全要素监测；由人工、半自动、自动等多种工作模式转变为智能监测；由传统单一规范监测转变为

“体检扫描式监测 + 常规规范监测 + 热点区域重点监测或应急监测”的和智能网格协同监测；由传统以直接监测为主转变为通过多种手段按需、分层次、不同准确度和空间精度、时间频次的监测；以有人值守测站为主转变为在一定区域范围由专业技术人员集中操作和管理。重要仪器装备和应急装备也逐步向着集成化、小型化、智能化、低功耗等特征发展。

四、发展趋势

我国虽在水利工程建设方面取得了举世瞩目的成就，但运行管理水平和安全保障能力相对滞后。目前，先进国家的水利工程体系已相对完善，大规模的水利工程建设相对较少，研究重点已转向补强加固、环境影响评价、风险管理等领域，建立了比较系统的水利工程隐患探测、安全评估、风险分析、除险加固、应急管理技术体系。我国水利工程安全管理目前仍以传统理念为主，在风险管理方面相对落后。在水利工程安全评估方面，相关的理论和技术标准体系已经建立，但全生命周期的性能演化机理和安全评估与控制仍然是有待解决的难题。由于除堤防工程之外其他水利工程建设历史相对较短，结构物全生命周期安全问题刚显现，相关研究也不多。现有的水利工程设计规范主要基于相对静态或者准静态、短历时的研究成果，未能考虑结构物全生命周期材料特性和安全性态演化。在水利工程生态环境影响评估与修复方面，还缺乏对河湖生态系统与地质环境胁迫效应的系统认识，缺乏相应的系统理论和方法支撑。

当前，我国正处于经济社会转型发展的关键时期，由过去的高速发展转为高质量发展，大规模的水利工程建设时代业已结束，今后的重点工作是如何将已经建成的面广量大水利工程管好用好，兼顾安全、效益、生态三方面要求。尽管通过水管体制改革和除险加固，我国水利工程安全状况与管理条件有了根本性改善，但面对运行环境的不断变化，社会和公众对水利工程安全的关注和要求不断提高，我国水利工程安全管理仍然面临先天不足、结构老化和性能劣化，气候变化导致的极端事件频发与海平面上升、隐患探测与信息透彻感知能力不足、深水和长距离水下安全保障技术与装备瓶颈、应对突发事件保障能力薄弱等一系列挑战，需要进一步加强对水利工程管理学科有关的卡脖子技术难题和关键科学问题研究，提高学科发展水平；同时，需要进一步健全完善水利工程管理体制机制，大力推进风险管理模式，充分利用现代信息技术等手段，研发更加科学高效的水利工程隐患探测、突发事件监测预警、风险评估、防汛查险、修补加固、应急抢险等实用技术、材料和装备，为进一步健全水利工程安全保障与风险防控体系提供科技支撑。

1. 研究完善水利工程管理体制机制

目前，政府依然是我国绝大多数水利工程的业主，不仅要承担制定水利工程安全管理法规、监督安全运行的政府职能，而且还必须承担建章立制、筹措经费、完善设施、调度运用、安全监测、养护修理、安全鉴定、除险加固等安全保障方面原本应该由业主完成的所有工作。政府作为业主，不但阻碍了政府向服务型政府的职能转化，还带来一系列的负面影响，往往使监督流于形式。随着经济社会发展和水管体制改革向纵深推进，水利工程产权已经由过去单一的国有、集体所有逐步转变为国有、集体、私有和股份制等多种形式并存，部分水利工程的所有权、使用权已经发生改变，所有者成分趋于多元化。因此，应进一步加强水利工程管理法制体系建设，完善水利工程安全管理体制机制，厘清行业主管部门、地方政府以及工程建设、施工、运行等单位的安全职责和要求，从过去政府全面负责逐步转变为所有者（业主）负责安全、政府负责监督业主的管理模式；研究、创新河湖管护体制机制，严格执行“河湖长制”，大力推行水域岸线占用生态补偿、动态监控等制度；加强与地方政府及相关部门协调，切实解决水利工程确权划界问题；加强信息化建设投入，研究制定保障水利工程运行管护经费落实及全国水利工程运行管理现代化建设投资政策；继续深化水利工程管理体制改革，按照“因事设岗、以岗定责、以量定员”原则，研究建立竞争机制，完善、改进管理单位内部重要岗位专业技术职务聘用方式，积极研究在政府采购框架下引入竞争机制来培育维修养护市场，推进水利工程维修养护市场化的措施；创新小型水利工程管理模式，从根本上克服资金和专业管理人员匮乏困局。

2. 研究建立水利工程安全隐患处置和除险加固长效机制

近 20 年来主要由中央财政投入实施的大规模病险水库、堤防、水闸等病险水利工程除险加固工程建设完成后，每年还有不少水利工程因各种原因产生新的隐患和病险，隐患整治和除险加固是水利工程管理面临的长期挑战。要破除地方“等、靠、要”思想，研究建立水利工程隐患处置和除险加固长效机制，提出基于风险的除险加固决策方法，按照分级负责原则督促地方政府和主管部门履行筹措除险加固经费职责，综合应用除险加固和报废退役措施，及时消除病险水利工程安全隐患和风险。

3. 加强水利工程风险评估与管理基础理论和方法研究

水利工程风险管理仍是一个崭新的学科，风险评估与决策的基础理论仍不完善，风险管理实用技术仍处于不断创新发展和实践之中，适合中国国情的水利工程风险管理体系尚未建立。今后需要加强水利工程长期服役性能演化规律和极端条件下的灾变机理、变化环境下的水利工程风险识别及致灾后果预测评价方法、人因可靠性评估理论和方法、流域水利工程系统风险评估与控制理论与方法、基于风险的水利工程安全评价理论和方法等研究，进一步丰富完善水利工程风险评估与调控理论及控制标准。

4. 加强气候变化对水利工程安全的影响与应对策略研究

气候变化导致海平面上升，以及极端洪水、风暴潮、气温事件频度和强度增加，对水利工程设计、建设管理及运行调度的影响不容忽视。通过多学科交叉，研究气候变化对水利工程设计标准的影响；揭示不同水利工程材料对极端高温、极端低温和长历时干旱的响应机理，提出我国不同气候区水工材料适应极端气候变化关键技术；研究极端来水条件下水利工程应对突发性洪水的应急调度关键技术及风险调控技术；研究海平面上升及风暴潮对海堤和挡潮闸安全的影响机制及应对策略；研究建立水利工程应对气候变化综合防控体系。

5. 加强河湖淤积防治与生态水利工程建设关键技术研究

我国河湖普遍存在不同程度的淤积问题，影响工程安全运行和功能发挥，恶化水环境，但河湖清淤决策理论和方法尚不完善，生态清淤技术仍未成熟；淤积物资源化利用程度低，容易造成次生环境污染；淤积防治长效机制尚未建立，难以长久保证清淤成效。未来需要系统开展淤积成因和性态分析研究，提出清淤成本与效益分析方法，构建清淤决策模型；深化研究生态清淤技术（冲、挖、吸）及其适用性，研究淤损湖（库）容恢复技术和水库泥沙资源配置理论方法，研发淤积物处理、利用成套技术和装备；针对水利工程建设和运行对河湖生态环境影响的叠加作用，研究揭示筑坝（堤）河湖与生态调度的互馈响应机制和定量规律，完善水利工程生态调控理论，结合清淤和水环境治理，研究建立生态水利工程建设与管理理论及标准体系。

6. 加强工程老化机理及防治技术研究

我国大江大河堤防大多建设历史悠久，其他水利工程大多运用已达40~50年，结构及其防渗体系、输泄水建筑物、金属结构老化和性能劣化病害日趋严重，需要针对不同水利工程特点，研究动态服役环境下水利工程结构及其防渗体系性能演化与老化机理，归纳结构老化和性能劣化病害特征，揭示结构老化和性能劣化影响因素和作用机制，提出水利工程结构老化和性能劣化评估指标体系、评价标准和评估方法；同时，需要针对不同水利工程结构老化和性能劣化病害特点和形成机理，研发水利工程结构老化和性能劣化病害探测、评估、监控新技术，开发高性能长效修复与延寿新材料和新工艺。

7. 加强水利工程风险防控实用技术研发

遭遇特大洪水、强震、重大地质灾害和工程突发险情时，险情征兆早期预警与抢险是保障水利工程运行安全的必要条件，未来需要利用现代信息等技术手段，研发更加有效的水利工程隐患探测与智能监测、突发事件早期预警、隐患和险情快速诊断和快速抢险抢修等关键技术、材料和装备，提高水利工程突发事件早期预警能力和应急抢险水平与成功率；通过集成不同尺度险情空天地一体监测技术，建立基于多尺度多源集成信息的场景应急建模方法和分级预警模型，构建集实时监测、安全诊断、风险辨识、分级响应与应急管理为一体的水库运行风险防控成套技术；加强水利工程报废退役评估理论和决策方法研究，提出水利工程退役生态环境影响评估方法与修复技术，并选择典型水利工程开展报废退役论证及生态环境修复示范。

8. 攻克深水和长距离水下检测与修补加固成套技术和装备瓶颈

针对高坝大库和长距离引调水利工程水下检测与修补加固需求，研发适合大深水、长距离环境下水利工程隐患应急检测与修补加固的成套小型化饱和潜水装备，以及适用长深水环境修补加固材料、工艺和技术；研发长距离输水管道非开挖修复技术；开发水下检测与修补机器人技术，实现水利工程病害无人快速检测与修复。

9. 加强水利工程风险管理战略研究和应急体系建设

研究科学、健全的水利工程风险管理和应急管理机制，开展水利工程风险管理体系、风险管理模式、风险管理发展战略研究，在此基础上研究制定水利工程风险管理模式实施战略，建立健全水利工程风险管理法规与技术标准；完善水利工程应急管理预案，明确应急预案指导思想、组织机构、应急响应、处置程序等内容；研究应急抢险物资的科学、节约的储备方式和有效的应急抢险演练模式，不断提高管理单位应急管理、处置和救援能力；提出面向全社会开展水利防灾减灾宣传、教育和培训方式，形成全民动员、预防为主、全社会防灾减灾的良好局面，降低水利工程运行管理安全事故发生概率，减少灾害造成的损失，不断提高水利工程管理的应急抢险能力。

10. 加强高新技术应用研究，全面提升水利工程管理信息化水平

加大水利工程运行管理自动化和信息化研发、应用力度，积极研究物联网、云计算、大数据等先进技术在信息采集、互联互通、信息共享与业务协同中的应用，大力推广应用遥感、遥测等水情信息采集手段；重点推进集中控制系统综合管理平台建设，加强水利工程运行管理范围内重要部位视频实时监视自动预警预报系统、用水调度系统、工程远程调度及操控系统、水资源配置与调度系统、工程及设备设施运行状态安全自动监测监控系统、智能巡检系统、标准化安全管理系统、洪水预警预报系统、决策软件分析系统建设；逐步推动小型水利工程控制自动化，向梯级、流域及跨流域水利工程群联合控制调度发展；探索图像识别、大数据、云计算等新技术与传统安全评价方法的融合方式，建立水利工程安全智能诊断方法；集成研发基于空天地一体化的水利工程安全透彻感知与智能监控系统，通过数据融合，实现水利工程安全智能诊断、监控与智慧管理，全面提升水利工程管理信息化水平，推动传统水利向现代水利、智慧水利转变。

参考文献

[1] Bowles D S, Anderson L R, Glover T F. The practice of dam safety risk assessment and management: its roots, its branches, and its fruits [R]. Presented at the Eighteenth USCOLD Annual Meeting and Lecture, Buffalo, New York, 1998.

[2] Fell R. Embankment dams-some lessons learnt and new development [R]. The 1999 E. H. David Memoral Lecture. Australian Geomechanics, 2000.

[3] Guidelines for Failure Impact Assessment of Water Dams [R]. Queensland Government Natural Resources and Mines, 2002.

[4] Maijala T. RESCDAM development of rescue actions based on dam-break flood analysis[R]. Finland Environment Institue, 2001.
[5] 姜树海. 防洪设计标准和大坝的防洪安全[J]. 水利学报，1999(5).
[6] 李雷，陆云秋. 我国水库大坝安全与管理的实践和面临的挑战[J]. 中国水利，2003.
[7] 帅移海，李俊辉. 水利工程白蚁防治技术[M]. 武汉：华中师范大学出版社，2013.
[8] 水利部建设与管理司，水利部建设管理与质量安全中心. 小型水库管理实用手册[M]. 北京：中国水利水电出版社，2015.
[9] 许振成，赵晓光，张修玉. 湖泊功能与管理战略[J]. 环境保护，2009(21).
[10] 赵志凌，黄贤金，钟太洋，等. 我国湖泊管理体制机制研究——以江苏省为例[J]. 经济地理,2009(1).
[11] 汤正军，樊旭. 高邮湖、邵伯湖管理体制研究[J]. 江苏水利，2006(9).
[12] 方卫华. 大坝安全监控：问题、观点与方法[M]. 南京：河海大学出版社，2013.
[13] 周小文. 现代化堤防安全监测与预警系统模式研究[J]. 水利学报，2002(6)：113-117.
[14] 袁天奇，张冰. 大坝外部变形监测技术现状与发展趋势[J]. 水力发电，2003，29(6)：52-55.
[15] 袁培进，吴铭江. 水利水电工程安全监测工作实践与进展[J]. 中国水利，2008(21)：79-82.
[16] Wan K T, Leung C K Y. Fiber optic sensor for the monitoring of mixed cracks in structures[J]. Sensor and Physical Actuators, 2007, 35(2): 370-380.
[17] 王润英，方卫华，闫海青. 工程表面变形多尺度监测与结构多层次分析[M]. 南京：河海大学出版社，2015.
[18] 陈龙，张建军，等. 地形微变远程监测仪在地表微变形监测中的应用[J]. 人民长江，2011，42(23)：91-93.
[19] 孙继昌. 中国的水库大坝安全管理[J]. 中国水利，2008(20)：10-14.
[20] Valiani A, Caleffi V, Zanni A. Case study: Malpasset dam-break simulation using a two-dimensional finite volume method[J]. Journal of Hydraulic Engineering-ASCE, 2002(128): 460-472.
[21] Paronuzzi P, Rigo E, Bolla A. Influence of filling-drawdown cycles of the Vajont reservoir on Mt. Toc slope stability[J]. Geomorphology, 2013(191): 75-93.
[22] Muhunthan B, Pillai S. Teton dam, USA: uncovering the crucial aspect of its failure[C]//Proceedings of the Institution of Civil Engineers-Civil Engineering, 2008(161): 35-40.
[23] Vahedifard F, AghaKouchak A, Ragno E, et al. Lessons from the Oroville dam[J]. Science, 2017(355): 1139-1140.
[24] 贾金生，徐洪泉，李铁友，等. 通过萨扬-舒申斯克水电站事故原因分析看机电设备安全运行问题[C]//第十八次中国水电设备学术讨论会论文集. 北京：中国水利水电出版社，2011：329-336.
[25] 伏安. 石漫滩、板桥水库的设计洪水问题[J]. 中国水利，2005(16)：39-41.
[26] 李君纯. 青海沟后水库溃坝原因分析[J]. 岩土工程学报，1994(16)：1-14.
[27] 王昭升，吕金宝，盛金保，等. 水库大坝风险管理探索与思考[J]. 中国水利，2013(8)：52-54.
[28] 赵雪莹，王昭升，盛金保，等. 小型水库溃坝初步统计分析与后果分类研究[J]. 中国水利，2014(10)：33-35.
[29] 彭雪辉，盛金保，李雷，等. 我国水库大坝风险评价与决策研究[J]. 水利水运工程学报，2014(3)：49-54.
[30] 张建云，盛金保，蔡跃波，等. 水库大坝安全保障关键技术[J]. 水利水电技术，2015(46)：1-10.
[31] 蔡跃波，盛金保. 中国大坝风险管理对策思考[J]. 中国水利，2008(20)：20-23.
[32] 杨德玮，盛金保，彭雪辉. 堤防工程单元堤安全等级评判及风险估计[J]. 水电能源科学，2016(34)：77-81.
[33] 张士辰，周克发，王晓航. 水库溃坝条件下应急撤离路径上风险人口分配优化机制研究[J]. 水力发电

学报，2014（33）：246-251.

[34] 王瑶，万玉秋，钱新，等. 居民风险承受能力评价模型及实证分析［J］. 环境科学与技术，2009（32）：185-189.

[35] 王瑶，万玉秋，钱新，等. 水库下游居民避险能力指标体系构建及其实证研究［J］. 中国农村水利水电，2009（1）：26-30.

[36] 于海欢，万玉秋，钱新，等. 水库下游居民风险承受能力地域差异研究［J］. 水利水电技术，2009（40）：105-108.

[37] 于海欢，万玉秋，钱新，等. 水库下游居民风险承受能力模糊综合评价［J］. 中国农村水利水电，2009（2）：109-112.

[38] 彭雪辉，蔡跃波，盛金保，等. 中国水库大坝风险标准研究［M］. 北京：中国水利水电出版社，2015.

[39] 程翠云，钱新，万玉秋，等. 水库大坝突发事件应急预案可行性评价方法初探［J］. 水利水运工程学报，2009（1）：71-75.

[40] 程翠云，钱新，杨珏，等. 溃坝应急预案有效性评价［J］. 岩土工程学报，2008（30）：1729-1733.

[41] Yang M，Qian X，Zhang Y C，et al. Multicriteria decision analysis of flood risks in aging-dam management in China：a framework and case study［J］. International Journal of Environmental Research and Public Health，2011（8）：1368-1387.

[42] 水库大坝安全管理应急预案编制导则：SLZ 720—2015［S］. 北京：水利水电出版社，2015.

[43] 水库降等与报废标准：SL 605—2013［S］. 北京：水利水电出版社，2013.

[44] 顾冲时，苏怀智，刘何稚. 大坝服役风险分析与管理研究述评［J］. 水利学报，2018（9）：26-35.

[45] 李雷，王仁钟，盛金保，等. 大坝风险评价与风险管理［M］. 北京：中国水利水电出版社，2006.

[46] 傅忠友，张士辰. 基于工程实例的重力坝溃决模式和溃决路径分析［J］. 水利水电技术，2010（41）：57-60.

[47] 蔡荨. 土石坝风险实时评估与动态调控方法研究［D］. 南京水利科学研究院，2018.

[48] Louis J M A，Tigran N，Sebastian J V. Multilevel Monte Carlo for reliability theory［J］. Reliability Engineering and System Safety，2017（165）：188-196.

[49] Ranjan K，Achyuta K G. Mines systems safety improvement using an integrated event tree and fault tree analysis［J］. Journal of the Institution of Engineers（India）：Series D，2017（98）：1-8.

[50] 吴世伟. 结构可靠度分析［M］. 南京：河海大学出版社，2002.

[51] 王晓航，盛金保，张行南，等. 基于 GIS 技术的溃坝生命损失预警综合评价模型研究［J］. 水力发电学报，2011（30）：73-78.

[52] 孙玮玮，李雷. 基于物元法的大坝风险后果综合评价模型［J］. 安全与环境学报，2009（9）：173-176

[53] Fread D L. BREACH：an erosion model for earth dam failures［R］. NOAA Technical Report，1988.

[54] 李雷，王仁钟，盛金保，等. 大坝风险评价与风险管理［M］. 北京：中国水利水电出版社，2006.

[55] 陈生水. 土石坝溃决机理与溃坝过程模拟［M］. 北京：中国水利水电出版社，2012.

[56] Thompson J R，Sorenson H R，Gavin H，et al. Application of the coupled MIKE SHE/MIKE 11 modelling system to a lowland wet grassland in southeast England［J］. Journal of Hydrology，2004（293）：151-179.

[57] Chira I M，Chira R. The hydrological modeling of the Usturoi Valley - Using two modeling programs - WetSpa and HecRas［J］. Carpathian Journal of Earth and Environmental Sciences，2006（1）：53-62.

[58] Donghyeok P，Kim S，Kim T. Estimation of break outflow from the Goeyeon Reservoir using DAMBRK model［J］. Journal of the Korean Society of Civil Engineers，2017（37）：459-466.

[59] Wang S J，Li S Y，Zhou X B. FREAD's dam-break system-based back analysis on failure process of landslide dam［J］. Water Resources and Hydropower Engineering，2017（48）：148-154.

[60] Zhang J Y，Li Y，Xuan G X，et al. Overtopping breaching of cohesive homogeneous earth dam with different

cohesive strength [J]. Science in China Series E: Technological Sciences, 2009 (52): 3024–3029.
[61] 李云，李君. 溃坝模型试验研究综述 [J]. 水科学进展，2009 (20)：304–310.
[62] 李云，王晓刚，宣国祥，等. 均质土坝漫顶溃坝模型相似准则研究 [J]. 水动力学研究与进展：A 辑，2010 (25)：270–276.
[63] 李云，祝龙，宣国祥，等. 土石坝漫顶溃决时间预测分析 [J]. 水力发电学报，2013 (32)：174–178.
[64] Canadian Dam Association. Dam safety guidelines [R]. 1999.
[65] Deniel D B, Alessandro P, Salman M A S. Regulatory frameworks for dam safety [R]. The World Bank, 2002.
[66] Australian National Committee on Large Dams. Guidelines on risk assessment [R]. 1994.
[67] Brown C A, Graham W J. Assessing the threat to life from dam failure [J]. American Water Resources Association, USBR, 1988 (24): 1303–1309.
[68] Maged A, Davis S B, Duane M M. GIS model for estimating dam failure life loss [J]. Risk-Based Decision Making in Water Resources, 2002 (1): 1–19.
[69] Maijala T, Sarkkila J, Honkakunnas T. RESCDAM project – developing emergency action planning [C] // ICOLD European Symposium on Dams in An European Context. Geiranger: A A Balkema Publishers, 2001: 237–244.
[70] Assaf H, Hartford D N D. Estimating dam breach flood survival probabilities [J]. ANCOLD Bulletin, 2003 (107): 23–42.
[71] 盛金保，彭雪辉. 中国水库大坝风险标准的研究 [C] // 中国水利学会首届青年科技论坛论文集. 北京：中国水利水电出版社，2003：476–480.
[72] 李雷，王仁钟，盛金保. 溃坝后果严重程度评价模型研究 [J]. 安全与环境学报，2006 (2)：1–4.
[73] 孙玮玮. 溃坝后果综合评价方法及其应用研究 [D]. 南京水利科学研究院，2012.
[74] 周克发，李雷，盛金保. 我国溃坝生命损失评价模型初步研究 [J]. 安全与环境学报，2007 (6)：145–149.
[75] 王仁钟，李雷，盛金保. 水库大坝的社会与环境风险标准研究 [J]. 安全与环境学报，2006 (2)：8–11.
[76] 王仁钟，李雷，盛金保. 病险水库判别标准体系研究 [J]. 水利水电科技进展，2005 (25)：5–8.
[77] 周克发，彭雪辉. 我国溃坝生命损失调研报告 [R]. 南京水利科学研究院，2009.
[78] 周克发. 溃坝生命损失评估技术研究报告 [R]. 南京水利科学研究院，2009.
[79] 盛金保，李雷，王昭升. 我国水库大坝安全问题探讨 [J]. 中国水利，2006 (2).
[80] 盛金保，赫健，王昭升. 基于风险的病险水库除险决策技术 [J]. 水利水电科技进展，2008 (28)：25–29.
[81] Li D D, Zhang S C, Cai Q, et al. Human reliability calculation method in dam risk analysis [J]. Revista de la Facultad de Ingeniería U.C.V., 2017 (32): 61–69.
[82] 周建平，王浩，陈祖煜，等. 特高坝及其梯级水库群设计安全标准研究 I：理论基础和等级标准 [J]. 水利学报，2015 (46)：505–514.
[83] 周建平，周兴波，杜效鹄，等. 梯级水库群大坝风险防控设计研究 [J]. 水力发电学报，2018 (37)：1–10.
[84] 彭雪辉，盛金保，李雷，等. 我国水库大坝风险标准制定研究 [J]. 水利水运工程学报，2014 (4)：7–13.
[85] 李雷，蔡跃波，盛金保. 中国大坝安全与风险管理的现状及其战略思考 [J]. 岩土工程学报，2008 (30)：1581–1587.
[86] 张士辰，王晓航，周克发. 溃坝条件下撤离路径优选程度的简易评价方法研究 [J]. 水利水电技术，2013 (44)：41–44.
[87] Cheng C Y, Qian X, Zhang Y C, et al. Estimation of the evacuation clearance time based on dam-break simulation of the Huaxi dam in Southwestern China [J]. Natural Hazards, 2011 (57): 227–243.
[88] 向衍，盛金保，袁辉，等. 中国水库大坝降等报废现状与退役评估研究 [J]. 中国科学：技术科学，2015

（45）：1304–1310.

［89］向衍，盛金保，杨孟，等. 水库大坝退役拆除对生态环境影响研究［J］. 岩土工程学报，2008（30）：1758–1764.

［90］赵雪莹. 水库报废决策及其生态环境影响评价方法和修复对策研究［R］. 南京水利科学研究院，2017.

［91］盛金保，赵雪莹，王昭升. 水库报废生态环境影响及其修复［J］. 水利水电技术，2017（48）：95–101.

［92］盛金保，厉丹丹，蔡荨，等. 大坝风险评估与管理关键技术研究进展及其实践［J］. 中国科学：技术科学，2018（48）：1057–1067.

撰稿人：盛金保　范连志　陈　智　李俊辉　胡　伟　崔建中

水利信息化学科发展

一、引言

水利信息化学科是水利和信息技术的交叉领域，是指研究水利信息采集、传输、存储、处理和服务等环节理论、方法和技术的学科。本学科研究领域主要包括水利信息的采集识别、传输转换、存储共享、处理分析、应用服务的数字化、网络化、智能化实现等。

近年来，随着云计算、物联网、大数据、人工智能等新一轮信息技术的爆发和水利科技的发展，智慧水利等领域研究与实践活跃，水利信息化学科持续发展，在基础理论、技术方法、应用实践等方面快速发展。近期随着国家网络强国战略的贯彻和《水利信息化发展“十三五”规划》的落实，水利信息化学科取得的重要进展扼要介绍如下。

二、国内发展现状及最新研究进展

在长期实践的基础上，国内多名学者对水利信息化的内涵和外延等进行了研究，特别是《中国大百科全书》(第三版）等专著出版，系统总结了水利信息化的内涵和外延，界定了主要专业术语，包括水利信息化、水信息学、金水工程、数字水利、智慧水利等若干关键概念的定义以及相互关系，明确了水利信息化综合体系，梳理了水利信息处理技术体系，总结了水利信息化管理方法，夯实了水利信息化学科的基础理论。

（一）水利数据采集与传输技术

以水文自动测报为基础，天空地网一体化（航天遥感、航空遥感、地面采集、网络收集的综合）的水利信息综合采集技术基本成熟。监测对象扩展到江河湖泊、水利工程和管理活动，监测要素逐步全面覆盖了水位、流速、流量、水质、水温、墒情、泥沙、冰情、水下地形、工情、灾情、水域面积、舆情等，立体化、连续化、精细化、自动化的特征逐步显现。

1. 物联网自动测报技术

开展了物联网技术在水文、水质和水资源监测，大坝安全监测，闸门自动化监测，灌区管理和大坝施工管理等方面的研究和应用。针对现有无线传播校正模型直接移植用于水文测报应用条件下站网规划设计存在的局限性，提出和研发基于 Okumura-Hata 和 Egli 方法的水文测报无线传播模型参数实测修正技术。针对极端暴雨过程，通信易受大面积无线电干扰问题，通过揭示我国典型雨域地区雨衰形成机理，研究提出基于广义多输入多输出（MIMO）编码、信道均衡及传输速率自适应控制技术的抗雨衰综合解决方案，有效提升了无线链路抗雨衰通信质量和传输可靠性。针对传感器网络点 - 点无线传输方式在极端气象 / 水文事件下可靠性显著降低或失效，极易导致传感器大部分数据丢失问题，提出设置邻域测站作为微微基站的现场传感器有限路由无线组网方法，及基于本地现场传感网与邻域测站的信息关联与缺失数据插值方法，保障了测站多传感器灵活部署和多要素信息协作获取，提升了本地及邻域测站采集数据的质量；设计了简约型专用 Zigbee 协议，研究提出了基于简约型 Zigbee 协议的现场传感网作为终端接入异构网络的解决方案，实现了现场传感网与专用 VHF 或微波信道、3G/4G、卫星多信道融合组网。

2. 卫星遥感采集与处理技术

搭建面向水利应急响应的智能化遥感云服务平台，构建了面向遥感大数据处理和多级产品共享交换的遥感数据云存储模式。从遥感图像分类、变化检测、水利监测算法及高性能改造四方面深入改进遥感水利应急业务模型，提升了影像的分类精度和抗噪能力，增强了水利应急监测能力。提出了多维水利信息 SOLAP 立方体模型，建立了基于 Tile 的分布式并行多维地图代数算法，推动了水利遥感信息在多维度、多结构、多类型分析管理领域的发展。构建了遥感影像并行流式传输模型，突破遥感大数据网络在线交互、并行传输的关键技术，确保大量节点并发访问时的系统稳定性。

研制了成套遥感大数据处理算法和水体提取、冰凌监测和干旱监测模型体系，构建了水体提取、冰凌监测和旱情监测水利遥感监测的业务化应用的技术体系，研发了面向遥感大数据处理和多源数据共享交换的网格平台，形成了针对环境卫星的地表水体高效高精度监测成套技术，研究并实现了多源遥感数据同化的冰凌监测方法，构建了基于历史旱情时空特异性分布的水利遥感综合干旱指数模型，并在此基础上提出了特征选择和半监督学习及数据同化的干旱遥感监测方法。

3. 无人设备测量技术

无人机能够填补星载和地面观测之间的空白，利用其灵活的有效载荷设计，可以提供高时空分辨率的数据。随着各种数字化、重量轻、体积小、探测精度高的新型传感器的不断面世，机载主要传感器有高分辨率 CCD 数码相机、轻型光学相机、视频摄像机、多光谱成像仪、红外扫描仪、激光扫描仪、磁测仪、合成孔径雷达等。近年来，研究发展了时空图像合成及有效示踪物的纹理特征提取、无人机群协同下多源遥感数据组合配准方法，设计了时空不对称图像的补零策略，实现了纹理特征的频域自配准。构建了极坐标系下幅度谱的能量–角度分布曲线，设计了由粗到精递进的寻峰算法及频谱主方向判别准则，对水面流场重建的分辨率、量程及计算复杂度进行了定量评估，实现了复杂示踪条件下水面流场精确重建。

针对水陆地理信息采集存在的诸多问题，集成激光扫描、多波束测深、光学影像扫描和GNSS、光纤罗经等装备和技术，研制了水陆一体化机动式船载三维时空信息获取系统，解决了多传感器移动信息采集设备集成应用的关键技术问题。提出了时间同步、多坐标系统一、点云与影像匹配的方法与模型，实现多源水陆信息的融合与拼接。构建了水陆一体化机动式船载三维时空信息获取的标准化工艺流程。

4. 网络舆情

挖掘和阐述了网络舆情的内涵和水利公共事件网络舆情的特点，摘录和汇总了水利公共事件网络新闻报道和网民评论倾向性，针对水利公共事件网络舆情引导的不足，提出了针对性较强的引导措施。广东省水利厅出台了《省水利厅舆情应对和处置工作方案》，明确了工作原则、组织领导、舆情监测与预警、舆情事件分级、舆情应对和处置流程、善后处理等内容，为加强舆情应对和处置工作的规范化、制度化建设提供了保障。

针对移动互联时代，互联网信息具有快速、公开但结构化程度不高、数据隐蔽的特点，研究了一套具有水利特点的数据爬取词库和规则库，并开发了互联网数据侦测系统，实现了涉水突发事件互联网舆情数据的及时抓取。针对数据分析困难、舆情走势难以把握的问题，研究了基于改进热词权重的事件热度分析模型，设计了基于情感向量的情感分析模型。

（二）水利数据整合与共享技术

水利信息分类、水利数据模型、水信息资源目录和水利信息存储处理技术更加成熟。水利信息分类行业标准正式颁布实施，水利信息分类是水利全域的信息分类体系，从信息的角度构建了水利数据的政务、业务和阶段三维体系，对水利数据描述进行了规范。水利数据模型发展迅速，在国家自然资源和地理空间基础信息库、全国第一次水利普查、国家水资源监控能力建设项目、水利信息基础平台的基础上，基于对象的水利数据模型逐步成熟，逐步构建了基于水利对象的水利数据模型，并在基于事件的水利业务处理逻辑等方面得到进一步发展。水信息资源目录体系构建技术发展成熟，形成了基于水利信息分类、水利核心元数据、水利信息资源目录服务的信息资源目录构建体系。水利核心元数据涵盖了对象、对象类（或数据表）、数据集（或数据库）三个级别，三个级别核心元数据既有自上而下的继承，也有自下而上的汇集。

1. 水利数据整合与共享

针对水利行业数据量大、异构性强、数据管理多主体、多业务间数据语义不一致导致共享交换效率低下问题，围绕分布式海量异构水利数据共享服务的逻辑汇聚、智能发现、高效获取、可信服务，按照“一数一源”原则，研发了领域数据多主体共享、异构数据语义协同、大数据高效处理、多模式数据交换与服务监控优化等核心技术。

构造了水利大数据共享交换技术体系，建立了基于分布式目录的共享服务机制，实现了跨管理主体的核心目录逻辑汇聚，形成了全域统一的数据视图。研发了基于多重映射机制的异构数据组织模型，提出了可配置递阶映射方法，实现了元数据自动抽取、核心目录自动生成、语义多视图自动构建。提出了弹性可扩展数据交换模型，构建了基于云计算的三级两域交换框架，支持各级节点动态建立交换服务。探究了面向水利大数据多维权限控制方法，突破了分布自治水利大数据全域发现技术瓶颈，实现了水利部、流域管理机构、省级水利部门结构化、非结构化和半结构数据的统一共享服务。

研究了水利数据可信共享服务系列关键技术，针对查询时间、可靠性等服务质量的值呈现非线性和难以把握的问题，提出了基于径向基神经网络的服务质量组合预测方法，实现了优质可信服务推荐。结合滑动窗口和信息增益理论，提出了基于加权朴素贝叶斯的数据服务质量监控方法，提高了监控的灵敏度。研发了基于图的服务组合优化技术，提高了水利数据服务可用性。

构建了基于分布式目录的水利数据共享服务平台。提出了柔性多引擎机制，实现了基于云平台海量数据的高效管理，提出了多层次多粒度数据缓存技术，保证了高并发访问的及时响应，共享数据达到 PB 级，支持万级用户并发访问。

2. 水利知识图谱构建技术

针对现阶段水利信息检索采用关键字匹配的方式存在的检索结果相关性差、检索请求难以精确表达、服务方式不够灵活等问题，在对水文水资源监测、卫星遥感遥测、水文水资源公报、互联网新闻舆情等多源异构水利管理决策数据进行业务化处理的基础上，基于多重映射机制，研究了领域数据元数据自动化抽取技术，提高了海量异构数据资源元数据整合汇聚效率。结合水利行业数据异构、语义不一致等特点，引入中间模型 R-Graph，分隔知识图谱的概念层和实例层构建，提出了一种基于规则映射的知识图谱构建方法，实现了知识图谱数据随数据库数据的动态更新。利用图谱模式层，制定了水利基础对象元数据的抽取方案，实现了分钟级万条元数据抽取，构建了包含 240 余万水利对象实体的水利领域知识图谱。利用 RDF、OWL 等数据结构，实现了水利知识图谱组织成图数据库形式。

基于水利领域知识，对水资源管理体系进行解构，研究了基于概率图模型的河湖管理主题聚类技术和频繁模式挖掘方法，挖掘出河湖健康管理与水资源配置等管理主题。通过分析不同管理主题与对象数据在领域文献中的共现规律，实现了各管理主题所关心的数据要素与各水利对象实体生产、监测、管理、提供或分发的数据资源对接，形成了以河湖管理对象属性关联关系为中心，面向水利决策管理主题的水利数据知识地图。

针对自然检索语言向结构化查询语言的转换难题，基于句法依存分析等手段，提出了基于语义依赖有向无环图的自然语言转换框架，实现了用户输入的自然语言查询到SPARQL查询三元组的映射，构建了典型图谱问答模板，实现了对水利数据常识的简单问答。

中国水利水电科学研究院和水利部信息中心依托工程院“中国工程科技知识中心”项目研发了“水问”水利知识图谱，采用三元组数据模型存储和管理水利行业的自然对象、工程对象、社会对象及相互关系，以水利业务数据库中存储的水利对象名称种子，结合水利对象关系描述关键词，利用自然语言处理技术，从互联网百科和资讯文本中进行水利对象及属性的抽取、融合，实现图谱中对象、属性与关系的扩展和动态更新，已采集对象约20万个。

（三）水利数据分析技术

云计算、大数据、人工智能等新一代信息技术应用方法更加落地，创新了水利信息化方法，丰富和完善了水利信息化技术，并推进水利信息化基础理论走向深入。

1. 水利高性能计算平台技术

搭建了水利部基础设施云平台，有力支持了防汛抗旱指挥系统、国家水资源监控能力建设、水利财务、高分水利遥感应用示范等13个项目的快速部署和应用交付，并将通过与防汛业务应用的深度融合，逐步完成水利IaaS云向PaaS云平台的升级过渡，实现资源弹性化、管理自动化、服务标准化的水利云目标。上海市初步搭建了“水之云”平台框架，实现了各类资源和服务的全局共享。浙江省水利厅利用地方政府政务云资源和公共服务云资源，在浙江政务服务网和阿里云上建立移动终端台风路径发布系统，发布台风信息服务，在2015年“灿鸿”台风登陆期间，创下单小时峰值破百万、日访问量达1400万的纪录。

黄河水利委员会建立了标准开放的黄河数字模拟云服务平台，针对模型专业性强和模块组合不便等问题，构建了面向不同业务需求的构建资源池和封装标准，开发了基于时序交互规范的模型组合接口和模型库应用系统，实现多方案、多模型在线计算和动态可视化，显著增强了模型的应用时效性和便捷性。

围绕水利模型计算性能问题，针对水利模型计算任务执行模式的特点，利用云计算中弹性资源分配思想，优化水利大数据应用的执行性能。提出基于神经网络模型分析影响任务性能的关键因素，构建了虚拟机资源和任务性能模型；采用主成分分析和贝叶斯分类器，对任务进行细粒度划分，完善虚拟资源弹性分配策略，提高了不同水利模型计算任务调度资源分配精准度；通过实时监控和预测物理机与虚拟机性能参数，建立了面向水利模型计算性能保证的虚拟机自适应迁移机制。

2. 大数据水文分析理论与智能预报技术

开展了流域气候特征、地貌特征、产汇流特征的模式聚类和相似性研究，提出了水文特征模式库定义、构建方法、实时监测水文过程与特征模式的自适应匹配方法，识别历史上相似的水文特征模式，实现对水文过程走势的快速判别。

针对站网观测流域，提出了一种基于多特征融合技术的水文特征模式库构建方法。研发了符号化模式挖掘算法，从天气形势、降雨时空分布、下垫面地理特征等方面筛选特征因子，研发了多元水文特征因子融合算法，进行相似模式度量，挖掘降雨径流形成的频繁模式，建立模式库。针对集成遥感、雷达等新一代观测技术的流域，提出了一种基于时空多元水文时间序列相似性度量技术。通过改进图像识别领域的时空动态规整算法，解决了水文特征栅格图像的相似性度量问题，建立了流域水文特征矩阵，精细识别流域降雨径流形成场景，组建模式库。

开发了基于数据挖掘与驱动的中小河流洪水预报系统，集成了水文特征模式库。通过挖掘洪水特征与暴雨及下垫面特征的关联，构建典型流域暴雨洪水模式库，自动匹配历史相似洪水模式，实现了中小河流暴雨洪水过程的快速预警预报。

针对洪水预报具有多层次、异分布的特征，基于信息熵理论，提出了耦合信息熵 - 误差异分布的洪水概率预报新方法，创建了描述洪水量级与误差分布规律统计关系的统一方程，并实现了分量级 - 分时段洪水预报误差的智能校正。

基于小流域和自然村调查的海量数据，创建了小流域尺度的风险评估模型，实现了小流域山洪风险的精准识别。综合山洪形成的自然属性和灾害管理的社会属性，构建了海量调查评价成果二元多维数据模型，实现海量数据有序组织与高效应用。建成了全国标准统一的山洪灾害调查评价成果数据库和山洪灾害防御“一张图”。建成了全国标准统一的山洪灾害调查评价成果数据库，依据山洪灾害防御时空信息的不同应用情景，实现了不同视角不同主题成果数据挖掘。

3. 水利工程智能调控与决策支持技术

开展了来水来沙预测不确定性溯源分析和复杂条件下水库群多组态优化调度模型研究，采用物理成因与统计分析相结合的途径，溯源识别来水来沙预测不确定性的关键影响要素，提出了集模型输入 - 结构 - 参数多源不确定要素的定量估计方法，以及考虑防洪风险约束的水库群汛末蓄水期智能优化调度模型，完善了复杂条件下水利工程安全调控与智能决策方法体系，为水库群防洪、发电、航运、供水、生态多目标协调提供了支撑。

提出了将防洪风险构造为联合机率约束的蓄水期水库调度随机规划模型，限定洪水风险率寻求梯级水库群的最优蓄水策略。结合金沙江溪洛渡、向家坝至长江三峡、葛洲坝梯级水库群系统蓄水期联合调度需求，建立了蓄水期水库群防洪风险及蓄水效益的定量评估指标体系，将防洪、供水、生态、航运等目标构建为约束条件，优化蓄水综合效益。采用智能优化算法求解模型，比较了不同蓄水起蓄边界情景下的蓄水方案差异。

开发了多尺度、多目标、多过程梯级水库群启发式自学习优化调控技术，探究了基于海量数据分析的水库群有效库容均衡模式，根据入库流量过程，考虑水库群防洪、发电、航运、供水、生态等的多目标协调以及发电、防洪、灌溉、供水等总效益的充分发挥，研究了求最优水库调度方案的数学模型和优化求解技术。

设计了灌溉泵站计算机监控系统及信息化系统结构、数据利用与发布方式，构建了泵站自动化及信息化结构融合模式的统一运行管理平台，形成了集测量、控制、管理一体化的物联网在线监测与自动化控制综合系统。提出了基于改进遗传算法的机组优化调度算法，实现了泵站及机组的实时优化运行控制及调度；针对变频调速机组的泵站，建立了基于改进遗传算法的机组分配及运行频率的优化方法。基于分布式物联网传感器技术，实现了泵站和泵站群的优化调度需要的运行参数的实时测量，以梯级泵站的总能耗最小等为目标，建立了多目标梯级泵站优化调度技术，实现了梯级泵站的优化调度。

（四）网络安全技术

水利网络安全遵循“积极利用、科学发展、依法管理、确保安全”的方针，以落实网络安全等级保护制度为抓手，以保护水利关键信息基础设施为重点，以可控为核心，坚持网络安全和信息化发展并重、管理机制和技术手段并举，提出了统一水利网络安全策略、落实组织管理和监督检查两大保障，提升水利网络安全监测预警、纵深防御和应急响应三大能力的网络安全总体框架，从安全物理环境、安全通信网络、安全区域边界、安全计算环境和安全管理制度等方面，系统提升水利网络安全保护对象的安全防护能力。

安全物理环境方面，全国约 80% 的水利部门建设了专用机房，大多数机房配置了不间断电源（uninterrupted power supply，UPS）和专用空调设备，采取了防雷、防静电、防火等措施；部分单位机房还配置了门禁、视频监控等设施；水利部机关及部分流域机构建设了屏蔽机房，物理安全得到加强。

安全通信网络方面，经过多年水利信息化建设，已形成将水利行业各单位业务网中运行的各类业务系统通过专线等方式连接在一起的大网，从而实现将各类信息化系统应用紧密结合，这张行业大网就是水利信息网。目前，水利信息网基本建成了以水利部为中心，以连接各流域、各省级水利管理部门的水利骨干网为枝干的树状结构水利业务网，各直属单位、工程管理单位、市县及以下级水利行业单位通过各级水利骨干网节点以专线、VPN、局域网等各种方式接入水利业务网。现阶段已连通全国 7 个流域机构及其他部直属单位、31 个省（市、自治区）水利厅（局）和新疆生产建设兵团水利厅、水利部异地灾备中心、国家电子政务外网等水利相关单位以及其他政府单位。

安全区域边界方面，水利信息网结合等级保护安全级别对网络进行分区分域，并在区域边界配置了防火墙设备、入侵检测系统，对网络攻击及时防范并报警；部分单位还部署了网关、邮件防病毒及垃圾邮件过滤，建立了立体防病毒体系。

安全计算环境方面，水利信息网建立了统一的数字证书认证系统，实现了水利部机关及在京直属单位、流域机构、部分省级水行政主管部门统一的信任体系，并在数字证书认证系统的支撑下建立了电子签章系统；各单位部署了入侵防御、安全审计、恶意代码防范等安全设备，有效提升防护能力；部分单位部署了漏洞扫描系统，对局域网进行漏洞扫描，及时分析评估系统的安全状态并调整安全防范策略；水利部机关和流域机构正在建设密码基础设施，实现业务数据的密传密存，保证数据完整性和保密性。大部分单位实现重要数据本地数据备份和恢复功能，少数单位实现了异地备份功能。

安全管理制度方面，水利部印发了水利网络安全管理办法、顶层设计、建设技术规范、应急预案、信息通报规范以及运维定额标准等行业安全管理相关制度，明确了水利网络安全工作的总体方针、工作原则、安全框架、安全策略等。全国近一半的水利部门成立了专门的运行管理机构，负责信息系统的运行维护和安全管理工作，配备了专门的运行维护管理人员，并在应急管理、信息通报以及信息系统规划建设和运行等方面建立了安全管理制度。

（五）应用实践蓬勃发展

得益于水利信息化规划、顶层设计、技术标准、智慧水利总体方案等多项重要建设管理办法、标准规范先后出台，水利信息化各项重点工程加快推进，形成了以重大工程为牵引的水利信息化发展之路。全国水利信息化建设取得显著成效，由基础设施、业务应用、保障环境组成的水利信息化综合体系基本形成，对水利业务的支撑能力全面提升。

1. 国家防汛抗旱指挥系统

国家防汛抗旱指挥系统是支撑我国地市级以上防汛抗旱部门防洪抗旱决策和指挥抢险救灾的大型水利信息系统。该系统以水雨工旱灾情等信息采集为基础、通信系统为保障、计算机网络系统为依托、决策支持系统为核心，迅速准确地采集各类防汛抗旱信息，并对其发展趋势进行预测预报，制定防洪抗旱调度方案，科学运用防洪抗旱工程体系，为防洪抗旱指挥决策提供支撑，是国家水利信息化的龙头工程。2011 年 1 月一期工程竣工验收，二期工程于 2014 年 5 月开工建设。

主要包括信息采集系统、计算机网络和通信系统、决策支持系统、系统安全体系及标准规范体系，国家防汛抗旱总指挥部对于全国水情信息的收集时间由 20 世纪末的 2 小时缩短为 20 分钟以内，水情信息获取量相比也增长了近 40 倍。实现了国家防总、流域、省、地市之间的防汛抗旱信息共享、异地会商，提高了洪水预报精度，延长了预见期；洪水调度实现了多目标决策分析和模拟仿真，提高了防汛抗旱减灾决策的科学性和可操作性，为各级防汛指挥部门指挥防洪抗旱、处置突发事件提供了快速、有效的技术手段。

2. 国家水资源管理系统

国家水资源管理系统是为全国水资源管理、调度和应急事件处理等提供监测预警、信息服务、业务处理、辅助决策的信息管理系统，依托国家水资源监控能力建设项目进行建设。2012 年启动一期项目建设，2016 年 7 月项目通过最终验收，国家水资源管理系统初步建成并投入试运行。2016 年启动二期项目建设，对国家水资源管理系统功能进行补充完善。

主要包括省界断面、水功能区、取用水三个监测体系和水利部、7 个流域机构、32 个省级水行政管理部门三级 40 个信息平台，为水资源保护、调配及管理业务等提供技术支撑，提高了水资源管理工作效率。

3. 全国水土保持监测网络与管理信息系统

全国水土保持监测网络与管理信息系统以遥感、地理信息等新一代信息技术为手段，对中国流域及不同层面行政区域的水土流失现状进行多时相动态监测，对水土流失和开发建设项目水土保持进行评价、预防和监督，支撑不同层级水土保持业务工作协同开展。是中国生态环境建设的一项重要内容，是为国家 21 世纪可持续发展战略宏观决策和制定方针政策提供依据的基础性工程之一。一期工程于 2002 年 7 月开始，2007 年 1 月通过竣工验收；二期工程于 2013 年 4 月通过验收。

主要包括信息采集、监测评价、预防监督、科技协作、规划协作、重点治理工程项目管理、开发建设项目水土保持方案管理、野外调查单元管理、水土保持高效植物资源管理、水保培训管理、空间数据发布、辅助决策支持等功能。系统的建设和应用实现了水土保持动态监测及资源共享和水土流失及其防治效果的动态监测和评价，支撑了各级水利部门开展土壤侵蚀调查、监测和科学考察，提升了水土保持决策、管理和服务水平，加速了水土保持现代化，为生态文明建设和水土资源可持续利用提供了支撑。

4. 农村水利管理信息系统

农村水利管理信息系统是利用水利信息化资源，支撑农村水利管理业务工作的管理信息系统，主要实现农村水利建设项目信息的采集、传输、处理、应用及动态更新，是水利部的重要业务应用系统之一。采用中央集中部署，以满足水利部、流域管理机构、省地县各级水行政管理部门及相关涉水组织机构的管理需要。2007 年开始逐步建设，2016 年对农村水利管理业务应用开展整合。

该系统由农村水利管理业务数据库、应用和服务三部分组成。通过农村水利管理业务应用系统，结合空间信息，为用户提供信息的综合查询和展示，实现农村水利行业日常管理、项目动态管理、应急管理、调配决策支持和公众信息服务等。系统及时全面跟踪和掌握项目资金投入、工程进度、效益状况和管理体制改革进展，提高了国家投资的效益和监管力度，推动农村水利从粗放管理向精细化管理、从静态管理向动态管理的转变。

5. 水利工程建设与管理系统

水利工程建设与管理系统是利用水利信息化资源，支撑全国水利工程建设与管理业务工作的管理信息系统，实现水利工程建设与管理项目信息的采集、传输、处理、应用及动态更新，以掌握水利工程建设与管理对象基础信息和建设管理运行状况，是水利部的重要业务应用系统之一。

从20世纪90年代始，水利部先后组织开发建设了全国水利建设市场信用信息管理系统、水库大坝注册登记系统、涉河建设项目管理系统、河湖水域岸线登记系统和水闸注册登记系统，初步实现水利工程行业和项目管理的信息化。随着业务应用及信息化的推进，2016年对水利建设与管理业务应用进行了整合。

主要由业务数据库、应用和服务三部分组成，通过水利工程建设管理业务应用系统，结合空间信息，为用户提供信息的综合查询和展示，实现水利工程建设与管理的过程监控、事权管理、预报预警、绩效评估、督查督办、统计分析、投诉受理及信息发布等。

6. 水利电子政务系统

水利电子政务系统是指各级水行政主管部门根据国家电子政务总体规划要求，采用现代计算机、网络通信、互联网等技术，面向本单位内部、其他政府机构、企业以及社会公众的信息服务和信息处理系统。包括水利综合办公、规划计划、财务管理、人事劳动教育、信访、档案等行政资源管理系统和水利网上行政审批、水利政务公开等公众信息服务系统。

水利门户网站已涵盖了水利部、流域机构和省级水行政机关在互联网上统一组建的网站群，以水利政务公开、形象宣传、服务共享、互动交流为主要功能，围绕水利中心工作发布最新信息。为及时有效回应社会关切，部分水利门户网站陆续开设了重大工程建设、水利扶贫等专题栏目，并优化完善公众咨询系统和智能问答模块，实现公众咨询在线提交、审核、受理、反馈以及状态查询、实时统计、分类检索等功能，全面提高了咨询答复效率。水利门户网站已成为水利行业行政主管部门形象展示、政务公开和对外服务的第一平台和主要窗口，为建设服务型政府提供了有力支撑。

建设了水利部行政审批监管平台，实现了水利部行政审批事项的在线办理，2019年按照国务院全国一体化在线政务服务平台建设要求，依托水利部行政审批监管平台实现了与国家政务服务一体化平台的对接，完成水利部“旗舰店”建设并投入运行，实现四个政务服务事项的“一网通办”，并积极推进其他政务服务事项的“一网通办”。根据国务院办公厅部署，依托水利部在线政务服务平台，整合水利部各类监管业务信息和数据，推进“互联网＋监管”系统建设，初步与国家“互联网＋监管”系统实现对接，为开展“双随机、一公开”监管、协同监管、信用监管提供平台支撑，同时配合国务院办公厅以水利行业为试点推进国家非现场监管工作。

水利电子政务系统的建设使水利部、各流域机构、省级水行政主管部门和新疆兵团水利局实现了机关内公文流转无纸化，其中流域机构还实现了与上级领导机关和直属单位之间的公文流转无纸化。水利财务管理覆盖各级直属单位，实现所有水利财务业务的集中管理和监控。

三、国内外研究进展比较

在欧美等信息化技术基础发展较早的西方发达国家，水利信息化技术主要围绕具体的应用目标，从水利数据采集、传输、管理和分析等多个角度，开展相关项目应用与实践方法的研究工作。

从数据采集获取方面来看，国内外技术均呈现出立体化和网络化的发展趋势，具体表现在卫星遥感、视频监控、物联网等具体方法上。国际上对地观测计划已有 100 多颗卫星可用于水利监测与管理，例如全球降雨观测计划（Pennsylvania Groundwater Information System，GPM）搭载了全球首个双频降水雷达和多波段微波成像仪，提供了更加精准的校准参考。同时改进了降水反演算法，与以往的卫星降水产品相比具有更高的精度、更大的覆盖范围、更高时空分辨率，能够提供全球范围基于微波的 3 h 以内以及基于微波红外 IMERG 算法的 30 min 的雨雪数据。在物联网技术应用方面，在爱尔兰戈尔韦湾（Galway Bay）开展的智慧港湾（Smart Bay）研究，主要用于海湾区域水资源健康管理。采用“智能浮标”全面收集海洋、天气参数，基于大型海量数据收集与分布式智能系统。另外，爱尔兰的 Smart Coast 系统和澳大利亚的 Lake Net 系统，也都是针对湖泊设计的水环境监测系统，结合无线通信和嵌入式系统技术，多个传感器节点间以 Zig Bee 技术实现直接通信，系统可对湖泊中的磷酸盐浓度监测，同时也能实现温度、水位等信息的在线采集、分析等。针对无人机低空影像数据处理，国际上和国内的影像处理系统基本上实现了对无人机低空影像数据的自动化处理，如德国 Inpho、法国 Pixel Factory，以及国内的 DPGrid、Pixel Grid 等应用系统。在数据处理中，主要包括数据实时传输及数据拼接处理两大问题。国外对于影像拼接技术已经实现产品化，如以色列公司 VisionMap 研发的 A3 数字成像系统。我国该技术还处在摸索阶段。水下探测技术的发展主要以美国、日本、法国、加拿大等国家为代表，如英国 GeoSwath 多波束测深系统、加拿大 Knudsen 双频测深仪、瑞典 Densitune 泥浆密度仪及 Silas 软件、英国 SubAtlantic 水下摄像系统、美国 RDI 流速仪（ADCP）和美国 Hypack 导航软件等。

从数据存储共享方面来看，国内外技术均侧重研发更直观的基于 Web 的数据存储共享与可视化工具，协调开发可访问的、开放编码的数据格式、协议、互动工具和软件。如德国 KISTERS 公司开发的 WISKI 系统提供了水利信息获取、管理、分析和高级开发等功能，具有灵活的数据获取、安全的数据存储、方便的数据访问控制和完整的审计跟踪等特性。在数据共享方面，西方发达国家的水利数据共享工作起步较早，而美国则是其中走在最前列的。美国各类水利科学数据，以数据中心的形式面向社会和公众提供信息。如美国联邦地质调查局（USGS）的国家水信息系统（NWIS），采用分布式计算和存储体系来管理海量的水利信息数据，免费提供历史和实时的水文、水环境、节水用水、水土保持、水利工程等方面的信息，并能做到及时更新其通过分布在全美各地、波多黎各和关岛的 150

多万个站点收集的水利数据，更新频率最高能达到每 15 分钟更新一次，并且提供了包括地下水模型 MODFLOW 6、水质模型 RSPARROW、降雨径流模型 PRMS 等软件工具。目前，我国水利数据共享程度低、共享标准空白、共享机制缺乏，与水利精细化管理对信息资源的需求之间存在着差距。

从数据分析应用方面来看，以大数据、人工智能技术为代表的信息技术带来了水利数据挖掘分析的机遇。欧美有关国家在立体水信息监测基础上，构建了气象 – 水文耦合模式和模型 – 多源数据同化分析系统，国内外研究人员已经将大数据技术与原型实验相结合，推动了复杂环境变化下的产汇流理论研究，发展了流域相似区辨识方法。在水文预报方面，已经展开了大数据业务化应用研究，并行计算技术和星地多源数据融合同化技术也被广泛应用。数据驱动的人工智能水文模型、智能实时校正技术提高了水文水资源的预报精度。IBM 在加拿大南安大略省建立了水利大数据共享平台，基于该平台能够较精确地预测洪旱灾害。欧洲洪水感知系统（EFAS）融合遥感、地理信息和水文气象数据，实现欧洲范围内长达 10 天的极端天气预测和洪水预警。美国先进水文预报系统（AHPS）在融合气象水文、防汛减灾、灌溉和供水等数据的基础上为防灾减灾决策提供依据和支撑。在水利工程调控方面，多目标优化和多维动态规划等方法已经广泛应用于水利工程调度和调控，包括粒子群、蚁群、鱼群等群智算法提高了水利工程调控优化求解。

总体上，过去一段时期，特别是“十三五”以来，国内水利信息化学科基础理论不断夯实，技术方法发展迅速，应用实践蓬勃发展，水利信息化学科渐趋成熟并继续快速发展，而国外水利信息化技术重点关注新的监测技术、模型构建等方面，发展速度特别是应用实践方面不如国内。水利信息化领域已成为水利科技创新的重要领域和方向，水利信息化技术已进入自主创新的新阶段，并在多个领域特别是应用实践方面引领国际水利信息化技术。

四、发展趋势

当前，信息技术正处于新旧轨道切换的过程中，云计算、物联网、大数据、人工智能等新技术、新模式快速发展，不断与经济社会各领域深度融合，有力促进了高新技术成果在传统行业的适配、升级、落地，大大提升了社会运行效率，深刻改变着政府管理服务模式和社会运行模式。立足新的历史起点，面对当前新老水问题相互交织的局面，面对“十三五”时期我国全面建成小康社会的决胜阶段亟需推进国家水治理体系和治理能力现代化建设的迫切需求，现有水利信息化建设成果与传统水利信息化发展模式已无法满足要求，必须充分发挥新一代信息化技术的驱动引领作用，加快推动水利信息化建设。

1. 构建全面多维立体智能的水利感知网

随着近年来大量高分辨率光谱 / 微波遥感卫星陆续发射，已基本实现电磁波谱全波段覆盖，并逐步向多星组网、多网协同的方向发展，定量化、精细化和日常化的遥感研究将成为重点，以期能够形成高中低空间分辨率配置、多种观测手段优化组合的全球综合观测网络。水下探测技术向固定式水下网络探测方法发展，水下潜航器将得到更多应用，通过多谱段融合、多传感器协作来增强水下探测感知能力。无人机、无人机群也是一种水资源、水灾害调查与测量新技术手段，其灵活性和便捷性使其在山洪灾害调查评价、水土保持监测、河道监测、防洪抗旱减灾等水利领域具有潜在应用前景，可大大提高水利监测的灵活性和应急性。

2. 提高跨域水利信息共享与服务能力

现阶段水利行业各部门之间信息资源的共享程度不足，共享效率不高，与水利精细化管理对信息资源的需求之间存在着差距。研究构建水利知识图谱，将应用数学、图形学、数据可视化技术、信息科学等方法体系与文本挖掘、引文分析、共现分析等方法结合，利用可视化的图谱形象地展示水利数据流与业务流整体知识架构，实现水利数据跨层级、跨地域、跨系统、跨部门、跨业务的融合。通过数据服务实现对于数据的封装和开放，快速、灵活满足上层应用的要求，通过数据开发工具满足个性化数据和应用的需要。

3. 推进创新协同智能决策的水利业务应用

大数据将完成与水利业务的紧密结合，将在防汛抗旱、水资源管理、工程建设管理、安全生产监管等领域得到深入实践，大数据作为新的研究方法和科学范式将发挥更大的作用，大数据有望成为重要的水利信息化基础性设施和服务。研究将多平台水信息观测系统与高性能计算技术、大数据技术和最新人工智能技术相结合，实现水情的高效智能观测、分析和预报预测。不断完善机器学习、数据挖掘、粗糙集、证据理论等方法，使智能决策支持系统的体系结构和智能化程度得到较大的提高。

4. 完善五位一体多重管控的网络安全体系

根据国家网络安全相关政策标准要求，遵循水利网络安全顶层设计和总体策略，以落实网络安全法、网络安全等级保护和关键信息基础设施安全保护条例要求为基础，以水利基础信息网络、水利业务应用系统、水利工程控制系统、云计算平台、大数据应用、物联网等为安全防护对象，建立和完善以包含纵深防御为基础、监测预警为核心、应急响应为抓手的全要素网络安全技术体系，涵盖人员组织、制度标准、工作规程在内的全方位网络安全管理体系，贯穿安全运维、安全监测、响应处置、分析优化的全过程闭环安全运营体系，提升与智慧水利建设全面融合的网络安全保障能力。

今后一段时期，水利信息化将伴随水利科学和技术的进步，在精细遥感、大数据、信息安全、软件成套化、多技术集成应用等领域得到快速发展，人工智能、深度学习等领域的发展也将得到深入实践。水利信息化学科发展前景广阔，将成为水利学科的亮点和发展重点。

参考文献

[1] 水利部信息化工作领导小组办公室．全国水利信息化规划（水规计〔2003〕369号）[R]．2003.

[2] 水利部．水利信息化常用术语：SL/Z 376—2007 [S]．北京：中国水利水电出版社，2007.

[3] 水利部信息化工作领导小组办公室．水利信息化顶层设计（水文〔2010〕100号）[R]．2010.

[4] 水利部信息化工作领导小组办公室．水利信息化资源整合共享顶层设计（水信息〔2015〕169号）[R]．2015.

[5] 水利部信息化工作领导小组办公室．《中国大百科全书》（第三版）水利学科“水利信息化分支”[R]．2019.

[6] 蔡阳．应用支撑与数据汇集平台 [M]．北京：中国水利水电出版社，2012：17-30.

[7] 艾萍．水信息工程引论 [M]．武汉：长江出版社，2010.

[8] 冯钧，许潇，唐志贤，等．水利大数据及其资源化关键技术研究 [J]．水利信息化，2013（4）：6-9.

[9] Maidment D R．Arc Hydro：GIS for water resources [M]．California: ESRI Press，2002.

[10] Whiteaker T L，Maidment D R，Goodall J L，et al．Integrating Arc Hydro features with a schematic network [J]．Transactions in Gis，2010，10（2）：219-237.

[11] Band L E，Tague C L，Brun S E，et al．Modelling watersheds as spatial object hierarchies：structure and dynamics [J]．Transactions in Gis，2000，4（3）：181-196.

[12] Wang J，Hassett J M，Endreny T A．An object oriented approach to the description and simulation of watershed scale hydrologic processes [J]．Computers & Geosciences，2005，31（4）：425-435.

[13] Tehrany M S，Pradhan B，Jebur M N．Spatial prediction of flood susceptible areas using rule based decision tree（DT）and a novel ensemble bivariate and multivariate statistical models in GIS [J]．Journal of Hydrology，2013，504（8）：69-79.

[14] 王慧斌，徐立中，谭国平，等．水文自动测报物联网系统及通信组网与服务 [J]．水利信息化，2018（3）：1-6.

[15] 毛莺池，张建华，陈豪．一种多视图深度融合的连续性缺失补全方法 [J]．西安电子科技大学学报，2019，46（2）：61-68.

[16] 黄坚，潘运方．广东省水利网络舆情监测与思考 [J]．广东水利水电，2017（4）：60-64.

[17] 成建国，张鸿星，唐彦，等．突发涉水事件的舆情分析研究 [J]．水利信息化，2017（4）：21-27.

[18] 陆佳民，冯钧，唐志贤，等．水利大数据目录服务与资源共享关键技术研究 [J]．水利信息化，2017（4）：17-20，27.

[19] 刘艺，冯钧，唐志贤，等．一种基于映射机制的水利信息资源检索方法 [J]．信息技术，2017（6）：37-43.

[20] 姜康，冯钧，唐志贤，等．基于 ElasticSearch 的元数据搜索与共享平台 [J]．计算机与现代化，2015（2）：117-121，126.

[21] 刘宗磊，庄媛，张鹏程．基于径向基神经网络的 Web Service QoS 属性值组合预测方法 [J]．计算机与现代化，2015（12）：52-56.

[22] 何志鹏，张鹏程，江艳，等．一种时效感知的动态加权 Web 服务 QoS 监控方法 [J]．软件学报，2018，29（12）：3716-3732.

[23] 朱跃龙，许峰，冯钧，等．水利信息资源目录体系构建研究 [J]．水利信息化，2010（2）：4-8.

[24] 冯钧，徐新，陆佳民．水利信息知识图谱的构建与应用 [J]．计算机与现代化，2019（9）：35-40.

[25] Zou X，Zhu Y，Feng J，et al. A Novel Hierarchical Topic Model for Horizontal Topic Expansion With Observed

Label Information [J]. IEEE Access，2019 (7)：184242–184253.
[26] Tang Z X，Feng J，Zhu Z H，et al. RH：an improved AMH aggregate query method [J]. Intelligent Automation & Soft Computing，2016，22 (4)：667–673.
[27] 冯钧，郭涛，陈志飞. 基于模式挖掘的中小河流暴雨洪水模式库 [J]. 计算机与现代化，2018 (12)：32–39，121.
[28] Zhang P C，Xiao Y，Zhu Y L，et al. A new symbolization and distance measure based anomaly mining approach for hydrological time series [J]. Int J Web Service Res，2016，13 (3)：26–45.
[29] 任英杰，雍斌，鹿德凯，等. 全球降水计划多卫星降水联合反演 IMERG 卫星降水产品在中国大陆地区的多尺度精度评估 [J]. 湖泊科学，2019，31 (2)：560–572.
[30] 王慧斌，谭国平，李臣明，等. 信息获取与传输技术在水利立体监测中应用与构想 [J]. 水利信息化，2017 (4)：11–16.
[31] 王柯，付怡然，彭向阳，等. 无人机低空遥感技术进展及典型行业应用综述 [J]. 测绘通报，2017 (S1)：79–83.
[32] 谭界雄，田金章，王秘学. 水下机器人技术现状及在水利行业的应用前景 [J]. 中国水利，2018 (12)：33–36.

撰稿人：成建国　冯　钧　王位鑫　邹　希

水利史学科发展

一、引言

水利史是研究人类社会从事水利活动以趋利避害的相关历史事实、规律以及应用的学科，是水利学与历史学的交叉学科，主要研究地表水文环境、水利工程技术、水灾害、水利社会文化的演变规律，涵盖水利工程技术史、水旱灾害史、水文化、水利遗产保护等方向，与历史地理学、科学技术史、文化遗产保护等研究领域密切相关。它既研究水利的历史事实和自身的矛盾运动，也作为社会发展动力的一个要素，关注水利与社会间的相互影响。水利史研究既关注河湖水系变迁、水利建设发展进程、传统水利工程科技、水利社会影响及特性，又关注“自然背景－水利工作－社会发展”三者之间的相互关系，水利遗产保护利用、水文化建设发展也是近年来水利史研究重点关注的问题。

二、国内发展现状及最新研究进展

本学科设立 80 多年来的发展历程按重点研究方向可分为 3 个主要阶段。第一阶段：20 世纪 30 年代至 1966 年，以水利文献、水旱灾害整理为主。第二阶段：1978—2000 年改革开放期间，从以整理文献为主逐渐向水利史、灾害史基础研究，以及水环境演变、减灾战略服务现代水利的应用研究。第三阶段：2000 年至今，水利史研究向水利社会学、水利遗产保护等领域拓展，在立足水利学科基础上积极与文物、地理、农业、气象、文化等领域开展跨学科研究，强调与国家和各部门实际需求结合的应用类型研究多元化。在水环境、水资源、水利遗产保护与利用、水文化及其文博展示等领域进一步向纵深发展。特别是近几年，水利史学科各类研究成果不断涌现，不同学科背景的学者关注和参与水利史领域的研究越来越多。

（一）水利史基础研究

水利史研究方向大大扩展，研究手段和方法大大拓展。结合大运河文化遗产申遗工作，完成了大运河遗产、价值分析等理论架构，2012年《中国大运河遗产构成与价值评估》《中国大运河保护技术基础》等专著相继出版。水利史研究的拓展主要体现在社会学、文化学视角下研究的多元，2018年出版的《中国物质文化史·水利》（国家出版基金资助）是这类研究成果的代表。自水利史学科设立以来，历史水利资料的挖掘与整编工作持续开展，主要包括长时序水利资料采集整编和分析研究，结合科研、水利建设和其他领域的相关需求，开展水利资料数据库建设和网络共享。《中国水利史典》也分期分卷陆续出版；中国水科院水利史所组织完成了《中国大百科全书》第三版（网络版）水利学科水利史分支的编写任务，条目数量比之前大幅增加，扩展到近400条。历史水旱灾害研究集中在灾害史料整理与再分析方面，如整理出版“故宫洪涝档案丛书”、《清代干旱档案史料》《民国时期水旱灾害简报资料汇编》等资料。历史水旱灾害研究先后3次获得国家科技进步二等奖。区域水利史、特定的水利工程史、水利科技史、水利环境史等相关研究成果也呈现数量增多、深度拓展的趋势。

（二）水利遗产保护研究

水利遗产的研究已经成为水利史研究的重要方面。2011年首次完成了全国范围内的在用古代水利工程与水利遗产系统调查，基本掌握我国水利遗产保护与管理的现状及其面临的主要问题，并以此为基础编制了国内第一部有关在用古代水利工程与水利遗产保护的专项规划。在古代在用水利工程价值挖掘与展示、水利遗产修复、保护规划编制等研究方向展开了一系列基础研究并取得了丰富成果，在都江堰、大运河等申报世界文化遗产等工作中得到了应用，在一些具体工程或区域水利遗产保护与管理规划、水文化建设规划等编制中得到体现。2014年以来，以中国水科院为核心完成中国世界灌溉工程遗产遴选、评估与申报技术工作，截至2019年申报的6批共计19个项目全部成功列入世界灌溉工程遗产名录，已初步建立灌溉工程遗产构成体系、价值评估体系和遗产保护利用技术体系，大大推动了国内灌溉工程遗产保护利用工作及相关研究。2018年中央一号文件明确提出要加强灌溉工程遗产保护，水利部也将水利遗产保护作为水利现代化的重要任务之一。2018年5月，习近平总书记在全国生态环境保护大会上的讲话将都江堰作为大型生态水利工程的优秀代表，而正是由于都江堰的修建，从根本上改变了成都平原的防洪形势，重塑了成都平原的水系格局，成为“天府之国”的生态基础。传承成百上千年的灌溉工程遗产基本都有类似的生态特征，保护灌溉工程遗产不仅实现了灌区生态环境的保护，更能够从中汲取体系规划、结构材料、管理运营等方面的历史经验，为现代生态水利发展提供借鉴。目前灌溉工程遗产已经成为中国水利面向社会的文化传播主要载体和在国际上讲好中国水故事的重要窗口。大运河作为中华民族标志性的水利工程之一，通过大运河文化带建设进一步推动了水利遗产保护和水利文化的传播。2019 年 2 月，中共中央办公厅、国务院办公厅联合发布了《大运河文化保护传承利用规划纲要》，标志着大运河遗产保护与文化传承进入新的历史阶段，并为其他水利遗产的保护传承利用做出示范。伴随着大运河申遗及大运河文化带建设带来的热潮，关于大运河的相关研究也呈现热度快速升温的趋势，相关基础和应用技术研究成果大量涌现。水利遗产保护研究实验平台建设取得标志性进展，中国水科院依托水利史研究所设立“水利遗产保护重点实验室”，国家文物局依托中国水科院设立“水利遗产保护与研究国家文物局重点科研基地”，为进一步系统深入开展水利遗产保护相关学术和技术研究奠定了基础。通过多年的探索实践，以中国水科院为核心，目前已初步建立起水利遗产保护理论、技术体系。

（三）水文化研究

近年来，水文化越来越受到各地政府及相关部门的重视，以博物馆、旅游、水利遗产展示等为载体，积极推进水文化的挖掘、展示与传播，相关研究论文不断涌现，在挖掘、呈现等不同层面与视角都有一些触及。但总体来看，目前水文化相关概念界定仍不清晰，水文化内涵庞杂、宽泛，不同学者的认知差异很大，缺乏理论层面的系统梳理和深入探究。相对研究层面而言，在水文化具体工作层面则进行了许多有益探索和尝试，丽水、江苏、陕西、郑州、北京等多个地区系统开展了水文化遗产的系统调查、编制规划，以相关遗产为载体系统挖掘和传播水文化；东营将水文化作为“五水统筹”的重要内容之一纳入水利综合发展建设体系，系统部署相关工作；国家水情教育基地的建设也将水文化挖掘、展示和宣传教育作为主要任务。

三、国内外研究进展比较

首先，在研究内容和成果上，我国水利史研究偏重于国内水利发展，针对特定方面、特定区域、特定工程的专题性研究较多，跨学科、系统化综合性研究成果较少；针对中国水利发展的个案研究具有较高的学术水平，但缺少揭示普遍性和规律性意义的研究成果。其次，水利史学科理论、研究方法与研究范式尚未完善，采用的研究方法也多侧重于文献研究，辅助田野调查和其他新技术手段，国际上流行的计量史学、信息挖掘技术等历史研究新方法运用不多，与水利考古等方法的融合不够。再次，在国际视野、国际交流、国际合作方面还不充分，对国外水利史以及中外水利史的比较研究较少；国际间水利史学术交流的人员规模与频次较低、交流对专业领域较窄且不成体系、交流内容与成果对接尚不协调，国内研究人员在国际期刊发表的水利史研究学术论文较少。另外，国内水利史研究队伍规模较小，特别是专门从事水利史研究的科研人员极少；国际上对中国古代水利文明、知名中国古代水利工程的认识与评价乃至研究深入甚至超过国内学者，日本成立有专门的“中国水利史研究会”，而国内水利行业、教育界、科技管理部门等对水利史研究的价值和意义认识不足，对水利史研究的支持力度较弱。

四、发展趋势

水利史研究对于从总体上认知水利与社会发展间的关系具有现实意义。水利史研究在过去 80 年间取得较大进展，社会影响力日益扩大，研究领域大大拓宽。但从学科发展现状来看，水利史长期处在水利科学中相对边缘的状态。未来水利史研究，将进一步拓宽研究领域，构建宏观 – 中观 – 微观立体化研究的学科体系；将更多在研究范式、方法和手段上开展新探索，完善水利史的研究方法论体系；将更加注重田野考察与科学实验在水利史的作用，构建定性分析向定量研究转换的新方向；将更加体现水利史的现实关怀，使水利史学的科学性与实用性有机结合，经世致用。

水利史作为水利部门的行业史对于当前水利发展具有重要的现实意义。首先，水利治理的历史经验教训对当前的水利建设具有重要的借鉴意义。尤其是诸多运用千年的古代水利工程所包含的设计理念、管理经验、生态特性等是当前水利设计需要学习和吸收的。其次，千百年的水利发展历程形成的水文化可以提升当前水利建设的文化品位。文化是水利科技创造的不竭动力，深入发掘中国水文化内涵，有助于提升中国水利事业的软实力。最后，千百年的水利建设遗留下丰富的水利遗产，妥善保护水利遗产是当前水利事业发展重要内容。保护、利用、传承水利遗产，延续水利记忆，需要不断深化水利史研究工作。

未来水利史基础研究将从环境史、科技史、社会史、经济史、思想史、文化史等视角，解析历史水利诸多尚未厘清的史实，诸如水利工程建设的兴衰和利弊，河湖演变的背景与原因，水利与社会、经济、资源、环境的相互促进与相互制约的机理与规律等；充分利用现代科学技术手段，开展流域或区域水资源、水生态、水环境、水灾害演变等方面的研究，为水利规划编制、水利工程建设管理提供历史依据。在新的理论进展方面，将在一定的学术积累之上，凭借敏锐的问题意识，发现问题并寻求解决问题的方向和途径。

参考文献

[1] 谭徐明. 中国古代物质文化史（水利）[M]. 北京：开明出版社，2017.
[2] 中国水利水电科学研究院. 学科进展分析与展望（内部印刷）[Z]. 2018.

撰稿人：谭徐明　李云鹏

港口航道学科发展

一、引言

港口与航道工程为新建或改建港口与航道和相关配套设施等所进行的勘察、规划、设计、施工、安装和维护等各项技术工作和完成的工程实体。港口与航道工程涉及固体力学、流体力学、岩土力学、水文学、泥沙科学、环境科学、建筑材料、工程机械、工程经济、工程管理等多方面专业技术，是土木工程中最为复杂的领域之一。本专题研究报告重点从港口与航道工程的总体设计、水工结构、航道整治、通航枢纽建设、材料与耐久性、施工技术与装备、地基处理等几个方面总结了港口航道学科近年来取得的技术进步，分析了发展需求，初步提出了发展目标，并给出了对策和建议。

二、国内发展现状及最新研究进展

（一）学科发展现状

近些年，结合我国港口和航道建设发展情况，依托一批深水港口、海上人工岛、河口航道整治、内河航道整治、通航枢纽、跨海通道等工程项目，在港口与航道工程建设技术方面，重点开展了复杂海岸条件下港口航道建设技术、新型港口水工结构、通航建筑物建设与能力提升、内河航道整治技术、深水港口及人工岛建设施工技术与装备、港口工程新型材料与耐久性技术、大面积软土地基加固技术等研究工作。主要创新成果全面支撑了我国近年来的港口和航道建设，在唐山港曹妃甸港区、青岛港董家口矿石码头、长江南京以下 12.5 m 深水航道工程、长江中游荆江河段航道整治工程、长洲枢纽船闸工程、三峡升船机、景洪水力式升船机等大型工程建设中成功应用，部分成果还在海外相关工程建设中得到了推广，取得了良好经济社会效益和示范作用。

近几年，多项科技创新成果先后获国家科技进步奖，其中，“海上大型绞吸疏浚装备的自主研发与产业化”获国家科技进步特等奖，“离岸深水港建设关键技术与工程应用”获国家科技进步一等奖，“提高海工混凝土结构耐久性寿命成套技术及推广应用”“国家高等级航道网通航枢纽及船闸水力学创新研究与实践”“粉沙质海岸泥沙运动规律研究及工程应用”获国家科技进步二等奖，“耙吸挖泥船动力定位与动态跟踪系统”“水力式升船机关键技术及应用”获国家技术发明奖二等奖。

（二）主要成果

1. 港口与航道工程总体设计

（1）沙岛－潟湖海岸港口工程总体设计。提出了沙岛－潟湖海岸大型综合港口工程总体布局理念，形成了一整套充分利用该类型海岸环境条件进行港区总体布局的新方法：充分利用甸前深槽建设开敞式大型深水码头；合理利用潟湖潮沟形成挖入式港池；充分利用沙岛和滩涂圈围造地，形成临港产业的发展空间；通过纳潮河的构筑，有效维护潮汐动力特性、加强水体交换，最大限度地降低港区建设对周边海域的影响。

（2）粉沙质海岸港口航道总体设计。创新性地提出了粉沙质海岸航道骤淤重现期的概念，为合理确定航道骤淤防治标准提供了理论依据；系统提出了粉沙质海岸港口水域总体布置的设计原则和方法；科学提出了航道两侧防沙堤合理间距、长度和堤顶高程的确定原则和方法，为粉沙质海岸港口建设奠定了基础。

（3）辐射沙洲深水港口总体设计。根据南黄海辐射沙洲区特殊的动力泥沙环境和地形地貌特征，针对几条近岸潮汐通道及周边沙洲岸滩的各自特征，提出了各港址依托潮汐通道开发航道的选线和港口开发模式，并针对港口建设的工程稳定性问题进行了系统研究，提出了分别利用沙脊北翼的西洋水道、辐射沙脊南翼的烂沙洋水道、小庙洪水道和网仓洪水道，开发建设大丰港、洋口港、吕四港和通州湾港区的总体开发思路。

2. 港口工程水工结构

（1）箱筒型基础防波堤结构。箱筒型基础防波堤是建立在全新的结构稳定性概念和机理之上的一种新型防波堤结构，其上部挡浪结构可选择具有最小波浪力作用的结构，其基础结构可充分利用周边软土的黏聚力和摩擦阻力来保证结构的抗滑和抗倾稳定性，利用插入埋深来提高基底的承载力和整体稳定性。结构底部软黏土的吸附力可以降低波浪作用下结构底部的地基应力，从而增强结构的稳定性。

（2）深水板桩码头新结构。自主创新开发了半遮帘式、全遮帘式和分离卸荷式三种板桩码头新结构型式，形成了从设计到检测、试验、软件开发、施工、管理成套全新的技术，应用于数十个大型深水码头工程建设，建成了国内外最大的 10 万 t 级的地连墙码头和国内外第一个遮帘式钢板桩码头，实现了板桩码头大型化、深水化发展的突破。

（3）重力式复合结构。针对传统重力式码头结构自重大，在深水条件下波浪荷载大、工期长、费用高等问题，研发了受力合理、便于施工的新型重力式复合结构。该结构上部透空部分由钢管桩和混凝土墩台组成，下部基础部分为钢筋混凝土沉箱结构，箱内填砂石，上部钢管桩与下部重力基础固接，施工时陆上整体制作，水上一次安装。分析确定了上部桩基透空结构与下部重力实体结构的合理分界点位置，提出了上下部结构关键连接节点的构造要求和设计施工成套技术。

（4）沉管结构。港珠澳大桥海底隧道由33节巨型沉管连接而成，每节标准沉管长180 m，宽37.95 m，高11.4 m，重约8万t。采用“工厂法”生产模式，集成开发了钢筋流水线生产、大型全液压模板、混凝土控裂、管节顶推等成套技术，实现世界最大沉管的标准化预制，提高了工效和质量。45 m水深下的沉管混凝土防水要求极高，针对沉管隧道深埋、大荷载、基础不均匀沉降的特点，提出了“半刚性”沉管结构体系方案，解决了沉管纵向抗剪能力不足问题，提高了沉管结构的水密性。研发了沉管沉放安装系统，浮运、对接窗口预报保障系统及泥沙回淤预警预报系统等数十个控制系统，攻克深水深槽、基槽回淤、大径流等珠江口海域特有的难题，形成了具有自主知识产权的外海沉管安装核心技术体系。

3. 航道整治工程

（1）长江中游荆江河段航道整治关键技术。研究提出了新水沙条件下荆江河段航道系统整治原则、整治参数确定方法、整治措施、建筑物新型结构及建筑物可靠度评估技术，明确了荆江河段航道尺度提高的可能性，开发了荆江全河段枯水碍航预测预报系统。

（2）长江下游三沙河段航道整治关键技术。针对长江下游福姜沙、通州沙、白茆沙河段（简称三沙河段）多部门、多目标且涉水工程多、关联性强的特点，从河道综合整治规划的角度，系统研究了涉水工程与深水航道整治工程之间的影响，提出了综合目标下各方案实施时序、实施时机及协调机制。

（3）长江口南北港分汊河段航道整治关键技术。通过对长江口历史和近期河床演变的深入分析研究，提出并论证了在上游长江口第一级分汊的白茆沙河段尚未得到整治之前，可以先期实施南北港分汊河段治理工程的科学论断；针对南北港分汊河段特点，创造性地提出了“固滩、限流”的整治思路；经数学模型和物理模型研究综合论证，提出了对新浏河沙沙头采取“半包围形护滩堤+滩头护滩潜堤”护滩以及对南沙头通道“限流”的整治方案。结合中央沙圈围工程，通过对“五滩六槽”中的“二滩一槽”的治理，以较小的工程规模全面实现了工程治理的三大目标：遏止了南北港分汊河段河势的不利变化，稳定了南北港分汊河段河势；改善了宝山南、北水道的通航及维护条件；为长江口12.5 m深水航道向上延伸工程的建设创造了有利条件。

（4）山区航道复杂滩险整治技术。针对山区航道水流湍急、卵石运动剧烈，受上游枢纽非恒定流影响显著等技术难题，研究揭示了大型水利枢纽非恒定流泄流特征及传播变形规律，提出了非恒定流影响的急滩最低通航水位确定方法，创建了以控制泡漩为主、改善复杂流态的急险滩整治技术；创建了新开航槽卵石沙波控制技术和控制卵石输移带的卵石滩群整治技术；揭示了枢纽日调节泄流对整治建筑物的影响机制，构建了山区航道整治建筑物适应性保护技术。

4. 通航枢纽工程

（1）通航枢纽总体设计。针对各类复杂河段的地形特征，以创造良好通航水流条件为宗旨，提出了多种枢纽布置和船闸引航道布置型式，开发了改善通航条件和减少泥沙淤积的导流墩和分流墩结构。

（2）输水系统创新布置。发明了局部分散输水系统，采用分散输水系统消能原理进行集中输水系统布置，实现了两类输水系统优点的有机结合。提出了适用于高水头船闸的单侧闸墙主廊道双阀门布置输水系统，解决了单侧廊道布置不对称出流的技术难题。提出了利用辅助冲沙管进行闸室减淤的新技术，解决了我国多沙河流闸室淤积严重的技术问题。

（3）阀门防空化技术。提出了结构简单、工程投资小的"平顶廊道体型＋小淹没水深＋门楣自然通气＋廊道顶自然通气"完全被动防护新技术，可适应高水头、大变幅水位下所出现的不同空化强度对通气量的需求；提出了"顶部突扩＋底部突扩"而侧面不扩大的新型廊道体型，改善阀门底缘空化条件，控制阀门底缘相对空化数不小于0.5；对仍存在的底缘空化，利用门楣自然通气解决。

（4）已建枢纽通过能力提升技术。通过精确预测船舶下沉量以及确定合理的安全富裕水深，制定了船舶过闸吃水控制新标准，在保障船舶过闸安全前提下显著提高现有船闸通过能力；针对三峡船闸多级船闸运行特点，提出了阀门采用间歇开启这一新的运行方式，解决船闸各闸首超设计水位运行的关键技术难题，将船闸在156 m水位由五级运行改为后四级运行，缩短船舶过闸时间；提出了三峡船闸四级运行方式下船舶由上游引航道靠船墩待闸改变到一闸室待闸，通过系统研究四级运行方式下一闸室水位波动特性变化规律，解决不同蓄水阶段一闸室待闸船舶动水停泊安全的技术难题，缩短船舶进闸距离。

（5）三峡升船机船厢及引航道水力学关键技术研究。建立了大比尺的船厢及引航道物理模型，并采用二维、三维数学模型及虚拟样机技术，对三峡升船机船厢水力学、枢纽运行非恒定流作用下船厢对接安全、事故状态升船机安全锁定装置工作特性及船厢可逆水泵工作方式等进行了系统研究。

（6）水力式升船机关键技术及应用。发明了一种利用水能作为提升动力和安全保障措施的全新升船机，提出了以水力驱动取代传统电力驱动的水力式升船机的基本原理，发明了水力式升船机特有的水力驱动系统和水力式升船机机械同步系统，实现了升船机发展史上真正意义的"全平衡"，适用于大吨位船厢、大水位变幅条件下升船机建设和运行，显著提升了升船机运行安全性、可靠性和适用性。相关创新技术已在澜沧江景洪枢纽工程建成投入运行，实现了水力式升船机从概念模型到工程实践的重大突破。

5. 材料与耐久性

（1）港工自密实自养护抗裂耐久混凝土。采用新型聚羧酸高性能外加剂和粉煤灰与磨细矿渣粉等多种矿物掺合料配制自密实混凝土，有效解决混凝土坍落扩展度的经时损失问题，显著改善混凝土的填充性、间隙通过性和抗离析性，有效提高海洋环境条件下钢筋混凝土的抗侵蚀能力；通过不同掺合料方案的港工自密实耐久混凝土配合比试验和混凝土的性能试验，提出港工自密实耐久混凝土的配制技术措施。

（2）FRP 筋混凝土结构。研究了常温和 60℃条件下 FRP 筋的应力松弛特性，论证了港口工程一般结构中使用 FRP 配筋的可行性，首次提出了适用于我国港口工程建设的 FRP 筋混凝土结构设计理论，提出了 FRP 筋混凝土梁刚度变化的理论计算公式。

（3）提高海工混凝土结构耐久性成套技术。通过近 30 年的实体工程跟踪调查和实际海洋环境暴露试验，确定了与我国典型海工混凝土结构相吻合的关键技术参数及寿命计算模型；采用还原暴露试验的方法，建立了海工混凝土结构设计使用年限与耐久性质量控制指标之间的定量关系，实现了海工混凝土结构耐久性设计的重大技术突破。系统开展了在役海水环境混凝土结构原型观测、检测评估和维修加固技术研究，实现了海水环境混凝土结构由定性的外观劣化度评估到定量的剩余使用寿命评估的技术跨越，解决在役海工钢筋混凝土结构屡修屡坏的顽症，形成了我国海工混凝土结构维护、检测评估和维修加固技术体系，达到延长在役结构寿命的目的。

6. 施工技术与装备

（1）深水基床抛石整平施工工艺及装备。国际上首次研制了供料母船和水下整平机分离的作业水深 45 m 以内的抛石、整平、检测、一体化、机械化深水抛石整平船。发明了工作母船和整平机之间的软连接结构，克服了整平船水深适用范围小的问题。发明了万向可伸缩物料输送管、控制料位物料自流分配仓，实现了定点定量抛石；发明了水下整平机测量定位系统，满足了规范对基床顶面高程偏差 ±50 mm 的质量要求。

（2）高置换率水下挤密砂桩加固技术及装备。国内首次自主研发了置换率 60% 的水下挤密砂桩船、施工工艺和自动控制系统，攻克了外海深水条件下快速加固软土地基的关键技术，提出了水下挤密砂桩复合地基承载力、沉降及稳定计算方法。

（3）超长排距管道泥浆清洁输送技术及装备。为环保利用深水超长航道的疏浚弃土，首次将大型绞吸船与大型接力泵船串联施工，研制了管道直径、海上排距和生产能力为世界之最的全封闭管道泥浆清洁输送系统，形成国家一级施工工法。

（4）20000 t 自航半潜船开发与研制。开展了自航半潜船潜浮性能、运载能力、操纵性能、航行性能及结构优化等关键技术研究，研制了我国首例具有自主知识产权的 20000 t 半潜船。该船是我国自行设计、自行建造的第一艘大吨位自航半潜船，也是迄今为止全球控制技术最先进的自航半潜船，采用大量当代最新科技，实现了全数字化控制。

（5）疏浚装备与技术。在航道维护疏浚装备方面，开展了耙头、泥泵等组件和控制系统等的开发研制，提出了全新的耙头设计程序和设计方法，研发了耙吸挖泥船系列化耙头，实现了高效泥泵研发手段的突破。建成 18000 m^3、85 m 挖深特大型耙吸挖泥船，推动了我国大型挖泥船建造技术进步。研发了耙吸挖泥船动力定位与动态跟踪系统，可利用船舶自身推进装置有效产生反作用力和力矩去抵抗风浪流和其他外力对船舶的作用，使船舶保持在设定位置和艏向，或使船舶精确地跟踪给定轨迹，大大提高了疏浚作业精度。围绕海上大型绞吸疏浚装备的自主研发与产业化，攻克了多自由度顺应式重载精确定位技术、多参数自适应重型大挖深挖掘技术、多介质高浓度长距离连续输送技术、多系统集成优化总体设计技术，形成“系列化”产品自主设计和制造能力。

（6）港珠澳大桥相关施工技术与装备。针对港珠澳大桥施工需求，自主研发并实施众多新工艺、新技术、新装备，开展了具有独立知识产权大型专用设备的研发和制造工作。研发的八锤联动锤组、专用清淤船“捷龙”轮、定深平挖抓斗船“金雄”轮、深水碎石铺设整平船“津平 1”、上料与锁固回填多功能船、抛石夯平船、沉管安装船“津安 2”和“津安 3”等大型专业施工设备，为港珠澳大桥工程建设提供了技术保障。

7. 地基处理技术

（1）超软土浅表层快速加固技术。利用抽真空设备抽气，在无砂垫层水平排水系统中形成负压，该负压通过竖向排水体向浅层超软土传递，使两者之间形成压差。在压差作用下，浅层超软土中的自由水和空气流向竖向排水体并被抽出，而土颗粒重新排列组合，重塑土骨架结构，孔压逐渐降低，有效应力不断提高，进而达到加快土体排水固结的目的。

（2）直排式真空预压技术。直排式真空预压法消除了真空压力传递过程中由水平砂垫层、滤管和滤膜的阻尼作用引起的真空能量的损耗，将抽真空设备通过密闭的真空排水管网与排水板相连，使真空压力直接传递到排水板，大大降低了能量损耗，提高了真空荷载的利用效率，从而缩短了时间，提高了质量。

（3）真空预压联合强夯快速加固技术。利用真空预压初期固结速率快的优点，通过短时间的真空预压初步快速提高浅层地基的承载力和强度。真空预压达到控制固结度后，再联合强夯法，利用已有的塑料排水板和砂垫层所形成的良好排水条件，加快强夯过程中超孔隙水压力的消散速度，有效解决强夯过程极易在疏浚土中形成“橡皮土”的技术难题。

（4）深井降水联合强夯加固技术。利用水平砂垫层和竖向塑料排水板改善软土的渗透性和排水路径，并在加固区周边打设泥浆搅拌墙阻断外界水源补给，然后通过深井抽水降低地下水位，降低新地下水位面以上软土中的含水率和饱和度，增加了原地下水位面以下软土的有效固结应力，从而达到深部软土形成预压固结效果。同时在降水预压地基进行强夯施工，土体中的超孔隙水压力经塑料排水板快速消散，降水预压引起的静力固结和强夯引起的动力固结相结合，软土进一步得到加固，大大提高了表层土体的强度和承载力，从而形成一个硬壳层，通过应力扩散，减少下卧软弱层的附加应力，有效减少工后沉降和不均匀沉降，从而获取良好的地基处理加固效果。

三、国内外研究进展比较

1. 工程设计理念与方法

关注港口工程从建成、投入使用，至运营维护直到退役的全寿命周期，注重性能与全寿命周期成本的多目标优化，仍然是全寿命设计理论的研究热点和发展趋势。在国外相关领域，已有全寿命理念在实际工程中的应用实例。国外有关规范提出了设计使用年限50年和100年时的设计规定，但也仅局限于对混凝土材料方面的规定，尚缺乏构造和结构层次的定量设计研究。港口容易遭受海啸、台风等恶劣自然灾害，国外十分重视港口自然灾害方面的研究工作，在地震及其引发的海啸和极端自然天气对港口的影响和应对措施等方面开展了大量研究工作，已掌握了灾害模拟技术和相应的应对措施。随着当今对环保重要性认识的不断加深，绿色港口工程建设的环境评估及预测技术研究已成为国际前沿研究热点。国外在港口水质监测、污染物扩散、工程建设对环境影响评估方面的相关技术已在工程中广泛应用。国外海洋水文观测已经建立系统全面的观测体系，拥有长期大范围的观测数据，可应用于相关分析研究。作为建筑信息技术发展新方法，国外建筑业已经兴起了围绕建筑信息模型为核心的建筑信息化研究，并在相关领域普遍采用了基于建筑信息模型的三维协同设计技术。目前，我国在基于设计使用年限的港口工程结构设计方法，码头结构抗震设计及措施，沿海港口极端气象水文灾害监测、模拟及预警技术，港口生态环境评估、保护与恢复技术，建筑信息模型在港口工程中的应用技术等方面存在一定差距。

2. 航道整治技术

与国外先进水平相比，我国在山区河流、枢纽变动回水区及坝下近坝段、平原河流、大型河口段治理等技术方向处于与国外相当的水平。我国干支流航道等级的不匹配，制约了内河航运事业的发展，航道等级的不一致，船型标准不统一，干支联网直达、河海相连的内河高等级航道网建设明显落后于国外发达国家。我国在新型生态护坡技术、绿色航道建设技术的研究起步较晚，与国外水平还存在较大的差距。

3. 通航建筑物建设技术

水资源综合利用考虑下的通航枢纽平面布置理念、通航建筑物扩容改造及碍航闸坝复航条件下的枢纽平面布置技术、省水船闸建设技术、通航枢纽综合调度、船－水耦合作用下的通航水流条件及船舶航行条件三维数值仿真技术等方面仍是国际上通航枢纽平面布置研究的热点和方向，目前我国与国际先进水平仍有一定差距。

4. 施工技术与装备

随着港口建设不断向外海、深水化发展，建筑物结构大型化及型式多元化的趋势日益显著，外海深水港口工程施工技术与装备的研制一直是发展的重要方向。水下地基处理是深水港口工程建设中的关键技术难题，安全、高效的深水地基处理技术及装备研发是主要的发展趋势。国外自动化施工监测系统研发已有数十年，测量技术、传输技术已十分成熟，系统的集成化、智能化程度很高。目前，我国港口建设施工技术方面与国外的差距主要在水下加固地基技术与施工装备、远程无线自动化施工监测技术与装备研发、环保施工技术等方面。

5. 材料与耐久性

混凝土结构耐久性设计技术处于不断完善定量计算模型，引入环境和荷载等多种因素的影响，逐步符合实际工程耐久性发展趋势的阶段。欧美等国率先提出工程的全寿命理念，并结合不同工程实际不断发展完善全寿命分析方法，耐久性维护管理也开始引入全寿命理论。欧洲提出了基于可靠度的耐久性设计方法，美国基于大量实际工程数据建立了耐久性设计模型，并不断更新。在高耐久性、高抗裂性和较高强度的高性能混凝土技术基础上，随着新材料技术的发展，国际上已大量开展具有自诊断、自调节、自修复功能的智能化混凝土研究。海上水工建筑物的修复技术复杂，对材料及修复技术要求高，目前国际对于这一方面的材料和技术不断更新，发展很快。特种混凝土如高强轻骨料混凝土、自密实混凝土、水下不分散混凝土、长寿命抗冻混凝土等新型材料发展迅速。目前，我国在可靠度分析的有效样本数据的收集与分析、基于工程的原型观测、长期暴露试验与室内试验结果的关联性分析技术、混凝土功能化材料开发与材料体系适应性分析技术、适用于复杂施工条件的耐久性修复材料和技术等方面存在一定差距。

6. 地基处理技术

现今国外在地基处理方面日益追求环保化、自动化和无公害化。一是环保和节约能源的需求促进材料再利用技术和工法的发展，利用工业和土木工程中的废料作为地基处理材料；二是地基处理的深度向更深水位区域进展；三是地基处理的施工机械向自动化方向发展，以减少人力成本。国外在地基处理自动化和环保化方面做了大量的研究工作，并得到了广泛利用。目前，在地基处理技术方面我国的差距主要在软基处理的自动化工艺、深水软基处理的理论和施工工艺、软基处理环保材料和工艺等方面。

四、发展趋势

国际形势新变化、国内经济新常态、国家战略新导向和交通发展新态势等将对今后水运工程建设和港口航道学科发展提出新的更高要求。

党的十九大提出中国特色社会主义进入了新时代，明确了我国未来 30 年的战略目标，提出了分两步走实现社会主义现代化强国的战略部署，明确了“贯彻新发展理念，建设现代化经济体系”的战略任务，提出“一带一路”建设、长江经济带发展、京津冀协同发展等国家战略，以及建设交通强国、海洋强国、贸易强国、制造强国等重要部署。未来，我国经济发展将坚持质量第一、效益优先，以供给侧结构性改革为主线，推动经济发展质量变革、效率变革、动力变革。

2019 年，党中央、国务院印发了《交通强国建设纲要》。建设交通强国，是以习近平同志为核心的党中央着眼全局、面向未来作出的重大战略决策，是新时代做好交通工作的总抓手。建设交通强国，核心就是要建成人民满意、保障有力、世界前列的现代化综合交通运输体系。水运作为综合交通运输体系的重要组成部分，具有运能大、占地少、能耗低、污染轻、成本低的比较优势，是经济社会发展的重要基础性产业，也是较早上升为国家战略的先行行业。随着经济社会发展和发展理念提升，水运在综合交通运输体系中的地位和作用愈发凸显，成为引领经济社会发展的战略性力量。

新时代对我国水运发展提出了新要求。新时代要求水运进一步提升服务保障能力，提升国际影响力，支撑现代化强国建设，为世界经济发展做出积极贡献；进一步完善全球航运服务网络布局，有效支撑“一带一路”建设，助力人类命运共同体建设；进一步加快高质量发展，助推现代化经济体系建设；进一步优化服务供给，加快推进供给侧结构性改革；进一步加快转型升级和培育新动能，更好贯彻落实创新驱动战略；进一步完善陆向集疏运网络，促进综合交通一体化发展；进一步加快绿色安全发展，不断满足人民日益增长的美好生活需要。

针对上述发展的新趋势、新要求，港口与航道学科应重点在基础设施建设和养护、能力提升、绿色发展和智慧安全营运等方面深入开展以下研究工作。

1. 深水港口建设与维护技术

围绕深水港口工程基础设施建设与维护，开展结构、材料、设计、施工、监测和维护等方面关键技术研发，为降低建设和养护成本、保障营运安全、提升我国港口工程建设整体实力和国际竞争能力提供技术支撑。

主要开展：基于设计使用年限的港口工程结构全寿命设计技术、结构耐久性提升及维护技术、海上大型结构物施工技术及装备、远海海域港口建设技术、水下地基处理技术与装备、老码头加固与升级改造成套技术、港口工程结构整体安全评估技术、建筑信息模型在港口工程中的应用、自动化码头建设技术等研究工作。

2. 港口防灾减灾技术

围绕平安交通发展需求，坚持以人为本的发展理念，开展港口灾害机理分析、监测、模拟、预警等研究工作，提出港口防灾减灾的保障措施，降低灾害对港口的影响，提高港口运营安全水平。

主要开展：海洋水文气象观测与模拟技术、长周期波浪特性与模拟技术、大比尺模型试验技术、港口自然灾害模拟及预警技术、码头健康监测及安全预警技术、大量程土工离心机模型试验技术、港口结构地震模拟试验技术及抗震措施等研究工作。

3. 绿色港口建设关键技术研究

围绕绿色循环低碳港口工程基础设施建设的需求，在规划、建设、运营、维护等环节开展资源节约利用、生态环境保护、节能减排等关键技术研究，加快资源节约型、环境友好型港口建设，实现港口工程建设、运营的可持续性发展。

主要开展：港口工程建设对环境影响、港口生态环境保护与恢复、生态护岸建设技术、建筑废料在港口工程中再利用技术、港区设备节能减排技术、老码头改造资源化利用技术、港口区大气环境保护及粉尘控制技术、环保疏浚技术及疏浚土资源化综合利用技术、港口全寿命周期理论、自动化码头建设关键技术和运营管理示范应用等研究工作。

4. 内河黄金水道能力提升关键技术

围绕长江黄金水道建设需求，针对高等级深水化航道网建设及维护，重点突破多因素制约条件下的航道整治技术、干线航道疏浚防淤减淤技术、航道维护管理智能化技术、高等级航道网络建设技术，提升主要航道等级。

主要开展：三峡运用、防洪、环保等多因素制约条件下的航道整治技术，长江干线航道疏浚防淤减淤技术，长江重要支流航道等级提升技术，洞庭湖、鄱阳湖湖区航道尺度提升技术，内河智能航道维护管理技术，灾害条件下内河航道通航预警及保障技术，多线多梯级通航枢纽联合调度，通航枢纽通过能力提升和安全保障，沟通水系运河建设技术，大型船闸及升船机建设关键技术等研究工作。

5. 大型河口深水航道建设与维护关键技术

围绕大型河口深水航道建设与维护、风险防控需求，针对水沙运动复杂、航道淤积碍航等问题，重点突破深水航道淤积机理、航道底部泥沙观测技术、通航安全预警技术。

主要开展：深水航道淤积机理及模拟技术研究，灾害天气条件下航道骤淤碍航指标及评价体系，经济、环保型防淤减淤整治新结构，航道通航信息化及安全保畅系统，高效节能疏浚工艺及大型疏浚装备研发等研究工作。

6. 智慧港航工程建设关键技术

围绕智能港口发展建设需求，针对港口水陆域调度生产智能化水平较低，自动化码头大规模集群设备管控困难，港口物流利益相关方信息不畅通，物联网、多模感知、人工智能等新技术在港口智能化建设中的应用还不充分等制约港口智能化的深入发展和全面推广应用的突出问题，重点开展先进信息技术在港口建设和运营中的集成应用研究。

主要开展：港口智能化技术体系架构与技术标准研究、BIM 技术在港口工程中应用研究、智能引航及进出港调度关键技术研究、智能港口信息化管理和控制系统关键技术研究、智能港口物流平台关键技术研究、数字三维实时智慧运营管理平台关键技术研究等工作。

参考文献

［1］中华人民共和国交通运输部．关于建设世界一流港口的指导意见［J］．中国水运，2019（12）：19-22.
［2］刘长俭．交通强国背景下中国水运发展战略思考［J］．中国水运，2019（12）：14-15.
［3］葛丽燕，冯志强．绿色港口建设中存在的问题及对策分析［J］．中国标准化，2019（10）：77-78.
［4］吴澎，蔡艳君，曹凤帅．我国港口与航道工程建设技术进展［C］//港口工程及工程排水与加固理论与技术进展论文集，2017（10）：267-274.
［5］王健，钟志生，丁树友．特大型耙吸挖泥船研制及工程应用［J］．水运工程，2017（8）：28-30，44.
［6］吴澎，姜俊杰，曹凤帅．土工合成材料在水运工程中的应用技术进展［J］．水运工程，2017（6）：16-22.
［7］曹宏梅，张光玉，毛天宇，等．水运工程环境保护标准体系研究［J］．中国水运（下半月），2017，17（1）：150-151.
［8］刘怀汉，尹书冉．长江航道泥沙问题与治理技术进展［J］．人民长江，2018，49（15）：18-24，45.
［9］李云，胡亚安，宣国祥，等．国家高等级航道网通航枢纽及船闸水力学创新与实践［J］．水运工程，2016（12）：1-9.
［10］尹海卿．港珠澳大桥岛隧工程设计施工关键技术［J］．隧道建设，2014，34（1）：60-66.

撰稿人：吴　澎　曹凤帅　檀会春　李增军　高　伟　李荣庆
杨林虎　商剑平　李　燕　李一兵　陆永军

水利遥感学科发展

一、引言

以高分遥感项目的开展和无人机的广泛应用为标志，我国在遥感领域进入了高速发展的阶段，在传感器方面迅速缩短了与国际先进水平的距离，定量化和业务化运行的开展使遥感应用进入了崭新的时代。水利遥感发展的总的步伐与此是基本一致的，也是与水利现代化，尤其是水利信息化的发展是同步的，是实现水利信息化的主要技术支撑之一。近年来，水利遥感发展最突出的一点是遥感在水利行业中已逐渐成为普遍使用的工具，能使用遥感技术的技术人员越来越多，应用的面越来越广，发挥的作用越来越大。本报告主要研究水利遥感研究和应用的现状、与国外先进水平的差距、发展趋势及对策，为水利遥感在深度和广度上进一步高速发展提供信息。

二、国内发展现状及最新研究进展

（一）国内发展现状

1. 水利遥感技术方法

（1）地表水体提取。地表水体（包括湿地）对于防汛抗旱以及水资源、生态和环境的保护均有重要意义。提取方法依数据类型分为基于光学影像和雷达影像的信息提取。基于前者的水体提取方法包括阈值法、差值法、比值法、光谱特征变异法、光谱主成分分析法等。利用后者获取水体因其不受白天黑夜和云雾的限制，已广泛应用于洪水灾害监测中。在山区，水体与山体阴影会混淆，自动提取比较困难，需有辅助手段或资料，而在平坦地区则无此问题。可用于水体提取的遥感影像数据源越来越多，大范围快速水体提取技术已相对成熟。

（2）土壤湿度监测。土壤水分是水循环中的要素，直接联系土壤 – 植被 – 大气各个系统，目前遥感已成为获取区域土壤水分状况的重要手段。近 10 年来，基于遥感的土壤水分监测取得了一系列进展。在光学遥感方面，各种监测方法主要基于植被对土壤水分胁迫响应，如热惯量法、作物缺水指数法、距平植被指数法、温度植被干旱指数（TVDI）法等。微波方面，目前利用多频、多极化 / 全极化雷达数据反演裸地土壤水分的经验和半经验模型主要有 Oh 模型、Dobson 模型和 Shi 模型。随着卫星和微波传感器的发展，大量的反演算法不断推出，但每种算法都有其局限性，多传感器联合反演，尤其是主被动微波结合的途径是未来土壤水分反演的发展趋势。

（3）旱情遥感监测。国际方面，美国建成了国家集成干旱信息系统（NIDIS）；欧盟开展欧洲干旱观察（EDO）项目，为整个欧洲提供一致、及时的干旱信息；全球粮食和农业信息及预警系统（GIEWS）对有潜在粮食危机的国家提供早期预警。

国内方面，水利部遥感技术应用中心长期从事干旱遥感监测、应用系统开发等工作。承担了国家防汛抗旱指挥系统二期的水利部旱情遥感监测系统建设，构建了适用于全国的旱情遥感监测业务化系统、卫星遥感与地面观测数据融合的区域旱情遥感监测系统和区域水体自动化监测系统，目前已投入业务试运行。国家卫星气象中心也是国内较早开展全国干旱监测的业务部门之一，目前业务上除了热惯量法、相对蒸散法外，基于微波和多维光谱特征空间的干旱监测方法也得到了良好的应用。农业部遥感应用中心建立了农业旱情遥感监测业务系统，开展全国农业旱情监测。

高分四号（GF-4）是国家高分辨率对地观测系统重大专项天基系统中的一颗地球同步卫星，为探索 GF-4 卫星在大面积干旱监测中的应用，聂娟等对该卫星在快速监测大面积干旱方面的应用能力进行了初步探讨。以 2016 年内蒙古自治区巴林左旗和巴林右旗地区严重旱灾为例，利用 NDVI 差值对该区域的干旱情况进行了监测，并与 MODIS NDVI 产品进行对比分析，得到了研究区内 2016 年干旱分布情况，结果表明其总体趋势与 MODIS NDVI 产品一致，且细节信息更加丰富。结果表明，国产高分辨率卫星数据，尤其是 GF-4 卫星数据，对提高中国突发灾害的应对能力具有重要意义。

（4）降水量预测。降水量监测是水资源管理、水旱灾害和地质灾害监测要考虑的头等大事。热带降雨测量任务（TRMM）卫星和全球降水测量计划（Global Precipitation Measurement，GPM）在降水量预报中的作用已被越来越多的人接受，尤其是后者，精度和时空分辨率更高。前者在我国的应用已遍布东西南北中，也总结了一些规律，如平原地区精度比山区高、时间尺度长比短的精度高、雨强大时的误差比小时大等。总体来说，其数据能满足水资源方面的需求，对目前雨量站密度仍然不高的边远山区，或需要无（少）雨量站区域的历史雨量资料时，该数据是很好的补充。

新一代 GPM 降水产品分为 4 级，具有更高的精度、更大的覆盖范围和更高的空间分辨率，能提供全球范围基于微波的 3 小时以内以及基于微波红外的半小时的雨雪数据产品，能更精确地捕捉微量降水（$< 0.5\ mm \cdot h^{-1}$）和固态降水。新一代 GPM IMERG

（Integrated Multi-satellitE Retrievals for GPM）卫星遥感反演降水数据产品提供了覆盖范围更大、精度和时空分辨率更高的新的降水数据来源。陈晓宏等以北江流域为例，基于高精度融合降水数据产品定量评估了新一代准实时“early-run”和“late-run”IMERG 产品（IMERG-E 和 IMERG-L）以及非实时后处理的“final-run”IMERG 产品（IMERG-F）的精度。结果表明，研究区域内非实时 IMERG-F 产品有着较高的精度，网格尺度上日尺度相关系数为 0.65，相对偏差为 5.87%，优于上一代 3B42-V7 产品，而准实时的 IMERG-E 及 IMERG-L 产品的日相关系数则为 0.6 左右，精度同样令人满意；流域平均尺度上各产品精度均进一步提高。

（5）地下水储量变化估算。GRACE 卫星为地下水储量及其变化的监测带来了新的途径。从时变地球重力场转换得到陆地水储量变化，而地下水储量的变化是引起陆地水储量变化的主要原因，因此结合全球陆面数据同化系统（GLDAS）数据，就可以估算出地下水储量的变化。由于不同陆面过程 / 水文模型对土壤水的模拟结果会有差异，因此模型的选择十分重要。我国在长江、黄河、海河、黑河等流域的应用研究表明，利用 GRACE 卫星数据对地下水储量和地下水埋深的变化、地下水年开采量进行估算是可行的。

（6）冰雪水资源估算。美国 SSMIS、AMSR-E、AMSR2 以及我国风云三号卫星的微波成像仪等被动微波辐射计可以对积雪深度、雪水当量以及海冰覆盖度进行反演，获取全球冰雪特性分布信息。美国 EOS 卫星可提供空间分辨率 500 m 的日雪盖产品和 8 天合成雪盖产品；冰、云和陆地高程卫星（ICESat）可用于监测冰盖和海冰变化速率，它搭载的地学激光测高系统（GLAS），用于地面测高及确定地表粗糙度，同时可以测定冰原的质量平衡及对海平面变化的影响。

（7）水环境监测。与采样化验相比，遥感监测水质的覆盖范围大、成本低、速度快、同步性好、能获取其空间分布。但在一个像元中有许多微量物质，其定量确定的难度非常大。高光谱的发展为水质遥感监测打开了大门，已从定性发展到定量，可监测的水质参数在逐渐增加，包括叶绿素 a、悬浮物、黄色物质、透明度和浑浊度等，反演精度也在不断提高。利用水色监测黑臭水体在河长湖长制工作实施中也发挥了作用。经验与半经验方法都是通过对遥感数据和与其（准）同步的地面实测数据进行适当的统计分析估测水质参数，大都只适用于当时当地。与此不同的方法正在涌现出来，或基于辐射传输机理，或基于黑箱原理，从全局把握各水质参数对水体光学特征的共同作用，进而实现对多个水质参数的同时反演。非线性最优化、主成分分析、人工神经网络等是较为典型的方法。

中国城市黑臭水体情况严重，基于遥感监测黑臭水体刚刚起步。姚月等基于国产高分二号数据，分析了黑臭水体与一般水体的光谱特征，发现城市黑臭水体反射率光谱在绿光—红光波段变化比一般水体平缓，基于这一特点提出了一种基于反射光谱指数的城市黑臭水体指数（Black and Odorous Water Index，BOI），用于城市黑臭水体识别，并在沈阳市进行了验证，结果表明该指数具有很高的识别精度，并取得了良好的黑臭水体监测结果。

（8）蒸散发量估算。区域蒸散的遥感估算模型正在成熟过程中，世界不同地区都进行了一系列的陆面过程实验，为不同尺度的蒸散发遥感反演提供了基础资料。国内也开展了一系列的水热平衡实验，2007 年开展的中科院西部行动计划黑河流域遥感 – 地面观测同步试验与综合模拟平台建设项目将流域科学作为主要研究目标；2012 年开展的黑河流域生态 – 水文过程综合遥感观测联合试验将非均匀下垫面多尺度地表蒸散观测作为重要组成部分。

（9）水深估算。从水体面积转换到水量需解决水深问题，近年来，南海争端不断，海域与海岛周边的水深测量更是极为重要。对如此辽阔的海域，迫切需要高效的非常规测量方法，而遥感技术则是其首选，目前在南沙群岛和西沙群岛都有成功的实例。

水利部门在二滩水库和黑龙江都有用遥感测量水深的实际应用。目前定性地判断同一水体哪儿深哪儿浅是没问题的。就定量而言，在水体不太浑浊时，水深在 30 m 内时，遥感反演误差能控制在 1 m 以内，已显示出应用潜力。水深探测会受到水中悬浮物和水底介质的影响，结合悬浮泥沙光谱特性，把“泥沙因子”引入水体遥感测深反演模型中，可提高水深反演精度。而利用波段比值方法可以在一定程度上消除不同海底介质反射及水体衰减系数的影响。

遥感反演是一种水深量测新方法，应用在库区水深量测对水库运行调度、库区淤积研究等均有着积极的作用。针对统计相关分析法中单点量测水深值代表遥感像元对应水深值这一缺陷，张磊等提出使用同像元多测点数据表征像元对应水深值的方法。以内蒙古海勃湾水库为研究区域，通过表征水深值与各波段组合的相关性选取水深反演因子，建立线性、二次、指数 3 种形式 15 组双波段模型与 5 组不同个数反演因子的多波段模型，从中遴选出较优的 5 个反演模型，使用未参与建模的检查点样本进行模型精度检验，通过检验结果进行模型比对。结果表明：海勃湾水库水深反演最优反演模型是由 12 个反演因子建立的多波段反演模型，其平均绝对误差为 0.68 m，占平均水深的 13.59%。结合遥感周期短、成本低的特点，该方法在一定程度上可以应用于实际，但泥沙含量大与靠近陆地的水域水深反演效果较差。

（10）水面高程估算。卫星测高在海洋上已有多年应用，至于陆地水体，由于从湖面和河面返射的回波的复杂性，仅限于少数大型水体。近年来开发的技术，可对内陆水面上采集到的测高仪回波数据进行再处理，显示了在全球范围监测河湖水面高程的潜力。这对一些少（无）地面水文观测资料的地区，例如青藏高原等人工观测有困难的水体的高程变化监测是有意义的。在国内，先后利用 Jason–1、T/P 和 Envisat–1 等卫星测高数据，对我国呼伦湖、青海湖、长江中下游 4 湖（鄱阳湖、洞庭湖、太湖、巢湖）等水位变化进行了监测研究。

（11）生态环境调查。遥感技术能够对全球生态环境进行全面、快速、准确、客观的现状调查以及动态监测与区域专题调查，开展生态环境影响定量评价以及工程对生态影响进行修复的后评估。自2012年始，科技部国家遥感中心每年都组织对植被、陆表水体等多个全球生态环境因子开展遥感监测与更新，为生态环境问题研究和制定生态环境政策提供依据。

物理结构完整性（PSI）是河岸带生态系统的基础特征。通过定量分析PSI的动态变化，可以有效评估河岸带生态修复效应。以辽河干流河岸带为研究对象，选取植被覆盖率、河宽比和人工干扰程度等作为监测指标，杨高等利用遥感和地面实测方法分别评价2010年和2016年的PSI，将其作为评价指标对河岸带生态修复效果进行定量评估。研究结果表明，基于遥感的河岸带物理结构评价方法与地面实测的结果一致，河岸带生态修复前后的PSI平均值由63.47提升至72.07，处于亚健康状态的河岸减少了189.5 km（97.1%）。辽河干流27.5%河岸带的修复效应显著，结构稳定性状况得到明显改善，整体上达到了生态修复的预期目标。研究结果在评估河岸带生态修复效应的同时指明下阶段治理工作的方向，为我国北方平原河流的生态修复评估提供科学参考，尤其对于缺少实测资料的修复工程具有重要的应用价值。

（12）湖库库容曲线更新。在湖库实测水位数据支持下，通过遥感获取同步的湖库面积，就可以进行库容曲线的建立。获取最高和最低以及间距比较均匀的水位时的同步遥感数据是关键。早在20世纪90年代，水利部就在多个湖库开展了实际应用，相对于基于GPS与回声测深仪的水下地形测量，遥感技术具有快速、低廉的特点，且测量结果可满足实用的精度。原来最低水位以下的地形很难用此途径获取，但随着遥感水深测量技术的进展，在不增加数据源的情况下把两种方法结合起来是一个有效的发展方向。

（13）涉水地质灾害监测。高位地质灾害具有强隐蔽性、强破坏性、难排查性等特征，近年来在我国西南山区频频发生，给山区居民造成了严重的人员伤亡和财产损失。唐尧等以国产高分二号与北京二号等国产遥感卫星影像为数据源，对2018年发生的“10·11”金沙江高位滑坡开展灾情应急监测，分析了滑坡致灾情况、致灾演变及灾前蠕变特征，对灾后堰塞湖周边隐患灾后开展二次排查，查明了堰塞湖全域存在疑似裂缝隐患2处、滑坡隐患16处及5淹没区受损情况。结果表明国产遥感卫星对国家重特大地质灾害应急监测发挥了重大作用。

2. 水利遥感应用实践

（1）水旱灾害监测评估。随着航天技术和地球空间数据获取手段的不断发展，遥感技术已具备全方位为水旱灾害监测提供动态、快速、多平台、多时相、高分辨率数据的条件。我国洪涝灾害遥感监测兴起于20世纪80年代，通过30多年对洪涝灾害遥感监测评估的业务化运行模式的不懈探索，解决了软件、数据、模型与方法的集成问题，建成了试点区的基础背景数据库、图形库和图像库，使洪涝灾害的遥感监测评估水平提高了一大步，在国内外已有较大影响。在旱灾的监测方面，利用可见光、热红外和微波遥感数据对旱情遥感监测模型进行了深入研究，开展了区域旱情遥感监测试验研究，对旱情监测的方法、评价指标、运行机制进行了探讨，初步建立了干旱遥感监测系统。作为遥感技术应用最为广泛的领域，水旱遥感监测目前正全面走向业务化运用。

（2）地表水资源保护。多年来，为扩大耕地面积、开发房地产和其他工程项目，围湖填湖、侵占河漫滩、破坏湿地屡屡发生，地表水体的面积不断减小。水利普查资料表明，素有“千湖之省”美誉的湖北省 5000 亩以上湖泊仅剩 110 个。2016 年武汉地区形成严重内涝与此密切相关。

采用遥感技术监测湖泊面积的变化，既要通过其年内和年际变化探求变化的规律和趋势从而更好地通过流域管理来保护湖泊，又要对非法占用水域进行准实时监督，为执法提供线索。2015 年，中国水科院与湖北省合作的对湖北省湖泊“一月一普查、两月一详查”的遥感监测系统投入试运行，对岸线及周边控制和保护区进行监测。对 755 座湖泊采用高于 6 m 分辨率影像每月监测一次，对 22 个重点湖泊采用高于 2.5 m 分辨率的影像每 2 个月监测一次。从 2015 年 1 月到 7 月，通过遥感发现疑似违法点 48 个，执法部门实地核查了其中的 15 个，确认违法事件 7 起。这一工作还将扩大到对水库、河道和岸线的监测，这样的业务运行系统对地表水体的保护和防洪安全起到了实际作用。

（3）流域土地利用调查。遥感为土地利用 / 土地覆盖变化（LUCC）的监测提供了可靠的数据源，尤其是近年来无人机航拍技术的成熟为获得高精度的流域土地利用提供了极大便利。遥感不仅可以实现现状调查，还可以开展不同时空尺度土地利用类型变化的动态监测，为流域规划治理提供依据。2006—2009 年，国务院实施了第二次全国土地调查，首次采用覆盖全国的高分辨率遥感数据，全面查清了全国土地利用现状。国家基础地理信息中心在 2009—2014 年研发了全球首套 30 m 分辨率地表覆盖数据集并将 5 年更新一次。

（4）水土保持。从 20 世纪 80 年代末到 21 世纪初，水利部利用遥感技术先后组织了三次全国水土流失遥感普查，第一次的结果还由国务院正式发布。我国各时期土壤侵蚀的面积、分布状况和侵蚀强度情况得到了广泛关注。遥感技术在三峡库区、嘉陵江流域、南水北调中线水源区、黄土高原多沙粗沙区、金沙江、洞庭湖、怒江等重点治理和典型区域的水土流失危害及其发展趋势监测中发挥了重要作用，同时在水保措施评价等方面都得到了广泛应用。高分辨率卫星遥感影像使得在较小的空间范围上观察地表变化以及监测人为活动对水土流失的影响成为可能，使水土保持遥感应用的重点由区域普查向小流域治理和单项工程过程监测与管理的方向深化，对于土地“扰动”，即工程是否超出规划的范围或是未列入规划的非法工程进行监测，是水土保持工作的新要求。遥感，特别是无人机遥感是目前最好的手段。

（5）国际河流调查。我国的主要国际河流共有 80 多条，分布在东北、西北和西南地区，涉及 16 个周边国家。国际河流地区大多地处偏远，环境恶劣，常规调查手段受限，不受地域限制的卫星遥感是获取其信息的重要支撑技术。遥感技术已广泛应用于澜沧江—湄公河、雅鲁藏布江等国际河流地区水资源监测与评价、国际河流境外开发利用调查以及国际河流地区突发水安全事件跟踪监测。

（6）河道和河口调查和整治。河道水沙变化引起的河道冲淤变化、河道挖沙引起的河势变化、桥梁等跨河建筑物的增加均会对河道行洪能力有较大影响，在有些国际河流上河道变化导致的中泓线的变化还会引起国土面积的变化，因此河道变化一直是水利遥感关注的问题之一。例如：黄河每年汛前和汛后都要进行河势监测；珠江流域的西江、北江干流河道在1977年、1988年和1999年三期遥感监测发现河道变化是很明显的，增加的桥梁非常多；对黑龙江的河道变化也做过三次监测。

河口是陆地和海洋的交汇处，其淤积延伸或侵蚀后退除了引起土地面积变化，河流侵蚀基面高度变更会产生自河口向上发展的溯源堆积和溯源冲刷，是水利遥感一直关注的问题。黄河河口是很典型的例子，遥感技术对黄河口海岸线42年的变迁做了监测和分析。杭州湾属强潮型河口，又是经济快速发展区域，海岸线变化剧烈，对杭州湾采用遥感进行海岸线动态变化监测也具有典型意义。此外，对长江口和珠江河口的遥感监测也是经久不断，为河口的治理提供了重要依据。

（7）灌溉面积调查。水利是农业的命脉，发展灌溉面积事关粮食安全。水利部在1996年就完成了河南省有效灌溉面积和实际灌溉面积的调查，与统计资料相比，精度能达到97%，证明了遥感技术的可行性和有效性；在2000年前后又与法国地调局合作对山东省进行了同样的调查。2006年，世界水资源管理研究所（IWMI）公布了一份由遥感测得的分辨率为10 km的全球实际灌溉面积分布图（GIAM），为研究灌溉面积和分布、水资源利用、粮食生产、人口动态以及经济发展之间的协调关系建立了一个实时基础数据平台，其所得数据与联合国粮农组织（FAO）统计的各国灌溉面积非常接近。2009年9月启动的宁夏引黄灌溉面积及作物种植结构遥感调查项目，对宁夏引黄灌区农作物种植结构、灌溉面积、土地利用格局、灌排体系分布以及渠道建筑物布局等进行了快速、高效的调查，为引黄灌区高效管理提供了依据。实现灌区管理的信息化与现代化，遥感技术无疑是进行信息采集的重要手段，而灌溉面积、灌区面积和种植结构、墒情（确定灌溉水量）等的遥感监测是其中的主要内容。

（二）最新研究进展

1. 卫星和传感器

（1）降水卫星。TRMM卫星主要用于监测降水，覆盖范围为南北纬50°。卫星搭载了微波成像仪、降雨雷达（PR）、可见光/红外辐射仪、闪电成像感应器、地球辐射能量探测器等传感器。前3种仪器提供了云顶温度和结构，降雨雷达能提供暴雨的三维结构以提高精度。GPM降水计划是新一代全球卫星降水产品，卫星群由10颗卫星组成，未来还将扩充。

（2）测深卫星。遥感水深探测的物理基础是电磁波具有一定的穿透水体的能力，波长越短，穿透力越强。可见光波段具有最大的大气透过率和最小的水体衰减系数，目前可见光中的蓝光和绿光波段是水深遥感测量的主要波段。2009 年 Worldview-2 卫星发射成功后，利用黄、蓝、绿和红波段组合进行水深反演可获取更高的精度。

（3）测高卫星。利用卫星上装载的微波雷达测高仪、辐射计和合成孔径雷达等仪器，可实时测量卫星到水面的距离。近年来，卫星雷达测高精度有了极大提高，像 Jason-1/2、ENVISAT 等卫星的测高精度均已达到了厘米级。监测地表水水位和海洋表面高程的 SWOT 卫星将于 2020 年发射，其宽幅测高技术运用重复测量高程的方法。

（4）土壤水分遥感卫星。当前，越来越多的卫星开始提供全球观测的土壤水分产品，空间分辨率在不断提高。如 AQUA 卫星上的微波辐射计提供全球 25 km 分辨率的产品，Metop-A/B 卫星上的微波散射计提供全球 25 km 和 12.5 km 分辨率的产品，SMOS 卫星基于其综合孔径微波成像辐射计提供全球 35 km 分辨率的产品，地球水环境变动监测卫星 GCOM-W1 上的微波辐射计 2 号提供全球 10 km 和 25 km 分辨率的产品，SMAP 搭载的雷达和辐射计提供全球 9 km 的主被动融合和 40 km 的被动微波产品，我国风云三号卫星上的微波成像仪也提供土壤水分产品。

（5）地下水储量遥感卫星。GRACE 是首颗可观测陆地总储水量变化的卫星，包括两颗在同一极地轨道运行，相隔约 200 km 的卫星。通过精确测量卫星间距离变化反演地球重力场由于质量重分布所引起的变化。时变地球重力场等价转换为地球表面的质量变化，除以水的密度得到陆地水储量变化。土壤含水量和地下水储量的变化是引起陆地水储量变化的主要原因，结合全球陆面数据同化系统（GLDAS）数据排除土壤含水量影响，就可以估算出地下水储量的变化。

该卫星最大的缺陷是适用的空间尺度太大，GRACE Follow-On 已与 2018 年 5 月 22 日发射，通过轨道参数的重新设置提高了时空分辨率并缩短了数据发布时间，将在地下水观测方面发挥更大的作用。

（6）水循环卫星。“全球水循环观测卫星”是我国第一个面向地球科学的卫星计划，也是国际上第一个对陆地、海洋和大汽水循环关键要素进行系统和综合观测的卫星计划。卫星将利用对水敏感的三个主被动微波传感器进行联合探测，实现对土壤湿度、雪水当量、地表冻融、海水盐度、海面蒸散与降水等水循环要素时空分布的同步观测。该卫星原计划在 2019—2020 年发射，但由于技术的原因，计划很可能会被推迟。

2. 图像处理技术

图像处理技术是通过计算机技术对遥感影像进行操作，以达到预定目标的处理技术，主要包括辐射校正、大气校正、噪声剔除、几何校正、正射校正、去云处理、图像增强、影像融合、镶嵌匀色、图像分割、特征提取、图像识别、变化检测等。随着面向对象、机器学习、数据同化、虚拟现实及可视化等技术迅速发展，尤其是栅格 - 矢量数据结构一体化的建立，多平台海量遥感影像快速处理技术取得了更大进步，向快速化、定量化、精准化、自动化、智能化方向发展。北美、欧洲、中国等主要地区和国家已建立较实用的遥感业务化运行系统，图像自动处理是此类系统的核心技术。

3. 信息提取技术

遥感专题信息提取是以遥感资料为基础信息源，基于遥感图像处理，按目的提取与主题紧密相关的一种或几种要素的信息。

遥感图像分类是传统的提取方法，主要包括监督和非监督分类，以及分类后的处理功能。目前，面向对象方法已成为遥感影像分类的主流，影像分析的最小单元不再是传统的单个像元，而是由特定像元组成的有意义的同质区域，即“对象”。

基于知识发现的遥感信息提取技术相对图像分类法更为有效，它包括知识发现、应用知识建立提取模型、利用遥感数据和模型提取遥感专题信息三个环节。在知识发现方面包括从单期图像上发现有关地物的光谱特征知识、空间结构与形态知识、地物之间的空间关系知识。从多期图像中，除以上知识外，还可发现地物的动态变化过程知识。

近年来，深度学习在高分辨率影像分类等领域取得了令人瞩目的成就，也成为当前最热门的研究领域。深度学习的成功在于它构建的神经网络能够模仿人类的生物机制和对于世界的理解方式，利用大数据挖掘从海量数据中自主学习层次化的特征，用低层次特征构造高层次的概念结构，对事物进行从简单到复杂的自适应理解。Huang B. 等提出了一种半转移深度卷积神经网络（semi-transfer deep convolutional neural network，STDCNN）方法，分别使用 Worldview-3 影像和 Worldview-2 影像生产了香港与深圳的城市土地利用图。结果显示，香港土地利用分类的整体精度达到 91.25%，Kappa 系数达到 0.903；深圳土地利用分类的整体精度达到 80%，Kappa 系数达到 0.780。此外，结合以街区骨架为基础的分解方法，STDCNN 所产生的土地利用地图相比此前的方法视觉效果更好。

遥感信息提取是大数据和人工智能技术应用的具有广阔前景的领域，是当前国内外研究的前沿。

4. 遥感发展计划

世界各国均非常重视遥感卫星的发展计划。中国高分辨率对地观测系统于 2010 实施，由天基、临近空间、航空、地面、应用等系统组成。专项包含至少 7 颗卫星和其他观测平台，将在 2020 年前建设完成并投入使用。系列卫星覆盖了从全色、多光谱到高光谱，从光学到雷达，从太阳同步轨道到地球同步轨道等多种类型，构成了一个具有高空间、高时间和高光谱分辨率的对地观测系统。

三、国内外研究进展比较

（一）卫星和传感器方面

随着我国高分专项的全面启动实施以来，我国自主获取高分辨率观测数据的能力得到全面提升。但国外传感器发展日趋专门化，对更多的特定物理量进行专门的监测。例如，在涉及水循环要素测量的卫星及传感器方面，我国仍然和欧美等国家存在一定的差距。美国发射了 GPM 卫星对全球降水实时观测，发射了 SMAP 卫星用于全球土壤湿度观测。我国在这方面与国际前沿有一定的差距。

（二）定量化方面

定量化是实现遥感实际应用的关键，我国虽然在各个领域都做了很多基础和应用研究，也开始提供一些定量的陆表特征参量产品，例如国家气象卫星中心基于 FY-3 业务化地提供大气和陆、海共 6 类定量产品，但与欧美等国家相比，我国在定量遥感产品的种类、精度、生产体系、卫星产品验证、共享等方面仍有差距。

四、发展趋势

（一）发展需求

随着水利现代化和信息化的推进，水利行业对遥感技术的需求将越来越多，从深度到广度都将大大提高。总体来说，实现水利遥感业务化服务是最主要的发展趋势。在业务化服务需求最大的有以下几个领域：

1. 高时空分辨率、高精度的水循环参数

目前，尚无完整的针对水循环要素的高时空精度的遥感产品。例如时间分辨率为 7~10 天、空间分辨率为 1 km、精度为 0.04 cm^3/cm^3 的土壤水分产品，为山洪预警预报、干旱监测提供模型输入，需要相应的传感器和信息提取关键技术研究。

2. 全国江河湖库的动态监测

我国是一个水资源短缺的国家，江河湖库的水面积、水位、蓄量等信息对旱情监测、水资源调度、洪涝监测等具有重要作用。如在洪涝期间，对湖库动态、快速的遥感监测，有利于指导分洪、人员转移等一系列工作。而在旱情发展期，对河流断流数、小型水库坑塘的面积变化、大中型水库的蓄水量的监测，有利于准确评估旱情和水库调度工作。

对江河湖库的水质监测与治理是当前河湖长工作中的重点，遥感在水质监测中是一个突出的短板，这方面的需求是巨大的，是战略性的，但差距也是明显的，亟需加大研究力度，尽快争取实质性的突破。

3. 全国水利工程的监测

我国是一个水利工程众多的国家，利用高分辨率的遥感影像对水利工程开展形变动态监测，并结合其他资料进行安全评估，将有效保护水利工程下游和周边人民生命财产安全。

4. 全国水土保持状况监测

我国一直采用遥感技术进行水土流失调查，包括水土流失、侵蚀沟道和水土保持措施三种对象。随着我国高分辨率对地观测系统重大专项的发展，亟需充分利用这些多源遥感

数据，对我国的水土保持情况进行更为详细和精准的监测。

5. 国际河流全面监测

国际河流水资源利用、水能资源开发、跨境水污染控制、生物多样性保护、涉水灾害等是国际社会关注的焦点。出于管理和利用方面的复杂性，亟需建立基于遥感的国际河流水资源–生态环境与灾害监测系统，提高监测与评价水平以及应对突发性事件的监控能力，争取国际水事的主动权。

6. 遥感监测业务化系统的建设

目前，水利信息化水平相对落后，与遥感在水利行业的业务化水平不高又很大关系，亟需建设一批面向各个水利业务的遥感系统。如洪涝遥感监测系统与预警系统、基于多源遥感数据的旱情遥感监测评估与预警系统、水库与蓄水量遥感动态监测系统、大型灌区遥感动态监测与管理信息系统、大坝形变监测系统、国际河流遥感动态监测系统、水政执法辅助监测系统等。

（二）发展目标

水利遥感必须以应用需求为驱动，以实现为业务工作提供服务为发展目标。遥感应该为水利行业包括水资源管理、水环境监测、水土保持、水利工程监测、防洪抗旱和生态环境监测等各个方面提供全方位的服务。必须从业务化和工程化出发来考虑遥感技术的适用性、业务化的可能性、结果的可靠性、运行的稳定性和数据源的持续性，才能实现为水利业务工作服务的目标。

（三）对策与建议

1. 加大基础研究和应用研究的投入

目前，水利遥感仍存在着基础研究和应用研究投入不足的情况，应加大力度，支持水利遥感基础研究、应用研究和关键技术的研究。

2. 加强人才培养

水利遥感的研究和应用有一定的技术要求，人才培养尤为重要。目前专业人才仍然较少，在专业设置、人才培养机制等方面仍有不足。一方面需要建立从本科、硕士到博士的完整的人才培养体系；另一方面要积极通过举办培训班、开展远程教育等途径普及水利遥感技术。强化实践和产学研结合，培养出具有实践经验、集专业知识和信息技术于一体的创新型和复合型人才。

3. 制定促进水利遥感应用的政策和规范

在涉及流域规划以及重大工程规划的编制，重大工程建设的环境评价、水保评价、重大工程建设过程监控、工程建成后效果评价、水利水电工程运行、区域水安全与水资源管理、大型灌区改造等重大投资计划执行效果评价中，应制定有一定约束性的技术规范，促进水利遥感应用。

4. 加强遥感技术在水利业务工作中的推广应用

目前，遥感在水利业务工作中的应用深度不足、范围不广，在诸多部门遥感尚未发挥应有的作用。需要加强遥感技术在水利业务中的推广应用。建立一系列示范应用系统，不断地进行推广应用，并在应用中改进和完善。

5. 水利遥感应用研究的主要发展方向

（1）在上述已经有一定研究基础和实际应用的领域，要进一步提高定量化的水平和精度；在未涉及的领域，要加强应用研究，发挥遥感技术应有的作用。

（2）水循环要素的监测是水利行业的一项基础性工作，要密切关注和重视遥感技术在此领域的应用，包括土壤含水量、蒸散发、地下水、地表水、降水量等方面。

（3）高光谱遥感的发展为水质参数反演提供了新的研究平台，但目前无论是基础研究还是应用研究的投入都还不够，但这个方向意义重大。

（4）尺度转换、点面数据同化等方法可以更好地将遥感数据和地面实测数据结合起来，从而提高精度，这类方法应在水利遥感中做更多的研究和应用。

（5）大力推进大数据、人工智能等新技术在遥感中的应用。

（6）遥感技术要与水利专业技术更加紧密地结合起来，才能服务到位。

（7）通过遥感技术发展新的学科发展方向，例如生态水文。

参考文献

[1] 聂娟，邓磊，郝向磊，等. 高分四号卫星在干旱遥感监测中的应用[J]. 2018，22（3）：400-406.

[2] 陈晓宏，钟睿达，王兆礼，等. 新一代 GPM IMERG 卫星遥感降水数据在中国南方地区的精度及水文效用评估[J]. 水利学报，2017，48（10）：1147-1156.

[3] 姚月，申茜，朱利，等. 基于高分二号的沈阳市黑臭水体遥感识别[J]. 遥感学报，2019，23（2）：230-242.

[4] Miralles D G，Holmes T R H，De Jeu R A M，et al. Global land-surface evaporation estimated from satellite-based observations [J]. Hydrology and Earth System Sciences，2011，15（2）：453-469.

[5] 张磊，牟献友，冀鸿兰，等. 基于多波段遥感数据的库区水深反演研究[J]. 水利学报，2018，49（5）：121-129.

[6] 科学技术部国家遥感中心. 全球生态环境遥感监测 2013 年度报告[M]. 北京：科学出版社，2014.

[7] 杨高，李颖，付波霖，等. 基于遥感的河岸带生态修复效应定量评估——以辽河干流为例[J]. 水利学报，2018，49（5）：608-618.

[8] 唐尧，王立娟，马国超，等. 利用国产遥感卫星进行金沙江高位滑坡灾害灾情应急监测[J]. 遥感学报，2019，23（2）：252-261.

[9] 唐国强，万玮，曾子悦，等. 全球降水测量（GPM）计划及其最新进展综述[J]. 遥感技术与应用，2015，30（4）：607-615.

[10] Entekhabi D，Yueh S，O' Neill P，et al. SMAP handbook [M]. JPL Publication JPL，2014：400-1567.
[11] Huang B，Zhao B，Song Y. Urban land-use mapping using a deep convolutional neural network with high spatial resolution multispectral remote sensing imagery [J]. Remote Sensing of Environment，2018 (214)：73-86.

撰稿人：李纪人　黄诗峰　马建威　孙亚勇　杨永民

水利量测技术学科发展

一、引言

没有先进的量测仪器、量测技术和试验设备，科学技术工作就不可能有新的发现和突破，水利科学更是如此。一直以来，水利量测技术都是水科学发展的重要推动力。工程技术和理论创新均依赖于量测技术的进步，特别是基础理论研究领域，为深入认识明渠紊流相干结构（如涡结构）的发展过程和涉水建筑物附近水流的三维运动特征，更依赖于量测技术的进步。

水利量测技术门类众多，涵盖多个学科，涉及专业面广。按照应用领域，分为模型试验技术、原型观测技术和安全探测监测检测技术；按照测量参量，分为水位、流速、流量、压力、温度、水深、地形、位移、含沙量、浊度、开度等测量技术；按照技术媒介，分为光学、声学、电学等测量技术。各种量测技术适用对象、测量范围、测量精度、应用环境均不同。因此，水利量测技术极其复杂。

近年来，随着电子信号处理技术水平的提高，水利量测技术在小型化和无线化方向上取得显著进步，仪器操作更简便、测量数据更准确、实时性更高。经过广大科技人员多年的不懈努力，我国部分量测技术及仪器设备特别是传统仪器的总体性能上已达到国际先进水平。同时，国内研究者还积极将图像和声学测试等技术引入水利量测领域，目前图像测试技术已广泛应用于流速、温度、浓度等参数测量，由于其具有瞬时场测量、对测量对象无干扰、测量结果更直观等显著优点，在原型观测和室内试验方面均得到了较好应用。声学测试技术也广泛应用于流速、流量、含沙量、裂缝等测量或检测，有力推进了水科学的发展。然而，我们也必须清醒认识到国内水利量测技术与国外相比，在传感器、高精度测试技术、工业化设计等方面仍然存在较大差距，需要全行业奋起直追。中国水利学会水利量测技术专业委员会一直致力于搭建全国水利量测技术学术交流平台，推进我国量测技术的发展。

二、国内发展现状及最新研究进展

国内相关科研院所及有关企业在水利量测技术领域开展了持续研发工作，在大型实体模型智能化测控、高频PIV、大尺度表面流场、声学多普勒流速测量、综合物探法病险水利工程安全检测技术、多波束测深技术、三维激光地形扫描技术、水下目标的三维重建、大透射范围的激光成像、非接触式六自由度运动测量等方面取得显著成果。

（一）大型实体模型智能化测控技术

实体模型试验是解决水利工程规划、设计和运行中重大科学技术问题的主要手段之一，而水沙运动测控技术是保障实体模型能否复演天然水沙运动和试验数据可靠性、准确性的关键。近年来，随着我国大江大河综合治理的逐步深入，规划和建设了众多大型水利、航道工程。为配合工程规划论证，兴建了长江防洪模型、黄河模型、鄱阳湖模型、长江口模型、珠江河口整体物理模型等一批大型实体模型，这些模型模拟范围大、边界多、测控参数多。由于模型比尺大，对水沙测控提出了更高的精度需求，如长江防洪模型的平面比尺为400、垂直比尺为100，珠江口模型平面比尺为700、垂直比尺为100，比尺均较大，模型上测控仪器的微小误差均会对原型数据带来较大的偏差，从而易导致方案优化误判或增大工程投资。传统的水沙测控技术难以满足大型实体模型试验研究新的需求，其技术难点主要有：①在测控系统方面，各参数测控系统较多，兼容性不好，自动化程度低；量测仪器种类多、品牌多，标准化程度低；测得的参量的准确率判别及提高与模型相似理论、水沙运动理论联系不紧密，智能化程度低；②在感知技术方面，多采用接触式测量方式，对水沙运动有扰动，测量综合精度不高；③在实验管理与数据展示方面，缺乏集中管理、数据零散、联动性差，试验成果多以表格形式显示、不直观。

基于上述问题，河海大学、南京水利科学研究院、珠江水利科学研究院结合大型实体模型对水沙测控范围大、精度高、数据三维展示的需求，在水沙测控系统集成和感知技术方面开展了系统性研究：①针对大型实体模型模拟范围大、边界复杂、测控参数多的高精度测控需求，提出了基于相似理论、水沙运动理论与测控感知耦合互馈的方法，创建了大型实体模型高精度测控系统，实现了大范围、多参数、标准化的数据传输与交互，大幅提高水沙测控的自动化智能水平；②针对现有水沙测量感知技术精度不高的问题，发明了基于光学、声学等非接触式方法测量流速、水位、地形、泥沙的新技术，大幅提升水沙测量精度；③针对实验资源利用率不高，数据展示不直观问题，融合大数据、云计算及三维可视化技术，开发了数字实验室系统，大幅提升了实验成果显示效果。

（二）高频 PIV 测试技术

自然江河及人工沟渠中的绝大多数流动均为明渠紊流，存在大量具有一定时间及空间尺度的相干结构，如平均直径比 Kolmogorov 尺度大一个数量级的涡结构以及长度为水深量级的水面条带、泡漩等大尺度结构，这些结构控制着水流中的传质现象，是深入理解泥沙冲淤、污染物扩散过程的关键。

为了克服超声波多普勒流速仪（ADV）等传统单点流速测量技术的不足，实验流体力学界于 20 世纪 80 年代提出了具有全场、瞬态测量能力的粒子图像测速（PIV）技术，显著推动了紊流相干结构研究的进展。高频 PIV 是在经典 PIV 技术的基础上，通过提高相机及光源等硬件设备的技术性能，改进粒子图像处理算法，实现高频、高分辨率、高精度测量流场的一种测量技术。高频 PIV 技术可应用于单相及稀疏颗粒两相流的测量，研究水流的平均流速、紊动应力、能谱、相关函数等统计参数，分析水流结构的空间分布和时变过程，获得加速度、压强、应力等动力参数的时空变化规律。通过与粒子示踪测速、激光诱导荧光等技术的深度耦合，可实现水流与泥沙、污染物等颗粒物质的全场、高频、同步测量。

早期的 PIV 系统均采用两个脉冲激光器与双曝光相机，用同步器来控制激光器脉冲光源与摄像机曝光相匹配，可以拍摄时间间隔很短（几十纳秒）的成对图像，因此能进行高速流场的测量（1000 m/s 量级）。一般商业化 PIV 系统的测量频率比较低，常见 PIV 一般为 15 Hz 左右。研究表明，明渠紊流研究要求采样频率至少 100 Hz 才能测量到高频紊动特性，采样频率为 15~50 Hz 的常规商业 PIV 系统显然不能满足此要求。基于连续激光器的 TR-PIV 系统，采用连续激光代替脉冲激光提供不间断光源，采用高速摄像机实现连续高频测量，采样频率可达 1000 Hz 以上。由于采样频率显著提高，且连续激光光源瞬时能量比脉冲激光要弱，因此对光路设计及高速摄像机性能的要求非常高，相关产品还未实现国产。同时，高频、大容量测量对图像采集与处理技术也提出了更高要求。

清华大学在国家自然科学基金仪器专项项目“两相流二维高频 PIV 系统研发”（51127006）的资助下，选用科研专用高功率激光器和高速摄像机，通过优化激光片光光路的设计，使用粒子图像判读技术最前沿成果及并行计算技术，研制成功了适用于各种复杂水流测量的平面二维高频粒子图像测速系统，其各项技术指标达到国内外同类产品的先进水平，其核心算法在 2014 年 7 月第四届国际 PIV 挑战赛上得到认可。

国内外有关公司也陆续推出了立体三维 PIV，测量效果和精度较高，但测量范围较小，只适用于室内基础理论试验研究。

（三）大尺度表面流场测试技术

随着 PIV 技术的发展，PIV 技术在实体河工模型中也得到了广泛的应用，国内科研人员已开发出应用于大型河工模型表面流场测量的粒子示踪测速系统，如河海大学和南京水利科学研究院研制的大型物理模型图像测速系统 LSPIV、清华大学研制的 DPTV 系统、中国科学院力学研究所研制的 DPIV 系统等。

河工模型表面流场中所应用的图像处理技术，实质上是在传统 PIV 技术的基础上延伸和发展而来的 LSPIV 技术，该技术与传统 PIV 技术的区别主要在于：① LSPIV 测量的尺度远大于 PIV，因为测量尺度较大，LSPIV 摄像机架设位置离测量区域较远，所采用的示踪粒子粒径也较大（厘米级）；② LSPIV 通常用于测量水流表面流场，照明系统采用普通光源或自然光照明。

LSPIV/LSPTV 发展呈现两个方向：一是单镜头的野外 LSPIV 系统，二是多镜头的实验室 LSPTV 系统。野外 LSPIV 主要用于实时观测原型河流表面流场，原型观测工作环境要求系统的效率高、适应性强，因此一般采用单镜头斜向安装方式来扩大测量范围，利用水面波纹或漂浮物作为示踪物，通过变形校正来保证测量精度。多镜头的实验室 LSPTV 系统采用增加镜头个数来实现大范围的测量，为控制测量精度，每个镜头都采取严格的垂向安装方式；为保证多镜头协调同步测量，需要施加外同步信号，同时根据待测流场的特性选择合适的图像采集模式。

国内河海大学、清华大学、浙江大学、大连理工大学、四川大学、中国水科院、长江科学院、天津大学及西安理工大学等单位积极开展了 PIV 技术在水利工程相关领域的应用研究。北京尚水信息技术股份有限公司和南京昊控软件技术有限公司均开发了成套产品，并成功应用于多个实体模型试验。

随着软硬件的不断进步，PIV/PTV 技术也在不断发展。在实际需求的推动下，PIV/PTV 在集成化、精细化、立体化等方面取得重要进展。其中，PIV+PTV 组合系统在进行明渠两相流观测时更灵活适用。基于流动相的示踪粒子与固相颗粒的大小、亮度、形状等的不同，对原始图片进行图像分割，分别得到流体相和固相，再从中得到两相各自的速度。PIV+PTV 组合系统只需要一台摄像机，不增加额外的硬件配置。其局限性是要求固相浓度必须较小，以保证分割后仍能得到良好的流体相图片。在稀疏颗粒运动的研究中，该方法具有显著优势。针对野外河湖流速测量，北京尚水信息技术股份有限公司、南京昊控软件技术有限公司等单位还尝试研发了基于无人机等移动平台的河湖表面流场测量技术，该技术以无人机为载体，以 PIV/PTV 算法为核心，内植防抖算法，消除了无人机飞行过程中抖动误差，技术具有较强的创新性，为水文观测提供了新的手段。

（四）声学多普勒流速测量技术

超声波测量流速、流量广泛应用于海洋观测、河流流量测验、实验室测量等领域。利用超声波测量流速、流量技术有多种原理，例如相位差法、时间差法、射束位移法，以及对流速变化较其他方法更为灵敏的多普勒法。在应用声学多普勒原理的测流技术中，按照实际应用领域的不同，主要分为两大类：适用于海洋、河流等现场测量的声学多普勒测流剖面仪（Acoustic Doppler Current Profiler，ADCP）和适用于实验室的声学多普勒测速仪（ADV）。

ADCP 根据多普勒原理，应用矢量合成法，遥测流速的垂直剖面分布，对流场不产生任何扰动，也不存在机械惯性和机械磨损，可以真实地反映流场，并且一次可以测量一个剖面上若干层水流速度的三维分量和绝对方向。由于具有上述诸多优点，ADCP 代表了当今测流技术的先进水平，已被国际海委会定为四种先进的观测仪器之一，在生产和科学研究领域中有着广阔的应用前景。不同于 ADCP 的大尺度测量，ADV 更注重小水深的精细测量，因而广泛应用在实验室研究中。ADV 最初是美国 SonTek 水文仪器公司为美国陆军工程兵团水道实验室设计制造的，到目前主要有挪威 Nortek 和 YSI 公司（SonTek 已被 YSI 收购）从事 ADV 研发和制造，新型 ADV 采样频率已达到 200 Hz，为实验室湍流、两相流等的测量研究提供了有利的条件。

一直以来，ADV 技术和产品均由国外少数公司垄断，国内 ADV 完全依赖进口，采购周期长，维修困难。南京水利科学研究院在国家重大仪器专项资助下，和北京尚水信息技术股份有限公司联合开发了新型 ADV，解决了超声波多普勒数字信号转换及频移信号检测等关键技术问题，实现了二维、三维流速测量，并采用锂电池供电和 WIFI 数据传输，对 ADV 仪器进行了无线化改造，为 ADV 大规模应用提供了技术支持。

（五）水利工程安全探测监测检测技术

准确探测水利工程隐患、掌握其健康状况的检测技术，是水利工程正常运行和人民生命财产安全的重要保障。中国水利水电科学研究院、黄河水利科学研究院等单位针对我国水利工程缺陷与隐患现状，采用自主研发及技术引进的形式构建了功能强大的综合物探体系，在堤坝渗流通道、浸润线、堤坝裂缝、堤坝内部空洞、松散体、滑坡体以及水下探测、隐蔽工程检测等方面进行大量成功应用。由于水利工程形式及其参数各不相同，其内部隐患、缺陷及外部环境的多样性及复杂性，采用多种仪器及方法进行综合检测，各种检测结果进行相互校核与补充。引进仪器系统包括：大地电导率仪、拖动式电阻率成像仪、探地雷达、核磁共振找水仪、可控源音频大地电磁仪、地震仪、三维激光扫描仪、双频侧扫声呐、水下视频监测系统等。自行研发的仪器包括：混凝土裂缝检测仪、地层地温测量仪、压实计、聚束直流电阻率仪等。

相关技术已成功应用于三峡大坝坝基岩体破坏、云南景洪水电站围堰渗漏、福建山美水库大坝渗漏、北京门头沟煤矿采空区、广东阳江核电水库渗漏隐患、二滩水电站坝面裂缝、西藏旁多水利枢纽工程大坝渗漏、藏木水电站二期围堰防渗墙渗漏、新疆齐热哈塔尔水电站固结灌浆和厂房基础、郑州引黄灌溉龙湖调蓄工程防渗墙质量、渤海湾水利枢纽地基基础质量、“5·12”特大地震陕西震损水库大坝除险加固隐患探测等检测工程中，并取得较满意的成果，为水利工程建设质量控制提供了技术支撑，为病险水利工程安全评估和除险加固工程设计提供了可靠的依据。

（六）浮体运动测量技术

浮体运动信息（横移、纵移、升沉、横摇、纵摇、回转）的获取一直是海工模型实验中的重要测量内容，是研究其波浪作用响应的重要要素。海工模型运动分析需要实时、准确获取浮体姿态信息和位置信息。传统方法主要采用线加速度传感器、角加速度传感器等惯性传感器配合 GPS、磁偏计、陀螺仪、电子罗盘等设备进行浮体六分量测量。惯性传感器对浮体自由运动有干扰，在运动解析过程中积分效应产生的累积误差较大，而且室内环境还影响 GPS、磁偏计等工作，导致相应测量精度难以满足实际需要。

针对高精度测量难题，国内外有关单位运用光学图像技术开发了六自由度运动测量系统（简称六分量仪），具有非接触、大场景、高精度、无温漂、高灵敏以及可长时观测等显著优点，出现了部分产品，如 NDI 公司 Optotrak Certus 系统和 NaturePoint 公司 OptiTrack 系统，但存在环境和需求适应性问题。为此，大连理工大学海岸和近海工程国家重点实验室在可见光谱和红外光谱范围内，成功开发了非接触式双目多目标六自由度运动测量系统以及相机阵列式六自由度运动测量系统，具有安装方便、精度高、实时性好、防抖动、易维护等特点，而且还具有多种测量模式和 EtherCAT 多传感并网采集的能力；同时，将自主研发的多介质定位算法融入系统，使六分量仪不仅可以与被测目标处于同一介质中进行测量，而且还可以在不同介质中进行目标运动监测，方便应对各种实验场景。目前，六分量仪已通过 30 余种实验的考验，完成了水下管线观测、浮标运动测量、波浪能发电装置运动分析、船舶运动响应分析、海洋平台模型运动分析、水下沉管实验等实验，为科研工作者提供了可靠实验数据。

（七）大尺度温度场浓度场测量技术

水体三维浓度场和温度场对于揭示流体运动规律，特别是湍流结构和非定常流动，具有重要科学意义。传统平面激光诱导荧光（PLIF）存在测量空间尺度小等问题，无法满足大尺度温度场浓度场快速同步测量需求。

中国水利水电科学研究院联合中国科学院光电研究院、北京尚水信息技术股份有限公司在国家自然科学基金国家重大科研仪器研制项目“基于 3DLIF 技术的大范围水体三维标量场测量仪器研制”的资助下，针对水体浓度场和温度场高精度三维测量需求，研发了水体标量场（浓度场和温度场）三维测量系统。系统优化了光路设计，生成大尺寸均匀激光片光源，集成同步运动控制、图像快速同步采集、并行计算、智能标定与校正、三维重构等技术，实现了 0.5 m × 0.5 m × 1.0 m 水体三维空间浓度场和温度场同步测量，为湍流和非定常流基础实验研究提供了新的解决方案。

三、国内外研究进展比较

近年来，国内水利量测技术总体上进步非常明显，已涌现了大量具有自主知识产权的水利量测仪器和技术，特别是在系统化集成、移动互联等方面，已达到国际先进水平。然而，在传感器、工业化设计等方面，国内与国外仍然存在一定差距，特别是高精度、非接触式量测技术存在明显差距。

（一）系统集成

水利量测技术包括流速、水位、含沙量等多种参量，为满足实际需求，需要开发集成系统。国内集成系统已将数据测量、信号控制、数据分析、图形化展示进行了有机整合，功能强大、界面美观，总体应用效果优于国外系统。比如河海大学针对超声波多普勒流速仪，研制了三维坐标控制系统，将坐标控制、流速测量、数据分析等需求整合为一体，单点流速测量后坐标和流速数据直接存入数据库，坐标控制系统能够自动移动至下一个测量点，免除了实验过程研究人员移动坐标、数据保存等步骤，系统集成度、自动化程度显著提高。随着国内移动技术快速发展，微信、百度地图等第三方软件大范围应用，其也被引入量测集成系统，实现了系统运行终端的多样化，能在电脑、手机、远程服务器等多种终端上运行。比如在河长制系统，现场监测数据可实时由服务器推送给相应河湖长，提高了工作效率。

国内量测技术系统集成度更高，与移动办公技术融合更深入。

（二）传感器

传感器用于感受被测对象信息并按照一定规律转换成可用信号，包括敏感元件和转换元件，水沙参量信息被传感器感知，然后才能被识别和分析，其是水利测量技术的基础。目前水沙参量传感器多为接触式、机械式，如旋桨流速仪。目前，旋桨流速仪是水利量测领域内重要的流速测量传感器，具有价格便宜、操作简便等优点，但存在干扰流态、易受水体中杂质影响、无法测量流向、难以测量瞬时值等缺点，并不适合基础理论研究。而超声波多普勒流速仪测量精度高，能实现三维流速测量，目前该类仪器主要由国外厂家生产，关键因素之一就是高精度、小体积超声波传感器需要进口，国内生产的超声波传感器相同体积条件下频率无法满足要求。

目前高精度超声波、压力等传感器还需要进口，影响了国内量测技术发展。

（三）高精度测试技术

水利量测仪器测量精度非常重要，基础理论研究中获得更高的水沙参数测量精度才更有利于揭示未知规律，受超声波信号处理、光学信号检测、图像采集设备等硬件限制，国内 ADCP、激光多普勒测速等技术方面仍然落后于国外。主流 ADCP 还是来自 Aanderaa、Nortek、RTI、TRDI、SonTek 等国外厂家，虽然海鹰、中海达等国内公司也开始生产，但在波束数、波束倾角、最小盲区、最大发射速率、允许倾斜角度等性能方面，国外仍然优于国内。

国内量测技术在计算方法等软件方面进步明显。2014 年 7 月，清华大学研究团队携高频 PIV 系统赴里斯本参加第四届国际 PIV 挑战赛，这是国内 PIV 研究团队首次出现在国际 PIV 挑战赛现场。在来自全球不同高校的 20 多个参赛队伍中，清华大学代表队的参赛结果和国际顶尖水平相比毫不逊色，表明我国在 PIV 核心算法方面已经达到国际先进水平。然而，在高频 PIV 系统使用的高速相机等硬件设施方面，我国仍依赖于国外厂商。

激光多普勒流速测量、激光粒度分析等高精度测试技术领域，国内还处于追赶阶段，国外仪器性能明显优于国内。

（四）工业化设计

长期以来，国内研发人员更多关注于量测仪器主要功能和性能，缺乏工业化设计，仪器美观度、密封性能等较差。而国外仪器设计阶段即融入工业化设计思维，仪器外观和密封性能优于国内。国内某水位测量仪，该仪器测量精度较高，部分性能优于国外仪器，然而该仪器缺乏工业化设计思维，仪器密封不严，长期运行过程中，大量灰尘进入仪器内部，导致仪器性能大幅下降，无法正常运行。国外 EXO 多参数监测仪，接口密封性能非常好，同时探头自带清洁装置，能自动清洁传感器表面，非常有利于长期观测。

国内量测仪器工业化设计思维明显弱于国外。

四、发展趋势

（一）高精度非接触感知技术

接触式测量方法干扰或破坏测量对象，降低了测量精度，因此，非接触式测量已成为当前流体测试领域的发展趋势。对于精细模拟实验或原型难以人工布置测量设备等应用，急需高精度非接触式感知技术。

（二）高精度涉沙测量仪器

含沙水流改变光、声等介质传播特性，导致声学、光学特性发生异变，致使测量结果存在较大偏差。因此，目前含沙量、垂线泥沙浓度分布、高含沙水流流速、异重流分布等参量测量误差仍然较大，缺乏有效测量手段。

（三）数据通信的标准化

水沙测量仪器包括水位、流速、流量、压力、温度、水深、地形、位移、含沙量、浊度、开度等参量测量仪器。因缺乏统一的技术标准，生产厂商自定义通信端口类型、交互模式、命令规则、数据格式、交互流程等数据交互环节，致使同类型仪器难以共用数据采集系统，仪器更换或升级均需要重新开发数据交互模块，制约了水沙试验技术的快速发展。近年来，在国家经费支持下，从国外引进了大量超声波多普勒流速仪、超声波含沙量仪、粒子图像测速仪、激光多普勒流速仪等新型水沙仪器，因国内缺乏相关规定，难以获取国外仪器通信协议，制约了对测量数据的深入分析和集成技术的发展。随着物联网技术的高速发展，为实现互联互通，促进我国水利信息化事业的快速发展和资源的高效利用，迫切需要对模型试验水沙测量仪器数据交互过程及通信协议进行标准化：①简化全国水利量测仪器数据交互过程，便于水利信息化平台建设；②简化系统集成及二次开发，促进物联网的应用发展；③便于仪器校核和检测；④规范进口仪器；⑤提高水利信息化平台的兼容性和生命力。

现行水利技术标准中，仅有《水文监测数据通信规约》含有部分相关内容，但其仅针对水文监测仪器，未考虑模型试验水沙测量等专业仪器。在通信便利性、系统可扩展性、数据易读性等方面存在一定不足：①通信端口类型及相应配置参数未规定，由生产厂商自行确定；②难以依据反馈数据判别仪器类型及测控参量；③缺乏交互模式规定，问答式和启动式数据交互模式的交互流程不同，对仪器的操作仍主要依靠厂商系统设计；④通信协议冗余度低，难以扩展到水利行业全部参量，适用范围小；⑤数据信息有限，对于间接测量法仪器无法从测量数据评估测量结果的准确性。

因此，随着水利信息化和物联网技术快速发展，有必要建立全国性水利仪器数据交互标准。水利量测仪器接口标准化，将解决数据格式与类型识别不清晰、仪器接口及通信协议不兼容、数据长度与新传输技术不匹配、测量结果与准确性评估不适应和交互模式多变不确定等一系列问题，对原型或实验室中众多水沙参量的测量或后继开发工作都非常有利，能够大幅简化后续数据采集程序，促进水利事业的更高更快发展。

（四）大水深低流速测量技术

库区具有水深大、流速小等特点，常规高频超声波测量仪器虽然可以进行小流速测量，但高频超声波衰减程度快，难以进行大水深测量。为监测库区流量或断面通量，又急需相应测量技术，当前尚无测量技术能有效满足大水深、低流速应用需要。

（五）大数据分析技术

国内已开展了数十年水文测量，积累了大量水文测验数据；同时，科研院所也开展了数十年模型试验，积累大量水利工程试验数据。目前对前期数据的利用效率较低，应积极借鉴大数据分析方法，提高数据挖掘能力，获取更多规律性知识，才能更好地为将来类似研究提供借鉴，提高资源利用效率。

（六）复杂水流虚拟展示能力

水流运动三维特性强，由于缺乏有效展示手段，无法直观获取水流三维运动形态，特别是涉水建筑物附近的水流运动，如桥墩冲刷坑内水流结构、丁坝头部水流结构、闸门水流结构等复杂流场只能通过示踪剂定性展示，而且其持续时间有限，无法长时间展示水流结构，影响了对涉水工程破坏机理研究。随着立体投影、三维计算机图形和影像等技术快速发展，如何产生一个完全沉浸式的虚拟环境，将实体模型试验成果实时虚拟再现于3D环境，直观展示水利工程效果，成为当前复杂水流虚拟展示面临的一个新挑战。该技术涉及专业面更广，且水流三维运动模拟难度较大，目前还有大量关键技术问题有待解决，现阶段还难以应用于复杂水流展示。

一方面，水利量测技术专业性强，涉及学科门类多，研发难度大；另一方面，其应用范围相对较小，经济效益不突出，非专业人士较少致力于水利量测技术的研发。因而需要积极组织行业专家规划量测技术发展方向，推进相关技术的联合攻关，开发成套产品，促进水利科学的进步。

参考文献

[1] 陈红.大型实体模型智能化测控设计及关键技术研究［D］. 河海大学，2016.

[2] 段俐，康琦，丁汉泉，等. HPIV及其初步应用研究［J］. 北京航空航天大学学报，2000，26（1）：83-86.

[3] 高琪，王洪平. PIV速度场坏矢量的本征正交分解处理技术［J］.实验力学，2013，28（2）：199-206.

[4] 金上海，陈刚，许联锋，等. 基于小波多尺度分析的PIV互相关算法研究［J］. 水动力学研究与进展A辑，2005，20（3）：373-380.

[5] 李丹勋，曲兆松，禹明忠，等. 粒子示踪测速技术原理与应用［M］. 北京：科学出版社，2012.

[6] 申功炘，张永刚，曹晓光，等. 数字全息粒子图像测速技术（DHPIV）研究进展［J］. 力学进展，2007，37（4）：563-574.

[7] 王龙，李丹勋，王兴奎. 高帧频明渠紊流粒子图像测速系统的研制与应用［J］. 水利学报，2008，39（7）：781-787.

[8] 魏润杰，申功炘. DPIV系统研制及其应用［J］. 流体力学实验与测量，2003，17（2）：88-92.

[9] 许联锋，陈刚，李建中，等. 粒子图像测速技术研究进展［J］. 力学进展，2003，33（4）：533-540.

[10] 余俊，万津津，施鎏鎏，等. 基于连续式激光光源的TR-PIV测试技术［J］. 上海交通大学学报，2009，43（8）：1254-1257.

[11] 张伟，郭耀君，杨詠昕. 粒子图像测速技术互相关算法研究进展［J］. 力学进展，2007，37（3）：443-

452.
[12] Adrian R J. Twenty years of particle image velocimetry [J]. Experiments in Fluids, 2005, 39 (2): 159-169.
[13] Adrian R J, Westerweel J. Particle image velocimetry [M]. New York: Cambridge University Press, 2010.
[14] Durst F, Stevenson W H. Influence of Gaussian beam properties on laser Doppler signals [J]. Applied Optics, 1979, 18 (4): 516-524.
[15] Hain R, Kahler C J, Michaelis D. Tomographic and time resolved PIV measurements on a finite cylinder mounted on a flat plate [J]. Experiments in Fluids, 2008, 45 (4): 715-724.
[16] Chen H, Tang H W, Liu Y, et al. Measurement of particle size based on digital imaging technique [J]. Journal of Hydrodynamics, 2013: 242-248.
[17] Zhong Q, Chen Q G, Wang H, et al. Statistical analysis of turbulent super-streamwise vortices based on observations of streaky structures near the free surface in the smooth open channel flow [J]. Water Resources Research, 2016, 52 (5): 3563-3578.
[18] Meng Z, Li D X, Wang X K. Modification of the Engelund bed-load formula [J]. International Journal of Sediment Research, 2016, 31 (3): 251-256.
[19] 华涛.激光水位仪的研制及应用 [D]. 清华大学，2006.
[20] 唐洪武，唐立模，陈红，等. 现代流动测试技术及应用 [M]. 北京：科学出版社，2009.
[21] Zheng J, Ren M X, Wang X H, et al. A large scale synhronous velocity measuring system based on the PTV technology [J]. HydroLink, 2016, 4 (1): 26-27
[22] 郑钧，王希花，刘俊星，等. 基于无人机图像采集的河道流速测量应用 [R]. 第十六届全国水利量测技术综合学术研讨会，2016.
[23] 韩雷，王秀芬，任明轩，等. 基于图像处理技术的浮冰破碎跟踪试验研究 [J]. 中国水利，2013 (11): 53-55.
[24] 黄真理，周维虎，曲兆松. 三维激光诱导荧光（3DLIF）技术及测量水体标量场设备研究 [J]. 实验流体力学，2017，31 (5): 1-14.

撰稿人：唐洪武　陈　红　贾永梅　柳淑学　曲兆松

水生态学科发展

一、引言

Ecology 一词是由希腊文 oikos 衍生而来，oikos 的意思是“住所”或“生活所在地”，这个概念由德国生物学家赫克尔于 1869 年提出。Ecology 的中文表达“生态学”，是我国学者张挺将日本人对 ecology 的日文翻译的汉字直接引进过来的。由此可见，“生态”并不是一个传统的汉语概念，它最初只是出现在“生态学”“生态系统”“生态位”等固定搭配中的一个名词性前缀。因此，生态学的传统定义是“研究生物及其环境之间相互关系的科学”，而不是“针对生态开展研究”的学科。然而，自 20 世纪后期以来，“生态”在我国被作为一个独立的名词来使用，并逐渐被接受。但是，如何定义“生态”却是一个一直没有解决的问题。显然，我们不能简单比照生态学的定义说：生态是指生物与其环境之间关系（的总和）。

相比较于“生态”而言，“水生态”概念的出现要迟 10~20 年。尽管早在 20 世纪 50 年代，我国老一辈湖沼学和淡水生物学先驱已经洞悉了“水域生态系统”的特殊性，提出了一个属于生态学分支的学科“水生生物学”，是 hydrobiology 这个英文词汇的发明者之一。但是，今天我们耳熟能详的“水生态”概念，其内涵与外延却远远超出了水生生物学的范畴。水生态（hydroecology）是研究水生生物、水环境和人类活动影响及相互作用规律的学科，它由生态学与水文学、水力学等学科交叉产生并兴起。

2008 年，随着我国社会经济的发展，水生态问题成为全社会关注的重大战略问题，为了更好地发挥专委会的作用，满足水利事业和社会发展的需求，经中国水利学会批准，“水利渔业专业委员会”更名为“水生态专业委员会”，其主要任务为围绕国家和水利部在水生态保护与修复方面战略发展需求，在水工程对生态与环境影响分析及评价、水工程生态影响补偿机制与对策研究、河湖（库）生态保护与修复应用基础与关键技术等方面开展国内外学术交流，推广先进技术，促进学科发展。

我国地域辽阔，各大流域自然条件复杂多样，环境特征各不相同，加之受人为活动影响形式、程度和范围的差异，所表现出来的水生态问题也各有不同，水生态作为一个学科的形成，是受问题导向而发展的。通常，水生态问题包含了三个层面：一是水生态问题的表征，二是引起水生态问题的原因，三是水生态问题的减缓对策和措施。围绕这三个层面的问题，水生态的研究可以划分为三个部分：一是水生态监测与评价，二是水生态保护与修复，三是水域生态系统管理。本文将以这三个部分为主线，以各流域水利行业水生态相关研究为重点，对水生态学科进展进行描述。

二、国内发展现状及最新研究进展

近年来，为解决水生态损害这一突出水问题，国内开展了大量水生态研究与实践，水生态学科得到了较大发展。特别是，为贯彻党中央、国务院关于长江保护修复的决策部署，相继成立了国家长江生态环境保护修复联合研究中心、长江水生生物保护与生态修复科技创新联盟、长江治理与保护科技创新联盟等，正在积极开展长江生态环境保护与修复相关联合研究。

（一）水生态监测与评价

水生态监测与评价是针对水生态这一客观事物进行了解的两项有递进关系的研究工作。从问题导向出发，水生态监测与评价研究均包含了选取研究对象、拟定研究目标、选择研究（理论和）技术手段，以及形成研究结论四个环节。理论上，监测的目标是进行信息获取，并满足进行跨时空比较的需要；评价的目标则是对获取的信息进行结构化重组和比较分析，一方面了解并描述水生态（研究对象）的结构和功能状态，另一方面找出导致水生态结构和功能受损的原因。水生态作为一个新兴的监测和评价研究对象，其研究主要借助于生物监测、生态调查和环境监测的成果，系统的理论和标准还有待进一步发展和完善。近 10 年来，水生态监测与评价研究和实践在我国得到了迅速的推广，取得了极大的创新和进步。

在监测方面，通过引进、消化吸收和创新等工作，把以鱼类、藻类等为指示生物的监测预警技术，以及环境 DNA 技术、水声学探测技术、遥感和无人机技术等先进技术应用于水生态监测。出版了《长江鱼类早期资源》《中国内陆水域长江藻类图谱》《内陆水域渔业自然资源调查手册》等工具书，发布了《内陆水域浮游植物监测技术规程》（SL 733—2016）、《淡水浮游生物调查技术规范》（SC/T 9402—2010）、《水环境监测规范（SL 219—2013）》等技术规程和规范。

在评价方面，研究建立了适合不同水域生态状况评价的鱼类、浮游生物、底栖生物完整性评价指标体系，建立了健康长江、健康太湖等流域综合评价指标体系，形成了河湖健康评价指标、标准与方法，提出了湖库生态安全调查与评估方法，构建了水生态系统保护与修复试点评价指标体系和适应我国国情的绿色水电评价指标体系等。发布了《水库鱼产力评价标准》（SL 563—2011）、《水库渔业资源调查规范》（SL 167—2014）、《全国河流健康评估指标、标准与方法》（办资源〔2010〕484 号）、《全国湖泊健康评估指标、标准与方法》（办资源〔2011〕223 号）、《湖泊生态安全调查与评估技术指南（试行）》（环办〔2014〕111 号）等标准、规程和规范。

在水生态系统结构和功能受损的原因研究方面也有很多案例，其中水利行业以水工程的生态效应为关注的重点。如国家自然科学基金重大项目“大型水利工程对长江流域重要生物资源的长期生态学效应”等研究，比较系统地分析了三峡工程及葛洲坝工程对中华鲟、四大家鱼等长江重要生物资源自然繁殖的影响；国内相关学者研究揭示了长江梯级水坝对中华鲟的定量影响机制以及对圆口铜鱼等长江上游特有鱼类的累积影响；董哲仁等以水利水电工程对河流生态系统的胁迫机理为目标，提出了描述非生命变量和生命变量之间关系的河流生态系统结构功能整体概念模型，初步阐明了河流流态、水文情势和地貌景观这三大类生境因子与河流生态系统的结构功能相关关系。此外，水体污染、过度捕捞和城市化（栖息地占用）等人类活动对水生态的影响也得到了广泛的关注和研究。

在最新成果方面，针对水生态监测，鱼类、藻类等生物早期预警系统在丹江口水库、三峡水库等重要水域进行了示范应用；藻类等水生生物快速监测技术在太湖、浙江饮用水源地、长江重庆至武汉段、丹江口水库、墨水湖、马沧湖、深圳河等不同水域藻类水华监测预警中进行了应用。环境 DNA 技术、稳定同位素技术、遗传标记技术、遥感和无人机技术等先进技术在长江流域金沙江、三峡水库、乌江、汉江等各个水域得到了应用。围绕水利水电工程生态效应的水生态监测与评价工作得到了广泛开展，长江三峡工程生态与环境监测系统从 1996 年至今开展了长江上游宜宾至长江口综合的水生态监测。针对水生态评价，水利部开展了全国重要河湖健康两期试点，完成了汉江中下游、洞庭湖、鄱阳湖、黄河下游、淮河干流上中游、太湖、桂江、嫩江下游、滦河、百色水库、抚仙湖、洪泽湖以及沙颍河干流等河湖健康评估试点工作，为定期开展我国重要江河湖库“健康诊断”提供了坚实基础。生态环境部组织完成了太湖、巢湖、三峡水库、滇池、丹江口水库、小浪底水库、洪泽湖、洞庭湖、鄱阳湖九大重点湖泊的生态安全评估。生物完整性指标体系被应用于长江上游、三峡库区、浙江水源地、太湖等区域的生态健康评估。针对湿地生态评价，已经完成了 45 处国际重要湿地和京津冀地区 19 处重要湿地健康功能价值评价。为科学认识全国生态系统，环境保护部和中国科学院联合开展了全国生态环境十年变化（2000—2010 年）调查评估、全国生态变化（2010—2015 年）调查和评估。为配合长江经济带建设“共抓大保护、不搞大开发”的战略要求，2017 年，水利部启动了“长江流域水生态及重点水域富营养化状况调查与评价”，农业部启动了“长江渔业资源与环境调查”等专项工作，中科院启动了“长江中下游水生态安全评估与保障重大战略研究”专项工作。

（二）水生态保护与修复

水生态保护与修复是两个高度相关但性质完全不同的任务。水生态保护主要是针对不同水域空间避免人类活动干扰需要的程度，设置不同类型和性质的保护区或在特定水域开展相关的保护研究与工作。保护区的设置除了技术方面的因素外，还要考虑到内陆水体满足社会经济发展的需求，进行功能区划，这里不一一赘述。水生态修复主要针对人类活动导致的水域生态系统结构和功能受损的问题展开，主要有河道生态需水与生态调度、栖息地修复、增殖放流、濒危物种的人工种群建立、河湖水系连通等方面的研究，取得了一系列成果。

在河道生态需水和生态调度方面，开展了生态需水量计算模型与方法研究，发布了《河湖生态需水评估导则（试行）》（SL/Z 479—2010）、《河湖生态环境需水计算规范》（SL/Z 712—2014）、《绿色小水电评价标准》（SL 752—2017）等技术标准和规范，对七大流域的重点河段均明确了生态流量的控制指标，对全国370多条中小河流域进行生态项目改造、减脱水河段生态修复。各流域积极开展了生态调度研究，如长江流域三峡水库、汉江中下游、溪洛渡－向家坝等控制性水库生态调度研究，提出了生态调度方案；黄河流域干流控制性工程对河道生态系统的影响及生态调度研究，建立了水库对黄河干流生态系统流量要素影响的生态水文指标体系，明确了生态调度目标，提出了满足多目标需求的生态调度方案；珠江流域研究了针对水库水华防治的优化深圳梯级水库群联合调度模式，模拟研究水库群高藻风险、单一水库藻类暴发、死水区藻类积聚等情境下梯级水库群联合调度技术体系。

在栖息地修复方面，国家水专项自“十一五”启动实施以来，在工业、城镇、农业面源全过程污染控制，河流、湖泊、城市生态修复等方面形成了一批关键技术和标志性成果。以长江干流和主要内河航道网为主要区域，研究生态航道建设关键技术，促进航道建设与生态系统的协调。

围绕水利部早期开展的全国14个水生态保护与修复试点工作，先后开展了“生态水工学关键技术研究”“河道整治生态水工技术开发与推广”“河流生态修复适应性管理决策支持系统”“河流生态修复规划设计导则研究”“水生态系统保护与修复工程建设技术要求”“水生态系统保护与修复先进技术指南”等研究工作。针对突出的水生态问题，开展了水源地生态修复、富营养化水体生态修复、湿地生态修复、近自然河流构建等一系列关键技术研究，出版《生态水利工程原理与技术》《生态水工学探索》《河流生态修复》及《生态水利工程学》等专著，颁布了水利部行业标准《河湖生态保护与修复规划导则》（SL 709—2015），形成了适合我国现阶段生态文明建设框架下的河流生态修复理论与技术体系。

在生物资源保护方面，曹文宣院士提出长江10年禁渔的保护建议；研究制定了《水生生物增殖放流技术规程》（SC/T 9401—2010）、《水电工程人工增殖放流的技术规范》（NB/T 35037—2014）、《三峡水库生态渔业技术规程》（农渔发〔2014〕32号）等技术文件，用于指导增殖放流工作，以促进水生生物资源恢复。围绕公众关注的焦点中华鲟、江豚等重要物种保护问题，相关单位进行了长期的监测研究，其中2009年中华鲟物种保护研究取得突破进展，成功实现了中华鲟全人工繁殖。

在河湖水系连通方面，开展了“河湖水系生态连通规划关键技术研究与示范”等研究工作，发布了《水利水电工程鱼道设计导则》（SL 609—2013）、《水电工程过鱼设施设计规范》（NB/T 35054—2015）等导则和规范。针对水利工程对鱼类洄游阻隔影响，开展了鱼类洄游通道恢复技术研究，建立了过鱼设施关键设计指标测试方法、流域层面鱼类洄游通道恢复信息决策支持系统，提出了集运鱼系统作为一种高坝过鱼方案，初步建立了过鱼设施效果监测技术体系与评估方法。

在最新成果方面，水利部开展了大江大河及重要支流流域综合规划、《全国水资源保护规划》等规划编制工作，均将水生态保护与修复作为规划重要内容。2004年，水利部下发《关于水生态系统保护与修复的若干意见》（水资源〔2004〕316号），先后确定了桂林、武汉等14个城市为试点，开展了如武汉大东湖生态水网构建等一批水生态系统的保护与修复实践示范，取得了一些进展和成效。根据水利部《关于加快开展全国水生态文明城市建设试点工作的通知》（水资源函〔2013〕233号）、《关于开展第二批全国水生态文明城市建设试点工作的通知》（水资源函〔2014〕137号），先后确定了105个全国水生态文明城市建设试点，以江河湖库水系连通为途径，着力增强水资源配置调控能力，并积极推进中小河流整治，进一步改善河湖水生态。

在生态调度研究基础上，积极开展控制性水库生态调度试验，不断积累实践经验。例如：2011—2019年连续开展了三峡水库针对满足四大家鱼自然繁殖的生态调度试验，2017以来开展了溪洛渡-向家坝、三峡水库联合生态调度，2018年实施了针对产漂流性卵鱼类自然繁殖的汉江中下游梯级联合生态调度。近年来，有关鱼类洄游通道恢复技术研究相关成果为国内过鱼设施工程规划、设计、建设及运行提供了重要基础，已有100多个过鱼设施已建成或在建设中，对减缓大坝阻隔影响起到了积极作用。“十二五”国家科技支撑项目“重大水利水电工程生态恢复与环境保障技术及示范”的相关成果在金沙江下游、丹江口库区、三峡库区生态保护与修复中进行了应用。

在湖泊生态环境保护方面，在国家水专项等研究与示范成果基础上，主要从改善水质和生态环境的角度出发，开展了大量保护与修复实践。国家首先对污染严重的太湖、巢湖、滇池开展了大规模的治理工作，初步遏制了“三湖”水质恶化的趋势。为避免众多湖泊再走“先污染、后治理”的老路，2014年批复实施《水质较好湖泊生态环境保护总体规划（2013—2020年）》（环发〔2014〕138号），对水质较好365个湖泊生态环境进行保护。2017年，国家林业局、国家发展改革委、财政部关于印发《全国湿地保护“十三五”实施规划》（林函规字〔2017〕40号），对洞庭湖、鄱阳湖湿地水生态环境进行全面保护和修复，实施了湖南西洞庭湖国际重要湿地保护与恢复工程、湖南东洞庭湖国际重要湿地及周边区域湿地保护与恢复工程。

（三）水域生态系统管理

水生态问题的系统预防和解决有赖于水域生态系统管理的落实。水生态保护与修复管理方面，开展了一河（湖）一策研究、长江生态环境保护修复驻点跟踪研究等；开展了水生态文明建设理论、模式、评价体系、制度体系等方面的研究和试点，发布了《水生态文明城市建设评价导则》（SL/Z 738—2016）。水生态补偿机制研究方面，开展了丹江口水库、三峡水库和赤水河流域等重点区域生态补偿机制研究，长江经济带生态补偿机制深化研究，太湖流域水权交易探索研究等。此外，进行了生态红线的含义及划定方法方面的探索，发布了《全国生态功能红线划定技术指南（试行）》。此外，还开展了河流生态修复适应性管理决策支持系统研究，解析了水生态空间管控的概念内涵，构建了流域为基础的水生态空间管控体系、水生态空间管控指标体系，提出了推进我国水生态空间管控工作思路、水生态空间功能与管控分类等。

围绕水生生物多样性管理，2018 年 4 月，生态环境部会同农业农村部、水利部联合印发了《重点流域水生生物多样性保护方案》，10 月，国务院印发《关于加强长江水生生物保护工作的意见》，明确了长江流域水生态保护的重点、保护目标与任务。农业农村部实施禁渔制度，如 2016 年起长江流域禁渔期调整为每年 3 月 1 日至 6 月 30 日，从 2017 年起赤水河流域全面禁渔 10 年，2018 年 1 月 1 日起率先在长江上游珍稀特有鱼类国家级自然保护区等 332 个水生生物保护区（包括水生动植物自然保护区和水产种质资源保护区）逐步施行全面禁捕。2019 年，农业农村部会同财政部、人力资源和社会保障部联合制定了《长江流域重点水域禁捕和建立补偿制度实施方案》，明确提出分类分阶段推进禁捕工作。其中，2019 年年底以前，完成水生生物保护区渔民退捕，率先实行全面禁捕；2020 年年底以前，完成长江干流和重要支流除保护区以外水域的渔民退捕，暂定实行 10 年禁捕。

在水生态补偿方面，我国通过自然保护区水资源生态补偿的实施，促使全国各类湿地保护区的生态补偿取得了重要进展。2011 年，财政部、生态环境部启动了全国首个跨省流域新安江生态补偿机制试点。大型跨流域调水工程，如南水北调等也进行了水生态补偿的探索。2011 年中央一号文件提出水生态补偿机制，要求在江河源头区、集中式饮用水水源地、重要河流敏感河段和水生态修复治理区、水产种质资源保护区、水土流失重点预防区和重点治理区、大江大河重要蓄滞洪区以及具有重要饮用水源或重要生态功能的湖泊，全面开展生态保护补偿。2016 年 5 月 13 日，由国务院办公厅发布了《关于健全生态保护补偿机制的意见》，要求 2020 年，实现森林、草原、湿地、荒漠、海洋、水流、耕地等重点领域和禁止开发区域、重点生态功能区等重要区域生态保护补偿全覆盖，补偿水平与经济社会发展状况相适应，跨地区、跨流域补偿试点示范取得明显进展，多元化补偿机制初步建立，基本建立符合我国国情的生态保护补偿制度体系，促进形成绿色生产方式和生活方式。

三、国内外研究进展比较

（一）水生态监测与评价

国外特别是欧美国家在水生态监测与评价的技术、方法以及水工程生态效应等方面有很多研究成果和成功实践经验。例如：莱茵河、易北河、缪斯河等河流上采用鱼类、水蚤、藻类等生物早期预警系统（Biological Early Warning System，BEWS）进行水污染的早期预警，环境DNA检测等先进技术被用于水环境问题的诊断以及水利工程的生态学效应评价；美国先后推出《快速生物评估导则》（Rapid Bioassessment Protocols，RBP）、环境监测和评价计划（Environmental Monitoring and Assessment Program，EMAP，1990—2006）、可涉和不可涉河溪评价（Wadable Streams Assessment；Non-wadable Streams Assessment）及随后替代EMAP计划的水生资源调查计划（National Aquatic Resource Surveys，NARC），该计划包括了河溪评价（National Rivers and Streams Assessment，NRSA）、湖泊评价计划（National Lake Assessment，NLA）、岸线状况评价（National Coastal Condition Assessment，ACCA）和湿地状况评价（National Wetland Condition Assessment，NWCA）等，发展和形成统一标准的评估技术、方法和指标体系；形成了全国性的河湖健康定期评估制度，并已分别组织实施了两次美国河流和溪流健康状况调查评价、全国河湖健康调查评估工作。英国环境署的《河流生境调查》（River Habitat Survey，RHS）、澳大利亚自然资源与环境部的《河流状态指数》（Index of Stream Condition，ISC）以及欧盟的《水框架指令》（Water Framework Directive，WFD）等提供了水生态监测、评价操作标准和技术规范。欧盟在颁布《水框架指令》之后，为了促进欧盟各国对水框架指令的推行，促进评价方法的相互校验，参照状态设置的统一性、各级生态类别划分的统一性，还设置完成多项研究计划。

相比而言，国内水生态监测技术、评估体系等研究和应用起步较晚，现今还没有特定的方法准则，主要借鉴国外建立的先进监测技术、评估方法，并结合不同地区河流生态系统特点进行调整，研究指标体系建立及其适用性。同时，水生态监测评估研究与应用也逐步得到重视，流域层面的、系统的监测体系在逐步建设完善，但涉及水生态的相关全流域的定期、系统的调查和评估较少，流域水生态系统监测数据仍比较零散，河湖健康评估也只在小范围试点，流域性的河湖生态状况及主导胁迫因子并不清晰。在水工程的水生态效应评价方面，国内围绕三峡工程等重大水利水电建设与运行导致的水生态系统演变进行了较为全面的监测与研究，但在作用机理方面还有待更深入研究。因此，这些差距导致了流域生态系统管理上缺乏对水生态状况的科学判断，水生态保护与修复工作也因此缺乏针对性。

（二）水生态保护与修复

国际上生态需水保障、生态调度、洄游通道恢复、河岸带生态修复等水生态保护与修复研究获得了很多先进技术成果。德国等欧洲国家提出了“河流再自然化”（river re-naturalization）等生态修复理念，在水生态保护与修复规划、设计、建设、运行方面也积累了许多成熟的经验，形成了专门的水生态工程设计导则，如英国《河流恢复技术手册》、美国陆军工程兵师团出版的《河流管理——河流保护和恢复的概念和方法》《河流恢复工程的水力设计手册》以及澳大利亚水和河流委员会出版的《河流恢复手册》等。从恢复流域生态系统进行水生态保护与修复整体规划与实践，最典型的就是莱茵河 2000（Rhine 2000）、莱茵河 2020（Rhine 2020）等。在恢复流域或整个国家鱼类洄游通道方面，实施了鲑鱼 2000（Salmon 2000）、鲑鱼 2020（Salmon 2020）、澳大利亚墨累—达令河流域土著鱼类战略（The Native Fish Strategy for the Murray-Darling Basin 2003—2013）、美国的国家鱼道计划（National Fish Passage Program）、美国密西西比河 2000 年鲟鱼保护计划和 2010 年密西西比河健康流域计划，英国环境署 2010 年颁布了英格兰和威尔士鱼类通行证立法、选择和批准指南等。在保护生态改善水库调度方案方面，美国科罗拉多河格伦峡大坝的适应性管理规划以及澳大利亚墨累—达令河的环境流管理都是一些典型案例。联合国相关机构也制定了全球水生态保护相关措施，如环境规划署的水战略（Freshwater Strategy 2017—2021）、粮农组织的负责任渔业行为守则（Code of Conduct for Responsible Fisheries）以及预防、制止和消除非法、不报告和不管制捕鱼行为的国际行动计划（International Plan of Action to Prevent，Deter and Eliminate Illegal，Unreported and Unregulated Fishing）等。

我国迫于局部区域水生态问题的严重性，水生态保护与修复工作呈现实践先行、理论及技术紧跟的局面。2003 年，董哲仁提出生态水工学（eco-hydraulic engineering）概念和理论框架，倡导生态水工学的科学研究与工程实践，提出水利工程学要吸收生态学的原理和方法，完善水利工程的规划设计理论，以实现人与自然和谐的目标。由于缺乏相关基础性生态研究，目前河湖生态流量尚无统一的技术方法体系，缺少行业规范的约束和指导，不能满足国家建立生态流量综合监管体系的需求；满足生态过程的生态调度需求尚不明确，难以形成科学的调度方案和准则；适合我国高坝的过鱼设施关键技术尚待深入研究、流域性的鱼类洄游决策支持系统研究更为欠缺，难以支撑流域生态修复工作。同时，水生态修复工作大多停留在模仿国内外已有案例的初步尝试和探索阶段，虽然部分单项生态修复技术在工程案例中有一些成功应用，但是根据我国流域特点，整合形成适用的流域水生态修复技术体系与综合应用示范方面仍待研究。另外，我国当前还没有开展类似欧洲的莱茵河流域、美国的密西西比河流域等各大流域尺度的生态修复工作，流域生态系统保护与修复专项规划或计划亟待推进。

（三）水域生态系统管理

20 世纪 80 年代以来，欧美国家通过流域生态系统管理来维持或恢复流域内河湖生态系统在一定水平的生态完整性，进而保障河湖生态服务功能的可持续性。至 20 世纪 90 年代开始尝试开展流域尺度下的河流生态修复工程，并通过生态修复试验—反馈—修正进行生态系统的适应性管理，如澳大利亚墨累—达令河的环境流管理等。为指导水生态保护管理，早在20世纪70年代末，美国就强调对水生态系统结构和功能的保护，并制定了一套针对水生态系统的区划体系；欧盟《水框架指令》也提出了按照生态分区（ecoregions）进行综合流域管理（integrated river basin management）。欧盟各国、美国、加拿大、日本和澳大利亚等国家已经广泛建立和实施了生态补偿机制，其内容涉及河流、森林和矿产资源等领域，在实践中取得了较好的效果，并形成了许多有益的经验。

我国流域水资源管理正在从传统的水工程管理及水量管理，向水工程、水量、水质及水生态综合管理转变，水生态区划、水生态空间管控、水生态补偿等水生态系统管理研究与实践尚在探索阶段。因此，迫切需要通过创新性研究建立水生态红线管理制度、水生态文明建设管理制度、水生态补偿制度等，以支撑我国流域水生态系统管理。

四、发展趋势

党的十八大以来，生态文明建设摆上了我国五位一体总体布局的战略位置。《中共中央 国务院关于加快推进生态文明建设的意见》《中共中央 国务院关于加快水利改革发展的决定》（中发〔2011〕1号）、《关于加强环境保护重点工作的意见》（国发〔2011〕35号）、《国务院关于实行最严格水资源管理制度的意见》（国发〔2012〕3号）、《水污染防治行动计划》（“水十条”）（国发〔2015〕17号）、《关于全面推行河长制的意见》（厅字〔2016〕42号）、《关于在湖泊实施湖长制的指导意见》（厅字〔2017〕51号）、《关于加强长江水生生物保护工作的意见》（国办发〔2018〕95号）等一系列党中央、国务院文件明确提出了推进水生态保护与修复、水生生物多样性保护的相关要求。习近平总书记多次就治水发表重要论述，形成了新时期我国治水兴水的重要战略思想，在保障水安全方面提出了“节水优先、空间均衡、系统治理、两手发力”的思路；在推动长江经济带发展座谈会上，习总书记强调要把修复长江生态环境摆在压倒性位置，共抓大保护，不搞大开发。这些都是我国水生态保护与修复的科学指南。

未来5年，水生态学科研究与实践将继续践行习近平总书记“节水优先、空间均衡、系统治理、两手发力”的新时期治水思路，紧密结合“水利工程补短板、水利行业强监管”水利改革发展中有关水生态的科技需求，重点开展以下研究与实践。

（一）加强水工程建设生态保护研究与实践

水利水电工程的长期水生态学效应评价研究。重点关注水工程建设和运行导致的水文过程、栖息地等变化对水生生态系统结构与功能、生物多样性及重要生物资源的影响；大坝拦截与调蓄对下游洪泛区生态系统、重要生物完成生活史的影响；流域梯级开发的累积水生态效应评价理论与关键技术；水工程建设的生态环境影响评价及回顾性评价理论方法等研究。

水工程生态保护与修复技术研究与实践。重点关注以下三个方面问题：一是受控河流的生态调度关键技术研究与实践，包括针对梯级水库群调度运行造成的水文情势、水温过程、河道形态等变化对水生态过程影响的研究和模型模拟，提出满足生态过程的调度建议；流域梯级水库及闸坝群的生态调度技术、湖泊及湿地生态补水调控模拟技术研究，针对多目标生态保护需求，研究提出不同运行工况下的生态调度方案并实践，并研发生态调度、生态补水的效果评价方法或技术。二是水利水电工程过鱼设施关键技术研究与实践，包括受水利水电工程阻隔影响的重要鱼类生态习性、鱼类集群特征对不同工况条件的响应；综合采用数值模拟、物理模型试验、原位观测等技术手段，开展适合我国不同类型水利水电工程特点的过鱼设施关键技术研发与实践；开展过鱼设施效果监测与评估技术体系研究，建立相关技术规范等，以指导过鱼设施管理和不断改进。三是水利水电工程增殖放流关键技术与实践，包括珍稀、濒危、特有或具有重要经济价值的水生物种人工种群建立的关键技术研究、关键设备研发与实践、放流种群遗传管理以及放流效果监测评估技术研究等。

（二）加强水生态监测与评估研究

开展流域或区域规划生态环境影响评价理论研究。研究规划生态评价指标体系、区域生态补偿理论、生态服务功能评价方法、自然资源价值核算理论与方法、生态影响评价方法、累积生态影响评价方法以及水资源开发生态环境风险评价方法等重点内容。

开展水生态监测与评价技术、方法研究。具体内容包括：水生态监测、预警与评价先进技术或方法的引进、研发与应用推广；从生态系统结构和功能完整性的角度研究水生态状况评价技术、方法，借鉴国际上广泛应用的主要评价手段，根据重要河湖水生态系统自身的特点，研发各流域不同类型水生态系统健康监测指标与评价技术，如利用生物完整性从分类类群了解生态系统的结构、利用环境 DNA 监测技术了解水生态系统的结构、利用遥感分析和无人机等技术手段进一步辅助了解和掌握空间大尺度范围内的水生态系统的整体状况、利用生态通道模型了解食物网结构和能量流动等，以诊断水生态系统现状与问题；研究建立一套具有代表性、可操作性、实用性的水生态监测与评价技术体系，形成科学统一的监测评价行为准则和操作规范，建立系统科学的流域水生态监测体系，定期开展全国各大流域江河湖泊水生态本底调查与河湖健康评估，为流域水生态系统保护管理提供科学依据。强化水生态风险监测研究，建设基于微流控芯片、物联网和原位显微图像识别的水生态风险智能化监测、预警与防控管理体系，针对营养盐、有机污染物和重金属沿食物链的传递及其生物累积风险研发适应性防控技术手段。

（三）水生态保护与修复研究

树立尊重自然、顺应自然、保护自然的理念，针对目前需要重点解决的水情变化、生境破碎化、栖息地破坏与丧失、生物多样性与生物资源下降等水生态问题，加强以下方面的基础与应用技术研究。

在生态水文过程恢复方面，重点探讨不同层次生态系统组分对水文要素的响应，建立水文驱动的生态系统演替模型，并通过多情境模拟分析，阐明水文变动对生态过程的作用机理，研究提出实现生态过程的梯级水库群生态调控技术。研究建立中国河湖生态流量计算技术体系；针对湖泊水质改善与湿地生态保护需求，研究湖泊及湿地生态补水调控模拟技术、生态补水综合效应评价技术体系等。

在生态水网构建技术方面，主要研究恢复河湖水系连通性评估和规划关键技术、河流地貌形态修复关键技术、河道内栖息地加强技术、河湖生态疏浚技术、河湖水质生态净化技术、河湖岸带生态修复技术等生态水网构建技术体系。

在水生生物洄游通道恢复方面，加强各流域重要水生生物繁殖习性、游泳能力以及对不同环境因子的行为趋性等生态习性基础研究；研究并评估我国各流域重要河流生境片段化现状，辨识水生生物洄游通道恢复需求，建立各大流域水生生物洄游通道决策支持系统。

在水生生物多样性与生物资源保护方面，主要研究水生生物多样性评估技术、种质资源衰退与物种濒危机理；基于食物网结构与功能完善的水生生物多样性与生物资源恢复策略；鱼类种质资源保护、人工繁育技术、增殖放流及其效果评估技术，以及濒危珍稀或具有重要经济价值的水生物种增殖放流遗传管理技术等。

（四）水域生态系统管理研究

加强水生态过程管理技术的研发，如研究建立水生态红线划定标准、水生态红线分区分类保护管理技术，以及水生态空间管控指标、水生态空间管控制度等；研究建立集水量、水质和水生态于一体的水功能区综合监管技术体系、建立适用的水生态承载力监控管理技术、基本生态用水保障与管理技术、面向生态的复杂水资源系统调控管理技术、生态脆弱河湖水生态恢复管理技术等。研究建立基于河流生态健康的水库调度管理机制，并进行生态调度相关法律法规研究。以保障河湖生态健康为出发点，研究建立河湖长效管理制度、流域水生态补偿制度等，为全面推行河湖长制提供技术支撑。

（五）流域水生态修复关键技术集成与示范

针对各流域特点及其水生态保护管理重点需求，开展各流域水生态修复关键技术集成与示范。主要包括长江重大水利水电工程的生态修复与调控技术及示范、长江河湖关系变化水生态影响机理与生态水网调控技术及示范、黄河能源基地建设及水沙调控体系主导下的水生态系统保护研究及示范、海河保障京津冀协同发展的流域水生态保护与修复综合示范、珠江干流重大枢纽工程水生态影响减缓技术研究与综合示范、辽河生态流量保障与河流连通性恢复研究及示范、松花江湿地生态补水长效机制与生态水网构建综合示范、太湖水生态修复关键技术与水生态承载力预警监控综合示范，以及跨流域的水利水电水资源工程（如南水北调工程）沿线流域水生态响应机理、生态修复技术与示范。

参考文献

[1] Armstrong G S，Aprahamian M W，et al．Environment agency fish pass manual：guidance notes on the legislation，selection and approval of fish passes in England and wales［R］．Environment Agency Rio House，2010.

[2] Barbour M T，Gerritsen J，Snyder B D，et al. Rapid bioassessment protocols for use in streams and wadeable rivers：periphyton，benthic macroinvertebrates，and fish［Z］．Second Edition．EPA 841-B-99-002．U.S. Environmental Protection Agency，Office of Water，Washington，D.C，1999.

[3] Chi S Y，Hu J X，Li M，et al．Developing a baseline and tools for the future assessment of the ecological status of rivers within the Three Gorges Reservoir catchment，China［J］．Hydrobiologia，2016，775（1）：185-196.

[4] Dana M，Infante，Wang L Z，et al．Advances，challenges and gaps in understanding landscape influences on freshwater systems．In Advances in understanding landscape biological assemblages［J］．American Fisheries Society Symposium，2019（90）：463-495.

[5] EUROPA. The EU Water Framework Directive-integrated river basin management for Europe［E/OL］．The European Union Online．URL：http：//ec. europa. eu/environment/water/water-framework/index_en .html. 2003.

[6] Huang Z L，Wang L H. Yangtze Dams increasingly threaten the survival of the Chinese sturgeon［J］．Current Biology，2018，28（22）：3640-3647.

[7] Ladson A R，White L J．An index of stream condition：reference manual（second editon）［M］．Melbourne，Victoria：Department of Nature Resources and Environment，1999.

[8] Odum E P．生态学基础［M］．孙儒泳，钱国桢，林浩然，等译．北京：人民教育出版社，1981.

[9] Raven P J，Holmes N T H，Fox P J A，et al．River Habitat Quality：the physical character of rivers and streams in the UK and the Isle of Man［R］．River Habitat Survey，Report No.2．Environment Agency，Scotish Environment Protection and Environment and Heritageserviee，1998.

[10] Tao J P，Gong Y T，Tan X C，et al．Spatiotemporal patterns of the fish assemblages downstream of the Gezhouba Dam on the Yangtze River［J］．Science China C（Life Sciences），2012（55）：626-636.

[11] Zhu D，Chang J．Annual variations of biotic integrity in the upper Yangtze River using an adapted index of biotic integrity（IBI）［J］．Ecological Indicators，2008，8（5）：564-572.

[12] 白音包力皋，郭军，吴一红．国外典型过鱼设施建设及其运行情况［J］．中国水利水电科学研究院学报，2011，9（2）：116-120.

[13] 曹文宣，常剑波，乔晔，等．长江鱼类早期资源［M］．北京：中国水利水电出版社，2007.

[14] 国家自然科学基金委员会工程与材料科学部．水利学科与海洋工程学科发展战略研究报告［M］．北京：科学出版社，2011：86-110.

[15] 常剑波．长江水生态状况评估与生态修复［R］．长江保护与发展论坛，上海，2016-06-06.

[16] 陈凯麒，葛怀凤，郭军，等．我国过鱼设施现状分析及鱼道适宜性管理的关键问题［J］．水生态学杂志，2013，34（4）：1-6.

[17] 董哲仁．国外河流健康评估技术［J］．水利水电技术，2005，36（11）：15-19.

[18] 董哲仁，孙东亚，赵进勇，等．河流生态系统结构功能整体性概念模型［J］．水科学进展，2010，21（4）：550-559.

[19] 董哲仁，王宏涛，赵进勇，等. 恢复河湖水系连通性生态调查与规划方法[J]. 水利水电技术，2013，44(11)：8-13，19.

[20] 董哲仁，孙东亚，赵进勇，等. 生态水工学进展与展望[J]. 水力学报，2014，45(12)：1419-1426.

[21] 董哲仁. 生态水利工程学[M]. 北京：中国水利水电出版社，2019.

[22] 高波. "十二五"水利科技重点研究方向[J]. 中国水利，2010(3)：6-8.

[23] 高波. 科技创新驱动水生态文明建设战略[J]. 中国水利，2013(15)：6-8，19.

[24] 国家水安全保障科技发展战略水生态保护与修复领域实施方案[Z]. 2015.

[25] 胡四一. 中国水资源可持续利用的科技支撑[J]. 中国水利，2011(9)：1-5.

[26] 廖文根，石秋池，彭静. 水生态与水环境学科的主要前沿研究及发展趋势[J]. 中国水利，2004(22)：34-36.

[27] 马超，常远，吴丹，等. 我国水生态补偿机制的现状、问题及对策[J]. 人民黄河，2015，37(4)：76-80.

[28] 马丁・格里菲斯. 欧盟水框架指令手册[M]. 北京：中国水利水电出版社，2008.

[29] 马建华. 推进水生态文明建设的对策与思考[J]. 中国水利，2013(10)：1-4.

[30] 潘扎荣，阮晓红，周金金，等. 河道生态需水量研究进展[J]. 水资源与水工程学报，2011，22(4)：89-94.

[31] 乔晔，廖鸿志，蔡玉鹏，等. 大型水库生态调度实践及展望[J]. 人民长江，2014，45(15)：22-26.

[32] 水利部. 关于加快推进水生态文明建设工作的意见[Z]. 2013.

[33] 水利部水资源司. 水资源保护实践与探索[M]. 北京：中国水利水电出版社，2011.

[34] 水利科技成果公报，2010年、2011年、2012年、2013年[EB/OL]. http：//www.mwr.gov.cn/wasdemo/search?channelid=88453.

[35] 夏朋，刘蒨. 国外水生态系统保护与修复的经验及启示[J]. 水利发展研究，2011(6)：72-78.

[36] 严登华，王浩，王芳，等. 我国生态需水研究体系及关键研究命题初探[J]. 水利学报，2007，38(3)：267-273.

[37] 张丛林，乔海娟，王毅，等. 基于生态文明理念的水生态红线管控制度体系框架研究[J]. 中国水利，2015(11)：35-38.

[38] 朱党生. 河流开发与流域生态安全[M]. 北京：中国水利水电出版社，2012.

[39] 左其亭. 水生态文明建设几个关键问题探讨[J]. 中国水利，2013(4)：1-6.

[40] 刘伟，杨晴，张梦然，等. 构建以流域为基础的水生态空间管控体系研究[J]. 中国水利，2018(5)：27-31.

[41] 杨晴，赵伟，张建永，等. 水生态空间管控指标体系构建[J]. 中国水利，2017(9)：1-5.

[42] 朱党生，张建永，王晓红，等. 推进我国水生态空间管控工作思路[J]. 中国水利，2017(16)：1-5.

撰稿人：李键庸　常剑波　陈小娟　徐德毅　万成炎　李德旺　刘　晖
史　方　袁玉洁　张原圆　贺　达　贾海燕　韦翠珍　张红举
吕　军　王旭涛　朱　迪　刘宏高　陶江平

水法研究学科发展

一、引言

水是生命之源、生产之要、生态之基。我国被联合国列为全球贫水国家之一，水资源短缺已经成为我国经济发展、社会和谐、生态环境保护的主要制约因素。为了缓解日益突出的水安全问题，我国进行了长期不懈的探索，经过几十年的发展，已经形成以《宪法》为统帅，以《水法》《水污染防治法》《防洪法》《水土保持法》等法律为支撑，以行政法规和部门规章为补充的具有中国特色的水治理法治化体系。国家对水资源利用与保护愈发重视，2011 年中央一号文件提出要建立“最严格的水资源管理制度”。与此同时，市场经济发展的浪潮下，水资源作为一种稀缺性经济资源也试图利用市场机制来实现资源的高效利用，水权制度以及水权市场的探讨日益盛行。十八届三中全会以来，习近平总书记系统阐述了“国家治理体系和治理能力现代化”这一现代政治的核心理念，提出了保障水安全必须坚持“节水优先、空间均衡、系统治理、两手发力”的新时代水利工作方针，为中国特色水治理体系和治理能力现代化的研究提供了科学的思想武器和行动指南。

二、国内发展现状及最新研究进展

（一）发展现状

近年来水法研究的重点主要包括水治理体系和治理能力法治化的理论体系研究、水法规体系研究、水利依法行政体系研究、水事纠纷解决制度体系研究、水治理法治监督体系研究等方面。

水治理体系和治理能力法治化的理论体系研究主要是在全面梳理国内外水资源管理理论和历史发展的基础上，系统认识中国特色社会主义法治理论体系在水治理中的指导意义，更新水治理的基本理念，深入挖掘中国特色水治理法治化的理论价值。围绕基本内涵、科学体系、方式方法、实践意义等方面进行理论剖析，以此确证符合我国国情的水治理体系和治理能力法治化的理论体系。

水法规体系研究主要是从纵向和横向的不同维度梳理现行水法规体系的制度框架，解析现行水法规体系存在的条块分割、流域和区域间权限不均衡、法规之间协调性不足等问题。从水治理制度体系和治理能力协调发展的角度，提出通过提高治理能力，将制度建设的优势转化为水治理的实际效能，进一步完善流域管理与行政区域管理相结合的水治理体制。

水利依法行政体系研究主要是通过构建流域机构和地方各级水行政主管部门的权力清单和责任清单，从深化行政审批制度改革、完善政务服务体系、健全依法决策机制、全面推进政务公开以及强化对权力运行的制约和监督等方面，全面加强水利依法行政，提升依法治理水平。在明确水行政执法机构职责基础上，力图从执法人员、执法程序、执法裁量基准、执法方式、执法责任等方面规范水行政执法行为，增强水行政执法能力。同时，着力建构流域水行政执法与地方水行政执法之间、地方各级水行政主管部门执法之间、水行政执法和刑事司法之间、水行政执法与其他相关行政执法之间的协作与衔接机制，全面推进水行政综合执法。

水事纠纷解决制度体系研究主要是针对水事纠纷复杂、敏感、多样和突发的特点，借鉴国内外水事纠纷预防和应急处置的经验，健全属地为主、条块结合的水事纠纷预防调处机制，维护社会和谐稳定。并通过总结现阶段环境公益诉讼实践的成效与不足，从水权水市场保护、水资源犯罪惩治、水资源环境损害赔偿等方面建立健全水事纠纷解决的司法制度。

水治理法治监督体系研究主要是针对有法不依、执法不严、违法不究等严重影响水治理法治化进程的问题，积极探索构建水治理法治监督指标体系，引导和扩大社会参与，提高水治理的透明度，建立健全社会监督机制。

（二）最新研究进展

1. 水法基本问题研究

新时代水安全问题成为水法研究的重点。我国需要从确保水安全的战略视野，平衡经济安全、能源安全、粮食安全、生态安全和应对气候变化。“依法治水”是这种平衡的基本途径。因此，有必要建立以水法为主体，水与经济、粮食、资源能源等相互联结的法律体系和制度，以及相应的整体和综合管理机制。基于这一认识，学者对水法的基本问题进行了广泛的研究。

落志筠在《生态流量的法律确认及其法律保障思路》中指出，生态流量关系到上下游之间的用水分配，既可能影响下游生产、生活用水，也会对下游整体生态产生巨大影响，从现实来看，确保生态流量长期以来一直被我国所实践，尤其是被水电建设实践所重视，但实际执行效果并不理想，因生态流量泄放不足产生的用水纠纷以及生态环境恶化现象十分突出。在中央环保督查明确指出祁连山水电工程生态流量泄放不足引起下游生态破坏应当整改以及新修订的《水污染防治法》确认了江河流量监管制度背景下，科学研究生态流量的法律确认以及法律保障的整体思路具有必要性和现实意义。

王俊杰、陈金木、潘静雯在《水利立法后评估体系构建研究》中提出，开展水利立法后评估是完善水利法治体系、提高立法水平和立法成效、扩大公众参与立法的重要方式和渠道。水利立法后评估应当遵循客观性、公开透明、系统全面、注重实效的评估原则，可采用系统分析、比较分析、社会调查等评估方法，从合法性、合理性、协调性、操作性、规范性、实效性六个方面对水法规进行评估。结合我国水利法治体系建设现状和水利立法后评估机制建设现状，应当健全水利立法后评估机制，统筹部署开展水利立法后评估工作，充分发挥水利智库在立法后评估中的作用。

彭本利、李爱年在《湿地污染防治立法研究——以〈水污染防治法〉的修改为视角》中指出，作为重要的水域生态系统，湿地污染防治应是水污染防治立法的重要内容。然而，水污染防治立法缺乏对湿地应有的关注，加之一体化、整体性以及跨行政区域污染治理机制的缺失，成为无法有效遏制湿地污染的重要原因。为此，应对《水污染防治法》进行修改，除明确将湿地规定在适用范围之内外，还要从湿地的性质和特征出发构建生态系统整体性治理、多污染物质一体化控制以及跨行政区域环境执法机制和多元共治体系。

李祎恒在《农业基础设施产权问题的“本”与“末”——以小型农田水利工程为例》中指出，小型农田水利工程的产权问题极大地影响了农田水利体系的整体效用。由于欠缺对产权问题本质的关注，现行立法无法实现小农水产权的清晰化。借由人与自身、人与自身的类以及人与其他物的类的关系所形成的产权分析框架的考察，可以发现小农水产权的根本问题是土地产权主体的人格不健全，以及由此导致的内在限制的扩大化；而且，产权问题还直接表现为外在限制与内在限制的混淆。因此，应当为健全土地产权主体的人格建立相应的制度保障，并对产权受到过度限制的主体进行救济。

邹卫中、芮金在《农村河道治理主体的权责清单与实现路径》中提出，权责清单制度对转变政府职能，进一步规范政府权力，厘清各级政府及政府各部门的权力与责任的边界有重要意义。可以有效促进各级政府及相关职能部门履职，进一步厘清政府与市场和社会关系。政府权责清单制定传统模式以现行法律法规为依据，以各级政府各部门为主体，进行部门权责清单的制定。农村河道治理法制现状较为零散且刚性不足，涉及多重治理主体。要有效实现农村河道的管治问题，需进一步发展巩固河长制的改革创新成果，制定专项权责清单，并构建行之有效的监督管理机制。

李涛、杨喆在《美国流域水环境保护规划制度分析与启示》中对美国水环境保护规划制度进行了初步分析，得到了一些有价值的结果。结果显示：明确的保护目标为美国水环境保护工作指明方向，水质标准、排放标准、TMDL 计划的制定都围绕这个目标建立起来；规划是执行美国《清洁水法》的重要内容，通过立法成为正式法律文件，具备法律效力，统领所有相关政策；具体而严格的州实施计划使得各项控制措施在法律的要求内强制执行，并不断调整和改进；广泛的公众参与为规划的编制和实施提供大量信息，增强了规划的被认知度和可操作性；TMDL 计划和排污许可证有效地控制了点源污染，并在点源和非点源配额的分配上保证了科学与公平。

2. 水权研究

国内水权制度理论研究始于 1996 年，当时与水权制度相关的中文期刊文献只有 3 篇。此后逐渐有学者涉足水权制度理论研究，但截至 2000 年相关文献只有 23 篇。2001 年以后越来越多的学者参与中国水权制度理论研究，有关水权理论研究的广度和深度不断拓展。

吴强、陈金木、王晓娟等在《我国水权试点经验总结与深化建议》中提出，全国水权试点地区总体上完成了水权改革的目标和任务，在水权确权、水权交易、水权管理等方面积累了宝贵的经验。在归纳分析的基础上，总结出较为成熟可广泛复制推广的经验、具有区域特性可因地制宜推广的经验、需要一定前提条件值得进一步探索的经验等 3 类 19 条试点经验，梳理了试点地区水权改革存在的薄弱环节与问题，提出了进一步深化水权改革的建议。

赵敏娟、刘霁瑶在《水资源多目标协同配置：全价值基础上的框架研究》中指出，从资源的视角而言，水资源具有的社会、经济、生态属性中，社会属性和生态属性所提供的生态功能和服务多是外部性和非市场的，其价值在纯粹的市场驱动下难以充分实现。从资源管理视角而言，水资源多目标协同配置的实质是水资源多重属性功能和服务的均衡。因此，将具有外部性的社会、生态功能和服务与具有经济价值的功能和服务同时纳入配置框架，是实现多目标协同配置实践的关键问题。本文在回顾水资源配置和水资源非市场价值评估的相关研究的基础上，围绕我国现行水资源配置存在的主要问题，通过水资源的全价值（市场价值和非市场价值）将其多属性功能和公众意愿纳入水资源多目标协同配置中，从水资源管理信息系统、全价值评估和配置管理的绩效评价三个方面构建了水资源配置的多目标协同框架，最后提出相关的保障政策建议。

王慧在《水权交易的理论重塑与规则重构》中提出，水应该是公共商品，这样更加符合水资源在当下的本质，并有助于水权交易市场的顺利运行。从我国现有的水权交易经验来看，我国的水权交易市场存在如下问题：地方政府定位不准、水源地居民权益受损和第三方利益未受保护。为了确保水权交易市场可持续发展，现行的水权交易市场需要革新：一是限制地方政府作为水权交易主体；二是水权初始分配应当依据合理性标准；三是创设自然性水权市场来保护生态环境。

陈广华、郭瑞晓在《民法典时代下雨水资源权属研究》中指出，雨水资源的综合利用对缓解城市内涝和水资源供需矛盾具有重要意义，然而，国内对雨水资源权属及利用的研究主要集中在工程技术领域，涉及法律法规及政策层面的研究还很少，已不能满足雨水资源开发利用的需求。在我国编纂《民法典》的时代背景下围绕雨水资源权属制度的完善，用比较法的视角对国内外雨水资源权属及利用的立法考察和学理分析可知：雨水资源具有独特性，是区别于传统地表水和地下水的附加雨水收集者劳动的商品水，其所有权由对雨水收集设施享有所有权的自然人、法人和非法人组织等民事主体通过添附的方式取得，但雨水收集设施的建设应纳入行政审批前置程序。这样，通过明确雨水资源权属逐步完善雨水资源利用法律制度，从而破解雨水资源长效可持续利用的难题。

3.“河（湖）长制”法律问题研究

我国的“河（湖）长制”研究目前已经逐步深入，涌现出许多成果。史玉成在《流域水环境治理“河长制”模式的规范建构——基于法律和政治系统的双重视角》中指出，“河长制”的规范建构应当从法律系统和政治系统的双重视角加以考量。党政负责人主导、相关职能部门协同配合、层级管理、目标责任与相应的工作保障机制共同构成了制度的主要内容。“河长制”在当下的流域水环境治理实践中发挥了积极作用，但仍然面临权责配置边界不清、权力依赖特征明显、共治精神不足、与相关配套制度衔接不足等制度困境。对于这样一个颇具中国特色的新型水环境治理制度，应当坚持一切从实际出发、理论联系实践的辩证法观点，肯定其在当下中国水环境治理中的正向作用，同时通过相关环境政策和环境法律的衔接、多元共治精神的引入，实现“河长”职责的明晰化，建立党政主导与多元合作治理的协同、内外部监督制约机制的协同，为这一制度注入更多的法治品质，消解其逻辑悖论。

李慧玲、李卓在《“河长制”的立法思考》中提出，“河长制”破解了“多龙治水”的顽疾，创新了管理制度，丰富了“党政同责、一岗双责”的治水内涵。但应急情形下的制度创新，也不免存在瑕疵：用规范性文件形式赋予河长职权，打上人治烙印，村级“河长”的职权设置缺乏法律依据；“河长制”制度安排不全面，考核、问责机制不完善；公众参与力度弱。从长远的制度影响上看，将会影响水治理制度的规范化和常态化。因此，应通过修订《水法》和制定地方性法规规范四级“河长制”，健全“河长制”制度安排，强化“河长制”考核、问责机制，拓宽公众参与和社会监督方式以达到水环境综合治理的最终目的。

刘谟炎在《论中国湖长制的制度创新》中指出，在湖泊实施湖长制，必须树立以政府为主导的区域综合管理观念，规划为先；整治水环境必须坚持法治先行，公众参与；保护水生态必须坚持人水和谐，尊重自然。必须坚持问题导向，重点解决思想认识严重偏差、政府主导作用不足、非营利组织缺失等问题。重点建设湖泊生态保护市场制度，制定湖泊分类管理和保护对策，建立湖泊健康监测评价体系。

4. 节水法治研究

近年来，学界围绕节水问题开展了不少研究，形成了不少研究成果。陈茂山、张旺、陈博在《节水优先——从观念、意识、措施等各方面都要把节水放在优先位置》中指出，习近平总书记提出“节水优先”，有着极其丰富的科学内涵，体现了高屋建瓴的战略思维、科学严谨的系统思维、发展视角下的辩证思维和新颖独到的创新思维，对于解决我国复杂水问题、建设生态文明、促进绿色发展、创新水利工作思路和方式具有重大现实意义和指导作用。当前，落实“节水优先”还存在诸多差距，必须准确把握“节水优先”基本要求，大力实施“节水优先”战略，要充分发挥政府、市场和公众作用，加快建立统管大节水的工作格局，不断加强节水监督管理，逐步健全节水激励约束机制，构建节水多元共治体系。

王冠军在《制度创新是实施国家节水行动的关键》中针对近年我国节水制度建设取得的进展，对照党的十九大提出的新要求，提出实施国家节水行动必须强化节水制度的约束力，加快推进节水立法，加强节水统一管理，强化用水主体节水责任和义务，用严格的法律制度规范全社会节水行为；创新节水激励机制，形成促进高效用水的制度体系，用科学合理的激励机制促进节水，不断增强全社会节约用水的内生动力。

唐忠辉在《关于国家节水新政的分析与建议》中提出，与以往节水政策相比，新政首次提出“绿色化”“均衡发展”等新理念新要求，明确了各行业节水的新目标，出台了推进节水型产业发展等多项新举措，并创新完善了财税、价格、金融等激励政策。节水新政的政策理念更加科学合理，与经济政策深度融合，市场激励与政府监管紧密结合，顶层设计与具体行动有机衔接。为推动新政有效落实，应当在制定有关政策规划时体现新政的新要求，明确和细化各项具体目标，积极推进节水改革和管理，加快开展节水“领跑者”制度等研究探索工作。

5. 国际河流法研究

国际河流的开发利用与保护对中国及其他相关流域国的可持续发展具有重要影响，在此方面的研究越来越引起学界和实务界的重视。胡德胜在《国际水法上的利益共同体理论：理想与现实之间》中指出，国际水法上的利益共同体理论可追溯到罗马法的人法物中的共用物法。早期的沿岸国利益共同体理论的雏形出现于18世纪，在1929年奥得河国际委员会领土管辖权一案中第一次得到了司法上的释明。当代的流域国利益共同体理论乃至被认为是“当今世界形势下最有益、最理想的理论”，1997年联合国《国际水道法非航行使用法公约》则被国际法院认为是它得到强化的证据。考察利益共同体理论的产生和发展，探究其理论基础，分析其在国际实践中的运用，可以发现，其所涉跨国河流/流域共同事项的范围不断扩大，特别是流域国利益共同体理论试图将基于水的几乎所有流域共同事项都纳入国际法的调整范围。从自然科学的角度而言，它具有坚实的水文水资源学、环境科学和生态学基础。就管理科学的视角来说，在管理对象、管理措施和手段以及经济合理性方面，它并不完全可行。在国际关系的维度上，流域国利益共同体理论没有正确对待决定国际法内容和实施的国家主权、国际政治等关键因素的最终作用或者影响。对这一国际水法理论当代内涵和外延的不同视角的科学评价，以及当今并不存在一项、也没有流域国家考虑签订一项基于流域整体生态服务系统功能来谈判分担分配、分享惠益的国际条约的客观事实，都告诫人们：理论上的理想在国际现实中的实现必须注重立足于国家主权，应该循序渐进地扩大规则调整的流域共同事项，需要在规则上多些弹性、少些强制。

王志坚在《国际河流水资源去安全化管理模型综述》中提出，国际河流水资源安全化是指共享水资源竞争被国家视为“存在性威胁”，因而被政治化、战略化的过程。水资源去安全化是将水问题从“威胁—防卫”这种序列中剔除，不再将其作为安全问题，使其进入普通的公共领域，成为常态的环境和社会问题。当前国际河流水资源管理主要围绕水资源稀缺、水资源公共属性、水资源流域安全三个方面展开，并分别形成了几种不同的模型和框架，如提出解决水冲突的自反模型、一阶二阶资源矩阵、水谈判四阶段框架等。但这类以水资源作为逻辑起点，以缺水流域为对象的研究对于全球大部分国际河流管理没有太多的应用价值。强调国际河流水资源的共享性，忽视流域国水权的存在，使去安全化管理理论与实践出现了脱节。只有在国际河流水权明确的基础上讨论资源和利益的共享性，才能提高流域各国对国际河流管理去安全化的积极性。

王明远、郝少英在《中国国际河流法律政策探析》中剖析了中国关于国际河流的法律政策，探讨了《国际水道非航行使用法公约》生效对中国的现实及潜在影响，并在顺应国际水法发展趋势、借鉴现代国际水法基本理论、遵守国际水法基本原则的基础上，提出了关于中国国际河流开发利用与保护的若干建议，包括拓展国际河流条约、完善中国关于国际河流的法律政策等。

饶健在《国际河流公平合理利用原则的内涵及实施路径》中指出，公平合理利用原则是国际水法的基本原则，在《国际河流利用规则》《国际水道非航行使用法公约》等国际河流条约中均有规定，其主要在国家的权利义务关系上进行了较为全面的规制，平衡了国际河流上下游国家的权利义务关系，形成了更为规范有序的国际河流开发利用活动的体制机制，保障了国际河流的生态环境利益，并促进了污染治理工作的开展。

三、国内外研究进展比较

（一）水权制度的域外经验

水权制度是在水资源管理和配置的发展过程中，随着用水需求不断增加和用水竞争的日趋激烈，逐步完善形成的一种规范的水资源法制化管理模式，是一种与市场经济体制相适应的水资源管理和配置机制，其核心是产权的明晰。在国外，关于水权制度的研究起步较早，发端于 20 世纪 70 年代末 80 年代初，90 年代达到高潮。在研究的过程中，各国的学者注意到了本国的社会制度、水资源状况、社会经济发展情况和文化传统等因素对水权制度构建的影响。同时，他们注重将水权制度的理论研究与本国的水资源使用和管理实践相结合，从而形成了各具特色的水权制度理论。

传统关于水权制度的理论主要有两种，即滨岸权理论和优先占用权理论。滨岸权理论最初源于英国的普通法和 1804 年的《拿破仑法典》，其基本内容是水权依附于地权，拥有持续水流经过的土地并进行合理有益用水的就拥有水权，当土地所有权发生转移时，水权也随着土地所有权自动转移。随着经济社会的发展和人口增长，一些地区，尤其是水资源紧缺的地区，滨岸权水权制度逐渐不适应新的情况，主要是离河流较远的大范围土地无法得到灌溉，与河流不相邻的工业和城市用水也受到限制，因此作为滨岸权的补充，美国一些地区对非滨岸的用水者实行了许可证制度。

优先占用权理论起源于19世纪下半叶美国西部。该理论认为，河流中的水资源处于公共领域，谁先开渠引水，谁就占有了水资源的优先使用权，占有水权服从“时先权先”的原则，即按照占有水资源的时间先后决定使用水资源的顺序。同时，引用河流要服从有益使用原则，即以占有并对水资源进行有益使用为标准。该理论指出，如果用水者长期废弃引水工程并且不用水（一般为2~5年），就会丧失继续引水或用水的权利，即不用即废原则。

其后，在滨岸权理论和优先占用权理论的基础上，还发展出混合或双重水权理论、比例水权理论和社会水权理论等。

随着社会经济的发展，用水量急剧增加，水资源的短缺逐步凸显，水危机出现并不断加剧，传统水权理论的缺陷也越来越明显，各国学者进一步加强了对水权制度的理论和实践研究。J. Annex在其关于澳大利亚及其他国家水权配置的著作中认为，水权是使用水资源并获得利益的权利。Miguel Solanes更进一步说明水权具有用益物权的性质，而不是一种财产所有权。Jeremy Nathan Jungreis认为，水权是一种非传统意义上的私人财产权，水使用人并不拥有某一含水层或某条河流等水资源的所有权，而仅享有使用该资源里的水这一不完全的权利——用益权。他指出，在美国西部，一旦为了有益利用而将水从某一水资源中抽取出来，它们一般被认为是引水者的动产；与此相对，在美国东部使用水的权利是一种与附属于各水资源的土地不可分的不动产权利。Jan G. Laitos将水权界定为从某一水道引水的权利和在水流外或水流内水库中蓄水的权利。他提出，在先占制度中水权大多被定义为为了一定数量的水而享有对某一供给源的权利，在优先权制度中，水权根据为有益利用而占用的日期来确定。Stephen Hodgson则认为，水权这一术语用于不同背景和不同司法管辖区，意指非常不同的事物。作为其最简单的概念，水权经常被理解为从某一河流、溪流或含水层等天然水源抽取和使用一定量的水的法律权利。但是水权经常不只是对水量的权利，水流也是水权的重要内容。因此，水权也可指在某一大坝或其他水利设施后截取或储存某一天然水源里的一定数量的水的法律权利。这类供水通常以明示或默示的合同为基础，该合同的效力是使合同收益人在支付一定费用的前提下享有在某一特定时间内得到一定量的水的法律权利。Anthea Coggan等学者指出，从经济和法律意义上来看，水权不是真正的“财产权”，水权之建构目的是明确界定到达和使用储水体及未受控制的河流和溪流中的水资源之存量和流量的权利。

（二）水权交易及水市场制度的域外经验

对于水权交易及水市场制度，国外学者已做了大量的工作，产生一批高质量的研究成果，包括研究报告、专著和论文。这些成果有力地指导着各国政府在水资源配置方面的重大决策和实践，对各国经济社会的稳定和长远发展起了重要的推动作用。

学者一般认为水市场是水权交易的载体。Ruth Meinzen-Dick 等认为水权交易既包括水权的初始分配，又是再分配的核心。Javier Calatrava 等通过建立两阶段不确定性决策和收益评价体系，模拟水权交易，指出随着城市人口增长，用水需求增加，导致供水能力不足，因此必须寻找并开发新水源。但由于开发新水源的成本日益增加，重新配置水权便成为必然选择。基于这一认识，许多学者通过实证描述了有限的水资源通过市场在生态、社会、经济之间的流动，并形成两种不同的观点。

第一种观点认为，水权交易有可能增加生产和环境用水之间的矛盾，水市场有可能限制恢复水环境政策的有效性。例如，Green 等提出由于水文的独特规律，在使用时具有经济负外部效应，只有减少某种消耗性用水（如不可恢复性损失）的效率提高，才能创造更多的水供给，不改变消耗性用水而允许转让必然影响第三方利益。Bauer 认为水权交易主要来自于政治或理论信念，很少得到经验支持，水市场的影响存在明显的不均衡性和复杂性，不同地区的应用效果差异较大，甚至是负面的。

第二种观点认为，水权转让是为了满足渔业、濒危物种、野生物种栖息地、生态系统的用水需求以及城市和工业用水，是提高水资源的使用效率、改进水用途、协调用户用水冲突的有效措施之一，具有提高水生产力、刺激合理投资和促进经济增长等优点。政府针对水权交易要制定相应的政策，包括水权界定、交易规则和条件，确保第三方的利益，保护环境等。例如，John J. Pigram 通过对澳大利亚水市场的研究，指出水权交易给澳大利亚农业和其他产业带来巨大的经济效益，促进了区域经济发展，改善了生态环境。Charles S. Sokile 等通过对坦桑尼亚 Rufiji 流域水市场的研究，认为正规的水权交易具有规模大、范围广、减少水事矛盾和负外部效应的优势。世界银行也认为水资源私有化和市场机制的引入完美地体现了水资源的使用和管理理念。

对于水市场制度的研究，国外学者主要从水资源产权市场、水资源产业市场以及水资源资本市场三个方面进入。

在水资源产权市场方面，P. Holden 和 M. Thobani 认为行政手段配置水资源导致浪费，在水供应和使用上造成了大规模的无效率，通过市场机制来提高用水和供水的效率是必要的。Anderson 等认为水市场存在的前提是水权界定完全，一个良好界定的、可实施的可转移产权是地下水市场配置的关键。Colby 等在分析市场、水权、水权转让特点，并在对市场数据进行经济分析的基础上，证明水的市场价值和价格的分离受到地区市场特性的较大影响。因而在估算水供给的市场价值和评估水资源的重新分配时，必须系统考虑水权及其转让的特性。Annitage 认为水市场的建立受到外部性的抑制，这种抑制必须在决定水权转让过程中得以说明，并且必须补偿受损的第三方。

在水资源产业市场方面，Andrew Nickson 对城市给水部门的公私合营问题进行了论述。Granham Haughton 对水危机中的政府、企业和用户行为进行了较为细致的披露和分析。经济合作与发展组织（OECD）在其编制的工作报告中就水管理与水价制定方面的实践进展状况进行了总结，并特别强调合理定价的重要性。Burgess 认为，对于水资源产业这种自然垄断性质很强的基础设施产业，在涉及公共利益的情况下，应优先考虑公共利益。而这种根据公共利益的判断在当地经济和社会中需要政府表达。因而为了改善效率和增进社会福利，保护公共利益，政府有必要参与管理水行业，对自然垄断进行进入管制与价格管制。Ostrom 也指出，为避免水资源开发利用可能陷入“公共地悲剧”，政府作为集体利益的代表有必要对水资源进行管理。

在水资源资本市场方面，Lawrence J. MacDonnell 认为，水银行是一个专门设计的以方便转让被开发水到新用途的制度化过程，其首要目标是把那些灵活可用的、合法有效的用水权交换给另一些需要获得额外水供应使用的人。Watters 和 Villinski 对水期货和水期权进行了研究。

四、发展趋势

（一）发展目标

涉水权益是人民群众的基本权益，涉水安全是公共安全的重要内容，依法规范涉水行为、调节涉水关系是全面推进依法治国的重要内容，因此要大力推进水法治建设，切实把全面推进依法治国总目标贯彻落实到治水管水全过程和各方面。水法治建设就是坚持立法、执法、监督、保障的一体建设，坚持运用法治思维和法治方式引领规范水利改革发展各项工作，健全完善适合我国国情和水情的水法治体系，为强化水治理、保障水安全提供法治保障。水法研究应为水法治建设提供坚实的理论支撑和实践指导，为水生态文明建设贡献力量。

（二）发展需求

1. 构建完备的水法律规范体系

构建完备的水法律规范体系首先要完善立法工作机制，包括加强立法前期工作，加强必要性、合法性和合理性论证，增强立法的针对性、系统性、操作性和有效性，加强立法协调。其次，需要突出立法重点，包括：适应经济发展新常态、水资源条件新变化和水利工作新发展的要求，适时启动水法、防洪法等法律的修订工作；适应大力推进民生水利的要求，完善农田水利、饮用水安全保障等方面的水法规；适应推进生态文明制度建设和落实最严格水资源管理制度的要求；适应加强社会治理的要求，完善河湖管理、河道采砂、水利工程管理与保护等方面的水法规；适应强化流域管理的要求，做好流域综合立法和有关单项立法工作。最后，需要提高立法质量，如完善立法项目征集与论证制度、强化立法项目审查、建立健全立法后评估制度、加强规范性文件的合法性审查与备案等。

2. 构建高效的水法治实施体系

（1）依法履行行政职能。包括：加快转变行政职能，推进简政放权；全面梳理行政职权，建立完善权力清单和责任清单；规范自由裁量权，完善规则和机制；加强事中事后监管，创新监管方式，防止出现管理脱节和监管真空；加强对行政审批行为的监管，建立健全监督机制；加强水利行业中介服务监管。

（2）依法推进水利建设。包括：健全水利工程规划立项、投资计划、征地移民、统计核查、质量监管、稽察、验收等规章制度；加快完善水利技术标准体系；严格执行项目法人责任制、招标投标制、建设监理制等制度；积极推进水利工程建设项目代建制；依法加强水利建设市场监管。

（3）依法加强水资源管理。包括：全面落实最严格水资源管理制度；严格用水总量控制；严格用水效率控制；进一步提高水资源利用效率和效益；严格水功能区纳污控制；扎实开展水权制度建设和水权交易工作。

（4）依法强化其他水利管理。包括：加强河湖管理；加强水利工程管理；加强水土保持、防汛抗旱、水文、安全生产、农村饮用水安全和水电管理；依法加强国际河流工作。

（5）依法深化水利改革。包括：推动水资源管理体制、水权制度和水价形成机制、水利投入稳定增长机制、水生态文明制度、河湖管理与保护制度等重要领域和关键环节的探索和创新；及时提出立法需求和制定、修改、废止法律法规的建议，确保水利改革在法治轨道上稳步推进。

（6）完善水行政执法体制。包括：全面推进水利综合执法，健全工作机制，严格落实水行政执法人员持证上岗和资格管理制度，建立执法信息通报共享机制，全面落实执法责任制，依法界定执法职责，加强执法评议考核，切实做到严格规范公正文明执法。

（7）加大水行政执法力度。包括：积极组织开展专项执法和集中整治行动；加强流域与区域、区域与区域、水利部门与其他部门联合执法；流域管理机构和省级水行政主管部门要对管辖地区和下级部门水行政执法工作进行指导和检查，对重大水事违法案件建立挂牌督办和通报制度。

（8）健全水事矛盾纠纷防范化解机制。包括：建立健全水事矛盾纠纷调处责任制，完善属地为主、条块结合，政府负责、部门配合的工作机制；严格执行行政区域边界河流水利规划，落实行政区域边界河道工程建设项目审批等制度；完善水事矛盾纠纷排查化解制度和应急预案。

3. 构建严密的水法治监督体系

（1）健全依法决策机制。包括：坚持依法科学民主决策，建立健全公众参与、专家论证、风险评估、合法性审查、集体讨论决定等重大行政决策程序制度；建立水行政主管部门和流域管理机构内部重大决策合法性审查机制；严格决策责任，建立重大决策终身责任追究制度和责任倒查机制。

（2）加强对权力的监督制约。包括：建立部门分工负责、相互配合、相互制约机制；通过完善的监督管理机制、有效的权力制衡机制、严肃的责任追究机制，确保各级水行政主管部门和流域管理机构依法履职；完善水利廉政风险防控体系。

（3）全面推进政务公开。包括：重点加大防汛抗旱、水资源管理、水利工程建设领域的信息公开力度，积极推进行政审批、行政处罚、部门预算决算等方面的信息公开；进一步健全涉水突发事件信息发布机制，及时回应社会关切。

（4）做好行政复议工作。严格执行行政复议法及其实施条例，提高办案质量；加强和改进水利信访工作，将涉法涉诉信访纳入法治轨道解决。

4. 构建有力的水法治保障体系

（1）进一步加强对依法治水管水的领导。健全依法治水管水领导机构和办事机构，完善议事规则，研究部署依法治水管水重大问题和重要举措。

（2）提高领导干部和机关工作人员依法办事能力。

（3）增强全社会水法治观念。发挥水法治宣传教育的基础性作用，建立普法责任制，明确普法责任主体和职责。

（4）加强水法治队伍建设。包括：加强水利法制工作机构和水政监察队伍建设；加大对水法治干部和人才的培养、使用和交流力度；全面实施水政监察队伍能力建设规划，加强执法装备建设；充分运用信息技术，全面提升水行政执法的能力和水平。

（5）加强依法治水管水监督检查，明确监督检查范围、方式和结果运用。

（6）细化实化依法治水管水目标任务、责任分工和工作要求。

（三）发展路径

1. 进一步结合有关依法治国与水利法治建设的政策开展相关研究

近年来，党和政府及水利部出台了多个推进依法治国及推进水利改革的重要政策性文件，包括党的十八届四中全会通过的《中共中央关于全面推进依法治国若干重大问题的决定》《中共中央 国务院关于加快推进生态文明建设的意见》《水利部关于加快推进水生态文明建设工作的意见》《水利部关于全面加强依法治水管水的实施意见》等。这些文件为如何在依法治国的背景下开展水法研究、推进水利改革指明了方向，也提出了很多要求，水利改革面临许多课题和挑战。水法研究可以为水利改革指明法治路径，提供法治理论支撑与指导，在依法治国的大背景下，水法研究在水利改革中的作用不可或缺，也不可替代。因此，今后水法研究应紧密结合党、国家与水利部出台的有关依法治国和水利法治建设的政策，对其中面临的问题进行规划，并开展有步骤、有计划的研究，为水利系统在法治要求下开展工作和实施改革提供理论服务。

2. 进一步加强水法研究的体系性

目前的水法研究还处于起步阶段，主要是基于水行政主管部门的管理实践需要所进行的研究，这种研究虽然可以在短时间内为解决水行政管理所面临的水法问题提供一定的理论支撑和指导，但是会导致研究主题过于零碎和分散的问题，研究的整合度和体系化不足，学科研究的理论深度和高度都有待进一步提高。随着水法研究内容的多样化，有必要开展水法的理论体系研究，并将相关研究主题纳入水法研究的理论体系之中。

3. 进一步加强水行政主管部门与理论界的联系

目前水法研究仍然存在水行政主管部门的实践需求与理论研究结合不够紧密的问题。随着依法行政和依法治水的推进，水行政主管部门在实践中有大量的法律问题需要解决，但是高校等理论科研单位的学者仍固守着传统的部门法学分工，其理论研究对水行政实践的需求缺乏应有的关切，导致理论研究与实际需要相脱节。目前水行政主管部门与理论界的合作方式主要是课题委托形式，今后可以探索更加多样化的合作方式，以加强理论研究与水行政实践的结合。

参考文献

[1] 落志筠. 生态流量的法律确认及其法律保障思路 [J]. 中国人口·资源与环境，2018 (11).

[2] 王俊杰，陈金木，潘静雯. 水利立法后评估体系构建研究 [J]. 水利经济，2018 (5).

[3] 彭本利，李爱年. 湿地污染防治立法研究——以《水污染防治法》的修改为视角 [J]. 广西社会科学，2017 (4).

[4] 李祎恒. 农业基础设施产权问题的“本”与“末”——以小型农田水利工程为例 [J]. 法学论坛，2018 (2).

[5] 邹卫中，芮金. 农村河道治理主体的权责清单与实现路径 [J]. 常州大学学报（社会科学版），2018 (4).

[6] 李涛，杨喆. 美国流域水环境保护规划制度分析与启示 [J]. 青海社会科学，2018 (3).

[7] 吴强，陈金木，王晓娟，等. 我国水权试点经验总结与深化建议 [J]. 中国水利，2018 (19).

[8] 赵敏娟，刘霁瑶. 水资源多目标协同配置：全价值基础上的框架研究 [J]. 中国环境管理，2018 (5).

[9] 王慧. 水权交易的理论重塑与规则重构 [J]. 苏州大学学报（哲学社会科学版），2018 (6).

[10] 陈广华，郭瑞晓. 民法典时代下雨水资源权属研究 [J]. 河海大学学报（哲学社会科学版），2017 (6).

[11] 史玉成. 流域水环境治理“河长制”模式的规范建构——基于法律和政治系统的双重视角 [J]. 现代法学，2018 (6).

[12] 李慧玲，李卓. “河长制”的立法思考 [J]. 时代法学，2018 (5).

[13] 刘谟炎. 论中国湖长制的制度创新 [J]. 中国井冈山干部学院学报，2018 (2).

[14] 陈茂山，张旺，陈博. 节水优先——从观念、意识、措施等各方面都要把节水放在优先位置 [J]. 水利发展研究，2018 (9).

[15] 王冠军. 制度创新是实施国家节水行动的关键 [J]. 中国水利，2018 (6).

[16] 唐忠辉. 关于国家节水新政的分析与建议 [J]. 中国水利，2015 (19).

[17] 胡德胜. 国际水法上的利益共同体理论：理想与现实之间 [J]. 政法论丛，2018 (5).

[18] 王志坚. 国际河流水资源去安全化管理模型综述 [J]. 华北水利水电大学学报（社会科学版），2018 (5).

[19] 王明远，郝少英. 中国国际河流法律政策探析 [J]. 中国地质大学学报（社会科学版），2018 (1).

[20] 饶健. 国际河流公平合理利用原则的内涵及实施路径 [J]. 国际研究参考，2018 (2).

撰稿人：吴志红　李祎恒

滩涂湿地保护与利用学科发展

一、引言

滩涂湿地保护与利用学科是由地理学、水文学、水力学、环境与生态学、河流泥沙学等多学科融合的边缘交叉科学，也是一门在工程实践中逐步形成并发展起来的水利分支学科。滩涂湿地通常是指河流或海流挟带的泥沙，在河流入海处或海岸附近沉积而形成的浅海滩，包括全部潮间带及潮上带、潮下带等，目前还没有一个比较全面、能为业界普遍接受的科学定义。学科的主要研究内容包括滩涂湿地形成演化规律、滩涂湿地保护与利用技术以及滩涂湿地与人类活动的互相关系，其目的是为实现“人涂”和谐相处，走“既能满足当代人需求，又不危及后代人生存”的可持续发展道路提供科学依据与技术支撑。

我国沿海地区经济最为发达，人多地少矛盾十分突出，滩涂资源保护与利用已成为突破土地资源“瓶颈”、推动经济社会发展的重要途径之一。据初步统计，新中国成立后50年间我国围涂造地面积累计达12000 km^2，平均每年为230~240 km^2，进入21世纪后，我国围涂造地的规模、技术水平与利用方式得到了更快发展。特别是十八大以来生态文明建设上升为国家战略，滩涂湿地的保护和海岸线的保护与利用事关国家生态安全的高度，滩涂湿地资源利用的理念发生了深刻变化，由原来的重开发轻保护转变为保护与开发并重，更加注重滩涂湿地的生态保护和修复。

二、国内发展现状及最新研究进展

（一）滩涂湿地演变规律

近年来，在全球气候变化、海平面上升以及人类活动高强度开发影响下，滩涂湿地的演变机制已成为共同关注的重大问题。我国在滩涂平衡剖面的发育与塑造、滩涂冲淤演变过程与机制、人类活动对动力地貌过程的影响、淤泥质海岸泥沙运动等方面取得了一系列重要研究成果，一些入海河口如长江口、黄河口、珠江河口、钱塘江河口、瓯江口以及海州湾、渤海湾、江苏辐射沙洲等滩涂地形冲淤演变规律得到了比较深入的研究，并广泛应用于工程实践。

从研究时间尺度上看，近年来该类研究更偏向于较长的时间尺度，而且与过去单一区域分析相比，更侧重于区域的总体宏观特征与规律分析。从研究手段上看，水动力泥沙数学模型发展迅速，逐渐成为滩涂动力地貌研究的重要手段，许多学者还进行了三维数值模拟与长周期滩涂演变预测数值模拟的尝试；鉴于滩涂湿地范围广、通达度差的原因，遥感与地形图、GIS 相结合的技术优势明显，已成功应用于岸线、滩面高程、含沙量等参数的获取。针对曹妃甸围海造地工程海域滩涂湿地演变问题的需求，系统分析了曹妃甸海区动力地貌体系的形成演变过程，揭示了港区围涂等各类滩涂开发工程驱动下动力地貌与环境演变效应，攻克了取砂吹填、挖入式港池建设中的众多关键技术，实践了基于港口、工业区和城市联动的曹妃甸滩涂开发利用新型生态文明模式。

在滩涂湿地动态监测方面，三维激光扫描（TLS）、无人船、无人机、海岸带机载激光测深、航空激光雷达、海洋声学等高新技术已成功应用于江浙沿海、长江口等滩涂湿地动态观测，解决了滩涂地形观测长期以来“船测难上滩、陆测难下海”的困境，为滩涂湿地动态变化规律研究提供了技术支撑。相关研究积累了丰富数据，提高了全球气候变化和人类活动影响下滩涂湿地演化复杂性的认知水平和能力，使我国在滩涂湿地演变规律的研究方面达到了国际先进水平。

（二）滩涂湿地开发利用

经过多年工程实践，我国围垦技术得到快速发展，由浅水到深水、河口到沿海、海湾到开敞海域、由依托大陆到海上孤岛等，解决了不同用途围涂工程的关键技术问题，编制了一系列国家及行业规范，形成了完整的建设技术体系，在围堤工程、龙口合拢技术、超软地基处理、促淤技术等方面取得了长足进步，广泛实践于曹妃甸围海造地工程、温州瓯飞一期围垦工程、江苏南通洋口港阳光岛工程等重大工程。

在围堤工程方面，相继研制出爆破挤淤斜坡堤、充填袋斜坡堤、对拉板桩直立堤、斜顶板桩直立堤等，经不断改进，被广泛应用；对海堤工程开展了离心机模型试验，模拟海堤填筑过程和竣工后稳定运行过程，得到了海堤施工期及工后沉降变化规律，并采用 GeoStudio 软件分析了海堤施工期及竣工后稳定运行期海堤的整体稳定性随时间变化规律。针对温州瓯飞超大型围涂工程和超软地基处理的难题，采用了“围海不填海”的开发理念，注重海洋能综合利用，强化海洋生态跟踪评价，践行海洋生态补偿机制；在项目前期论证和实施中，解决了真空联合堆载预压处理深厚淤泥软基技术、无翼墙防冲水闸结构、海上搭设钢板平台插打工艺施工围堰、施工区域海况精细化安全预报系统、水沙及潮滩演变预测等技术难题。

为满足深水开敞海域、软土地基条件下围堤施工的需要，研制出了专用铺排船和深厚淤泥水上插板船，最大排水量均可达 5000 t。在龙口合拢工程方面，大型土工织物充填袋是近年来广泛使用的合龙工艺，已日趋成熟，随着围涂工程规模不断扩大，龙口合拢也出现了一些新型工艺，如框笼＋块石平堵合龙等。在陆域地基处理方面，以真空预压技术为基础，逐步发展了一批针对淤泥地基处理技术，各种型号塑料排水板在围涂工程的地基处理中得到了广泛应用，直排式真空预压法、低位真空预压法、电渗降水联合真空降水方法等得到发展。针对南通洋口港阳光岛工程施工的实际需求，发明了“海吊船”，开发出组装打桩船、水上铺排船联合施工新工艺，研制出船体侧面打桩新技术，采用多种类软体排铺设新技术成功解决了泥沙的流失问题，采用变更倒滤层坡比、增大压载土工布幅宽以及充填袋压固坡脚等新工艺。

在促淤保滩技术方面，针对群岛海域、开敞式海域的土石抛坝促淤工程的平面布置和结构型式，提出了群岛海域宜采用“高坝＋口袋式”，开敞式海域宜采用丁坝、顺坝相结合的群坝型式，并对比分析了实体坝与柔性促淤坝的促淤效果，提出了浮式柔性促淤坝可大幅度减少坝头冲刷的研究成果。

我国在已围滩涂垦区综合利用的总体规划和技术有了明显进步，主要体现在建设标准、产业布局、生态环境保护、资源利用率、优化决策等方面，在规划上更加注重内外分开、引排分开、海淡分开、盐农分开等原则，在利用方式上更加侧重海水或淡水产养殖、农业种植、生态建设、人工湿地等。其中，海水池塘立体养殖经数十年发展，已成为发展潮间带海水养殖的重要载体，一举达到世界领先水平；盐土农业品种与种植技术有了较大发展，海蓬子、碱蓬、海水稻等海水农产品已有小规模成功试种；滨海重盐土的景观绿化改造、老盐场的耕地改造等综合技术有了较大创新；滨海盐碱地综合治理与农业高效利用技术也取得了新的进展。在滩涂围垦区开发利用评价及优化决策方面，在总结国内外相关研究成果的基础上，研究提出了约束条件；统筹考虑经济、社会、生态等三个方面因素，提出了适宜的评价指标体系，并构建了满足资源、安全、生态等可持续发展要求的围垦区开发利用优化模型，以实现对垦区现状用地方案评价与优化两用功能，为围垦区开发利用决策提供方法和工具。

（三）滩涂湿地对人类活动的响应与修复

大规模围涂工程产生的生态环境问题引起了社会和学术界的广泛关注。我国现行实施的环境保护法和环境影响评价法明确规定，围涂造地等项目必须编制环境影响报告书，从而在法律上确认了滩涂开发环境影响的评价制度。同时，我国先后设立了系列重大研究或专项，如中国典型河口－近海陆海相互作用及其环境效应、典型围填海评估体系与应用示范研究、基于生态系统的环渤海区域开发集约用海研究等“973”项目及海洋公益行业专项、河口海岸滩涂资源保护与高效利用关键技术研究等国家重点研发专项，取得了一系列重要进展，如围填海导致的湿地生境丧失对海湾水沙动力环境的影响，高强度人类活动影响下滨海湿地生态环境演变的关键过程和控制因素，滨海湿地生源要素的生物地球化学过程变异及其生态效应，滨海湿地环境容量和富营养化特征、形成过程与机制，滩涂资源承载力评价指标体系等。

滩涂湿地开发利用对生态系统的影响研究在我国起步较晚，20 世纪 90 年代以来，相继开展了滩涂湿地生态系统生态功能以及演变趋势研究，建立了滩涂湿地生态系统稳定性的评价指标体系。近年来，我国在滨海湿地生态红线划定的理论基础研究有了很大的突破，提出了包括自然岸线、湿地保有量、关键生态区域、入海污染负荷控制总量等海岸带管理的重要生态约束条件；在环境经济指标理论研究方面，提出了由指标体系、方法体系、综合平衡体系组成的环境经济指标定量化体系；在生态服务价值的评估方法上，应用市场价值法、成果参照法、支付意愿法和专家咨询法评估了黄河三角洲湿地等滩涂湿地生态系统服务价值。

我国滩涂湿地生态系统的恢复重建有了很大发展，在滨海湿地生态脆弱区实施了一批典型海洋生态修复工程，建立了近海生态建设示范区，因地制宜地采取人工措施，在较短时间内实现了生态系统服务功能的初步恢复。如通过红树林栽培和移种、珊瑚礁移植和恢复、滨海湿地的退养还滩和恢复植被、大型海藻底播增殖、海草床养护和种植、海岸生态防护和生态廊道建设、人工沙滩养护和修复等措施，逐步构建滨海湿地生态屏障，恢复滨海湿地污染物消减能力和生物多样性维护能力。针对高强度人类活动和全球变化造成崇明东滩湿地淤涨趋缓和保护生物适宜生境剧减的实际问题，开展了崇明东滩自然保护区栖息地生态修复示范工程，研发和应用了刈割 + 水位调节控制互花米草、本地物种恢复、水文泥沙调控、鸟类栖息地优化和生物多样性保育等生态修复技术和调控路径，确保了东滩国际重要湿地和鸟类国家级自然保护区的质量，达到了有效控制互花米草疯长与蔓延、优化迁徙鸟类栖息地、保护生物多样性和增强生态功能的目的，为长江口滩涂资源开发利用和保护工程的实施提供关键技术的集成和示范。

（四）滩涂湿地管理

我国于 1992 年加入《国际湿地公约》，2000 年正式出版了《中国湿地保护行动计划》，这是中国湿地保护与可持续利用的一个纲领性文件。2003 年 9 月，国务院批复了《全国湿地保护工程规划（2002—2030）》，从此，我国湿地保护与管理逐渐步入正规化和快速发展时期。近年来，上海、广东、江苏、浙江、海南等沿海省市相继颁布或修订了滩涂管理条例，明确了管理主体，实行了有偿使用、盘活存量滩涂等机制。如《上海市滩涂管理条例》明确了上海市水务局是滩涂开发利用的行政主管部门，负责滩涂开发利用和保护的总体规划制定和日常管理工作，海洋部门的海域使用费为建立以滩涂资源有偿使用为基础的管理体制提供了借鉴；《广东省珠江河口滩涂管理条例》明确提出河口滩涂实行有偿使用，成为补偿价值理论的先行者。近年来，国内外生态环境保护的理论和实践表明，建立生态补偿机制，通过经济手段来解决生态环境保护与经济发展的突出矛盾，比用传统的行政命令控制手段更具明显的成本效益优势和更强的激励抑制作用，于是一些学者借鉴这方面成功的经验探讨了滩涂围垦生态补偿标准，构建了滩涂围垦的生态补偿能值拓展模型，对加强沿海滩涂生态补偿实施、开发管理和可持续发展提供一定的参考。

为充分发挥滩涂资源的整体效益，我国在主体功能区划、环境功能区划、海洋功能区划的基础上，推出了沿海滩涂功能区划制度，要求根据滩涂种类的差异将滩涂划分为保护区、保留区、控制利用区和开发利用区等，并采取不同的保护与开发政策。同时，各地也提出了沿海滩涂开发利用的总体功能定位，合理布局产业结构，开发建设现代农业基地、新型港口工业区、生态休闲旅游区、宜居滨海新城镇等。

这些政策的实施有力地促进了我国滩涂湿地的保护与可持续利用，然而与发达国家相比，我国滩涂资源管理体系还极不完整，迫切需要在理念、方法、制度、机制等方面进一步完善，并在实践中不断加以总结提炼。

三、国内外研究进展比较

世界上土地资源紧张的沿海国家和地区，如荷兰、日本、英国、韩国、新加坡等，都十分重视滩涂资源开发利用以及对生态环境的保护。在滩涂资源开发方式上，人工岛式围填海是目前国外的流行趋势，虽然会增加成本，但对海洋生态影响相对较小。正基于此，日本围填海已很少采用自岸线向外延伸、平推方式，而通常采用建成人工岛方案，如神户的港岛和六甲岛、东京湾内的扇岛等。另外，世界沿海各国正致力于滩涂生物开发技术研究，美国、日本等在耐盐作物研究方面已取得重大突破。

滩涂资源开发利用对近岸复杂的水沙动力、沉积地貌以及生态环境的影响是该领域研究的前沿和趋势。国际上通常将围填海工程对海岸生态环境影响作为人类活动对海岸带影响的一部分来研究，采用的技术手段包括对围填海前后水动力、泥沙、水环境和沉积地貌的监测，广泛利用卫星遥感的多时相、多波段和综合功能特点，识别近岸带环境特征和演变，充分利用先进的数值模型手段，模拟围填海工程对海岸地区波浪、潮流、风暴潮、泥沙输移和海岸演变的影响，特别是围填海引起的细颗粒泥沙亏损、沉积物结构组成改变及平衡地貌区域潜在影响。目前，国际上的相关研究已从单纯关注滩涂资源开发利用到关注滩涂湿地生态系统对沉积动力地貌情势改变的响应，从单纯的生境模拟研究扩展到生态系统尺度乃至景观尺度上，从单纯关注滩涂资源开发利用技术与实践到高强度人类活动和全球气候变化背景下滨海湿地生态修复以及与之相联系的生态安全调控研究，这些研究对推动滨海湿地的保护和可持续利用起到了积极的作用。

随着人类活动对滩涂湿地影响的加剧，科学管理滩涂湿地就显得十分必要。欧美等国家的滩涂规划和管理处于国际领先水平，呈现出与沿海滩涂生态环境保护、与海岸带综合管理相契合的研究趋势，并借助各种支持管理工具，帮助实现滩涂湿地的有效保护与合理利用。其中，海岸带综合管理是比较成熟和先进的管理理念，形成了美国夏威夷和阿拉斯加管理模式、加拿大管理模式、澳大利亚管理模式、日本管理模式和荷兰管理模式等。各国的法律法规也加强对海岸带综合管理，如马来西亚的国家海岸带资源综合管理政策、加拿大的“海洋行动”战略、欧洲海洋及海岸带可持续发展战略、南非的综合海洋（岸）资源管理法案等。近年来，欧美等国的滩涂湿地管理已不再局限于维持滩涂现状，而是有针对性地进行退化和受损生态系统的恢复和重建，提出了许多新的观点与见解，如调整性管理在滩涂湿地中的应用，使得美国近60个滩涂湿地得以恢复等。

总体来讲，我国在滩涂湿地动力沉积地貌过程、滩涂围垦治理技术与实践等方面的研究水平已达到了国际先进水平。但与国际海洋强国相比，在宏观规划与管理体制方面还存在不少的差距，主要表现在：①人类活动对滩涂湿地的影响机制认识不够深入，缺乏关于滨海湿地及近岸海域水动力环境演变的长期累积效应的研究；②对人类活动影响下滩涂湿地生态系统的演化进程及其生物资源效应缺乏系统认知，滩涂湿地退化机制与修复途径研究仍不能满足生态环境保护和管理的需求；③滩涂湿地管理法律的缺位和综合管理机制的缺失导致管理错位、重叠和空缺现象比较普遍，存在管理手段较落后、缺乏长远统一规划等问题。

四、发展趋势

（一）发展需求

滩涂湿地的科学保护、高效利用和有效管理，对于促进经济社会可持续发展，保障防洪安全、供水安全、水生态安全等方面都具有十分重要的意义。国内外滩涂湿地保护与利用领域的研究趋势主要表现在：重视环境监测系统的建设及高新技术的应用，注重过程与机制研究，向定量和预测方向发展；重视生态环境保护与修复；重视对滩涂湿地综合保护与高效利用的整体性规划与管理；强调多学科交叉、渗透与综合，将生态系统－资源－环境作为一个相互关联的整体进行研究；强调在生态系统水平上研究人类活动和气候变化对滩涂湿地生态系统结构和功能、资源和灾害的影响；强调滩涂湿地生态系统演变对自然、经济、社会的影响。

面对我国沿海滩涂泥沙来源锐减的新变化、滩涂湿地高效利用和生态保护的新需求，加强多学科合作的综合研究，探讨滩涂湿地开发利用对生态环境的影响机制，寻求兼顾土地需求与生态保护的可持续发展之路是未来滩涂湿地保护与利用的必然趋势。滩涂湿地保护与利用将继续践行习近平总书记“节水优先、空间均衡、系统治理、两手发力”的新时期治水思路，紧密结合“水利工程补短板、水利行业强监管”水利改革发展中有关滩涂湿地保护与利用的学科需求，重点开展以下几方面的研究与实践。

（1）滩涂湿地资源、泥沙来源、水沙动力环境、水生态变化等基础数据的获取和动态监测。运用卫星遥感、海洋观测站、浮标阵列等逐步完善滩涂湿地的天地一体化立体监测体系，注重长期观测资料积累和连续性判别，深入研究流域－河口－海岸带联动规律、生态系统演化过程与机制、多重因子协同作用下滩涂地貌动态与灾害变化等基础问题。

（2）完善与健全围涂技术行业标准。我国滩涂围垦技术相对比较成熟，而围填海技术的行业标准体系有待进一步完善，需要在总结、提升滩涂围垦技术的同时，深入研究滩涂保护性开发与海堤设防、围区设防标准、生态海堤建设标准、新技术新工艺应用等有关问题。

（3）建立沿海滩涂利用对海岸带环境的累积影响及评价体系。滩涂资源的利用方式涉及自然科学、工程技术、社会科学等多个学科，目前的评估理论、方法、模型均显不足。深入研究滩涂利用的生态环境累积影响及其评价方法，构建可持续开发的环境影响评价体系；建立生态系统环境预警系统及管控措施。

（4）滩涂资源高效利用模式与滩涂湿地保护及生态海堤建设技术。在调查河口海岸滩涂现有开发利用模式，针对滩涂资源利用导致水动力弱化、岸滩侵蚀加剧等突出问题，评价现有滩涂利用模式的适宜性；提出兼顾行洪排涝、航运和滩涂资源利用多功能协调的高效利用模式；针对不合理滩涂利用导致的滩涂性状改变及周边沙滩泥化问题，提出合理的滩涂保护与修复技术；针对滩涂利用与生态环境的矛盾，提出生境融入的生态海堤建设技术。

（5）海岸带管理视角与模式由传统管理方式向基于生态系统的管理方式转变。海岸带资源保护与利用的研究视角应由单一物种在狭小的空间范围的短期变化，转向对整个生态系统在多层次尺度上的长期演变，将人作为生态系统的一部分，使管理和研究相结合，建立与之相适应的新型管理模式；制定合理的开发利用规划、产业布局定位和开发政策。

（二）对策与建议

（1）加强部门、学科之间的协调。修筑海堤防洪御潮、河口资源综合利用、沿海水源工程建设等，都是水利建设与发展的重要内容，有效开展对滩涂湿地的保护与利用离不开水利科学的发展，更需要水利部的组织领导，从国家层面给予政策支持，并通过加强部门、学科之间的协调，指导各地做好滩涂湿地的保护与利用综合规划、开发利用实践和社会经济效益评估。

（2）建立和健全有关滩涂湿地的法律和法规。滩涂湿地处于海陆交界区域，涉及社会经济发展的各个部门。从国内外实践经验来看，亟待从国家层面制定海岸带与滩涂湿地综合管理法规，重点需要明确国家与地方的管理责任，落实保护与利用的责任主体，逐步建立规划实施协调机制、岸段（区域）协作机制、海陆统筹机制等。

（3）加强滩涂湿地基础研究，促进学科理论体系建设与发展。滩涂湿地的演变受到自然过程及人类活动的双重作用，耦合着不同级次的正负反馈过程，十分复杂。需要通过设立重大科技专项等多种形式，大力加强基础科学研究和关键技术研发，着力推动高新技术特别是信息技术在滩涂湿地保护与开发中的应用，支持相关国家实验室和工程中心等平台建设，促进学科理论体系建设与发展。

（4）加大国内外滩涂湿地学术信息交流的范围与力度。在国内，以滩涂湿地保护与利用专业委员会为纽带，定期召开全国性研讨会；就滩涂湿地研究或重大工程建设中遇到的关键技术难题，不定期地组织专家会商；同时，强化人才培养，整合多学科人力资源与科技资源，着力培养重点科技攻关团队。在国际上，积极扩大国内外的学术交流和研究合作，汲取别国的先进成果和理念，使我国的专家学者能够始终抓住本学科的前沿问题，推进科技创新和学科发展。

参考文献

［1］裘江海，等．滩涂利用与生态保护［M］．北京：中国水利水电出版社，2006.

［2］徐骏，刘羽婷，唐敏，等．长江口滩涂变化及其原因分析［J］．人民长江，2019，50（12）：1-6.

［3］杨世伦，吴秋原，黄远光．近40年崇明岛周围滩涂湿地的变化及未来趋势展望［J］．上海国土资源，2019，40（1）：68-71.

［4］陈文彪，陈上群．珠江河口治理开发研究［M］．北京：中国水利水电出版社，2013.

［5］胡春宏，王延贵，张燕菁，等．中国江河水沙变化趋势与主要影响因素［J］．水科学进展，2010，21（4）：524-532.

［6］潘存鸿，韩曾萃，等．钱塘江河口保护与治理研究［M］．北京：中国水利水电出版社，2017.

［7］穆锦斌，吴创收，黄世昌．温州瓯飞滩海域潮滩演变规律研究［C］// 第十届全国泥沙基本理论研讨会论文集，2017.

［8］侯庆志，陆永军，王建，等．河口与海岸滩涂动力地貌过程研究进展［J］．水科学进展，2012，23（2）：286-294.

［9］谢卫明，何青，章可奇，等．三维激光扫描系统在潮滩地貌研究中的应用［J］．泥沙研究，2015（1）：1-6.

［10］周在明，杨燕明，陈本清，等．基于无人机遥感监测滩涂湿地入侵种互花米草植被覆盖度［J］．应用生态学报，2016，27（12）：3920-3926.

［11］胡越凯，庞毓雯，焦盛武，等．基于遥感的杭州湾湿地鸻鹬类水鸟适宜生境时空变化特征研究［J］．杭州师范大学学报（自然科学版），2019，18（3）：319-328.

［12］左其华，窦希萍，等．中国海岸工程进展［M］．北京：海洋出版社，2014.

［13］朱斌，冯凌云，柴能斌，等．软土地基上海堤失稳与变形的离心模型试验与数值分析［J］．岩土力学，2016，37（11）：3317-3323.

［14］袁文喜，邵燕华，曾甄，等．滩涂围垦人工促淤技术研究［R］．浙江省水利水电勘测设计院，2014.

［15］张丽芬．潮波流作用区低滩促淤方案分析与实践［J］．人民长江，2019，50（10）：20-25.

［16］王卫标，刘志伟，刘杰，等．滩涂围垦区开发利用方式优化模型研究［J］．水利发展研究，2018（1）：36-39.

[17] 张长宽，陈欣迪．海岸带滩涂资源的开发利用与保护研究进展［J］．河海大学学报（自然科学版），2016，44（1）：25–33.
[18] 陈军冰，王乘，郑垂勇，等．沿海滩涂大规模围垦及保护关键技术研究概述［J］．水利经济，2012，30（3）：1–5.
[19] 谢卫明，何青，张迨，等．河口潮滩沉积物对人类工程的响应特征［J］．海洋学报，2019（5）：118–127.
[20] 谢卫明，何青，王宪业，等．潮沟系统水沙输运研究——以长江口崇明东滩为例［J］．海洋学报，2017（7）：80–91.
[21] 邢超锋，何青，王宪业，等．崇明东滩地貌演变对生态治理工程的响应研究［J］．泥沙研究，2016（4）：41–48.
[22] 魏虎进，黄华梅，张晓浩．基于生态系统服务功能的海湾滩涂资源环境承载力研究——以大亚湾为例［J］．海洋环境科学，2018，28（4）：579–585.
[23] 郭志阳，朱亮，朱彧，等．滩涂生态围垦评价体系研究［J］．长江科学院院报，2015（4）：18–21.
[24] 陈万逸，张利权，袁琳．上海南汇东滩鸟类栖息地营造工程的生境评价［J］．海洋环境科学，2012，31（4）：561–566.
[25] 华祖林，耿妍，顾莉．滩涂围垦的环境影响与生态效应研究进展［J］．水利经济，2012，30（3）：66–69.
[26] 李雅，刘玉卿．滩涂湿地生态系统服务价值评估研究综述［J］．上海国土资源，2017，38（4）：86–92.
[27] 窦勇，唐学玺，王悠．滨海湿地生态修复研究进展［J］．海洋环境科学，2012，31（4）：616–620.
[28] 杨阳，张亦．我国湿地研究现状与进展［J］．环境工程，2014，32（7）：43–48.
[29] 魏海峰，陈怡锦，夏宁，等．退化滩涂生态修复研究进展［J］．湿地科学与管理，2018，19（2）：70–73.
[30] 张希涛，毕正刚，车纯广，等．黄河三角洲滨海湿地生态问题及其修复对策研究［J］．安徽农业科学，2019，47（5）：84–87，91.
[31] 王显金，钟昌标．沿海滩涂围垦生态补偿标准构建——基于能值拓展模型衡量的生态外溢价值［J］．自然资源学报，2017，32（5）：742–754.
[32] 水利部规划计划司，等．全国河口海岸滩涂开发治理管理规划［R］．2014.
[33] 陆永军，侯庆志，陆彦，等．河口海岸滩涂开发治理与管理研究进展［J］．水利水运工程学报，2011（4）：1–12.
[34] 吴彬，张占录．基于生态系统一体化的海岸滩涂综合管理体制研究［J］．中国土地科学，2017，31（3）：21–26.
[35] 郑雄伟，曾甑，王开方．浙江省滩涂资源开发利用新模式展望［J］．浙江水利科技，2016（4）：5–8.

撰稿人：曾　剑　张利权　张裕平　徐国华　史英标

水利统计学科发展

一、引言

水利统计学是统计学的一个应用分支，是一门关于搜集、整理、显示和分析水利数据信息的艺术、技术与科学。水利统计学的研究领域十分广泛，包括自然界的水资源数量和经济社会供用水量测算，水利的兴利除害与国民经济各行业发展的关系分析，水利的宏观经济效益、社会效益和环境效益核算等方面。本报告将从水资源基础统计、水利业务统计、水资源核算三方面对水利统计学科的发展和应用动态、研究进展及其展望进行总结和述评。

二、国内发展现状及最新研究进展

近年来，我国的水利统计学有了长足发展，水利统计学科的研究范围也不断扩大，通过引入统计学最新理论方法，水利统计学领域取得了许多有价值的创新成果，为更好地开展水利统计工作提供了理论和方法的支撑。

同时，水利统计学的发展也促进了水利统计基础工作更加规范化、标准化，《水利统计通则》（SL 711—2015）、《水利统计基础数据采集技术规范》（SL 620—2013）、《水利统计指标体系分类标准》（SL 574—2012）等统计规范、标准的建立有助于提升我国水利统计数据质量。目前，统计工作流程主要包括设计统计调查制度、开展统计调查、进行统计资料整理、开展统计分析、形成统计数据成果等内容。本节将围绕水利统计工作环节梳理我国水利统计近年来的新进展。

（一）水资源基础统计

1. 水文统计

水文统计学是根据水文现象特点，将概率论与数理统计的原理和方法用于水文数据的分析并作出推断的学科。其主要研究对象为各种水文特征值，如年洪峰流量、年径流量、各种雨量、泥沙、水位等。

（1）调查方案设计。由于我国水文统计工作开展时间较早，从20世纪50年代起，我国就已开展河川水文方面的统计调查工作，调查方案较多，内容相对较为成熟、规范。目前，涉及水文统计工作的方案设计主要有《水文调查规范》（SL 196—2015）、《第一次全国水利普查实施方案》（国统制〔2010〕181号）、《水文测量规范》（SL 58—2014）、《全国水文情况统计报表制度》（国统办函〔2018〕349号）等，这些方案制度详细说明了水文特征情况、水资源数量及质量等指标概念、数据采集与分析方法、数据质量控制流程等内容，为顺利开展水文统计调查奠定了基础。

（2）调查方法与内容。水文调查以面上调查和设立辅助站测验为主要形式，辅助站可进行驻测、巡测或委托观测。将设立辅助站作为水文调查重要形式之一，是因为在受人类活动影响的情况下，要进行河川径流还原或水量平衡计算，单靠基本站资料是难以满足的，而靠面上调查又保证不了精度。水文调查内容包括水文要素、气候特征、流域自然地理、河道情况、人类活动等方面。另外，在某些情况下，为了特定的调查目的，也可以组织专门的水文调查，例如洪水调查，主要是查清历史洪水的痕迹、发生的日期和情况以及河道情况、估算洪峰流量、洪水总量及发生的频率等。

第一次全国水利普查，先利用全国DEM数据生成流域边界（地表水汇水区域）和河流中泓线的线划数据（DLG），再根据卫星遥感影像将水利工程等对象标绘在地图上，对于卫星遥感影像不可见的微小工程（如地下水取水井）按其坐标标绘在地图上，整体工作在水利普查专用软件支撑下按照县、市、省、国家逐级汇总和数据处理，最终形成全国水利普查一张图。

（3）分析与成果（应用实践）。现阶段，水文统计分析方法研究主要侧重于利用统计模型方法模拟水文有关指标数值以及预测地区水文状况。例如：以克立格方法为代表的地质统计学理论常常用于水文数值模拟；时间序列分析方法、神经网络、灰色系统分析等传统统计模型理论频繁用于预报地区水文状况。

由于我国水文统计工作开展时间较早，形成的水文统计成果相对较为丰富。现阶段，统计成果主要有每年的《全国水文统计年报》和《中国水资源公报》，主要介绍各地区水文设施数量、人员及经费使用情况以及我国当年的地表水资源量、地下水资源量和水资源总量等。此外，在水利普查成果《第一次全国水利普查数据汇编》中，详细说明了我国各地区河湖水文基本情况，为现阶段开展河湖水文统计工作提供参考。这些工作成果为制定水文行业政策、编制发展规划、指导水文现代化建设、开展水文行业管理提供依据。

2. 水资源开发利用

水资源开发利用统计是指通过搜集、整理、分析全国及各流域、地区的供、用、耗、排水量数据，以达到摸清全国或某一区域范围内的经济社会水资源开发利用情况的学科。我国水资源开发利用统计方法的研究起步略晚，但受水资源短缺这一国情驱使，其统计方法理论发展迅速。

（1）调查方案设计。现阶段，水利部层面制定的水资源开发利用统计调查方案较多，内容侧重点有所不同。《全国水资源综合规划技术细则》详细介绍了水资源开发利用统计调查评价的目标、要求、内容、分析方法。《水资源公报编制规程》（GB/T 23598—2009）对供用水量的统计指标有关概念、统计对象、内容、方法进行了简要说明。《第一次全国水利普查实施方案》（国统制〔2010〕181 号）详细阐述了我国经济社会用水情况具体的调查对象、范围和内容及调查实施技术路线及指标获取办法等。《用水总量统计方案》（办资源〔2014〕57 号）对统计经济社会供、用、耗、排水量的统计对象、内容及指标测算方法进行了详细说明。目前，国家统计局已审批通过《用水统计调查制度》（国统制〔2020〕9 号）。

（2）调查方法与内容。对水资源开发利用的统计，要根据调查对象、时间、规模和能力等采取合适的调查方法。目前，普遍采用全面和非全面调查相结合的统计调查方法获取水资源开发利用统计指标数据。例如，在调查全国经济社会供用水过程中，供用水户数量巨大且差异较大，规模以上的供用水工程占供用水户数量比例较小，但供用水量则占较大比例，因此采用全面调查方法全面掌握了解规模以上工程的有关情况。对于规模较小的供水户，则采用典型调查或者抽样调查的方法获取样本户供用水量，从而推断辖区内整体的供用水量。新编制的《用水统计调查制度》主要调查利用取水工程或者设施直接从地表水源、地下水源以及其他水源（雨水利用、海水淡化、再生水等）取水的单位（或个人），采用全面调查和典型调查相结合的方法，主要调查用水户的用水情况，反映农业用水、工业用水、生活用水及人工生态环境补水等情况。

（3）分析与成果。当前时期，水资源开发利用相关统计分析主要关注如何利用统计学科理论分析经济社会供用水量平衡、测算及预测供用水量。例如，有学者提出采用先分类平衡，再进行汇总分析的统计方法对供水、取水、用水进行经济社会供用水量平衡分析；从统计工作整个流程出发，即通过开展调查资料处理、计算单元划分、用水指标数据采集、输水损失计算、地表地下供水量统计及供用平衡分析等工作对地区的全口径经济社会用水进行分析推算；利用趋势及回归分析或者时间序列分析对地区需水量进行预测等。用水统计数据还用于对最严格水资源管理制度考核、实施水资源管理和调控等工作中，这些统计方法应用为水资源管理部门更好地制定水资源管理决策提供参考。

通过第一次全国水利普查，各级水利部门已经形成水利工程和经济社会用水户的名录库，为今后开展水资源开发利用统计调查奠定良好的工作基础。现阶段，水资源开发利用统计数据成果主要反映在《中国水资源公报》以及各级地区水利部门编制的《水资源公报》中，包括各地区当年的供水量、用水量、耗水量、排水量等统计成果。《第一次全国水利普查数据汇编》含有我国各地区经济社会用水情况调查数据成果，包括农业、工业、建筑业、第三产业等各个行业的用水户用水量，为全面了解我国各地区经济社会用水情况提供参考。

（二）水利业务统计

1. 水利设施建设

水利设施建设相关统计工作是水利规划与计划的重要组成部分，它能真实反映水利发展过程和水利建设成就，并通过统计描述、统计推断等手段进行数据加工分析，为水利规划、项目前期、投资计划、政策制定、管理决策等提供重要支撑。

（1）调查方案设计。目前，水利部层面制定的统计调查方案主要有 3 种。其中，《水利建设投资统计调查制度》（国统办函〔2020〕232 号）规定了水利建设投资项目基本情况、投资计划下达、投资拨付、投资完成、工程量及效益情况等指标填报对象、范围、周期、内容及指标计算方法等。《水利综合统计报表制度》（国统制〔2018〕7 号）规定了各类水利工程设施数量和规模以上水利工程基本情况等指标填报对象、范围、周期、内容及指标计算方法等。《水利服务业统计调查制度》（国统制〔2019〕121 号）规定的调查范围和内容包括所有乡镇及以上从事水利活动的各类企事业单位和行政、社团等法人单位，以及为水利工程建设而专门成立的项目法人单位的单位基本情况、财务状况、取供水情况和固定资产情况。此外，《第一次全国水利普查实施方案》（国统制〔2010〕181 号）对开展我国水利工程基本情况的统计调查对象、范围和内容及具体调查实施办法进行了详细说明。上述统计调查方案明确了开展水利设施建设相关统计工作的目的、工作内容及具体调查实施技术路线及指标获取办法等，为顺利开展统计调查起到重要基础作用。

（2）调查方法与内容。当前，水利设施建设相关统计调查内容主要有各类水利工程的名称、类型、设施数量及建设情况等，各类水利工程中央建设投资及地方配套投资规模及效益情况。水利设施建设相关统计调查方式主要以全面调查为主，具体地说，各地区水利统计部门以第一次水利普查资料为基础，通过实施水利统计报表制度，通过查阅行政记录、数据共享、推算估算法等统计调查方法获取全国各流域、各地区的水利设施建设相关统计指标数据。

（3）分析与成果。现阶段，水利设施建设相关统计分析研究主要关注如何通过构建统计模型方法分析或评价水利建设投资如何拉动地区经济发展。例如，通过层次分析法及多层次模糊综合评价方法构建水利建设项目评价指标体系，对水利建设项目开展绩效评价；通过协整分析和 Granger 因果关系检验等时间序列分析方法分析水利投资与经济增长之间的关系。这些统计分析方法应用对解释水利建设投资如何推动地区经济发展提供理论依据。

近年来，水利设施建设相关统计工作取得了丰硕的统计成果。通过开展第一次水利普查，在全国范围内形成了水利工程名录库，摸清了我国水利工程基本情况，为今后开展水利设施建设统计奠定良好的工作基础。目前，水利建设投资相关统计数据成果主要反映在《中央水利建设投资统计月报》中，每月均会详细说明中央预算内和中央财政投资计划执行及项目开工情况，为水利部门更好地管理水利建设投资提供数据参考。此外，《全国水利发展统计公报》《中国水利统计年鉴》也反映了水利建设投资的分析成果。

2. 水害管理

水害管理相关统计通过开展水害调查评价，收集受灾地区受灾情况数据资料，调查、分析灾害发生原因及规律，评价灾害地区的防灾能力，划分不同等级危险区，科学确定预警指标和阈值，为及时准确发布预警信息、安全转移人员提供数据支撑。

（1）调查方案设计。目前，正在实施水害管理方面的统计调查方案主要有 4 种。其中，《水土保持规划编制规程》（SL 335—2014）指出规划编制时需要说明规划区内各类水土流失形态的分布、数量、强度、危险、成因等内容。《干旱灾害等级标准》（SL 663—2013）规定了干旱灾害的等级划分标准。《防洪规划编制规程》（SL 669—2014）明确了洪涝灾害调查内容、洪水计算方法、防洪标准等。此外，水利部正在制定《山洪灾害调查与评价技术规范》，对山洪灾害调查范围、目标、内容及分析方法进行了详细说明。上述统计调查方案的制定对顺利开展水害调查提供了技术支撑。

（2）调查方法与内容。在水害管理相关统计方面，根据统计调查总体目标要求的不同，采用的统计调查方法和方式也不尽相同。以山洪灾害调查为例，通常以基层行政区划或小流域为基本调查工作单元，采取内业调查和外业调查、全面调查和重点调查相结合的调查方式，通过前期准备、内业调查和测量、检查验收等工作阶段，全面查清山洪灾害防治区的基本情况，有效获取山洪灾害防治区的基础信息。

（3）分析与成果。近年来，随着气候环境的变化和人类活动的影响，水害管理工作变得越来越重要。面对这一形势，许多学者借助统计分析方法分析水害形成原因、预测水害情况、评估水害应急能力。例如，通过建立一套定量评价的指标体系对水土流失进行统计分析、建立洪灾直接经济损失的评估与预测模型预测城市洪涝灾害情况、利用马尔科夫过程的改进残差灰色模型预测水害、利用粒子群优化的 BP 网络模型预测旱涝、构建水利灾害应急能力评价指标体系评估水害应急能力，为今后水利灾害管理、预防和规划提供科学依据。

现阶段，水害灾害管理相关统计成果主要有《中国水旱灾害公报》，以及《中国水土保持公报》，这些数据成果主要反映了当年我国洪灾、旱灾、水土流失基本情况及防汛抗灾、水土流失治理取得的成果，为今后水利部门做好防灾减灾工作提供了数据支撑。

3. 水资源节约保护

水资源节约保护相关统计是通过收集、整理、分析各类用水户用水情况以及各类水体水质资料，掌握全国或某一地区范围内的用水水平和水质情况，为水利部门制定水资源节约保护政策提供数据参考。

（1）调查方案设计。目前，水资源节约保护方面的统计调查方案主要有4种。其中，《地表水环境质量标准》（GB 3838—2018）和《地下水质量标准》（GB 14848—2017）规定了各类地表水体和地下水体水质标准分类、监测指标内容、评价方法等。《全国水资源综合规划技术细则》对开展用水水平调查的方法、节水标准与指标、节水目标等进行了详细说明。《水资源公报编制规程》明确规定了用户废污水排放量、入河废污水及入河主要污染物、河流、湖泊、水库、城市地表水等各类水体水质状况的指标有关概念和内容。上述调查方案阐述了水资源节约保护有关统计指标的概念及数据采集、测算方法，为开展水资源节约保护相关统计调查提供了技术支撑。

（2）调查方法与内容。水资源节约保护调查内容主要侧重于调查地区节水水平和水体水质状况。在评价地区节水水平时，常用的调查方法是全面调查与非全面调查相结合的调查方法，对于规模以上的用水户采用全面调查的方法，规模以下的用水户采用非全面调查方法获取用水量水平，以此推算整个区域内的用水水平，从而评价整个地区的节水工作成效。在评价水体水质方面，通常搜集辖区测水质的水质站、监测水质的水文站相关资料，掌握辖区内水体水质情况。

（3）分析与成果。随着国家实施建设节水型社会战略和最严格水资源管理制度，近年来水资源节约与保护方面的研究越来越多。在水资源节约方面，许多专家学者侧重于通过采用各类统计模型，例如，数据包络模型或者随机前沿分析法测算水资源利用效率，采用回归模型分析影响水资源利用效率因素，从而为地区出台节水政策提供参考。在水体水质研究中，常常利用灰色模型、神经网络及主成分分析法预测评价各类水体水质，为水利部门准确预估水体水质状况提供数据支撑。

目前，水资源节约保护相关统计数据成果主要体现在《中国水资源公报》及各地区的《水资源公报》中，主要有我国及各地区当年的河流水质、湖库水质、城市饮用水等地表水水质情况以及地下水水质情况，为水利部门制定水资源节约保护政策提供数据基础。

4. 其他

水利部除了上述调查制度外，还开展了水行政执法、大中型水利枢纽和水电工程移民统计以及农村水电统计工作，并都在国家统计局依法进行了审批备案。

水行政执法统计调查制度（国统办函〔2019〕38号）调查水利部所属的流域管理机构和各级人民政府水行政主管部门的水事违法案件、水政监察队伍、日常巡查监督活动、水事矛盾隐患、水事纠纷水流规费、行政复议案件、行政应诉案件等内容。

大中型水利枢纽和水电工程移民统计调查制度（国统制〔2018〕89号）对在建大中

型水利枢纽和水电工程基本情况及移民安置规划情况、在建大中型水利枢纽和水电工程移民安置实施情况、大中型水库农村移民生产生活基本情况、大中型水库农村移民后期扶持情况、水库移民后期扶持相关资金收支情况、水利枢纽和水电工程移民安置及后期扶持基本情况进行调查。

全国农村水电统计调查制度（国统制〔2018〕198 号）对全国农村水电站和有农村水电的县调查全国农村水电建设、经营管理情况。

（三）水资源核算

水资源核算是对一个国家或地区水资源的实物量和价值量所进行的核查与计算，以全面准确反映该国家或地区所拥有的水资源流量和存量情况，为相关部门进行水资源管理和制定决策提供数据依据。

1. 核算方案设计

目前，水资源核算方案有两种。一是《生态文明体制改革总体方案》，该方案明确指出探索编制自然资源资产负债表，制定自然资源资产负债表编制指南，构建水资源、土地资源、森林资源等的资产和负债核算方法，建立实物量核算账户，明确分类标准和统计规范，定期评估自然资源资产变化状况。二是《自然资源资产负债表编制指南》。该指南对水资源资产账户的核算范围和分类标准、核算表式、指标间的勾稽关系、计算方法、指标解释等内容做出了详细说明。

2. 核算方法与内容

水资源核算内容主要分为两块，即水资源实物量和价值量核算，水资源实物量核算的主要内容包括水资源存量及变动情况和水环境质量及变动情况核算，其核算方法和方式可参考水文统计调查。

3. 分析与成果

目前，水资源核算方面的研究主要有水资源实物量核算、水资源价值核算、水资源的综合核算三个方面。在水资源实物量和价值核算研究方面，学者主要关注利用生产率变动法、机会成本法、预防性支出法、资产价值法等模型方法核算水资源耗减量实物和价值核算方法，利用水污染治理成本核算模型核算水环境污染治理和损失成本情况，为水资源可持续利用的量化研究提供依据。在水资源的综合核算研究方面，有学者将绿色 GDP 核算概念引入水资源核算领域中，从绿色国民经济核算这一角度分析水资源和水环境，以此核算经济社会良性运行的水资源、水环境承受能力，推进水资源综合管理。

编制了“水资源存量及变动表”“水环境质量及变动表”，纳入国家《自然资源资产负债表试编制度（编制指南）》。2018 年自然资源资产负债表县级开展八个地区的试点工作，2019 年进行试点审核及补充调查，各个试点地区均取得了阶段性工作成果，2019 年年底对于各省份 2016 年、2017 年省级水资源存量及变动表进行了填报审核，为摸清我国自然资源资产“家底”及其变动情况打下坚实基础。

三、国内外研究进展比较

（一）国内外水资源基础统计研究比较

在水文统计领域，水文预测研究一直受到国内外学者的广泛关注。国内水文预测研究可以追溯到20世纪50年代，当时主要运用历史演变分析方法。近年来水文预测方法趋向于多学科的交叉，既有统计方法应用研究，也有数学和计算机方法应用。在统计学中，逐步回归预测模型、双评分准则模型等统计模型被广泛用于研究预测降雨量。相较于国内，国外关于水文预测的统计方法研究更为成熟，方法手段也更为丰富。美国水资源委员会1982提出通过利用对数模型的Pearson Type Ⅲ分布分析洪水峰值流量情况，近几年有专家学者提出广义线性回归、时序预期等更稳健的算法预测洪水峰值流量。此外，国外学者尝试运用贝叶斯理论分析极端气候发生概率、通过引入气候因子贝叶斯模型预测洪水汛期。

（二）国内外水利业务统计研究比较

在水资源开发利用中，以供用水量统计为例，我国主要是采用用水定额或典型调查进行区域或流域估算的方法。按照《水资源公报编制规程》（GB/T 23598—2009）的要求，我国国民经济行业用水主要采用典型调查获取分行业的用水指标，结合经济社会指标估算地区供用水量。国外关于供用水量统计方法主要采用水账户的方法。联合国统计司于2003年推出了综合环境经济核算体系（SEEA），涉及用水量统计部分，主要采用水的实物量供给使用表（SUT）进行编制，它是以实物量为单位，描述水资源在经济体内，以及水在环境与经济体之间的流量。欧盟统计局组织丹麦、比利时、西班牙、葡萄牙、瑞典等欧盟国家编制供给使用表，编制依据主要为各国的水管机构资料。

（三）国内外水资源核算研究比较

水资源环境经济核算领域总体处于理论研究和方法探讨阶段，要建立起普遍应用的核算体系尚需较长的发展阶段。在核算框架方面，联合国发布了水资源环境经济核算体系，各国根据本国具体情况针对该框架都做了一定的调整和改进，欧盟各国的框架与联合国发布的体系较为接近，澳大利亚的水核算标准由该国气象局建立，其水资源核算体系主要依据联合国框架，根据财务核算的理论来进行水资源核算。在价值量核算方面，除了联合国进行了理论分析外，其他国家还未在水资源核算中对此开展进一步的研究，我国则进行了拓展研究，提出了理论框架和分析方法。在实践应用方面，澳大利亚进行了多年的核算，并已经发布了水资源核算标准，欧盟部分国家，例如荷兰和德国等也对水资源进行了试算或核算。我国的水资源环境经济核算则是结合了2005年相关数据对各流域、各行政区进行了试算，而且近期开展了水资源环境经济核算制度建设与实施研究，为我国推行实施水资源核算提供政策分析保障。

四、发展趋势

（一）发展需求

随着计算机及信息技术的飞速发展，水利行业数字化程度不断提高，国家防汛抗旱指挥系统、水资源监控能力建设项目、水利普查等项目工作为水利行业积累了海量的数据资源。如何有效地管理水利大数据，充分发现水利数据中蕴含的信息，为水利建设和管理提供依据和支撑，是今后从事水利统计工作人员所需思考的重要问题。此外，未来水利统计工作具有以下三方面的需求。

1. 获取统计数据更加便捷

随着水利信息化建设不断发展，通过利用移动互联网、智能终端、新型传感器等信息技术设备，水利部门能够更加便捷地获取海量数据。

2. 获得更高质量的统计数据

随着统计公信力的提升，防范和惩治水利统计弄虚作假的效果越来越显著，人们对统计数据的真实性和准确性要求越来越高。

3. 获得更加优质的统计服务

用户希望得到更优质的统计服务，能够获得多种统计成果，在数据公开、共享等方面有更多改善，对于水利统计数据的分析、研判与解读更加深入，真正发挥统计数据在决策、咨询、监督中的作用。

（二）发展目标

将促进水利发展作为水利统计学科发展的立足点，紧紧围绕水利发展与改革的重点领域与方向，全面提升水利统计数据收集、处理、分析能力，为制定各项水利政策提供更为科学、准确的数据支撑。同时，进一步加强适应现代水利建设和水利改革的水利统计理论方法研究，注重对现代统计理论、统计制度的研究，以满足社会各界对新时期水利统计工作的新要求，促进水利统计服务向独立客观反映、预测预判预警和分析对策建议并重转变。

（三）战略布局

1. 进一步加强水利统计学基础研究

目前，应当认识到统计学理论在我国水利行业中的应用仍然存在不足，有待进一步加强。建议今后采用最新的有关统计学模型理论工具对水利有关学科分支进行研究分析，解释水利活动发生的原因，预测其未来走势，并提出建设性对策和措施。

2. 逐步完善水利统计制度

根据统计相关的先进理论方法及水利改革的最新形势和要求，进一步细化和完善统计口径、统计流程、分析方法以及组织管理等相关制度，确保统计结果的科学性和准确性，为更好地推动水利事业及社会经济发展提供决策服务。

3. 加大新技术新方法应用力度

随着信息化技术的迅猛发展，水利发展面临新的形势，如何计算分析水利大数据已成为今后一段时间内水利统计学科发展面临的重大挑战。建议利用统计数据挖掘、机器学习等大数据统计分析理论工具分析水利大数据间存在的规律性、相关性，为水利决策部门提供有价值的结论。

4. 加强与统计管理部门、统计专业院校合作

针对现阶段统计学理论在我国水利行业应用不够广泛的问题，建议各级水利统计机构建立定期协商和沟通机制，加强与所在地区统计管理部门、统计专业院校的合作，及时掌握国家统计部门对水利行业统计的需求和统计学科最新理论前沿，进一步促进水利统计学科发展。

参考文献

[1] 王浩，仇亚琴，贾仰文. 水资源评价的发展历程和趋势［J］. 北京师范大学学报（自然科学版），2010（3）：274–277.

[2] 贺伟程，张象明，卢琼. 中国河道外用水变化趋势分析［J］. 自然资源学报，2000，15（1）：24–30.

[3] 杨小柳，梁瑞驹，肖玉泉，等. 中国水行业战略研究：I. 概念与方法［C］// 中国水利学会 2000 学术年会论文集，2000.

[4] 佟金萍，马剑锋，王慧敏，等. 中国农业全要素用水效率及其影响因素分析［J］. 经济问题，2014（6）：101–106.

[5] 王洁萍，刘国勇，朱美玲. 新疆农业水资源利用效率测度及其影响因素分析［J］. 节水灌溉，2016（1）：63–67.

[6] 白宝丰，马宇. 经济社会用水调查供用水量平衡分析方法的探索［J］. 东北水利水电，2012（7）：17–18.

[7] 马宇，王淑伟. 浅析全口径供用水量平衡存在问题及建议［J］. 水土保持应用技术，2014（1）：18–20.

[8] 王维志，李洪利，侯裕清，等. 经济社会用水量推算存在的问题及解决方法研究［J］. 水土保持应用技术，2012（6）：11.

[9] 顾立忠，刘画眉，徐林春，等. 全口径经济社会用水量调查推算及实例分析［J］. 广东水利水电，2014（12）：42–48.

[10] Pedersen O G，Haan M. The system of environmental and economic accounts—2003 and the economic relevance of physical flow accounting［J］. Journal of Industrial Ecology，2006，10（1–2）：19–42.

[11] Haines-Young R, Potschin M. Proposal for a common international classification of ecosystem goods and services (CICES) for integrated environmental and economic accounting [J]. European Environment Agency, 2010.

撰稿人：吴　强　王　勇　王　瑜　乔根平　高　龙
张　岚　鲁亚军　郭　悦　秦长海　仇亚琴

水泵与泵站学科发展

一、引言

水泵与泵站学科是一个涉及农业灌溉、农田排水、抗洪抢险、跨流域与区域调水、工业及城镇供排水等国民经济建设行业的综合性学科。水泵与泵站学科的研究范畴包括：水泵水力设计理论与方法、泵站水力设计理论与方法、泵站运行技术、汽蚀－磨蚀－多相流、泵站水力设备、水泵制造工艺与技术、测试技术、泵站自动化与信息化技术等。水泵与泵站学科研究的主要科学问题包括：水泵及泵装置内部流动规律和能量转换机理、水泵及泵站的水力设计、水泵及系统的动力学特性及控制、机组及泵房强度与可靠性、汽蚀与磨损、水力过渡过程、水－机组－结构耦合作用机制等。

我国的水泵与泵站总体呈现大型化、多样化的特点，泵站的调度和运行总体呈现梯级化、复杂化的特点。以引黄灌区为代表的高含沙水提灌工程对水泵与泵站的研究提出了更高要求，高扬程离心泵的稳定运行、水泵磨损、泵系统内部多相流研究成为我国水泵与泵站学科的一大特色；我国水资源分布不均，跨流域与区域调水工程建设成为水泵与泵站学科发展的新动力；服务于防洪排水要求的海绵城市建设，是未来水泵与泵站学科发展的新方向；泵站高效经济运行和现代化管理，给水泵与泵站学科发展提出了新要求。水泵与泵站为我国经济社会的绿色、协调发展，保证粮食安全和人民生命财产安全，以及为解决水资源短缺、水污染严重、水生态恶化当今三大水问题，正在发挥着十分重要的作用。

二、国内发展现状及最新研究进展

目前全国各类泵的装机功率达到 9.5 亿 kW，年耗电量约占全国总用电量的 16%。全国各类泵站装机功率达到 1.6 亿 kW，年耗电 5300 亿 kW · h，约占全国总用电量的 10%。其中，在水利行业，用于农业灌溉与排水的泵站达 43.5 万处，装机功率约 2700 万 kW；

用于跨流域调水与区域调水的泵站超过1800座，装机功率超过1300万kW；用于城镇供水与排水的泵站约8.5万座，装机功率4200万kW。水利泵站总装机功率达8200万kW，年耗电约3240亿kW·h，接近全国总用电量的6%。水泵与泵站发展的新进展和新成果主要体现在如下几个方面。

（一）水泵水力设计理论与方法

水泵水力设计是指在给定设计条件下确定过流部件几何参数和几何形状的过程。水泵过流部件主要包括叶轮、吸水室和压水室。其中，叶轮是水泵核心过流部件和做功部件，其内部流动是复杂的三维非定常流动，在水力设计过程中需要对叶轮流动进行简化。根据简化的不同，设计方法可以分为一维设计方法、二维设计方法和三维设计方法。一维和二维设计方法属于传统的设计方法，主要应用在20世纪70年代之前。目前，在工程实际应用中，离心泵有时仍然采用一维设计方法，而轴流泵和混流泵多采用二维设计方法。流体机械S1和S2两类相对流面理论，在20世纪七八十年代开始被应用在水泵水力设计中，该方法属于准三维设计方法。20世纪80年代后，全三维设计方法有了快速的发展，目前已接近成熟。在全三维设计方法中，通常用置于叶片中心面的涡代表叶型骨线，用源和汇表示叶片厚度，将速度场分解为周向平均分量和周期性脉动分量，通过涡量场、速度场和叶片形状之间的迭代计算，实现叶片的全三维设计。

随着计算机和计算流体动力学（CFD）技术的发展，三维黏性湍流模拟在水泵水力设计中的应用越来越广泛。基于CFD的水泵水力设计的基本思路是：通过传统的或经验的水力设计方法建立初始叶轮形状，然后进行三维流动数值计算，对内部流动和水力特性进行分析和预估，再根据预估结果修改设计，重复上述过程直到达到设计要求。随着对效率、汽蚀和运行稳定性等水泵整体性能要求的提高，多目标优化设计成为水泵水力设计研究中的热点问题。随着设计理论的成熟、CFD技术的发展以及优化设计方法的应用，水泵设计技术发生了根本性的变化。综合利用这些先进的技术和手段，已经能够快速高效地开发出满足工程需要的效率高、汽蚀性能好、运行稳定的水泵机组。

基于CFD技术的水泵水力设计方法在某些具体泵型上延伸出某些具体设计方法。以双吸离心泵为例，近几年出现的“叶片交替加载设计理论与方法”就属于这类方法。在该方法中，以叶片载荷分布曲线代替传统的基于经验的设计方法，使得水泵的效率及压力脉动都有了很大改善，成果在近几年研制的黄河沿线大型灌溉泵站水泵中得到广泛应用，取得良好效果。

（二）泵站水力设计理论与方法

泵站的水力设计包括前池、进水池、进水流道、出水流道、出水池等过流建筑物的水力设计。目前的泵站水力设计，一般是先通过一维水力设计手段确定大体的轮廓，根据水力性能和工程投资确定控制尺寸，然后进行三维的水力优化计算，从而确保水力性能良好。一维设计是指流道截面面积沿着流线方向变化均匀，同时保证水力半径尽可能的大，设计参数是与流线相垂直断面的截面积。三维水力设计是指基于CFD技术，对泵站的过流部件进行内流场的数值仿真计算，以水力损失最小、流速分布均匀为目标，通过控制参数以一定的优化算法得到优化后的过流尺寸。三维水力设计中可以得到直观的流场结构，从而找出影响流态的关键因数，最终获得优选方案。

前池和进水池是泵站水力设计的主要对象，重点是保证前池和进水池内没有大尺度的旋涡，特别是要保证没有被吸入到水泵进水喇叭口的任何旋涡，池内水力损失小。为此，在保证扩散角等基本尺寸符合设计规范的前提下，经常需要增设立柱、底坎和导流墩等控涡设施。在泥沙含量较高的场合，还需要考虑沉沙池的设计，以及泥沙沉积对前池的堵塞效果。目前多采用CFD来分析池内的旋涡分布，校核设计尺寸。进水流道引导水流进入叶轮进口，相关学者对进水流道出口的速度分布提出了相关指标，尤其以断面均匀度最具代表。但是断面均匀度未能反映出流态对叶轮性能的影响关系，对于叶轮进口的径向速度、切向速度分布对叶轮性能的影响需要进一步深入研究。出水流道的水力损失相对较大，对泵装置效率的影响比进水流道更显著。在运行良好的工况下主要表现为局部扩散水力损失；而在小流量工况因导叶出口的剩余环量较大而流态结构也复杂得多，出水流道内部流场表现出很强烈的非定常特性，整体呈现出螺旋状出流。导叶出口存在明显的脱流，这些周期性脱落的涡进入出水流道会形成较大的水力损失，影响水流的稳定性。受到导叶出口剩余环量的影响，水力损失系数不再是一常数，出水流道优化时必须同时考虑与所选泵型的匹配。

泵站前池、进水池三维瞬态涡预测模型及控涡技术、进出水系统的优化选型技术，改变了传统的泵站设计方法，正在形成以CFD为主要支撑点的泵站现代设计体系。

（三）泵站运行技术

泵站既要安全稳定运行，也要高效经济运行。泵站安全稳定运行体现在两方面，一方面要求水泵机组运行不发生有害振动，另一方面要求泵站输水管道不发生水锤破坏以及水泵倒转转速与倒转历时不超过阈值。导致水泵机组振动的原因有水力、机械与电气三方面，水泵机组故障诊断技术是监测、诊断与预防机组振动的有效途径。目前火力发电机组、水力发电机组等旋转机械的故障诊断技术研究成果丰富，可为同样作为旋转机械的水泵机组故障诊断借鉴和引用，有学者在大型水力发电机组故障诊断系统研制基础上结合水泵机组特点研究了基于不变矩和神经网络泵机组轴心轨迹的自动识别技术，研制了泵站机组检测与故障诊断系统。水力原因引起的水泵振动机理比较复杂，通过故障特征量诊断振动原因和程度比较困难，比如轴流泵汽蚀引起的振动故障特征量还难以可靠确定，目前主要通过水压力脉动、噪声与机械振动位移、速度、加速度等监测信号的分析，应用专家知识系统进行故障诊断、预测故障趋势，进而提出预防措施与检修建议。进入“十三五”以来，离心泵在小流量工况下的旋转失速特性研究取得较大进展，对离心泵在启停过程中由于失速团传播引起的低频压力脉动已经能够得到比较有效的预测和控制。水锤防护是长距离高扬程泵站安全运行的重要保障，基于特征线法的泵系统水锤分析方法已成熟。为了满足水资源配置要求，近年来调水泵站工程呈现出数量多、输水管道长、流量大、系统组成复杂的特点，结合工程对水锤防护方面涉及的新问题进行了较为深入的研究。一方面研究了双向调压塔、空气罐（含气水分离式和气水接触式）、空气阀等系统水力元件的水锤防护特性以及流量调节控制阀与泵出口阀门的水力特性，另一方面研究了井群取水“长藤结瓜”型不同扬程的并联泵系统水锤防护技术、泵系统负压控制标准、泵系统水力共振与自激振动、基于瞬变流理论与最优化方法的管道泄漏检测理论与方法、管道爆管工况的模拟与分析以及泵站水锤实时监测分析调控系统。

泵站高效与经济运行是泵站节能、提高能源利用效率的需要，是水泵与泵站工程领域重要的传统研究课题，近年来取得了一些新的研究成果。应用变频器对水泵工况进行变速调节实现水泵高效运行的技术已经成熟，在高扬程离心泵站得到了推广应用。在低扬程水泵变角调节经济运行方面，研制了适用于中小型水泵变角运行的调节机构——内置式液压叶片安放角调节器并进行了推广应用；还研究了无刷双馈变频调速结合变角调节的“双调”系统，可实现较大扬程与流量变幅的高效运行调节。在梯级泵站或泵站群的优化调度研究方面，研究了基于背包模型的泵站优化运行，研究了基于改进粒子群算法的双调机组泵站优化运行。对已开发的梯级泵站或泵站群水力系统仿真模块、优化调度模型模块与泵站工程自动化与信息化系统、梯级泵站或泵站群优化调度决策支持系统的软件接口进行了适配改进；对水力仿真模块中的有压非恒定流特征线方程采用二阶精度数值积分，提高了数值模拟精度。

（四）汽蚀、磨蚀、多相流

汽蚀（也称空化）是水泵效率下降和材料破坏的主要原因。自从 19 世纪在螺旋桨叶片上发现汽蚀现象以来，汽蚀的理论及内涵已经有了很大的发展。数值计算经历了从 Rayleigh-Pleset 方程进行单空泡的计算到势流理论进行超汽蚀流动的研究。近年来，基于 Navier-Stokes 方程的汽蚀流动数值计算方法已经成为研究汽蚀现象的重要手段，特别是基于 RANS 的方法，由于其计算的经济性，已在相关的工程领域得到了广泛的应用。由于汽蚀流动涉及湍流、质量转换、可压缩性和非定常等几乎所有的复杂流动现象，同时由于水泵还存在几何形状复杂、动静界面处理以及非惯性坐标系等问题，使得水泵内部非定常汽蚀流动数值计算方法的研究面临着众多挑战。

近年来，有关水泵汽蚀抑制的研究得到了一定的关注和发展。主要研究集中在以下几个方面：①对水泵的结构进行优化。主要研究带诱导轮的泵，诱导轮产生的扬程增加了主叶轮入口的能量，抑制空泡在主叶轮内的扩散。②改善水泵汽蚀的设计方法。以减小汽蚀区域为目标，应用并发展了三维叶片的反向设计方法，提高了水泵工作效率。③通气（水）抑制汽蚀。以一定的方式将气体注入旋涡汽蚀产生的核心区域，可以有效地延迟旋涡汽蚀的产生。④优选叶片材料。美国海军为了提高螺旋桨推进器的使用性能，使用复合材料加工叶片，有效地改善了流场结构，可以推迟汽蚀现象的产生。现有的关于抑制汽蚀的研究还不够系统，有必要针对我国水泵和泵站的实际情况，提出适应我国水泵发展的抑制汽蚀的技术。

水泵磨损是黄河等高含沙河流上提灌泵站面临的普遍问题，也是矿山、石油等特殊行业泵亟待解决的问题。固体颗粒的存在使得水泵叶轮、口环、进出水管路等发生磨损，引起泵内流场发生改变，进而反映在水泵的外特性上。近年来，在水泵磨损方面的研究主要集中在以下几个方面：①固相颗粒对水泵外特性的影响。通过实验观测和数值模拟，研究固相颗粒浓度、粒径等对水泵扬程、效率、压力脉动和振动的影响，建立了颗粒浓度对水泵外特性的影响模型。②水泵磨损机理研究。采用多相流模型和离散相冲击磨损模型对固相颗粒作用下的水泵磨损进行预估，分析颗粒特性对水泵磨损的影响机理。③水沙两相流条件下的水泵水力优化设计理论研究。分析了水泵叶轮形式、叶片安放角等对水泵磨损的影响，提出了交错叶片叶轮、动态密封叶轮等新的抗磨损叶轮结构和相关叶片设计方法。④水泵过流部件表面处理方法研究。包括机械处理、表面热处理、喷涂处理等。喷涂处理方式受到普遍关注，采用喷涂处理方式在材料表面喷上一层抗磨损的材料进行防护，显著延长了叶轮的耐磨寿命。不同属性的涂料的联合使用，也能提高材料的抗磨蚀性能。⑤仿生抗磨蚀叶片设计理论研究。通过在水泵叶片上增加仿生结构体，控制颗粒的运动轨迹，减轻颗粒对叶片的磨蚀破坏。

水泵多相流的研究主要进展体现在：能够基本准确预测水泵各段中汽蚀的主要来源，揭示空泡在叶轮内的分布、空泡形态以及对水泵外特性的影响；系统研究了几何参数对水泵汽蚀性能的影响；建立了考虑黏性系数修正的汽蚀模型以及考虑温度变化因素的汽蚀模型。气液两相流的主要进展体现在泵站进水池内吸气涡的模拟，采用 VOF 模型揭示了吸气涡的形成机理和运动规律，为进水池的水力优化提供了理论依据。固液两相流的进展主要体现在：提出了反映颗粒碰撞的高浓度固液两相流模型，分析了不同流量和不同固相体积浓度对水泵外特性以及内流场的影响规律；预测了水泵内部不同部位的磨损速率、剪切应力与颗粒分布、颗粒直径和体积分数的关系。

目前，国内外水泵磨损与汽蚀之间的作用机理研究开展得不多，提出的相关模型和设计方法还缺少实验验证和工程应用。

（五）泵站水力设备

随着我国大型灌排泵站更新改造项目的开展和大型调（引）水工程的建设，对不同形式、不同用途的水力设备的需求越来越大，一批新型水力设备相继问世。

（1）高扬程大容量新型离心泵。我国自主研制的适用于多沙环境运行的高扬程大容量的立式离心泵，扬程达到 250 m，配套电机功率 23 MW。

（2）V 形交错叶轮的新型双吸离心泵。采用叶片交替加载技术设计的 V 形交错叶轮的双吸、单级离心泵，大大降低了泵的压力脉动，提高了泵的运行稳定性，扩宽了泵的高效区。

（3）双进单出两级三叶轮中开式离心泵。采用双进口、单出口结构形式，进出口均在水泵轴心线的下方，水泵叶轮对称布置，轴向推力小，适用抽多泥沙水的高扬程泵站应用。

（4）带行星齿轮的大型潜水泵。采用高速电动机配套行星齿轮减速装置的潜水泵，缩小电动机的直径，减少对水流的扰动，降低重量，实现了潜水泵的大型化。目前，最大叶轮直径达到 2.65 m，单机流量达到 25 m^3/s。

（5）大功率湿定子潜水贯流泵。潜水泵电机和水泵一体化，结构紧凑，安装快捷便利，成功应用于实际工程的最大湿定子潜水贯流泵的叶轮直径达到 1.60 m，单机流量 10 m^3/s。

（6）一体化智能泵站。采用装配式泵房，将泵组、电气、过滤、施肥（药）、控制、继电保护、量测、安全防护、视频监视、通信等装置（设备）集于一体，具有信息采集、传输、处理及自动控制、智能化管理等功能，还具有体积小、占地少，集成度高、施工周期短，无人值守、修理快捷等特点。

（7）大流量轻型移动式潜水泵。潜水泵体采用新型高强度、轻质铝合金材料制造，并采用永磁电机及变频控制技术，重量及体积均只有相同流量普通潜水泵的 1/3~1/4，便于移动，非常适合于城乡、农田抢险排水场合使用。

（8）水泵控制阀。大型泵站普遍采用液控缓闭蝶阀或球阀用于工况控制及水锤控制。目前最大蝶阀口径已达 5 m，最大球阀工作压力已超过 600 m。无须依赖外部能源的多功能水力控制阀和多功能斜板阀，因其自适应特性，已在许多泵站应用。

（六）制造工艺与技术

我国水泵生产企业的平均年产量规模只有美国、日本、德国等先进国家的 1/5 左右，专业化程度低是我国泵类生产企业的一个主要特点。

在铸造工艺方面，绝大多数企业铁水熔炼仍采用冲天炉造型，造型材料采用黏土砂。新材料及涂敷技术的开发利用方面尚处于起步阶段。而国外大多采用树脂砂（大件）、熔模，与计算机联网快速成型制模技术，以及针对具体材料特性进行铸造流动性 3D 软件模拟，使之一次成品率高。在机械加工方面，我国泵行业部分企业已采用数控机床和成组加工等先进装备和先进工艺。而国外对于批量较大的生产通过机床自动化改装、应用自动机床、专用组合机床、自动生产线来完成，小批量生产自动化可通过数控、数控加工中心、计算机辅助制造、柔性制造单元、计算机集成制造、智能制造系统（NC、MC、CAM、FMS、CIM、IMS）等来完成。在目前的自动化技术实施过程中，更加重视人在自动化系统中的作用（推行精益生产）。一些特别重要的零件，如叶片，突破了传统的制模、铸造等限制，直接采用多轴联动的数控机床通过三维实体仿真加工出任意复杂形状零件。

近年来，各种新材料的开发和应用是推动泵技术发展的一个重要因素。泵的零部件采用了各种各样的新材料，所带来的好处是延长了泵在腐蚀性介质及磨损介质中的使用寿命和可靠性，并扩展了泵的使用范围。例如，某些黄河提水泵站，为了提高水泵抗磨蚀能力，叶轮采用 Cr26 或 Cr28 高铬白口铸铁铸造，泵体采用 ZG230–450 铸钢材料铸造，密封环采用 2Cr13 马氏体不锈钢制造，泵轴采用 40Cr 制造。在磨蚀性较强、压力较高的场合，可采用 ZG03Cr26Ni5Mo3N 双相钢制造叶轮或泵体。某些高扬程泵站的离心泵叶片采用 0Cr16Ni5Mo 不锈钢模压成型后数控加工，盖板采用 0Cr16Ni5Mo 不锈钢铸造后数控加工。

为了提高水泵抗磨性能，在叶轮叶片进口、出口、导叶进口等关键磨损部位，常采用高速火焰喷涂（HVOF）热熔碳化钨进行硬喷涂，碳化钨涂层厚度约 0.3 mm；对蜗壳内表面采用聚氨酯或环氧金刚砂等材料进行软喷涂，涂层厚度约 1 mm。

（七）测试技术

在泵与泵站的测试技术中，传统的测试主要以性能测试为主，包括能量性能测试和汽蚀性能测试。在泵的性能测试方面，目前国内经过认证的，精度达到 0.3% 以上的水泵模型试验台已近 10 套，测试水泵进口直径一般为 300 mm 左右。在泵站现场测试方面，也有多家经过水利部认证的测试中心能够开展泵站机组性能的现场测试工作。泵站现场测试的难点在于流量的测试，目前普遍采用多通道的超声波流量测试方法，大部分新建大型泵站，如南水北调东线泵站，基本上都已经安装超声波流量测量装置。

随着测试技术的发展，对于泵与泵站内部流动测量的研究越来越多。早期国内外对于流动测量主要是基于流动的显示和观察，如绒线显示法、油流显示法和纹影照相法，这些方法的特点是可以直观地获得流场的流动特征，但是只得到定性的结果。随着测试技术的发展，激光多普勒测速（LDA）和粒子图像测速（PIV）等流动测量在泵和泵站内部流动测量方面也得到了应用。中国农业大学、清华大学、江苏大学和扬州大学等单位均已利用 PIV 等技术进行了泵及吸水室等过流部件内部的流动测量，取得了较好的效果。

随着人们对泵与泵站的运行稳定性的要求越来越高，对于压力脉动及机组振动的测量日益受到重视。在水泵模型机组的压力测量方面，目前国内外都开展较多。对于泵站现场真机的压力脉动研究还相对较少，在泵站机组压力脉动的测量位置和判断准则方面国内外还没有统一的标准。

（八）泵站自动化与信息化技术

我国泵站自动化与信息化系统始于 20 世纪 60 年代末，经历了以工业控制计算机为基础的集中式数据采集和监控系统，以集散控制系统（DCS）或者 PLC 为基础的分布式泵站计算机监控系统，和能够实现测量、控制、管理一体化的综合自动化系统三个发展阶段，目前已发展成为基于因特网的泵站自动监控和信息管理系统。

20世纪80年代，泵站自动化与信息化主要是采用STD总线或者PC总线为基础的工业控制计算机来对泵站数据采集和监控。20世纪90年代，随着数字化测控技术的应用，泵站自动化与信息化在泵站控制室内设置一台计算机作为系统的心脏，通过串口采集和监控各种信息和参数，完成泵站设备的测量、控制和保护功能。20世纪90年代中期以后，随着自动化技术、计算机技术、网络通信技术、信息技术的飞速发展，分层分布式系统逐渐在泵站自动化与信息化中广泛运用。当前，基于物联网技术的前端采集、基于大数据的智能决策的泵站信息化决策系统的应用日益广泛。

三、国内外研究进展比较

我国水泵装机功率及泵站规模均为世界之最，在泵站工程实践中积累了丰富的工程经验，部分水泵与泵站技术处于世界领先水平，例如，扬程200 m以上、功率23 MW离心泵已经实现国产化，轴流泵模型达到国外同类模型的先进水平，基于交替加载技术的双吸离心泵压力脉动指标优于国际同类产品水平。但总体而言，我国水泵与泵站学科的研究力量相对分散，缺乏有效的协调，基础研究薄弱，在国际上有影响、受到广泛重视和引用的研究成果较少，重大关键技术创新能力不足。

（一）水泵水力设计理论与方法

在水泵水力设计方面，基于吴仲华于1952年提出的流体机械S1与S2相对流面的概念，国内在水泵准三维设计理论和设计方法方面开展了卓有成效的研究工作。自20世纪90年代开始，国际上开始将CFD技术引入水泵水力设计，水泵全三维水力设计研究逐渐深入。目前，全三维的设计理论和方法已经成熟，多变量多目标优化设计技术正在蓬勃发展。但是，除了双吸离心泵交替加载设计技术之外，由我国独立提出的设计方法还不多；基于相似换算的水泵设计方法在国内水泵行业还占据主流，而在重大工程招投标过程中基于CFD技术的快速水泵设计方法还应用不多；由于全三维设计体系的复杂性，全三维设计方法在国内并没有被广泛应用在水泵行业的产品设计开发中，缺少类似于日本荏原公司和英国伦敦大学学院所开发的TurboDesign水泵设计软件；基于统计学原理制作的水泵优秀水力模型库仍然很不完善，虽然经过南水北调东线工程建设而建立起来的轴流泵水力模型已经系列化，但离心泵，特别是双吸离心泵水力模型仍然短缺。

（二）泵站水力设计理论与方法

我国的泵站数量、类型都是国际上任何一个国家都无可比拟的，我国在泵站设计、运行方面积累了较丰富的经验，颁布了一系列技术标准，推动了我国和世界泵站技术进步。在泵站的水力设计方面，从独立的流道优化设计到泵装置的优化设计，再到当前的泵站整体水力优化设计，在认识程度、理论水平和技术手段上都取得了长足的进步，我国泵站的整体设计及建造水平已达到国际先进水平。①在泵站进水池瞬态旋涡分析模型方面，我国提出了非线性动态混合 SGS 模型，可以较好地模拟泵站进水系统表面旋涡和附壁涡，该成果达到了国际领先水平，获得 2017 年度国家科技进步二等奖；②在进水池控涡技术与防止泥沙淤积技术方面，我国提出了多种类型的消涡装置，保证了水泵的安全稳定运行，在国际泵站领域起到了引领作用；③在以 CFD 为核心的设计体系方面，我们与世界先进水平相比仍然存在一定距离，缺少被广泛认可的泵站设计软件；④在水泵模型的试验方面，特别是进出水流道与泵段的优化匹配方面，我国的发言权还不大，在相关国际标准的制订方面，话语权不多；⑤在以压力脉动为泵站运行稳定性主要评价指标方面，我国所做的技术积累还不够，对压力脉动控制的方法还比较缺乏；⑥在泵站系统特殊工况强振预测方面，我国的研究还属于跟跑阶段，对水泵转子或其他水下结构的模态和阻尼特性的认识还不清楚。

（三）泵站运行技术

泵站运行主要包括安全稳定和高效经济两个方面。在安全稳定方面，我国虽然有着比较丰富的运行经验，在瞬变流及水锤防护理论和应用研究方面也已达到国际先进水平，但在关键技术方面与国际先进水平还存在差距：一是缺乏被广泛认可的、公开发行的泵站水锤（水力过渡过程）计算软件；二是缺少安全可靠的高质量水锤防护设备，如可靠性高的多阶段空气阀、反应速度快的高精度逆止阀、抗疲劳性高的隔膜式空气罐等；三是泵站水力过渡过程方面的技术标准不够完备；四是缺少对以进水池瞬态旋涡和水泵压力脉动为核心的泵站瞬态特性的深入认识。

在泵站高效经济运行方面，我国虽然积累了较多高效水泵装置模型，但在实际运行过程中，因多方面的原因，往往不能保证水泵在最优工况点工作，泵站整体运行效率较低。这里面有设计的原因，但更主要的是运行的原因。需要在泵站监测技术、分析技术和控制技术等方面协调发展，特别是引入大数据和物联网等现代技术，从而实现泵站高效经济运行。

（四）汽蚀、磨蚀、多相流

据统计，我国绝大部分灌排泵站普遍存在汽蚀和泥沙磨损问题。过去我们仅仅以水泵必需汽蚀余量加上一定安全余量的经验性判断方法来确定水泵安装高程，但国际上已经发展到以所抽送的实际介质在实际运行条件下产生初生空泡所对应的汽蚀余量来确定安装高程的阶段。为此，需要我们在泵站的汽蚀判定标准、初生空泡的认定、汽蚀与泥沙的联合作用等方面做更多的工作。

为了提高水泵抗磨蚀能力，在耐磨材料、耐磨涂层的研究，特别是加工工艺方面，需要付出极大努力。此外，如何解决不让泥沙进入水泵的问题，也是今后需要进一步加强的问题。水泵泥沙磨损是一个世界性难题，除了过流部件自身的磨损之外，还有口环、轴封、轴承等部位的磨损问题，需要在这方面开展联合攻关，才能较好解决磨损问题。

在多相流的研究方面，目前缺少针对不同多相流特性方面的预测分析模型，如现有的固相与液相之间的相间阻力计算模型多是针对湍动程度不高的河流流动所建立的，固液相之间的扩散系数也同样存在此问题，缺少针对水泵高速旋转湍流条件下的自适应计算模型。

（五）泵站水力设备

随着泵站科技的发展，新型泵站水力设备不断涌现，如我国提出的水泵多功能控制阀就是其中一例，但目前仍然存在设备功能不完善、可靠性不高等问题。由于我国泵站类型繁多，因此对各式泵站水力设备的要求也并不完全相同，目前需要解决的问题主要包括：①缺少特定提水条件的泵型，如超高扬程的大流量多级离心泵、提取深层地下水的大功率潜水泵、吸程大的移动泵站系统；②缺少浑水条件下的高精度流量测量系统；③缺少经济型的深井泵流量自动监测记录系统；④缺少密封性好、耐久性好、反应迅速、控制方式灵活的自适应泵站控制阀及水锤防护设备。

（六）水泵与泵站装备制造

我国大型轴流泵与离心泵的制造能力已经接近国际先进水平。受制于成本约束，大型五轴数控加工和精密铸造等工艺的应用不够广泛；基于数控加工和拼焊技术制作的离心泵叶轮还不普遍；CAD/CFD/FEM/CAM 集成技术的应用还不够深入；水泵制造企业的模型试验能力、原型测试能力有待进一步提高。此外，耐磨蚀、耐腐蚀材料的加工工艺研究方面还需要进一步加强。

（七）测试技术

我国近几年新建了一些精度在 0.3% 以上的水力机械模型试验台，为满足我国水泵与水轮机模型研究奠定了基础，但与国际先进水平相比，我国在测试技术方面的差距还比较大，主要表现在：①参与国际水泵与泵站测试标准制订的程度不够；②在关键测试仪器设备方面，如 PIV 和精密压力脉动测量设备等，几乎是空白；③在水泵瞬态参数的测量与评价方法方面，缺少基础理论研究和标准化的工作；④在旋转部件（叶轮）内部的压力脉动及瞬态流场的测量方面，还很不深入；⑤以初生空泡观测、四象限测量为目的的综合性水泵试验台功能不全、水平不高；⑥对水泵与泵站的瞬态流动规律认识不够，相关测试数据的积累不多。

（八）泵站自动化与信息化技术

虽然我国泵站自动化与信息化近些年有了比较大的发展，但仍然存在以下主要问题：①缺乏统一行业标准，设备之间通信协议格式不统一，系统难以灵活扩展；②缺乏整体概念和顶层设计，数据信息不能相通，导致各自之间不能互联；③泵站运行管理仅关注自动化控制层面，而忽视了泵站的经济运行、水资源的优化调度等核心技术与需求；④部分泵站虽有调节方式，但缺少优化调度决策系统，不能通过优化调度决策系统实现经济运行；⑤重建轻管的思想依然未有明显改变，缺乏专业运维人员和维护经费的情况依然存在。

四、发展趋势

（一）发展需求

（1）国家节能减排的战略需要。水泵在农业灌溉、农田排水、跨流域与区域调水、城镇供排水等领域有着广泛的应用。此外，在能源工业、石油工业、船舶工程、海洋工程、环境工程中，泵也是不可或缺的设备。水泵耗能占据我国总发电量的16%。因此，开展水泵与泵站的应用基础研究，对于提高我国经济水平、促进节能降耗具有直接作用。

（2）实现水资源调配及提高灌排泵站抗灾能力的需要。虽然通过“十一五”中部四省大型排涝泵站更新改造、“十二五”全国大型灌排泵站更新改造等项目建设，我国灌排泵站的技术水平和现代化程度有了提高，但防灾减灾能力仍然不足，水泵与泵站仍然不能满足现实需要，在水泵与泵站水力设计、泵站运行技术、泵站测试技术、自动化与信息化技术、现代管理技术等方面需要开展大量深入的研究工作。

（3）国家粮食安全和水生态安全的需要。灌排泵站建设为我国农业生产创造了良好条件，为改善受益区生态环境起到了主导作用，但国家粮食安全和水生态安全对泵站建设的要求是永无止境的。

（二）发展目标

随着水泵机组大型化、高速化，运行安全与稳定性问题是本学科亟待解决的突出问题；降低量大面广的中小型泵站的能耗，是本学科发展的重要目标。需要深入开展水泵内部流动理论与水力设计方法研究，研发系列化的高性能、长寿命水泵水力模型及内部流态测试系统，提高泵站系统运行稳定性。

（1）形成基于全三维数值仿真的泵站水力设计方法。泵站水力设计需要兼顾系统结构动力特性，从局部优化到整体优化，再从整体优化回到局部精细优化，反复深入推动科技进步。在局部精细优化方面需要进一步提高CFD预测精度，将非定常CFD计算引入水力优化过程，探讨非定常性能参数量化指标。

（2）构建已建泵站运行综合水平的评价体系。对已建泵站的评价，单一的能耗或者效率指标不能很好反映泵站的综合水平，实际运行中泵站的压力脉动、振动、噪声、涡带强度对泵站的影响程度需要全面引入泵站监测与综合性能评估之中，研发具有中国特色的国际领先的流量、流速、涡量等泵站测试仪器是重要发展目标之一。

（3）突破水泵内部多相流动数值预测难题。揭示水泵汽蚀、磨损作用下的水泵过流部件破坏机理，建立汽蚀、磨损条件下水泵能量特性的评估模型，提出水泵抗汽蚀、防磨损的有效技术手段，是今后需要深入研究的重要问题。

（4）构建智慧泵站建设与运行模式。结构分布化、呈现可视化、决策智能化是泵站自动化与信息化的发展方向；泵站自动化与信息化发展过程中需要解决的主要问题是提高故障诊断智能水平、建立基于云服务的运行维护平台等。

（三）战略布局

（1）加大基础研究和应用基础研究力度，产出有国际影响的国际标志性科研成果，提高水泵与泵站学科影响力。重点研究领域包括：强旋转湍流与汽蚀、泥沙联合作用机理，水泵与进出水系统耦合特性，水下强旋结构动力特性，泵站瞬态参数相似换算理论与方法等。

（2）强化水泵与泵站科技创新，重点研发符合我国水利行业特点的水泵与泵站技术及产品，满足我国日益增长的供排水需求。重点研究领域包括：①立式单吸单级 / 多级离心泵、卧式双吸单级 / 多级离心泵系列水力模型研究，保证新建泵站或改造泵站的高效节能；②含沙水条件下泵站进水池设计研究，提出针对不同类型泵站的进水池流态控制标准与控制方法，保证泵站进水系统与泵段的最优匹配；③抗泥沙磨损材料与表面防护技术研究，满足黄河泵站的抗磨损要求；④泵站水锤防护技术与装备研究，一方面研发高性能的空气阀、调压井和压力波动预止阀等先进水锤防护设备与设施，另一方面通过持续改进水锤防护单元的计算模型来提高水锤计算精度，保证高扬程泵站的安全稳定运行；⑤基于物联网、大数据及人工智能的泵站信息化系统建设，为泵站故障诊断及高效运行提供技术支撑；⑥基于机、电、水、控和管理等学科的泵站现代化管理技术，保证泵站安全、高效、经济运行。

（3）促进产学研用结合，推进学科交叉发展，形成水泵与泵站科技创新机制。坚持以国家水利发展战略与市场需求为导向，将生产企业的技术优势与经验、高校与研究单位的基础研究能力、用户的需求、管理部门的协调组织能力结合起来，建立国家级水泵与泵站研究机构，全方位推进水泵与泵站学科发展。

（4）完善人才队伍建设，加强水泵与泵站科研管理，积极推进成果应用。一方面，水泵与泵站相关人才队伍比较分散，需要搭建高水平人才平台，促进理论研究与生产实践的紧密结合；另一方面，国家需要在重点科技研发计划、水利科技成果示范应用项目等方面，加大对水泵与泵站学科的支持力度，完善政策体系，形成水泵与泵站学科的源头创新机制，为我国水利事业发展奠定坚实基础。

参考文献

[1] 王福军. 水泵与水泵站[M]. 第二版. 北京：中国农业出版社，2011.

[2] 中国灌溉排水发展中心. 大型泵站更新改造关键技术研究[M]. 北京：中国水利水电出版社，2011.

[3] 钱忠东，王焱，郜元勇. 双吸式离心泵叶轮泥沙磨损数值模拟[J]，水力发电学报，2012，31（3）：224-230.

[4] 曾永顺，姚志峰，杨正军，等. 非对称尾部形状水翼水力阻尼识别方法研究[J]. 水利学报，2019，50（7）：864-873.

[5] Qian Z D, Wang Z Y, Zhang K, et al. Analysis of silt abrasion and blade shape optimization in a centrifugal pump [J]. Journal of Power and Energy，2014，228（5）：585-591.

[6] 王福军. 水泵与泵站流动分析方法[M]. 北京：中国水利水电出版社，2019.

[7] 王福军，唐学林，陈鑫，等. 泵站内部流动分析方法研究进展[J]. 水利学报，2018，49（1）：47-61，71.

[8] 于永海，王金星，秦晓峰. 空气罐水锤防护的并联泵系统水力振动分析[J]. 排灌机械工程学报，2013，31（11）：958-963.

[9] 王福军. 流体机械旋转湍流计算模型研究进展[J]. 农业机械学报，2016，47（2）：1-14.

[10] 姚志峰，陆力，高忠信，等. 不同叶轮形式离心泵压力脉动和空化特性试验研究[J]. 水利学报，2015，46（12）：1444-1452

[11] 罗灿，钱均，刘超，等. 非对称式闸站结合式泵站前池导流墩整流模拟及试验验证[J]. 农业工程学报，2015，31（7）：100-108.

[12] 谢丽华，王福军，何成连，等. 15度斜式轴流泵装置水动力特性实验研究[J]. 水利学报，2019（7）：798-805.

[13] 王雷，史文彪，杨开林，等. 南水北调中线惠南庄泵站进水前池布置方案的分析研究[J]. 南水北调与水利科技，2008，6（1）：185-193.

[14] 陆林广，曹志高，周济人. 开敞式进水池优化水力计算[J]. 水利学报，1997（3）：16-24.

[15] Gonzalez J，Manuel J，Oro F，et al. Unsteady flow patterns for a double suction centrifugal pump [J]. Journal of Fluids Engineering [J]. Transactions of the ASME，2009，131（7）：071102.1-071102.9.

[16] Guzzomi A，Pan J. Monitoring single-stage double-suction pump efficiency using vibration indicators [J]. Journal of Process Mechanical Engineering，2014，228（4）：332-336.

[17] Yao Z F，Wang F J，Qu L X，et al. Experimental investigation of time-frequency characteristics of pressure fluctuations in a double-suction centrifugal pump [J]. ASME Journal of Fluids Engineering，2011，133（10）：101303.1-101303.10.

[18] Hatano S，Kang D，Kagawa S，et al. Study of cavitation instabilities in double-suction centrifugal pump [J]. International Journal of Fluid Machinery and Systems，2014，7（3）：94-100.

[19] Kobayashi K，Hagiya I，Akiniwa H，et al. Development of double suction volute pump for high efficiency [C] // ASME Fluids Engineering Division Summer Meeting，2013（7）：7-11.

[20] Zangeneh M. Compressible three-dimensional design method for radial and mixed flow turbomachinery blades [J] . International Journal for Numerical Methods in Fluids，1991，13（5）：599-624.

[21] Zangeneh M，Goto A，Harada H. On the design criteria for suppression of secondary flows in centrifugal and mixed flow impellers [J] . Journal of Turbomachinery，Transactions of the ASME，1998，120（4）：723-734.

[22] Goto A，Nohmi M，Sakurai T，et al. Hydrodynamic design system for pumps based on 3-D CAD，CFD，and inverse design method [J] . Journal of Fluids Engineering，Transactions of the ASME，2002，124（2）：329-335.

[23] Tan L，Cao S L，Wang Y M，et al. Direct and inverse iterative design method for centrifugal pump impellers [C] // Proceedings of the Institution of Mechanical Engineers，Part A：Journal of Power and Energy，2012，226（6）：764-775.

[24] Liu H L，Wang K，Yuan S Q，et al. Multicondition optimization and experimental measurements of a double-blade centrifugal pump impeller [J] . ASME Journal of Fluid Engineering，2013，135（1）：0111031-01110313.

[25] Desmukh T S，Gahlot V K. Numerical study of flow behavior in a multiple intake pump sump [J] . International Journal of Advanced Engineering Technology，2011：118-128.

[26] Kadam P M，Chavan D S. CFD analysis of flow in pump sump to check suitability for better performance of pump [J] . International Journal on Mechanical Engineering and Robotics，2013：56-65.

[27] Rajendran V P，Patel V C. Measurement of vortices in model pump-intake bay by PIV [J] . Journal of Hydraulic Engineering，2000：322-334.

[28] Zeng Y S，Yao Z F，Gao J Y，et al. Numerical investigation of added mass and hydrodynamic damping on a blunt trailing edge hydrofoil [J] . Journal of Fluids Engineering，2019，141（8）：081108-1-13.

[29] Wang Z Y，Qian Z D. Effects of concentration and size of silt particles on the performance of a double-suction centrifugal pump [J] . Energy，2017，123（1）：36-46.

撰稿人：王福军　许建中　钱忠东　李端明　祝宝山　汤方平
于永海　闵思明　肖若富　林占东　姚志峰

地基与基础工程学科发展

一、引言

地基与基础工程学科是研究和解决上部建筑物与基础、基础与地基的关系，从而确保建筑物－地基体系安全运行的应用型学科。本学科以工程地质、水文地质、地质勘探、岩土力学、工程力学、工程结构、土木工程等理论和技术为基础。有专家认为它是“岩土工程的一个主要方面”。

所有建筑物都是建筑在基础和地基上的，因此地基与基础工程学科也涵盖了各个建筑行业和领域，水工建筑物地基和基础工程与其他行业建筑工程相比较，既有共性也有自己明显不同的特点。完整的地基与基础工程学科应该包括各种条件下的地基与基础互相作用影响及确保地基及建筑物稳定的理论、各种地基处理措施的机理及效果的理论以及各种基础形式和地基处理的施工技术等。本文主要阐述水工建筑物地基与基础工程施工技术方面的发展状况。

二、国内发展现状及最新研究进展

新中国成立后特别是改革开放以来，水利水电建设事业的蓬勃发展极大地推动了地基与基础工程学科的繁荣和进步。我国已经建成了世界上最大的水电站——长江三峡水利枢纽、最大的调水工程——南水北调工程，建成了世界上一批最高的拱坝、心墙土石坝、面板堆石坝工程，这些超级工程的地基与基础工程得以成功建造，我国水利水电行业地基与基础工程的技术水平跻身世界前列，已经可以在条件非常复杂的地基上采取适宜的基础形式和有效的处理措施解决地基与基础难题。许多科技成果填补了国内空白，创造了世界纪录。

（一）岩石地基处理

1. 坝基岩体灌浆技术

我国能够在各种岩石地基上使用以水泥为主要灌浆材料或辅以化学浆液成功地进行防渗帷幕灌浆和固结灌浆。无论从工程规模、地基复杂程度、灌浆工艺技术、灌浆材料和灌浆效果方面，我国的岩体灌浆技术都达到了国际先进水平。

雅砻江锦屏一级水电站于 2015 年竣工，高 315 m 双曲拱坝，为世界最高，大坝及水电厂帷幕灌浆工程量 110 万 m，固结灌浆 150 万 m，蓄水后坝基总渗流量为 59.78 L/s；金沙江溪洛渡水电站拱坝高 285.5 m，大坝及厂房帷幕灌浆 117 万 m，固结灌浆 93.54 万 m；白鹤滩水电站，双曲拱坝高 289 m，大坝及水电厂帷幕灌浆工程量 109 万 m，固结灌浆 221 万 m。这些都是世界上规模最大的灌浆工程。

在水利水电灌浆工程中，灌浆材料除普通硅酸盐水泥外，针对坝基岩体细微裂隙发育的特点，长江三峡大坝帷幕灌浆采用了湿磨细水泥浆和丙烯酸盐浆液。针对坝址区地下水的侵蚀性，金沙江向家坝水电站坝基帷幕灌浆采用了抗硫酸盐水泥。其他工程有的使用了干磨细水泥浆液、黏土水泥浆液、粉煤灰水泥浆液、稳定性浆液、膏状浆液，以及热沥青等。

灌浆方法主要为我国独创的孔口封闭法、自上而下分段灌浆法、自下而上分段纯压式灌浆法、GIN 灌浆法等。对于松软透水岩体，一般灌浆方法难以取得效果，湖南沅水托口水电站开发了一种“自上而下，钻灌一体，浆体封闭，高压脉动劈裂挤密灌浆”的方法，在该工程河湾地块白垩系红层灌注水泥黏土系列膏状浆液，完成帷幕灌浆约 8 万 m，施工速度快，工程质量好。

鉴于有的水库发生渗漏，但缺少陆上或廊道内进行修补灌浆的条件，因此需要在水库内进行水下灌浆，这项施工集军工浮桥技术、潜水施工技术和帷幕灌浆技术于一体。目前我国已可施工至水深 50~60 m，避免了放空水库带来损失。

2. 软弱岩带综合处理

近些年建成的小湾、锦屏一级、溪洛渡等水电站坝高都在 300 m 级，对两岸坝肩抗力体的承载力和变形要求很高，但有的工程坝肩地质条件存在这样或那样的缺陷，例如有断层破碎带或其他软弱岩带穿过，需要进行人工处理才能达到设计要求。处理方案通常包括混凝土置换、混凝土垫座、高压固结灌浆、复合灌浆（高压水泥灌浆 + 化学灌浆）、预应力锚索等综合措施。

锦屏一级水电站左岸抗力体基岩为大理岩和砂板岩，有煌斑岩脉侵入，发育多条断层，还有层间挤压错动带、深部裂缝（Ⅳ 2 级岩体）及低波速岩带等地质缺陷，现场高压固结灌浆试验成果表明，Ⅳ 2 级大理岩平均声波可由 3513 m/s 提高至 4029 m/s，钻孔变模可由 2.89 GPa 提高至 5.16 GPa，承压板变模可由 2.15 GPa 提高至 13.19 GPa。施工中采用了混凝土洞井网格置换、加密固结灌浆、局部磨细水泥－化学复合灌浆及高压冲洗混凝土回填、排水洞和排水孔等综合措施处理，共进行石方洞挖 42 万 m^3，设置锚杆 9.4 万根，置换钢筋混凝土 28 万 m^3，高压固结灌浆 78 万 m^3，环氧化学灌浆 3.5 万 m，排水孔 15.7 万 m，有效提高了左岸抗力体的抗变形能力。右岸地质条件较好，但也有类似问题并进行了相应的处理，工程量稍小。整个工程复合灌浆使用环氧树脂浆液超过 3000 t。

3. 岩溶及地下水处理

自 20 世纪 70 年代乌江渡水电站大坝帷幕灌浆取得成功以后，我国岩溶地区的坝基处理取得丰富经验，目前贵州石灰岩岩溶发育区乌江流域、北盘江流域的梯级电站已经基本开发完毕。其中，构皮滩拱坝最大坝高 232.5 m，装机 3000 MW，帷幕灌浆 33 万 m；清江水布垭水电站面板堆石坝最大坝高 233 m，世界最高，电站装机 1600 MW，帷幕灌浆 32 万 m。灌浆后坝基渗漏量满足设计要求。

锦屏二级水电站引水隧洞最大埋深 2400 m，在进行试验开挖时，发现地下水涌流压力超过 10 MPa，流量超过 10 L/min，世界罕见。针对此情况进行了多方试验和研究，通过采取超前探测、超前灌浆、局部洞段改线，开挖后使用膏状浆液、化学浆液、高压灌注堵漏、开挖排水洞排水孔引排等一系列措施，成功建设了 4 条引水发电隧洞、2 条交通洞，单洞长度达到 20 km，实现投产发电。

为了封堵岩溶洞穴中高流速的地下水，有关单位开发了一种钢管格栅模袋灌浆技术，解决了在大溶洞、高流速、大流量情况下封堵岩溶通道的难题。贵州猫跳河窄巷口水电站自 1972 年建成后水库渗漏达 20 m^3/s，虽经多方治理收效甚微，多年带病运行浪费了大量的电能，2012 年采用上述方法成功地进行了修复，渗漏量减少了 90%。

4. 预应力锚固技术

我国岩体预应力锚固技术应用广泛、发展迅速，几乎所有的大型水利水电工程都采用了预应力锚索，其使用数量、锚固吨位、锚索长度、锚索结构型式、预应力钢绞线和锚具体系、锚固理论研究等都达到了国际领先水平。

小湾水电站坝肩高边坡高达 700 m，使用了大量预应力锚索加固，小湾工程采用锚索共达 10609 束，世界罕见；李家峡水电站边坡加固工程、我国承建的苏丹罗塞雷斯大坝加高工程锚索最大吨位达到 10 MN 以上；锦屏一级水电站锚索深度达到 120 m；世界在建规划最大的金沙江白鹤滩水电站地下厂房采用了多达 15000 余束各种不同形式的锚索，解决高边墙、大跨度与高地应力下的地下洞室群稳定问题。预应力锚索结构形式发展多样化，如无粘结锚、对穿锚、拉力分散型、压力分散型、拉压复合型、环形预应力锚索、免张拉锚索等被开发出来并推广应用；锚索制造工厂化，高强度预应力钢绞线、锚索张拉施工自动化、监测信息化等已在一些工程中实施。

（二）覆盖层地基与基础

1. 混凝土防渗墙

我国是世界上应用混凝土防渗墙最多的国家，目前在防渗墙规模（面积）、防渗墙深度、防渗墙墙体材料、施工工艺、施工速度方面都达到了国际领先的水平。

1997 年我国建成了深度为 81.9 m 的小浪底主坝混凝土防渗墙，1998 年建成了深度为 73.5 m 的长江三峡二期围堰防渗墙，2003 年完成了最大深度 70 m、防渗面积近 30 万 m^2 的河北省黄壁庄水库副坝混凝土防渗墙，2011 年建成的河南郑州龙湖调蓄工程塑性混凝土防渗墙轴线长 13.3 km，面积 51 万 m^2。

2014 年建成的西藏旁多水利枢纽坝基混凝土防渗墙深度 158 m，试验槽孔深度 201 m，新疆大河沿水库坝基混凝土防渗墙设计最大深度 180 m，云南鲁甸地震堰塞湖——红石岩水电站堰塞体防渗墙深 135 m，这些工程的防渗墙规模和深度均领先于世界纪录。

2011 年桐子林水电站导流明渠覆盖层地基采用灌注桩加地连墙组成的框格式基础，墙厚 1.2 m，深约 40 m，是国内首次应用的基础形式。

建造混凝土防渗墙的机械，有先进的液压铣槽机、抓斗式挖槽机，也有重型冲击式钻机。造槽工艺有钻掘、抓掘、钻－抓、铣－抓、铣－抓－钻等成套技术，根据不同的地层选用。在一些堤坝防渗工程中还采用了锯槽法、射水法、链斗式挖槽法建造防渗墙。深防渗墙墙段连接普遍采用了接头管拔管法，最大拔管深度达到 158 m，为世界最深纪录。在由我国承建的越南拜尚闸防渗墙中还使用了塑料止水片接头。防渗墙墙体材料除普通混凝土外，还广泛采用黏土混凝土、塑性混凝土、固化灰浆、自凝灰浆、水泥土等。近些年，水工混凝土防渗墙技术还大量应用于其他建筑领域，如桥梁锚墩、地铁隧道车站、隧道事故处理等。

2. 覆盖层灌浆

改革开放以后，在一些新建水坝或堤防、围堰、病险水库的防渗处理工程中，覆盖层灌浆技术的应用发展较快。

2001 年完成的重庆小南海水库地震堆积天然坝体防渗灌浆帷幕，最大灌浆深度 80 m，采用泥浆固壁钻孔，循环钻灌法灌注水泥黏土浆，防渗效果良好。新疆下坂地水利枢纽坝基覆盖层最大深度近 150 m，坝基防渗为混凝土防渗墙下接帷幕灌浆，采用循环钻灌法，灌浆深度达到 155 m，这是循环钻灌法在世界上的最大施工深度。

2015 年完成的阳江核电站平堤水库心墙堆石坝坝体及坝基渗漏灌浆工程采用套阀管灌浆法，最大灌浆深度 99 m，完成灌浆量 59502 m，灌浆后大坝渗漏量由 710 L/s 减少到 6 L/s 以下，效果显著，这也是我国首次较大规模和全面的采用套阀管灌浆法。南水北调北京大宁调蓄水库采用套阀管法在砂卵石地层中进行水平和倾斜孔帷幕灌浆，最大深度约 25 m，完成钻孔灌浆 12616 m，帷幕渗透系数满足设计要求，这是我国覆盖层中的首例水平帷幕灌浆。桐子林水电站覆盖层帷幕灌浆深度达 91 m，为了克服地层复杂、施工场地狭小、施工工期短的困难，研究开发了一种“预设花管内注浆式膨胀模袋分段阻塞灌浆法”，取得良好效果。

3. 矿业采空区灌浆

2013 年完成的南水北调中线一期工程禹州长葛段第三施工标段采空区灌浆，采空区埋深 100~340 m，停采时间 40 余年，已找不到相关的地质资料。

处理方法：采空区周边采用封闭帷幕灌浆措施防止浆液外流，采空区内采用充填灌浆加固。周边灌浆帷幕为单排孔布置，孔距 2.5 m，分三序施工；充填灌浆采用多排梅花型布置，孔、排距均为 18 m，分两序施工。灌浆方法均采用孔口卡塞纯压式灌浆。浆液水固比（质量比）1∶1 与 1∶0.8 的水泥粉煤灰浆液（固体质量比为，水泥：粉煤灰 =0.5∶0.85）。矿业采空区灌浆通常钻孔深度大，南水北调中线一期工程禹州长葛段第三施工标段采空区灌浆最大深度达 340 m，钻孔总量 42.2 万 m。灌浆压力 1.0 MPa，灌浆结束标准：达到设计灌浆压力注入率小于 10 L/min 时，持续灌注 10 分钟结束灌浆。本次帷幕灌浆平均单耗 16.4 t/ 孔，充填灌浆平均单耗 142.4 t/ 孔。

通过钻、灌施工成果统计与分析，结合检查孔的钻孔、取芯与工效的统计分析，根据注浆检查结果与弹性波 CT 检测成果，充填灌浆施工总体效果显著。经充填灌浆处理后，采空区区域内弹性波速度明显增大，大部分区域波速处于 2600 m/s 以上。检查孔检测区域超声波速度比灌前平均提高了 13.6%，超深孔灌浆处理采空区试验取得了成功。

4. 高喷灌浆法和深层搅拌法

在水利水电工程中，高喷灌浆大量用于围堰等临时工程以及中小型工程的防渗处理。多年来，高喷工艺内原有的单管、双管和三管法的基础上改进开发了新二管法、新三管法、振孔高喷法、钻喷一体法等，新的高喷台车、旋喷钻机、高压水泵、高压泥浆泵的性能和施工能力不断提升。TP100 型钻喷一体机经济施工深度可达 23 m，适用粒径不大于 10 cm 的砂卵砾石层；三易 320 型大流量高压泥浆泵排浆压力可达 40 MPa，流量可达 320 L/min，旋喷桩径可达 4 m。提高了旋喷桩或高喷防渗墙的质量，施工技术总体达到国际先进水平。

我国在河南林州弓上水库处理黏土心墙砂砾坝及坝基渗漏，采用小孔距高压旋喷桩套接防渗，最大孔深 83 m，施工效果好，是国内最深的高喷防渗墙。四川攀枝花桐子林水电站导流明渠围堰防渗采用高压旋喷防渗墙，采用新两管法施工，防渗面积 43987.4 m^2，最大深度 52 m。根据地质条件钻孔采用了偏心跟管、同心跟管、对心跟管、对心式水钻四种工艺，孔壁保护采用 PVC 管，高喷采用两重管法，完成的围堰高喷防渗墙渗透系数 K 值达到 10^{-7}~10^{-6} cm/s，防渗效果显著。广西龙滩水电站土石围堰人工填筑体架空严重，通过同时采用高喷灌浆和预注浆方式，解决了堵漏和成墙的难题，建造的高喷防渗墙防渗效果良好。

国内许多工业民用建筑基坑，大量采用了高喷防渗墙或高喷墙与灌注桩结合进行支护和防渗，河北曹妃甸吹填地基、港珠澳大桥的沉管隧道和人工岛地基等大量采用了旋喷桩技术。

深层搅拌法是利用水泥（石灰）等化学药剂作为固化剂，通过深层搅拌机在地基深部就地将软土和固化剂强制拌和，利用固化剂和软土发生一系列物理、化学反应，使其凝结成具有整体性强、水稳性高和较大强度的水泥加固体，最终与天然地基形成复合地基，在水利水电工程中应用较广。

这两种方法原理与作用一样，适用于黏性土、冲填土、粉砂、细砂等地基状况。

5. 挤密和振冲加固

挤密和振冲法加固地基在水利水电工程中的应用普遍。两种方法的原理基本相同，都是在软地基中通过填充料充填成密实的桩体，并与原地基形成一种复合型地基，从而改善地基的工程性能。

随着一些大型工程的实施，施工能力不断增强，适应地层范围不断扩展，加固深度不断增加，控制和填料工艺不断改进。国产振冲器的功率已达到 180 kW，西藏某工程采用冲击钻（或旋挖钻）引孔配合 220 kW 大功率振冲器振冲的方法，完成了加固深度 90 m 的现场试验。这是该法的最大施工深度。

液压振冲器应用及振冲下出料法应用，拓宽了振冲法适用的范围。液压振冲器可穿透深厚卵、砾石覆盖层加固下部松散或软弱土层，该法在我国西南山区已在多项水电工程中应用，获得很好的经济效益及社会效益。如向家坝围堰加固工程、鲁基厂水电站重力坝地基处理工程等。

6. 强夯法加固

强夯法是水利水电工程处理软土地基常用的方法。南水北调工程大量建筑物基础是软土地基，有的还具湿陷性。在工程实施中，多项工程采用了强夯法。由于夯击能力大，加固深度也大，对于一般的软土地基加固有着良好的效果。现在常用的强夯技术加固软土地基的方法有：挤密碎石桩加夯法、砂桩加夯法、真空 / 堆载预压加强夯、强夯碎石墩。

7. 排水固结法

排水固结法是利用地基排水固结的特性，通过施加预加载荷，并增设各种排水条件，以加速饱和软黏土固结的一种地基处理方法，在水利工程中应用也较广。随着科技的发展，施工工艺和设备性能不断改善，效能不断提升。排水固结法包括堆载预压法、砂井堆载预压法、塑料排水板法以及真空预压法。

8. 铺设土工聚合物

铺设土工聚合物处理软土地基的方法在水利工程中应用较广。该方法可提高地基土抗拉力、抗渗透力、承载力。土工聚合物包括土工纤维（即土工织物）、土工膜、土工格栅、土工垫以及各种组合的复合聚合材料。近年来材料科技的发展使得聚合物性能和工程效果日益改良。

（三）大型基础工程机械

随着我国装备制造业的发展，我国的基础工程机械有了长足的进步，国际上先进的施工机械国内几乎均可制造。例如液压铣槽机、液压搅拌铣槽机、液压抓斗挖槽机、旋挖钻机、多功能桩机、深层多头搅拌桩机、重型冲击钻机、动力头式冲击回转钻机、新型岩芯钻机、大功率振冲器、高压泥浆泵、高压灌浆泵等，基本可满足大中型水利水电深基础工程施工的需要。

（四）信息技术的应用

计算机和信息技术飞速发展，也渗透到本学科中来。灌浆自动记录仪的应用已在各项水利水电工程中普及，记录仪由初期的测记灌浆压力、注入率二项参数，发展到可以同时测记灌浆压力、注入率、浆液密度和岩体抬动四项参数；由一台记录仪配合一台灌浆机作业，发展到一个记录系统可以同时监测 8~16 台灌浆机工作；由单纯测记现场施工参数，发展到可以利用现场采集的数据直接生成灌浆规范要求的各种灌浆成果图表，再到利用无线传输和物联网技术将现场测得的数据成果纳入“数字大坝”系统。我国在 20 世纪 90 年代进行了灌浆自动控制技术的研究，并在施工生产中试验性应用；目前已有工程正在进行试验研究较大规模的实践应用。

与此同时，对于高喷灌浆、振冲造孔填料、预锚张拉、防渗墙拔管等的施工过程参数进行自动记录、自动监测和控制的试验研究一直在一些工程中进行，有的已经比较成熟，具备推广应用的条件。

（五）技术开发研究与技术标准

我国十分重视地基与基础工程理论和技术开发的研究。近年来，结合多项重点水利水电工程建设中的技术难题，建设单位联合高等院校、科研设计施工单位协作攻关，取得了大量的成果。自 2010 年以来，获得大禹奖和中国电力科学技术进步奖的部分相关成果有：特高拱坝复杂基础多层次稳定评价理论与应用（清华大学等），水工程基础和边坡软弱面分析方法研究及应用（水利水电规划设计总院等），长江三峡工程二期上游围堰防渗墙施工技术研究与工程实践（中国水电基础局），高性能环氧灌浆材料及配套技术研究及应用（长江科学院），摆动振孔高喷工艺研发与推广应用（中水东北设计公司等），堤坝工程水泥土截渗墙理论与关键技术研究（安徽省等），深厚软土地基处理成套技术研究（南京水利科学院等），大流量、高水头条件下的灌浆堵漏技术（中国水电基础局），龙开口水电站复杂地质缺陷处理研究与应用（澜沧江水电有限公司等），高重力坝地基深厚软弱破碎岩体处理技术研究与应用（中南院有限公司等），超深埋高外水压水工隧洞建设关键技术（华东院有限公司等），黄河小浪底工程关键技术研究与实践（中国水电基础局），300 m

级特高拱坝复杂地基灌浆施工关键技术（水电七局有限公司），深厚覆盖层河道 110 m 级基础防渗墙施工技术研究与应用（泸定水电有限公司等）。这些技术成果广泛应用于工程中，解决了生产实践中的难题，产生了巨大的经济效益和社会效益。

技术标准是理论研究成果的量化，是工程实践经验的结晶，同时又是指导实践的法规。近年来，国家高度重视标准化体系的建设，水利水电行业地基与基础工程的技术标准不断更新和补充，注重与国际接轨，形成了符合工程建设要求的标准体系。部分标准出版了英文版，在对外承包的工程中采用我国标准的也越来越多。

水利水电行业地基与基础工程现行的主要技术标准有：《水工建筑物水泥灌浆施工技术规范》（SL 62—2014）、《水利水电工程混凝土防渗墙施工技术规范》（SL 174—2014）、《水工建筑物滑动模板施工技术规范》（SL 32—2014）、《灌浆记录仪校验方法》（SL 509—2012）、《水利水电工程单元工程施工质量验收评定标准——地基处理与基础工程》（SL 633—2012）、《堤防工程施工规范》（SL 260—2014）、《水电水利基本建设工程单元工程质量等级评定标准 第 1 部分：土建工程》（DL/T 5113.1—2019）、《水电水利工程混凝土防渗墙施工规范》（DL/T 5199—2019）、《水电水利工程高压喷射灌浆技术规范》（DL/T 5200—2019）、《灌浆记录仪技术导则》（DL/T 5237—2010）、《土坝灌浆技术规范》（DL/T 5238—2010）、《水电水利工程化学灌浆技术规范》（DL/T 5406—2019）、《水工建筑物水泥灌浆施工技术规范》（DL/T 5148—2012）、《水电水利工程覆盖层灌浆技术规范》（DL/T 5267—2012）、《建筑地基基础工程施工质量验收规范》（GB 50202—2002）。

（六）2018 年度地基与基础工程学科取得的科技成果

“超深与复杂地质条件混凝土防渗墙施工关键技术”获国家科技进步二等奖（中国水电基础局有限公司等）；“水泥灌浆智能控制系统关键技术和成套装备”获中国大坝工程学会科技发明一等奖（中国三峡建设管理有限公司等）；“强震区卸荷裂隙密集带复杂岩体边坡稳定性评价与加固关键技术”获水利部大禹科技进步二等奖（中国电建集团成都勘测设计研究院有限公司等）；“高重力坝地基深厚软弱破碎岩体处理技术研究与应用”获中国水力发电科技进步二等奖（中国三峡建设管理有限公司等）；“强透水地层防渗处理关键技术”获水利部大禹科技进步三等奖（湖南宏禹工程集团有限公司）；“乌东德水电站超深覆盖层超深基坑围堰施工关键技术”获中国水力发电科技进步三等奖（中国葛洲坝集团三峡建设工程有限公司等）；“强溶蚀复杂地层防渗灌浆技术研究与应用”获中国水力发电科技进步三等奖（中国电建集团中南勘测设计研究院有限公司等）；“岩石盖重固结灌浆施工工艺研究”获中国水力发电科技进步三等奖（中国水利水电第四工程局有限公司）。

以上成果只是 2018 年度地基与基础工程学科的部分获奖项目，统计并不完全。同时业内还有多家科研机构、大学和企业在基础工程智能化施工、新材料、新装备等方面做了大量研究，可以预见，未来几年会有这方面大量的科技成果涌现出来。

三、国内外研究进展比较

我国水利水电建设大规模的工程实践极大地加快了地基与基础工程学科的发展，总体技术达到了国际领先或国际先进的水平。但在有些项目上与发达国家或者其他行业比较起来还有差距。

（1）与发达国家和其他学科相比较，地基与基础工程理论不够完善，在很大程度上处于经验和半经验状态。虽然取得了一些科研成果，并获得不同的奖励，但原创性成果、突破性成果较少。

（2）与发达国家和其他学科比，地基与基础工程施工的机械化和自动化程度整体上落后，大型基础工程设备的制造能力落后，大量的施工作业处于半机械化状态，有的仍然属于笨重体力劳动，总体上属于劳动密集型。我国虽然已可以自行制造多数基础工程设备，但基本上属于仿制翻版，而且大型重型装备的研制依然缺乏，设备质量也与进口产品有差距。

（3）大多数地基与基础工程施工技术的生产效率低于发达国家，单位工程产品的能源和材料消耗高于发达国家。

（4）我国完成了许多非常出色的工程，但由于施工原因导致的工程质量事故也时有发生。隐蔽工程检测技术有了长足的进步，但仍然不能满足工程质量管理的要求。

四、发展趋势

国家经济社会在经过多年的高速发展以后，已经进入了一个中高速发展的“新常态”。新常态的特点是，不再单纯追求 GDP 的快速增长，而是更加重视协调、均衡、可持续发展和环境保护，要求工业结构和技术逐步转变扩张型的发展模式，提倡以创新驱动发展，强调节能减排、提质增效，倡导发展“互联网 +”产业，提出了《中国制造 2025》规划。

由于各方面的原因，人力成本越来越高，作为劳动密集型的地基与基础工程施工越来越困难和不可持续，迫切需要改变用人多和劳动笨重的状态。再则，工序中太多的手工环节不利于质量管理和质量控制，这也是一些工程出现质量事故的原因。

因此，无论从国家宏观要求、学科及工程技术发展或是工程质量管理来说，都需要打造中国地基与基础工程技术的升级版。要由目前的手工劳动和半机械化作业向机械化、自动化、信息化和智能化过渡，由劳动密集型向智力型过渡。小工程应当实现机械化、半自动化，大工程应当实现自动化、信息化、智能化。基础工程理论研究也期待突破性的成果。

为了推动地基与基础工程学科和施工技术的发展，建议采取一些必要的对策。

（1）制定产业政策，在工程机械制造业的源头上淘汰消耗大、污染重、工效低的设备和产能，研发并应用先进的高效低耗的地基与基础工程机械。将计算机技术大量引入施工机械的控制技术，提高机械自动化、智能化水平。

（2）对陈旧工艺进行改造，开发新型工艺方法。对新工法的评价，除了安全质量、生产效率以外，应将能耗、环保等列入重点考量。

（3）岩土工程领域的地基与基础工程理论，因其影响因素和边界条件的复杂性、工程方法和涉及材料的多样性，目前有些仍处于半经验半理论状态，在各行各业的工程中，经验数据和做法仍然起着重要的指导意义。因此，重视典型工程经验的总结、成熟工程技艺的推广，并对其进行数理模型的分析研究，是不断完善地基与基础工程理论的重点工作。

（4）既要重视结合工程开展专题试验研究，也要加强基础性的理论研究；要改善监测和检验手段。

（5）我国已在各种复杂地基上建成了大量的水工建筑物，有的已运行了多年，应当组织对这些工程进行回访，收集监测资料或增加监测设施，开展原型研究，推动学科理论的发展。

（6）研究改进建设管理体制。当前的体制对促进我国各领域工程建设包括水利水电工程建设起到了巨大的推动作用，但是低价中标的游戏规则也助长了资源消耗和粗放型经济，不利于新技术的推广应用，不可持续发展。

参考文献

[1] 顾晓鲁，等. 地基与基础［M］. 第三版. 北京：中国建筑工业出版社，2003：6.
[2] 中国水利学会门户网站“大禹奖”网页［EB/OL］.
[3] 中国电机工程学会门户网站“中国电力科学技术奖”网页［EB/OL］.
[4] 夏可风. 夏可风灌浆技术文集［M］. 北京：中国水利水电出版社，2015.

撰稿人：夏可风　赵存厚　肖恩尚　赵明华

地下水科学与工程学科发展

一、引言

地下水是自然界中水循环的一个重要环节，是全球的重要供水水源。地下水资源在地球上分布极为广泛，它对许多地区的社会经济发展具有举足轻重的作用。我国地下淡水资源约占淡水资源总量的三分之一，地下水利用量约占水资源总量的五分之一。近 30 年来，我国地下水开采量逐年递增，有效保证了经济社会发展需求。但是，强烈的人类活动使得我国原本有限的供水水源变得愈加稀缺，地表水和地下水水质恶化，地下水开发利用不当导致的地下水水位下降、流量衰减、水质恶化，以及地面沉降、地面塌陷等地质环境问题频发。加快发展地下水科学与工程学科，迫在眉睫。

地下水科学与工程以地球科学理论为基础，以地下水循环和水 - 岩相互作用核心，研究地下水资源的勘查、评价、开发、管理，地下水环境和地质环境的调查、监测、评价和治理，地下水与人类工程活动之间的关系等。地下水科学与工程学科的发展，不仅有利于保证水资源供给、保护和改善环境、促进生态良性循环，而且有利于揭示人类活动与自然环境之间的相互关系。

目前，在中国社会的发展过程中存在着四方面与地下水有关的问题。一是地下水资源的过量开采使得水资源供需矛盾加剧，并引发一系列危及人类生存的环境问题；二是对人类活动产生的大量废弃物处置不当，致使地下水普遍受到不同程度的污染；三是中国广大的干旱 - 半干旱地区，除水资源贫乏外，地下水水质很差，从而引起许多环境问题；四是在矿产和能源资源大量开采过程中，以及在人类大型工程建设的过程中，遭遇的灾害性地下水环境问题。这些问题向地下水科学与工程提出了新的挑战，也为地下水科学与工程学科的发展提供了前所未有的机遇。

二、国内发展现状及最新研究进展

（一）国内发展现状

20 世纪 50 年代以来，大规模的经济建设迫切需要足够的地下水资源，开展地下水调查，寻找优质的水资源成为主要方向。60 年代后期，大规模的地下水开发利用，使许多地区出现了地面沉降、地面塌陷和水质恶化等一系列的地质环境问题，大范围区域地下水资源评价及合理开发成为学科的重要研究和实践内容。90 年代中期，随着社会经济发展和生活水平的提高，与环境和生态有关的一系列地下水问题受到了人们的关注，地下水资源与环境相关研究与实践也得到比较全面系统的发展。

1. 地下水调查

从 20 世纪 50 年代开始，开展了全国性的地下水调查工作，为国民经济建设和社会发展提供了系统、完整的地下水基础资料。中国水文地质工作者在此领域中进行了大量的研究工作，其理论成果主要表现在对中国区域地下水分布规律的认识和表述，以及在长期实践过程中形成的基岩地下水找水理论。

2. 地下水污染研究及实践

我国地下水工作者在 20 世纪 80 年代开始关注地下水污染问题，最早期的研究与实践集中在与污水灌溉、污染土体治理、矿坑废水排放等实际问题上。主要研究的污染物包括氮的化合物、磷酸盐、硫酸盐、重金属、酚和氰化物等。研究方法多为调查，有机污染物的研究处于空白。90 年代以来，随着环境问题的日趋严重和测试技术的不断进步，我国地下水污染研究进入了新阶段，相继开展了地下水脆弱性评价、地下水有机物污染调查与评价、垃圾渗滤液对地下水的污染及防治、污染含水层修复理论与技术、核废料地质处置场地试验和预测等。

3. 与生态有关的地下水研究与实践

与生态有关的地下水研究在我国开始于 20 世纪 90 年代，侧重在流域或区域尺度上“大气 – 土壤 – 植物”系统的水分能量交换、森林对降水 – 汇流过程和土壤侵蚀过程的影响、水分与热量交换为核心的地气相互作用野外观测等方面。另一个方向是生态需水量的计算和评价。此外还开展了一系列旨在以生态环境保护为目的的调查工作，包括对大江大河流域、沿海地区、北方荒漠化和西南岩溶石漠化等区域的调查。

4. 与地下水有关的工程

随着我国经济的快速发展，大型工程无论从规模上还是数量上，都达到了前所未有的高度。目前对地下水与人类工程活动之关系的研究不仅要考虑地下水对工程的影响，而且重点关注工程对地下水环境的影响，特别是工程施工造成地下水资源量的减少、生态环境和地质环境的破坏。

5. 地下水数值模拟技术

我国地下水数值模拟的应用已遍及与地下水有关的各个领域和各个产业部门。总体上讲，我国地下水数值模拟领域的应用水平较高，但理论研究较少、软件开发明显落后。

6. 地下水管理及实践

20 世纪 80 年代，我国开始了地下水管理模型的研究和应用，目前几乎在所有的以地下水为主要供水水源的大城市中，针对不同问题都建立了地下水管理模型。一些典型的区域也建立了区域地下水管理模型，如河北平原、河西走廊、柴达木盆地等。但模型结构比较简单，多归结为求解线性规划问题，大大限制了模型的实用性和可操作性。近年来，随着可持续发展理论的引入、人们对环境问题的重视以及运筹学算法的发展，地下水管理模型无论从管理的内容还是建模的方法上都有了很大的发展，在研究内容上更多地涉及社会、经济、环境等因素。

（二）最新研究进展

1. 区域地下水循环研究

区域地下水流理论注重地下水循环过程中的水动力过程，并认为地下水是一系列地质、生物、化学过程中的重要地质营力，其核心是确定不同级次地下水流系统的空间分布，可以揭示地下水各个部分的内在联系。因此，区域地下水流理论是推动区域或流域尺度，尤其是盆地尺度地下水循环规律研究的有力工具。区域地下水流理论较好地刻画了盆地尺度地下水的循环模式，是指导区域地下水研究的有力工具，不仅在水文地质领域，而且在石油和矿产勘探、地热开采、核废料处置、生态水文以及环境保护等一系列地学领域得到了应用。因此，区域地下水流理论是现代水文地质学科的重要基础理论。

自 20 世纪 80 年代区域地下水流理论传入我国，并被应用于分析我国典型区域的地下水流系统。近年来，我国先开展了各大盆地的水文地质调查工作，积累了众多数据和成果，为深入研究盆地地下水循环规律提供了丰富的实际材料，并应用区域地下水流系统理论对各盆地地下水系统进行了深入研究。如我国鄂尔多斯盆地，采用 Packer 定深取样技术，获取不同深度地下水水位、水温及水化学和同位素资料，综合利用水动力场、温度场、同位素与水化学分析和数值模拟等方法，识别并定量刻画了不同级次水流系统的空间分布，对区域地下水流系统的理论，尤其是大型盆地水流系统研究有了很好的实践与发展。

目前已开展了鄂尔多斯盆地、河西走廊、塔里木盆地、柴达木盆地、吐－哈盆地、准格尔盆地、岩溶石山地区、西藏“一江两河”地区、首都地区、华北平原地区、三江平原、松辽西部、松嫩平原等以流域（盆地）为单元的区域水文地质调查，查明了我国西部地区和北方重点地区主要大型地下水盆地或地下水系统的地下水资源总量，评价了可持续利用的区域地下水资源潜力及其空间分布。紧密结合重要基础设施、主要城市、重点农业开发区的生态环境建设及严重干旱缺水地区的基本需求，开展重点地下水资源勘查和合理开发利用示范研究，同时也开展了区域地下水水质与污染调查评价。

2. 弱透水层的水资源特性

精确地计算、评价和预测地下水资源，对于局部或区域水资源管理，特别是地下水资源的合理和可持续利用显得尤为重要。传统的水文地质学中，将地下水资源定义为在一定期限内能提供给人类使用的，且能逐年得到恢复的地下淡水量。对于冲积平原地区，丰富地下水资源的补给主要包括地史时期封存于地层中的“古水”、当地降水入渗补给以及区域地下水侧向补给。地下水通常储存在由含水层和弱透水层（隔水层）所组成的含水层系统中，含水层一般是由透水性好的砂、卵石等构成；而隔水层一般都是由弱透水性黏土、亚黏土、粉砂质黏土所组成，尽管其孔隙度大，贮水量多，但由于透水性较含水层小2~5个数量级，不满足地下水资源的定义，所以隔水层中所储存的地下水并没有被纳入地下水资源量。事实上，已有学者研究发现长期从含水层系统开采出的地下水总量远大于预估的含水层中所储存的地下水资源量。研究表明，短时间开采地下水或地下水开采量不大的情况下，开采量主要来自含水层，而长期、大量地从含水层中所抽取的地下水资源则有很大一部分来自隔水层中所储存的地下水。然而，在长久开采含水层地下水时针对含水层系统中弱透水层的释水机理，尤其是人类正在永久性地消耗部分地下水资源量等研究并不多见。

河海大学周志芳课题组通过分析含水层系统的组成特点、含水层和弱透水层的释水特征，揭示了地下水资源的永久性消耗机理。含水层系统地下水资源具有二重性：可恢复性和不可恢复性，即含水层地下水资源的可恢复性（弹性），弱透水层地下水资源的不可恢复性（塑性）。以往水文地质学中只是片面地强调了含水层地下水资源的可恢复性（弹性），忽略了弱透水层地下水资源的资源特性和不可恢复性（塑性）。永久性消耗的地下水量是使用了不可恢复的地下水资源量。结合苏锡常地区近30年内大规模开采地下水资源过程中地下水位变化以及地面沉降的实测数据，研究了地下水被大量抽取后含水层系统的永久性压缩。含水层系统的释水变形直接导致了永久性的地面沉降和地下水储存空间的缩减，原本储存在含水层系统中的部分地下水资源将无法得到恢复储存，无法恢复的这部分地下水资源其实已被永久性地消耗了。永久性消耗的地下水资源总量与地面沉降的总体积基本一致，结合苏锡常地区含水层系统常年开采后引起的地面沉降量估算，得出永久性消耗的地下水累计量占该区域地下水开采总量的41.8%~65.8%。

3. 水文地质参数现场快速测试技术

目前用于水文地质参数现场测试的主要技术有抽（注）水试验、压水试验等，但这些试验存在成本高、试验周期长、对地下水有干扰等特点。微水试验作为一种确定水文地质参数的现场快速测试方法，始于20世纪50年代，目前在美国已有该试验的相关规程，另外在法国和德国以及中国台湾也有相关研究。但由于对该方法理论基础、适用范围、量测标准、操作规程尚没有一个系统明确的定论，使得该项成果未能在我国广泛推广。

微水试验（slug test）是通过瞬间井孔内微小水量的增加（或减少）而引起的井孔水位随时间变化规律来确定岩土体渗透参数的一种快速、简易方法。其中，有多种方式可以实现瞬间井孔内微小水量的增加（或减少），如瞬间抽水、瞬间注水、固体棒瞬间落入井水中或从井水中取出、密闭井孔中充（吸）气（气压式）等，而气压式能真正意义上实现井孔内微小水量的“瞬时”变化。与传统方法（抽水试验、压水试验等）相比，振荡试验有其独特的优越性，它不仅更简便、经济，而且其精度与准确度完全能够满足实际测定岩土体渗透参数的需要。尽管微水试验所取得的渗透参数只反映试验孔附近小范围的含水层介质渗透性，但在研究范围小或在研究范围内有较多勘探孔的情况下，采用这种方法无疑是一种比较理想的方法。由于微水试验时间短、不需要抽水和附加的观测孔，因此经济又简便，而且对地下水正常观测的影响也很小，同时，振荡试验几乎不会对地下水环境产生二次污染。

近年来，河海大学研究团队开展了微水试验法理论研究和仪器研制工作。周志芳等基于单井内水流运动的振动原理研制开发了用于岩土体渗透参数现场快速测试的系统，使现场快速、高效测试岩土体渗透参数成为可能，开发了数据处理软件，实现了数据处理和参数计算自动化；开发的测试系统不仅能快速、准确地测定岩土体渗透参数，而且对地下水及周边环境几乎不造成任何影响。赵燕容等将振荡试验应用到现场含水层渗透性的分层测试中，验证了振荡试验分层确定含水层渗透性的可能性，同时将振荡试验现场获得的数据利用小波技术去噪，剔除数据的噪音，对处理后的振荡试验数据进行计算，并将计算结果与抽水试验计算结果进行对比分析，证明了振荡试验确定渗透参数具有很高的精度和稳定性。

在室内专门构建了试验模型研究微水试验机理，与此同时，依托诸多大型工程，开展了现场测试验证工作。分别在白鹤滩水电站、十里铺水电站、溧阳抽水蓄能电站、绩溪抽水蓄能电站、滇中引水工程、泰州大桥、南京过江隧道等工程建设中开展对比试验工作，验证了微水试验的有效性和精度。目前已形成江苏省地方规程、中国水电顾问集团企业标准，在水利、水电、交通、能源等行业中得到了广泛的推广应用。

4. 地下水修复技术

地下水修复包括水位恢复及污染修复。水利部《地下水动态月报》（2019 年 3 月）显示，松辽平原大部分地区地下水埋深小于 8 m，黑龙江松嫩平原东部和三江平原、内蒙古平原区局部地区地下水埋深 12~20 m，吉林平原区局部地区地下水埋深超过 20 m。黄淮海平原黄河以南平原区地下水埋深 1~12 m，黄河以北平原区总体自东向西埋深逐渐增加；北京北部，河北唐山、保定、石家庄、邢台、邯郸地下水埋深超过 20 m，局部地区超过 50 m；山东淄博、河南北部平原区地下水埋深 12~30 m。山西主要盆地地下水平均埋深 14.15 m，呼包平原地下水平均埋深 12.00 m，包头北部地下水埋深超过 50 m；关中平原地下水平均埋深 28.23 m，北部及中部部分地区埋深超过 50 m；河西走廊平原地下水平均埋深 18.28 m，金昌、武威南部地区埋深超过 50 m。银川平原地下水平均埋深 3.13 m；新疆吐鲁番盆地地下水平均埋深 25.45 m。江汉平原地下水平均埋深 3.91 m。

2014 年，国土资源部监测了我国 202 个地级市的地下水水质，共 4896 个监测点，其中包括国家级监测点 1000 个。根据《地下水质量标准》（GB/T 14848—93）的规定，地下水水质综合评价结果为优良级的监测点 529 个，占总数的 10.8%；地下水水质为良好级的监测点 1266 个，占总数的 25.9%；地下水水质为较好级的监测点 90 个，占总数的 1.8%；地下水水质为较差级的监测点 2221 个，占总数的 45.4%；地下水水质为极差级的监测点 790 个，占总数的 16.1%。主要超标组分为总硬度、溶解性总固体、“三氮”、氟化物、硫酸盐等，其中个别地下水监测点的水质存在砷、铅、六价铬、镉等重（类）金属超标的现象。目前，我国的地下水污染正往以下三个趋势发展：第一个趋势是由点到面、第二个趋势是由浅到深、第三个趋势是由城市向农村不断扩展，并且地下水的污染程度会变得越来越严重。

水利部公开的 2016 年 1 月《地下水动态月报》显示，全国地下水八成“水质较差”。2015 年，水利部于对分布于松辽平原、黄淮海平原、山西及西北地区盆地和平原、江汉平原的 2103 眼地下水水井进行了监测，监测结果显示：Ⅳ类水 691 个，占 32.9%；Ⅴ类水 994 个，占 47.3%，两者合计占比为 80.2%。监测范围主要是地下水开发利用程度较大、污染较严重的地区，而监测对象则以浅层地下水为主，易受地表或土壤水污染下渗影响。

超采区地下水的限采以苏锡常地区为典型。自 2000 年以来，江苏针对苏锡常地区开展了地下水禁采，很多学者针对地下水禁采后地下水位的恢复以及地面沉降问题开展了大量的研究工作，为类似地区地下水位恢复提供了参考和借鉴。

地下水污染的污染源在不同的地区也有所区别。在农村地区，大量的农药化肥的过量使用，包括每年上亿吨垃圾没有得到很有效的处理，直接堆放。此外，农村与城市的生活污水多数直接排放。这些都会影响到地表水和地下水。另外，大量的城市生活污水、垃圾围城也对地下水造成影响。从工业来看，有很多企业超标排放。更恶劣的情况，一些企业采用渗坑渗井排放工业废水，会直接影响地下水。还有一个重要的来源，是来自养殖业，大型的养殖场日益发达，废水和粪污没有经过很好的处理就排放。

地下水修复技术种类繁多，目前国外发达国家针对多种地下水修复技术制定了相应的实施导则，技术通用原则及适用性、技术实施案例总结及要点、工程设计安装和运行指南、运行监测及费用评估等，已包括的技术有：电动力学技术、地下水提取和产品回收技术、空气喷射、压力破裂、微生物修复、阻隔 – 隔离墙、淋洗技术、原位化学氧化修复技术、井内曝气、监测自然衰减、多相抽提、渗透反应墙、植物修复、抽出 – 处理技术、原位热处理技术等。目前我国已逐步重视地下水污染的修复工作，但在修复技术体系建设方面，与发达国家还有一定的差距。

5. 深厚覆盖层中大型建设地下水控制技术

我国第四系深厚覆盖层分布广泛，特别是在冲积平原地区（如长江三角洲、珠江三角洲等），覆盖层多发育软土且含水量丰富；构筑于深厚覆盖层之上的建筑物的安全很大程度上取决于地层变形及其稳定性。近年来，深厚覆盖层变形沉降导致工程安全事故频发，造成了重大人员伤亡、经济损失和社会影响。其中很重要的技术原因在于：①对深厚覆盖层释水－变形内在机理认识不到位，造成变形趋势预测不准确；②由于岩土体物理力学性质及水理特性的不确定性、时空变异性，需要更完善的水文地质参数获取技术和岩土体变形数据采集技术；③由于工程基础尺寸规模巨大已超出了现有设计规范，对特殊工况遇到的特殊问题缺少应急处置办法。如何准确预测释水过程中地层分层变形规律，获取地层水力－变形物理参数，提出地层沉降控制技术并通过监测验证，是保证工程稳定与安全的关键技术难题。

近年来，针对深厚覆盖层地区大型工程建设期间的地下水控制技术及其相关问题的研究有较多的成果。

（1）基于深厚覆盖层土体和地下水之间相互作用内在机理，提出了饱和软土释水－变形的控制单元体（CEV）和变形单元体（DEV）的概念，建立了饱和软土释水－变形概念模型，揭示了饱和软土释水－变形之间的内在规律和传导系数与固结系数之间的关系。针对多级加载条件下含竖向排水体土层轴对称固结完整的支配方程，综合考虑井阻作用、井壁土体压缩、土层附加应力沿深度任意分布，提出了水平排水条件下饱和软土孔压－固结解。

（2）提出了可同时确定传导系数与固结系数等渗流和变形系列参数的流量衰减测试技术与方法、累积变形测试技术与方法，提出了现场获取深厚覆盖层水文地质参数的分层振荡试验技术。研发了一种可解决水平透水层的厚度、长度等参数对上下两侧软土层排水固结程度的定量评价问题平面应变固结试验装置，获得透水层几何及渗透参数对饱和软土固结的影响及软土渗透和固结参数。

（3）基于非完整井流理论和渗透变形理论，提出了深厚覆盖层中大型沉井基础施工的注水助沉和纠偏技术、降水进度与施工进度相匹配的工序降水理论和基础施工中阻－排组合的地下水安全控制技术；建立了基于沉降变形约束的基坑降水系统控制模型，实现了工程降水过程中沉降的主动控制。

三、国内外研究进展比较

地下水科学作为一门定量的科学可以追溯到1856年法国工程师Darcy发现的达西定律。160多年来，世界各国的地下水科学工作者为地下水学科的发展做出了许多努力。在美国以及西方发达国家，地下水是与水相关的众多科学研究中的一个中心主题，科研经费来源较多。地下水科学研究的总体趋势是：①多学科交叉，与地质学、地球化学、地表水水文学、土地利用、土壤学、大气科学、生物学、生态学、全球变化、数学以及社会学的联系日趋紧密；②越来越多地通过网络和信息学进行海量数据的发布、存储、分析和可视化；③越来越需要基于大规模的野外观测网来监测和预测多种时间－空间尺度下的水动力与水质变化过程。而目前国内无论是对地下水的重视程度以及科研经费的投入，还是在监测、分析等方面，均与国外存在一定的差距。

与欧美、日本等国家重点关注与地下水环境相关的科学研究相比，我国近年来开展了大规模的基础设施建设，在大型水利水电工程岩体渗流控制技术、深厚覆盖层中大型工程建设期地下水控制技术等方面总体上处于国际领先水平。

四、发展趋势

（一）发展目标

社会需求是我国地下水科学与工程学科发展的动力。随着我国经济快速发展，随之而来的地下水环境问题也日益凸显。在借鉴国外经验的同时，需要认真总结我国地下水科学发展的特点，充分考虑我国复杂的地质条件、水文地质条件等，针对地下水资源、环境及工程中的关键技术问题，确定重点研究方向，加强应用基础理论研究，充分运用现代科学理论和高新技术，在更高层次上实现多学科交叉融合，以期在基础研究及关键技术上有突破和创新，使学科在整体上达到国际领先水平。

（二）战略需求

维持水资源安全供给是地下水科学的首要任务，生态文明建设全过程需要地下水学科的支撑，地下水科学在地球系统科学发展中具有重要的地位和作用。《中华人民共和国国民经济和社会发展第十三个五年规划纲要》中明确指出，“科学开发利用地表水及各类非常规水源，严格控制地下水开采”“严格保护良好水体和饮用水水源，开展地下水污染调查和综合防治”。地下水资源的开发利用、地下水环境的保护以及地下水生态问题等将是我国未来重点需要发展的领域。

2019 年全国水利工作会议确定了“水利工程补短板、水利行业强监管”的工作总基调总思路。其中，如何加强对地下水的监管，特别是在地下水资源保护与系统修复、地下水动态模拟及评价、地下水超采区监测预警、堤坝渗漏预测与保护等方面，需要从地下水循环基础理论、地下水监测和预测方法及技术、地下水超采治理修复技术及评估等方面提供科学的支撑。

数据问题是我国地下水科学发展的瓶颈。目前我国地下水研究最大的障碍是缺乏足够的、可靠的、可以共享的数据。系统地进行地下水监测，鼓励大量的数据采集、积累和共享是发展我国地下水科学的当务之急。尽管近年来由国土资源部和水利部联合开展了国家地下水监测工程项目，但在监测密度、数据共享等方面尚存在不能满足地下水科学研究的地方。

（三）对策与建议

1. 地下水科学与工程优先研究领域

考虑到我国地下水科学的现状和当前国际地下水研究的趋势，结合我国社会经济发展和环境保护的需求，建议地下水科学发展的优先研究领域：人类活动、气候变化、土地使用变化对地下水循环的影响；区域尺度含水层系统循环机理与数值模拟；地下水可持续利用与管理；地下水过量开采及水质污染引起的区域环境地质问题；岩溶地下水系统运动机理与可持续开发利用；区域地下水监测网的建立、完善与管理；地下水同位素示踪的发展与应用；生物过程动力学及对水化学的影响；特殊环境下水文地球化学问题的研究；与地下水污染、修复有关的行政管理和法律框架；地下水污染评价及污染物的归宿研究；经济、高效的地下水污染修复技术与方法；地下水微生物代谢与循环；地下水及生态效应；高寒地区气候变化对地下水的影响及其生态响应；非饱和带水分水质转换及生态效应；非饱和带多相流问题；农业可持续发展中的土壤特性变化、土壤污染问题。

2. 学科发展的建议

（1）加强地下水基础研究。随着国家科技重大专项"水资源高效开发利用"重点专项的实施，特殊地貌区地下水资源开发利用与保护、海水入侵地下水控制等方面开始了资助研究。但在区域地下水循环、地下水资源精细化管理、地下水污染修复技术等方面尚有待进一步围绕关键科学问题开展科研攻关，形成一支能攻克与地下水相关重大科学问题的综合团队，提高地下水的研究水平。

（2）加强地下水探测测试新技术新方法的研发。地下水科学的进步在很大程度上是由水文地质数据获取的革命性新手段和新技术带动起来的。互联网的普及和其他新技术的发展，尤其是遥测传感器的无线和声波传输，加之传感器的成本不断降低、尺寸和重量的微量化，正在为地下水环境监测带来根本性的变化。大范围、多变量的智能传感阵列构成的智能网络，正在成为研究复杂现实问题的全新工具。在地下水探测技术方面，需要探索研发覆盖密度大，可迅速获取大量的数据，且花费较低的地球物理方法（如核磁共振法、地震层析成像法等）；采用卫星遥感技术和数据，探测和研究区域乃至全球范围的地下水循环。

（3）加强地下水科学与工程创新平台建设和人才培养。实验室是不断产生原始创新成果、培养和汇聚拔尖人才、承担完成国家重大项目和开展国际科技合作的基础平台，但迄今为止，我国还没有一个以地下水科学为重点方向的国家重点实验室，因此培育重点实验室平台是今后的一项主要任务。随着地下水资源与环境问题的日益突出，迫切需要大量的专业人才从事地下水科学方面的研究以及工程实践工作。我国目前具有"地下水科学与工程"本科专业的高校也仅有 9 所，具有硕士、博士授权点的学校也仅有 20 多所。我国地下水科研领域的人才培养亟待加强，加强地下水学科本科和研究生人才培养是根本的途径。同时通过水利学会地下水科学与工程专委会建立对相关专业人员的定期培训机制，也可以满足一定地下水专业人才的实践需求。

（4）建立可靠的、可以共享的地下水基础数据平台。我国地下水监测现状难以满足经济社会发展的需求，急需建立国家级长期地下水监测网，收集稳定、可靠、大尺度空间、长时间序列的数据。同时鼓励大量基础数据的采集、积累和共享是发展我国地下水科学发展的当务之急。随着国家地下水监测工程项目的实施，将会较大程度满足对基础数据的需求。建议国土资源系统、水利系统以及科研单位等通过政府拨款资助的生产性调查项目所收集的数据列为共享资源，各部门采集数据、存储、检索和发布采用统一的标准和规范；建议在科技部设立的科技基础条件平台建设计划中，安排地下水数据共享系统，构建一个拥有海量数据、实现资源有效共享的基础数据平台。

参考文献

［1］中国科学院．中国学科发展战略地下水科学［M］．北京：科学出版社，2018.

［2］周志芳，郑虎，庄超．论地下水资源的永久性消耗量［J］．水利学报，2014，45（12）：1458-1463.

［3］吴爱民，荆继红，宋博．略论中国水安全问题与地下水的保障作用［J］．地质学报，2016，90（10）：2939-2947.

［4］张光辉，王茜，田言亮，等．我国北方区域地下水演化研究综述［J］．水利水电科技进展，2015，35（5）：124-129.

［5］文一，赵丹．发达国家地下水修复技术现状及对我国的启示［J］．环境保护科学，2016，42（5）：12-14.

［6］Jiang X W，Wan L，et al．A quantitative study on accumulation of age mass around stagnation points in nested flow systems［J］．Water Resource Research，2012（48）.

［7］中国地下水科学战略研究小组．中国地下水科学的机遇与挑战［M］．北京：科学出版社，2009.

［8］周志芳，庄超，戴云峰，等．单孔振荡式微水试验确定裂隙岩体各向异性渗透参数［J］．岩石力学与工程学报，2015，34（2）：271-278.

［9］胡立堂，孙康宁，尹文杰．GRACE 卫星在区域地下水管理中的应用潜力综述［J］．地球科学与环境学报，2016，38（2）：258-266.

［10］李元杰，王森杰，张敏，等．土壤和地下水污染的监控自然衰减修复技术研究进展［J］．中国环境科学，2018，38（3）：1185-1193.

［11］柳荻，胡振通，靳乐山．华北地下水超采区农户对休耕政策的满意度及其影响因素分析［J］．干旱区资源与环境，2018，32（1）：22-27.

［12］Nurolla M，张彦，张嘉星，等．引黄灌区地下水动态变化影响因素及种植结构优化分析——人民胜利渠灌区为例［J］．中国农村水利水电，2018（3）：190-195.

［13］徐斌，张艳．干旱区绿洲新疆石河子垦区地下水生态系统安全评价［J］．环境科学研究，2018，31（5）：139-146.

撰稿人：王锦国

城市水利学科发展

一、引言

水是人类生存的基础。在古代，人们“依水而居”，逐步由村落而形成一些作为经贸与政治中心的城市。在此进程中，水一直是城市发展的重要支撑或制约要素，为此人们兴修起各种水利工程。古代城市水利在特定历史条件下，以军事防御、防洪、供水为主，兼顾航运、水产养殖、美化环境。发展至现代社会，城市规模日益扩张，水安全保障压力持续增大，人类对水量、水质、水环境、水景观和水生态的要求不断提高，城市水利的内涵不断扩展，任务更为艰巨复杂。

城市水利与城市规模及发展速度密切关联。改革开放 40 多年来我国城镇化进入加速发展阶段。1978—1998 年的 20 年间常住人口城镇化率从 17.9% 提高到 30.4%，前 20 年仅上升 12.5 个百分点；而 2018 年城镇化率达到 59.6%，后 20 年增长了 29.2 个百分点，可见城镇化进程之迅猛。我国超百万人口的城市，从 1978 年的 13 座升至 2016 年的 147 座，并形成了京津冀、长三角、珠三角等 10 余个城市群。1998 年特大洪水之后，国家持续成倍增加了治水投入，我国洪灾相对损失与人员伤亡显著下降，说明大规模的水利工程建设为国民经济的快速平稳发展提供了有力的支撑和保障。但 2010—2018 年，8 年中仍有 4 年损失高达 2600 亿 ~3700 亿元，且明显与受淹城市数成正比，并在城市中表现出洪涝灾害的连锁性与突变性特征，说明快速城镇化背景下防灾体系建设滞后是主要成因。根据联合国 2010 年和 2014 年发布的《世界城市化前景报告》，至 2050 年，发达国家城市人口将从 9 亿增至 11 亿，发展中国家从 25 亿增至 52 亿，我国将再增加 2.92 亿的城市居民。我国当前与今后相当时间内，城市水问题有演绎成水危机的可能性，城市水利将面临前所未有的压力与挑战。

伴随城镇化、工业化的迅猛进程，城市水资源短缺、水环境污染、水生态退化与水旱风险加剧的问题也日益突出和复杂，同时社会进步和人们生活水平的提高，又对水安全保障提出了更高的要求，城市水利的内涵不断更新和丰富。从 20 世纪 90 年代开始，国内专家学者就不断对其含义、内容和特性进行了不同深度的探讨。郭涛最早提出城市水利是指与城市建设和发展目标相适应的城市水灾防御和城市水资源综合开发利用与保护的水工程和水管理问题，具有防灾、供水、交通、环境美化和综合管理五大功能。练继建等认为城市水利是研究城市中与水有关的水资源、水环境、水生态和水灾害等问题的专门技术科学。郝朝德提出城市水利是指同城市存在和发展有关的水利问题，包括城市水文、防洪、排涝、供水、水污染防治、水土保持、水环境、城郊接合部的水利问题、城市地下水的开发与利用、城市水利的法规体系。21 世纪以来，国内在城市水利应包含的内容方面探讨更加深入，如张劲松等认为城市水利包括水环境、水安全和水消费三方面，其中水消费涵盖生产、生活、生态三方面对水的需求。史新明提出城市水利包括城市水安全（防洪排涝、供水、水质、水土保持）、城市水环境、城市水管理、城市水市场、城市水文化五个方面。刘延恺在总结古代和现代城市水利特点的基础上提出城市水利应包括城市供水与节水、防洪与排涝、水环境保护与生态建设、水文化保护与利用、水资源规划与水务管理。刘桂芳、陈兴茹、李晓粤和张文锦等分别提出城市水利是指开展一系列与城市各项功能正常运转有关的水事活动，涵盖了在城市建设与发展中所涉及的直接或间接与水有关的课题或问题，认为综合运用工程、法律、行政、经济、教育、技术等手段实现水资源的有效供给、保护水环境以及加强城市水灾害防治是城市水利的根本任务。在城市水利具有的基本特性方面，张劲松认为城市水利除了有一般水利的特点外，还具有明显的经济特征，包括公益性、需求无弹性、资源的不可移动性、经济带动性。程晓陶提出城市水利具有面临问题的长期性和复杂性、统筹规划的超前性、实施对策的综合性、发展模式的开放性以及城市水利的风险特性与加强风险管理的必要性。郭建斌则强调了城市水利管理还具有治水目标和手段的双重综合性。

综合众多专家的观点，可将城市水利定义为：城市水利是以城市所处的河湖水系及城市水循环为主要对象，在水利基础设施规划、设计、建设、运营、维护、监测与管理及人类涉水活动监管的全过程中，统筹运用工程、法律、行政、经济、科研、教育、技术等手段，为满足城市日益提高的水安全保障需求和支撑城乡协调发展而进行的一系列综合治水与涉水管理活动。这些活动的主要作用是防洪治涝、供水保障、雨水资源利用、水环境治理、水景观构建、水生态修复、水土保持、水运交通、水文化传承和水务综合管理等。城市水利具有综合性、基础性、延续性、公益性、资金密集性和管理复杂性等基本特征，需要大力促进部门协作、信息共享与社会参与。

从学科专业建设角度，城市水利学是一门相对较新的专业。为了应对我国城市发展过程中出现的城市洪涝、水资源短缺和水环境污染等问题，保障城市的现代化建设和可持续发展，2000 年 12 月，中国水利学成立了城市水利专业委员会。城市水利学是对城市的安全、经济、环境、生态等与水的关系进行综合研究，并运用这些研究结果指导城市水利规划、建设和管理的学科。它是一个众多学科交叉的、复杂的、综合的学科，涉及水文学、水资源学、水利工程、规划学、环境科学、环境工程、生态学、园林学、建筑学、水利史等学科。我国城市发展已经进入新的发展时期，依然面临着众多严峻的水问题。2015年中央城市工作会议要求，城市的发展要提升城市环境质量、人民生活质量，要提高城市发展持续性、宜居性。2016年，在《中共中央　国务院关于推进防灾减灾救灾体制机制改革的意见》中提出，要正确处理防灾减灾救灾和经济社会发展的关系，从应对单一灾种向综合减灾转变，从减少灾害损失向减轻灾害风险转变。同年，国家发展改革委、水利部、住房城乡建设部联合印发的《水利改革发展“十三五”规划》中把“全面提升水安全保障能力”作为发展的主线。2019年，水利部部长鄂竟平提出，新时代我国治水的主要矛盾已经从人民群众对除水害兴水利的需求与水利工程能力不足的矛盾转变为人民群众对水资源水生态水环境的需求与水利行业监管能力不足的矛盾，将工作重心转到“水利工程补短板、水利行业强监管”上来，是当前和今后一个时期水利改革发展的总基调。这对我国城市水利学科的发展既是机遇也是挑战。城市水利学科的建设和科技进步对我国城市的建设和可持续发展、对城镇居民生活幸福指数的提高具有重要的战略意义。

二、国内发展现状及最新研究进展

城市水利学是一门包含范围广，内容丰富的综合性学科，近些年在城市防洪减灾、城市供排水、城市水环境治理与生态修复、城市节水、城市雨洪资源综合利用、城市水务管理和水文化建设等领域主要取得以下进展。

（一）城市防洪减灾

在城市化不断发展的背景下，城市洪涝灾害与风险也在不断地演变。随着城市人口、资产的聚集与城市面积向高风险区域的扩张，城市正常运行对生命线系统的依赖性越来越大，城市洪涝一旦超出设防标准，会出现水灾损失与不利影响激增的现象，受灾范围远远超出受淹的范围，间接损失大大超出直接损失。我国传统的城市防洪减灾主要以“灰色”措施为主，排水系统快速将积水排除。如今城市防洪涝的理念有所转变，在城市“灰色”设施的基础上引入“绿色”措施，使雨水能够“渗、滞、蓄、净、用、排”，既可降低排水系统压力，还可改善水质，优化环境。

在城市洪涝预测预报方面，已逐渐由传统的基于产汇流理论的经验型公式、机理型水文－水力学洪涝预报模型演进到综合借助当今新技术的预测预报方法，如洪涝监测预报预警、3S、机器学习、大数据分析、信息管理等技术。洪涝监测预报预警是通过雷达、遥感等装置收集降雨和洪水信息，并将收集到的信息进行处理、分析和模拟计算后，发布预报预警信息。基于水文－水力学基本原理构建的考虑降雨产流、地面汇流、地下管网排水、城市内河洪水演进、外江（河）洪水顶托影响等全过程同步模拟的城市洪涝仿真模型是洪涝预报预警的核心和关键技术之一。利用3S技术为城市洪涝预测预报提供更精细的气象水文、地形地物数据源及更强大的展现和表达一直是研究和应用的热点。机器学习和大数据分析技术与城市洪涝研究的结合点目前主要体现在暴雨时空分布预测和内涝积水预测两方面，以历史长序列降雨资料为样本，基于机器学习算法提取暴雨时空分布特征，可以提前预测降雨的动态发展趋势；基于大数据分析技术的内涝点积水预测则不关注洪涝形成的物理过程，通过分析内涝点历史实测水深与形成积水的降雨量、地形、排水等诸多因素之间的回归关系模型来快速预测积水。二者分别与精细化气象数值预报模型和水文－水力学数学模型技术有效互补。

在洪水灾害理论方面，我国一般认为灾害系统是由孕灾环境、致灾因子和承灾体三个方面组成的，由于我国正处于快速发展阶段，在洪水灾害系统的构建中必须考虑孕灾环境的变化以反映暴雨洪水下垫面条件等改变，同时也有必要突出考虑防灾减灾的能力建设以反映防洪工程体系建设与非工程措施不断完善的作用，所以可以从“孕灾环境”“致灾因子”“承灾体”与“防灾力”四个方面来反映洪水灾害系统的特点。其中，孕灾环境是指洪灾孕育与产生的外部环境条件，包括自然环境和社会环境，它决定了致灾因子的类型与强度、承灾体可能面对的风险与受到的制约，以及所需防灾体系的构成与规模；致灾因子是指造成洪灾损失的各种灾害事件及其特征指标，如降雨强度、风暴潮水位、洪水的淹没水深与淹没历时等；承灾体是指承受洪水灾害的主体，包括各种物质、非物质资源以及人类本身；防灾力是指为降低洪灾损失所采取的防洪工程与非工程措施，它可以反映防洪措施影响洪水风险的能力。在洪水灾害的形成过程中，孕灾环境、致灾因子、承灾体和防灾力缺一不可。基于系统论的洪涝灾害风险分析包括对致灾因子的危险性分析、对承灾体的脆弱性和暴露性分析以及对灾害的损失评估和风险评价。从传统社会到现代社会，洪涝灾害在威胁对象、致灾机理、成灾模式、损失构成和风险特征五方面均发生了巨大的变化（表1）。洪水灾害系统论的诞生，为应用系统工程方法进行城市洪水灾害研究及防洪减灾最优决策奠定了理论基础。

近些年人们认识到，人类不可能消灭洪水灾害，只能通过一系列措施和方法减轻洪灾造成的损失。开始由防洪到防洪减灾的战略调整，更加注重完整的防洪体系建设，从试图完全消除洪水灾害逐渐转变为承受适度的风险，通过制定合理可行的防洪标准、防御洪水方案和洪水调度方案等，综合运用各种措施，以确保标准内洪水的防洪安全，超标准洪水把损失减少到最低限度。因此，城市防洪减灾要突出风险管理与应急管理两条主线，除了降低洪涝致灾因子的危害之外，还要在针对承灾体的脆弱性上强化韧性（resilience）的措施。

表 1　从传统社会到现代社会洪涝风险的演变特征与趋向

项目	传统社会	现代社会
威胁对象（承灾体）	受淹区内的居民家庭，牲畜、农田、村庄、城镇、道路与水利基础设施等（A）	（A）+ 供电、供水、供气、供油、通信、网络等生命线网络系统，机动车辆等；影响范围与受灾对象远超出受淹区域；企业与集约化经营者成为重灾户
致灾机理（灾害系统构成及互动关系）	因受淹、被冲而招致人、畜伤亡和财产损失（B），以自然致灾外力为主，损失主要与受淹水深、流速和持续时间成正比	（B）+ 因生命线系统瘫痪、生产链或资金链中断而受损。孕灾环境被人为改良或恶化，致灾外力被人为放大或削弱；承灾体的暴露性与脆弱性成为灾情加重或减轻的要因；水质恶化成为加重洪涝威胁的要素
成灾模式（基本、典型的灾害样式）	人畜伤亡、资产损失、水毁基础设施（C），及并发的瘟疫与饥荒，灾后需若干年才能恢复到灾前水平	（C）+ 洪涝规模一旦超出防灾能力，影响范围迅速扩大，水灾损失急剧上升；借贷经营者灾后资产归负，成为债民；应急响应的法制、体制、机制与预案编制对成灾过程及后果有重大影响；灾难性与重建速度、损失分担方式相关
损失构成（直接、间接损失）	以直接经济损失为主，人员伤亡、农林牧渔减产、房屋与财产损毁、工商业产品损失等（D）	（D）+ 次生、衍生灾害造成的间接损失所占比例大为增加。生命线系统受损的连锁反应；信息产品的损失，景观与生态系统的损失增大；灾后垃圾处置量激增
风险特征（危险性、暴露性、脆弱性）	洪涝规模越大，可能造成的损失越大；洪水高风险区及受淹后果凭经验可做大致的判断；救灾不力可能引发社会动荡	受灾后资产可能归负，难以承受的风险加大；风险的时空分布与可能后果的不确定性大为增加；决策风险增大，决策失误可能影响社会安定；承灾体的暴露性与脆弱性成为抑制洪涝风险增长需考虑的重要方面

（二）城市供排水

1. 城市供水

城市供水包括水源保障和以要求的水量、水质与水压供给城镇生活用水和工业用水等方面。我国城市缺水是由于水资源短缺、水源污染、供水设施不足以及各种因素综合形成的结果，其类型一般可分为资源型缺水、水质型缺水、工程型缺水和混合型缺水。目前，供水水源已经由传统的地表水和地下水，发展到包含外调水、再生水、雨水在内的多水源保障模式。研究尺度更加宽广、内容更加复杂。很多远离江河湖泊的城市，供水来源难以得到保障，供水系统建设难度大，只能依靠大规模跨流域的调水工程例如南水北调、江水北调来缓解供水问题。这种多水源联合供水可为缓解城市或区域水资源供需矛盾提供强有力的水源保障，但同时也使供水系统更为复杂，加之城市化快速进程进一步提高了原有供水系统满足城市高供水保证率的难度，给当地水资源的调配管理提出了新要求。

针对区域或城市多水源联合调度问题，通常利用图论方法或拓扑理论对供水系统进行描述和概化，并采用模拟方法、优化方法或模拟与优化相结合的方法进行水资源宏观调配，即以系统概化图为基础，通过水资源供需平衡分析，在总量上协调各种水源与不同用户之间的分配关系，进而制定相应的水资源配置方案，从总体上实现区域或城市水资源的合理利用。然而，实际的城市供水系统不仅包含多种水源和多类用户，也包含输水、配水和净水等工程，是一个复杂性较高的网络系统。也就是说，多水源联合调度还需要在更细的结构层次上进一步考虑输配水管线、净水厂等工程约束的水量优化调度。因此，已经有利用网络拓扑理论解决其优化调度问题的研究，其思路为通过建立基于供水网络拓扑结构的多水源联合供水优化调度模型，实现“水源—水厂—分区用户”三层城市供水系统的水量优化。

在再生水安全利用方面，北京市走在我国前列。突破了城市绿地再生水安全灌溉技术、城市河湖再生水水体原生净化、水质改善和生态修复技术、循环冷却系统腐蚀结垢微生物与化学协同控制技术、基于电厂热力系统补水膜污染控制技术等重大关键技术。成果在北京市城市河湖、工业、绿地、生活杂用等方面得到广泛应用，近 5 年累计利用再生水达 50 多亿立方米，经济社会效益示范显著。

2. 城市排水

城市排水包括雨水和污水的排除。城市污水排水系统的规划设计理论与技术比较成熟，相比较而言雨水系统的规划设计理论受到雨水利用、低影响开发、海绵城市、可持续城市排水系统等理念的影响，近些年的变化较大。为提高城市雨水排放系统的排水防涝能力，在 2014 年版的《室外排水设计规范》（GB 50014）中新增了“雨水综合利用”和“内涝防治设施”两节内容，改进或补充了一些关于提高排水标准、完善内涝防治措施的要求，并在 2016 年版的规范中进一步完善了相关要求。新版规范对雨水设计流量的计算方法和适用范围做了补充规定，提出当汇水面积超过 2 km^2 时，宜考虑降雨在时空分布的不均匀性和管网汇流过程，采用数学模型法计算雨水设计流量。海绵城市建设作为我国城市发展的新模式、新理念，从 2012 年提出以来已逐渐融入我国排水系统的设计理念和实践中，在业内其概念有广义和狭义之分，广义上包含了山水林田湖等生命共同体组成的大海绵，狭义的海绵城市是指低影响开发雨水系统，研究表明其对径流的削减作用在低重现期时更明显。

以往的污水排放是将生活和工业的污水经过污水处理厂的净化处理达到排放标准后进行排放，污水处理后回用的成本过高。但随着经济的发展和水资源的紧缺，污水的回用已渐渐成为人们关注的课题，并在一些缺水的大城市中迅速发展。随着技术的改进和经济的发展，污水回用的范围会更加广泛。

（三）城市水环境治理与生态修复

全世界大多数城市都诞生在河流两岸。河流作为重要的自然资源和环境载体，在为城市发展提供优越条件的同时，受人类活动的干扰也最强烈。我国在今后相当长一个时期内，河流水污染将是一个长期存在的问题，局部水污染甚至还将进一步恶化。因此，水环境的修复成为我国环境保护的重要内容。

从20世纪60年代，减缓和阻止淡水生态系统的退化萎缩、恢复受损水域生态系统的研究与实践，一直受到世界各国特别是发达国家的广泛关注和重视。1994年开始，我国对城市的建设由外延式数量增长开始向内涵式质量提升的转变，开始对城市生态环境整治重视。2015年，住建部将三亚列为"城市修补、生态修复（双修）"的首个试点城市，随后陆续将58个城市列为试点，至2020年，城市"双修"工作将在全国全面开展。水系生态系统的修复是城市"双修"任务中的重要环节。北京市以建设"水清、流畅、岸绿、通航"的现代城市水系为目标，对城市水系进行大规模的综合整治，使城市水环境得到明显改善。还有天津海河河滨的整治、上海苏州河治理等。这些城市通过对河道的整治，极大地改善了城市环境，产生了良好的生态效益和社会效益。

近些年，城市河流水环境治理的理论与技术也有很大发展，如河流水环境容量及其计算方法、河流水环境质量评价方法、河流水污染治理对策及方法、河流生态模式重建模式等。杨芸对生态型河流治理法进行研究，得出兼顾河流生态环境的河道治理技术。鉴于河道底泥污染治理的重要性，刑雅囡等在采用底泥疏浚措施治理苏州古城区南园河时，对底泥中营养物氮、磷的释放规律进行了研究。研究表明，当外源氮、磷污染得到有效控制时，底泥疏浚措施可以有效减少内源氮、磷负荷。河道治理的另一重要手段是微生物治理技术，通过微生物剂的投放，消除对人体有严重危害的菌种，使水质达到饮用标准。

城市河流生态修复主要包括以污水集中处理、湿地修复等技术为主的水体外修复，以河流净化能力增强、内源消除和控制技术为主的水体内修复，栖息地与鱼道修复、河流形态修复等。当前，国内在河流生态修复方面的研究与实践多偏重于河流污染水体的修复，注重水质的改善，主要措施有：①加大河流的枯水流量；②人工增氧；③河流专门化或修建净水湖；④生态化工程措施；⑤底泥疏浚等。从工业革命时代的不治理污染，到20世纪60年代以前的排口治理，再到现在的流域水污染控制规划，体现出了人类对水环境问题认识的不断深入。但城市河流水环境污染问题依然存在，需要进一步努力。

（四）城市节水

城市节水的措施包括软措施和硬措施。软措施是指通过行政、法规、价格等非工程性手段来实现城市节水目的，具体包括节水法律法规建设、提高全民节水意识、推进水价改革等。城市节水硬措施主要是指通过工程性或技术性手段对现有的用水工艺进行节水化改造，推广节水器具和设备，同时对管网漏失情况进行监测和防治。我国城市在水价改革、法律法规方面还有待于进一步向前推进。

在生活节水方面，主要通过安装节水器具和设备、检测和控制管网漏损、再生水或雨水回用替代自来水等方式进行节水。节水器具主要是水龙头、便器、花洒和节水灌溉设备等，这些设备已基本随处可见。由于管网老化和管理不善，我国城镇管网漏损率平均为

15%，远远超过日本的10%、美国的8%、德国的4.9%。显然，利用新技术降低管网漏损率，是提高城市节水水平的一个重要方面。

工业节水方面，清洁生产是最重要的节水途径之一，优先采用低水耗和零水耗工艺以提高节水效率；也可采用分质供水等方式节水。另一个重要的工业节水是冷却水，冷却水用量占工业用水总量的80%左右，节水潜力极其巨大。已经有很多工厂通过改进生产工艺和生产设备达到节约用水的目的，如改进冷却塔给水系统、改进洗涤系统、改进和更新工艺设备、空调用水或其他轻度污染水再生利用等。

非常规水资源利用也是城市节水的重要手段。非常规水资源包括海水、苦咸水、雨水和污水等。沿海城市已有很多工业利用海水作为冷却水或工艺用水以减少淡水用量，利用苦咸水冲厕也已逐渐发展。雨水作为补充水源，在我国一些城市已回用于洗车、冲厕、灌溉、道路洒水降尘等方面。污水再生利用工程的建设主要集中在那些严重缺水但是经济基础好、经济发展迅猛的大城市或沿海地区。

城市节水离不开新技术研发。国家水专项专门研究城市节水的课题已取得了许多成果和具有产业化基础的节水技术，包括城市节水潜力分析技术、公共与住宅建筑节水集成技术、公共建筑与住宅非传统水源利用集成技术、电厂循环水系统规模化节水集成技术、沿海电厂用水网络优化与水质水量控制节水集成技术等。这些技术极大地解决了一批我国在城市节水技术性方面的问题，使我国在这些技术上走在了世界的前列。

（五）城市雨洪利用

我国对城市雨洪利用的研究和建设整体起步较晚，应用不足。根据2013年对全国288个地级城市（包括直辖市和地级市）的不完全调查，我国城市雨洪以直排为主，资源综合利用总体处于初级阶段。被调查的城市中，85.23%的城市雨洪资源综合利用处于雨水直排阶段，11.93%的城市通过建设一些雨洪资源综合利用工程，开始排用结合，仅2.84%的城市（均为巨大型城市）开展了系统管理探索。我国现阶段城市雨洪资源综合利用总量相对较小。全国288座地级及以上城市现有设施的雨洪资源综合利用量为2.05亿立方米/年，仅占雨洪资源综合利用潜力的3.4%。

国内雨洪利用较好的区域多为巨大型城市。如具有代表性的北京市从1989年就开始探索城市雨洪利用技术，经历了雨水直排和排用结合阶段，正在进入雨水径流综合管理阶段。目前北京市已经在部分区域构建了屋面–绿地–硬化地面–排水管网–河网水系五位一体，包含小区、区域等多个层面的控制和利用雨洪、削减面源污染、增加入渗涵养水源的城市雨洪控制与利用技术体系。这些技术措施融入了最佳管理措施（BMPs）、低影响开发（LID）、水敏感城市设计（WSUD）等国际先进的理念，逐步生态化和景观化，以便于进一步推广应用。

由于我国雨洪利用起步晚，最初对相关设施的设计、应用理念大多参照国外案例的理论和方法，且主要集中在单项设施的功能及洪峰消减研究上，王虹等通过研究得出以流域为整体实施雨洪综合调蓄管理措施明显优于传统的各子流域分散管理方式，并通过对比研究美国城市雨洪管理水文控制指标体系和我国海绵城市试点工作中的径流控制指标，提出了我国合理确定适合各地具体条件的水文控制指标体系的建议。近年来，一些专家学者逐步从景观生态学、环境工程学、城市规划学等角度开展相关研究和应用。从景观生态学的角度通常研究如何将城市雨洪利用融入景观环境建设。从环境工程学的角度通常研究城市雨洪的净化、处理模式与途径。从城市规划学的角度通常研究城市雨洪利用专项规划的方法及其与其他规划之间的关系。

（六）城市水务管理

国内许多学者在研究城市水务管理时，都把城乡水务一体化管理认为是解决我国水务管理的主流方向。众多官员和学者都认为我国的水资源管理应当打破现有的多部门管理的利益之争，从而实现科学、高效、合理、可持续的水资源管理。有学者认为，最科学有效的水资源管理是以流域为单位进行统一管理，而不是人为将流域按行政区划实行分割管理。也有学者认为，水务一体化管理是将全部涉水事务纳入统一管理，便于实现水资源优化配置，确保水环境的可持续发展，目的是取得水资源的三个平衡，即供需平衡、技术经济的社会综合平衡和开发利用与生态环境的综合平衡。水资源管理首先要完善水法，强化法律的执行力；其次要改革水资源管理体制，目标是实现水务的统一管理；再次要完善水环境审查、监督、评价机制，要建立利益补偿机制保护流域农民及水源保护区的权益，建立涉水各方需求表达沟通机制，推进水务的社会化管理。水务一体化管理是当今世界诸多国家和地区普遍采用的优化配置、合理利用、有效保护水资源的先进管理模式，为加快水工程建设，缓解供需矛盾，推动水利事业发展，提供了体制保障。

与水务管理的发展认识相同，我国城市水务管理体制发展经历了三个渐进的过程。20世纪90年代初为起步探索阶段，代表性事件为1993年深圳市率先组建了全国第一家城市水务局，同年陕西洛川县也成立了全国第一家县级水务局；2000年，中央十五届五中全会提出“改革水的管理体制”要求，我国各地政府普遍进行了城乡水务一体化管理的探索，至2008年年底，全国组建水务局或由水利局承担水务管理职能的县级以上行政区达1500余个，此阶段为其快速发展阶段。2008年，《水利部主要职责内设机构和人员编制规定》（国办发〔2008〕75号）明确规定，城市涉水事务的具体管理职责交由城市人民政府，自此，全国水务管理进入自主发展阶段。目前，我国的城市水务管理也已经从最初的缓解城乡水短缺、水污染等局部问题发展为对城乡防洪、水源、供水、用水、节水、排水、污水处理与回用，以及农田水利、水土保持、农村水电等一体化的综合性管理阶段。通过加强城乡水务一体化管理，在提高行政效能、统筹调配多种水源、保障城乡水安全、提高供水保障能力、改善城乡水环境、推进水务市场化等方面取得了显著成效。

从全国范围来看，水务管理体制改革成绩卓著，但不可否认，有相当一部分地区，其水务管理仍面临一些问题，如水务管理体制改革共识不足、水务职能配置不合理、水务市场机制不健全、水务管理方式和管理能力不适应、用水者有效参与不够等主要问题。为进一步解决这些城乡水务管理中的不足，2016 年 12 月，中共中央办公厅、国务院办公厅印发了《关于全面推行河长制的意见》，并发出通知，要求各地区各部门结合实际认真贯彻落实，全面推行河长制要以保护水资源、防治水污染、改善水环境、修复水生态为主要任务，全面建立省、市、县、乡四级河长体系，构建责任明确、协调有序、监管严格、保护有力的河湖管理保护机制，为维护河湖健康生命、实现河湖功能永续利用提供制度保障。2018 年，我国深化党和国家机构改革，要求改革机构设置，优化职能配置，深化转职能、转方式、转作风，提高效率效能。在新的背景下，为进一步完善和发展城市水务管理提出要求和机遇，如何就现存问题进行完善，探索多部门协调合作、区域协调良性互动机制将是未来需要关注的重点。

（七）城市水文化建设

城市水文化是反映城市中人与水打交道的过程中所产生的各种文化现象的总和。研究和弘扬城市水文化对引导我国人水关系向和谐方向发展、对我国城市水利事业向可持续发展方向迈进、提升水利经济和提高城市的综合竞争力有着重要意义。

近年来，我国学术界对水文化的研究在不断深入。2008 年出版的《中华水文化概论》对水文化进行了阐释，认为水文化狭义上为人类在与水有关的活动中所创造出来的精神价值，包括意识形态、价值理念等；广义上不仅包括上述狭义的内容，还包括其在活动中创造出来的物质价值。2012 年，彦橹总结了当前对水文化的三种研究取向，不同学者分别专注于水利文化、生态文化以及社会文化。2013 年，郑晓云将水文化总结为人们对水的认识、理解，以及如何去有效利用它和治理它，包括水文化的内涵，社会对水资源的利用、开发和保护规则，人类对水环境的治理等内容。2016 年，邓俊等提出水文化由观念层面、制度层面、行为层面、物质文化层面组成。水文化界定逐步增多，概念逐渐清晰，对水文化的建设提供了指引和参考。除学术界外，政府部门对水文化的认识也在不断提高，行动也在不断增强。2009 年，水利部部长陈雷在首届中国水文化论坛上作了《大力加强水文化建设 为水利事业发展提供先进文化支撑》的讲话，强调了水文化是中华文化和民族精神的重要组成，也是实现水利又好又快发展的重要支撑，并提出了我国加强水文化建设的总体要求和落实水文化建设的各项措施。2011 年，水利部发布了《水文化建设规划纲要（2011—2020 年）》，明确了近年全国水文化建设的指导思想、基本原则与发展目标，并提出完善可持续发展治水思路和民生水利的文化内涵，提升水工程与水环境的文化内涵和品位，积极引导全社会建立人水和谐的生产生活方式，加强水利遗产的保护和利用，以及加强对水文化的研究、教育、传播和交流等重要任务。

城市水文化一方面反映了水与城市的关系，作为水文化的重要组成部分，另一方面，反映了城市与文化的关系，构成了城市文化的重要组成部分。因此，在建设过程中，一方面需要充分落实《水文化建设规划纲要》中的主要任务，体现水文化建设中的可持续发展、民生水利、人水和谐等基本理念；另一方面，还需要深刻挖掘本区域已形成的水文化及文化内涵，尊重现有的水文化物质和精神遗产，对现有的文化设施等要加强保护和维护，针对当前水务管理的需求，综合平衡发展，新建工程时综合考虑已有城市水文化历史，以建设与已有文化设施相融合、融入文化元素的现代水利工程。

三、国内外研究进展比较

（一）我国城市水利学科特色

我国现代城市水利学科经过多年的工程实践和系统总结，形成了一些符合我国国情、具有中国特色的理论体系和发展模式。我国城市水利学科具有历史传承性、多学科交叉性、实施复杂性等特点。现代城市水利继承了古代城市水利在供水、航运、防洪、景观等方面的功能和技术理论，结合当前的复杂环境和需求有了很大的发展。现代城市水利学融合了水利、环境、生态、园林、建筑、景观等多学科。城市水利学科成果的应用也需要不同专业和部门实施，十分复杂。

城市雨水管理是城市水利的重要内容，许多国家都提出了自己的理念，如澳大利亚的水敏感城市设计（WSUD）、美国的最佳管理措施（BMPs）和低影响开发（LID）、英国可持续排水系统（SUDS）等。我国提出的“海绵城市”理念是上述理念的丰富与提升，其内涵囊括了径流与污染源头控制、恢复城市自然水文、排水防涝、防洪减灾等，并且在城市建设、水资源管理上有着自己更丰富的内容。“海绵城市”独具中国特色，也得到发达国家的追随。与“海绵城市”几乎同期提出和实施的“水生态文明城市”建设的目标则更加多元和综合，涉及水资源、水节约、水环境、水监管、水文化等城市涉水事务的各个方面，是“生态文明”理念在城市水问题治理方面的具体体现。

在水资源管理和城市发展思路上，我国提出了一些具有中国特色的发展理念。例如2011年中央一号文件和中央水利工作会议明确要求实行最严格水资源管理制度，确立水资源开发利用控制、用水效率控制和水功能区限制纳污“三条红线”，从制度上推动经济社会发展与水资源水环境承载能力相适应。在城市发展思路上，从以前的“以需定供”转变为现在“以水定城、以水定地、以水定人、以水定产”，以周围可利用的水资源的水量来确定城市规模，这样的思路更加符合现实，也更利于城市的发展。

（二）我国城市水利学科与国际水平的差距和不同

虽然城市水利学科形成了一些适用于我国国情的成果，但现代化的城市水利作为一个完整的系统加以研究和管理的理念晚于发达国家。这使得我们在城市防洪、排水防涝、水环境保护、生态环境建设、水污染治理、水文化建设等方面的实践相对落后，在相关理论研究方面也有明显滞后。我国城市水利的水文监测网相对是比较完备的，但过去主要服务于防汛和工程建设，在积水监测、水量监控、水质监测等方面的网络化覆盖尚未形成，缺少长期定位观测和基础数据的积累，试验仪器设备研制和高新技术的应用等方面较为滞后，严重制约了我国城市水利的发展。按照水利部提出的我国新时代治水思路，城市水利在防洪工程、供水工程、生态修复工程和信息化工程等短板方面均需要重点关注和落实。此外，在城市水利管理的制度化建设、理念的推广方面，还有许多需要追赶的地方。

整体来说，我国城市水利学科跟踪模仿性的研究比较多，原创性的研究较少。特别是在高新技术、生态治理技术等方面的突破较为落后。发达国家在高新技术方面已经取得了很大的成果，3S 技术、信息管理技术以及生态治理技术已经大量运用到城市防洪预报预警、城市水文过程模拟、工程措施效果评价、水环境治理等城市水利学科的各个方面，而在我国这些方面的成果虽已逐渐增多，但普及应用还需加强。同时，我们应该注意到，发达国家人口城镇化率已普遍达到 70% 以上，经济社会的发展已大致处于平衡状态，其城市水利更加关注的是全球变化带来的新压力和挑战、可能打破的已有平衡以及对其可持续发展的威胁。而我国尚处于快速发展的爬坡阶段，旧的平衡不断被打破，新的秩序尚在不断建立健全中，如何在发展变化中不断构建区域之间、人与自然之间的平衡，解决相互交织的城市水问题是我国城市水利学应重点关注的。

四、发展趋势

（一）战略需求

我国已从传统的农业社会进入工业化、城镇化高速发展阶段，从传统的、农业水利向现代的、城市水利转变过程中面临前所未有的压力和考验。现代水利进入综合治水阶段，在治水理念转变、体制机制革新、科学技术创新和投入资金保障方面都提出了更高要求，见表 2。

城市水利学科与城市发展息息相关。2015 年中央城市工作会议指出，要建设和谐宜居、富有活力、各具特色的现代化城市，提高新型城镇化水平，走出一条中国特色城市发展道路。营造城市宜居环境需要推进水生态文明城市建设和海绵城市建设，需要恢复城市自然生态、推进污水大气治理。切实保障城市安全，需要确保饮水安全、健全城市防洪排涝指挥体系，需要增强抵御自然灾害、处置突发事件和危机管理能力。当前形势对城市水利学科发展提出了新的更高要求。城市水利学科发展应当依据习总书记提出的“以水定城、以水定地、以水定人、以水定产”“节水优先、空间均衡、系统治理、两手发力”的治水新思路和建设“水生态文明城市”和“海绵城市”的思想，遵循城市水的循环规律，

表 2　我国现代水利的内涵

	观念	体制	技术	资金
资源水利	明确水是有限的资源，建立水权、水价与水足迹的理论体系，强调资源优化配置、依法治水与流域综合治水，要求洪水资源化	建立对区域、部门间水资源合理配置的管理体制，依法对水资源利用的冲突进行有效协调，推进市场化的水权交易	开源节流新技术，水资源监控与优化配置技术，水利工程多目标优化调度与决策支持技术等	增加水资源监控信息系统与水源地保护的投资，提高用水量保障水平
环境水利	明确水是重要的环境要素，建立水质监测、评价体系，强调环境保护中公众参与的必要性，重视洪水环境效益，完善水安全理念	建立水利与规划、环保、林业部门的协调运作机制，健全水污染防治与水土保持的执法与公众监督体系，推进河长制	水质监测指标体系与技术，水污染防治与底泥处置技术，水土保持技术，地下水回补技术等	增加水质监控、污水处理与底泥处理系统的投资，满足水质保障水平
景观水利	建立安全、舒适、亲水的环境，关注民众生活质量的提高，强调价值观念的调整，提高安全保障水平	建立水利与城建、市政、环卫、园林等部门协调运作机制，推动爱护河湖水域的全民教育活动	水安全评估与保障技术，工程装饰技术，施工与运行的减震、消音技术等	增加创建安全、舒适、秀美水域及岸边景观环境的投资
生态水利	与自然共存共荣，兼顾水生生物多样性的需求，对生态系统价值的认知，强调和谐、可持续的发展模式	建立流域水系生态工程规划、设计、实施、维护的综合治理模式，提高全社会道德规范标准	生态环境复育、修复、改善、重构等近自然土木工法，智能化网络调控技术	增加生态用水调配及保护水生生物繁衍条件的投资

运用各相关学科的研究成果解决城市建设与发展中所涉及的直接或间接与水有关的课题，以保障城市水安全、改善城市水环境、增加城市水资源、丰富城市水文化、提高城市生态文明。城市水利学科发展的战略需求具体如下。

1. 完善城市水利学科体系

城市水利是一个复杂系统，该系统涉及社会、经济、环境、技术、工程等各方面的因素，是一个社会、经济与城市涉水问题相互影响、相互制约的复杂系统。这种多学科的交叉与融合，促进了城市水利学科的发展。因此，有关城市水利学科体系的构建，包括概念、任务、研究范围与内容、学科特点、多学科的融合应用等方面的研究将是城市水利研究的重要领域之一。

2. 城市水利超前统筹规划

城市水问题是发展中的问题，因此在规划阶段就必须要考虑如何应对城市发展中水问题的演变趋向，如何满足我国城市现阶段和未来发展的治水需求。在目前国内的机构体制下，城市水问题涉及水利、住建、生态环境、自然资源等多部门，而各部门在制定其职责领域的城市发展规划时并未能充分考虑水对其规划方案的限制和影响；规划范围多局限于城市发展区域，很少能从流域协调的角度综合考虑；规划目标上对其他部门的利益需求考虑不足；同时还存在基础研究不够，监测、预测手段不足的问题，规划的依据往往是过去不完整的资料，使得规划本身的合理性就缺乏保证，难以摆脱“头疼医头、脚疼医脚”的窘境。城市水利规划作为城市发展的基础，亟须在诸多发展规划中超前先行，以流域为单元进行水系综合规划，才有利于综合协调城区之间、区域之间、城市与流域之间的关系，统筹考虑其他行业或部门的利益需求，真正做到以水定城、以水定产和共同治水。

3. 多目标综合措施研发

城市治水措施面向多个综合性目标，包括城市水源的建设与保护、供排水系统的建设、城市河道湖泊的整治、城市污水处理与废水资源的重复利用、城市防洪体系建设与城市环境改善的结合等，在解决水多、水少、水脏、水浑的问题上，总是你中有我，我中有你。单一目标的措施，往往是既不经济，也不合理。城市水利不仅需要形成完整配套的工程体系，而且需要将工程措施与非工程措施相结合，因此需要加强多目标综合措施的研究。

4. 加强多学科交叉与风险管理

城市水利与水文、气象、城建、规划、水利、环保等众多领域直接相关，是一项综合性很强的系统工程，对高新科技的依赖越来越强烈。如：城市水利基础设施建设需要先进的科学技术和设备以及现代化的施工工艺；城市水环境、水生态建设对城市污水处理、生态修复、淤泥资源化、城市雨洪利用等技术提出了更高的要求；城市水利管理的现代化迫切需要信息技术的广泛应用等。建立风险管理机制是解决城市水危机的有效途径，需要加强水的危机与风险的预测、评估、管理与应急对策等问题的研究，建立健全风险管理机制。还需要在城市洪涝预测预警技术、城市水利信息化建设等方面加强研究。

5. 多水源格局下城市供水安全保障

城市供水的多水源化已是趋势。各城市水源应加强第二水源，甚至第三水源等及供水工程的建设，形成多水源供水的保障体系。以多水源为基础，将水质、水量变化和水厂工艺适应性作为约束条件，研究形成基于水源－水厂－管网联动的水量、水质安全保障集成技术。需要以智慧供水建设为切入点，建设多层次、全方位预警决策和风险管控平台，构建基于在线监测和智能决策的大型管网节水节能、水质提升的优化调度技术，支撑城市供水安全水平全面提升。需要研究大型管网水质稳定、智能调度、漏损控制和诊断预警技术，建立处理工艺和管网运行调控辅助决策系统，并在城市公共供水区域内全面开展饮用水安全保障工程技术体系和监管技术体系的综合示范应用。

6. 基于大数据的智慧水务

智慧城市是城市发展的目标之一，智慧水务是实现智慧城市的重要内容。需要从多业务协同视角来汇聚、融合水资源、水环境、节水、环保、气象和互联网等大数据，研究建立基于“自然－社会”二元水循环伴生过程的智慧水务大数据指标体系，形成水务大数据汇集标准规范。需要研究基于水资源水环境大数据挖掘与处理的城市智慧水务大数据分析及服务平台，提升流域精细化、智能化监测、预报和管控能力。需要建立基于雨情、水情、工情、供排水和水环境等水资源信息监测体系，基于监测信息的城市水资源信息库，构建集成水文－水动力学分析和预测模型、供需水平衡管理、虚拟现实等技术的水资源综合管理平台。

7. 完善建设管理机制

城市水利工程显著的公益性决定了其投资的政府性。目前，政府包办的水利工程管理模式已不能适应新形势的要求，需要加强我国水利工程市场化改革，充分利用市场机制，扩大水务相关工程的建设、管理融资渠道，以确保水利工程有序建设、安全运行，充分发挥水利工程效益，满足人民群众的公共水产品和水服务需求。国有资产保值增值。现在国际流行的政府和资本合作的模式有 PPP 和 BOT 等模式。如何完善相关法规、灵活运用这些合作模式、保证城市水利在市场化进程中平稳健康发展，是需要学术界和政府思考的一大课题。

（二）发展目标

针对城市发展对城市水利学科发展的战略需求，提出城市水利学科发展的目标为：

（1）实现根本目标。城市水利的根本目标是综合运用工程、法律、行政、经济、教育、技术等手段实现水资源的综合管理、保护水环境以及加强城市水灾害防治；开展水文化建设，水文化遗产的保护与传承；优化城市水环境，建设“美丽城市”。

（2）创新发展模式。城市水利的发展必须要解决城市发展与城市水安全的关系。水务一体化将是一个有效的途径。通过打破现有的多部门管理的利益之争，从而实现科学、高效、合理、可持续的水安全综合管理。所以要改革管理体制、加强法规体系建设、实现水质水量统一管理，防洪、雨水利用、生态环境保护并举，加强基础设施建设，建立节水型水生态文明城市。

（3）实现人水和谐。贯彻“以水定城”的思路，在管理上，基于水资源、水环境承载能力，优化区域空间发展布局。研究制定水环境水资源承载评价技术指南，开展水资源和水环境容量测算评估。进一步细化落实水环境功能区，以水体的改善目标来制定污染防治方案，做到分类管理。必须按水资源的天然分布和承载力来布局与发展城市。

（4）支撑智慧城市。城市的发展日新月异，城市水利的发展也一定要与时俱进。城市水利随城市的发展也表现出时代性。城市水利需要新鲜的血液，要充分运用各种新型技术手段和新的理念，建设“有弹性”的“海绵城市”，加强监测，建立大数据基础上的“智慧水务”。充分将高新技术应用到城市水利的各项工作当中，建立科技型城市水利，支撑智慧城市的建设。

（三）发展方向

针对城市水利发展需求和存在的一系列问题，建议城市水利学科发展的重点方向如下。

1. 坚持高标准超前规划

城市水利规划必须超前先行。为了给城市发展和其他行业规划奠定坚实的基础，城市水利首先必须要有一个高质量、高起点的科学规划，主动扛起“综合治水”的旗帜，从流域角度考虑，通过多目标的综合考虑、实施方案的优化比选、治理阶段的合理划分和治水力量的统筹配置等进行科学规划，努力使规划体现“三个结合”，即城市防洪排涝与改善城市水质、修复水生态环境相结合，水系综合整治与搞好滨河绿化、提升宜居环境相结合，城市水利建设与挖掘历史文化积淀、打造城市水文化、优化旅游资源分配相结合。编制城市水利规划要按照“全面规划、统筹兼顾、标本兼治、综合治理”的方针，立“大水利”的观点，做到防洪与排涝相结合，工程建设与城建、交通、环境等城市建设相结合。为满足我国新时代解决现实已存在的复杂治水问题和应对未来可能出现的新问题的需求，在规划中体现“小步快走”原则，突出每个实施阶段的重点，通过跨学科、跨部门的合作，共同实现“以水定城、以水定地、以水定人、以水定产”的发展宗旨。

2. 推行市场化运作

城市水利建设规模和投资巨大，光靠政府投入远远不够，必须走市场化运作的道路，进行多渠道投入，包括建立稳定的政府投入渠道、政策性融资平台以及社会资金投入水利建设的运行机制。要按照经营城市的理念经营城市水利，城市水利等公益性工程按照谁受益、谁负担的原则，实行企业化运作筹集管理经费；城市防洪、河道治理等纯公益性工程由政府投入或上级拨款等方式筹集管理经费。城市水利建设必须走“水带地升值、地生金养水”的良性发展路子，引入市场化机制，根据不同类型的项目确定不同的投资机制与运营模式，加快城市水利发展。

3. 理顺城市水利管理体制

我国涉水事务的管理一直存在着职责不清、条块分割的现象，较难实施统筹的水利规划和工程建设。做好城市水利工作，应该有一个水资源统筹管理的体制，实行涉水事务的统筹管理。要按照“部门合作、区域协调”的要求，进一步理顺管理体制，建立规范、有序、高效的水务管理体制。城市水利建设是一项综合性治理工程，从长远看，必须建立城乡一体化管理体制，对水资源开发、利用、节约、保护和供水、节水、排水、治污、排污、中水回用等进行城乡一体化管理。

4. 加强城市水利队伍建设

做好新形势下城市水利建设和管理工作的必备条件就是水行政主管部门必须拥有一支思想坚定、熟悉法律、业务精湛、积极向上的队伍。重视人才的培养开发、建立有效的激励机制、加强不同行业间的交流合作，是加强城市水利队伍建设的重要举措。加强城市水利队伍建设的途径主要有：抓好再教育，加快现有专业技术队伍知识的更新；制定人才规划，引进专业技术人才；坚持评聘分开，加强对专业技术人员的聘后管理；抓好培养锻炼，提高人才队伍业务能力。

5. 建设节水型城市

节约用水是缓解水资源供需矛盾的必由之路，要发展节水型农业、节水型工业和节水型社会，全面实现节水型城市的建设。节水型城市的建设需要科技、教育、水价、制度等多方面综合性措施。依靠科技开发研制高效价廉的节水设备，通过教育、培训加大居民的节水意识，通过水价调节提高工业、生活用水节水意愿，通过奖惩制度鼓励企业和居民的节水行动。

6. 利用高新技术，打造智慧水务

在互联网、大数据的时代背景下，开发支撑城市水利发展的高新技术。例如利用 3S 技术、大数据系统等高新技术推进水资源的监控利用，落实“三条红线”，加强城市洪涝预测、预报，基于实时洪水风险分析，提高城市应对洪涝风险的能力。

参考文献

[1] 郑连第．城市水利的历史借鉴［J］．中国水利，1982（1）：24–27.

[2] 中华人民共和国 2018 年国民经济和社会发展统计公报［Z］．北京：国家统计局，2019.

[3] 程晓陶，李超超．城市洪涝风险的演变趋向、重要特征与应对方略［J］．中国防汛抗旱，2015，25（3）：6–9.

[4] 郭涛．城市水利与城市水利学［J］．四川水利，1995，16（5）：3–7.

[5] 练继建，冯平，王仁超，等．城市水利的现状与问题［J］．水利水电技术，1999，30（S）：88–91.

[6] 郝朝德．对城市水利的认识和思考［J］．水利建设与管理，2001（2）：7–9.

[7] 张劲松，朱庆元．“城市水利”的调查与思考［J］．江苏水利，2002（11）：6–8.

[8] 史新明．城市水利的基本内涵及其特征分析［J］．水利发展研究，2003（12）：41–44.

[9] 刘延恺．城市水利学科综述［G］// 中国水利学会专业学术综述（第五集）．北京：中国水利学会专题资料汇编，2004：191–195.

[10] 刘桂芳，李广泉，孙士武．浅谈城市建设与城市水利的关系［J］．海河水利，2003（5）：52–53.

[11] 陈兴茹．浅谈城市水利的发展历程及未来趋势［J］．中国水利水电科学研究院学报，2005，3（3）：238–242.

[12] 李晓粤，张彦芝，杨春梅，等．城市的水问题与城市水利［J］．河北工程技术高等专科学校学报，2005（3）：9–15.

[13] 张文锦，唐德善．近年来我国城市水利研究综述［J］．水利发展研究，2011（2）：53–57.

[14] 任贺靖．长三角地区城市水利与经济协调发展研究［D］．河海大学，2007.

[15] 程晓陶．城市水利与城市发展［J］．市长参考，1999（4）.

[16] 郭建斌．谈城市水利与城市发展的关系［J］．城市道桥与防洪，2009（5）：106–108.

[17] 焦士兴，李俊民．中国水资源安全的现状分析与对策研究［J］．新乡师范高等专科学校学报，2003（2）：26–28.

[18] 谢中起，吕明丰，龙翠翠．浅谈当前城市水资源现状及发展对策［J］．绿色大世界，2007（Z1）：83–84.

[19] 程晓陶．城市型水灾害及其综合治水方略［J］．灾害学，2010（S1）：10–15.

[20] 李娜．城市洪涝模拟技术在城市洪水管理中的应用［J］．中国防汛抗旱，2019，29（2）：5–6.

[21] 唐颖，张永祥，王昊，等．基于雷达外推的城市内涝实时预警［J］．哈尔滨工业大学学报，2019，51（2）：

58-62.
[22] 王静，李娜，程晓陶. 城市洪涝方针模型的改进与应用[J]. 水利学报，2010，41(12)：1393-1400.
[23] 张念强，李娜，甘泓，等. 城市洪涝仿真模型地下排水计算方法的改进[J]. 水利学报，2017，48(5)：526-534.
[24] 徐宗学，程涛，洪思扬，等. 遥感技术在城市洪涝模拟中的应用进展[J]. 科学通报，2018，63(21)：2156-2166.
[25] 刘媛媛，刘洪伟，霍风霖，等. 基于机器学习的短历时暴雨时空分布规律研究[J]. 水利学报,2019(5).
[26] 刘雄. 大数据技术在城市洪涝灾害分析预警中的应用研究[D]. 华中科技大学，2015.
[27] 史培军. 灾害研究的理论与实践[J]. 南京大学学报，1991(11)：37-42.
[28] 魏一鸣，范英，金菊良. 洪水灾害风险分析的系统理论[J]. 管理科学学报，2001，4(2)：7-11.
[29] 阎俊爱. 城市智能型防洪减灾决策支持系统研究[D]. 天津大学，2004.
[30] 汪恕诚. 中国防洪减灾的新策略[J]. 水利规划与设计，2003(1)：1.
[31] 赵勇，裴源生，陈一鸣. 我国城市缺水研究[J]. 水科学进展，2006，17(3)：389-394.
[32] 于冰，梁国华，何斌，等. 城市供水系统多水源联合调度模型及应用[J]. 水科学进展，2015(6)：874-884.
[33] 贾如宾，马丁. 海绵城市理念在市政排水设计中的运用[J]. 城市建设理论研究，2018(4)：162.
[34] 周楠. 基于“海绵城市”理念的下凹桥区排水系统改造及再生水厂厂区雨水系统设计探讨[J]. 市政技术，2019(1)：110-114.
[35] 谢映霞. 对海绵城市建设的几点认识与建议[J]. 建设科技，2019(Z1)：16-17.
[36] 李娜，孟雨婷，王静，等. 低影响开发措施的内涝削减效果研究——以济南市海绵试点区为例[J]. 水利学报，2018，49(12)：1489-1502.
[37] 张锡辉. 水环境修复工程学原理与应用[M]. 北京：化学工业出版社，2002.
[38] 许木启，黄玉瑶. 受损水域生态系统恢复与重建研究[J]. 生态学报，1998(5)：101-112.
[39] 王佐. 城市公共空间环境整治[M]. 北京：机械工业出版社，2002.
[40] 赵敏华，龚屹巍. 上海苏州河治理20年回顾及成效[J]. 中国防汛抗旱，2018，28(12)：38-41.
[41] 杨芸. 论多自然型河流治理法对河流生态环境的影响[J]. 四川环境，1999(1)：20-25.
[42] 邢雅囡，阮晓红，赵振华. 城市重污染河道环境因子对底质氮释放影响[J]. 水科学进展，2010(1)：120-126.
[43] 陈兴茹. 城市河流的生态保护和修复[J]. 中国三峡，2013(3)：30-35.
[44] 钟建红. 城市河流水环境修复与水质改善技术研究[D]. 西安建筑科技大学，2007.
[45] 魏山忠. 国新办举行介绍“坚持节水优先，强化水资源管理”有关情况发布会[EB/OL].(2019-03-22). http：//www.mwr.gov.cn/hd/zxft/zxzb/ft20190322/.
[46] 罗琳，陶玲俐. 城市节水措施及现状研究[J]. 科技创业月刊，2010(10)：94-96.
[47] 张雨山，刘骆峰. 我国海水淡化与综合利用发展现状及前景展望[J]. 建设科技，2016(1)：44-45.
[48] 张雅君，田一梅，刘红，等. 城市节水关键技术研究与示范[J]. 给水排水，2013(10)：17-21.
[49] 卢垚，杨茗琪，段晓梅. 公园绿地雨洪设施研究综述[J]. 黑龙江生态工程职业学院学报，2019，32(2)：9-12.
[50] 王虹，李昌志，程晓陶. 流域城市化进程中雨洪综合管理量化关系分析[J]. 水利学报，2015，46(3)：19-27.
[51] 王虹，丁留谦，程晓陶，等. 美国城市雨洪管理水文控制指标体系及其借鉴意义[J]. 水利学报，2015，46(11)：12-23.
[52] 朱伟伟，郑国全. 城市雨洪利用研究进展[J]. 浙江农林大学学报，2015(6)：976-982.
[53] 刘毅，董藩. 中国水资源管理的突出问题与对策[J]. 中南民族大学学报(人文社会科学版)，2005(1)：

112–118.
[54] 罗政承. 我国城市水务一体化管理研究 [D]. 宁波大学，2015.
[55] 程晓浆. 我国水务管理 20 年回顾与展望 [J]. 中国水利，2015 (11)：21–23.
[56] 王亦宁，陈博. 加强重要城市水务管理体制改革的思考 [J]. 水利发展研究. 2018 (4)：10–13.
[57] 彦橹. 水文化概念界定及三种研究取向 [N]. 中国水利报，2012–05–31.
[58] 郑晓云. 水文化的理论与前景 [J]. 思想战线，2013，39 (4)：1–8.
[59] 邓俊，吕娟，王英华. 水文化研究与水文化建设发展综述 [J]. 中国水利，2016 (21)：52–54.
[60] 陈雷. 大力加强水文化建设 为水利事业发展提供先进文化支撑——在首届中国水文化论坛上的讲话 [Z]. (2009–11–13) . http：//www.zjweu.edu.cn/zjwaterculture/63/69/c1049a25449/page.psp.
[61] 中华人民共和国水利部. 水文化建设纲要 [Z]. 2011.
[62] 胡庆芳，王银堂，李伶杰，等 . 水生态文明城市与海绵城市的初步比较 [J]. 水资源保护，2017，33 (5)：13–18.
[63] 程晓陶 . 新时代治水方略调整方向的探讨 [J]. 中国防汛抗旱，2018，28 (8)：13–16.
[64] 黄煜辉. 城市水利建设管理模式研究 [D]. 吉林大学，2011.
[65] 秦大庸，陆垂裕，刘家宏，等. 流域“自然 – 社会”二元水循环理论框架 [J]. 科学通报，2014 (Z1)：419–427.
[66] 顾晶. 城市水利基础设施的景观化研究与实践 [D]. 浙江农林大学，2014.
[67] 靳春蕾. 城市防洪能力分析研究 [D]. 太原理工大学，2015.
[68] 刘延恺. 论城市水利 [M]. 北京：中国水利水电出版社，2006.

撰稿人：郝仲勇　张书函　张　勤　王　静　张念强　程晓陶

疏浚与泥处理利用学科发展

一、引言

我国河湖众多，在许多经济发达、人口密集地区，工农业生产等人类活动导致河湖受到不同程度的污染，大量污染物在底泥中富集造成底泥的严重污染。当外界环境变化时，底泥中蓄积的污染物会重新释放至水环境，成为水体的内污染源。为了消除这一污染源的影响，疏浚法是较为常用的一种方法。通过机械作用将污染底泥疏浚到地面，再对产生的淤泥进行后续处理的方法，是国内外治理内源污染的主要措施。由于疏浚的产物往往是泥浆或高含水率的淤泥，往往还含有大量有机质、重金属以及持久性有机污染物，若不进行安全的处理和处置易对环境造成二次污染。在我国湖泊、水库富营养化治理、黑臭河道治理、污染河道治理工程中，大规模的环保疏浚正在进行，疏浚及泥处理利用学科应运而生并有着重要的学术和工程应用需求。探索适合我国国情的疏浚与泥处理利用技术，完善疏浚与泥处理利用学科的发展方向，既符合我国经济社会的发展，也具有重要的学术研究意义。

二、国内发展现状及最新研究进展

为了改善河流湖泊水质、保证河道正常泄洪能力和内陆航道畅通，每年都要开展大规模的疏浚工程（工程疏浚），从而产生大量的疏浚泥。目前，针对传统疏浚产生的疏浚泥处理处置方法主要有堆场堆存、机械脱水、化学固化、快速固结、管袋充填等。由于环境污染，各种污染物在河湖底泥中不断富集，河湖治理中针对内源污染的环保疏浚越来越多地得到应用。另外，市政管网清淤及港口航道的维护性疏浚也日益增多，疏浚与泥处理利用学科的研究与应用方向得到逐渐扩展。

为了进一步提升我国的疏浚与泥处理利用技术，聚焦科学问题，制定技术标准、解决工程实际问题，引领行业发展，疏浚与泥处理利用专业委员会于2017年召开学术研讨会，疏浚与泥处理利用领域专家及工程技术人员以“河湖底泥资源化利用方法、技术及创新”为主题，对该领域的前沿工程与科研问题进行研讨。其中在水相关话题的特邀报告部分，陈建生教授、李凌教授、崔广柏教授分别做了“地下水深循环与巴丹吉林沙漠找水”“泥相关力学问题的理论与模拟”“贯彻新发展理念，构建新型河湖管理保护新机制”的报告。泥的处理与利用部分，朱伟教授做了“泥的出路——问题与挑战”的主题报告，闵凡路副教授、何洪涛高工、吴思麟博士做了相关学术汇报。泥的污染特性和处理部分，范成新研究员做了“疏浚湖泊底泥调查项目与规范方法的选择”主题报告，孙远军、刘既明、成金康做了相关学术报告。河湖治理实例部分，操家顺教授、夏霆副教授、丁海兵教授分别就河流治理的经验进行了分享；综合讨论部分，邀请安徽省合肥市政府副秘书长、环湖办高斌友主任、清华大学方红卫教授、中科院南京地理与湖泊研究所范成新研究员、河海大学李凌教授、河海大学朱伟教授等五位嘉宾，围绕“泥的出路”为主题展开。与会人员围绕“如何减少清淤疏浚的数量（实施精准疏浚）”“能否进行原位处理（原位处理技术原理及适用范围）”“如何实施疏浚泥浆减量（高浓度疏浚及深度脱水）”“怎样拓展资源化途径（资源化方法的适用范围和利用数量）”等议题展开了热烈讨论，总结了疏浚与泥处理利用学科存在的问题、最新认识及发展成果。

2018年，疏浚与泥处理利用领域的专家及工程技术人员，又围绕“以问题为导向，创新发展疏浚与泥处理利用技术与方法”展开研讨。专委会主任委员朱伟教授、华中科技大学蒲诃夫教授、浙江省疏浚工程有限公司罗显文高工、南京水利科学研究院韦华高工、专委会秘书长河海大学闵凡路副教授、福州大学土木工程学院曾玲玲教授、中水珠江规划勘测设计有限公司肖许沐主任等20多位专委会委员参加了会议并就自己近期的工作上遇到的问题或新的发现进行了热烈的讨论。会议中由中科院南京地理与湖泊研究所范成新研究员、清华大学周建军教授、清华大学方红卫教授、中科院南京土壤研究所董元华研究员、南京大学张效伟教授、中水珠江规划勘测设计有限公司生态分院肖许沐院长、河海大学大禹学院院长朱伟教授、中国水利水电科学研究院肖建章高工、中交天津港湾工程研究院有限工程公司寇晓强高工、南京水利科学研究院韦华高工、华中科技大学博士生董超强、河海大学博士后舒实、河海大学博士生范惜辉、河海大学硕士生崔岩、上海大学硕士生林哲鑫等16位代表，分别做了“如何在环保疏浚中融入生态理念”“有关中国污染土壤修复的几点思考”“长江生态环境修复重点与上游清洁电力发展”“长江中下游水沙变化及其水环境生态问题的初步思考”“疏浚泥浆中性脱水技术研究”“基于MICP技术的淤泥固化研究”等主题报告。并围绕业主遇到的问题、设计方面的问题以及施工单位等工程实施期间遇到的问题展开了热烈讨论，对清淤疏浚出来的泥的出路、清淤标准规范的制定、商业模式与治理技术的结合等问题进行讨论与总结。

两次研讨聚焦水环境治理与生态修复中的疏浚与泥处理利用技术问题，紧密围绕经济社会发展需求，结合河湖、水库环境治理的工程实践，系统深入地探讨了疏浚与泥处理利用中的科学、技术和工程问题。关于当前疏浚与泥处理工程中的主要热点问题和新思路、新技术等包括：精准疏浚技术，以减少清淤疏浚的数量；原位处理技术原理、使用现状及适用条件；高浓度疏浚及深度脱水技术，实施疏浚泥浆减量；清淤标准规范的制定。

（一）精准疏浚技术，以减少清淤疏浚的数量

太湖经过一期清淤，总共清淤 110 多平方千米，疏浚 3400 多万立方米的污染泥。这些清淤点经过调查，有许多部分是不需要清的。清淤的首要目的是清除底泥里的污染物以改善水质。因为太湖主要问题是富营养化，所以太湖清淤主要是为了减少太湖里的氮、磷和有机质。同时也要考虑一些其他事故，例如 2007 年太湖发生的黑臭事件，这样就需要另行调查。

清淤范围确定分三个阶段。首先是进行现状基础资料的调查分析，包括底泥颗粒特性、底泥分布与释放、水质、生态、入湖河流及外源污染控制情况等的调查，这阶段的底泥调查是普查。以太湖为例，2338 km^2 底泥普查，近岸平均是 5 km^2 一个点，湖心区是 20 km^2 一个点。第二步是开展疏浚分区研究，根据掌握的资料进行疏浚分区的划分，通过系统分析和 GIS 处理初步确定需要清淤的区域和需要保留保护的区域。第三步就是规模论证，主要是解决平面清淤范围和垂向清淤深度两个方面的问题。在确定的需要清淤区域进行加密监测，做进一步的详查。以太湖为例，太湖清淤设计中一般是 200~500 m 网格设 1 个点，做柱状样采样分析和释放试验，然后将分析的数据跟确定的清淤范围控制指标体系进行判定，确定每个点代表的范围是不是需要清淤。清淤范围确定后，再根据清淤范围内的柱状样的分析结果，跟确定的深度确定指标进行对照，主要考虑拐点、浓度控制和释放等因素，确定清淤深度。

除因为污染和富营养而清淤外，保持河道行洪断面的要求也是一个重要的因素，后者是从河道需要具备的水利功能上来考虑的。清淤就是要两个条件都满足，在比较了这两者后，兼顾两者的要求，两者取其大。

除了前期的精密调查外，清淤出来的泥最好能就地使用在湖里面，生之于湖用之于湖，用于湖滨带修复等，这样就可以大大减少疏浚清淤出来的泥的量。

（二）原位处理技术原理、使用现状及适用条件

原位覆盖从材料方向出发需要考虑三个问题。第一是底泥覆盖发展需要什么。底泥覆盖是一个物理过程，目前底泥的覆盖主要采用活性材料，活性材料可以吸附底泥的氮、磷、重金属、有机物，这种材料的覆盖厚度远远低于传统的沙石，是毫米级别的，对水利工程中库容基本没有影响。第二是覆盖的核心是什么，核心是这种吸附材料能不能一劳永逸，对底泥吸附的容量是多少，能够达到什么修复效果。第三是这种技术的适用范围、条

件是什么。

在深圳的一个工程实例中使用原位覆盖过后底泥有机物的确是降解了，整个泥的密度变大，颗粒变大，沉到底部。氮的循环，是从氨气到氮气。对于磷的循环，从磷灰石回到磷灰石。尽管有相对成功的案例，但是原位覆盖技术依然面临一些问题。比如河流的流动速度如果很快，那么覆盖材料就会被冲散和侵蚀。另外，这种覆盖方式只是将污染物固定在覆盖物中，那么是否存在再释放的可能呢，这些因素都需要去研究。也有一种想法是让覆盖物吸收营养盐和有机物，然后取出清理再重新覆盖，循环往复。这种方法非常不错，但实际操作会比较困难。

尽管原位覆盖还没能广泛运用，但针对这项技术的研究已经开展了很多，随着这些研究的进展和一些现场试验的测试，相信不久这项技术将可能被实际运用于水体修复工程中。

（三）高浓度疏浚及深度脱水技术，实施疏浚泥浆减量

河湖底泥在疏浚过程中混入了大量的水而使其呈泥浆状态，这大大增加了后期泥的处理工作量。在把泥浆变成浓泥，再进一步变干，直至变成土的过程中，泥水分离和泥浆脱水技术至关重要。目前最常用的脱水技术是板框压滤脱水技术，主要有机械压滤、离心板框及袋式压滤等。然而机械压滤存在的问题较多，首先就是固定设备投资较大的问题，比如为了达到较高的施工速度，一个项目所需要的板框压滤机台数较多，体积也比较大，但是当项目完成时，如果没有合适的工程继续使用这些压滤机，它们的处置就成了一个难题。其次，板框压滤时添加的石灰等絮凝剂，会导致尾水 pH 升高而需要用稀硫酸调回，这势必会增加工程成本；而压滤后的泥饼又面临难以进行资源化利用的困难，如因其板结非常严重而无法作种栽土使用，当考虑作填土路基或者制砖用时，需要考虑其强度的影响。从固液分离的角度看，压滤机对细颗粒彻底的固液分离效果很好但是效率较低，且购置和运行成本又比较高。若单就清淤的淤泥的固液分离来讲，目前在用的各种技术都有其存在的合理性，只是脱水效率有差异。此外，仅就淤泥脱水而言，抽滤法成本较低，也是一种比较常用的技术。采用抽滤法处理河道淤泥时，若其承载力达到 5 t 左右，一般需要 4~6 个月的时间，3~4 m 厚的处理深度。对于真空抽滤法来说，现场实施时需要大量的电能，目前现场主要通过脉动或增加添加剂的方式来改善淤泥的脱水性，以减少能耗。

有一种高浓度疏浚方法，这种方法不同于一般的绞吸式疏浚方法。绞吸式疏浚通过水力作用将水和泥一同吸出，这是疏浚泥高含水率的原因。而高浓度疏浚在疏浚的方式上进行改进，使疏浚出来的泥浆含水率不那么高，这样一来也就减少了疏浚量。现在国内这种疏浚设备还有待研发。

（四）清淤标准规范的制定

清淤规范应该包含三方面内容。首先是采样标准，在底泥受污染情况不清楚的时候最好不要采用深层采样的方式，为了环保疏浚进行盲目的深层采样是没有意义的。比较好的方式是先采取表层的样品，几乎所有的泥污染厚度都在 50 cm 以内，大部分都集中在 30~40 cm。因此应该先开始表层样的采取，由于底泥的空间异质性比较大，有时甚至超过土壤，所以采取点位可以适当增多，这样得出来的数据更具有代表性。第二个是底泥污染程度标准，目前底泥没有污染标准，因为底泥与土壤还不太一样，它来自于流域，而不同流域的背景值差别是非常大的，因此一个标准可能还涵盖不到全国所有的流域范围，在国际上也是这样的，可能有些国家流域比较单一，可以进行这样一个标准的制定。而且底泥的标准涉及大量的监测工作，这需要花费大量的时间与人员，因此可以对国外已有的标准进行借鉴参照。第三个是疏浚效果与效率的标准，目前疏浚的效果不是很好。以太湖为例，太湖流域管理局从 2002 年对太湖进行淤泥的疏浚，一直持续到 2012 年，并从内部以及湖泛控制等方面进行一个疏浚效果的评估。最后发现，东太湖的效果最不好，可能是因为它的疏浚方式只是简单的挖泥，而不是环保疏浚；其次月亮湾的清淤效果不好，原因是它的底泥分布比较特殊，其下层底泥污染物含量高于上层，甚至到了 2 m 的时候它底泥的污染物含量还是很高，继续往下挖就可能导致氮、磷等营养盐暴露并重新释放到水体中，产生不良影响。其余的大部分地区相对来说还是比较好的，太湖疏浚效果的平均值为 0.38，不同地区相差较大，高的达到 0.5，低的只有 0.1。我们国家的疏浚并不是所有的地区都做了，一旦对某个湖进行疏浚，在哪儿疏浚，疏浚面积、方式以及深度都需要弄明白，而且前期外源的控制需要得到保障，这时才可以进行疏浚工程。

三、国内外研究进展比较

（一）环保疏浚技术

我国目前缺乏专门指导环保疏浚的国家标准和规范，众多设计和施工单位只能参照常规工程疏浚方面的规范、标准，如此制定的环保疏浚方案往往合理性不足，实际效果大打折扣，甚至反而出现严重的生态问题，这对我国环保疏浚产业的发展造成了不小的阻力。在欧美和日本等国，对湖泊底泥环保疏浚工程的论证是很严谨的，除对疏浚区进行详细的调查分析外，还要进行一系列的室内模拟实验研究和生态风险评价，即使对正在进行的疏浚工程仍采用伴随式研究，以随时指导疏浚中出现的环境和生态问题。如何引进和消化国外先进工艺技术，以适应我国国情，也有待进一步研究。

（二）河湖疏浚工程中泥处理与利用技术

国际上处理疏浚淤泥的方法有脱水、烧结、固化三种。前两种仅适用于对小批量、高含水量淤泥的处理，且造价较高，烧结法对于含砂量过高的疏浚泥不适用。经济且适用于处理大量疏浚淤泥的方法是固化处理法。这一方法已在日本、荷兰、新加坡被广泛使用。正在建设的名古屋机场的填海工程就大量采用了固化处理法。日本东京也设有多处疏浚土处理中心，将疏浚淤泥通过固化处理后代替砂料等土石方材料进行出售，既保护了环境，又节约了大量的土石方资源。

四、发展趋势

针对水环境治理与生态修复中的泥处理技术问题，结合我国经济社会的发展需求，总结疏浚与泥处理学科发展趋势如下。

1. 疏浚与泥处理学科的进一步完善与行业标准的建立

关于泥的学科——“疏浚与泥处理利用”虽已初步形成，但目前各行业仍对泥的概念混淆不清楚，同时学科间交叉联系众多。因此，仍需要进一步对学科进行完善，建立更完整的体系，这是推动该领域技术进步的基础。

现在各行业对泥的概念、泥的参数以及泥的性质评价各自采用不同的方法，大部分性质尚无系统的研究和总结，造成了工程技术难以互相借鉴、新技术的发展缺乏理论支撑的问题，建立关于泥的统一的理论与技术体系具有一定的必要性。因此，建议发展关于泥的学科方向——“疏浚与泥处理利用技术”，即以各种泥状物为对象研究泥的基本性质，包含物理性质、化学性质、生物性质的基础理论，以及针对这些基本性质所开发的处理、处置和利用技术的学科方向，使之成为一个完善的学科方向。这对于本领域技术的发展和推广有重要的意义。

2. 疏浚与泥处理行业标准的建立

疏浚与泥处理利用领域目前已经有很多的工程在进行或者即将开展，但是相关的行业标准或者技术手册还没有，亟须制定相应的行业标准用来指导和规范工程建设。这是目前本领域技术面临的最大问题，也成为本领域最大的战略需求。尽快编制相关的行业标准或者技术手册，如疏浚技术导则、环保疏浚技术规程、泥处理利用技术手册等，对完善现有技术体系、指导工程技术发展有巨大的推动作用。此外，还应围绕疏浚与泥处理利用领域，强化工程实践，积极开展学术交流和知识普及，做好相关技术咨询、服务和培训工作，引领行业更好更快地发展。

3. 原位处理底泥的研究

目前河湖环境治理主要以清淤为主，现已带来许多问题，主要是后期疏浚泥的处理利用问题。原位处理技术是一种不产生疏浚泥的处理技术，但这项技术也面临一些问题，主要有两点：一是在实施原位处理过程中会对原有底泥带来影响；二是原位处理效率如何，可持续性如何。这都是有待解决的，期待这方面的研究能够取得进展。

4. 关于环保疏浚的问题

对于底泥调查方法、检测分析技术、污染评价标准以及疏浚范围、疏浚深度的确定方法方面急需形成标准和规范。关于疏浚可能造成的二次污染，应该在工程中进行事先的评估、制定适宜的方法，需要相关的技术手册作为引导。

5. 泥水分离与脱水技术

在疏浚与泥的处理利用工程项目中，水力疏浚将底泥变成了浓度较低的泥浆，增加了处理对象的体积。因此将泥浆中的大颗粒物质去除、泥浆中的水分去除的泥水分离技术是近一个时段的发展目标，通过泥水分离大大减少泥浆的体积、增加泥浆的浓度，为后续的脱水提供了条件。因此，泥水分离、浓泥脱水相结合的工艺和装备是发展的目标。同时泥水分离过后的泥和水如何处理、能否直接被利用、如何处理也是亟待研究的方面。

参考文献

[1] 田旭，密志超，陆剑飞．河湖淤泥原位固化技术在生态护坡工程中的应用研究［J］．水利技术监督，2018.
[2] 赖佑贤，闫晓满．淤泥高效脱水与固化工艺流程研究［J］．水利建设与管理，2017.
[3] 李明东，丛新，张志峰．资源化利用废泥生产建材的现状和展望［J］．环境工程，2016.
[4] 王亮，曹玲珑，李磊，等．太湖与白马湖疏浚淤泥的触变特性研究［J］．工程地质学报，2015.
[5] 黄英豪，朱伟，董婵，等．固化淤泥结构性力学特性的试验研究［J］．水利学报，2014（12）：130-136.
[6] 王亮，朱伟，茅加峰，等．使用改进的分层抽取法研究淤泥沉积过程中的强度变化［J］．岩土工程学报，2013（5）：16-21.
[7] 朱伟，闵凡路，吕一彦，等．“泥科学与应用技术”的提出及研究进展［J］．岩土力学，2013.
[8] 钟继承，范成新．底泥疏浚效果及环境效应研究进展［J］．湖泊科学，2007.
[9] 曹承进，陈振楼，王军，等．城市黑臭河道底泥生态疏浚技术进展［J］．华东师范大学学报（自然科学版），2011.
[10] 程庆霖，何岩，黄民生，等．城市黑臭河道治理方法的研究进展［J］．上海化工，2011.
[11] 朱伟．环保疏浚及泥处理 4 大热点话题讨论［J］．水资源保护，2016.
[12] 屈阳，朱伟，包建平，等．衡阳平湖污染淤泥固化 / 稳定化技术的应用［J］．环境科学与技术，2011.
[13] 包建平，朱伟，闵佳华．中小河道治理中的清淤及淤泥处理技术［J］．水资源保护，2015.
[14] 李长阔，秦明，汝国栋，等．中小河流淤泥的资源化利用［J］．现代农业科技，2012.
[15] 张春雷，管非凡，李磊，等．中国疏浚淤泥的处理处置及资源化利用进展［J］．环境工程，2014.
[16] 朱玉强．环保疏浚与环保疏浚设备探析［J］．水利科技与经济，2010（10）：1118-1120.
[17] 武剑博，黄引平．环保疏浚的技术要求与环保绞刀的设计［J］．环境污染治理技术与设备，2006（7）：138-140.
[18] 张凤霞．环保疏浚在我国的应用前景［J］．中国水利，2004（11）：23-25.

[19] 何文学，李茶青. 底泥疏浚与水环境修复 [J]. 中国环境管理干部学院学报，2006（1）：70–73.
[20] 李进军. 污染底泥环保疏浚技术 [J]. 中国港湾建设，2005（6）：46–47，65.
[21] 包建平，朱伟，汪顺才，等. 固化对淤泥中重金属的稳定化效果 [J]. 河海大学学报（自然科学版），2011（1）：24–28.
[22] 张春雷，朱伟，李磊，等. 湖泊疏浚泥固化筑堤现场试验研究 [J]. 中国港湾建设，2007（1）：27–29.
[23] 朱伟，冯志超，张春雷，等. 疏浚泥固化处理进行填海工程的现场试验研究 [J]. 中国港湾建设，2005（5）：32–35.
[24] 曾科林，朱伟，张春雷，等. 现场水下浇筑对淤泥固化效果的影响 [J]. 水利水运工程学报，2005（3）：54–58.
[25] 张成良，洪振舜，邓永锋. 淤泥吹填处理及其研究进展 [J]. 路基工程，2007（1）：12–14.

撰稿人：朱　伟　闵凡路　丁建文

水利工程爆破学科发展

一、引言

20 世纪 50 年代中期，伴随我国第一个五年计划的实施，水利水电爆破技术开始步入快速发展时期，60—70 年代以定向爆破筑坝和光面爆破为代表，70 年代伴随葛洲坝水利枢纽的开工建设，预裂爆破和建基面保护层爆破技术逐步推广使用。尤其是改革开放后，随着国家经济建设的蓬勃发展，围绕以三峡工程为代表的一系列大型水电工程建设过程中所遇到的高边坡开挖、地下厂房开挖、级配料开采及围堰拆除等工程技术难题，开展科研攻关，促进了我国水利水电爆破技术的迅猛发展。

进入 21 世纪后，随着南水北调中线、拉西瓦、向家坝、糯扎渡、溪洛渡、小湾和锦屏等一批大型水利水电工程的建设，依托高山峡谷地区水电站高边坡、大型地下厂房洞群和超长隧洞开挖，提出并建立了水利水电精细爆破技术体系。引汉济渭工程、丰满水电站重建工程、白鹤滩、两河口和双江口等一批大型水利水电工程的开工建设，为爆破技术的发展提供了很好的科研和实践平台，爆破新技术、新工艺、新方法不断涌现。我国的水利水电爆破技术已进入国际先进行列。

2008 年 5 月发生了汶川特大地震，水利水电爆破在道路抢通、危石爆破、危房拆除等方面，特别是在唐家山堰塞湖抢险中，发挥了重要作用。

此外，水利水电爆破技术在国家实施“一带一路”建设过程中也发挥着巨大作用，中国技术和中国标准走向国际化也是当前和今后一段时间我国水利爆破人的重要使命。

二、国内发展现状及最新研究进展

（一）国内发展现状和主要成果

水利水电行业爆破条件复杂，涉及问题较多，尤其是对爆破技术的要求及其控制更严于其他行业，因此所使用的爆破方法和技术多种多样。进入21世纪以来，我国修建了一批大型水利枢纽和水电工程，施工过程中面临许多工程难题，例如：高边坡开挖成型与安全控制，深埋地下洞群、超长水工隧洞的开挖程序、爆破技术和围岩稳定，坝基和建基面保护层快速开挖，临时及部分永久建筑物的爆破拆除，土石坝级配石料的大规模爆破开采等。在解决这些工程爆破难题中，众多爆破新技术被开发、改进和采用。这些在工程实践中不断发展起来的新技术，提高了工程质量，保证了施工期和运行期工程的安全。

1. 高陡边坡精细爆破开挖技术

目前我国的水能资源开发重点在金沙江、澜沧江、雅砻江和大渡河等河流上，电站往往处于深山峡谷中，数百米级高陡边坡的大规模高强度爆破开挖成为关系到工程成败的关键问题。三峡永久船闸最大开挖深度达170 m，直立墙最大开挖深度67.8 m；小湾、溪洛渡、锦屏一级、乌东德、白鹤滩等大型水电站开挖边坡高度在300~700 m之间。爆破产生的冲击波和地震波将对趋于临界稳定状态的边坡有较大影响。随着边坡的开挖规模增大、高度增高、坡度变陡、开挖持续时间加长，对边坡安全的影响也日益突出。

在高陡边坡开挖中发展和采用了光面爆破、预裂爆破和多段孔间延迟爆破技术，有效地控制了开挖面的超欠挖，保证了边坡的稳定并大大减少边坡开挖量，取得了良好的开挖效果。三峡永久和临时船闸开挖中，大量采用预裂爆破和有侧向临空面的预裂爆破，仅临时船闸预裂钻孔进尺达2753万m，且都形成良好的保留壁面。小湾水电站的高边坡总开挖高度近700 m，开挖部位岩体节理、裂隙、破碎带局部发育，地形地质条件复杂，其高边坡开挖具有开挖高差大、开挖强度高、爆破振动要求严、地质条件复杂、开挖质量要求高、长边坡开挖难度大等特点。施工过程中通过广泛采用预裂爆破、深孔梯段接力延时微差顺序起爆等技术，进行岩体质点振速、岩体声波等测试，以初期爆破监测试验不断优化爆破方式和改进、调整爆破参数，来保证边坡质量与稳定。

溪洛渡水电站高边坡工程，开挖涉及面广，边坡陡峻，高差达536 m。边坡受层间层内结构面和柱状裂隙的切割、风化、卸荷影响等，边坡部分岩体破碎，存在局部块体失稳问题，同时边坡覆盖层易受爆破裂隙影响，稳定问题复杂且严峻。通过采取了精细爆破技术和可靠支护措施，同时利用安全监测等信息来优化施工工艺，改进爆破参数，以保证边坡稳定及岩体质量。

乌东德水电站边坡开挖高度大，坡比小，主要从高陡边坡开挖支护技术方面出发，以“一次预裂（高度15 m）、二次爆破（每次爆破高度7.5 m）、分层出渣、锁口支护、速喷封闭、随层支护、系统跟进”的高边坡快速开挖、快速支护技术，实现边坡稳定开挖，同时改善爆破方式，以保证开挖后岩体质量。

在建白鹤滩工程边坡存在岩石风化卸荷、崩滑、断层、层间和层内错动带，对边坡稳定和边坡岩体变形都有很大影响。通过现场跟进爆破监测试验，加强爆破开挖控制，以调整爆破方式，改善爆破装药结构，保证边坡开挖稳定。

经过三峡永久船闸、小湾、溪洛渡、白鹤滩和乌东德等大型工程高陡边坡开挖实践与锤炼，形成了以中深孔台阶爆破、深孔预裂及光面爆破、缓冲爆破等为核心的岩质高边坡开挖技术。

在实现大规模开挖的同时，水利水电行业对高边坡及基岩的保护控制最为严格，对各种边界面进行“雕琢”的最多。在进行高效开挖的同时，实现保留岩体的保护，就必须对爆破试验、设计、施工及安全监测全过程进行精确控制。爆破影响范围控制的量化爆破设计，精心施工、科学管理，以及爆破振动跟踪监测与监测信息快速反馈制度的建立、推广与完善方面取得了重大进展，大大提高了岩体开挖的质量，逐步形成了具有水利水电行业特色的精细爆破体系，即通过定量化的爆破设计和精心爆破施工，进行炸药爆炸能量释放与介质破碎、抛掷等过程的精密控制，既达到预定的爆破效果，又实现爆破有害效应的有效控制，最终试验安全可靠、绿色环保及经济合理的爆破作业。

2. 大型地下洞室群爆破开挖技术

水利水电工程中，不仅存在大量隧道开挖，还有由多条引水隧洞、厂房、交通洞、尾水洞和竖井等组成的立体交叉组合复杂的地下洞室群。其特点是规模庞大、结构复杂、围岩稳定问题突出，施工干扰大。由于钻爆法适应性强、成本低，特别适用于岩体坚硬、地质条件复杂和断面巨大洞室的开挖，因而在水电工程大型地下洞室群施工中得到了广泛应用。

中国大型水利水电工程地下洞室群开挖，在推广光面爆破、预裂爆破技术和采用先进爆破器材的同时，贯彻精细爆破技术的理念和管理，将精细爆破技术作为爆破开挖工程中的技术核心和保障。在爆破过程中不断进行着该方面的理论探索和工程实践，在地下洞室群开挖工程中保留岩体的爆破成型、爆破振动及爆破损伤控制达到了很高的水平，在不同地质条件下都获得了高质量、满意的工程效果。

锦屏一级水电站地下厂房洞室，规模巨大，群体结构非常复杂，地质构造、结构面分布与洞室群的关系复杂。主厂房水平埋深 100~380 m，垂直埋深 160~420 m，主厂房与调压室中心间距为 145 m。其关键技术问题在于高应力条件的影响、复杂地质条件干扰。实际工程中，通过控制性应力释放技术，如薄层开挖、分区开挖，随层（区）支护，“先洞后墙，以小保大”施工方法、合理安排相邻洞室施工程序，来调整应力释放时间。同时采取锚索预留锚固力技术、个性化分段爆破施工技术等，合理搭配使用预应力锚索、预裂爆破、光面爆破、预留保护层、超前支护等手段维护洞室群开挖过程中的稳定性和开挖后的工程质量。

溪洛渡左岸地下水电站主厂房作为已建世界上最大地下厂房，其下部复杂体型开挖，具有结构复杂、开挖轮廓成型要求高、施工工期紧等特点。在施工过程中，采取合理的施工通道布置，有序的分层开挖施工。同时，大规模开挖施工前期进行爆破试验，总结改进钻爆参数、装药结构和爆破网络，利用精细的开挖控制，确保了结构体型和良好的施工质量，开挖不平整度平均值为9.1 cm，半孔率为89.3%，最大错台值5.7 cm，最大超挖值16.8 cm。开挖分层及开挖控制技术值得同类工程借鉴。

在建的白鹤滩地下洞室群规模巨大，具有“高边墙、大跨度、高地应力、复杂地质条件”的特点，在高应力开挖卸荷过程中，含错动带岩体遭遇到不同程度的变形破坏问题。开挖过程中，同时考虑顶拱、边墙等应力集中、变形的影响，改进开挖方案，利用预裂爆破、光面爆破、缓冲爆破、掏槽爆破等技术进行搭配组合，考虑预留保护层的方法进行洞室开挖试验方案的优化。同时，通过爆破振动监测，调整装药量、装药结构、爆破网络等以减小对围岩的扰动，维护其稳定性。经过锦屏一级、溪洛渡、白鹤滩等大型工程地下洞室的开挖实践，形成了分层开挖方案优化、预裂爆破与光面爆破结合的不断探索的高地应力条件下的爆破施工方法与技术。

3. 大型水工围堰爆破拆除爆破技术

水电站混凝土围堰的岩坎、混凝土或土石围堰中的心墙等经常要采用爆破的方式进行拆除，属于临水爆破的作业范畴。一般是充分利用其顶面、非临水面及被爆体内部廊道等无水区进行钻爆作业，有些情况也涉及水下钻孔和水下爆破，是一种爆破要求严且具科技含量高的爆破工程。

围堰拆除爆破要求一次爆破完成，能满足泄水或进水要求。同时，在爆破区域附近有各种已建成的水工建筑物，实施爆破时要确保它们不受到损害。保证达到此效果的核心技术是“高单耗、低单响”的设计思想，并通过接力起爆系统来实现。通过围堰的爆破拆除，建立了一套各种建筑物的爆破振动安全控制标准及防护飞石、水击波危害的措施及方法，并在水下爆破设计、施工和水下爆破破坏机理方面取得了较多的研究成果，提出了水下爆破装药量及单位耗药量的计算方法。通过三峡三期碾压混凝土围堰、向家坝纵向围堰和溪洛渡导流洞围堰爆破拆除等工程实践，积累了较为丰富的经验。

向家坝水电站坝址位于金沙江下游河段，按工程总体设计要求，施工期第6年枯水期时，需拆除二期纵向围堰结合段。需拆除的堰体长90.1 m，堰体断面呈梯形形状，顶部宽度6 m，底面宽15 m，高16~23 m，拆除方量约20500 m^3，堰体材料为C25素混凝土，采用控制爆破拆除施工方法。拆除围堰周边环境非常复杂，爆破难度大，安全控制要求高，爆破块体、爆碴堆积方向控制要求高，爆破方量大，施工精细化程度要求高。通过方案比选，选择坡面倾斜孔为主的方案，调整爆破参数，采用数码电子雷管进行网路联接，严格控制单段药量，实施一次性爆破拆除，为满足振动安全要求提供保障。

溪洛渡水电站左岸导流洞进出口围堰堰体复杂，拆除爆破钻孔数量多、长度深，难度大。其中，进口围堰采用下闸关门爆破，出口围堰采用提闸开门爆破。受地形条件限制，围堰距被保护的建筑物很近，必须严格控制爆破振动和飞石危害。爆破前开展了围堰稳定复核、爆破块度与爆堆形状研究以及保护建筑物振动安全标准研究等方面工作，通过前期爆破试验，改进爆破参数和施工方式，以精细化爆破技术进行个性化爆破方案设计，解决围堰群紧邻的建（构）筑物爆破安全控制难度大、围堰结构体形及周边条件复杂等难题。

目前我国采用爆破技术完成的水利水电工程的施工围堰（混凝土围堰、砌石围堰或混凝土心墙围堰）或岩坎的拆除工程百余项，其核心技术在赞比亚卡里巴水电站等国际水利水电工程项目中得到推广应用。

4. 水下爆破技术

水下爆破技术主要应用于港口、航道疏浚炸礁，水库或湖底水下岩塞爆破，以及软基爆炸加固等。

随着航道和港口建设的蓬勃发展，中国每年采用水下爆破炸礁或破碎水底岩石 500 万 m^3 以上。三峡工程为实现 156 m 的蓄水目标，在涪陵至铜锣峡长江段 107 km 的航道中，水下炸礁总量达 106 万 m^3；上海港洋山深水港区一期工程仅航道北侧大礁盘炸礁量为 10.3 万 m^3。大连港 30 万 t 级进口原油码头港池安全整治工程，水深在 30 m 以上，总面积 23.4 万 m^2，炸礁总方量 49.3 m^3；福建炼油乙烯项目海底原油输送管线工程，炸礁长度为 2588 m，其中水深超过 30 m 的长 1200 m，水深最深处达到 51 m，炸礁总工程量为 5.5 万 m^3，是目前国内最深的水下炸礁。目前，在重大水下炸礁工程中，采用 GPS 三点精确定位系统，有效地解决了在水深流急、风大浪高、暗流复杂多变、多台风、雨季等恶劣天气影响下定位问题，实现了钻孔精度的有效控制。从而为我国在深水礁石区进行小坡比、深窄沟施工积累了成功的经验，也为深海水区爆破作业奠定了基础，标志着我国在深水礁石区进行管沟施工的突破。

岩塞爆破是水下爆破的一种形式，为了引水、放空水库、灌溉、发电等需要，修建通向水库、湖泊底部的引水洞或放空洞，在隧洞末端设置岩塞挡水，保证隧洞的干地施工。当洞内工程完成后，将岩塞炸除，使隧洞与水库或湖泊连通。水下岩塞爆破不受库（湖）水位消涨的影响，也不受季节的限制，省去了围堰工程，且具有工期短、工效高、投资少的优点，可保证水库的正常运行与施工互不干扰。通过长甸水电站、刘家峡水电站等岩塞爆破实践，围绕带中导洞的岩塞全排孔爆破技术、岩塞爆破参数的试验与确定方法、岩塞爆破过程中水击波压力与涌浪高度控制以及大直径全排孔岩塞爆破的施工工艺等方面的关键技术，进行了持续不断的创新和凝练，形成了大直径全排孔岩塞爆破关键技术。

软基爆炸加固技术主要用于港口工程建设中的软弱地基爆炸加固处理。进行港口工程建设时，由于地基的稳定承载力不能满足工程设计要求，根据不同情况可以采用水下爆炸挤淤法、爆炸置换法和爆炸加固法进行地基加固处理，为港湾防波堤、港口码头、泊位以及储仓等设施建设服务。经过多年理论研究与现场试验、工程试验和实践，已总结提出了一套完整的淤泥软基爆炸处理新技术，并先后应用于连云港建港、深圳电厂煤码头、珠海高兰港口、粤海铁路通道轮渡码头港口防波堤以及类似工程的建设中，筑堤总长超过 60 km，为沿海港口建设做出了重大贡献。

5. 堆石坝级配料开采爆破技术

在水利工程领域，用爆破法开采面板堆石坝级配料的技术得到广泛应用，如南盘江天生桥一级水电站、清江水布垭水电站、大渡河长河坝水电站等。从西北口水电站建设开始，通过现场试验研究采用爆破法开采主堆石级配料，并直接上坝填筑的施工方法。在天生桥一级水电站，不仅主堆石料采用爆破法开采直接上坝填筑，而且粒径更小的过渡料也采用爆破法开采后直接上坝填筑，与此同时还开展了爆破块度分布理论和块度预测预报模型研究。

长河坝水电站堆石坝过渡料级配要求严格，采用一般面板堆石坝级配料开采爆破参数难以开采出合格过渡料。长河坝料场勘探资料显示，岩体卸荷较强烈，强卸荷水平深度46 m，存在主要构造裂隙。依据长河坝水电站大坝填筑料的要求和水电站附近料场地形地质条件，应用精细爆破的理念，通过孔网参数设计、装药设计，对监测试验结果进行分析，提出参数优化和方式改进，确定最优炸药单耗、间排距、装药量、起爆方式、尺寸长度等来获得满足设计要求的出料，确保爆破质量和填筑强度的要求。

6. 水利水电工程重建（改扩建）工程爆破技术

国外由于水电开发比较早，以欧美国家为例，由于能源结构已经发生变化，对部分已经达到设计年限的大坝，以拆除为主，一般不予复建。我国在20世纪四五十年代修建的水电站，部分也到了设计年限，由于我国能源紧张，一般采用加固或拆除重建，这部分水电站在国内所占的比例比较高。截至目前真正意义上大型水利枢纽工程的重建，丰满水电站尚属首例。

丰满水电站，经多次检查和诊断，大坝安全处于危险状态，国家电网决定对该电站进行全面治理，利用原坝为挡水建筑物进行重建，是迄今为止最大的水电站重建工程。丰满水电站新建大坝坝轴线位于原丰满大坝坝轴线下游120 m，开挖区域距原坝下游边缘最小距离不足10 m。水文地质资料表明，丰满水电站施工区域多年极端最低气温为–42.5℃，冬季11月至次年3月平均气温为–17.8~–3.2℃，地表平均冰冻深度为0.75~1.5 m。新坝基坑爆破施工区域距现有电站较近，爆破地震波及飞石对旧坝、现有发电设备的运行将造成一定影响。特别在冬季，低温将使地表表层被冰冻，冰冻后岩体的力学性质发生明显变化，在此条件下爆破地震波的传播规律以及建筑物的爆破振动安全控制标准将可能发生变化，同时低温对爆破器材、爆破效果、施工机械以及防护措施均有显著的影响，这些为丰满重建工程的爆破施工与控制提出了严峻的挑战。

在丰满水电重建工程建设过程中，围绕岩体表层冰冻后力学参数的变化特性、严寒条件下的爆破振动衰减规律和爆破振动安全控制标准以及严寒地区爆破施工工艺等方面的关键技术内容，开展了研究与实践。在新坝坝基爆破开挖过程中，确保老坝正常工作，厂房正常运行，爆破开挖轮廓良好，需保护的建筑物的实测振动速度均在安全控制范围以内。各项施工指标与数据均表明，丰满水电站重建工程的爆破开挖是成功的。

7. 水利工程抢险应急处置爆破技术

近年来，爆破技术应用范围越来越大，它已被广泛应用到应急抢险中泄洪槽开挖、决口封堵石料开采、道路抢通、孤石处理、危房拆除等方面。抢险爆破技术要求：根据抢险要求和爆破环境、规模、对象等具体条件，精心设计，采用各种防护等技术措施，严格控制爆炸能的释放过程和介质的破碎过程，确保危害控制在规定的限度之内，确保抢险人员、设备安全，防止险情加剧或灾害进一步扩大。

对于地质灾害的爆破处理，可采用裸露爆破、浅孔爆破和深孔爆破等爆破施工技术方案，根据处理区域的地形地貌、周围环境、危岩体的形成原因和现状、交通条件、所能采用的机械设备等因素而定。2008 年 5 月汶川地震形成的唐家山堰塞湖抢险爆破，使用炸药达 10 t，数百名水电武警官兵在现场抢险爆破专家的指挥下，采用裸露爆破或浅埋集中药包爆破的方法开挖泄洪通道，最终排除了险情。

湖北坪江水电站水库由于上游出现滑坡意外险情，初步估计水位上升后将有 40 多万立方米的山体产生滑坡，后续还可能导致 1000 多万立方米的滑坡，需要在雨季到来前对导流洞可爆堵头实施爆破，对水库进行放空处理，同时要求爆后放空管完全切割贯通，使水库水流顺利放空，确保混凝土支撑墩及洞外周边保护物的安全。从出现滑坡险情到要求堵头开启的时间不足 10 天，采用数值仿真、模型试验及现场监测相结合的综合方法，研究危急情况下水电站放空洞可爆堵头快速开启技术，提出了采用聚能药包切割钢管快速开启可爆堵头的应急抢险新方法。采用该方法，在预定的时间内快速放空水库，实现了其应急抢险的阶段性目标。

2016 年 7 月 14 日，梁子湖的牛山湖破垸分洪，爆破成功。梁子湖为湖北第二大湖泊，位于湖北省武汉、鄂州、咸宁三地交界处。在当月强降雨中，梁子湖水位居高不下。此次破垸爆破长度达 1 km，总共布设 333 个孔。破垸分洪后，调蓄梁子湖水约 5000 万 m^3，梁子湖水位降至保证水位以下。同时，永久性退垸还湖，修复湖泊水生态系统。此次梁子湖的牛山湖破垸分洪是应急之举，但牛山湖重新回到梁子湖怀抱是成功运用爆破技术与手段开启千湖之省在治理湖泊理念上的一次重大变革。

爆破技术在应急抢险方面起到了十分重要的作用，能够在有限时间内快速、准确地解决安全隐患，是保障人民财产安全的重要保障。

8. 岩体爆破块度控制技术

基于我国水电强国战略的实施以及未来国家对深部资源开发、矿业安全领域的重大需求，新时期工程爆破技术面临更高的要求和挑战，实现爆炸能量高效利用和爆破危害效应的有效控制是响应国家建设节能环保型社会、实现经济可持续发展的必然要求。其中，科学利用炸药爆炸能量有效破碎岩体形成适宜的爆破块度是关键技术问题之一。爆破块度分布是反映爆破开采效果好坏的主要指标，它不但直接影响后续作业工序如装载、运输、溜井放矿等设备生产效率和设备磨损，涉及其作业成本，而且在水电工程领域，开采的堆石坝级配料直接关系到大坝的填筑质量和坝体运行期的安全，需引起足够重视。

在描述爆破块度分布时，通常用 Rosin–Rammler 分布（R–R 函数）、Gaudin–Schumann 高斯分布（G–S 函数）及 Gadin–Meloy 分布（G–M 函数）函数表示。在工程中最为常用的是 R–R 分布和 G–S 分布，根据工程经验，R–R 分布函数趋向于粗颗粒，而 G–S 分布趋向于细颗粒。将二者的分布参数 x_0、n 均作为试验回归参数，则 G–S 分布可看作是 R–R 分布级数展开的简化形式。在工程中，影响爆破块度分布的因素有很多，主要包括炸药性能、装药结构、起爆方式、地质条件、岩石强度、节理裂隙等，如何通过已有的爆破设计参数有效地预测爆破块度分布，已有很多学者结合爆破破碎机理和工程经验展开研究，提出了很多预测模型，按照所应用的理论和方法，主要分为应力波模型、分布函数模型和能量模型三类。国内外已有部分工程成功应用了块度控制技术，如天生桥一级水电站面板堆石坝级配料开采、兰尖铁矿台阶爆破质量研究等。

9. 爆破振动控制技术

爆破振动是工程爆破作业无法消除的效应之一。21 世纪到来之后，我国城市化的发展更加迅速，社会经济蓬勃向上，致使工程爆破的环境条件更加复杂，加之公民安全和维权意识的大幅提高，对爆破振动安全控制提出了更高的要求。新型爆破器材的研发使用和电子技术的全面普及使中国爆破振动控制技术跃上了一个新台阶，取得了较多的新进展。

振动控制技术的进展主要体现在振动控制理论的进步、爆破振动控制技术的发展以及爆破振动控制指标的发展。振动控制理论主要包括振动强度控制、振动频率控制、振动频谱控制、振动衰减规律及干涉降振理论。爆破振动控制技术的发展主要体现在新型爆破振动预测及控制模型（基于单孔爆破振动基波的叠加组合预测）、电子数码雷管的应用以及由此促使的干扰降振的实现、爆破振动源基频对振动效应的影响及相应降振手段、基于移动网络的远程实时爆破振动量测系统的建立、深孔台阶爆破逐孔起爆降振技术以及复式掏槽降振技术、机械预切槽与控爆组合减振法、机械预掏槽与控爆组合减振法等隧道掘进爆破降振的新方法。爆破振动控制指标的发展主要体现在对振动频率对爆破振动速度允许值影响研究的深入以及爆破振动控制指标的制定的人性化、功能化。

10. 爆破安全管理

随着我国工程爆破科技的不断发展，爆破安全技术与管理水平也得到了很大提高。多年来，我国工程爆破技术人员十分重视爆破有害效应的监控和研究，并制定相应的防护措施。

为了使爆破安全技术管理科学化和法制化，国家制定并颁布了强制性国家标准《爆破安全规程》。近年来，由中国爆破行业协会组织了大批专家对《爆破安全规程》进行了几次大修工作，更好地体现了与时俱进、规范管理和与国际接轨，最新版本为 2014 版（GB 6722—2014）。

为提高从事工程爆破技术人员的素质，加强工程爆破专业队伍的管理，由公安部主持，中国工程爆破协会协助对全国工程爆破人员进行爆破安全技术培训考核及发证，实行持证上岗。对爆破公司实行等级管理制，对重大爆破工程设计施工进行安全评估，逐步推行爆破工程监理制度，使中国工程爆破安全管理更加有序化和规范化。在水利行业，水利学会工程爆破专业委员会也配合中国工程爆破协会开展了相关培训和企业定级工作，有力地推动了水利行业爆破事业的健康发展。

（二）成果实践与推广

1. 溪洛渡水电工程高陡边坡开挖

溪洛渡水电站是金沙江上最大的水电站，坝高 278 m，边坡开挖涉及面广，边坡陡峻，高差大，上下施工干扰严重。边坡受层间层内结构面和柱状裂隙的切割、风化、卸荷影响等，边坡部分岩体破碎，存在局部块体失稳问题。同时，覆盖层边坡的稳定问题较为复杂和严峻，爆破后极易在保留岩体中产生隐裂隙，预裂面效果难以控制，随着开挖高度的增加，爆破对边坡的影响将增大。通过拱肩槽开挖过程中每次梯段爆破效果分析，优化调整爆破炸药单耗、预裂爆破参数、爆破方式和起爆网路，以达到减少爆破对边坡影响的目的。同时依据施工过程中施工程序的反馈调研和优化，贯彻精细爆破精神，在各个环节引进新技术和改进技术，如钻机、钻杆的改进，扶正器的加装等；提出合理化建议优化跟进的支护施工技术，通过安全监测进一步确保稳定性，为以后的工程提供良好的经验。

2. 白鹤滩水电站坝基消能爆破开挖

白鹤滩水电站坝基岩性较为复杂，左岸坝基高程 665 m 以下、右岸坝基高程 590 m 以下为第一类柱状节理玄武岩（厚 50~57 m），河床坝段选择 6~11 m 厚的角砾熔岩为建基面。河床坝基角砾熔岩上部的保护层采用复合消能爆破技术进行一次性爆破开挖，实际推广应用面积超过 5000 m^2。

坝基保护层消能爆破技术是在垂直（或竖直）炮孔底部安装高波阻抗消能结构、铺设松沙垫层形成复合消能结构，利用冲击波在消能结构表面和底面的两次反射降低垂直孔爆破对孔底的冲击影响。当消能结构采用高波阻抗材料时，在消能结构与柔性垫层结构的交界面处发生的强烈二次反射，使通过消能结构中的冲击波能量仅有 12%~15% 传入坝基保留岩体中，从而能有效地保护建基面。现场测试结果表明，复合消能爆破技术可有效降低炮孔底部的爆破振动，在孔底起爆条件下可降低振动 40% 以上，有利于建基面预灌浆岩体保护层开挖中的振动控制。采用保护层垂直孔复合消能爆破技术，孔底以下 1~2 m 岩体内的振动速度较常规爆破降低 30%~56%；能有效控制孔底损伤，有利于保护建基面岩体，爆破影响深度为 0.68~0.79 m，且可获得与水平光爆或水平预裂爆破相当的建基面开挖成型效果。保护层垂直孔复合消能爆破技术的工作面大小不受限制，造孔速度较传统水平光面爆破和预裂爆破提高数倍，加快了施工进度，且爆破成本低。通过应用实践表明，保护层垂直孔复合消能技术在缓倾角及反弧基础的开挖中均得到良好的应用，可明显加快施工进度。

3. 锦屏二级大型水工隧洞群爆破开挖

锦屏二级水电站是雅砻江上已建的一座超大型引水式地下电站，是西电东送的骨干电站之一。其4条引水隧洞和2条辅助洞及1条施工排水洞组成7条平行的大型深埋隧洞群，平均洞线长度约17 km，隧洞沿线上覆岩体最大埋深达2525 m，弱卸荷区围岩表面实测应力为60~90 MPa。引水隧洞为洞径13 m马蹄形断面，大部采用钻爆法施工。工程规模巨大、地应力极高、岩爆灾害频发、工程地质条件极其复杂，是目前世界上总体规模最大、综合难度最高的水工隧洞群工程。

项目建设过程中，开展了特高地应力大型水工隧洞群爆破开挖关键技术研究，分析了爆破冲击荷载和开挖卸荷耦合作用下围岩及锚固系统的振动及损伤特性，结合理论研究、工程类比、多参量实时监测分析，提出了特高地应力大断面深埋超长隧洞开挖爆破安全控制标准。提出了在特高地应力条件下基于爆破法地应力快速释放、涵盖开挖程序及爆破参数优化的岩爆主动防治方法，并结合其他岩爆防治措施，形成了高地应力条件下深埋隧洞岩爆灾害的防治体系。发展了精确钻孔定位、微循环控制爆破、弱振动爆破与机械处理相结合等精细爆破施工工艺，配合采用了纳米材料喷混凝土、水胀式锚杆、机械涨壳式预应力锚杆等为核心的综合支护技术。该项研究成果成功应用于锦屏二级大型洞室群施工中，大幅减小了岩爆的发生频率和规模，确保隧洞围岩、地下结构以及人员安全，确保工程优质、按期完工。

4. 向家坝水电站二期纵向围堰爆破拆除

向家坝水电站二期纵向围堰在二期工程施工中发挥了重要作用，由于过流和通航需要，需要将部分堰段实施快速拆除，因拆除方量大、工期紧，只能采用一次性爆破方法予以拆除。需将二期纵向围堰拆除至高程280 m，拆除长度90 m，拆除高度16~23 m，堰顶宽度6 m，总方量约2.05万m^3；拆除围堰周边环境非常复杂，爆破难度大，安全控制要求严，爆破方量大，施工精细化程度要求高。

根据向家坝水电站二期纵向围堰的工程特点、技术要求、现场施工条件以及周围结构物的分布情况，经过多个方案的比选，最终确定爆破总体方案为：堰内全部布置倾斜孔、堰顶辅以垂直浅孔，围堰两端边界预裂、底部预裂加光爆，采用数码电子雷管起爆网路严格控制单段药量的总体爆破方案。

在工程实施过程中，严格控制钻孔精度，优化爆破参数，并做好安全防护措施，确保了围堰成功爆破拆除。围堰爆破后，在底部留下了一道高2~2.5 m、宽10~13.5 m的残埂，总方量约2000 m^3，采用“先人工排炮、后机械凿除”的方式安全挖除。

向家坝水电站二期纵向围堰爆破拆除成功实施，尤其是在方案中采取了数码电子雷管进行网络联接，大大提高了爆破网络延时的精度，提高整体爆破网络的稳定性，为满足振动安全要求提供了保障。

5. 丰满水电站旧坝爆破拆除

丰满水电站，位于吉林省吉林市境内的松花江上，是中国第一座大型水电站，被誉为“中国水电之母”，始建于 1937 年日伪时期，是当时亚洲规模最大的水电站，现为东北电网骨干电站之一。2012 年 10 月 18 日，国家发改委公告核准水电站重建工程，计划总投资约 92 亿人民币。新建 6 台 20 万 kW 混流式水轮发电机组，保留原三期 2 台 14 万 kW 机组，总装机容量 148 万 kW，年均发电量 17.09 亿 kW · h。2018 年 12 月，丰满水电站原坝爆破拆除工作正式开始。

丰满旧坝长 1080 m，高 92.7 m，分为 60 个坝段。按照整体拆除计划，其第 5 到 43 坝段将被爆破拆除，拆除总长度 684 m，高度 27.5 m，首次爆破的地点在老坝的 32 坝段，爆破的长度为 18 m、宽度为 13.5 m、高度为 4.2 m。丰满旧坝待拆除混凝土体量大、本体结构复杂，外界环境复杂、约束条件高。拆除过程中采用“松动爆破”精雕细刻，利用多次爆破、精细控制将坝体爆破松动，确保形成符合拆除要求的坝体缺口和预期的坝体体型，然后利用机械进行清理；“严防死守”，通过实施安全防护和警戒措施，保证爆破拆除过程中老坝、新坝及周边建筑物安全，确保对上下游及周边群众无影响，安全、环保、高效地完成老坝拆除。

6. 南水北调工程

南水北调总体规划包括东线、中线和西线三条调水线路。通过三条调水线路与长江、黄河、淮河和海河四大江河联系，构成以“四横三纵”为主体的总体布局，有利于实现我国水资源南水北调、东西互济的合理配置格局。目前东线和中线工程已经完工，西线工程仍在规划中。

在南水北调工程中，要开挖大量的调节水库，面板堆石坝是一种高速度、高效率的坝型，得到了较多的应用。面板堆石坝需要进行大量的堆石料开采，因此堆石坝级配料开采深孔台阶爆破技术得到了广泛的应用。在中线工程中，有大量的隧洞开挖，大多采用了钻爆法施工。如中线京石段应急供水工程（石家庄至北拒马河段）中的釜山隧洞，采用双洞布置方案，两洞之间岩体厚度为 18 m，洞身采用圆拱直墙型断面（宽 7.3 m、高 8.1 m），总长 2664 m，采用钻爆法施工，开挖质量控制较好，超欠挖较少，加快了施工进度和节约了工程成本。

按照规划，南水北调西线工程还将开挖大量引水隧洞，将穿越地质活动频繁的巴颜喀拉山规划中的引水隧洞深埋距山顶数百米到 1000 m。勘探调查显示，在西线工程数百公里的引水线路上，50~100 m 宽的活动断层带不下 20 条。南水北调西线一期工程中，将开挖 240 km 长的隧洞，建设长数百公里的输水明渠。这些工程也都会用到爆破手段。

三、国内外研究进展比较

近 30 年来，我国水利水电行业建设规模之大、速度之快、技术创新之多，令世界同行瞩目。我国水利水电工程爆破技术水平，已跃居世界先进行列，特别是在高山峡谷地区岩体高陡坝肩高边坡和河床坝基的开挖成型控制爆破技术、高地应力条件下深埋地下洞群和超长隧洞的爆破开挖技术、土石坝填筑料爆破直接开采技术、堰塞湖爆破分流技术、堤防防洪抢险爆破破堤分洪技术、老旧坝体加固和电站扩建控制爆破技术及岩塞爆破技术等方面已居于世界领先地位。

综合近年来美国、澳大利亚、加拿大、瑞典、南非、日本、俄罗斯等国家矿山、土木工程领域的露天台阶爆破技术的进展情况，总体上可归纳为以下几点：①设计、钻孔、装药及装载等工序运用监控技术，逐步实现机械化、自动化；②广泛采用顺序爆破和孔内分段微差爆破技术；③根据岩性的不同，选择合理的爆破参数以及合适的炸药品种；④采用计算机辅助设计系统；⑤采用数据收集系统，该系统能提供设备及生产设施的准确位置；⑥通过数字模型，将计算机辅助设计系统和设备相互结合并有效控制其动态。各种爆破数学模型已经在不同爆破作业中获得实际应用，尤其SABREX模型、HARRIES模型、JKMRC模型等应用得更为广泛。

我国在上述几个方面与国外存在一定的差距。目前，国内对大区、多排微差深孔爆破的孔网参数、装药结构、填塞方法、起爆顺序、微差间隔时间都进行了比较深入的研究，爆破技术的改进大大提高了综合开挖效率。另外，随着钻孔机具设备的更新、工业炸药和雷管质量的不断提高，新品种炸药和高精度、多段位毫秒电雷管、非电雷管及数码电子雷管的使用，深孔（台阶）爆破技术的应用得到了进一步的发展。

数码电子雷管、新型系列炸药和遥控起爆等为爆破技术精细化提供了有利的条件。近年来，利用数码电子雷管和新型乳化炸药的优点，在爆破作业环境复杂的水电工程高陡边坡、深部地下工程实现了爆破技术精细化，获得了良好的爆破效果和显著的技术经济效益。

四、发展趋势

（一）战略需求

我国是一个水资源贫乏的国家，开发水资源是今后我们面临的重大问题。在水资源的开发，特别是西部水资源的开发中，有大量的爆破技术需要研究。例如，在古代西北一些地区民间所用的“坎儿井”、水窖等储水方式，是合理利用水资源的好经验。因此，能不能采用爆破技术，营造现代“坎儿井”、修洞建渠、构筑西北地区输水网络、实现区域内部跨流域调水，是西部水资源开发利用中一项重要的基础。南水北调工程西线方案，应采用先进的爆破技术，最大限度地减少对围岩的破坏，避免在输水过程中水的渗漏和浪费，提高工程的技术经济效益。以上种种，都为爆破技术的研究提出了新的课题。

随着我国现代化建设的发展，爆破作业环境越来越复杂，对爆破安全的要求越来越高。不仅要严格控制爆破的振动效应、爆破冲击波、噪声、粉尘等影响，还要预防电干扰等对爆破作业的威胁，将来我们还要关注水土保持、环境保护等问题。虽然在上述领域已经取得长足的技术进步，但在工程实践中往往提出新的要求，需要我们不断地去努力解决。

创新是爆破技术发展的源泉和动力。近几年来，在爆破器材、钻孔技术、测量技术、安全技术等方面都发展很快，例如高精度非电雷管、电子雷管、现场炸药混装车等，已在水利工程爆破中得到广泛应用。随着新一代信息技术的迅猛发展以及工业 4.0 战略的不断推进，水利水电爆破也需要跟上步伐，逐步转型，不断将信息技术、智能技术与传统水利水电爆破深度融合，实现信息的互联互通，推进爆破数字化和智能化。

《爆破安全规程》（GB 6722—2014）对工程爆破提出了严格要求，对保证爆破安全、规范爆破施工作业起到了积极的作用。工程爆破管理还在不断深化和改革，组建专业化的爆破服务企业、在爆破企业引入现代管理制度、建立与国际接轨的质量保证体系，已经在国内爆破界的有识之士中酝酿和试点，这是工程行业发展的大方向，在水利系统的工程单位，对此也应予以重视。

此外，在抢险救灾和水利反恐等领域，对水利工程爆破技术提出了许多新的要求，如堰塞湖爆破快速分流技术、堤防防洪抢险爆破破堤分洪技术、水利工程反恐防爆技术等。

（二）发展目标

紧密结合国家发展战略、水利中心工作需求，研究突破一批重大水利水电工程爆破关键技术，全面提升科技支撑能力，突出科技创新在专业和学科发展中的引领作用。到 2025 年，水利工程爆破行业建成产学研用相结合的技术创新体系，使水利工程爆破学科总体上达到国际先进水平，部分达到国际领先水平。具体发展目标如下。

（1）大力推进新一代信息技术与水利水电工程爆破学科的融合发展，推进水利水电工程爆破的数字化和智能化。

（2）创新炸药能量高效控制与利用技术。研究炸药能量利用的基础理论与精准控制技术，提高炸药能量利用率。

（3）在爆破理论和计算机模拟技术方面取得重大进展，并在岩土爆破、拆除爆破等领域推广应用。

（4）爆破振动测试工艺的统一化和标准化，提出近区爆破振动控制标准，完善水利工程爆破标准体系，实现先进技术标准的国际化。

（5）研发、推广爆破安全远程在线监控和微振检测预报技术，实现安全、绿色和环保爆破作业。

（6）着力构建爆破施工全程信息化、可视化管理系统，实现爆破安全监管系统化、信息化，实现安全监控资源共享化。

（7）在救灾抢险和水利反恐等领域取得一批重要科技成果，并在国内外、行业内外推广应用。

（8）培养一批具有国际影响力的科学家和技术专家，造就一批年龄与知识结构合理、素质较高、整体创新能力较强的水利水电工程爆破人才队伍。

（三）对策与建议

在水利工程建设和救灾抢修领域，面对复杂工程条件和环境条件，对水利工程爆破技术提出了许多的新技术要求，主要体现在以下方面：深切峡谷地区复杂坡体结构高边坡和河床坝基的开挖成型控制爆破技术；高地应力条件下深埋地下洞群和超长隧洞的爆破开挖技术；大规模超硬岩的土石坝填筑料爆破直接开采技术；堰塞湖爆破分流技术、堤防防洪抢险爆破破堤分洪技术；老旧坝体加固和电站扩建控制爆破技术；采用混装车条件下的水利水电爆破技术；爆破影响评价方法和爆破安全控制标准等。

针对以上的需求和目标，下一步水利工程爆破学科的发展重点主要在以下几个方面。

1. 爆破基础理论与前沿技术

（1）能量控制与高效利用。

（2）电子起爆下的岩石爆破理论与控制技术。

（3）离散－连续耦合分析的爆破过程模拟方法。

（4）爆破的信息化与智能化。

（5）基于现代信息技术的爆堆与爆破块度快速识别。

2. 水利水电工程爆破关键技术

（1）深切峡谷地区复杂坡体结构高边坡开挖精细爆破技术。

（2）深埋地下厂房洞群和超长隧洞爆破开挖及安全控制技术。

（3）超硬岩筑坝级配料爆破直采技术。

（4）水利水电工程改扩建拆除爆破。

（5）海洋离岛爆破。

3. 水利工程反恐防爆技术

（1）极端荷载条件下水利工程致灾机理与应急响应技术。

（2）倾彻爆炸条件下大坝破坏机理及稳定性评估。

（3）水下爆炸条件下大坝毁伤及溃决机制与应急响应技术。

（4）水利工程反恐防爆技术。

4. 防灾减灾抢险应急处置爆破技术

（1）堰塞湖爆破分流技术。

（2）堤防防洪抢险爆破破堤分洪技术。

（3）滑坡、泥石流和冰凌灾害应急处置爆破技术。

（4）防灾减灾抢险应急处置爆破专家系统。

5. 爆破标准化与爆破安全管理

（1）电子起爆条件下爆破作业标准化技术。

（2）爆破有害效应防控及其爆破安全保障技术。

（3）爆破作业远程在线监控系统。

（4）“一带一路”中国爆破技术标准的国际化。

参考文献

［1］中国爆破行业协会 . 中国爆破行业中长期科学和技术发展规划［Z］. 2016.

［2］汪旭光，郑炳旭，宋锦泉，等. 中国爆破技术现状与发展［M］// 中国爆破新技术Ⅲ. 北京：冶金工业出版社，2012：1-12.

［3］谢先启 . 精细爆破发展现状及展望［J］. 中国工程科学，2014（11）：14-19.

［4］张正宇，卢文波，刘美山，等. 水利水电工程精细爆破概论［M］. 北京：中国水利水电出版社，2009.

［5］谢先启，卢文波. 精细爆破［M］// 刘殿书. 中国爆破新技术Ⅱ. 北京：冶金工业出版社，2008：10-16.

［6］高荫桐. 试论中国工程爆破行业的发展趋势［J］. 工程爆破，2010（4）：1-4.

［7］爆破安全规程：GB 6722—2014［S］. 北京：中国标准出版社，2014.

［8］张志毅，杨年华，卢文波，等. 中国爆破振动控制技术的新进展［J］. 爆破，2013，30（2）.

［9］周先平，李彦坡，吴新霞，等. 岩体爆破块度控制技术新进展［J］. 水利水电技术，2018，49（S1）：10-16.

［10］汪旭光，王尹军. 构建“互联网 + 大数据”模式 大力提升危险化学品管控和应急救援能力（一）［J］. 中国消防，2017（Z1）：69-72.

撰稿人：严　鹏　李　鹏　卢文波　吴新霞

ABSTRACTS

Comprehensive Report

Advances in Hydroscience

Water is the mother of all things, the foundation of survival, the source of civilization, and the living resource on which mankind and all living things depend. Due to geographical location, monsoon climate, terrace topography and other factors, water resources in China are characterized by large total amount but low amount per capita, uneven spatial and temporal distribution, and their distribution is not matched with the layout economic and social development, therefore we face tremendous tasks to save, harness and control water so as to make proper use of water resources. Under the multiple changing conditions of rapid economic and social development, continuously rising urbanization level and intensified impact of extreme climate events, water resource shortage, water ecological damage, water environmental pollution and frequent floods and droughts are intertwined and become increasingly prominent, becoming the key bottleneck restricting China's economic and social development. The danger of rivers and waters is the danger of living environment and even the danger of national survival. China has made a series of major decisions and arrangements to ensure national water security from a strategic and overall perspective.

Water conservancy is a comprehensive discipline aiming at understanding nature, transforming nature and serving society, involving natural science, technical science and social science. The development of water conservancy discipline in China has always been guided by the service and support of major development demands in the nation and in industrial reform, always adhering to scientific water control and harnessing, continuing to promote major theoretical and key technological innovations, to develop and grow in the magnificent practice work of water conservancy. In the development course of water conservancy discipline, new professional growth points keep emerging, and intercross with related disciplines, the research field is gradually expanded, the discipline layout is constantly optimized and improved, and the core competitiveness has been significantly enhanced. After the unremitting exploration and pursuit by water conservancy personnel of several generations, the water conservancy in China as a whole has reached the world advanced level. In some areas, such as dam engineering technology, sediment research, hydrological monitoring and early warning and prediction technology, allocation and efficient utilization of water resources, manufacturing technology for giant water turbine units, and construction of water diversion projects, China is at international leading and advanced level, which has given great impetus to the development of the modern water conservancy undertaking in the country.

In the field of flood and drought disaster prevention and risk management, China has gradually built a fairly complete flood control and disaster mitigation engineering and non-engineering system, the flood control capacity has been upgraded to a higher level, the capability of flood and drought disaster prevention has reached the international middle level, and is at relatively advanced level among the developing countries. The completed key river basin control projects such as Three Gorges and Gezhouba on Yangtze River, and Xiaolangdi on Yellow River have become main barriers against flood and drought disasters. The national flood control and drought relief command system has established six operational application systems, including water situation, meteorology, flood control dispatching, drought relief, disaster assessment and integrated information services, a flood forecasting system consisting of central, river basin and provincial levels has been established, the overall flood forecasting accuracy has reached over 90%, and the time for formulating a drainage basin flood control plan has been shortened from the previous about 3 hours to 20 minutes. In recent years, in the weak links in flood disaster management, the flood disaster prevention capacity of China has been significantly raised. Important progresses have been made in the basic theories of hydrology based on the theory of risk analysis, the impact of climate change and human activities, and the application of new theories and methods of uncertainty. The technology of comprehensive measurement and collection of water resources information in the "integrated outer space, sky and ground network" greatly expands the temporal and spatial continuity of hydrology and drought monitoring and improves the monitoring accuracy. Water conservancy applications of the new generation of information technologies such as cloud computing, big data, Internet of things, mobile Internet and artificial intelligence are on the rise. Based on multi-source basic data and real-time correction, precision whole basin and whole space-time early warning and forecast and flood control dispatching technology are constantly improved.

In water resources saving and comprehensive utilization, on the basis of completing the theoretical system of water cycle and associated processes, the transformation mechanism of "five waters" (atmospheric water, surface water, groundwater, soil water and plant water) in water system and the multi-phase transformation mechanism of water body in cryosphere area as well as the evolution mechanism of water resources in changing environment have been revealed, and substantial development has been achieved in the integrated water cycling simulation technology. Researches and practical applications have been carried out in the water resources comprehensive allocation and dispatching for "north and south integrated allocation and east and west mutual supplement", and "four transversal and three longitudinal dispatching routes", the optimal operation dispatching of cascade reservoirs in the upper and middle reaches of the Yangtze River, and the allocation of river water across provinces, with the water resources allocation planning, theories and methods at the world advanced level. The technical method of "three red lines" examination indicators monitoring statistics and data review has been developed, and an operational technical method and standard system that can be easily implemented with "three red lines" management has been formed. The third national water resources survey and evaluation work was been basically completed, and the changes in the quantity, quality, development and utilization of water resources and water ecological environment in China in recent years have been made clear. The evolution law and characteristics of water resources in China over the past 60 years have been systematically analyzed. The hydrogeological survey of major basins was carried out, and the total amount of groundwater resources in major large groundwater basins or groundwater systems in western China and key areas in northern China were ascertained, and the potential and spatial distribution of regional groundwater resources for sustainable utilization were evaluated. The theoretical system of building a water-saving society has been gradually established, realizing the transformation from a single water-saving technology to the comprehensive water-saving direction of goal systematization, technology integration, management integration and measures diversification with multiple links in industries and multiple industries in regions, making China at the international leading level in terms of both theory and management technology, and also in some achievements of special water-saving technologies. Based on the principle of crop water deficit compensation, the system of crop non-adequate irrigation and regulated deficit irrigation has been established, and it has become one of the most advanced water-saving technologies in irrigated agriculture in the world.

In the construction and safety management of water conservancy and hydropower projects, the successive construction of a number of giant water conservancy and hydropower projects under complicated topographic and geological conditions such as Jinping, Xiaowan, Xiluodu and Xiangjiaba in recent years, has promoted the prosperity and progress of related disciplines, ranking China in the front positions of the world in relevant technological. In design and construction technologies of complicated hydraulic structures, new building materials, mass concrete crack control, earth-rock dam engineering, high side slope and underground excavation and blasting, soft soil and special soil treatment technology, engineering disaster prevention and mitigation, river diversion, closure and cofferdam for construction, metal structure fabrication and installation, mechanical and electrical equipment manufacturing and installation projects, leap-forward progress has been made, paving the way for the complete set of water conservancy and hydropower technologies of China to step into the leading rank of the world. Guided by "The Belt and Road Initiative", China hydropower has now taken over 70% of the overseas hydropower construction market. In geotechnical physical model test technology, the 5–1000 gt series centrifuges and special ancillary equipment for centrifugal model test have been completed, with the comprehensive technical indicators at a leading position in the world. The high-efficiency series of hydraulic submersible hammers have been successfully developed, with the maximum application depth over 4000 m, and have repeatedly set new world record of hydraulic impact rotary drilling, reaching the international leading level. Aiming at the key technical problems in the safe operation of reservoir dams, dam collapse model test with the highest physical dam in the world (the maximum dam height 9.7 m) was carried out, and the early-warning indicator system and prediction model for dam safety were established, significantly raising the technical level of dam safety management in China.

In the area of river regulation, ports and navigation waterways, a theoretical system of sediment science, represented by inhomogeneous and unbalanced sediment transport, movement of high-sediment flow, density current, reservoir silting and water-sediment regulation theory, has been established, and the sediment problems in major water conservancy and hydropower projects represented by the Three Gorges Project and Xiaolangdi Reservoir and key technical problems in harnessing main rivers including the Yangtze River and Yellow River have been successfully solved. For the comprehensive harnessing of soil and water erosion on the loess plateau, key technologies such as soil and water conservation tillage, dynamic monitoring and evaluation of soil and water erosion were researched and developed, areas with rich and coarse sand were further defined, and the causes of sharp decrease of flow and sediment and the effects of various water conservation measures on water storage and sediment reduction were evaluated. New technologies for measuring velocity, water level, terrain and sediment concentration based on optical and acoustic non-contact methods were invented, and they greatly improved the measurement accuracy of water and sediment. A high-precision and time-effective back silting early warning and prediction system was developed for the placement of immersed tubes in the Hong Kong-Zhuhai-Macao Bridge, realizing the daily and centimeter-level fine prediction of back silting. New breakthroughs have been made in major key technologies of engineering hydraulics in the planning, construction and operation of long-distance water transfer projects, such as the South-to-North Water Diversion Project, the Dahuofang Reservoir Water Transfer Project, and projects to divert water from the Hanjiang River to Weihe River and from Yangtze River to Huaihe River. With a number of projects as backup, such as deep-water ports, man-made islands on sea, estuary deepwater channel harnessing, inland waterway harnessing, navigation hubs and cross-sea links, we have innovated port and waterway construction technologies, developed hydraulic ship lift with full proprietary intellectual property right, and obtained creative achievements in major technical issues such as synchronization of hydraulic drive systems, and anti-cavitation and vibration technology in high speed water flow valves.

In the field of water ecological environment protection and restoration, some important advances have been made in the response mechanism of aquatic organisms, comprehensive assessment of the impact of river and lake ecological environment, ecological hydraulics simulation and ecological dispatching, ecological hydraulic regulation technology, and river and lake ecology restoration technology and demonstration. The mechanism of the influence of major watershed projects on the biological habitats in rivers and lakes of eutrophication and the growth and disappearance of blue algae was expounded, and the threshold of blue algae outbreak in reservoirs in the north was determined. Comprehensive evaluation indicator systems such as water ecological impact of major projects, healthy Yangtze River and healthy Taihu Lake were established, forming the river and lake health evaluation indicators, standards and methods, as a solid foundation for the regular "health diagnosis" of major rivers and lakes in China. A new high dam fish crossing scheme based on fish collecting and transporting system was proposed, and the fish crossing facility effect monitoring technology system and evaluation method were preliminarily established, forming a green hydropower evaluation indicator system suitable for China's national conditions. The theory and evaluation indicator system of basin water resources carrying capacity, water environment carrying capacity and water ecological carrying capacity were established, and proposals on water ecological zoning scheme were put forward, which improved the cognitive level and ability of shoal wetland evolution complexity under the influence of global climate change and human activities. The research on the calculation model and method of ecological water demand was carried out, the control indicators of ecological flow have been defined for the key river sections of the seven main basins, the guarantee targets of ecological flow were determined for key rivers and lakes one by one, the implementation plans for ecological flow guarantee have been worked out, and ecological dispatching experiment was carried out by using large control projects in basins. The three-dimensional monitoring and early warning technology of Taihu Lake algae bloom was integrated and developed, the multi-goal joint dispatching method for water security in complex rivers and lakes water systems was proposed, and the urban river network water environment improvement technology system with dynamic regulation-enhanced purification-long-term guarantee was created. Research and demonstration was carried out on key technologies such as water sources area ecological restoration, ecological restoration of eutrophic water bodies, ecological restoration of wetlands, and construction of close-to-natural rivers, forming the river ecological restoration theory and technology systems suitable to the present ecological civilization development framework of China.

In China, the basic water situation is complicated, new and old water security problems are intertwined, and the tasks of water control and management are arduous. There are many major scientific and technological bottlenecks in water security that need to be broken through and effectively solved, and the water conservancy reform and development is now in the key phase to solve major difficult problems. At present and for a period of time to come, profound changes are taking place in global science, technology and economy, and a new round of global scientific and technological revolution is gathering momentum. In the face of the ever-changing new trend of world science and technology development and the new requirements of implementing innovation-driven development strategy and speeding up the reform and development of water conservancy, the construction and development of water conservancy discipline are facing both rare opportunities and major challenges. The development of water conservancy discipline must aim at the needs of scientific and technological innovation and internationalized development strategy, take foot on the actual situation of water conservancy reform and development in China, strengthen the cross-integration with associated disciplines, focus on multi-disciplinary collaborative innovation, promote breakthroughs in water conservancy in important directions, promote the systematic integration and comprehensive utilization of multi-goal, multi-functional and multi-level water control and management technologies, and speed up the construction and sustainable development of a beautiful China with harmonious people and water, to further raise the ability of water conservancy to serve the major strategic needs of the nation and meet people's aspirations for a better life.

Written by Dai Jiqun, Guan Tiesheng, Ji Rongyao, Zhan Xiaolei, Bao Zhenxin, Liu Weibao, Wang Gaoxu, Jia Dongdong, Zhong Qiming, Dai Jiangyu, Qian Mingxia, Li Changling, Han Xiaofeng, Gao Changsheng, Sha Haifei

Reports on Special Topics

Advances in Hydraulics

With the construction of large-scale water conservancy and hydropower projects in China and the increasingly prominent problems of water security and water ecology, the research contents of hydraulics mainly focus on engineering hydraulics, environmental hydraulics, computational hydraulics, ecological hydraulics. Based on the above four aspects, this report elaborated the development state and research progress of hydraulics in China from following themes: hydraulic control of long-distance water delivery and dispatching, ice water mechanics, hydraulic ship lift, water security problems and the influence of hydropower stations on water environment and ecology during the construction of ecological civilization, etc.

Engineering hydraulics: the interdisciplinary theory of hydraulic control in long-distance water conveyance project has been formed, the rule, simulation and control of unsteady flow and transient flow has been studied. Furthermore, the evolution of icicle and ice water mechanism were deeply studied, which can predict the risk of ice jam and icicle flood, evaluate the scope of the disaster impact and damage and offer countermeasures for the rapid breaking of ice jams and ice dams. Technical breakthroughs of hydraulic ship lift have also been made in the aspects of hydraulic driving system synchronization, stable cabin operation, ship cabin operation control under unsteady flow.

Environmental hydraulics: some progress has been made in basic research of pollutant transport and diffusion, numerical simulation of water environment, monitoring technology of environmental hydraulics and inverse problem of environmental hydraulics, etc.

Computational hydraulics: with the development of numerical simulation methods, computer technology and information technology, computational hydraulics has achieved great progress and become a critical research tool to solve hydraulic problems.

Ecological hydraulics: certain progress has been made in the study of the response mechanism of aquatic organisms, eco-hydraulic model, ecological restoration and ecological hydraulic control technology, which has provided support for ecological restoration and regional water security.

The research of hydraulics in China has been closely connected with the practical problems encountered in the development of national water conservancy projects. Meanwhile, the connotation and extension of hydraulics research have been constantly expanded. Compared with the foreign studies on hydraulics, China has reached and even led the international research level in the theory and technology of hydraulic control, the design and application of prototype observation equipment for river ice, mechanism and key technology of hydraulic ship lift. And the gap in the study of complex environmental hydraulics, computational hydraulics and ecological hydraulics, such as numerical simulation of pollutant transport and diffusion, gas-liquid and liquid-solid multiphase coupling simulation is narrowing. In recent years, with the continuous integration of hydraulics and computer science and the development of cross-disciplinary, its research results have provided important theoretical and technical support for flood control irrigation, water conservancy project construction and operation, water pollution prevention and control in China.

Written by Wu Yihong, Zhao Shun'an, Chen Wenxue, Guo Xinlei, Han Rui, Mu Xiangpeng, Chen Xiaoli, Zeng Li, Zhang Rui, Yang Fan

Advances in Hydrology

Hydrology is a science that studies the water cycle on the earth, which introduces the existence and movement of the earth's hydrosphere. Hydrology belongs to the branch disciplines of geophysics, physical geography and hydraulic engineering. The main research contents of hydrology include the information, circulation, spatial and temporal distribution, chemical and physical characteristics of water, and the relationship between water and environment, which provides better theoretic support for flood prevention, drought resistance, water resources utilization and environmental-friendly society.

The research scope of hydrology is very broad, ranging from the water in the atmosphere to the water in the ocean and coming from the water on the land surface to the groundwater. The relationship between the hydrosphere and the natural layers of the earth, such as the atmosphere, lithosphere and biosphere, is also belonged to hydrological research fields. Hydrology studies not only the amount of water, but also the water environment and water ecology. Hydrology topics are also interested in studying the current dynamics of water regimes and the life history of global water and its future trends. This report has introduced the development and application of hydrology in recent years in China, and compared it to the other countries. In addition, it summarized and reviewed research progress and prospects in hydrological field.

The report covers the aspects of hydrological monitoring, hydrological simulation, hydrometeorology, hydrological analysis and calculation, and hydrological forecasting. Firstly, look at the Hydrological monitoring, which is a concept that monitor real-time hydrological parameters of rivers, rivers, lakes, reservoirs, channels, and groundwater. The monitoring contents include：water level, discharge, water velocity, precipitation, evaporation, sediment, ice, moisture, water quality. Then, move on to hydrological simulation part. Earlier basin hydrological mathematical models consisted of infiltration formulas and unit lines. The mathematical model of basin hydrology in the modern sense was developed in the 1950s due to the application of electronic computers in hydrology. The representative conceptual models are：SSARR model, Stanford model, Sacramento model, Boughton model, Tank model and China Xinanjiang model. The hydrological mathematical model of the river basin can comprehensively make use of the advantages of mathematical physics methods, unit line methods, empirical related methods, and generalized reasoning methods in the study of practical hydrological problems and hydrological laws, and has achieved rapid development in the past 20 years. Following is Hydrometeorology, which belongs to geography and hydrology. Hydrometeorology applies the principles and methods of meteorology and hydrology to study the relationship between hydrological cycle and water balance with hydrometeorological elements such as precipitation, evaporation, runoff, soil water content and transpiration. The main research objects are the spatio-temporal variation of hydrometeorological events such as heavy rains, floods, droughts, floods and other occurrences in the earth's atmospheric system and its application in water conservancy engineering construction, flood prevention and drought resistance, and water resource utilization and management. Next, hydrological analysis and calculation, the basic task of which is to make the most accurate probabilistic description of the hydrological variable or process, so as to make a probabilistic estimation of the future hydrological situation supporting for decision making. This includes using certain mathematical models and estimating the parameters contained in the models based on the data. Last but not least, hydrological forecasting, referring to the qualitative or quantitative prediction of the hydrological situation of a certain water body, a certain area or a certain hydrological station in the future based on previous or current hydrometeorological data. Hydrological forecasting is of great significance to flood prevention, drought resistance, rational utilization of water resources and national defense.

With the advancement of economy, society, science and technology, the development of hydrology faces more challenges and opportunities. It is necessary to strengthen the research on the basic theory and application technology of hydrological discipline, as well as the international exchange and cooperation. At the same time, it is necessary to pay close attention to the demand development of the country and society, expanding the field of hydrological service and improving the level of hydrological professional service.

Written by Liu Zhiyu, Lin Zuoding, Zhang Jianxin, Chen Songsheng, Zhou Guoliang, Yu Zhongbo, Liu Jiufu, Mao Xuewen, Huang Changxing, Yang Wenfa, Cheng Xingwu, Peng Hui, Li Wei

Advances in Water Resources Discipline

Water resources, along with energy and environment, have become the three major constraints affecting the sustainable development of China's economy and society. In the future, China's water resources protection will continue to face the challenges of continuous economic and social water demand growth, excessive debts of environmental protection, and increasing risk of extreme emergencies. Since the Tenth Five-Year Plan period, China has set up dozens of major projects in the field of water resources to carry out scientific and technological researches. Developments have been made in the areas such as the basic theory of water resources, water resources allocation and scheduling, efficient use and conservation of water resources, water resources protection, and water resources management. Researches on theoretical issues such as the water cycle evolution mechanism and efficient use of water resources, on the relationship between water-energy-food bonds have been conducted. In addition, the integration of water resources and modern science disciplines such as systems science, environment science, ecology, information science, and sociology is underway. There have been breakthroughs in the overall allocation ideas, framework, and technical methods of water resources systems. Researches on joint dispatch of cascade reservoirs and dispatching of open channel sluice pumps have also made great progress. A theoretical system for the construction of a water-saving society, and a set of water-saving management technologies have been established. Ecological regulation of water conservancy projects, healthy assessment of rivers and lakes, and wetland ecological engineering models and management technologies have been studied. In general, the basic theoretical research of water resources is at the international advanced level, and technical methods research basically keeps up with the international advanced level, but the research of equipment and technology for efficient utilization of water resources lags behind. In future, the discipline of water resources will carry out basin integrated, full-chain scientific researches on major basic theories, key common technologies, important software systems, and core equipment, committed to systematically breaking through the scientific and technological bottlenecks of water resource security and water ecological security, and improving national water security through integration and demonstration.

Written by Wang Hao, Wang Jianhua, Jiang Yunzhong,
Gan Zhiguo, Zuo Qiting, Hu Peng, Jia Yangwen

Advances in River Sediment Engineering

River sediment engineering is an interdisciplinary and comprehensive basic technology science. It is a branch of the discipline of hydraulic engineering to study the law of incipient motion, suspension, transport and deposition of sediment and its accompanying substances in fluids. Recently, in terms of new requirements and new problems, many important achievements have been made in the field of river sediment engineering.

1. Sediment yield in river basin and soil and water conservation. The internal relationship between slope erosion, gully erosion and sediment transport in the slope-channel-river system was discussed, and the "Atlas of Soil Erosion in China" was compiled and published. The soil erosion model of slope, small watershed and regional scale was established; innovative ecological-safety-efficient check dam planning, design, and construction technology system; developed a water and soil conservation supervision system for production and construction projects based on high-resolution images and cloud data management, realizing production in the country full coverage of construction project supervision. In terms of the hill and red soil water and soil conservation and hill collapse management modes, a trinity hill collapse management mode of slope management + slope reduction + stable slope formation has been formed.

2. Sediment transport and river bed evolution. The fundamental laws of non-uniform and non-equilibrium suspended load and bedload transport were studied in depth. Revealing and confirming that the coarse and fine sediment exchange is a universal law of alluvial river channel evolution, and the expressions of the recovery factor under equilibrium and non-equilibrium conditions are derived; the existence of the multi-value of the sediment transport capacity is confirmed. The kinetic theory of sediment movement was established, and the mathematical

mechanic's description of the key sediment movement process was given; the concept of Sky River was proposed, the distribution of river in the sky was initially identified, and the research scope of atmospheric water resource utilization was expanded. A mathematical model of equilibrium and stability of riverbed evolution was developed. The theory and model of delayed response of alluvial river bed evolution are proposed. A systematic study was conducted around the theory and model, potential and capability, technology and model, scheme and evaluation of the optimal allocation of sediment in the mainstream of the Yellow River.

3. River management and engineering sediment. The mechanism of sediment transport in the Three Gorges Reservoir and the influence of human activities in the middle and lower reaches of the Yangtze River, the evolution of river courses, and changes in river-lake relations and their effects are revealed. The mechanism of riverbed adjustment during the scouring period of the "bottom tearing scouring" were clarified, and the regulation model of flood and sand control comprehensive disaster reduction technology were proposed. The strategy and measures for the middle and lower reaches of the Huaihe River and the Pearl River are put forward. The Yellow River's water-sediment regulation will increase the water and sediment capacity of the Xiaolangdi Reservoir, grasp the timing of the dynamics, and create favorable terrain conditions as much as possible, which can effectively increase the sediment delivery ratio of the Xiaolangdi Reservoir's density current flow. Developed a high-precision, high-efficiency back-silting warning and forecasting system to achieve daily, the centimeter-level fine back-flushing forecast for the shipping channel.

4. Sediment simulation and sediment monitoring. Developed a new high-quality model sediment based on expanded perlite and synthetic biomass; proposed experimental control measures based on the water-sediment boundary generalization method to reduce the impact of time distortion in physical model; proposed a model design method that takes into account the role of near-bed suspended load in river bed evolution; developed a high-precision water and sediment measurement and control system for physical river model. In terms of the numerical model of sediment transport, the calculation method of river bottomland and bank deformation was developed, and the ability to predict the evolution trend and analyze the engineering effect was improved. Simultaneous joint simulation calculation of sedimentation and regulation of reservoir cascade in the upper reaches of the Yangtze River has been realized; models of water ecology and water environment have been gradually introduced into the numerical model of water and sediment. In recent years, new technologies such as the turbidity method, laser diffraction method, acoustic back-scattering method and remote sensing image method have been widely

developed and applied in sediment monitoring, and have achieved good results.

Written by Hu Chunhong, Cao Wenhong, Lu Jinyou, Tang Hongwu, Dou Xiping, Li Yitian, Jiang Enhui, Chen Xujian, Liu Chunjing, Li Zhanbin, Lu Yongjun, Liu Xingnian, Chen Li, Fu Xudong, Chen Jianguo, Zhang Xiaoming, Wu Baosheng, Zhong Deyu, Li Peng, et al.

Advances in Drought Mitigation Research

Drought and its disaster occur frequently throughout the world in recent decades. More and more researchers are aware of the significance of drought mitigation research, and carry out a series of fruitful research. Drought mitigation is considered to be a multi-interdisciplinary subject, which has close relation to hydrology, water resources, meteorology, agriculture, geography, social sciences, and human sciences. Drought mitigation focuses on the study of drought disasters mechanism, temporal and spatial pattern, risk assessment, impact assessment, prediction, disaster prevention and mitigation measures, and so on, from the perspective of the natural and social attributes of disasters. In this report, the research progress on drought mitigation will be elaborated systematically, mainly focusing on following five aspects, drought emergency response plan, drought mitigation plan, assessment criteria on drought and its disaster, construction on drought monitoring and early-warning platform, and drought disaster risk assessment. As for drought emergency response plan, compilation guidelines for drought response plan has been enacted as an industrial criteria in 2013, which plays an important role in enhancing scientificity and practicality throughout the country. Benefit from drought mitigation plan, a modern drought mitigation system has been established, consisting of basin/region water allocation system, emergency back-up water project system, drought monitoring, early-warning and commanding system, and drought management system. In respect of drought assessment, a series of standards, targeting agricultural drought, pastural drought, urban drought, drinking water difficulty and regional drought, have been enacted to regulate the drought situation assessment and drought disaster assessment throughout the country. Drought monitoring shows tendencies from single-indicator analysis to comprehensive analysis of multi-indicators, from single intensity analysis to comprehensive analysis of intensity-time-range. The drought risk assessment presents the transitions from evaluation model based on mathematical methods to evaluation model based on physical mechanism, from static risk assessment to static and dynamic combined risk assessment. International comparisons have been made to find out existing gaps and problems. The development trends and countermeasures in future in the drought mitigation research are also put forward.

Written by Lv Juan, Qu Yanping, Su Zhicheng

Advances in Flood Management and Disaster Mitigation

There are seven subjects on advances in flood management and disaster mitigation as follows.

1. Results of investigation and evaluation of mountain torrents in China. We have carried out the investigation and evaluation of mountain torrent disaster, preliminarily identified the scope, population distribution, socio-economic and historical situation within mountain torrent disaster prevention and control areas in China, and established the national unified investigation and evaluation results database. This paper puts forward the method of three-level risk classification of mountain flood disaster with small watershed and natural village as the unit, and the probability matrix of refined assessment of mountain flood risk, forming the national mountain flood risk assessment map.

2. Hydrological model of mountain torrents in China. This paper has carried out the work of national small watershed division and basic attribute extraction, comprehensively and systematically analyzed the characteristics of 530,000 small watersheds and underlying surface parameters, summarized the spatial distribution characteristics of runoff generation and runoff concentration parameters with different geomorphic types of small watersheds, and established the national small watershed rainstorm flood distribution hydrological model, which has promoted the great progress of China's small watershed hydrological model and mountain flood disaster monitoring in early warning technology.

3. National early warning platform for mountain torrents. It has built a big data supporting

operation environment with high-performance computing cluster as the core, spatiotemporal big data and "all-in-one map" of mountain flood disaster prevention with national investigation and evaluation of massive data as the core, and a national mountain flood disaster monitoring, pre-warning and information service system with mountain flood disaster monitoring and real-time flood simulation as the core, which has realized the management of massive spatiotemporal big data of mountain flood disaster prevention nationwide, and efficient organization and information service of multi-source heterogeneous complex data.

4. Flood forecast, early warning and operation technology. We have carried out the study on the early warning and prediction of mountain torrents, the determination of risk indicators, and the compilation of early warning and prediction guidelines, and constructed the early warning and prediction indicator system and disaster prevention framework covering the whole China. The research on the joint operation of comprehensive real-time flood forecast and flood control engineering system is carried out to maximize the benefits of water supply and hydropower generation under the condition of flood control safety.

5. Flood risk information expression technology and flood control decisionmaking support technology. With the development of information technology, the expression of flood risk information has experienced traditional forms (such as reporting figures and written literature) → digital (digital watershed as the representative) → intelligent (data model driven information expression as the representative) → virtual reality and other forms. At present, the rapid development of artificial intelligence, big data, cloud computing and other new technologies provides a new opportunity for the expression of flood risk information, and carries out corresponding research.

6. Remote sensing monitoring technology of flood disaster. Focusing on the characteristics of GF-3 Satellite SAR image, the research and development of the automatic extraction method of water body from single, dual and full polarization SAR data; the research on the shadow removal method of image mountain, so as to improve the accuracy of water body extraction of flood disaster; based on the improved variational level set method, the quantitative routing of flood inundation duration is carried out to realize the thematic mapping of flood inundation duration with space-time consistency.

7. Flood risk map related technologies. Two dimensional and simple dam-breach flood analysis system softwares are developed, which can simulate three kinds of breach modes: instantaneous breach, instantaneous local breach and gradual breach. In the National Flood Risk Map phase

I and pilot projects of phase II, the system software of urban flood analysis, flood analysis in flood control protection area, and flood analysis in flood storage and detention area and flood control area, etc. has been developed. It has broken through the previous decentralized and closed development mode and developed a generic flood loss assessment software.

Written by Jiang Furen

Advances in Rural Water Conservancy Discipline

The report on the advances in rural water conservancy discipline summarizes the current development situation and major achievements of the discipline in recent years. It includes 8 subjects： farmland water cycle and related process and simulation, water-saving irrigation theory and technology and equipment, farmland drainage and water-salt regulation, agricultural water use efficiency and irrigation district evaluation, irrigation multi-water resources utilization technology, optimal allocation and regulation of irrigation and drainage system water resources, agricultural water environment and ecological irrigation district, rural water supply and drainage and drinking water safety.

Compared with the relevant research abroad, scientific research achievements and products such as ET estimation model in different scales of farmland, method of elevation and conversion of ET in time and space, PRI-ET model of orchard under the influence of non-uniform irrigation and sparse canopy, new theory and method of precision fertilization and irrigation, new theory and technology of inland saline-alkali land agriculture and underground self-lifting pipe irrigator with self-cutting function are in the international advanced ranks, but on the whole, there are obvious gaps in basic research, original research, interdisciplinary research, product development and high-tech Application Research, long-term monitoring, basic test and basic data accumulation, etc.

According to the national strategic development demand, the development trend of the discipline is analyzed and predicted, such as studies on transfer and transformation of water, heat, salt, carbon and nitrogen in farmland and their coupling effect and quantitative model, theory and scale effect of water cycle and transformation under modern irrigation system, safe and efficient irrigation technology and irrigation schedule of reclaimed water based on crop life and health, precise regulation and control of water, fertilizer, salt and heat in farmland, integration of irrigation and fertilization and intellectualization of regional irrigation management, recycle and ecological purification of farmland irrigation and drainage water, monitoring and evaluation of irrigation district based on remote sensing and other multi-source data. The research on water intelligent management in irrigation district, purification and treatment of rural water and improvement of drinking water safety will be the focus of this subject in the future.

The report also puts forward countermeasures for future development from five aspects: establishing demand-oriented mechanism of scientific and technological innovation and transformation of achievements, attaching equal importance to theoretical research and applied research, strengthening independent innovation ability, strengthening scientific and technological team building and technology exchange at home and abroad, constructing high-quality science and technology extension and technology service system.

Written by Han Zhenzhong, Gao Zhanyi, Huang Jiesheng,
Huang Guanhua, Xu Jianxin, Zhang Zhanyu, Liu Wenchao,
Qi Xuebin, Zhang Baozhong, Yao Bin, Li Na

Advances in Rainwater Harvesting and Utilization Discipline

Rainwater harvesting and utilization technology is an emerging application technology, and still under continuous development and improvement. Rainwater harvesting and utilization is a great initiative to solve the problem of water shortage in arid and water-scarce areas, especially in the western region. In recent years, China's rainwater collection and utilization has realized some changes from different aspects, such as from pilot demonstrations to large-scale development, from single technology to comprehensive integrated one, from traditional rainwater collection to efficient comprehensive utilization, from theoretical discussions, technical breakthroughs to integration and formation of technical systems. The rainwater harvesting and utilization has been carried out in an all-round way, and the characteristics of technology and practice progress are distinctive: (1) The theoretical method system is more completed. The definition, scope and basic framework of rainwater harvesting and utilization disciplines were defined, the calculation method of collection area and storage volume of rainwater harvesting system were improved, the main structure forms of the collection surface and water storage engineering were proposed, and the utilized modes has been updated in domestic water supply, supplementary irrigation and restoration of ecological vegetation. (2) Rainwater harvesting and utilization technology has gradually matured. It has realized the efficient and comprehensive utilization of rainwater through moved from theoretical discussion and technical research to the stage of technical integration and technical system formation. (3) The scope and ways of utilization are constantly expanding. The range extends from the arid and semi-arid water-deficient hilly areas in northwest and north China to seasonal arid areas such as southwest, central, and southern coastal areas; the utilization approach extends from the single solution of rural domestic water to supplemental agricultural irrigation, and the scale of use continues to expand. The utilization of urban rainwater has developed rapidly, and many useful explorations have been carried out in collecting rainwater to supplement urban ecological water, recharging groundwater, and comprehensive management of urban rainwater.

Written by Tang Xiaojuan, Jin Yanzhao, Wang Zhijun

Advances in Environmental Water Conservancy

The discipline of environmental water conservancy focuses on the relationship between water conservancy and the environment, which has been developed for more than 30 years in China. Its research object includes both environmental problems caused by water conservancy constructions and the impact of environmental changes on water projects. In order to achieve the state of harmonious between human and water, coordinating the relationship between multi-function water constructions and ecological environment protection is the main research purpose. Water resources protection and water environment improvement, as well as environmental impact assessment of water conservancy projects and watershed (regional) ecological safety maintenance are the key directions for Chinese environmental and water conservancy researchers. More and more world renowned works were achieved in China. For a period of time, the practitioners of environmental water conservancy should aim at national strategic needs and basic theoretical researches. Meanwhile, promote cross-disciplinary integration and build more innovation teams were necessary to make greater contributions for the development of water conservancy both in China and the world.

Written by Zhao Rong, Liao Wen'gen

Advances in Hydraulic Concrete Structure and Materials

Hydraulic concrete structure and materials mainly study the theories, methods and technologies related to the design, construction and operational safety control of concrete buildings in water conservancy and hydropower projects. In recent years, the construction and operation of the Three Gorges Project, the South-to-North Water Diversion Project, Jinping 1 and Xiaowan superhigh arch dams indicate that China has ranked at the forefront of construction technology in large-scale water transfer projects and superhigh dams. The research of hydraulic structure and materials has developed rapidly during the above projects construction and operation, and has achieved a series of results in the design and analysis of complex hydraulic structures, intelligent construction and operation of structures, monitoring and detection technology, new materials for hydraulic structures, etc. This paper first gives a brief overview of domestic progress on hydraulic concrete structure and materials.Then, the main progress in China is summarized around the concrete structure, concrete materials, structure control measures, etc. Concrete structures are mainly divided into dam structures, water transfer project structures and other structures. In the dam structures, the progresses of concrete dams, RCC dams, the cemented materials dam, concrete face of rockfill dams are reviewed. In the water transfer project structures and other structures, the progresses of aqueducts, sluices, tunnels, pipelines, as well as the ship lock and ship lift structures are introduced. Then, the progresses of concrete materials including high-performance concretes, asphalt concretes, structural repair and reinforcement materials are given.

The comparative analysis of the progress at home and abroad is made from concrete structures, materials and control measures, and the advantages and disadvantages of domestic research are analyzed. Finally, the key development trends and directions of the hydraulic concrete structure and materials are prospected, and the development suggestions and countermeasures are put forward.

Written by Zhang Guoxin, Jin Feng, Sun Zhiheng, Zhou Qiujing, Chen Gaixin, Li Duanyou, Li Hong'en, Yan Tianyou, Lu Zhengchao, Li Songhui, Cui Wei, Niu Zhiguo, Shang Feng, Cheng Heng

Advances in Geotechnical Engineering Discipline

Geotechnical engineering is a discipline developed by applying, in a combined manner, the knowledge of soil mechanics, foundation engineering, engineering geology, rock mechanics, and other related areas in solving water related engineering problems. The main characteristic of geotechnical engineering in water-related infrastructures is the existence of water environment and thus the tight interaction between the soil or rock matrix with the entrapped water. In recent years, geotechnical testing and experimental techniques as well as fundamental theories and computational methods have gained remarkable advances stimulated by constructions of large-scale hydraulic and marine infrastructures. For instance, evident progresses have been achieved in embankment construction techniques, slope engineering, underground space exploitation, treatment of special problematic soils, disaster prevention and rehabilitation of geotechnical hazards, environmental geotechnics, and marine geotechnical engineering. In this report, the progresses obtained during the last decade in the research and practice of geotechnical engineering in China are summarized.

Many new testing devices were invented such as the large-scale creep apparatus, the computerized tomography (CT) supplemented triaxial apparatus, the super large-scale triaxial testing equipment and so on. Centrifuge experiments have gained popularity in many aspects such dam engineering and off-shore facilities, and new geotechnical centrifuges with even higher capacity are now under construction. Researches in fundamental theories were rather fruitful.

Various constitutive models have been proposed for almost all kinds of engineering soils and rocks, with different degree of success in practical application. In particular, the evolution of soil structure, particle breakage and matrix damage were emphasized in modeling the behaviors of clay, rockfill, and rock, respectively. Soil mechanics for unsaturated or partially saturated soils were also well developed, particularly in the discussion of the effective stress principle for unsaturated soils and the consolidation theory which is the counterpart of Biot's theory for saturated soils. In parallel with the progress in constitutive theories, computational techniques for solving real-world boundary value problems have also made great steps forward. Multiphase problems, multibody problems and other complicated physical processes can now be solved without insurmountable obstacles. This is realized not only by the rapid development of hardware but also by the advances obtained for various computational methods. For instance, the discrete element method has been successfully used in studying particle breakage of coarse granular materials, the anisotropic behavior, strain localization, wetting-induced collapse, and other complicated behavior of different soils.

Novel design and construction methods have been proposed and successfully used in geotechnical engineering practice. For instance, deformation compatibility control is now a key designing concept in modern rockfill engineering, which plays a central role in designing extremely high embankment dams. Predictive capability for the rock slopes and underground spaces during their service lives have been improved considerably so that the stability of high and steep rock slopes and deeply buried caverns for huge hydropower stations can now be safely and rationally supported. Various foundation treatment methods have also been proposed to improve the bearing capacity, stiffness, or reduce the permeability in the case that their original performance is not satisfactory. Special attentions have been paid to the treatment of expansive soils widely distributed all around the country, probably inspired by water transfer projects. In the area of geotechnical hazards risks, great advance has been achieved in tackling the landslide barrier dam. Novel dam breach models have been proposed and validated using previous cases, and were used in predicting the flood and inundation of possible dam breach scenarios. This kind of predictions plays an important role in preparing emergency plans and real-time alerting and evacuation. On the other hand, a landslide barrier dam caused by an earthquake has been successfully refurnished for permanent use.

Some new directions are increasingly emphasized in recent years such as environmental geotechnics and marine geotechnics, the former deals mainly with polluted soils and municipal wastes while the latter mainly focused on the construction of important marine structures such as wind turbines and platforms for oil exploitation. Researches in these areas are rather active in recent years. These new directions and all the conventional directions in geotechnical engineering now face the challenge and also opportunity posed by the new-emerging information techniques, such as big data, cloud computation, artificial intelligence, etc. It is proposed in this report that all the directions should strengthen the combination with these new technologies, so that new generation knowledge, methods, and techniques can be invented for the construction and maintenance of safe, green and cost-effective geotechnical infrastructures.

Written by Chen Shengshui, Cai Zhengyin, Zhang Guirong,
Fu Zhongzhi, Deng Gang, Gong Biwei, Pan Jiajun, Zhu Bin,
Wang Huaiyi, Du Yanjun, Wang Junjie, Li Mingdong

Advances in Water Conservancy Project Construction Discipline

The construction of the Three Gorges Project of the Yangtze River, the South-to-North Water Diversion Project and a number of long-distance cross-basin diversion and water transfer projects have generally promoted the development of water conservancy project construction technology, and realized leapfrogging in the aspects of earthwork (dam) project, concrete (dam) project, construction diversion and closure and cofferdam project, metal structure manufacture and installation engineering, and mechanical and electrical equipment manufacture and installation engineering. In recent years, the construction of a number of giant projects, such as Xiluodu, Xiangjiaba, Nuozhadu, Wudongde, Grane beach and so on, has created conditions for the construction technology of water conservancy and hydropower in China to enter the advanced ranks of the world. The construction of water conservancy project mainly includes construction preparation, construction technology and construction management, which has become an independent subject: the county has the characteristics of large scale, complex conditions, high technical requirements and so on, and continues to explore, improve and improve in the construction practice. As one of the 16 secondary disciplines of water conservancy project, the construction of water conservancy project is comprehensive and involves a wide range of subjects. This report mainly deals with diversion and closure engineering, underground engineering, earthwork (dam) project, concrete (dam) project, foundation and foundation engineering. The domestic development status, the latest research progress, the international comparison and the development trend of slope treatment engineering, dike dam project, thinning and filling (sea encirclement) project, large ship lift installation technology, construction machinery equipment technology and quality real-time monitoring technology are summarized as the starting point, and the overall development of water conservancy project construction discipline in recent years is summarized.

Written by Zhang Yanming, Zhang Wenjie, Xiong Ping, Yu Zizhong, Qiu Xinjiao, Wang Chang, Zheng Guibin, Zhao Changhai, Ma Yugan, Mei Jinyu

Advances in Small Hydropower

As one of the renewable energy sources, small hydropower (SHP) improves access to energy for remote areas and vulnerable communities, provides employment opportunities for local residents, and even helps to combat climate change. SHP has developed rapidly in the China in recent decades, with 46,515 SHP plants (up to 50 MW) widely distributed across the country as of 2018. The total installed capacity of SHP up to 50 MW is 80.4 GW, accounting for 22.8 percent of total installed hydropower capacity and 4.2 percent of total installed power capacity of the country. The technically developable installed capacity amounts to 128 GW, of which 62.8 percent has been developed.

The report states the importance of SHP to China's energy structure and rural economic development, and mainly summarizes the development process of SHP in China and the latest research progress. After decades of development, compared with wind power, solar energy and other renewable energy, SHP's technology has been relatively mature. In regards to management of rural hydropower resources, researches on the development and utilization of the resources and monitoring technologies have been strengthened, unified supervision over the development and utilization of rural hydropower resources has been implemented. In terms of generation efficiency of SHP, a series of new technologies and equipment have been developed to improve the efficiency of rural hydropower development and utilization. As to safe operation of power station, the safety evaluation method is put forward, and the safety evaluation index system is constructed to ensure safe operation of SHP. According to the characteristics of applicability and economy of SHP, comprehensive automatic devices integrating monitoring, protection, speed regulation, excitation and auxiliary control functions have been formed, which reduces the cost of construction, operation and maintenance of the automatic system and realizes integrated automation and remote control.

Researches on impact assessment and protection measures of small hydropower ecological environment were carried out, besides fish conservation, water and soil conservation, geological disaster prevention and control. In particular, aiming at the problem of river dewatering caused by runoff hydropower station, lots of technologies and methods on verification of ecological flow, development and monitoring of ecological discharge facilities and equipment, have been developed, which made great positive effects on mitigating the ecological impact of SHP.

Based on technical researches, a complete standard system for SHP has been established, and numbers of rules and regulations related to the development planning, design, construction and operation management of SHP are formulated and revised. Experience on SHP construction and rural electrification in China have been recognized and praised by the international community. *Technical guidelines for the development of small hydropower plants* has been incorporated into the ISO technical standards system.

In addition, the report suggests development goals and plans in view of the existing problems and deficiencies of SHP in China. It puts forward strategic needs in water - energy - food security, national ecological civilization construction, and “The Belt and Road Initiative”. Meanwhile, emphasis on further technical research of SHP are recommended, such as technologies on river ecological restoration and smart small hydropower etc. The report finally encourages participants to carry out interdisciplinary and comprehensive research, pay more attention to the construction of discipline platform, and strengthen international cooperation in the field of SHP.

Written by Xu Jincai, Dong Dafu, Jin Huapin, Shu Jing, Ou Chuanqi, Luo Yunxia, Xu Jie

Advances in Hydraulic Engineering Management Discipline

The discipline of hydraulic engineering management is a management science growing up with technological progress. In the new era, the major task of water conservancy projects is how to make good use of the existing wide range and large quantity water conservancy projects, and to meet the requirements of safety, benefit and ecology. In the face of the continuous change of the operating environment, the society and the public concerns and demands for the safety of water conservancy projects are constantly increasing. However, the safety management of water conservancy projects in China still faces a series of challenges, such as congenital deficiency, structural aging and performance degradation, more frequent occurrence of extreme events caused by climate change, sea level rise, inadequate ability of latent hazard detection and thorough understanding of information, bottlenecks of deep-water and long-distance underwater security technology and equipment, insufficient capability to deal with emergencies, etc. It is necessary to further strengthen the research on technical problems and key scientific issues related to the discipline of hydraulic engineering management, and to improve the level of discipline development. Meanwhile there is a need to further improve the management system and mechanism of the hydraulic engineering management, promote the risk management model, make full use of modern information technology and other means to develop more scientific and efficient practical technologies, materials and equipment in the aspects of latent defects detection, emergency precaution and monitoring, risk assessment, flood control, structure repair and reinforcement, etc., to provide scientific and technological support for further improving the safety guarantee and risk control system of water conservancy projects.

Written by Sheng Jinbao, Fan Lianzhi, Chen Zhi, Li Junhui, Hu Wei, Cui Jianzhong

Advances in Water Resources Informatization

Water resources informatization is an interdisciplinary field of water conservancy and information technology. It refers to the discipline that studies the theory, methods, and technologies of water conservancy information collection, transmission, storage, processing, and service. The research areas of this discipline mainly include the collection and identification of water conservancy information, transmission and conversion, storage sharing, processing analysis, digitization of application services, networking, and intelligent implementation.

In recent years, with the emergence of a new round of information technology such as cloud computing, the Internet of Things, big data, artificial intelligence and the development of water conservancy technology, research and practice in smart water conservancy and other fields have been active. Water resources informatization has witnessed rapid development in basic theory, technologies and methods and application.

In the future, water resources informatization will progress, accompanied by the advances of hydroscience and technology, and it will develop rapidly in the fields of fine remote sensing, big data, information security, software integration, and multi-technology integration applications, as well as progress in such fields as artificial intelligence and deep learning. Water resources and informatization has a bright future and will become the highlight and focus of development in the discipline of water conservancy.

Written by Cheng Jianguo, Feng Jun, Wang Weixin, Zou Xi

Advances in Water History Research

The water history is an interdisciplinary subject of water resources and history, which is one of the branches of water resources science. In recent years, the reorganization of water historical materials and the compilation of rivers/water resources annals have been advanced. The basic research on water history has been deepened with the research field expanded, while the interdisciplinary characteristics has been more obvious, and the research groups, perspectives and methods are constantly expanded. With the national emphasis on traditional culture inheritance and heritage protection, and the Grand Canal Cultural Belt (National Cultural Park) construction after listed in World Cultural Heritage List, as well as more and more ancient projects became World Heritage Irrigation Structrue, research on water heritage has become the new direction for rapid development of water history. Through supporting the protection and utilization of regional water heritage and the water culture transmission, the relationship between the water history research and social economic development is becoming closer and closer. There are also many international studies on the history of water use and the science and technology of water engineering. In view of different understandings of the word "water conservancy", international research perspective is somewhat different from that of China. In the future, the theory and system of the water history subject need to be further improved, and its practical effect will be more significant.

Written by Tan Xuming, Li Yunpeng

Advances in Port and Waterway Engineering Discipline

In recent years, in the field of port and waterway engineering construction in China, we insist on the scientific concept to lead the engineering and technological progress and the market demand

to drive technological innovation, relying on a number of deep water ports, offshore artificial islands, estuary waterway regulation, inland waterway regulation, navigation hydro junction, cross sea passage project and other engineering projects, focusing on the research work including the construction technology of port and waterway engineering under the complex condition, the new port hydraulic structure, navigation building construction and capacity improvement, inland waterway regulation technology, deep-water port and artificial island construction technology and equipment, port engineering new material and durability technology, large area soft soil foundation reinforcement technology, etc.

The main innovative achievements have fully supported the port and waterway construction in China in recent years. Many technologies have been successfully applied in the construction of large-scale projects, such as Caofeidian port area of Tangshan port, Dongjiakou Ore terminal, 12.5 m deep water channel project under Nanjing of the Yangtze River, channel regulation project of Jingjiang river section in the middle reaches of the Yangtze River, ship lock project of Changzhou hydro junction, ship lift of the Three Gorges Project and Jinghong hydraulic ship lift. Some of the achievements have also been used in the construction of relevant overseas projects. Huge economic and social benefits and demonstration effect have been achieved.

Nowadays, the new changes in the international situation, the new normal of domestic economy, the new guidance of national strategy and the new trend of traffic development have put forward new and higher requirements for the future construction of water transport engineering and the development of port and waterway subject. In the new era, the port and waterway subject should focus on infrastructure construction and maintenance, service and support capacity improvement, green development and smart and safe operation.

1. Deep water port construction and maintenance technology：focusing on the construction and maintenance of deep water port engineering infrastructure, research and development of key technologies in structure, materials, design, construction, monitoring and maintenance should be carried out to provide technical support for reducing construction and maintenance costs, ensuring operation safety, and improving the overall strength and international competitiveness of port engineering construction in China.

2. Disaster prevention and mitigation technology for port：according to the development demand of safe transportation, adhering to the development concept of people oriented, carry out the research work of port disaster mechanism analysis, monitoring, simulation, early warning, etc., put forward the safeguard measures of port disaster prevention and mitigation, reduce the impact

of disasters on the port, and improve the safety level of port operation.

3. Key technology of green port construction: in order to meet the needs of the construction infrastructure of the green recycling low carbon port project, the key technologies such as resource conservation and utilization, ecological environment protection, energy conservation and emission reduction should be studied in the planning, construction, operation and maintenance links should be studied, so as to accelerate the construction of the resource-saving and environment-friendly port and realize the sustainable development of the construction and operation of the port project.

4. Key technologies for capacity improvement of inland golden channel: in view of the construction and maintenance of the high level deep water channel network, the channel regulation technology under the conditions of multiple factors, the dredging and silting prevention technology of the main channel, the intelligent technology of channel maintenance and management, and the high level channel network construction technology should be studied, so as to upgrade the main channel level.

5. Key technologies for construction and maintenance of deep water channel in large estuaries: focusing on the needs of construction, maintenance and risk prevention and control of deep water channel in large estuaries, aiming at the problems of complex water and sediment movement and channel siltation hindering navigation, the siltation mechanism of deep water channel, sediment observation technology at the bottom of channel and navigation safety early warning technology should be emphatically broken through.

6. Key technologies for the construction of smart port and waterway engineering: focusing on the development and construction demand of intelligent port, for the low smart level of port operation production, the difficulty of large scale cluster equipment management and control of automatic terminal, information block of Port Logistics, and the insufficient application of new technologies such as Internet of things, multi-mode perception and artificial intelligence in port construction, the integrated application of advanced information technology should be studied in port construction and operation.

Written by Wu Peng, Cao Fengshuai, Tan Huichun, Li Zengjun, Gao Wei, Li Rongqing, Yang Linhu, Shang Jianping, Li Yan, Li Yibing, Lu Yongjun

Advances in the Application of Remote Sensing Technology in Water Conservancy Industry

Marked by the special project of high-resolution earth observation system and the extensive application of unmanned aerial vehicles, China has entered a stage of rapid development in the field of remote sensing, which has rapidly shortened the distance between China and the international advanced level in terms of sensors.

The general pace of remote sensing application in water conservancy is basically consistent with this, but also with the modernization of water conservancy, especially the development of water conservancy information is synchronized. In terms of data sources, in addition to traditional optical remote sensing satellite data, rain-measuring satellite, altitude-measuring satellite, gravity satellite and microwave remote sensing satellite have also been widely used; In terms of remote sensing image processing and information extraction technology, tradition al manual visual interpretation was time and labor consuming, artificial intelligence (AI) and deep learning have been used widely in information extraction; In terms of extracting contents of remote sensing information, remote sensing technology can extract precipitation, soil water, evapotranspiration, surface water, water reserves, water quality, and even water level and water depth. In terms of application fields, remote sensing technology has been applied in flood control and disaster reduction, water resources management, water environment monitoring, drought monitoring, water and soil conservation, river and lake supervision, project construction and so on. In general, in recent years, remote sensing technology is applied in water conservancy more and more widely, play a more and more important role, become the main technical support of water conservancy information.

Compared with foreign countries, the types of remote sensing satellites are not rich enough, the quantification production extracted from remote sensing image, is still insufficient, and the degree of remote sensing operational application in water conservancy needs to be improved.

Written by Li Jiren, Huang Shifeng, Ma Jianwei, Sun Yayong, Yang Yongmin

Advances in Flow Measurement Technology

The recent development status of measuring techniques of hydraulic engineering in China are introduced and summarized systematically. The intelligent measurement and control techniques for large physical models have made significant progress in intelligence, perception technique and data management, which have improved the degree of automation of model experiments and data measurement accuracy. The techniques of high-frequency PIV have been improved in sampling frequency and particle image processing algorithm, achieving high-frequency, high-resolution and high-precision synchronous measurement of the whole flow field. The image processing techniques for large-scale surface flow field have made great progress in measurement range, measurement conditions, system integration and applicability, which have expanded the range of measurement, simplified the measurement condition, improved the system integration, and extended the applicability of flow field measurement. Acoustic Doppler Velocity measurement techniques have made breakthroughs in sampling frequency and wireless, providing technical support for large-scale application of ADV. The safety detection and monitoring technique of water conservancy projects have realized comprehensive detection of multiple instruments and methods, which been successfully applied to reinforcement of dams. The floating body motion measurement techniques have solved the problems of large measurement interference, low accuracy, and poor environmental applicability existing in conventional methods, and have developed measurement techniques which show the characteristics of convenient installation, higher accuracy and better applicability. The measuring techniques in large-scale temperature field and concentration field have made breakthroughs in space scale and synchronous measurement. Compared with the international level of measuring techniques of hydraulic engineering, China have reached the international advanced level in terms of system integration and mobile internet. The integration systems have integrated data measurement, signal control, data analysis and graphic display. Moreover, mobile techniques are introduced into the systems, which realize varieties of terminal operations of the system. However, domestic sensors without high measurement accuracy, large application scope, are presented as poor appearance and sealing performance, which show that there are still lags far behind in comparison with foreign countries. The non-contact sensing techniques have the characteristics of no interference to the flow pattern and high measurement accuracy, which are suitable for the prototype monitoring of model experiments in complex flow conditions. However, the measurement errors of parameters are still large, such as sediment concentration, vertical distribution of sediment concentration, flow velocity of high sediment laden flow, and density current distribution, the lack of effective measurement methods affects the research of sediment movement laws, and the development of high-precision instruments for measuring sediment laden flow is urgently needed. Due to the lack of the unified technical standard, there are great differences in the types of communication ports for flow-sediment measurement and control instruments, interaction modes, command rules, data formats, and interactive processes, which limit the generality of flow-sediment measurement and control systems, and the standardization of data communication will be beneficial to the development of flow-sediment measurement and control technique. The reservoirs have the characteristics of large depth and low flow velocity. Although conventional high-frequency ultrasonic measuring instruments can measure low flow velocity, the rapid attenuation of high-frequency ultrasound makes it difficult to use in large depth measurement. In order to monitor the flow or cross-section flux of reservoirs, large depth and low flow velocity measurement techniques are urgently needed. Hadoop and virtual display of complex water flows will be beneficial to enhance the intelligence of flow-sediment measurement and control technique, which are the directions that need to be further developed.

Written by Tang Hongwu, Chen Hong, Jia Yongmei, Liu Shuxue, Qu Zhaosong

Advances in Hydroecology

In recent years, with the increasing emphasis on the construction of water ecological civilization by China government, a large number of research and practice regarding hydroecology have been carried out, with purpose of solving the problems of ecological damage. This report summarized the development of research, managements and restorations of hydroecology in river basins. From this point of view, this report put forward the progress of discipline of the hydroecology from the following three aspects, and proposed countermeasures and suggestions for the development of hydroecology. First, some advanced technologies and evaluation methods have been investigated and applied according to the regional ecological characteristics in China. This kind of works aimed to solving the problems of the water ecological monitoring and evaluation. Second, the water ecological protection and restoration work presents a situation in which practice, theory and technology follow closely. The researchers proposed many theoretical systems and technologies such as eco-hydraulic engineering and river ecological restoration. Of which, fish passage facilities and the restorations of ecological/environmental flow have become hotspots in ecological restoration research. Third, more attention have been paid for water ecosystem management by the combinations of policies, management and research. Such works were conducted by the implementation of water ecological protection related policies, rivers and lakes protection management, water ecological civilization city construction, ecological compensation, water ecological space management and other related research. In order to further improve the scientific support for ecological security, it is recommended to establish a water ecological monitoring system for river basins, carry out regular water ecological background surveys as well as conduct the health assessments of rivers and lakes in major river basins throughout China. Subsequently, it's important to strengthen the research and practice of key technologies for water ecological protection in water engineering construction, and reinforce the research and practice of key technologies for water ecological restoration such as restoration of eco-hydrological processes, construction of ecological water networks, restoration of aquatic organism migration channels, protection of important biological resources, as well as adaptive management of water ecosystems in river basins. At the same time, according to the characteristics of each river basin and the priority needs of water ecological protection management, key technologies integration and demonstration of water ecological restoration in each basin need to be carried out.

Written by Li Jianyong, Chang Jianbo, Chen Xiaojuan, Xu Deyi, Wan Chengyan, Li Dewang, Liu Hui, Shi Fang, Yuan Yujie, Zhang Yuanyuan, He Da, Jia Haiyan, Wei Cuizhen, Zhang Hongju, Lv Jun, Wang Xutao, Zhu Di, Liu Honggao, Tao Jiangping

Advances in Water Law Study

Water-related interests are the basic interests of the people. Water safety is an important part of public safety. It is an important part of promoting the rule of Law in an all-round way to regulate the water-related behaviors and relations according to law. It is necessary to promote the construction of water rule by law, and earnestly implement the overall goal of governing the country according to law into the whole process and all aspects of water control and management. The study of water law should provide solid theoretical support and practical guidance for the construction of water rule of law, and contribute to the construction of water ecological civilization. In recent years, the focus of water law research mainly includes the theoretical system of water governance system and governance ability, the study of water regulation system, the study of water conservancy administration system according to law, the study of water dispute resolution system, the study of water governance rule of law supervision system and so on. We should further carry out relevant research on the policy of administering the country according to law and the construction of water conservancy rule by law, integrate theory with practice, and strengthen the system of water law research.

Written by Wu Zhihong, Li Yiheng

Advances in Tidal Flat Wetland Protection and Utilization Discipline

The tidal flat wetland protection and utilization discipline is an interdisciplinary science that integrates geography, hydrology, hydraulics, environment and ecology, river sediment and other disciplines. It is also a branch discipline of water conservancy that is gradually formed and developed in engineering practice, including research contents on the formation and evolution law of tidal flat wetland, the protection and utilization technology of tidal flat wetland, the interrelationship between tidal flat wetland and human activities, and the management of tidal flat wetland. By referring to a large number of research materials, the domestic development status and the latest research progress of the tidal flat wetland protection and utilization discipline were summarized from four aspects: the evolution law of tidal flat wetland, the development and utilization of tidal flat wetland, the response and restoration of tidal flat wetland to human activities, and the management of tidal flat wetland. These research results have been widely applied to major engineering projects such as the Caofeidian Sea Reclamation Project, Wenzhou Oujiang-Feiyun River Phase I Reclamation Project, Jiangsu Nantong Yangkou Port Sunshine Island Project, Ecological Restoration Demonstration Project for Habitat of Chongming Dongtan Nature Reserve. On this basis, analysis and comparison were made with the international research level. It is believed that China's research level in the dynamic sedimentary landform process of tidal flat wetland, the tidal flat reclamation control technology and practice has reached the international advanced level, but there are many gaps in terms of macro planning and management system. According to the new demand proposed by the new situation on the research of tidal flat wetland protection and utilization discipline, some suggestions were put forward for researches on strengthening the dynamic monitoring of basic field data of tidal flat wetland, improving the industry standards of tidal flat reclamation technology, establishing the cumulative impact and evaluation system of coastal tidal flat utilization on the coastal zone environment, carrying out the efficient utilization mode of tidal flat resources and the tidal flat wetland protection and ecological seawall construction technology, implementing the tidal flat wetland management based on ecosystems, as well as for the disciplinary development.

Written by Zeng Jian, Zhang Liquan, Zhang Yuping, Xu Guohua, Shi Yingbiao

Advances in Water Statistics Discipline

The report on advances in water statistics discipline is compiled by the Water Statistics Professional Committee of the Chinese Hydraulic Engineering Society. Water statistics is an application branch of statistics. It is an art, technology and science on collecting, sorting, displaying and analyzing hydraulic data information. The research fields of water statistics include：the measurement of the amount of water resources in the natural world and the economic and social water supply; the analysis of the relationship between the benefit of water conservancy and the development of various industries in the national economy; the calculation of macroeconomic, social and environmental benefits of water conservancy. In recent years, China's hydraulic statistics has developed rapidly and the research scope has been continuously expanded. Many innovative results have been achieved by introducing the latest statistical methods. This report summarizes and reviews the development and application trends, research progress, and prospects of the water statistics discipline from three aspects：water resources basic statistics, water resources business statistics, and water resources accounting. The basic statistics of water resources mainly include hydrological statistics and statistics on water resources development and utilization. The theory and methods of hydrological statistics are relatively mature. Water resources development and utilization statistics have now formed a water statistics survey system and are being actively promoted. The focus of water resources business statistics work is to identify the quantity of water resources facilities, investment amount, disaster situation, etc., and presently pay more attention to the economic benefits of water conservancy construction, water conservation and protection, and the loss of water disasters. At present, relevant investigation projects and methods are relatively mature, and have made certain achievements, providing important support for water resources planning, the early stage of projects, investment plans, policy and decision making, etc. Water resource accounting is the verification and calculation of the physical and value of water resources in a country or region, in order to comprehensively and accurately reflect the flow and stock of water resources in the country or region, providing the data basis for water resources management and decision making. At present, the economic accounting of resources and environment is still at the stage of theoretical research and methodological discussion. With the rapid development of computers and information technology, the digitalization of the water conservancy industry has continued to increase. Projects such as the State Flood Control and Drought Relief Command System, water resource monitoring capacity building and water census, have accumulated massive data resources for the water conservancy industry. To effectively manage the big data of water conservancy, fully discover the information contained in water conservancy data, and provide basis and support for water conservancy construction and management, are important issues for water conservancy statistics staff to study in the future. Looking forward to the future, the overall goal of the development of the water resources statistics discipline will be to promote the development of water conservancy as a starting point, closely surrounding the key areas and directions of water conservancy development and reform, and comprehensively improving the ability to collect, process, and analyze water conservancy statistics, providing more scientific and accurate data support for hydraulic policy. Meanwhile, we will further strengthen the research on the theory and method of hydraulic statistics that are suitable for modern water conservancy construction and reform. We will focus on the research of modern statistical theory and statistical system to meet the new requirements of all sectors of society for water statistics work in the new period. We will promote the synchronous transformation of water statistics services to independent and objective reflection, forecasting, early warning, analysis and advice.

Written by Wu Qiang, Wang Yong, Wang Yu, Qiao Genping, Gao Long, Zhang Lan, Lu Yajun, Guo Yue, Qin Changhai, Qiu Yaqin

Advances in Pumps and Pumping Stations Discipline

The discipline of pumps and pumping stations is a comprehensive discipline involving agricultural irrigation, farmland drainage, flood fighting, water transfer, industry and urban water supply and drainage. The research scope includes: hydraulic design theory and method of pumps, hydraulic design theory and method of pumping stations, pumping station operation technology, cavitation-abrasion-multiphase flow, hydraulic equipments in pumping station, manufacturing process and technology of pumps, testing technology, automation and information technology of pumping station. The main scientific issues in the research area of pumps and pumping stations include: internal flow laws and energy conversion mechanisms of pumps and pumping devices, hydraulic design of pumps and pumping stations, dynamic characteristics and control of pumps and systems, and strength and reliability of units and pumping house, cavitation and wear, hydraulic transition process, fluid-structure system coupling mechanism.

The installed power of pumps and the scale of pumping stations in China are among the highest level in the world. We have accumulated rich engineering experience in large national pumping station engineering, and some specific technologies of the pump and pumping station reach to the world-leading level. For example, centrifugal pumps with a head of more than 200 m and a power of 23 MW have been domestically produced with high quality. The axial flow pump model has reached the advanced level of the similar foreign models. The pressure fluctuation performance of double-suction centrifugal pumps based on the alternating loading technology is largely improved comparing with the similar international products. However, the disciplinary of pump and pumping stations in China is relatively decentralized, lacking effective coordination, and the basic research is relative weak with few internationally influential achievements and cited research results. At the same time it has inadequate capacity for major key technological innovations, due to relative lack of driving force.

The developments of the disciplinary of pumps and pumping stations in future is urgently needed for three reasons. First, it is needed for the national strategic of energy conservation and emission reduction. Second, it is necessary to realize the allocation of water resources and improve the disaster resistance of irrigation and drainage for pumping stations, Last but not least, it is required to guarantee national food security and aquatic ecological security.

Along with the large-scale and high-speed pump units, the problems of operating safety and stability are the outstanding matters to be solved urgently in this discipline. To reduce the energy consumption of large quantity of the small and medium sized pumping stations is an important goal for the development of this discipline. It is necessary to carry out in-depth research on the internal flow theory and hydraulic design method of pumps, and to develop a series of high-performance, long-life pump hydraulic models and internal flow regime test systems to improve the operating stability of pumping station systems.

Recommendations are proposed such as to improve the construction of the talent team, strengthen scientific research management, and promote the application of the latest results. On the one hand, the related talents in the area of pumps and pumping stations are relatively scattered, and a high-level talent platform needs to be established to promote the close integration of theoretical research and production practice. On the other hand, the government needs to increase the support for the discipline of pumps and pumping stations, especially on key scientific and technological research and development plans, and the demonstration projects of the scientific and technological achievements of water conservancy, improve the scientific policy system, form a innovation mechanism for the disciplinary of pumps and pumping stations, and lay a solid foundation for the development of water conservancy in China.

Written by Wang Fujun, Xu Jianzhong, Qian Zhongdong, Li Duanming, Zhu Baoshan, Tang Fangping, Yu Yonghai, Min Siming, Xiao Ruofu, Lin Zhandong, Yao Zhifeng

Advances in Ground and Foundation Engineering

In the past 70 years, China's ground and foundation engineering discipline has made a series of breakthroughs and original achievements in various fields, providing a large number of theoretical methods and practical experience for national economic construction and exerting an important impact on the development of the world. The vigorous development of water conservancy and hydropower construction has greatly promoted the prosperity and progress of ground and foundation engineering discipline. We have successfully built the largest hydropower project–The Three Gorges Hydropower Station, the largest water diversion project–The South-to-North Water Diversion Project, a number of the highest arch dams, earth-core rockfill dams and concrete-faced rock–fill dams in the world. The successful ground and foundation engineering construction for these super projects marks that the technical level of ground and foundation engineering in China's water conservancy and hydropower industry ranks among the forefront in the world. Many achievements filled in the gaps in the fields of science and technology in China and created new world records.

This report summarizes the domestic development status and latest research results of ground and foundation engineering in water conservancy and hydropower industry, the application of information technology and technical standards, technical development research, scientific and technological achievements, including rock foundation treatment (grouting technology, the comprehensive treatment of weak rock mass in dam foundation rock zone, karst groundwater treatment and pre-stressed anchorage technique, etc.) , foundation treatment in alluvium (concrete cut-off wall, grouting technology in alluvium, grouting technology in mining void area, jet grouting, deep mixing method, dynamic compaction, vibroflotation, high energy dynamic consolidation, drainage consolidation method, laying geotextile) , large foundation engineering machinery (hydraulic cutter, hydraulic grab, bore pile machine, core drill and high-pressure grouting pump, etc.) , and the application in the major projects is listed in this report; It analyzes the advantages and disadvantages with foreign developed countries or other industries; The future development trend of the discipline (robotization, informationization, digitization) is studied and judged, and made the corresponding suggestions and countermeasures on the upgraded version of China's foundation and foundation engineering technology.

Written by Xia Kefeng, Zhao Cunhou, Xiao Enshang, Zhao Minghua

Advances in Groundwater Science and Engineering

Groundwater is an important link of water cycle in nature and an important water supply source in the world. Groundwater resources are widely distributed on the earth and play an important role in the social and economic development of many areas. China's underground freshwater resources account for about one third of the total freshwater resources, while groundwater consumption accounts for about one fifth of the total water resources. In the past 30 years, the amount of groundwater exploitation in China has been increasing year by year, effectively ensuring the demand of economic and social development. However, due to the intense human activities, the limited water supply sources in China become more and more scarce. The deterioration of surface water and ground water quality, the decline of ground water level, flow attenuation, water quality deterioration caused by the improper exploitation of ground water, as well as ground subsidence, ground collapse and other geological environmental problems occur frequently. It is urgent to accelerate the development of groundwater science and engineering.

Groundwater science and engineering is based on the theory of Geo-science, with the core of groundwater circulation and water-rock interaction as the main research object. It studies the exploration, evaluation, development and management of groundwater resources, the investigation, monitoring, evaluation and management of groundwater environment and geological environment, and the relationship between groundwater and human engineering activities. With the development of social economy and the improvement of living standards, a series of groundwater problems related to environment and ecology have attracted people's attention, and the research and practice of groundwater resources and environment have also been comprehensively and systematically developed. The development of groundwater science and engineering is not only conducive to ensuring the supply of water resources, protecting and improving the environment, promoting a virtuous ecological cycle, but also conducive to revealing the mutual relationship between human activities and the natural environment. At present, there are four problems related to groundwater in the development of Chinese society. The first is that excessive exploitation of groundwater resources that aggravates the contradiction between supply and demand of water resources, and causes a series of environmental problems endangering human survival; The second is improper disposal of a large number of wastes generated by human activities, resulting in different degrees of pollution of groundwater; Third, in the vast arid and semi-arid areas of China, in addition to the lack of water resources, the groundwater quality is very poor, which causes many environmental problems; Fourth, in the process of large-scale mining of mineral and energy resources, as well as in the process of human large-scale engineering construction, the disastrous groundwater environmental problems are encountered. These problems bring new challenges to groundwater science and engineering, and provide unprecedented opportunities for the development of groundwater science and engineering.

Written by Wang Jinguo

Advances in Integrated Urban Water Governance Science and Engineering

Urban Water Governance (UWG) involves a newly developed comprehensive discipline with characteristics of the integration of natural science and social science, which aims to study comprehensive treatment of urban river and water system and solve the urban water security problems as a whole, in order to serve in the whole process of urban water conservancy infrastructure planning, construction and management, as well as water involving human activities supervision. In this report the definition of UWG was given, the main advance of UWG in different fields was summarized, including urban flood control and disaster reduction, urban water supply and drainage, urban water environment management and ecological restoration, urban water saving, comprehensive urban rainwater harvesting and utilization, urban water management and water culture construction. Based on the analysis of the characteristics of UWG

developed in China and its differences with international advantages, the developing strategic, objectives and key directions of UWG was put forward. The research shows that UWG in China has the characteristics of historical inheritance, interdisciplinary and complex implementation, which overall development level lags behind that of developed countries. The development goal of UWG is to innovate the development mode, build the harmony between human and water, and support the smart city development, build a beautiful city.

Written by Hao Zhongyong, Zhang Shuhan, Zhang Qin, Wang Jing, Zhang Nianqiang, Cheng Xiaotao

Advances in Dredging and Mud Treatment and Utilization

In view of the hot issues in the field of dredging, mud treatment and utilization in China, this paper systematically summarizes the current situation of scientific research and technology in this field, tracks the latest technological progress, and makes international comparison, and puts forward the development trend in this field in the future. At present, domestic hot issues and the latest research progress are mainly focused on precision dredging, in-situ treatment, high concentration dredging, deep dehydration and the preparation of dredging standards and specifications. Through international comparison, it is found that the main direction of mud treatment in the world is solidification treatment, and at present, there is lack of environmental protection dredging standards and specifications in China. In the future, the development direction of this field mainly includes：improvement of dredging and mud treatment discipline, establishment of industry standards, and research on in-situ treatment of sediment, environmental protection dredging technology and mud water separation and dehydration technology.

Written by Zhu Wei, Min Fanlu, Ding Jianwen

Advances in Blasting Discipline in Hydraulic Engineering

In the mid-1950s, with the implementation of the first five-year plan, the water resources and hydropower blasting technology began to enter a period of rapid development, which were represented by directional blasting damming and smooth blasting technology in the 60s and 70s, and the technology of pre-splitting blasting and foundation surface protective layer blasting were gradually popularized with the start of construction of Gezhouba hydro-junction in the 70s. Especially after the economic reform and open up, with the vigorous development of economic construction, around the engineering and technical problems such as high slope excavation, underground plant excavation, grade ingredient mining and demolition of a series of large-scale hydropower projects represented by the Three Gorges Project, carrying out scientific research, promoted the rapid development of China's the water resources and hydropower blasting technology.

After entering the 21st century, fine blasting technology system has been proposed and established with the construction of a number of large-scale water resources and hydropower projects such as the Middle Route of South-to-North Water Diversion, Laxiwa, Xiangjiaba, Nuozhadu, Xiluodu, Xiaowan and Jinping, etc., relying on excavation of high slopes, large underground powerhouse tunnel groups and ultra-long tunnels of hydropower stations in the Alpine Gorge area. The construction of a number of large-scale water resources and hydropower projects including the water diversion from the Han to the Wei River project, the Fengman hydropower station reconstruction project, Baihetan, Lianghekou, and Shuangjiangkou has provided a good scientific research and practice platform for the development of blasting technology, and new technologies, new processes and new methods of blasting had been emerging constantly. China's water resources and hydropower blasting technology has entered the international advanced ranks.

In May 2008, a major earthquake occurred in Wenchuan, and the water resources and hydropower blasting have played an important role in road rushing, dangerous stone blasting, and demolition of dangerous houses, especially in the rescue of Tangjiashan dammed lake.

In addition, the water resources and hydropower blasting technology also plays a huge role in the national implementation of "The Belt and Road Initiative". The internationalization of Chinese technology and Chinese standards is also an important mission of China's hydraulic blasting people at present and in the future.

Written by Yan Peng, Li Peng, Lu Wenbo , Wu Xinxia

索引

F

G

H

J

K

L

N

P

Q

R

S

T

W

X

Y

Z